科技创新工程系列专著

食用菌种质资源学

张金霞　赵永昌 等　著

科 学 出 版 社

北　京

内 容 简 介

本书系统总结了农业部公益性行业（农业）科研专项（2007~2010 年）、国家食用菌产业技术体系育种与菌种繁育研究室、国家重点基础研究发展计划（973 计划），以及中国农业科学院科技创新工程项目的研究成果。以食用菌种质资源高效利用为目标，介绍了我国多样的食用菌野生资源及其分布，重点阐述了食用菌野生种质资源的采集、鉴定和评价技术，食用菌野生种质资源的保护保育原理和策略，食用菌栽培种质的鉴定鉴别和评价方法，食用菌菌种保藏技术，食用菌的遗传学特点，主要栽培种类的种质资源特点，食用菌种质资源利用策略与方法。书中提出了相对系统完整的食用菌种质资源研究的理论、技术和方法。

本书可供食用菌、农业微生物、园艺等专业研究和教学工作者、学生、技术推广人员，以及食用菌管理部门和食用菌生产从业人员参考。

图书在版编目（CIP）数据

食用菌种质资源学/张金霞等著. —北京：科学出版社，2016.12

（科技创新工程系列专著）

ISBN 978-7-03-051161-4

Ⅰ. ①食… Ⅱ. ①张… Ⅲ. ①食用菌–种质资源 Ⅳ. ①S646.024

中国版本图书馆 CIP 数据核字（2016）第 297693 号

责任编辑：李秀伟/责任校对：赵桂芬 刘亚琦

责任印制：赵 博/封面设计：北京铭轩堂广告设计有限公司

科学出版社 出版

北京东黄城根北街 16 号

邮政编码：100717

http://www.sciencep.com

北京凌奇印刷有限责任公司印刷

科学出版社发行 各地新华书店经销

*

2016 年 12 月第 一 版 开本：787×1092 1/16

2025 年 1 月第三次印刷 印张：34 3/4

字数：830 000

定价：198.00 元

（如有印装质量问题，我社负责调换）

《食用菌种质资源学》著者名单

（以姓氏笔画为序）

马　璐　马银鹏　王　波　王泽生　曲积彬

李　玉　李　慧　李长田　宋春艳　张小雷

张金霞　陈　强　陈卫民　陈明杰　陈美元

林衍铨　周会明　赵　妍　赵永昌　赵梦然

姚方杰　柴红梅　高　巍　黄晨阳　谢宝贵

蔡为明　蔡志欣　廖剑华

FOREWORD

The human population explosion has taken place over recent decades. The 20th century began with a world population of 1.6 billion, and ended with 6.0 billion inhabitants. According to the report (UN World Population Prospects, 2015), the world population reached 7.3 billion as of mid-2015. It is expected to reach 8.5 billion by 2030, 9.7 billion in 2050 and 11.2 billion in 2100 with most of the growth occurring in less-developed countries. This has place the Earth's natural resources under immense pressure, and since the signing of the Convention on Environment and Development during the Earth Summit held in Rio de Janeiro in June, 1992, conserving the world's biological diversity has emerged as a matter of international concern. However, although the fungi including mushrooms constitute a major component of most ecosystems, biodiversity surveys designed for effective conservation planning and management have failed to give adequate recognition to this important group of living organisms. There are an estimated 1.5 million species of fungi including estimated at 150,000-160,000 mushroom species, which are considered to be the second largest group within the biosphere, surpassed only by the insects of which at attest 6 million and perhaps as many as 10-80 million species are thought to exist.

Mushrooms have been found in fossilized wood 300 million years old. More recent report (2016) on mushroom fossilization indicated 440 million-year-old fossilized mushroom may be the oldest organism to have lived on dry land. It quoted Dr. Martin Smith, of Durham University, UK said "During the period when this organism existed, life was almost entirely restricted to the oceans. Nothing more complex than simple mossy and lichen-like plants had yet evolved on the land". It further suggests dry land was colonised by mushrooms before the first animals left the oceans, and is said to fill an important gap of the evolution of life.

Prehistoric man almost certainly used mushrooms as food and there is ample evidence that the great early civilizations of the Greeks, Egyptians, Romans, Chinese and Mexicans prized mushrooms as a delicacy, for purported therapeutic value and in some cases, for use in religious rites. It is therefore not surprising that the international cultivation of mushrooms had a very early beginning. In the years since World War II, there has been a consistent increase in mushroom production which greatly accelerated in recent two decades. It has reported that world production of cultivated edible mushrooms in 2013 was 34 million tonnes. China contributed over 30 million tonnes and this accounted for about 87% of total production. In addition, China has cultivated more varieties of edible mushrooms than any of other counties. More than 30 mushroom species have been commercially cultivated.

Mushroom germplasm science is an important segment both for basic studies of mushroom biology and practical applications in mushroom industry. Mushroom germplasm can be obtained and preserved by *in situ* collection and conservation and *ex situ* preservation. The maintenance of mushrooms in natural preserves as part of a strategy for protecting an ecosystem constitutes in *in situ* conservation. Mushroom germplasm can also be preserved *ex situ* as fungal spores or tissue in the form of a culture collection or GenBank. The process of collection and classification of information pertaining to the morphological, physiological, biochemical and genetic characteristics of individual mushroom strains, and the storage of this information in computer databases, may be called "germplasm accession". Such databases would provide valuable and reality accessible information for future breeding programs and academic research. Mushroom germplasm science, therefore, addresses aspects to the collection, identification, characterization, utilization and preservation of mushroom germplasm.

The information contained in this book abundantly reveals that with the mastery of basic knowledge on mushroom germplasm. As we know, one of the basic requirements for breeding better quality mushrooms in higher yields is the wider availability of a large reserve of phenotypic variations (traits) which can be used for selection purposes both by researchers and the mushroom industry. Since all these phenotypic differences are ultimately under genetic control, mushroom trains with different trails actually possess distinctive gene combinations which can be generated artificially by conventional crossing methods, by protoplast fusion technology, and by transformation with genes cloned using recombinant DNA technology. Since the mushrooms themselves are the only source of this genetic material, the genes contained in existing mushroom strains and species represent the total genetic resource, i.e. the entire pool of mushroom germplasm. Extinction of a single strain or species would mean the potential loss of many thousands of unique genes that could be used for breeding desirable new strains. The first step involves the collection and identification of existing species, and a major achievement toward reaching this goal in the publication of this edible mushroom germplasm.

Shuting Chang

Emeritus Professor of Biology

The Chinese University of Hong Kong

11 November 2016

Canberra, Australia

前　言

我国是世界上认识和利用食用菌最早的国家，是多种食用菌人工栽培技术的发祥地。如今广泛栽培的黑木耳、香菇、草菇、银耳等的栽培都起源于我国。近代又驯化了榆耳、白灵菇、高大环柄菇、羊肚菌、黑牛肝等多种美味种类。从20世纪70年代的“两菇两耳”（香菇、双孢蘑菇、木耳、银耳）为主的生产格局发展到当今的栽培种类60种，规模商业栽培种30余个，成为世界食用菌栽培种类最多的国家。

中国的食用菌生产自20世纪70年代的第三个热潮开始，至今已经迅速发展了40年，成为世界食用菌大国，占全球食用菌产量的75%以上。在我国的种植业格局中，成为居于菜、粮、果、油之后的产值第五的大作物（菌类作物），更是大健康产业的生力军。

勤劳智慧的中国人民在传统农业精耕细作的基础上，创造了农业方式的食用菌栽培技术，在大棚、温室、阳畦、林下等各类场所都能种出多种食用菌。2012年8月在北京召开的第18届国际食用菌大会（The 18th Congress of the International Society for Mushroom Science）期间，外国同行切身感受到赤日炎炎的夏季，大棚内凉爽菇香，香菇、平菇、桃红平菇、榆黄蘑、毛木耳、鸡腿菇、茶树菇、大球盖菇、长根菇、灵芝等五颜六色，数十种食用菌争奇斗艳，赞叹不已，无不感慨：open eyes！中国快速的社会和经济的变革，催生并推动了食用菌的工厂化。食用菌作为作物栽培，不论自然环境为主的农业方式还是完全人工调控环境的工厂化，都需要建立与农作物相似的学科体系，这主要包括种质资源学、菌种学、生理学、栽培学等。遗憾的是，像农作物那样有种有管有预期收获的人工栽培，食用菌仅百年的历史，我国仅几十年的历史。与作物的几千年栽培史比较，食用菌的生产经验、技术积累、科学认知还只是“襁褓中的婴儿”。

种质资源是育种的必需材料，鉴定评价技术是育种的基础技术，大量可利用种质资源和先进育种技术的结合是良种高效选育的唯一战略战术。而2006年前，我们的种质资源库只有遗传背景极其狭窄的寥寥几百个栽培种质。偶尔采集到野生种质也只能继代培养，冰箱保藏，不知如何鉴定评价，由于可利用性不清楚大部分被丢弃。那时，我国的食用菌育种面对的是无米之炊！这导致我国自主知识产权品种严重匮乏，自育品种综合农艺性状不理想，成为我国食用菌产业持续健康发展的严重制约因素。

改革开放的惠民政策，经济的发展，社会的进步，推动着食用菌产业的快速发展，我国的食用菌产量从1978年的40万t增长到2015年的3476.15万t。受综合国力的限制，食用菌人工栽培生产的几十年，一直处于多经验、少科学的技术状态。科学研究的匮乏极大地影响了产业的持续健康发展。特别是菌种相关科学技术，成为产业发展的首要瓶颈问题。产业的迅猛发展和科技支撑的严重匮乏，引起了各级政府和农业部门的高度重视。围绕我国食用菌的菌种问题，2007年农业部启动了公益性行业（农业）科研专项“食用菌菌种质量评价与菌种信息系统研究与建立”，从野生种质资源的采集鉴定到栽培种质的收集评价；从栽培品种的菌种质量、性状特征到栽培技术方法的标准规范，系统地开展了食用菌菌种的相关研究，以期为食用菌的种质持续创新提供理论基础和技术途径。同时，食用菌种质资源研究成为了国家食用菌产业技术体系建设的重要内容。在公益性行业（农业）科研专项“食用菌菌种质量评价与菌种信息系统研究与建立”工作的基础上，国家食用菌产业技术体系育种与菌种繁育研究室全体岗位专家分工合作，深入系统地开展了食用菌种质的研究工作，包括种质资源的采集、收集、保护、保育、鉴定、评价、保藏等。国家重点基础研究发展计划（973 计划）项目和中国农业科学院科技创新工程对相关研究给予了资金支持。经过 10 年的共同努力，取得了开创性的研究成果。系统梳理总结，2011 年出版了《中国食用菌菌种学》，进一步的研究成果形成这部《食用菌种质资源学》。

这是我国第一部关于食用菌种质资源研究的著作。由于研究基础薄弱，书中某些成果尚不够精致，文理的安排也可能存在不尽如人意之处。由于作者研究深度不一，掌握的资料也不尽相同，难免整体上行文风格不同，甚至观念理念不同。不足之处，恳望读者批评指正。

无论有多少缺憾，作为开创性的工作，通过 10 年对大量样本的研究分析，终归形成了比较全面、系统的食用菌种质资源研究的基本理念、技术和方法，明确了现有主要栽培种质的特征特性，集于本书。对此，我们感到欣慰。谨期本书能为我国食用菌学科建设增砖添瓦，为我国食用菌产业技术的原始创新提供些许的支持，为食用菌种质资源的创新和利用提供可用的材料、技术、方法和信息。种质资源是一项需要细致认真、坚持不懈、不断积累的长期性基础性的技术工作，是需要有淡泊之心、禅定之心才能做好的工作。功夫不负有心人。我们相信，随着研究的不断深入，新技术、新方法、新种质会不断被创造，并应用于新品种的选育，其科技创新作用将日益彰显。

我们衷心感谢公益性行业（农业）科研专项、国家食用菌产业技术体系（CARS-24）、国家重点基础研究发展计划（973 计划）项目（2014CB138300）和中国农业科学院科技创新工程项目的资助。感谢为本书研究成果作出贡献的所有研究人员、技术支撑人员。

张金霞

2016 年 11 月

目　　录

第一章　概　　述

第一节　食用菌种质资源学的定义

一、食用菌定义及其语义演变

1. 定义

在生物学中，食用菌（edible mushroom）不是分类学概念，而是应用真菌学概念，关于其定义颇多，不同年代、不同国家具有一定差异。在我国，食用菌广义上泛指所有食用、药用以及食药兼用的大型真菌（macrofungi）；狭义上仅指食用和食药兼用的种类，不包括药用种类。在多数欧美国家，以往食用菌仅指栽培的双孢蘑菇（*Agaricus bisporus*）；直至近年，随着人类对食用菌营养和药用功能认知的普及和提高，以及香菇、金针菇、平菇等在欧美市场消费逐年增加，"食用菌"这一术语的范围才得以拓宽。如今得到国内外广泛接受的是著名蕈菌学家张树庭教授给出的定义:肉眼可见、赤手可得的可食大型真菌（Chang and Miles，1989）。本书所用"食用菌"这一术语是广义上的。

2. 语义的演变

据《中国史学家》，我国早在公元前 5000~公元前 4000 年的仰韶文化时期（旧石器时代）就有了采食蘑菇的记载（张金霞等，2015）。"蘑菇"是我国使用时间较长的传统用词，虽然其由来还未曾考证，但至少在元代就已出现。在 1330 年（天历三年）《饮膳正要》中写道："与蘑菇稍相似。"刘若愚（1541—？）《明宫史》"火集·饮食好尚""正月"中有："素食则滇南之鸡纵、五台之天花、羊肚菜、鸡腿、银盘等蘑菇。"之说。晚清《农学丛书》之一的《家菌长养法·蕈种栽培法》中又有"菌俗名蘑菇"之释义。

在没有显微镜的古代，我们的先人把肉眼可见的大型真菌统称为"蕈"或"菌"。公元 1703 年吴林著《吴菌谱》引自隋代巢元方等（公元 610 年）《诸病源候论》的记载："出于树者为蕈，生于地者为菌"，可见"蕈"和"菌"都是大型真菌，只是生活习性不同。如今，我国人民仍延续着食用"蕈"和"菌"的习惯。食用种类包括人工栽培种类，更多的种类则是野生种类（野生种类的"蕈"如平菇、香菇、猴头菇、灵芝、黑木耳、银耳等，野生种类的"菌"如蘑菇、羊肚菌、松茸、竹荪、乳菇等）。千百年来，我国将所有肉质伞状的大型真菌统称为"蘑菇"，而将胶质的可食大型真菌冠以"耳"，如黑木耳、毛木耳、银耳、金耳、茶耳等。

近代西方真菌理论传入我国后，英文"mushroom"初始的汉语对应词为"蘑菇"、"蕈"，如 1976 年出版的《真菌名词及名称》；而 1989 年出版的《微生物学名词》将英语"mushroom"的汉语对应词规范为"蘑菇"。

据估计，全球有大型真菌 140 000 种左右（Hawksworth，2001），而目前已知或记载种类仅占估计存在种类的10%左右，即14 000种左右。在这14 000种中，50%左右具不同程度的可食性，其中分布在31属的3000多种是主要的食用种类。但目前只有200种左右可人工栽培，其中的100种可实施经济可行的栽培，60种可商业规模栽培。此外，尚有2000种左右对人体健康具不同方面、不同程度的益处（Chang and Miles，2004）。近年的调查表明，我国较普遍采集食用的大型真菌有200余种，其中仅云南形成商品量的野生食用菌就有142种（王向华等，2004）。

“食用菌”一词产生于近代，据考证，最早出现于1901年（光绪二十五年）晚清时期出版的《农学报》第152~第158期，其中《蔬菜栽培法》“第五篇菌类”之“洋菌八十七”记载：“……其在夏时殊害食用菌”。作为文章标题见于1918年杨昆的《食用菌栽培法》，该书介绍了香菇、木耳和银耳的栽培方法。1935年，商务印书馆出版了史公山编著的《食用菌栽培法》。虽然该书著者未对“食用菌”这一概念进行定义，但该书内容将其阐释无疑，书中介绍了中国段木栽培法、西洋马粪栽培法、科学的锯屑栽培法、银耳栽培法等，栽培种类至少包括香菌、双孢蘑菇（西洋菌）、白香菌、平菇（平菰）、银耳5种食用菌。1957年科学出版社出版的相望年编撰的《中国真菌学与植物病理学文献》中，在真菌学一级目录之下列有“食用菌”二级目录，辑有白木耳、竹荪、草菇、香菰、洋蕈、茯苓等文献近50篇。

在我国，“食用菌”作为专业术语使用，是20世纪50年代才出现的。60~70年代，由于简称“蘑菇”的双孢蘑菇种植发展较快，也常与“蘑菇”一词混用。当时我国的食用菌还没有形成产业规模，主要栽培种类为香菇、双孢蘑菇、草菇、黑木耳、银耳。当时的“蘑菇”又常仅指双孢蘑菇，而业内专家普遍认为中国食用和栽培的种类多，特别是黑木耳、银耳等耳类占有重要地位，“蘑菇”这一俗称作为术语使用，远不能涵盖我国栽培和食用的大型真菌种类，遂将“食用菌”作为规范性专业术语使用。该时期发布的报告、成立的专业研究机构、创办的专业期刊、出版的专著等，都以“食用菌”为术语。1978年5月娄隆后教授向国务院提交了《我国食用菌事业大有可为》的报告，国务院极为重视，有关领导批示农业部、对外贸易部、中华全国供销合作总社“要抓食用菌发展”；同年5月29日，三部门联合向国务院提交了《关于发展食用菌的生产和科研工作报告》。1978年我国食用菌产业发展的进军号角被吹响，成为我国食用菌产业发展的标志性一年。1979年中华全国供销合作总社昆明食用菌研究所成立。此后专业杂志《食用菌》、《中国食用菌》相继创刊，《湖南主要食用菌和毒菌》、《食用菌的栽培和加工》、《食用菌生物学基础》等专业书籍相继出版发行。“食用菌”这一术语的广泛应用，成为学术界和产业界认可并接受的重要标志。此后，以“食用菌”为术语的机构层出不穷，如北京食用菌学会、中国食用菌协会、中国农学会食用菌分会等。

国家标准GB/T 12728—2006《食用菌术语》（*Terms of Edible Mushroom*），规定“食用菌”的英语对应词是“edible mushroom”。“食用菌”采用了Chang和Miles（1989）给出的定义。20世纪70年代以来，业内曾有将“食用菌”对应于英语“edible fungus”的现象。从英语的词义看，“edible fungus”是“可食用的真菌”，而不是“可食用的蕈、菌”，内涵上包括的不仅是大型真菌，还包括了酵母菌、霉菌、大型真菌等多个类群。因此，将“食用菌”对应于英语“edible fungus”，超出了我们通常仅指大型真菌“蕈”

和“菌”的外延。正因如此，《食用菌术语》（GB/T12728—2006）的英文名称由 *Terms of Edible Fungus* 修订为 *Terms of Edible Mushroom*。

3. 相近名词名称

近年我国食用菌产业迅猛发展，栽培种类不断增加，催生了与“食用菌”这一术语相近的诸多名词名称的出现和使用，如蕈菌、菌蕈、菇菌、菌菇、菇类等。

按照现代科学的涵义及概念之间的相互关系，蘑菇、蕈菌、菌蕈、菇菌、菌菇、菇类与大型真菌为同义词。“大型真菌”的英语对应词为“macrofungus”，“蘑菇”的英语对应词为“mushroom”，这两个术语的内涵和外延都是明确清晰的。

（1）“蕈菌”和“菌蕈”

“蕈菌”和“菌蕈”，很早就出现在我国古籍中，一般古代的“蕈”、“菌”同位，均指今天称谓的大型真菌，只是生长环境不同。由“蕈”、“菌”组成的同义复合词“蕈菌”和“菌蕈”其释义也均为“大型真菌”。但随着科学的进步、显微镜的出现，“西学东渐”，国人认识了细菌，因之“菌”的外延扩大了，“菌”不仅包括“真菌”，还包括“细菌”、“黏菌”，而“蕈”仍然是指大型真菌。因此“菌”与“蕈”的关系有了变化，“菌”成了“蕈”的上位概念。因此，按现代汉语语法构词规律和科学涵义，“蕈菌”一词表达的意义是科学的，仍指“大型真菌”，而“菌蕈”与现代汉语语法构词规律不符，科学涵义也不够准确。就像科学上不能把“霉菌”称为“菌霉”一样，“蕈菌”自然也不宜称为“菌蕈”，这不仅词序颠倒，科学内涵也不甚清晰。

有学者提出：mushroom 的中文译名原来仅为“蘑菇”，广义上应译为“蕈菌”，“蕈菌”以利于与酵母菌、霉菌、细菌等并列使用。“蕈菌”一词对应于“mushroom”，较“蘑菇”科学意义更准确。将“mushroom”广义上译为“蕈菌”，从语言结构和科学内涵上都是比较规范的。困难的是，国人对“蕈”字知之甚少，产业和社会的推广需要时日。

（2）“菇菌”、“菌菇”和“菇类”

“菇菌”、“菌菇”和“菇类”都是指大型真菌，是比“大型真菌”、“蘑菇”出现较晚的生活用语，多指食用种类。但从字面上都不能包括木耳、银耳、金耳等胶质菌类。

二、食用菌种质资源学

不言而喻，种质资源学研究的对象是种质资源（germplasm resource）。广义上，种质资源是指地球上所有生物种质的遗传多样性资源。为了研究的便利，常按照生物的类群分门别类开展研究，诸如作物种质资源学、蔬菜种质资源学、果树种质资源学等。

在真菌学中，食用菌作为应用真菌学的一个分支；在农学上，食用菌作为园艺学的一个分支；在作物分类上，与粮食作物、油料作物、纤维作物等并行的食用菌即为菌类作物。作为与植物差别较大的生物，菌物界的成员、高等真菌中的大型真菌——食用菌这一广泛的生物类群，具有较多与动物、植物不同的特点、特性和特征。作为一类重要经济作物的食用菌，其种质资源学将是一门研究栽培种类的起源与演化、种质采集收集、种质保存、种质评价鉴定以及种质利用的科学。简而言之，食用菌种质资源学即是食用菌种质资源研究的总和。

人类栽培绿色植物有着悠久的历史。在农耕文明中，植物资源的考察及其利用占有重要的地位，在人类进步中发挥了不可替代的作用。长期的作物学研究逐渐分化出种质资源学，并成为重要农学学科，系统开展了作物起源与演化、种质考察与搜集、种质保存、种质评价与鉴定以及种质利用的研究，为作物的品种改良奠定了坚实的技术和材料基础。与绿色植物几千年的栽培历史相比，食用菌实现有种有收的稳定生产不过百年的历史，相关研究起步晚，远未形成作物学那样的系统科学。

对食用菌种质资源的研究，离不开对菌物资源的研究，其中对真菌资源的调查与研究利用是食用菌种质资源研究的基础。对食用菌种质的研究又是以对其资源的调查和认知为基础。长期以来，我国尚未对食用菌种质资源开展系统性的考察。对食用菌的研究多着重于资源的调查采集，着重于对自然存在的认识、描述和记录，较少涉及种质研究。食用菌种质资源学研究是建立在真菌学、真菌生态学、真菌生理学、真菌遗传学等基础与专业学科之上，同时为食用菌菌种学、食用菌栽培学、食用菌保健与加工等提供重要理论依据。食用菌作为一类大型真菌，包含的生物类群大，涵盖了菌物界（Kindom fungi）中担子菌（Basidiomycota）和子囊菌（Ascomycota）2 门 30 余科 130 余属的近千种（张金霞，2015）。能够完全人工栽培的食用菌，以腐生菌（saprophytic fungi）为主，少量为兼性真菌（amphitrophic fungi），而没有专性寄生菌（parasitic fungi）和共生菌（symbiotic fungi）。

食用菌资源是人类食物、药物和工业原料的重要来源，食用菌种质资源的研究将为新品种的选育和产业发展提供关键的生物材料支持。同时，食用菌的种质资源作为构成生物多样性的重要因素，对林地和草地生态系统起着重要的平衡作用。

第二节　食用菌与人类

食用菌只是数十万种大型真菌中很少的一部分，栽培食用菌种类所占比例更低。虽然食用菌没有作为人类主要食物的粮食作物那么高的产量，人类生存对食用菌的依赖也不像对粮食作物那样的深切，但是，食用菌与人类有着千丝万缕，甚至是至关重要的联系。而且，随着人类社会的进步，这种联系日渐凸显。

一、食用菌与环境

地球有几十亿年的形成和进化历史，在这期间形成的有机体具有广泛的生物多样性，正是这种多样性构成了生态环境的稳定和平衡。研究表明，一些大型真菌在 9 亿年前就已经在地球上出现（李可群，2016），而只有 14 万~30 万年进化史的人类，在地球上的出现远远晚于大型真菌。研究表明，侧耳属分为远古种和近代种两大类，远古种形成于寒武纪（Cambrian）大暴发或之前，而近代种由远古种演化而来（Vilgalys and Sun，1994）。

在千万年乃至上亿年的演化进程中，大型真菌分化出了腐生菌（木腐菌、草腐菌）、寄生菌（植物寄生菌、虫寄生菌）、共生菌三大生态和生理类型。在这三大类型外，还存在一些过渡类型，如兼性腐生菌、兼性寄生菌、兼性共生菌。目前人类可栽培的食用菌都属于腐生菌。在自然状态下，木腐菌以枯死的树桩、树木、枝杈等为基质，分解其中的木质纤维素，是维持森林生态平衡的大型真菌；草腐菌以草地上的枯草、牛粪马粪、作物秸秆等为基质，生长并形成子实体。这种对木质纤维素的分解，加快了自然界的碳循环。另外一方面，也将动物排泄物无害化分解利用，净化了环境。

在大自然中，各类有机体织成了巨大的生命网，生物之间的相互作用维持着环境的平衡。对于自然界中的生物，人类研究较多的是肉眼可见的各类植物和动物，特别是与人类生活密切相关的一些种类，如植物中的粮食作物、蔬菜、水果、花卉等，动物中的禽、畜、昆虫等。植物利用太阳能、二氧化碳和水，通过叶绿素制造自身需要的养分，行自养型生长。其部分产物被人类利用，尚有较大比例的产物不能被人类直接利用而被弃于环境中，成为环境的污染源，如农业生产的副产品——各类秸秆皮壳。而动物则不能自己制造食物，需要以植物为营养，行异养型生长，并在其生长过程中产生排泄物，污染环境。可见，不论植物还是动物，人类生产产生的生物量，只有一部分可以被人类直接利用，尚有一定的生物量人类不能直接利用，成为人们眼中的“废弃物”。对于这一部分，如果人类不加以关注，不加以处置，必然会打破环境的自然能量平衡，导致环境问题。作为大型真菌的食用菌正是在解决这一问题上有着其他生物不可替代的作用。

植物和动物产生的人类不能直接利用的部分正是食用菌生产的原料，通过食用菌的生长，这些污染环境的“废弃物”被降解，转变成食用菌自身的结构和营养物质。在此基础上，产生大量人类可食用的子实体。子实体采收后的菌渣仍有大量蛋白质、氨基酸、维生素等营养物质，可以作为多种饲养动物的饲料，还可以经发酵成为有机肥、无土栽培和育苗基质，形成“地球—植物动物生产—废弃物—食用菌—饲料+无土栽培基质+有机肥—地球”的物质循环。在这一整个循环过程中，不产生任何废气、废水和废渣，完全达到了“零排放”的生态理念，形成良好经济效益的循环。这一自然界的生产者——植物和消费者——动物之外的还原者的重要角色，是任何其他生物都不能取代的。

二、食用菌与食物供给

科学技术的进步，推动了人类文明和社会的进步，近百年人类呈现爆炸性增长。人口的剧增，对食物量的需求不断增加。然而，食物生产的增长滞后于人口增长。食物生产依赖的耕地，由于工业化、城镇化、沙化、荒漠化等，不但没有增加，反而在减少。满足人类的食物要求是人类发展的第一需要。

20 世纪 40 年代发源于墨西哥的绿色革命，50 年代和 60 年代蔓延全球，绿色革命的灌溉技术、丰产育种、短日照作物育种、化肥等，都大幅提高了农作物单产，扩大了农作物的种植区域，农作物产量呈现全球性增加。但是，更多的杀虫剂和化肥的使用，对环境造成了巨大损害。70 年代以来，全球的环境问题逐年加剧。我国的绿色革命自 70 年代不断推广，40 年后的今天，在获得了更多食物的同时，环境也遭到了严重破坏。

与粮食全球性增加的同时，食物生产的副产品也在不断增加。这类副产品几乎全部以木质纤维素类物质为主，人类不能直接利用其作为食物。一方面食物供应的不足，另一方面大量食物生产副产品的浪费。利用食用菌，消化木质纤维素生产食物，将是人类获取食物的新途径。

太阳是地球万物的能量来源，太阳为地球固定的生物量估计为 7.2×10^{17}t。据估算，全球每年产生生物量 1.64×10^{11}t，陆地上的生物量为 1.09×10^{11}t，其中，纤维素 4.91×10^{10}t，半纤维素和木质素分别为 2.18×10^{10}t，木质纤维素类总计为 9.27×10^{10}t。我国每年农林业的秸秆、枝杈等副产品约为 6 亿 t。可见，地球上年产量最大、可供人类再循环利用的生物量成分是木质纤维素，大量的生物质能量贮存于这些木质纤维素中。而其中的粮食作物生物量仅占陆地生物量的 10%（郝媛和马俊杰，2012），FAO 数据显示，2013 年全球谷物粮食 25 亿 t。如果利用 0.1%的木质纤维素，即 9.27×10^{7}t，按生物学效率 65%计，可生产鲜菇（耳）6.026×10^{7}t，折合干菇（耳）6.026×10^{6}t，相当于 9.641×10^{6}t 牛肉。

在耕地不断减少的严峻形势下，食用菌不依赖耕地，可以在沙地、坡地、盐碱地、戈壁、荒地等非耕地上立体高效生产。食用菌是耕地之外的美味食物生产者。

三、食用菌与人类健康

健康是人类社会永恒的主题，健康长寿是人类生活的最终目标。膳食结构是影响人类健康的重要因素。不合理的膳食结构，常引发各类疾病的发生，如蛋白质摄入的不足，严重影响婴幼儿的发育，过多动物性食物的摄入，易导致各类心脑血管疾病的发生。良好的膳食结构或合理的膳食添加，将有助于人类健康，益寿延年。食用菌不仅味道鲜美，风味独特，营养丰富，同时含有多种益于健康的生物活性成分，可作为传统膳食食用，还可以作为营养滋补品以养生为目标定量摄入。

食用菌高蛋白、低脂肪、低热量、富含维生素和矿物质、多膳食纤维的营养特点，使其成为营养美味食品的同时，对维护人体健康具有极高食用价值（表 1-1 和表 1-2）。鲜食用菌的蛋白质含量为 1.75%~3.63%，干品蛋白质含量平均为 25%，是牛肉的 1.6 倍；食用菌的脂肪含量仅为 4%，且 85%以上为不饱和脂肪酸，平菇油酸的含量占 12.29%，草菇油酸占 3.47%；食用菌的维生素含量高，种类多，含有 B 族维生素、维生素 C、烟酸等。香菇中大量的维生素 D_2 前体——麦角甾醇，经紫外线照射转化为维生素 D_2，使人体钙的吸收率大大增强，可有效预防儿童的钙缺乏症和骨质疏松症。实验检测表明，鲜草菇维生素 C 含量达到 9.78mg/100g，烟酸（维生素 PP）达到 8.98mg/100g。食用菌的矿物质丰富，其中大量元素是钾，占矿物质的 40%左右。食用菌是低钠膳食需要者的理想食品，也是理想的植物性补铁食物，新鲜的黑木耳每 100g 含铁 98mg，含量是肉类的 100 倍以上。

表 1-1　鲜草菇的营养成分　（单位：g/100g 鲜品）

水分	碳水化合物	蛋白质	脂肪	膳食纤维	油酸	不饱和脂肪酸	粗多糖	灰分
90.1	3.1	3.02	未检出	2.79	0.01	0.06	1.06	1.0

表 1-2 鲜草菇维生素含量 （单位：mg/100g 鲜品）

维生素 B_1	维生素 B_2	维生素 B_6	维生素 C	维生素 E	维生素 PP
0.10	0.65	0.13	9.78	未检出	8.98

同时，多种食用菌都是传统中药材，不仅是当代进入《中华药典》的冬虫夏草、蛹虫草、灵芝、猪苓、茯苓等种类，还有毛木耳、银耳、红菇等多种食用菌。具有提高机体免疫力、抗肿瘤、抗病毒、抗炎症反应、抗细菌、抗辐射、降血糖、降脂肪栓、保肝、抗氧化、清除自由基、减肥、调节中枢神经等多种保健功效，是人类强身健体、抗衰老、益寿延年的理想食品。随着工作和生活节奏的加快及压力的增加，人类亚健康问题不断加剧；饮食结构的变化，人口老龄化的形成和加速，对国民健康维护和疾病预防都提出了新的要求。现代研究表明，食用菌的主要生理活性物质是真菌多糖、糖蛋白、萜类、甾醇类、多酚类、生物碱等。

第三节 食用菌种质资源研究概况

尽管已知地球上存在着近千种的食用菌，但是目前可以人工栽培和商业化生产的所占比例还比较小，尚有 2000 种左右在不同方面对人类健康具不同程度益处的食用菌（Chang and Miles，2004），人类尚未对其开展栽培技术方法的研究。

在世界范围内，食用菌更多地作为大型真菌在真菌学范畴开展研究，大型真菌生态类型的多样性，各生态类型在进化中形成的相互之间的复杂关系，都为种质学的系统研究带来了诸多挑战。庆幸的是，目前人工栽培的大多数种类都属于腐生类型。然而，食用菌的栽培历史并不长，相关研究刚刚起步。虽然应用近代技术方法栽培食用菌已有百年历史，但是最早仅局限于双孢蘑菇单一菇种，实现有种（zhǒng）、有种（zhòng）、有管、有收的稳定栽培生产也不过是百年左右，我国实现像作物那样的有种有收有预期产量的食用菌栽培不过 40 年的历史。虽然我国的食用菌栽培和利用种类繁多，但是，相关种质资源的研究刚刚开始。

对食用菌种质资源的认识起源于野生资源的采集分离和驯化利用，其技术基础是纯菌种制作技术和保藏方法。

从 20 世纪 80 年代末以来，我国相继开展了不同生态区域的食用菌资源的考察、调查和采集活动，如西藏、河北、河南、广东、北京、湖北、云南、吉林等都开展了相关的考察和调查，出版了相关著作数十部。遗憾的是，受种种条件的制约，收获较多的是各类标本，而种质的分离不多，鉴定评价工作就更少。对食用菌种质的评价工作最早起源于对栽培品种的比较试验，以筛选适合不同生态区域和栽培条件的适宜品种，这类工作起源于 20 世纪 80 年代我国食用菌产业发展的初期，多侧重于栽培的适应性，而对种质本身的遗传特性的研究和评价较少。同时，由于食用菌子实体形态分化的多样性远不及绿色作物那样多样，又易受环境条件的影响而存在着较大的不稳定性，这为种质鉴定评价带来了诸多困难。

我国已加入WTO和UPOV，引进了农作物新品种的DUS测试原则、技术和方法，为食用菌种质资源评价提供了借鉴。2002年我国开始了食用菌的DUS测试技术研究，为我国食用菌栽培种质的评价探索技术和方法。经过大量的试验和几年的试用、修订和完善，《植物新品种特异性、一致性和稳定性测试指南 白灵侧耳》（NY/T 2438—2013）和《植物新品种特异性、一致性和稳定性测试指南 香菇》（NY/T 2560—2014）颁布实施。2007~2011年，在农业公益性行业专项的支持下，中国农业科学院牵头，组织全国食用菌研究骨干单位，对全国栽培的食用菌进行了系统的菌种普查和清理，应用多种DNA指纹技术、蛋白质分离鉴定和生理学等方法进行室内的生物学种和菌株个体的遗传特异性鉴定，在不同生态区域开展经济性状的综合鉴定评价，形成了较为系统的规范鉴定技术和评价方法，建立了我国主要栽培种类的菌种特征特性信息，并在中国食用菌产业科技网（http://www.mushroomsci.org）上予以公布。与此同时，开始了较为系统的主要栽培种类野生种质资源的采集鉴定和评价工作。

鉴于我国食用菌栽培种类多，生物学分布范围广泛，同时同属内有多个栽培种存在，近缘种的生物学种鉴定对于其可利用性的评价就至关重要。在种内种质遗传特异性研究的同时，福建省农业科学院和四川省农业科学院系统开展了蘑菇属（*Agaricus*）近缘种鉴定技术方法研究（王守现，2005；张静，2009），云南省农业科学院开展了田头菇属（*Agrocybe*）近缘种鉴定技术研究，中国农业科学院农业资源与农业区划研究所重点开展了侧耳属（*Pleurotus*）的近缘种鉴定研究，北京林业大学的木耳属（*Auricularia*）近缘种鉴定也取得重要进展（吴芳和戴玉成，2015）。在大量研究工作的基础上，《中国食用菌品种》和《国家食用菌标准菌株库目录》分别于2011年和2012年出版。

随着我国产业的快速发展和持续增长，对种质资源的认识不断深入，需求不断增加。2008年以来持续的野生种质采集鉴定和评价利用工作系统展开。目前仅国家食用菌标准菌株库（CCMSSC）就保存野生种质6603株。随着工作的进一步深入，每年都将有800株新的野生资源入库，并服务于产业的应用。

目前我国保藏食用菌种质资源的专业机构有国家食用菌标准菌株库（CCMSSC）、中国农业微生物菌种保藏管理中心（ACCC）、中国普通微生物菌种保藏管理中心（CGMCC）、中国工业微生物菌种保藏管理中心（CICC）和中国林业微生物菌种保藏管理中心（CFCC）。非专业组织的诸多大专院校和科研单位也保藏有大量的种质，如中国农业科学院农业资源与农业区划研究所、福建农林大学、吉林农业大学、上海市农业科学院、云南省农业科学院等。初步统计，目前全国保藏食用菌种质资源在12 000株以上，分属于300种左右。

随着我国综合实力的不断提高，食用菌已经被纳入大农业范围，引起了社会和政府的重视，食用菌的种质资源收集、评价和利用的工作进入了相关的科学和产业发展规划，国家食用菌改良中心已经建成，在这一技术平台上，食用菌的种质资源收集、鉴定、评价、保藏工作必将取得更快更好的发展。

（张金霞）

参考文献

郝媛, 马俊杰. 2012. 生态环评中森林植被生物量的估算方法[J]. 地下水, 34(6): 215-217.

李可群. 2016. 原生生物物种分歧时间和主要演化关系的定量计算[J]. 河南师范大学学报(自然科学版), 03: 115-124.

王守现. 2005. 蘑菇属菌种质量检测技术研究[D] . 福建农林大学硕士学位论文.

王向华, 刘培贵, 于富强. 2004. 云南野生商品蘑菇图鉴[M]. 昆明: 云南科技出版社.

吴芳, 戴玉成. 2015. 黑木耳复合群中种类学名说明[J]. 菌物学报, 34(4): 604-611.

张金霞, 陈强, 黄晨阳, 等. 2015. 食用菌产业发展历史、现状与趋势[J]. 菌物学报, 34(4): 524-540 .

张金霞. 2015. 食用菌产量和品质形成的分子机理及调控项目简介——食用菌产业发展技术创新的科学基础[J]. 菌物学报, 34(4): 511-523.

张静. 2009. 双孢蘑菇品种间 DNA 分子标记遗传多样性与亲缘关系的研究[D] . 福建农林大学硕士学位论文.

张树庭. 1991. 蕈菌学(Mushroomology)[J]. 食用菌, (03): 2.

Chang S T, Miles P G. 1989. Edible Mushrooms and Their Cultivation[M]. Minnesota: CRC Press.

Chang S T, Miles P G. 2004. Mushrooms: Cultivation, Nutritional Value, Medicinal Effect, and Environmental Impact[M]. Boca Raton: CRC Press.

Hawksworth D L. 2001. Mushrooms: the extent of the unexplored potential[J]. International Journal of Medicinal Mushrooms, 3: 333-337.

Vilgalys R, Sun B L. 1994. Ancient and recent patterns of geographic speciation in the oyster mushroom *Pleurotus* revealed by phylogenetic analysis of ribosomal DNA sequences[J]. Proceedings of the National Academy of Sciences, USA, 91: 4599-4603.

第二章　我国食用菌资源的分布

第一节　野生资源现状

我国幅员辽阔，地形复杂，气候类型多样，从南到北分为热带、亚热带、温带和寒带，形成了我国极其丰富的野生菌物资源（Andy，2002）。菌物资源的分布有明显的地域性特点。

一、影响菌物资源分布的环境因素

菌物资源的分布与生态环境密切相关（燕乃玲和虞孝感，2003），同时受多种环境因素的影响，其中起主导作用的是水分的不同。水分不仅直接影响食用菌的生长，而且也影响其生境中其他生物的生长，间接影响到食用菌的生存。在自然界中植被为食用菌提供了营养、温度、湿度、光照等适宜的生长条件，离开植被野生的食用菌就不能生存。

菌物分布呈现纬度地带性。我国地处 3°51′~53°34′N，南北纬度跨越近 50°。最南端海南岛及广东、广西沿海年均温度可达 22℃以上，最北端黑龙江年均温度 0℃以下，每向北移动 1 个纬度，年均气温平均降低 0.5~0.7℃。降水量也呈现一定的纬度变化，从仅 300~400mm 的大兴安岭山地，经降水量可达 700~1000mm 的长白山区，到降水量 1600~2000mm 的台湾、海南岛山地及广东中部，降水量增加了近 1200~1600mm。自北向南，在温度、湿度的共同作用下，依次形成了针叶林、针阔叶混交林、落叶阔叶林、常绿落叶阔叶混交林、常绿阔叶林和热带雨林等多样的森林生态系统，其中分布着丰富的适应不同气候特点的菌物资源。

菌物分布呈现经度地带性。水分的变化主要受海陆位置和大气环流特点的影响。我国位于欧亚大陆的东南端，地处 73°40′~135°05′E，东西纵深 5200km。自东部沿海到西北内陆降水量逐渐减少，从东部沿海降水量 700~2000mm 的湿润区，到西北内陆降水量多在 100~300mm 的干旱、半干旱区，最西部的荒漠地区降水量在 100mm 以下，吐鲁番盆地的托克逊年雨量仅 3.9mm。在水分主导因子的作用下，自东向西，依次形成了各种森林、草甸草原、典型草原、荒漠草原、半荒漠和荒漠生态系统，其中分布着适应不同水分条件的温带及暖温带菌物资源。

菌物分布呈现垂直地带性。气温通常随山地高度增加而降低，降水与空气湿度在一定高度以下随海拔升高而递增。每升高 180m，温度约降低 1℃。受温度、水分条件制约的植被、土壤等也发生相应的变化，自下而上组合排列成山地垂直自然带谱。山地垂直自然带谱的结构类型与基带（山体所在地理位置）及山地高度等有密切关系。例如，长白山从低到高有如下各垂直自然带：阔叶林带—针阔叶混交林带—针叶林带—岳桦林—高山苔原带，分别分布着相应的菌物。

二、中国大型菌物资源的地理分区与分布

我国自然地理学家从多学科角度，根据中国自然情况的最主要差异，首先把全国区分为东部季风区、西北干旱区和青藏高原区三大自然区，并进一步根据气候、土壤、植被类型、农业分布，以及各地的自然和人文地理特点等，把我国划分为四大地理区域，即北方地区、南方地区、西北地区和青藏地区。

关于中国菌物的生态分布，早期权威的划分见于臧穆先生所著《中国食用菌志》，之后黄年来先生编撰的《中国大型真菌原色图鉴》、卯晓岚先生编撰的《中国大型真菌》、李玉编撰的《菌物资源学》等书中都对我国大型真菌的生态分布进行了探讨。众所周知，菌物生态分布与植被生态分布密切相关。最近，《中国自然地理》一书中，根据综合性原则、主导因素原则和发生学原则，对中国植被的生态分布情况进行了不同地理区域的划分，这对于菌物的生物地理学与区系学研究很有借鉴的意义。

本节参考以上文献资料，根据菌物分布生态学特点，对我国大型菌物资源分布进行了不同地理区域的划分，共划分为东北地区、华北地区、华中地区、华南地区、内蒙古地区、西北地区和青藏地区 7 个大区。虽然每个大区都有特殊的生态类型（如新疆灌溉区与非灌溉区或荒漠的植被、西藏不同海拔的植被、台湾高山上的植被等都与周边的植被生态类型不同），可细分区划为不同的小区，但为了方便读者理解各种大型菌物资源的分布方位及便于读者采集和记录，本书不再进一步细化为小区划，但会对同一区划中不同的植被类型中的大型菌物资源分别展开介绍。

（一）东北区

受纬度、海陆位置、地势等因素的影响，东北区属大陆性季风型气候（王术荣，2011；张清洋，2014）。年平均温度在−4℃左右，1 月平均温度常低于−20℃，7 月平均温度一般不高于 24℃。自南而北跨暖温带、中温带与寒温带，热量显著不同，≥10℃的年积温，南部可达 3600℃，北部则仅有 1000℃。自东而西，降水量自 1000mm 降至 300mm 以下，雨热同季，雨量不均，总体上东湿西干。

气候上从湿润区、半湿润区过渡到半干旱区，水热条件的纵横交叉，是综合性大农业基地的自然基础。主要菌物资源按时间轴的次序列述如下。

春至初夏：肋脉羊肚菌[*Morchella costata* (Vent.) Pers.]、小海绵羊肚菌（*Morchella spongiola* Boud.）。

春夏之交：粗腿羊肚菌（粗柄羊肚菌）[*Morchella crassipes* (Vent.) Pers.]。

春至秋季：麻脸蘑菇[*Agaricus urinascens* (Jul. Schäff. &F. H. Møller) Singer]、具盖侧耳（大幕侧耳）[*Pleurotus calyptratus* (Lindblad. ex Fr.) Sacc.] 、肺形侧耳（凤尾菇、秀珍菇、印度鲍鱼菇）[*Pleurotus pulmonarius*（Fr.）Quél.]。

初夏至夏季：花脸香蘑（花脸蘑、紫花脸）[*Lepista sordida* (Schumach.)Singer]。

初夏至秋季：长根小奥德蘑（长根干蘑）[*Oudemansiella radicata* (Relhan) Singer≡*Xerula radicata* (Relhan) Dörfelt]。

夏秋季：胶陀螺（胶鼓菌、猪嘴蘑）[*Bulgaria inquinans* (Pers.) Fr.]、泡质盘菌（*Peziza vesiculosa* Bull.）、冷杉枝瑚菌[*Ramaria abietina* (Pers.) Quél.]、葡萄色顶枝瑚菌 [*Ramaria botrytis* (Pers.) Ricken]、布鲁姆枝瑚菌[*Ramaria broomei* (Cotton & Wakef.) R. H. Petersen]、榆耳（肉色胶韧革菌）（*Gloeostereum incarnatum* S. Ito & S. Iami）、猴头菇[*Hericium erinaceus* (Bull.) Pers.]、大紫蘑菇（窄褶菇）（*Agaricus augustus* Fr.）、林地蘑菇（*Agaricus silvaticus* Schaeff. ex Fr.）、白林地蘑菇[*Agaricus silvicola* (Vittad.) Peck]、圈托鹅膏[*Amanita ceciliae* (Berk. & Broome) Bas s.l.]、棒柄杯伞 [*Ampulloclitocybe clavipes* (Pers.) Redhead *et al.*]、半被毛丝膜菌 [*Cortinarius hemitrichus* (Pers.) Fr.]、草地拱顶伞 [*Cuphophyllus pratensis* (Fr.) Bon]、金粒囊皮菌（*Cystoderma fallax* A. H. Sm. & Singer）、粗柄粉褶菌（*Entoloma sarcopum* Nagas. & Hongo）、肾形亚侧耳[*Hohenbuehelia reniformis* (G. Mey.) Singer]、鸡油湿伞 [*Hygrocybe cantharellus* (Schwein.) Murrill]、柠檬蜡伞（小黄蘑）（*Hygrophorus lucorum* Kalchbr）、粉红蜡伞[*Hygrophorus pudorinus* (Fr.) Fr.]、榆干玉蕈（榆干离褶伞）[*Hypsizygus ulmarius* (Bull.) Redhead]、毛腿库恩菇（毛腿鳞伞、库恩菇）[*Kuehneromyces mutabilis* (Schaeff.) Singer & A. H. Sm.≡ *Pholiota mutabilis* (Schaeff.) P. Kumm.]、云杉乳菇（*Lactarius deterrimus* Gröger）、紫柄铦囊蘑（*Melanoleuca porphyropoda* X. D. Yu）、疣柄铦囊蘑[*Melanoleuca verrucipes* (Fr.) Singer]、少鳞黄鳞伞（桤生鳞伞）[*Pholiota alnicola* (Fr.) Singer]、黄鳞伞 [*Pholiota flammans* (Batsch) P. Kumm.]、小孢鳞伞（滑菇、滑子、蘑光帽鳞伞）[*Pholiota microspore* (Berk.) Sacc.= *Pholiota nameko* (T. Itô) S. Ito & S. Imai]、翘鳞伞 [*Pholiota squarrosa* (Vahl) P. Kumm.]、尖鳞伞[*Pholiota squarrosoides* (Peck) Sacc.]、网盖粉菇[*Rhodotus palmatus* (Bull.) Maire]、铜绿红菇（青脸菌、紫菌、铜绿菇）[*Russula aeruginea* Lindbl. ex Fr.]、美味红菇（*Russula delica* Fr.）、茶褐红菇（*Russula sororia* Fr.）、蒙古口蘑（草原白蘑、口蘑、珍珠蘑）（*Tricholoma mongolicum* S. Imai）、银丝草菇（银丝小包脚菇）[*Volvariella bombycina* (Schaeff.) Singer]、黏盖草菇[*Volvariella gloiocephala* (DC.) Boekhout & Enderle]、黄干脐菇[*Xeromphalina campanella* (Batsch) Kühner & Maire]、沼泽牛肝菌（*Boletus paluster* Peck）、亚绒盖牛肝菌（细绒牛肝菌）（*Boletus subtomentosus* L.）、紫色钉菇 [*Chroogomphus purpurascens* (Lj. N. Vassiljeva) M. M. Nazarova]、绒红铆钉菇[*Chroogomphus tomentosus* (Murrill) O. K. Mill.]、黏铆钉菇[*Gomphidius glutinosus* (Schaeff.) Fr.]、褐疣柄牛肝菌 [*Leccinum scabrum* (Bull.) Gray]、空柄乳牛肝菌 [*Suillus cavipes* (Opat.) A. H. Sm. & Thiers]、点柄乳牛肝菌（点柄黏盖牛肝菌、栗壳牛肝菌）[*Suillus granulatus* (L.) Roussel]、灰环乳牛肝菌 [*Suillus viscidus* (L.) Roussel]、红绒盖牛肝菌[*Xerocomellus chrysenteron*（Bull.）Šutara≡ *Xerocomus chrysenteron* (Bull.) Quél.]、血色小绒盖牛肝菌 [*Hortiboletus rubellus* (Krombh.) Simonini, Vizzini & Gelardi]、黏小奥德蘑[*Oudemansiella mucida* (Schrad.) Höhn]、野蘑菇（*Agaricus arvensis* Schaeff.）、双孢蘑菇（双孢菇、白蘑菇、洋蘑菇）[*Agaricus bisporus* (J. E. Lange) Imbach]、色钉菇[*Chroogomphus rutilus* (Schaeff.) O. K. Miller]、美味牛肝菌（粗腿菇、大脚菇）（*Boletus meiweiniuganjun* Dentinger）、蜜环菌[*Armillaria mellea* (Vahl.) P. Kumm.]。

夏末至秋季：斑玉蕈（蟹味菇、海鲜菇、真姬菇、玉蕈）[*Hypsizygus marmoreus* (Peck) H. E. Bigelow]。

秋季：淡紫坂氏齿菌[*Bankera violascens* (Alb. & Schwein.) Pouzar≡*Hydnum violascens*

Alb. & Schwein.≡*Sarcodon violascens* (Alb. & Schwein.) Quél.]、赭鳞蘑菇（*Agaricus subrufescens* Peck）、黏柄丝膜菌（趟子蘑、油蘑黏腿丝膜菌）[*Cortinarius collinitus* (Pers.) Fr.]、香菇（香蕈、香信、冬菰、花菇、香菰）[*Lentinula edodes* (Berk.) Pegler]、紫丁香蘑（紫晶蘑）[*Lepista nuda* (Bull.) Cooke]、银白离褶伞（合生离褶伞、丛生杯伞）[*Lyophyllum connatum* (Schumach.) Singer≡ *Clitocybe connate* (Schumach.) Gillet]、美味扇菇（元蘑、冻蘑）（*Panellus edulis* Y. C. Dai *et al.*）、金毛鳞伞[*Pholiota aurivella* (Batsch) P. Kumm.]、黄褐口蘑[*Tricholoma fulvum* (DC.) Bigeard &H. Guill.]、杨树口蘑（*Tricholoma populinum* J. E. Lange）、松口蘑（松茸、松蘑、松菌、松树蘑）[*Tricholoma matsutake* (S. Ito & S. Imai) Singer]。

（二）华北区

地理上气候学的现代华北为“暖温带半湿润大陆性气候”，该区有中国第一大平原华北平原，四季分明，光照充足；冬季寒冷干燥且较长，夏季高温降水相对较多，春秋季较短。年平均气温为 9~16℃，1 月平均气温为–13~–2℃，7 月平均气温为 22~28℃，绝对最低气温为–30~–20℃；降水量一般在 400~700mm，沿海个别地区可达 1000mm。

主要菌物资源如下。

春至秋季：麻脸蘑菇、具盖侧耳、白鬼笔（*Phallus impudicus* L.）。

初夏至秋季：长根小奥德蘑。

夏秋季：泡质盘菌、林地蘑菇、白林地蘑菇、黄绿卷毛菇（黄绿蜜环菌、黄环菌、黄蘑菇）[*Floccularia luteovirens* (Alb. & Schwein.) Pouzar≡ *Armillaria luteovirens* (Alb. & Schwein.) Sacc.]、肾形亚侧耳、毛腿库恩菇、翘鳞伞、尖鳞伞、蒙古口蘑（草原白蘑、口蘑、珍珠蘑）、银丝草菇（银丝小包脚菇）、矮小草菇（小包脚菇、矮小包脚菇）[*Volvariella pusilla* (Pers.) Singer]、黄干脐菇、沼泽牛肝菌、紫色钉菇、紫褐空柄牛肝菌[*Gyroporus purpurinus* (Snell) Singer]、点柄乳牛肝菌、红绒盖牛肝菌、血色小绒盖牛肝菌、荷叶离褶伞[*Lyophyllum decastes* (Fr.) Singer]、灵芝（*Ganoderma sichuanense* J. D. Zhao & X. Q. Zhang）、鸡油菌（*Cantharellus cibarius* Fr.）、太原块菌（*Tuber taiyuanense* B. Liu）、香杏丽蘑[*Calocybe gambosa* (Fr.) Donk]、裂皮大环柄菇 [*Macrolepiota excoriate* (Schaeff.) Wasser]、北方小香菇[*Lentinellus ursinus* (Fr.) Kühner]。

秋季：假根蘑菇（*Agaricus radicatus* Schumach.）、赭鳞蘑菇、银白离褶伞（合生离褶伞、丛生杯伞）、金毛鳞伞、杨树口蘑、茯苓[*Wolfiporia cocos* (F. A. Wolf) Ryvarden & Gilb.]。

（三）华中区

华中地区属于中亚热带和北亚热带温润季风气候，热量充足，降水丰沛，但季节差异较大，四季分明，冬季气温较低，但不严寒。年平均温度 15~17℃，1 月平均温度均在 0℃以上，7 月平均温度在 20℃以上，自北向南、自东向西递增，绝对最低温度–15~–5℃。年平均降水量为 800~1600mm，由东南沿海向西北递减。

该区属亚热带湿热季风气候，陆地水资源丰富，菌物资源丰富，是我国地道药材“浙药”和“南药”的主产区。主要菌物资源如下。

春季：柱状田头菇（茶树菇、茶薪菇）[*Agrocybe cylindracea* (DC.) Maire]、柳生田头菇（柳树菇）（*Agrocybe salicacicola* Zhu L. Yang *et al.*）。

春至秋季：麻脸蘑菇、具盖侧耳、肺形侧耳、长裙竹荪。

初夏至夏季：花脸香蘑。

夏季：球根白蚁伞（*Termitomyces bulborhizus* T. Z. Wei, Y. J. Yao, B. Wang & Pegler）、盾尖白蚁伞（斗鸡菇、白蚁伞）（*Termitomyces clypeatus* R. Heim）、小白蚁伞[*Termitomyces microcarpus* (Berk. & Broome) R. Heim]、延生枝瑚菌南方变种[*Ramaria decurrens* var. *australis* (Coker) R. H. Petersen]、皱木耳（脆木耳、多皱木耳、砂耳）[*Auricularia delicate* (Mont. ex Fr.) Henn.]、中华干蘑（*Xerula sinopudens* R. H. Petersen & Nagas.）、云南硬皮马勃（*Scleroderma yunnanense* Y. Wang）。

夏秋季：胶黄枝瑚菌（*Ramaria flavigelatinosa* Marr & D. E. Stuntz）、印滇枝瑚菌（*Ramaria indoyunnaniana* R. H. Petersen & M. Zang）、华联枝瑚菌（*Ramaria sinoconjunctipes* R. H. Petersen & M. Zang）、球基蘑菇（*Agaricus abruptibulbus* Peck）、葡萄色枝瑚菌、红顶枝瑚菌小孢变种（*Ramaria botrytoides* var. *microspora* R. H. Petersen & M. Zang）、林地蘑菇、白林地蘑菇、肾形亚侧耳、鸡油湿伞、柠檬蜡伞（小黄蘑）、粉红蜡伞、毛腿库恩菇、辣多汁乳菇（白乳菇、辣乳菇、白多汁乳菇）[*Lactifluus piperatus* (L.) Roussel.≡ *Lactarius piperatus* (L.) Pers.]、少鳞黄鳞伞（桤生鳞伞）、黄鳞伞、小孢鳞伞（滑菇、滑子蘑、光帽鳞伞）、翘鳞伞、尖鳞伞、美味红菇、银丝草菇（银丝小包脚菇）、黏盖草菇、矮小草菇（小包脚菇、矮小包脚菇）、黄干脐菇、茶褐牛肝菌（黑荞巴、黑牛肝）（*Boletus brunneissimus* W. F. Chiu）、考夫曼牛肝菌（*Boletus kauffmanii* Lohwag）、华丽新牛肝菌 [*Neoboletus magnificus* (W. F. Chiu) Gelardi, Simonini & Vizzini]、美味牛肝菌、奇特牛肝菌（绒盖条孢牛肝菌、绒斑条孢牛肝菌）[*Boletus mirabilis* Murrill≡ *Boletellus mirabilis* (Murrill) Singer]、深褐牛肝菌（*Boletus obscureumbrinus* Hongo）、亚绒盖牛肝菌（细绒牛肝菌）、褐孔牛肝菌（*Boletus umbriniporus* Hongo）、紫褐牛肝菌（*Boletus violaceofuscus* W. F. Chiu）、黏盖牛肝菌（*Boletus viscidiceps* B. Feng, Yang Y. Cui, J. P. Xu & Zhu L. Yang）、铅色短孢牛肝菌[*Gyrodon lividus* (Bull.) Fr.]、厚囊褶孔牛肝菌（*Phylloporus pachycystidiatus* N. K. Zeng, Zhu L. Yang & L. P. Tang）、淡红褶孔牛肝菌（*Phylloporus rubeolus* N. K. Zeng, Zhu L, Yang & L. P. Tang）、红鳞褶孔牛肝菌（*Phylloporus rubrosquamosus* N. K. Zeng, Zhu L. Yang & L. P. Tang）、云南褶孔牛肝菌（*Phylloporus yunnanensis* N. K. Zeng, Zhu L. Yang & L. P. Tang）、黏盖乳牛肝菌[*Suillus bovinus* (Pers.) Roussel]、点柄乳牛肝菌、灰环乳牛肝菌、绿盖粉孢牛肝菌[*Tylopilus virens* (W. F. Chiu) Hongo]、红绒盖牛肝菌、血色小绒盖牛肝菌、红托竹荪[*Phallus rubrovolvatus* (M. Zang, D. G. Ji & X. X. Liu) Kreisel]、干巴菌（*Thelephora ganbajun* M. Zang）。

秋季：赭鳞蘑菇、香菇（香蕈、香信、冬菰、花菇、香菰）、紫丁香蘑（紫晶蘑）、金毛鳞伞、黄褐口蘑、松口蘑（松茸、松蘑、松菌、松树蘑）、印度块菌（*Tuber indicum* Cooke & Massee）、阔孢块菌（*Tuber latisporum* Juan Chen & P. G. Liu）、光滑块菌（*Tuber glabrum* L. Fan & S. Feng）、会东块菌（*Tuber huidongense* Y. Wang）、丽江块菌（*Tuber lijiangense* L. Fan & J. Z. Cao）、李氏块菌（*Tuber liyuanum* L. Fan & J. Z. Cao）、新凹陷块菌（*Tuber neoexcavatum* L. Fan & Yu Li）、假喜马拉雅块菌（假凹陷块菌）（*Tuber pseudohimalayense* G. Moreno Manjón, J. Diez & Garcia-Mont.）、假白块菌（*Tuber pseudomagnatum* L. Fan）、拟球孢块菌（*Tuber pseudosphaerosporum* L. Fan）、中华夏块菌（*Tuber sinoaestivum* J. P. Zhang & P. G. Liu）、中华凹陷块菌（*Tuber sinoexcavatum* L. Fan & Yu Li）、中华厚垣块菌（*Tuber sinosphaerosporum* L. Fan, J. Z. Cao & Yu Li）、亚球形块菌（*Tuber subglobosum* L. Fan & C. L. Hou）。

（四）华南区

该区北界是南亚热带与中亚热带的分界线，属终年高温的热带季风气候，年平均温度为21~26℃，1月平均温度在12℃以上，7月平均温度29℃，年温差较小，绝对低温一般都在0℃以上，极少数地区冬季有寒流侵袭时可能降到0℃以下，极端最低气温≥–4℃；多数地方年降水量在1600~1800mm，部分地区可达2000mm以上，是一个高温多雨、四季常绿的热带-南亚热带区域。典型植被为常绿的热带雨林、季雨林和南亚热带季风常绿阔叶林。

该区面积虽小，但菌物资源极为丰富，仅西双版纳就有高等菌物3000~4000种，海南岛也有高等菌物约4000种。该区是地道药材“广药”的主产区。主要菌物资源如下。

春季：柱状田头菇（茶树菇、茶薪菇、杨树菇）、洛巴伊大口蘑（金福菇）[*Macrocybe lobayensis*（R. Heim）Pegler & Lodge]。

春至秋季：肺形侧耳、长裙竹荪。

夏季：云南硬皮马勃、皱木耳（脆木耳、多皱木耳、砂耳）、金黄蚁巢伞（黄白蚁伞、黄鸡纵）[*Termitomyces aurantiacus* (R. Heim) R. Heim]、根白蚁伞（真根鸡纵菌）[*Termitomyces eurrhizus* (Berk.) R. Heim]、谷堆白蚁伞（套鞋带、谷堆菌、谷堆鸡纵、空柄华鸡纵）（*Termitomyces heimii* Natarajan= *Sinotermitomyces cavus* M. Zang）、小白蚁伞、条纹白蚁伞[*Termitomyces striatus* (Beeli) R. Heim]、中华干蘑、泡质盘菌。

夏秋季：胶黄枝瑚菌、球基蘑菇、甜蘑菇（*Agaricus dulcidulus* Schulzer）、辣多汁乳菇（白乳菇、辣乳菇、白多汁乳菇）、小白鳞环柄菇（*Lepiota pseudogranulosa* Velen.）、少鳞黄鳞伞（桤生鳞伞）、黄鳞伞、铜绿红菇（青脸菌、紫菌、铜绿菇）、灰肉红菇（*Russula griseocarnosa* X. H. Wang, Zhu L. Yang & Knudsen）、土黄拟口蘑（*Tricholomopsis sasae* Hongo）、黏盖草菇、黄干脐菇、皱盖牛肝菌（*Boletus hortonii* A. H. Sm. & Thiers）、深褐牛肝菌、亚绒盖牛肝菌（细绒牛肝菌）、紫褐牛肝菌、铅色短孢牛肝菌、紫褐空柄牛肝菌、暗褐网柄牛肝菌 [*Phlebopus portentosus* (Berk. & Broome) Boedijn]、厚囊褶孔牛肝菌、黏盖乳牛肝菌、绒乳牛肝菌[*Suillus tomentosus* (Kauffman) Singer]、红绒盖牛肝菌、血色小绒盖牛肝菌、草菇[*Volvariella volvacea* (Bull.) Singer]。

秋季：黏柄丝膜菌（趟子蘑、油蘑、黏腿丝膜菌）、香菇。

（五）西北区

西北地区属暖温带至中温带干旱大陆性气候（乌兰图雅，2008），日照丰富，气温变化大，冬季寒冷，普遍在0℃以下；夏季暖热，平均气温16~24℃。大部分地区为干旱区和半干旱区，基本没有雨季，多风沙天气，典型的荒漠景观，是我国降水量最少、相对湿度最低、蒸发量最大的干旱地区。除高大山地及北疆西部的伊犁、塔城等地区外，全年降水量均不足250mm。

该区气候干旱，我国两大沙漠——塔克拉玛干沙漠和巴丹吉林沙漠位于该区。区内菌物垂直分布明显，主要菌物资源有：

春至初夏：肋脉羊肚菌。

春夏之交：粗腿羊肚菌（粗柄羊肚菌）[*Morchella crassipes* (Vent.) Pers.]。

春秋季：白灵菇[*Pleurotus tuoliensis* (C. J. Mou) M. R. Zhao & J. X. Zhang]、阿魏菇（*Pleurotus ferulae*）、麻脸蘑菇。

初夏至夏季：花脸香蘑。

夏秋季：疣孢褐盘菌（*Peziza badia* Pers.）、冷杉枝瑚菌、猴头菇、大紫蘑菇、林地蘑菇、白林地蘑菇、半被毛丝膜菌、血红丝膜菌（红丝膜菌）[*Cortinarius sanguineus* (Wulfen) Fr.]、粗柄粉褶菌、黄绿卷毛菇（黄绿蜜环菌、黄环菌、黄蘑菇）、肾形亚侧耳、榆干玉蕈（榆干离褶伞）、毛腿库恩菇、少鳞黄鳞伞（桤生鳞伞）、斑粉金钱菌（斑金钱菌）[*Rhodocollybia maculate* (Alb. & Schwein.) Singer]、银丝草菇（银丝小包脚菇）、黏盖草菇、矮小草菇（小包脚菇、矮小包脚菇）、黄干脐菇、亚绒盖牛肝菌（细绒牛肝菌）、空柄乳牛肝菌。

秋季：赭鳞蘑菇、紫丁香蘑（紫晶蘑）。

（六）内蒙古区

该区属温带内陆干旱、半干旱季风气候，总的特点是春季气温骤升，多大风天气，夏季短促而炎热，降水集中且很少，秋季气温剧降，霜冻往往早来，冬季漫长严寒，多寒潮天气，降雪也少（李玉，2013）。寒暑变化剧烈，年平均气温为0~8℃，气温年差平均在34~36℃，日差平均为12~16℃。降水量少而不匀，年均降水量150~350mm，自东向西递减，东部边缘可达400mm左右，北部地区干旱而严寒。整个区域位于内蒙古高原，海拔为1000~1500m，地势高平，是我国的第二级阶梯。

该区草原牧业发达，是我国地道药材“北药”中适应干旱环境种类的集中产区之一，也是中华民族药“蒙药”的发源地，同时食用菌资源也非常丰富。主要菌物资源有：

春夏之交：粗腿羊肚菌。

春末至秋季：卷边桩菇（卷边网褶菌）[*Paxillus involutus* (Batsch) Fr.]。

初夏至夏季：花脸香蘑。

夏秋季：冷杉枝瑚菌、猴头菇、柠檬蜡伞（小黄蘑）、毛腿库恩菇、翘鳞伞、美味红菇（*Russula delica* Fr.）、蒙古口蘑（草原白蘑、口蘑、珍珠蘑）、褐疣柄牛肝菌、蜜环菌。

秋季：紫丁香蘑（紫晶蘑）。

（七）青藏区

青藏地区因地势高耸而成为一个独特的地区，平均海拔在4000m以上，有“世界屋脊”之称。高原山地气候。冬季严寒，夏季温暖，全年干旱少雨，辐射强烈，植被较少。各地降水的季节分配不均，干季和雨季的分界非常明显，而且多夜雨。年降水量自东南低地的5000mm，逐渐向西北递减到50mm。每年10月至翌年4月，降水量仅占全年的10%~20%；5~9月，雨量非常集中，一般占全年降水量的90%左右。

除呈现西北严寒干燥、东南温暖湿润的总趋向外，还有多种多样的区域气候和明显的垂直气候带。“十里不同天”、“一天有四季”等谚语，即反映了这些特点。主要菌物资源有：

春季：冬虫夏草[*Ophiocordyceps sinensis* (Berk.) G. H. Sung, J. M. Sung, Hywel-Jones & Spatafora]。

夏季：雪松枝瑚菌[*Ramaria cedretorum* (Maire) Malencon]。

夏秋季：泡质盘菌、黄绿枝瑚菌（*Ramaria luteoaeruginea* P. Zhang & Zhu L. Yang）、猴头菇、大紫蘑菇、双孢蘑菇、半被毛丝膜菌、血红丝膜菌（红丝膜菌）、鸡油湿伞、云杉乳菇、疣柄铦囊蘑、斑粉金钱菌（斑金钱菌）、美味红菇、茶褐红菇、网盖牛肝菌[*Boletus reticuloceps* (M. Zang, M. S. Yuan & M. Q. Gong) Q. B. Wang & Y. J. Yao）、易混色钉菇（*Chroogomphus confusus* Yan C. Li & Zhu L. Yang）、黏铆钉菇、松茸、褐疣柄牛肝菌。

夏末至秋季：斑玉蕈。

第二节　野生食用菌资源的生态类型

根据生态系统的环境性质和形态特征来划分，把生态系统分为水生生态系统和陆地生态系统。水生生态系统又根据水体的理化性质不同分为淡水生态系统和海洋生态系统；陆地生态系统根据纬度地带和光照、水分、热量等环境因素，分为森林生态系统（包括温带针叶林生态系统、温带阔叶林生态系统、亚热带森林生态系统、热带森林生态系统）、草原生态系统（包括干草原生态系统、湿草原生态系统、稀树干草原生态系统）、荒漠生态系统、冻原生态系统（包括极地冻原生态系统、高山冻原生态系统）、农田生态系统、城市生态系统等。

自北向南，在温度、湿度的共同作用下，依次形成了针叶林、针阔叶混交林、落叶阔叶林、常绿落叶阔叶混交林、常绿阔叶林和热带雨林等多样的森林生态系统，其中分布着丰富的适应不同气候特点的菌物资源（O’ Hanlon and Harrington，2012）。

自东部沿海到西北内陆降水量逐渐减少，在水分主导因子的作用下，自东向西，依次形成了各种森林、草甸草原、典型草原、荒漠草原、半荒漠和荒漠生态系统，其中分布着适应不同水分条件的温带及暖温带菌物资源。

目前已知食用菌都生长在陆地生态系统，因为水生生态系统不能为食用菌提供适宜的光、温、湿、气等生长环境。其中，森林生态系统物种极其丰富，草原生态系统食用菌资源多样性也高，同时荒漠生态系统中也有许多罕见的食用菌品种。

一、森林生态系统

（一）温带针叶林生态系统

针叶林属中温带或寒温带类型，常常有或多或少的阔叶树混生其中，甚至形成典型的针阔混交林。

1. 东北地区温带针叶林

食用菌大多或单生或散生或群生于针叶树的倒木、树桩基部，或直接生于林中地上。该类型的林中大型食用菌分布主要为北半球广泛分布的物种，除常见的食用菌洁丽新香菇（洁丽香菇、豹皮香菇、豹皮菇）[*Neolentinus lepideus* (Fr.) Redhead & Ginns]、松乳菇（美味松乳菇、美味乳菇）[*Lactarius deliciosus* (L.) Gray]、厚环乳牛肝菌[*Suillus grevillei* (Klotzsch) Singer]、华丽新牛肝菌、麻脸蘑菇、乳酪粉金钱菌[*Rhodocollybia butyracea* (Bull.) Lennox]等，同时发现我国的特有食用菌种类有吉林球盖菇（*Stropharia jilinensis* T. Bau & E. J. Tian）、美味扇菇和著名食用菌广叶绣球菌（*Sparassis latifolia* Y. C. Dai & Z. Wang）等。也发现一些国内其他地区尚未发现或罕见的种类，如松茸、紫色钉菇、云杉乳菇、平截棒瑚菌[*Clavariadelphus truncatus* (Quél.) Donk]、珊瑚状猴头菇[*Hericium coralloides* (Scop.) Pers.]，较国内其他地区少见的食用菌还有绒柄枝瑚菌[*Ramaria murrillii* (Coker) Corner]、葡萄色顶枝瑚菌、大紫蘑菇、布鲁姆枝瑚菌、淡紫坂氏齿菌、高山绚孔菌（*Laetiporus montanus* Cerný ex Tomsovský & Jankovský）、金粒囊皮菌、掌状玫耳和绒毛铆钉菇以及针叶林中草地上的草地拱顶伞等。

2. 华北地区温带针叶林

该地区针叶林中的野生经济真菌有著名药用真菌茯苓沃菲卧孔菌（茯苓）、鸡油菌、翘鳞伞、铜绿球盖菇[*Stropharia aeruginosa* (Curtis) Quél.]、沼泽牛肝菌、黏铆钉菇和斑点铆钉菇[*Gomphidius maculatus* (Scop.) Fr.]等。

3. 华南地区针阔混交林

野生经济真菌资源相当丰富，其中食用菌有各种的鸡油菌（*Cantharellus* spp.）、喇叭菌（*Craterellus* spp.）、陀螺菌（*Gomphus* spp.）、松乳菇和红汁乳菇（*Lactarius hatsudake* Nobuj. Tanaka）或这些乳菇的近缘种（*Lactarius* spp.）、洁丽新香菇、黄鳞伞、黑边光柄菇[*Pluteus atromarginatus* (Konrad) Kühner]、中华牛肝菌（*Boletus sinicus* W. F. Chiu）、栗色圆孔牛肝菌[*Gyroporus castaneus* (Bull.) Quél.]、匙盖假花耳[*Dacryopinax spathularia* (Schwein.) G. W. Martin]、焰耳[*Guepinia helvelloides* (DC.) Fr.]、胶质刺银耳[*Pseudohydnum gelatinosum* (Scop.) P. Karst.]等；药用真菌则有黄假皱孔菌[*Pseudomerulius aureus* (Fr.) Jülich]等。

4. 内蒙古地区温带针叶林

资源丰富，包括可以食用的灰鹅膏[*Amanita vaginata* (Bull.) Lam.]、美味红菇、库恩菇、杨树鳞伞[*Pholiota destruens* (Brond.) Gillet]等种类。森林边缘草地上则有可食用的野蘑菇、龟裂秃马勃[*Lycoperdon utriforme* Bull.]、白秃马勃[*Calvatia candida* (Rostk.) Hollós]、大白桩菇[*Leucopaxillus giganteus* (Sowerby) Singer]和花脸香蘑等。

5. 西北地区温带针叶林

主要食用菌资源包括多种蘑菇（*Agaricus* spp.）、红菇（*Russula* spp.）以及可食用的翘鳞肉齿菌[*Sarcodon imbricatus* (L.) P. Karst.]、粗腿羊肚菌、焰耳、胶质刺银耳、灰鹅膏、肉色香蘑[*Lepista irina* (Fr.) H. E. Bigelow]、网纹马勃（*Lycoperdon perlatum* Pers.）等；国内其他地区比较少见的食用菌有云杉林中苔藓丛中的脐形小鸡油菌[*Cantharellula umbonata* (J. F. Gmel.) Singer]。

6. 西北地区针阔混交林

常见的大型菌物有多种杯伞（*Clitocybe* spp.）和蘑菇（*Agaricus* spp.）等，其中可食用的浅黄绿杯伞[*Clitocybe odora* (Bull.) P. Kumm.]在国内目前仅见于西北地区。

7. 青藏地区亚高山针叶林

食用菌相当丰富，比较重要的有翘鳞肉齿菌（黑虎掌菌）、梭柄松苞菇[*Catathelasma ventricosum* (Peck) Singer]、平截棒瑚菌、云杉乳菇和珊瑚状猴头菇等；在国内其他地区没有或罕见的可食用种类还有喜马拉雅棒瑚菌（*Clavariadelphus himalayensis* Methven）、云南棒瑚菌（*Clavariadelphus yunnanensis* Methven）、雪松枝瑚菌、黄绿枝瑚菌、易混色钉菇和鳞盖褶孔牛肝菌（*Phylloporus imbricatus* N. K. Zeng & Zhu L. Yang）等。

8. 青藏地区亚高山针阔混交林

大型菌物资源与华中地区西部的资源一样丰富，如食用菌松茸的天然产量很高，在松树与栎树等组成的针阔混交林中相当常见；著名的食用菌还有红黄鹅膏[*Amanita hemibapha* (Berk. & Broome) Sacc.]、多种可食用的牛肝菌（*Boletus* spp.）、鸡油菌（*Cantharellus* spp.）、乳菇（*Lactarius* spp.）、红菇（*Russula* spp.）、枝瑚菌（*Ramaria* spp.）、肉齿菌（*Sarcodon* spp.）以及干巴菌，等等，天然产量都很高。可食用的网盖牛肝菌是该地区的特有种。

（二）温带阔叶林生态系统

落叶阔叶林是我国温带地区最主要的森林类型，构成群落的乔木树种多是冬季落叶的喜光阔叶树，同时，林下还分布有很多的灌木和草本等植物。此地区多为季风气候，四季明显，光照充分。

1. 东北地区温带阔叶林

其中蕴藏着大量的天然食用菌资源：榛蘑（*Armillaria* spp.）、金顶侧耳（*Pleurotus citrinopileatus* Singer）、花脸香蘑、离褶伞（*Lyophyllum* spp.）、毛腿库恩菇、灰树花孔菌（灰树花）[*Grifola frondosa* (Dicks.) Gray]、皱环球盖菇（*Stropharia rugosoannulata* Farl. ex Murrill）、榆耳、榆干玉蕈、卷边桩菇、多种可食用的口蘑（*Tricholoma* spp.）等。其中还有我国特有的美味扇菇以及需要特别处理后才可食用的夏秋季生于腐木上的胶陀螺等。

2. 华北地区温带阔叶林

广泛分布的食用菌有粗糙肉齿菌[*Sarcodon scabrosus* (Fr.) P. Karst.]、银白离褶伞、荷叶离褶伞、杨树口蘑和白柄马鞍菌（*Helvella leucopus* Pers.）等。还有重要的野生经济真菌灵芝、药用菌粗毛纤孔菌[*Inonotus hispidus* (Bull.) P. Karst.]等。

3. 内蒙古地区温带落叶阔叶林

林区内经济真菌资源丰富，主要食用菌有粗腿羊肚菌、蜜环菌、榆耳、金针菇[*Flammulina velutipes*（Curt.:Fr.）Singer]、猴头菇、毡盖木耳[*Auricularia mesenterica* (Dicks) Pers.]、粗糙肉齿菌、银白离褶、荷叶离褶伞、杨鳞伞[*Pholiota populnea* (Pers.) Kuyper & Tjall.-Beuk.]、杨树口蘑和白柄马鞍菌（*Helvella leucopus* Pers.）；药用菌有蛹虫草[*Cordyceps militaris* (L.) Fr.]、灵芝、大秃马勃[*Calvatia gigantea* (Batsch) Lloyd]、三色拟迷孔菌[*Daedaleopsis tricolor* (Bull.) Bondartsev & Singer]、朱红栓菌[*Trametes cinnabarina* (Jacq.) Fr.]、粗毛纤孔菌等。

4. 内蒙古地区温带落叶阔叶林-草原过渡带

比较常见和重要的种类是腐生菌，其中可食用的棒柄瓶杯伞、黑耳[*Exidia glandulosa* (Bull.) Fr.]、黄褐鳞伞[*Pholiota spumosa* (Fr.) Singer]、库恩菇，药用菌黑轮层炭壳[*Daldinia concentrica* (Bolton) Ces. & De Not.]、木蹄层孔菌[*Fomes fomentarius* (L.) Fr.]，还有大量的菌根真菌，如可食用的红蜡蘑[*Laccaria laccata* (Scop.) Cooke]、褐疣柄牛肝菌、花脸香蘑、网纹马勃（*Lycoperdon perlatum* Pers.）、白褐离褶伞[*Lyophyllum leucophaeatum* (P. Karst.) P. Karst.]和裂皮大环柄蘑等。

5. 西北地区温带阔叶林

大型菌物的类型也较为多样，包括丝膜菌（*Cortinarius* spp.）、丝盖伞（*Inocybe* spp.）、红菇（*Russula* spp.）、北方小香菇以及杨鳞伞等；地星属种类（*Geastrum* spp.）也比较丰富。与东北地区共有的种类也有一些，如可食用的球根白丝膜菌[*Leucocortinarius bulbiger* (Alb. & Schwein.) Singer]、奶油绚孔菌（*Laetiporus cremeiporus* Y. Ota & T. Hatt.）和棒瑚菌[*Clavariadelphus pistillaris* (L.) Donk]等。比较有特色或著名的有胡杨林中的食用菌巴楚马鞍菌（巴楚蘑菇）（*Helvella bachu* Q. Zhao, Zhu L. Yang & K. D. Hyde）和阔

孢马鞍菌（*Helvella latispora* Boud.），栎树林中的美味牛肝菌、猴头菇和榆干离褶伞等，此外还有国内其他地区不太常见的食用菌指状钟菌（*Verpa digitaliformis* Pers.）在该植被类型内也有分布。

6. 青藏地区亚高山阔叶林

在桦树林中的大型菌物较为丰富，包括北方小香菇、美味扇菇等种类。青冈林中的大型菌物同样十分丰富，包括牛肝菌类及红菇科（Russulaceae）等的菌根真菌及许多腐生的种类，数不胜数；我国特有的白肉灵芝（*Ganoderma leucocontextum* T. H. Li, W. Q. Deng, D. M. Wang & H. P. Hu）在自然条件下就长在青冈树上。可食用的柳生冬菇（*Flammulina rossica* Redhead & R. H. Petersen）目前国内仅见于这一地区的高山柳树木上。

（三）亚热带森林生态系统

1. 华中地区亚热带常绿阔叶林

在该地区发现的特有种为可食用的窄褶蜡蘑（*Laccaria angustilamella* Zhu L. Yang & Lan Wang），同时可药用的古尼虫草[*Cordyceps gunnii* (Berk.) Berk.]也较为常见。也可采集到香菇和金针菇等重要食用菌以及其他较低温的种类。

2. 华中地区亚热带竹林

著名的食用菌长裙竹荪、白鬼笔（*Phallus impudicus* L.）以及珍贵的药用菌蝉棒束孢霉（蝉花）（*Isaria cicadae* Miq.）在竹林有较大的产量。

3. 华中地区亚热带针阔混交林

这一地区食用菌资源非常丰富，如食用菌松茸和变绿红菇[*Russula virescens*（Schaeff.）Fr.]等的天然产量很高，松树与栎树等组成的针阔混交林中相当常见；比较重要的食用菌还有红黄鹅膏、梭柄松苞菇、多种可食用的枝瑚菌（*Ramaria* spp.）、牛肝菌（*Boletus* spp.）、鸡油菌（*Cantharellus* spp.）、乳菇（*Lactarius* spp.）、红菇（*Russula* spp.）、肉齿菌（*Sarcodon* spp.）以及干巴菌等十分丰富。

4. 华中地区亚热带山顶矮林

该区西南部的四川和云南是特殊的生态区，其菌物物种繁多，如云南的干巴菌、牛肝菌（*Boletus* spp.）、白蚁伞（*Termitomyces* spp.）、块菌（*Tuber* spp.）等是该区的重要野生食用菌。

5. 华南地区亚热带常绿阔叶林

可以食用或药用的重要经济真菌种类还有很多，其中紫芝（*Ganoderma sinense* J. D. Zhao, L. W. Hsu & X. Q. Zhang）、灰肉红菇、云芝栓孔菌（云芝）[*Trametes versicolor* (L.)

Lloyd]、球根白蚁伞、褐盖褶孔牛肝菌（*Phylloporus brunneiceps* N. K. Zeng，Zhu L. Yang & L. P. Tang）、斑盖褶孔牛肝菌（*Phylloporus maculatus* N. K. Zeng & Zhu L. Yang）、大革菌（猪肚菇）[*Panus giganteus* (Berk.) Corner]以及柱状田头菇（茶树菇）等重要经济真菌有较大量的天然分布。

6. 内蒙古地区亚热带针阔混交林

这里野生食用菌资源丰富，如与阔叶树关系密切的有卷边网褶菌、美味牛肝菌、水粉杯伞[*Clitocybe nebularis* (Batsch) P. Kumm.]；与落叶松关系更为密切的食用菌有棱柄马鞍菌（*Helvella lacunosa* Afzel.）和柠檬黄蜡伞等；林间草地上的食用菌则有头状秃马勃[*Calvatia craniiformis* (Schwein.) Fr.]、粗鳞青褶伞[*Chlorophyllum rachodes* (Vittad.) Vellinga]、条柄蜡蘑[*Laccaria proxima* (Boud.) Pat.]、硬柄小皮伞[*Marasmius oreades* (Bolton) Fr.]、紫丁香蘑等。

（四）热带森林生态系统

热带森林是我国南部的主要森林类型，该地区总体上气温常年较高，降雨丰沛，降水强度大，多数地区年降水量 1400~2000mm，是全国降水最丰沛的地区。

1. 华南地区热带雨林

可食用的热带种类刺孢扁枝瑚菌[*Scytinopogon echinosporus* (Berk. & Broome) Corner]也仅见于云南的热带地区。海南丝盖伞（*Inocybe hainanensis* T. Bau & Y. G. Fan）、托大环柄菇（具托大环柄菇）（*Macrolepiota velosa* Vellinga & Zhu L. Yang）、厚囊褶孔牛肝菌等均为在我国热带发现的种类。

2. 华南地区热带和亚热带海岸红树林

红树林中最常见的大型真菌都是小皮伞（*Marasmius* spp.）、炭角菌（*Xylaria* spp.）等一些植物的兼性内生真菌，以及一些分布极广的裂褶菌（*Schizophyllum commune* Fr.）、木耳（*Auricularia* spp.）等种类。

3. 华南地区热带和亚热带阔叶林

该地区灵芝属（*Ganoderma* spp.）种类相当丰富，华南地区有可能是灵芝属的起源中心和现代分布中心；著名药用菌樟芝[*Taiwanofungus camphoratus* (M. Zang & C. H. Su) S. H. Wu, Z. H. Yu, Y. C. Dai & C. H. Su]和莲蓬稀管菌（*Sparsitubus nelumbiformis* L.W. Hsu & J. D. Zhao）都是我国的特有种和特有属。还有较多种常见的野生食用菌，如在我国最早发现的紫褐牛肝菌和中华干蘑等，还有许多常见的种类，如木耳（*Auricularia* spp.）、侧耳（*Pleurotus* spp.）、白蚁伞（*Termitomyces* spp.）等都是该区的重要野生食用菌。

4. 华南地区热带小海岛灌木林

海岛灌木林旁的草地上可以采集到湿伞（*Hygrocybe* spp.）及硬皮马勃（*Scleroderma*

spp.）等种类。

5. 华南地区热带海岛木麻黄林

木麻黄林中常有较强的海风和较强的日照，营养相对贫乏，大型菌物资源不太丰富。多孔菌类等木质的大型真菌可常年生长，而伞菌等肉质大型真菌通常需要较多的水分，多发生在雨后的一段时间内，每年 5 月底至 10 月底雨季是较理想的采集季节。

二、草原生态系统

（一）干草原生态系统

1. 华北地区温带草地

这一地区分布可食用或药用的种类有裂皮大环柄菇、硬柄小皮伞[*Marasmius oreades* (Bolton) Fr.]、广义马勃类真菌[秃马勃（*Calvatia* spp.）、马勃（*Lycoperdon* spp.）]、小灰球菌[*Bovista pusilla* (Batsch) Pers.]和林缘或草地上广泛分布的蘑菇（*Agaricus campestris* L.）和麻脸蘑菇[*Agaricus urinascens* (Jul. Schäff. & F. H. Møller) Singer]等。

2. 内蒙古地区温带草原

草原生态系统典型代表——内蒙古地区温带草原，其中最为著名的食用菌当属蒙古口蘑。食用菌有大白桩菇、深凹杯伞[*Clitocybe gibba* (Pers.) P. Kumm]、紫丁香蘑、肉色香蘑、大秃马勃、尖顶枝瑚菌[*Ramaria apiculata* (Fr.) Donk]、白鬼笔[*Phallus impudicus* L.]、脱盖灰包[*Disciseda cervina* (Berk.) G. Cunn.]、脱皮大环柄菇、粉紫香蘑[*Lepista personata* (Fr.) Cooke]、花脸香蘑、香杏丽蘑等。

3. 西北地区温带草甸草原

大型菌物种类以草地生类群为主：腹菌类的马勃（*Lycoperdon* spp.）、秃马勃（*Calvatia* spp.）等种类相当常见；蘑菇属（*Agaricus* spp.）种类也是草地上的常见种。与青藏地区共有的黄绿卷毛菇、羊肚菌（*Morchella* spp.）和与东北地区共有的大白桩菇等，都是这里著名的食用菌。

4. 青藏地区高山草甸草原

生长有著名的药用菌冬虫夏草，每年 5 月是其采集的最佳时节；而著名的食用菌如黄绿卷毛菇及双孢蘑菇等，一些可食用的蘑菇属（*Agaricus* spp.）的种类则主要出现于每年的 7~9 月。各类马勃也较为常见。我国北方草原的不少种类，同样可以在该地区草原中生长。

5. 青藏地区高山灌丛草地

草地上已知的大型菌物的种类与高山草原和草甸的种类大致相同，包括重要的经济种类冬虫夏草等。

（二）湿草原生态系统

华南地区也有部分草地，但没有典型的大草原。除一般草地生的种类外，著名食用菌草菇和洛巴伊大口蘑（金福菇）以及我国特有种雪白草菇（*Volvariella nivea* T. H. Li & Xiang L. Chen）都在这一地区的林缘草地有自然分布。

（三）稀树干草原生态系统

这一生态区内生长着著名的食用菌黄绿卷毛菇及双孢蘑菇，同时还有药用菌冬虫夏草。

三、荒漠生态系统

（一）华北地区温带半荒漠化山地

相对耐旱或耐贫瘠的大型菌物都有可能出现，如最常见的裂褶菌、北方小香菇等。但与其他林区比较，总体上资源并不丰富，研究也不够深入。

（二）西北地区温带荒漠-沙漠

该生态系统下植被以荒漠植物为主体，旱生的灌木与小灌木荒漠是地带性植被（石兆勇等，2008）。它们基本都是强旱生种类，此环境下的食用菌种类资源有阿魏上的白灵菇，目前已成为国内重要的栽培种类；宁夏虫草（*Cordyceps ningxiaensis* T. Bau & J. Q. Yan）则是在这一地区发现的我国特有种，它们是该区大型真菌的典型代表。

第三节　野生资源的分布特点

我国是野生食用菌资源最丰富的国家之一，据统计，全世界已知的食用菌约 2500 种（Arnolds，1988），我国有近 1000 种已被鉴定，其中有 200 多种被驯化，用于商业栽培的有 60 多种。之所以有如此丰富的食用菌资源，源于我国复杂的地形和多变的气候条件。

我国地跨寒温带、温带、暖温带、北亚热带、中亚热带、南亚热带、热带和赤道带 8 个热量带（表 2-1）。在较大的山地，温度和水分的变化受海拔及山地走向和坡向的影响，海拔每升高 100m，气温下降约 0.6℃，或每升高 180m，气温下降约 1℃。而降水量

表 2-1　我国野生食用菌分布的 7 个区域

地区	野生食用菌种类	常见菌种
东北地区	300 多种	蜜环菌、牛肝菌、猴头菇、松茸、红菇和乳菇属等
华北地区	260 多种	牛肝菌、侧耳、猴头菇、块菌、灵芝、红菇属和乳菇属等
华中、华东区	350 多种	红菇、白蚁伞、松乳菇、牛肝菌、竹荪、鸡油菌等

续表

地区	野生食用菌种类	常见菌种
西南地区（尤其是云南）	800 多种	松茸、香菇、羊肚菌、青头菌、白蚁伞、冬虫夏草、牛肝菌、乳菇、灵芝、竹荪、离褶伞、虎掌菌、干巴菌、木耳、块菌、鸡油菌、金耳、红菇等
华南和云南、西藏南部热带区	大型真菌 400 种以上	灵芝、牛肝菌、白蚁伞、红菇属和乳菇属的多个种类
内蒙古地区	以适应空旷、干旱生境的种类为主	阿魏侧耳、羊肚菌、马勃菌属、口蘑属、蘑菇属、秃马勃属等
青藏高原区	菌物资源比较贫乏	冬虫夏草、蜜环菌、细南牛肝菌

最初随高度的增加而增加，但达到一定界线后，降水量又开始降低。形成由山麓到山顶植被类型分布的垂直变化，不同地区的山地，植被与菌物的垂直分布受所在经、纬度地带规律的影响而不同。菌物资源的分布随海拔升高而有规律变化。

另外，山势的走向、地形的变化对菌物资源分布的影响是非常复杂的，如阴阳坡、山谷、河道、沙漠绿洲，这些复杂的地形为菌物提供避难的场所，同时这些地形也是各地野生菌物资源最为丰富的地区。

野生食用菌生长所需的环境条件，如温度、湿度、通气和光照，只能依靠天然条件，所以，野生资源空间上的分布，主要取决于该地区的地形及气候变化所提供的生长环境对食用菌生长是否有利。

从表 2-1 可以看出，我国食用菌野生资源主要分布于西南地区，其中尤以云南的种类和数量最丰富。分析其原因在于云南拥有特殊的地理优势，以及有利于野生菌生长的良好环境；同时看到，青藏高原区由于其地区气候条件恶劣，所以菌物贫乏。

以上是本章作者根据目前已有的资料对我国菌物资源的类型进行归纳总结，菌物区系学和生物地理学目前还处于其发展过程中的初级阶段。由于人们对我国的菌物资源的了解还不全面，加上作者的知识所限，本章所提出的生态区划划分及对各地区大型菌物资源分布的介绍，显然都是不够全面的，同时还极有可能存在着诸多的疏漏和不尽合理之处。希望我们的努力能起到抛砖引玉的作用，对今后的研究者能起到一定的参考作用。相信随着研究的不断深入，我国的菌物资源信息必将更加丰富、准确和全面，菌物资源生态区划的划分也必将更趋于自然合理。

（李长田，李　玉）

参考文献

李传华，张明，章炉军，等. 2012. 巴楚蘑菇学名考证[J]. 食用菌学报, 19(04): 52-54.
李玉. 2013. 菌物资源学[M]. 北京：中国农业出版社.
石兆勇，高双成，王发园. 2008. 荒漠生态系统中丛枝菌根真菌多样性[J]. 干旱区研究, 25(06): 783-789.
王术荣. 2011. 辽宁省白石砬子国家自然保护区大型真菌多样性研究[D]. 吉林农业大学博士学位论文.
乌兰图雅. 2008. 内蒙古赤峰地区大型真菌物种多样性调查研究[D]. 内蒙古师范大学硕士学位论文.
新华通讯社. 2013. 中华人民共和国年鉴[M]. 北京：中华人民共和国年鉴社编辑出版.

燕乃玲,虞孝感. 2003. 我国生态功能区划的目标、原则与体系[J]. 长江流域资源与环境, 12(06): 579-585.
张清洋. 2014. 辽宁仙人洞国家级自然保护区大型真菌多样性研究[D]. 吉林农业大学硕士学位论文.
Andy F T. 2002. Fungal diversity in ectomycorrhizal communities: sampling effort and species detection[J]. Plant and Soil, 244(1): 19-28.
Arnolds E. 1988. Status and classification of fungal communities. *In*: Barkman J, Sykora K V. Dependent Plant Communities Netherlands[M]. The Hague SPB Academic Publishing: 153-165.
Kranzlin F, Breitenbach J. 2005. Fungi of Switzerland, Volume 6: Russulacceae: Genera *Russula*, Genera *Lactarius*[M]. Switzerland: Mad River Press: 1-317.
O' Hanlon R, Harrington T J. 2012. Macrofungal diversity and ecology in four Irish forest types[J]. Fungal Ecology, 5(5): 499-508.

第三章　食用菌野生种质资源的保护

第一节　野生种质资源的采集与鉴定

野生种质资源调查的目的一是科学研究，二是经济利用。

一、野外考察与标本采集

食用菌标本采集的目的有资源调查、生态研究、分类研究、编辑大型真菌志、建立标本库等。进行采集之前，必须制订调查采集计划。计划应包括采集地点、采集季节、不同的海拔、特定的植被类型、不同的地貌和土壤性质等。为了编志，还需要进行定点和经常性的系统调查采集工作。

（一）采集准备

野外采集应做好充分准备，首先要确定采集的目的，了解采集地点之各方面情况，拟定采集路线。再安排妥当食、衣、住、行及医药卫生等事项，准备采集工作所需用具与物品。具体注意以下几个方面。

1）充分熟悉采集地的地形：应备有当地的地形图，确定地点和方向，若有条件尽可能提前与当地向导熟悉情况；

2）准备好望远镜：以便观察远处或高处的食用菌；

3）GPS 和海拔仪：用于确定方位和海拔；

4）记录和照相用具：铅笔、刻度尺、钢卷尺、直尺、白纸板、菌类野外采集记录表（表 3-1）、记录本、照相机（备用电池）等；

5）切割、挖取工具：采集刀、枝剪、小铲、小镐、锤子、凿子、手锯、掘根器等；

6）放大镜：观察食用菌的微细结构；

7）图鉴或参考书：查对不认识的食用菌种类；

8）标本和寄主盛装用具：平底背筐、平底手提筐、纸盒（或铝盒、小指管、塑料袋）、吸水纸、采集袋、纸袋、布袋、白纸等；

9）其他用具：湿度计、温度计、pH 试纸、记号笔、号牌、线或细绳、皮筋、空平培养皿、标本夹（附吸水纸或废旧报纸）、卫生纸（包裹部分标本用）等；

10）菌种分离用具：酒精灯、酒精棉球、PDA 试管、解剖刀、小镊子等；

11）个人装备：依据地点的状况及工作时间长短，以轻便实用为原则，但舒适和安全必须考虑，以免影响采集工作的进行。要注意蚊虫叮咬，还要注意蛇的咬伤，深秋进山还要注意保暖等。

表 3-1　菌类野外采集记录表

编号：　　图片号：　　年　月　日

菌名	中名：	地方名：		
	学名：			
产地		海拔：（m）		
生境	针叶林　阔叶林　混交林　灌丛　草地　草原 阳坡　阴坡	基物：地上　腐木　立木　粪土　朽叶		
习性	单生　散生　群生　丛生　簇生　叠生			
菌盖	直径：（cm）	颜色：边缘：　中间：	黏　不黏	
	形状：钟状　斗笠状　半球形　漏斗形　平展	边缘有条纹　无条纹		
	鳞片：块鳞　角鳞　丛毛鳞片　纤毛　疣　粉末　丝光　蜡质　龟裂			
菌肉	颜色：　气味：　伤变色：　汁液变色：			
菌褶	宽度：（mm）	颜色：	密度：稀　中　密	离生 弯生 直生 延生
	等长　不等长　分叉　网状　横脉			
菌管	宽度：（mm）	颜色：	密度：稀　中　密	
	管面颜色：　管里颜色：　易分离　不易分离　放射　非放射			
菌环	膜状　丝膜状	颜色：　条纹：　脱落　不脱落　活动　上　中　下		
菌柄	长：（cm）粗：（cm）	颜色：		
	圆柱状　棒状　纺锤形	基部：　根状　膨大　圆头状　杵状		
	鳞片　腺点　丝光　肉质　纤维质　脆骨质　实心　空心			
菌托	颜色：　苞状　杯状　浅杯状　大型　小型			
	数圈颗粒组成　环带组成　消失　不易消失			
孢子印	白色　粉红色　锈色　褐色　青褐色　紫褐色　黑色			
备注	食、毒、药用、产量情况			
采集人：		定名人：		

（二）采集方法

大型真菌在自然界分布很广，自然环境条件下的各种基物上都能采到菌。寄生性菌类的分布常受寄主分布的影响；腐生性菌类常受基物的影响；菌根类真菌则与一定的植物有关。

采集前必须了解菌类生长的生态环境和习性，包括植被、营养类型（共生、寄生、腐生）、土壤的结构性质和营养特性、温度、湿度和光照等。根据不同种类大型真菌的习性，确定采集的季节和地点。一般选择春末夏初，或夏末秋初，采集时间定在雨后 2~3 天，这时采集的菌类较干燥，但不老化萎缩，有利于菌种的分离。对于采集特定种类，则需要根据具体的情况确定采集时间。

采集方法应视菌类的质地和生长基质的不同而有所不同。对于地上生的伞菌类、腹菌类和盘菌类，可用掘根器采集，一定要保持标本的完整性。包括地下部分的根状菌索、假根；菌柄基部的绒毛；菌柄上的菌托、菌环、绒毛和鳞片；丝膜菌的丝膜；菌盖上的鳞片、绒毛；菌缘的菌幕残片等。尽量将其菌蕾、未开伞的幼体、已开伞的成熟子实体和过熟子实体一齐采到。对于立木、树桩和腐朽木上的菌类，可用采集刀连带一部分树皮剥下，有些可用手锯或枝剪截取一段树枝。

野外采集时要特别注意保持子实体各部分的完整，保护易脱落的菌环、菌托和鳞片等附属物，一般每种标本应采到10个以上子实体。为了采得完整标本，要用小铲挖掘，不得用手拔，以免损坏基部。

对于采集的标本，要按照标本的质地不同分别包装，以免损坏和丢失。

1）肉质、胶质、蜡质和软骨质的标本需用光滑而洁白的纸制作成漏斗形的纸袋包装（按照标本的大小，用时临时做），把菌柄向下，菌盖在上，保持子实体的各部分完整，放入号牌，包好后，再放入采集箱（篮）中。对于珍稀的标本，或易压碎的标本以及速腐性种类，可将包好的标本放在硬纸盒中，在盒壁上多穿些洞以通风。有些小而易坏的标本，也可装入玻璃管中，以免损坏丢失。

2）木质、木栓质、革质和膜质的标本，采集后拴好标本编号纸牌，再用旧报纸分别包好或直接装入塑料袋内即可。

（三）采集记录

1. 基本信息记录

有详细记录的标本，才是完整的标本，采集标本时应拍生境照片并及时填写“菌类野外采集记录表”（表3-1），有时还需描绘草图。

2. 孢子印制作

将成熟而完整的菌盖从菌柄顶端切下，菌褶或菌管向下，扣在白纸上（有色孢子）或黑纸上（白色孢子），或半边白、半边黑的纸上，再用玻璃罩（杯或碗）罩上，以防风吹或菌盖干燥；经过5~10h，担孢子就散落在纸上，从而得到了一张与菌褶或菌管排列方式相同的孢子印。较为重要的标本，最好能用载玻片同时制作孢子印，保存于玻片盒中。孢子印的编号与标本一致，作为重要的实物档案，以备标本鉴定时用；另外一种方法是将用来接收孢子的纸中部挖一与菌柄粗细一致的圆孔，将菌柄插入孔中，使菌褶或菌管贴于纸上，然后再将子实体连同纸一起放在盛有半杯水的水杯上。此法可加速孢子印的接收。有些种的孢子印湿时与干后颜色有所变化，需及时拍照和记录新鲜孢子印的颜色，并将标本号登记在纸上。孢子印纸和标本一起保存或分别保存，以备鉴定时查用（江勇利，2005）。

完整的标本信息应包括子实体、记录表、彩色照片、孢子印4种资料，其编号必须一致。

（四）采集时注意事项

1）采集尽量多的标本数，每种标本要采足适当的数量，以便满足日后鉴定、研究、保存及交换之用。

2）标本采集要具有完整性和代表性，有些菌类其子实体的下部结构是重要特征，只有完整的标本才易于鉴定，同时注意采集不同发育阶段的个体，以便比较分析。

3）仔细观察记载生境，并采集其相应的基物，以利于生理生态研究用。

4）对一些外形相像而离得稍远地方的标本，应各自编号和用纸包裹。

5）用手拿取已采下的标本时，要轻拿轻放，不能碰掉子实体的任何部分，如易碎的菌环和菌托，因为这些都是鉴定时极重要的依据。

6）拿取标本时不能在菌盖及菌柄的表面留下指纹印，否则就会损坏子实体固有的特征，影响分类鉴定。

二、种质资源分类鉴定

食用菌不是分类学名词。因此，其分类单位和系统都遵从真菌的分类（余霞等，2008）。按门（-mycota）、亚门（-mycotina）、纲（-mycetes）、亚纲（-mycetidae）、目（-ales）、科（-aceae）、亚科（-ineae）、属、种的等级依次排列。

目前，世界记载的有食用价值的真菌有2000多种，其中400~600种为常见种类。《中国大型菌物资源》中记录509属1819种（李玉，2015），根据形态特征共划分为十大类群，其中真菌有九个类群1786种：大型子囊菌196种，胶质菌21种，珊瑚菌47种，多孔菌、齿菌及革菌637种，鸡油菌（含钉菇类）11种，伞菌653种，牛肝菌130种，腹菌75种，作物大型病原真菌16种，但可进行人工栽培的只有极少数，目前仅150种可进行人工培养，其中约30种实现了商业生产。而90%的种类仍处于野生状态。可见，食用菌野生资源的开发潜力是巨大的。截至2015年8月底根据Index Fungorum和NCBI（http://www.ncbi.nlm.nih.gov）的数据，将食用菌的分类归属总结如下。

（一）子囊菌门

主要是粪壳菌纲的种类。

1）竹黄属：寄生在竹类茎上，子座大型、块茎状、粉红色。例如，竹黄。

2）虫草属：寄生在昆虫体内，先形成菌核，后从菌核上产生直立有柄的子座。例如，冬虫夏草、蛹虫草等。

3）麦角菌属：寄生在禾本科植物上，在子房内形成圆形至香蕉形的菌核。例如，麦角菌[*Claviceps purpurea* (Fr.) Tul.]。

4）块菌属：子囊果近球形，埋生在土壤里。例如，中国块菌、印度块菌等。

5）盘菌属：子囊盘杯状或盘状，无柄。例如，森林盘菌。

6）羊肚菌属：子囊果具有一个蜂窝状的可孕头部和一个不孕菌柄。例如，羊肚菌[*Morchella esculenta* (L.) Pers.]、尖顶羊肚菌（*Morchella conica* Fr.）等。

（二）担子菌门

根据分类学研究的成果，大部分食用菌分到银耳纲和伞菌纲中，其中大部分集中在伞菌纲。

1. 银耳纲 Tremellomycetes

银耳目 Tremellales
银耳科 Tremellaceae，如银耳（*Tremella fuciformis* Berk.）；焰耳属：焰耳。

2. 伞菌纲 Agaricomycetes

（1）木耳目 Auriculariales

木耳科 Auriculariaceae，如木耳[*Auricularia auricular* (L． ex Hook.) Underw]。

（2）伞菌目 Agaricales

伏革菌科：榆耳。
裂褶菌科：裂褶菌。
球盖菇科 Strophariaceae：多脂鳞伞[*Pholiota adipose* (Fr.) Quél.]、光帽鳞伞[*Pholiota nameko*（T. Itô）S. Ito & Imai]。
类脐菇科 Omphalotaceae：香菇。
彭瑚菌科 Physalacriaceae：金针菇、榛蘑（*Armillaria* spp.）。
口蘑科 Tricholomataceae：松茸、口蘑（*Tricholoma* spp.）、花脸香蘑。
伞菌科 Agaricaceae：双孢蘑菇。
毒伞科 Amanitaceae：橙盖鹅膏[*Amanita caesarea* (Scop.:Fr.) Pers. ex Schw.]、灰鹅膏。
马勃菌科 Lycoperdaceae：小马勃（*Lycoperdon pusillum* Hedw.）。

（3）红菇目　Russulales

猴头菇科 Hericiaceae：猴头菇、珊瑚状猴头菇。

（4）多孔菌目 Polyporales

灵芝科 Ganodermataceae：灵芝、紫芝。
革菌科 Coriolaceae：茯苓、木蹄层孔菌。

（5）鸡油菌目 Cantharellales

鸡油菌科 Cantharellaceae：鸡油菌。

（6）牛肝菌目 Boletales

牛肝菌科 Boletaceae：美味牛肝菌。

（7）鬼笔目 Phallales

鬼笔科 Phallaceae：竹荪[*Dictyophora indusiata* (Vent.) Fisch.]。

（8）地星菌目 Geastrales

地星菌科 Geastraceae：尖顶地星（*Geastrum triplex* Jungh.）。

三、野生食用菌菌种分离

对食用菌的任何生物学研究，菌种都是必不可少的材料。因此，菌种的分离纯化至关重要，菌种分离常用的方法有组织分离法、基内菌丝分离法、孢子分离法，其中组织分离法是相对易于操作和获得良好生长性培养物的方法。在现有知识和技术方法范围内，腐生菌易于分离和生长，获得纯培养的菌种；共生菌、寄生菌、虫生菌还难以获得纯菌种。

（一）组织分离法

利用子实体内部组织、菌核分离获得纯菌种的方法。食用菌的子实体是菌丝体扭结形成的组织化菌体，具有很强的再生能力，因此，只要切取一小块组织，置于适宜的培养基上，适温培养，就能得到纯菌丝体。这是一种无性繁殖的方法，具有操作简单、分离成功率高、可保持原有种质遗传特性等特点。

1. 子实体组织分离法

（1）伞菌类子实体组织分离法

选取幼嫩、健壮、无病虫的子实体为材料，老熟或雨后的子实体不予采用。在无菌条件下，子实体表面用75%乙醇擦拭消毒，双手将子实体掰开，解剖刀在菌盖与菌柄交界处挑取米粒大小一块组织，迅速移接到试管斜面中央，置适温下培养。但有些菇类，如红菇、乳菇等，由于菇体细胞孢囊化，再生力极弱，可选取菌柄进行菌种的分离，刮切着生于内壁的球状绒毛移接在斜面上，适温培养（图3-1）。

（2）胶质菌类子实体分离法

黑木耳、毛木耳、金耳、银耳胶质菌，耳片薄、质地韧，同时菌丝含量少，组织分离难度大。在选材上，黑木耳宜选肉厚、健壮、未完全伸展、耳基较大的耳片；金耳、银耳应选幼嫩、饱满、未开片的子实体为分离材料。

组织分离前，先将耳片用无菌水冲洗后，用无菌纱布吸干。然后将耳基撕开，用接种刀尖挑取一小块组织移接至PDA斜面上，置于适宜温度下培养。由于金耳有伴生菌，

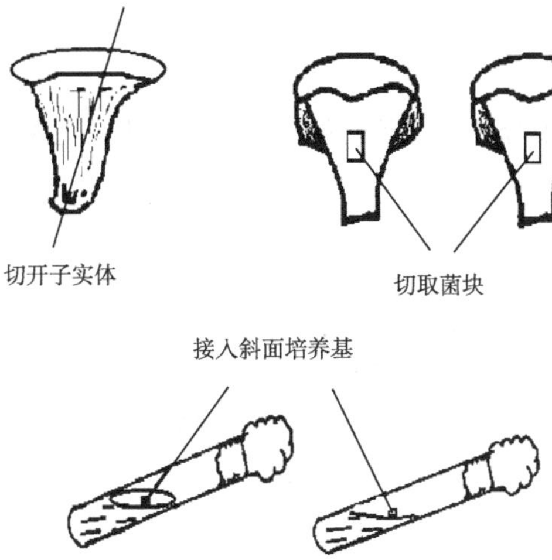

图 3-1 组织分离法

撕开耳片时在皱折处可见到外层金黄色的金耳菌丝部和内层浅黄白色的粗毛硬革菌丝部分，应在皱折下部的内外层交界处，挑取组织块，移接至 PDA 培养基 23~25℃培养，长出浅白色的金耳菌丝和黄白色的粗毛硬革菌丝即为金耳混合菌丝的菌种；银耳耳片组织在 PDA 培养基于 25℃条件下培养 7~10 天，接种点上出现绒毛或星毛状突起，或周围出现乳状酵母状分生孢子或节孢子。

2. 菌核组织分离

某些药用菌如茯苓、猪苓、雷丸等，在不良的外界条件下，菌丝体常集结成块状的菌核。菌核外壳主要是由紧密交织的菌丝体组成，菌核中为部分粉质的贮藏物质，如茯苓聚糖。菌核中的菌丝具有较强的再生能力，可作为组织分离的材料。

菌核应选个体较大、饱满健壮、无病虫的新鲜个体作为分离材料。然后将菌核冲净、揩干，在无菌条件下，进行表面消毒后，用无菌解剖刀把菌核对半切开，在近皮壳内菌处用接种刀挑取玉米粒大小的一块组织移接至 PDA 斜面上，置于 25~28℃条件下培养。

3. 菌索组织分离

从菌索中分离培养得到纯菌丝，如蜜环菌、假蜜环菌在人工培养条件下不易形成子实体，也不产生菌核，它们是以特殊结构——菌索来进行繁殖的（肖波等，2006）。

将风干的菌索放入灭菌消毒的接种箱内或超净工作台上，挑取生命力旺盛的菌索尖端部分，用 75%酒精棉球擦洗表面，用无菌的解剖刀除去菌索的黑色外皮层（菌鞘），抽出其中白色菌髓部分，将其剪成小段，移接至培养基上，于 25℃培养。因菌索是生长在枯木或埋在土中的，为了预防杂细菌污染，培养基常加入 40mg/L 青霉素或链霉素，以抑制细菌的繁殖，从而提高分离的成功率。

（二）基内菌丝分离法

从食用菌生长的基质中分离纯菌丝，如以耳木、菇木、菌棒及土壤等作为分离材料进行分离。

1. 菇（耳）木分离法（以银耳为例）

取耳木5cm小段，用水冲洗风干数天，割去子实体，清除耳根，放在通风干燥处，任其干燥3~4天。在无菌条件下，用无菌小刀将小耳木沿接种穴部位（或原耳基处）纵剖两半，取带接种穴明显的一半木块，穴部置于火焰上灼烧，用手术刀削去表面及接种穴周围部分木屑，每削一次，手术刀均需灼烧一次，以免带菌。然后在近接种穴（或原耳基处）周围无黑色斑纹处刮下木质的微小颗粒，用接种铲移接至PDA斜面培养基上，23~25℃培养。

2. 土中菌丝分离法

利用菇菌地下的菌丝体，在培养基上获得纯菌种。尽量夹取清洁菌丝束的尖端不带杂物的菌丝接种；用无菌水冲洗数次；在培养基中加入一些抑制细菌生长的药物，如40mg/L的链霉素或青霉素。对于不耐高温的抗生素，可将培养基先装入锥形瓶内灭菌，待降温至50℃左右时再加入抑菌剂，然后分装入无菌试管或培养皿内，迅速制成斜面或平板。

（三）孢子分离法

孢子分离法是用食用菌成熟的有性孢子（担孢子或子囊孢子）萌发培养成菌丝体而得到菌种的方法，属有性繁殖。孢子数量大，可提供选择优良菌株的机会较多，而且孢子的生命力强，所得菌种菌生活力旺盛。

1. 多孢分离法

（1）整菇播种法

伞菌类常用此法采得孢子。就是将整只成熟度适当的优良个体在无菌操作下，插入无菌孢子收集器内，置适温下让其自然弹射孢子。

分离前，首先要准备好孢子收集器和进行接种箱消毒。作种用的菇，要从幼小时开始选择，根据种菇的特性要求，选定数只做好标记，至成熟度适当时采下，香菇要求九分成熟，菌盖边缘平展；而蘑菇则要选菌膜将破而未破时，因这样的种菇发育已成熟，子实层又未被杂菌污染。

无菌条件下，首先将消毒过的种菇插入孢子收集器内收集孢子，然后把收集的孢子直接挑入PDA培养基上，或用无菌水稀释成悬浮液，涂布接种到PDA培养基上。接种后置于25℃恒温箱内培养，待发生白色的菌落时，将生长强势的单个菌落转移到另一个试管培养基中继续培养，即可得到纯菌种。

（2）钩悬法

该法常用于不具菌柄的食用菌子实体的孢子采收，如银耳、木耳等。

选取生长健壮、八至九分成熟（耳片充分展开，尚有弹性）的健壮子实体，用小刀割下，削去耳根及基质碎屑，然后用无菌水冲洗数次，用无菌纱布吸干水，夹在纱布内，取金属钩蘸上乙醇经火焰灭菌，待冷却后将钩的一端钩住经处理的耳片，然后把另一端钩住三角瓶口（注意耳片不要接触培养基表面，以免感染杂菌），三角瓶内装有PDA培养基（耳片距离培养基表面2~3cm），塞上棉塞，置于25℃下培养1~2天后，即可看见培养基表面有一层白色孢子，此时将钩及耳片在无菌条件下取出，孢子可保存备用。

（3）贴附法

切取一小块成熟的菌褶或耳片，将其贴附在斜面培养基的正上方管壁上或培养皿皿盖上，经6~12h，待孢子落下后，立即把试管或培养皿中的孢子连同部分培养基挑到新的试管或培养皿中继续培养。

（4）菌褶抹孢法

野外采集常用此法取得菌类孢子。

取成熟的伞菌，切去菌柄基部，在接种箱内用75%乙醇将菌盖、菌柄进行表面消毒，然后经用火焰灭过菌的接种环直插两片菌褶之间，并轻轻地抹过菌褶表面，此时接种环上就粘有大量的孢子，可用划线法将孢子涂抹于试管斜面上或平板上，放适温下培养数天，即会萌发成菌丝。这一方法要注意在操作时尽量勿使接种环碰到暴露在空气的菌褶部分，以免杂菌污染。

（5）孢子印分离法

选取成熟的菇体或胶质菌的子实体，经表面消毒后，切去菌柄，菌褶向下，置于灭菌的白色或黑色蜡光纸上，用通气钟罩罩上，在20~24℃条件下静置24h，轻轻移去菌盖，得到孢子印。再从孢子印上挑取少量孢子移入试管或培养皿培养基上培养，即可获得纯菌种。孢子堆白色的可用黑纸显示，其他颜色的可在白纸上得到鉴别。有孢子印的纸可无菌保存备用。需要用时从纸上挑取少许孢子接入培养基培养即成。

2. 单孢分离法

为了进行杂交育种，需从多孢子中挑选出单个孢子，在人工控制下使两个优良品种的单孢子进行杂交，从而培养出理想的新菌株。采用单孢分离技术可以在个体差异的基础上选出性状更优良的菌株，还可在异宗担孢子产生的不同纯菌丝之间进行杂交，从而育成新的优良菌株（李永顺等，1983；刘化民等，1983）。

单孢分离时可用单孢分离器操作，也可采用以下几种方法分离。

（1）平板稀释法

在无菌条件下挑取少许孢子放在无菌水中，充分摇匀制成孢子悬浮液。然后用医用针筒套上长针头，吸取悬浮液并滴到PDA培养基上，用无菌三角涂棒把液滴推平，使孢子分散。在25℃条件下培养48~72h后，镜检平板背面，观察孢子萌发情况。并在萌发的单个孢子旁做好标记。继续培养，待见到星芒状菌落时，转接到斜面培养基上，待菌落长到1cm左右时，再进行镜检，根据有无锁状联合，初步确定是否为单核菌丝，再考虑选用（张昊等，2008）。

（2）连续稀释法

在无菌条件下用接种针挑取一定量的孢子，溶入50mL无菌水中摇匀，再从中取出5mL孢子液，加入45mL无菌水中，如此反复稀释，一直到每滴稀释液中，在低倍镜下一个视野内只有一个孢子时，用无菌注射器把孢子液缓慢流至无菌平板中，经恒温培养后，培养基表面出现星星点点的菌落时，立即转移到新的培养基上继续培养，经镜检鉴定，是单核菌丝后，选取最优者扩大培养。

（3）划线分离法

在无菌条件下，近火焰处，左手持皿底，右手持接种环并灼烧，蘸取少许孢子悬液在平板上划线，划线时依靠手腕摆动，带动接种环在平板上做轻快运动，要求平稳、连续，也不宜重划，切忌划破平板培养基。每划完一区，转动培养皿后再划线。最后一组划线不能与第一组划线相连接，否则达不到分离孢子的目的。

划线结束后，置于25℃条件下培养即可。经培养后平板上就出现密度不等的菌落，越接近后面越稀疏，可在此区域内挑取单个菌落移接至斜面上培养即得到单个孢子发育成的菌株。

（4）毛细管法

将稀释后的孢子悬浮液用玻璃毛细管吸取，滴在无菌培养皿盖壁上，点样的地方做标记，点样后的培养皿仍盖在有琼脂的底皿上。镜检后，确定液滴是单个孢子者，做好标记。取一小块培养基，放在单孢液滴旁，轻轻推动接触液滴，待菌丝长到培养基上后，再转接到斜面培养基上，经培养后获得单核菌丝，并编号继续培养（董娟华等，2009）。

无论采用哪一种分离方法，都需要对培养物进行纯化，以获得纯培养物。一般而言，当菌落长至直径1~2cm为最佳纯化的培养期。当材料状态不理想时，如含水量大、较老、附有污物，可能需要数次纯化方可获得纯培养物。

第二节　野生食用菌种质资源保存

一、种质保存的原理与方法

1. 概念

收集食用菌材料，运用适当方法和措施使其长期存活并保持原种的生物学性状稳定不变，保持生活力和优良的生产性能，其形态特征、生理特征、生理性状以及遗传特征不发生变异和不被杂菌污染，以达到便于研究、交换和使用等目的（许丽娟等，2008；梁宁利，2012）。

2. 菌种保存的原理

通过低温、干燥、隔绝空气和断绝营养等手段，以达到最大限度地降低菌种的代谢强度，抑制菌丝的生长和繁殖。由于菌种的代谢相对静止，生命活动将处于休眠状态，以减少变异的发生，从而保持菌种的稳定，利于未来对种质资源的开发与利用（兰伟和陈发棣，2010）。

保存时，一般创造最有利于休眠状态的环境条件，如低温、干燥、隔绝空气或氧气、缺乏营养物质等，以降低菌种的代谢活动，减少菌种变异，使菌种处于“休眠”状态，抑制其繁殖能力，达到长期保存的目的。一个好的菌种保存方法，应能保持原菌种的优良特性和较高的存活率，同时也应考虑到方法本身的经济、简便。

二、种质保存的重要意义

种质是从事真菌研究的基本材料，特别是利用种质进行有关育种和新活性成分开发，都离不开种质资源，菌种保存是进行菌物学研究和菌物育种工作的重要组成部分（王刚等，2006；吴素蕊等，2010；张金霞等，2010），作为菌种保存应注意以下事项。

1）种质保存要求进入休眠状态，保存前选择合适的培养时间，培养时间过长，活力下降，保存时容易死亡。

2）保存所用的基质一般使其营养成分贫乏较好，试管保存的需要做小斜面，降低其代谢活动的同时保证其成活力。

3）操作过程尽量减少对细胞结构的损害，如选择合适的冻结速度、加入保护剂等。细胞结构的损伤不仅使菌种保存的死亡率增加，而且容易导致菌种变异，造成菌种性能衰退。

三、菌种保存技术方法

1. 斜面低温保存（冰箱保存法）

将菌种转接在适宜的固体培养基斜面上，待其充分生长好后，用封口膜或油纸将棉塞部分包扎好，置于4℃冰箱中保存。

斜面法保存菌种的时间依食用菌的种类不同而异。保存3~6个月转种一次。保存期间要注意冰箱的温度，不可波动太大，切忌温度低于0℃，否则培养基会结冰脱水，造成菌种性能衰退或死亡。此方法是一种短期、过渡的保存方法，一般不适宜作生产菌种的长期保存。斜面保存虽然是简便常用的方法，但时间短，变异的可能性也大。用斜面保藏法保藏的菌种在使用时应提前12~24h从冰箱中取出，经适温培养、恢复活力后才能用于转管接种。一般寒带、温带、热带菇类不能保存在同一冰箱，热带菇类保存温度要适当提高。

2. 矿物油保藏法（石蜡油封藏法）

矿物油主要选择液体石蜡，液体石蜡无色透明、性质稳定、对食用菌菌丝无毒性、不易被食用菌所分解。封于斜面菌种之上，可以防止培养基水分蒸发，并且隔绝斜面菌丝与空气接触，能够抑制菌丝的代谢，可使其处于休眠状态，推迟细胞衰老。

采用这种方法时，先将菌种块移接到适宜的斜面上，在低于菌种适宜的生长温度2℃的条件下培养至菌丝长满斜面。然后用无菌吸管取适量的无菌的液体石蜡（无菌的液体石蜡制备：先将化学纯的液体石蜡分装于试管或三角瓶中，塞上棉塞并用牛皮纸包扎，121℃灭菌30min，然后放在40~60℃温箱中使水分蒸发后备用），在斜面注入一层，其用量以高出斜面顶端1cm为准，使菌种与空气隔绝。将试管直立，置于低温或室温下保存（有的食用菌在室温下比在冰箱中保存的时间要长）。此法实用效果较好，一般可保藏2~3年。在保存期内应定期检查，发现培养基露出液面，应及时补充灭菌液体石蜡。

注意事项：①以液体石蜡作为保存方法时，应对需保存的菌株预先做试验。因为某些菌株在液体石蜡下生长还十分明显，也有的菌株对液体石蜡保存敏感。为了预防不测，一般保存株2~3年也应做一次存活试验。②从液体石蜡下面取培养物移种后接种环在火焰上灼烧时，培养物容易与残留的液体石蜡一起飞溅，应特别注意，尤其是保存致病菌更需小心。

3. 自然基质保藏法

自然基质保藏法是以不含毒性、刺激性和抑菌性成分又富含营养的天然物质作为培养基保存菌种的方法，采用的天然物质以木质材料和农作物种子为主，如小木块、小枝条、木屑、麸皮、麦粒、荞麦壳、荞麦等，取材方便，培养基的制作方法简单，保藏的有效期也较长。启用或转管继代保藏时，只需取一块（粒、条）培养物置新鲜培养基上适温培养即可，但要根据菌种的特性选择不同的基质。

（1）麦粒保藏法

麦粒保藏法可以贮藏1~2年。具体方法是取无杂质的饱满小麦淘洗干净，浸泡12~15h，加水煮沸15min，继续热浸15min，使麦粒胀而不破，捞出沥干，使麦粒的含水量在25%左右。再将碳酸钙、石膏拌入熟麦粒中（麦粒、碳酸钙、石膏比例为10kg∶133g∶33g）后装入试管中，装入量以1/4~1/3为宜。然后清洗试管，塞棉塞，于0.14MPa条件下灭菌2h，经无菌检查合格后备用。接种后24~26℃条件下培养，当大多数麦粒上出现稀疏的菌丝体时，终止培养，然后用石蜡涂封棉塞，低温干燥保藏。

（2）木屑保藏法

香菇、木耳、平菇、猴头菇等木腐菌用木屑保藏法。按配方（阔叶树木屑78%，麸皮20%，蔗糖1%，石膏1%）配制培养基，装至试管3/4，121℃灭菌4h。接入菌丝，24~28℃条件下培养，当菌丝长到管深的1/2时，用接种钩挑去老化的接种块，石蜡封住管口，包上塑料薄膜，冰箱中或常温下保存，1~2年转接1次。启用时，先将菌种活化培养

12~24h，再挑取木屑上的菌丝使用。

（3）枝条保藏法

选适宜栽培食用菌树种的新鲜枝条，粗 1~1.2cm，剪成 2.5cm 长的小段，在 1%的糖水中浸泡 6~8h，然后取杂木屑 78%、麸皮 20%、蔗糖 1%、石膏粉 1%，含水量为 60%，pH 为 6~6.5，在大试管中先装入 2~3cm 高的木屑培养基，放入小段的枝条，上面再装入木屑培养基，填满木条与试管壁的空隙，并且要高过木条顶端 2~3cm，再用玻璃棒压平，灭菌后接入菌丝，在适宜的温度下培养，待菌丝长满木屑培养基取出，放在装有无水氯化钙的干燥器中 1 个月，即可放在低温下保藏。采用此法保藏菌种，成活率高，可保藏 2~3 年。

（4）木块保藏法

将阔叶木材加工成黄豆大小颗粒，在 1%糖水中浸 2h（或在 2%蔗糖、0.5%尿素、0.2% KH_2PO_4 的水溶液内浸 2h），然后按 80%木块、20%木屑的比例混合，使含水量达 60%，或在木屑内加入一部分 0.3cm×0.3cm 小木块，装入试管深的 3/4，在 0.14MPa 下灭菌 1.5h。接种后，在适温下培养，当菌丝长到管深 1/2 时，用石蜡封管口。此法保存各类木腐菌种，用硬质木块或改用较大的木块可延长保存时间。

4. 菌丝球保藏法

将菌种液体培养 7 天左右，挑出菌丝，加入盛有生理盐水（或蒸馏水、营养液等）的试管中，封存后可在常温下存放 2 年，不影响菌种的存活和形成子实体。具体方法是用 250mL 的三角瓶，装入 100mL 培养液（培养液采用马铃薯培养基，但不加琼脂），接入新鲜菌种 1 块，在 28℃、150r/min 的摇床中振荡培养 5~7 天。然后用吸管从三角瓶中取出 5~6 个菌球，置于生理盐水（或蒸馏水、营养液等）试管中，用棉花塞紧管口，以石蜡密封，放在 4℃以下或常温下保藏，有效期 1~3 年。使用时开启管口，挑出菌丝体，放在斜面培养基上活化培养，即可恢复生长 。

5. 超低温冷冻保存

长期保存的微生物菌种，一般都要求在−80℃以下进行保存。在超低温冷藏柜中保存菌种的一般方法是：

1）液体培养食用菌，离心收获对数生长中期至后期的菌丝体；

2）用新鲜培养基重新悬浮所收获的菌丝体；

3）加入等体积的 20%甘油或 10%二甲亚砜；

4）混匀后分装入冷冻指管或安瓿瓶中，于−70℃超低温冰箱中保存。

如果待保存菌种生长在斜面上，则可用含 10%甘油的新配制液体培养基洗涤收获。超低温冰箱的冷冻速度一般控制在 1~2℃/min。大部分菌种可通过此保存方法保存 5 年而活力不受影响。

6. 液氮超低温保存法

液氮超低温保存法是一种发展极为迅速的保存方法，此法国外已较普遍采用，是适用范围最广的微生物保存法。尤其是一些不产孢子的菌丝体，用其他保存方法不理想，可用液氮保存法。液氮超低温保种是把菌种装在含有冷冻保护剂的安瓿瓶内，将该安瓿瓶放入液氮（–196℃）中进行保藏，由于菌丝体处于–196℃条件下，其代谢降低到完全停止的状态，所以无须定期移植。从理论上讲，菌丝体可以无限期地存活。经过大量的试验证明液氮保种是菌种长期保藏的最有效、最可靠的方法。操作方法如下：第一，将要保藏的菌种制成菌悬液备用；第二，准备安瓿瓶，每瓶加入冷冻保护剂 10%（体积分数）甘油蒸馏水溶液，每个安瓿瓶上留有 5~10mm 的空间，用无菌注射器从管底注入，以防产生气泡。塞棉塞灭菌，然后用牛皮纸包装，进行 121℃下高压灭菌 30min。第三，安瓿瓶无菌检查后，接入要保藏的菌种，火焰熔封瓶口，检查是否漏气。第四，将封好口的安瓿瓶放在冻结器内，以每分钟下降 1℃的速度缓慢降温，使保藏品逐步均匀地冻结，直至–35℃，以后冻结速度就无须控制。第五，安瓿瓶冻结后立即放入液氮罐内，瓶盖上连接一条细绳并作记号，以便提出所需的菌种。如果拟取用液氮保存的菌种，可将安瓿瓶取出后立即放入 35~40℃的温水中迅速解冻，为了防止污染，用 75%乙醇洗安瓿瓶表面，待干燥后打开安瓿瓶，把菌种移接至适宜的培养基上，置于 22~24℃条件下培养即可恢复培养。

四、核酸的保存

DNA 和 RNA 常采用的保存方法如下。

1. 以溶液形式保存

DNA：溶于无菌 TE 缓冲液（10mmol/L Tris•HCl，1mmol/L EDTA，pH 8.0）中。

RNA：①一般溶于无菌 0.3mol/L 乙酸钠（pH 5.2）或 75%乙醇中，也可在 RNA 溶液中加 1 滴 0.3mol/L VRC（氯钒核糖核苷复合物），其作用是抑制 RNase 的降解。②溶于 DEPC 水中，–40℃保存。

核酸分子溶于合适的溶液后可置于 4℃、–20℃或–70℃条件下存放。4℃条件下可保存 6 个月左右，–70℃条件下则可存放 5 年以上。

2. 以沉淀的形式低温保存

乙醇是核酸分子有效的沉淀剂。将提纯的 DNA 或 RNA 样品加入乙醇使之沉淀，离心后去上清液，再加入乙醇，置 4℃、–20℃可存放数年，而且还可以在常温状态下运输。

3. 以干燥的形式保存

将核酸溶液按一定的量分装于离心管中，置低温（盐冰、干冰、低温冰箱均可）预冻，然后在低温状态下进行真空干燥，置 4℃可存放数年以上。取用时只需加入适量的无菌三蒸水，待 DNA 或 RNA 溶解后便可使用。

第三节　野生食用菌标本制作与保存

新鲜标本经过制作才能应用和保存，而制作的质量直接影响标本保存时间的长短，制作方法一般采用干制和液浸两种（林代福，1996；陈淑荣和栾玲玲，2003；王莹，2015）。

一、标本的整理

标本采集后，应立即进行整理和初步鉴定。在整理标本时，首先在桌上铺白纸，然后小心地将全部标本都放在白纸上。按不同的特征进行初步分类，在同一个地方采得的相同种放在一起。放置子实体时，应将菌褶朝上，以防孢子脱落在白纸上。除了清除标本上的泥土和杂物外，与标本生长有关的黏附在子实体上的枝、叶、木屑或昆虫尸体等，均应保持其自然状态，不必弄掉，以供鉴定时参考。在淘汰破损残缺的标本后，一般标本必须保留 10~15 个子实体；体积较大的木质性非褶状菌，每种标本只需保存 2~3 个子实体；特大的子实体，保留子实体的一部分。

二、标本的制作

标本经初步整理后，根据记录及标本的特征，做初步鉴定，将一批能定名的标本及时定名。然后，根据标本的质地和种类，选择最完整的标本制成干标本或液浸标本。制成的标本，立即贴上标签，及时妥善保存。

（一）干标本的制作

干制标本，一种是自然干燥，即将标本放在通风干燥的地方晾干，或放在阳光下暴晒；另一种是借助炭火或电烘箱等微火缓慢地烘干。

为了防止标本皱缩变形，在烘烤前，一般应将标本晾一会，使其失去一部分水分，再进行由低温到高温，即由 30℃逐渐上升到 50~60℃，进行均匀的固定。注意温度不宜陡然升高，而且不能用高温处理，以防止标本变形或烤焦。烘烤时借助热风循环，将湿气排除，经过 8~12h，标本含水量达到 12%~14%时，即符合保存要求。对于体形小、菌盖薄、菌柄纤细的标本，整体放在吸水纸上，上、下多夹几张吸水纸，然后用标本夹夹住，使标本的水分逐渐被纸吸收。开始每天换 2~3 次吸水纸，以后每天换 1 次，直到标本完全干燥为止。对于体型较大或菌盖较厚的新鲜标本，可用刀片按子实体的平行方向，纵切为厚约 0.5cm 的薄片，用吸水纸吸出水分，频频换纸，迅速将大部分水吸去，然后晒干或烘干。在高湿的环境中，干燥后的标本应该用聚乙烯袋加一些硅胶封存，或存放在干燥器中。

标本经干制后，再放在标本盒中保存。为了防止虫蛀和潮湿，可在标本盒中放樟脑和吸湿剂，最后在标本盒的左下方贴上标签。

（二）液浸标本的制作

将子实体浸入浸渍液中，即成为液浸标本。此法可保持标本的原形，制作方法简单，便于鉴定。但是，保存这种标本占用的面积大，保存的时间较短。保存大量标本不宜采用这种方法。浸制标本色泽及浸液中的变形度不一样，需要在固定保色上选择不同的配方，以便获得更好的效果。浸制的标本要保持原有色泽，关键在于保存液的选择，冰醋酸对保持食用菌色泽、提高浸液的清晰程度有帮助（杨琴等，2012）。

a）白色、灰色、浅黄或淡褐色的标本，可选用下列防腐的浸渍液。

1）甲醛 25mL+乙醇（95%）150mL+水 1000mL。

2）甲醛 5mL+水 1000mL。

3）70%乙醇。

b）保持子实体色素的浸渍液。

1）子实体色素不溶于水的标本可选用①硫酸锌 25g+甲醛 10mL+水 1000mL；②乙酸汞 10g+冰醋酸 5mL+水 1000mL；③甲醛 5mL+冰醋酸 5mL+50%乙醇 90 mL；④5%甲醛浸渍液。

2）子实体色素溶于水的标本可用乙酸汞 1g+中性乙酸铅 10g+冰醋酸 10mL+90%乙醇 1000mL 浸渍液。

液浸标本可保存在玻璃瓶或标本瓶中。为了固定标本，避免其在溶液中漂动或移动，在浸泡前，可将标本用线拴在玻片或玻棒上固定，然后，再放入浸渍液中。

浸渍液大都是易挥发或易氧化的，为了保持药液的效果，玻璃瓶或标本瓶口的密封很重要。密封封口有临时和永久两种。临时封口法将蜂蜡和松香各 1 份，分别熔化后混合，加少量凡士林调成胶状，涂在瓶盖边缘，将盖压紧封口，或将明胶 4 份，在水中浸泡几小时，滤去水后加热熔化，加石蜡 1 份，熔化后即成为胶状物，趁热使用；永久封口法将明胶 28g 在水中浸几小时，滤去水分，加热熔化，加重铬酸钾 0.324g 和适量的熟石膏调成糊状，即可封口。也可用二甲苯溶解泡沫塑料，使之呈胶状，立即封口。

三、标本的鉴定

鉴定标本是一件重要而复杂的工作。采集的标本只有经过鉴定，定出属名和种名后，才有科学价值。鉴定时，在参考野外采集记录的同时，对标本的外部形态、内部结构、生态特点进行宏观和微观的观察、比较、分析，借助专门的书籍和文献资料，定出属名和种名。

伞菌的鉴定，必须注意观察比较子实体的生态条件；菌盖的形状和质地；菌褶（或菌管）的形状、它与菌柄的着生关系；菌肉的分层及质地；菌柄的形态和着生情况；菌环和菌托的有无、形态及颜色；孢子及孢子印的形态和颜色；子实层的构造特点和包被的层数、特点、开裂方式等。同时，还要用显微镜测量孢子、担子和囊状体的大小，绘线条图。

木耳属的分种，除了根据子实体的外部形状、大小、质地和颜色来进行鉴定外，还要依靠子实体横切面成层现象，将所有的木耳分成有髓层和无髓层而有中间层两大组。每一组内又根据各层次的不同特征以及宽度，鉴定成不同的种。

鉴定后的标本装入符合规格的纸袋或硬纸盒中，贴上标签。并连同野外采集记录表格及孢子印，三位一体地登记统一编号；经过用甲基溴熏蒸后，入库保存。

四、标本的保存

标本经过制作和鉴定，就必须放在标本室保存。标本室应设置在朝南、通风、干燥的房内。室内安放若干标本柜和一个工作台。

1. 标本柜

标本柜分为盒装干标本柜、瓶装浸渍标本柜和玻片标本柜3个类型。

1）盒装干标本柜：应分上、下两层，每层设若干个抽屉。抽屉的大小应根据标本盒的大小、排列紧密而定，抽屉的外壁（正面）钉一个标签卡，便于分类时装卡片。柜门为木质。

2）瓶装浸渍标本柜：内分若干层，按梯形设置，玻璃门。

3）玻片标本柜：分上、下两层，每层设存放玻片的抽屉。抽屉的大小和厚度依玻片设计，抽屉内沿要有槽，槽的宽度依玻片的厚度而定，以便直立插放玻片标本。

2. 标本盒

每种干标本存放在纸盒内，选用纸盒的大小根据标本的大小而定。标本盒可以定为3种规格，大号标本盒是中号标本盒的2倍，是小号标本盒的4倍。以小号的使用数量最多。从事研究工作的单位，标本盒的种类可适当增加。怕震动的标本，可以在盒底垫一层棉花或泡沫塑料。

3. 标本瓶

每种浸渍标本可以存放在标本瓶里，标本瓶的规格不一，型号也不同，有圆柱形的，也有玻璃缸式的，圆柱形的使用数量最多。

4. 标签

任何形式存放标本，都应加贴标签。盒装标本的标签可直接放在盒内，瓶装标本的标签贴在瓶壁正中，玻片标本的标签贴在玻片的左方。

5. 菌类索引卡片

一个菌制成一张卡片，卡片上有菌号、学名和产地。

6. 标本的保存

制成的标本，保存在标本柜中。为了便于寻得标本，标本在柜内排列的方式有3种：第一种按寄主类别排列；第二种按菌类分类排列；第三种按标本号排列。如果从事真菌分类研究，则采取按菌类排列的方式，即在大类的基础上，按属名的拉丁字母顺序排列。如果从事教学或一般科研工作，则采取按标本号排列的方式，这样，便于补充和清查，只是在取用时，较为麻烦。

第四节 野生食用菌种质资源的原地保护

随着人类的发展，自然生态平衡遇到了空前的威胁，不少真菌物种正在消失。目前国内外尚无野生食用菌资源保护的成功经验可以借鉴，国外有菌物工作者提出“就地保护”和“迁地保护”的理论，但具体实践时又遇到不少难以克服的困难（Arnolds and Vries，1993）。

一、森林菌根菌

菌根食用菌作为一种非木质林产品，在维持森林的生物多样性方面发挥着积极作用，外生菌根的存在直接或间接地影响到森林生态系统中生物多样性的变化，菌根真菌的存在不仅影响到微生物的种类、数量和活性，还影响到群落层次结构的多样性。有研究表明，50%的中国块菌受到昆虫或动物的啮食。相应地，由于动物的采食和活动，菌根真菌的孢子从一个地方被带到了皆伐迹地、火烧迹地或无林地，从而促进了外生菌根树种的入侵，为维持森林生态系统的物种多样性发挥了积极作用。系统中的植物还通过菌丝网或菌丝桥在地下将植物根系连成一体，对资源进行平衡调节，维系着整个生态系统的物种多样性。

菌根食用菌的栽培研究是一项周期长的研究，因此对现有产菌林分采取恰当的经营管理措施，以提高现有林分的产量具有重大的意义，日本在这方面的成功经验较多。

国内外对现有林分的调查研究表明，菌根食用菌产量高的林分并不是木材产量高的林分，但其与现今有用材林的经营目标不矛盾，菌根食用菌天然产量高的林分往往是一些产地条件相对较差的残次林分，因此在森林的经营目标上是比较容易区分的。据对湖南马尾松林的调查，菌根食用菌产量高的地区坡向多为西坡、西南坡，坡位多为中上坡，单层林分郁闭度一般为0.6~0.7，复层林分则以3层结构的林分较好，上层郁闭度0.4~0.7，中层为高0.5~1.5m的阔叶灌木，下层为稀疏的阴生草本植物和苔藓。

对于一些现有立地条件较差，林木生长不是很好，被划分为生态林的林分，可以采取一些人工促繁技术，以提高林分菌根食用菌单位面积的产量。

二、草原菌根菌

草原菌根菌对草地生态系统起到重要作用：

1. 提高草地生产力

草地菌根菌没有宿主特异性，可在不同植物之间侵染形成菌丝桥，可以对不同物种间获得的资源进行平衡调节，降低生态系统中某些物种的优势度，促进其他物种与之共存，增加生态系统的物种多样性，从而进一步影响生态系统的生产力、稳定性和可持续性。

2. 参与牧草竞争，调节群落结构和植物多样性

许多研究发现，草地菌根菌与植物形成的共生体对植物群落中物种间的竞争、物种多样性的形成及群落空间分布格局变更、植物群落对全球变化的响应均起到重要的调节作用。

3. 改善土壤结构

研究发现，草地菌根菌在土壤团聚体形成和稳定性中起着重要作用。菌根植物生长的土壤上，土壤水稳性团聚体、土壤总孔隙度和土壤渗透势都比无菌根植物的土壤有所改善。

三、腐生菌类

（一）木腐型真菌

木腐型真菌在地球上的存在，使各类树木腐朽，最终将它们分解成为二氧化碳和腐殖质，使植物能被再次利用。如果没有这类分解者，地球上就不可能有现在的森林。

1. 软腐真菌

严格讲不属于蕈菌。此类真菌一般分布在土壤中，凡枯死的倒木、树桩、枯枝及落叶均会受到它们的攻击而逐渐被分解以至腐烂。

2. 褐腐真菌

广泛存在于自然界，攻击活的或死亡的树木，一般为担子菌亚门的粉孢革菌科的木材腐朽菌。

3. 白腐真菌

它们是木材腐朽菌中最大的类群，可以攻击并进入木材质的细胞腔内，释放用于降解木质素、纤维素、半纤维素、果胶质对应的胞外酶，导致木材腐烂成白色海绵状团块。

（二）落叶枯枝腐草型真菌

这类真菌分解落叶、枯枝和腐草有自身的消长规律，弱寄生真菌、初生腐生真菌和次生腐生真菌先后感染并分解利用落叶、树枝和青草表面及内部的糖、淀粉、少量多聚体，最后剩纤维素和半纤维素，这些成分则由一些担子菌亚门的多孔菌等来缓慢分解。它们和木腐型真菌联手承担着森林中大部分绿色废弃物的分解重任，也为森林生态系统的平衡做出了重要贡献。

四、野生菌种质资源保护

从目前情况来看，野生菌的生存现状不容乐观。它们对特殊环境的依赖性是野生资

源十分稀少的内在因素；人类直接采集、大气污染等外在压力也是导致其数量稀少的重要因素。林地频遭践踏，植被破坏严重，蕈菌同受其害；盗采草药，如灵芝等，如遇珍稀品种，一律斩草除根。凡此种种，导致很多野生菌濒临消失的危险。

依据《生物多样性公约》的原则和精神，我们建议从以下几个方面考虑，开展就地保护，以期达到保护的目的。

（一）原地保护

1）建立自然保护区，这是保护生物多样性最有效的措施，如建立大型真菌为主的保护区等；

2）进一步进行野生菌野生分布的生态调查，对分布点及时划区保护，做定位研究，对分布点及附近区域的所有生态环境进行整体保护并加以种群增殖干预；

3）整合原有生态资源，将林业、食药用真菌等生物种群构建为统一整体，在做好森林防火和病虫害防治工作的同时，进一步规范完善森林资源保护管理措施，构建完整、自然、和谐、安全的生态空间；

4）依托当地特有的区位优势和自然生态景观，积极开展森林生态旅游，取消破坏生态环境的游乐项目，拆除相应的设施和建筑，修复被破坏的野生菌栖居的生态环境。

（二）迁地保护

除做好“就地保护”工作外，还应根据实际情况适当加强“迁地保护”工作的开展，做到对物种多样性保护的充分重视。主要包括：

1）把某些濒危的野生菌物种迁出原地，移入适当环境进行保护和管理。类似于动植物园、水族馆、濒危植物繁育中心等；

2）建立野生菌濒危物种种子库。类似于植物种子库、动物精子库等，以保护遗传资源。

最后，需要指出的是，为保护生物多样性，我国相继颁布了有关的法律和文件，如《中国自然保护纲要》，应强化普法教育，深入开展《生物多样性公约》、《中华人民共和国环境保护法》、《中华人民共和国森林法》、《中华人民共和国草原法》、《野生药材资源保护管理条例》、《中华人民共和国野生植物保护条例》、《森林防火条例》、《风景名胜区条例》等相关法律法规和典型实例的宣传，提高广大市民和游人环境和生态保护的意识。

第五节　野生食用菌利用潜力评价

一、野生食用菌的菌种评价

任何野生食用菌判断其利用潜力，需要制定一套比较完整的标准，并通过若干专家具体评分，在此基础上再进行综合讨论判断才有可能。一般来说，可考虑下列几方面。

1. 分布和利用地区范围的大小

这个标准可能比较容易得到客观的确定，关键在于掌握其分布和栽培区域以及利用情况的实际材料。可从下列 6 个等级来考虑：

1）分布广泛（如泛温带、泛热带乃至全球范围），且在大多数国家都有普遍的利用；

2）分布情况同上，但在大多数国家只是一般地利用而且不太普遍；

3）分布情况同上，但在大多数国家利用较少；

4）局限于分布在一个国家或一个大区域之内，但利用较普遍；

5）分布局限，利用也只在少数地方；

6）分布局限，利用也局限。

2. 消耗利用情况

这个标准主要表示食用菌与人类的密切关系，有些食用菌及其产品人们每天都要消耗，不能缺少的，而且要有贮备，以供不时之需；有些虽然每天也不能缺少，但其可用时间很长，更换期长。有时暂时缺少影响不大，甚至没有也无关系。这样，它们的重要程度就可判断出来。可分为下列 7 个等级：

1）属于日常应用的东西，几乎所有时间都不能缺少；

2）全年经常要用的；

3）季节性要用的；

4）偶然要用的；

5）很少利用的；

6）不怎么用的；

7）几乎不用的。

3. 对当地居民和社会的重要性

这个标准主要考虑哪些人要用，怎样用法，在人们的生活、食品、风俗和宗教信仰等方面占有何种地位。可划分为下列 4 个等级：

1）重要——在人们的生活中不能缺少，若没有将给他们带来诸多困难和不便；

2）较重要——在人们的生活中，在一定程度上说具有相当的位置，实在没有也不太重要；

3）不太重要——在人们的生活中有没有关系不是太大；

4）不重要——在人们的生活中，没有也可，在利用上逐渐变少乃至消灭。

4. 商业贸易或实物交换情况

对于这个标准各地可能会得到不同的结论，因为有些食用菌及其产品在一些地方销售频繁，在另一些地方情况刚好相反，这就要全面衡量，必要时只好取其平均值，得出相对的结果。可分为下列 6 个等级：

1）在国际上广泛销售；

2）在一定程度上说也在国际上销售；
3）只在一国范围内广泛销售和交换，而在国际上销售很少；
4）在一些区域内销售或交换；
5）偶然在一些区域内销售或交换；
6）还未进行销售或交换。

5. 发展成为一种世界商品的现实性和潜在可能性

从采集野生产品到局部地方栽培，培育新品种乃至发展成为全球性的栽培食用菌，创造各种各样的繁殖和培育方法，是考虑的线索。可划分为下列 6 个等级：
1）已经发展成为世界性商品；
2）有很大的潜在价值，正在向世界性商品发展；
3）具有明显的发展潜力，但还未发展为世界性商品；
4）可能有潜在的发展价值；
5）潜力不大；
6）没有或还未弄清楚。

6. 应用的范围

这个标准主要是指用途的广泛性。可划分为下列 4 个等级：
1）具有多种用途（10 种以上）；
2）用途较多（5~9 种）；
3）少数几种（2~4 种）；
4）只有 1 种。

二、野生食用菌的化学成分评价

野生食用菌不仅含有多种维生素和人体必需的矿质元素，而且还含有丰富的氨基酸。野生食用菌如黑松露、羊肚菌、松茸、美味牛肝菌、鸡油菌、黑虎掌、白蚁伞、松菇等味道鲜美、营养丰富、食用方便，是享誉中外的美味佳肴。医学研究证明，很多野生食用菌中含有多糖类、核苷类、甾醇类、生物碱类、呋喃衍生物类等许多功效成分，具有良好的药用价值，对增强机体免疫力、促进人体健康作用明显。经常食用野山菌的人群一般不宜感冒，身体抵抗力明显高于对照人群，这就是野生食用菌促使人体免疫力得到增强的具体表现。

目前研究较多的主要集中在对食用菌多糖类的测定、分析和功能评价，国内外从高等担子菌中筛选到有活性的多糖物质就有 200 余种。食用菌的药用价值主要是：增强机体免疫力、抗肿瘤、抗菌、抗病毒、抗炎、健脾益胃、保肝补肾、抗辐射、抗氧化、抗衰老及调节神经系统等。

虽然对较多野生食药用菌的常规营养成分进行分析测定比较普遍，但对具有保健作用的功效成分研究较少。常用的分析方法如下。

1）蛋白质测定：采用微量凯氏定氮法；

2）矿质元素含量测定：采用原子吸收分光光度法；
3）氨基酸测定：采用氨基酸分析仪；
4）粗纤维测定：采用重量法；
5）还原糖测定：采用滴定法；
6）粗脂肪测定：采用酸水解法；
7）灰分测定：采用高温灼烧氧化法。

大量测定结果表明，野生食用菌内含蛋白质、脂肪、碳水化合物、维生素、钙、磷、钾、铁等微量元素，并含有多种人体内不能合成的氨基酸。

碳水化合物：野生食用菌中含有丰富的单糖、双糖和多糖。德国科学家已经发现一些野生菌中含有丰富的葡萄糖、果糖、半乳糖、甘露糖、核糖以及其他的醛糖和酮糖，野生菌中还含有高分子多糖，可以显著提高机体免疫系统的功能。

蛋白质：野生食用菌的蛋白质含量大大超过其他普通蔬菜，同时避免了动物性食品的高脂肪、高胆固醇危险。据测定，菌类所含蛋白质占干重的30%~45%，是大白菜、白萝卜、番茄等普通蔬菜的3~6倍。野生食用菌不仅蛋白质总量高，而且组成蛋白质的氨基酸种类也十分齐全，有十七八种。尤其是人类必需的8种氨基酸，几乎都可以在野生菌中找到。丰富的蛋白质提供鲜味，这也是野生食用菌口味鲜美的奥妙所在。

维生素：食用菌的营养价值之所以高，还在于它含有多种维生素，尤其是水溶性的B族维生素和维生素C，脂溶性的维生素D含量也较高。

三、野生食用菌的驯化栽培

长久以来，对野生大型真菌的驯化是人类利用自然资源的一种特殊手段，通过驯化达到对野生菌的全面控制并能进行规模化再生产。驯化就是通过给野生菌提供新的环境，保证给予其必要的生存条件而实现的。通过人工定向驯化，可以促进该种食用菌生产性能的提高，从而产生明显的经济效果。

野生状态下的食用菌，根据其生活要求，可以主动地选择适合自己生存的环境，也可以在一定程度上创造环境。人工环境是人类提供给野生食用菌的各种生活条件的总和，与野生环境不可能完全一致，这样，就要求野生菌必须被动地适应人工环境。良好的人工环境就是在模拟野外环境的同时，又根据生产要求加以创造。如果仅是单纯的模仿，由于对该菌生物学特性了解不够，在人工环境的提供上不能满足其在主要生存条件上的要求，于是出现当代不能存活的现象，导致失败。菌种人工分离、纯培养标志着食用菌人工驯化的开始，而环境因子的刺激和培养基的筛选则是食用菌人工驯化栽培的重要环节。

大型食药用真菌的驯化栽培一般步骤如下：

野生菌种采集 ⟹ 组织分离 ⟹ 母种培养基筛选 ⟹ 原种培养基筛选 ⟹

出菇培养基筛选 ⟹ 出菇试验

虽然大多数真菌的液体培养技术已经相当完善，还可以培养出大量的菌丝体。但有些食用菌的营养成分只包含在子实体中，不能完全以菌丝体代替子实体，还必须进行子实体的人工栽培。可见，人工驯化栽培是实现食用菌产业化的必由之路，更是保护和可持续利用珍贵食药用真菌资源的有效途径。

我国野生食用菌资源丰富，分布着全世界已知真菌（70 000 余种）1/7 的种类，其中野生食药用菌约 1200 种，有药用价值的真菌有 300 多种。其中包括白蚁伞、鸡油菌、美味牛肝菌、松口蘑（松茸）、羊肚菌、褐紫肉齿菌、荷叶离褶伞、印度块菌等名贵种类。其他地区的食用菌如云南、四川的梭柄松苞菇、壮丽松苞菇（老人头），河北的香乳菇、口蘑，青海的黄绿蜜环菌，新疆的裂盖马鞍菌，甘肃的羊肚菌，福建的大红菇，浙江的黄牛肝菌，四川西部的块菌，黑龙江的金沙蘑等，这些绝大多数都还未驯化培养，却是国内外市场上的珍稀品种，可见，我国野生食用菌的驯化栽培潜力无限。

我国野生食药用菌现代栽培技术研究始于 20 世纪 50 年代。1962 年，我国首先人工驯化栽培猴头菇和银耳并取得成功。70 年代初，黑木耳、香菇、银耳的制种技术获得突破，并广泛应用于人工栽培。近年来，我国野生食药用真菌的栽培技术步入快速发展期，成功栽培了鸡腿菇、猴头菇、灰树花、长根菇、榆黄蘑、杨树菇等 10 多个野生品种，极大丰富了我国人工栽培野生食药用真菌的种类。进入 21 世纪，我国科技工作者在驯化野生食药用真菌方面的成绩更加显著。橘黄裸伞、花脸香蘑、荷叶离褶伞、杨柳田头菇、野生紫孢侧耳等一批野生珍稀食药用真菌相继被成功地驯化栽培。

四、野生食用菌的菌根栽培

世界上有记录的食用菌约 2500 种，其中有 50%以上属于菌根菌，森林中的食用菌有 2/3 属于外生菌根菌。这一系列数据表明菌根食用菌是一个非常庞大的类群，而且目前最昂贵又最受欢迎的大多数食用菌属于菌根菌，其中能人工控制栽培的菌种微乎其微，因此有着广阔的市场前景。研究较多的主要是块菌（*Tuber* spp.）、*Boletus edulis* Bull.、松口蘑、鸡油菌（*Cantharellus* spp.）、红菇（*Russula* spp.）、离褶伞（*Lyophyllum* spp.）、乳菇（*Lactarius* spp.）等菌类，这些菌不仅品质细腻、美味可口，而且还具有相当高的营养价值和保健价值。1978 年，法国首次取得黑孢块菌栽培成功以来，虽然有 10 多个种取得栽培成功，但目前还只有少数块菌菌种进入商业化栽培阶段。

除块菌外目前市面上的菌根食用菌都靠野生采集，价格昂贵。目前，菌根食用菌还不能像腐生菌那样人工栽培，虽然可以用培养基或者在堆肥中培养出菌丝体，但其子实体只能在与树体共生状态下形成。比较成功的是采用根部接种菌根菌的方法来获得该食用菌。国外菌根食用菌的研究十分热门，近几年菌根食用菌生态环境及半人工驯化栽培研究的论文逐渐增多。

就当前的研究水平，对菌根食用菌的研究主要集中在野生菌生态、资源、分类、分离纯化和应用等方面，国内外至今未见成功的规模栽培报道。因此，今后应着重加强以下几个方面的研究：

1）针对重要经济、药食兼用菌种，要加强半人工化模拟栽培条件研究，发展商业化栽培；

2）加强我国野生菌根食用菌资源与多样性调查研究，为建立种质资源库奠定基础，为后续研究与开发提供技术基础；

3）加强菌根食用菌深加工研发，菌根食用菌初级、次级代谢活性物质的研究，如通过一些发酵处理，形成产品以增加其附加值；

4）加强分子生物学技术在菌根食用菌研究与开发过程中的应用，应用分子生物学技术就不再受菌根发育阶段和形态的限制，可以准确鉴定植物根部菌根真菌侵染情况，快速判断菌种间的亲缘关系、进化地位及分类，甚至可以定向改造和利用菌根真菌的特性，从而为菌根食用菌大规模开发和生产提供研究基础；

5）加强菌根食用菌生理生化、生态学及菌根系统基础理论研究，如菌根及子实体形成的生理过程与特征等，为最终实现人工栽培提供依据。

（李长田，李　玉）

参考文献

陈淑荣, 栾玲玲. 2003. 大型真菌标本的采集与保存[J]. 克山师专学报, (03): 5-6.

董娟华, 罗丽, 王彩霞, 等. 2009. 一种强寄生病原真菌的分离方法——毛细管打孔单孢分离法[J]. 中国农学通报, 25(03): 210-212.

江勇利. 2005. 孢子印制作的改进和保存[J]. 生物学教学, 30(09): 18-19.

兰伟, 陈发棣. 2010. 植物种质资源缓慢生长法保存研究进展[J]. 阜阳师范学院学报(自然科学版), 27(02): 68-72.

李永顺, 朱文华, 刘学辉. 1983. 单孢分离法[J]. 植物保护, 9(02): 24.

李玉. 2008. 野生食用菌菌种分离与鉴定[D]. 福建农林大学硕士学位论文.

李玉. 2013. 菌物资源学[M]. 北京: 中国农业出版社.

李玉. 2015. 中国大型菌物资源[M]. 郑州: 中原农民出版社: 8.

梁宁利. 2012. 微生物菌种保藏方法概述[J]. 农产品加工(学刊), (04): 117-118, 141.

林代福. 1996. 植物病原真菌标本的简易保存法[J]. 植物保护, 22(03): 15.

刘化民, 杨国良, 宋志伟, 等. 1983. 简易单孢分离法[J]. 食用菌, (05): 33-34.

王刚, 郭永红, 刘蓓, 等. 2006. 我国驯化、引种栽培的食用菌种类[J]. 中国食用菌, 25(06): 5-9.

王淑芳, 王成福. 1978. 猪苓菌核的组织分离及纯菌种的固体培养[J]. 微生物学通报, 5(04): 1-3.

王莹. 2015. 蘑菇标本的采集与制作[J]. 北京农业, (27): 207-208.

吴素蕊, 罗晓莉, 刘蓓, 等. 2010. 野生食用菌研究开发浅析及建议[J]. 食品科技, 35(04): 100-103.

肖波, 胡开治, 刘杰, 等. 2006. 蜜环菌菌种分离新法——天麻组织分离法[J]. 微生物学通报, 33(03): 118-121.

许丽娟, 刘红, 魏小武. 2008. 微生物菌种的保藏方法[J]. 现代农业科技, (16): 99, 101.

杨琴, 张桂香, 刘明军. 2012. 食用菌浸制标本制作与保存方法研究[J]. 中国食用菌, 31(01): 49-51.

余霞, 杨丹玲, 陈进会, 等. 2008. 真菌的分类现状及鉴定方法[C]. 中国植物病理学会 2008 年学术年会论文集, 北京: 5.

张昊, 张争, 许景升, 等. 2008. 一种简单快速的赤霉病菌单孢分离方法——平板稀释画线分离法[J]. 植物保护, 34(06): 134-136.

张金霞, 黄晨阳, 陈强, 等. 2010. 食用菌可栽培种类野生种质的评价[J]. 植物遗传资源学报, 11(02): 127-131.

Arnolds E, Vries B. 1993. Conservation of fungi in Europe. *In*: Pegler D N, Boddy L, Ing B, *et al*. Fungi of Europe: Investigation, Recording and Conservation[M]. Kew: The Royal Botanic Gardens: 211-234.

第四章　我国大型真菌资源

第一节　我国大型真菌物种种质资源概况

我国地理和气候多样，孕育的大型真菌资源极为丰富，具有食用和药用价值的可利用种类资源较多，虽然已有不少的资源被利用发掘，但仍有不少的资源有待科研工作者去发掘，随着真菌学各学科的不断发展，物种的分类地位不断变化，而这些变化对物种资源的利用影响是深远的，了解已报道的我国大型真菌资源及其分类地位对较好地利用真菌资源具有重要的意义，以 http://www.indexfungorum.org 上注册的物种为基础，结合已出版的《中国真菌志》、近年出版的真菌分类相关的专著、国内外发表的文献，以第十版 *Dictionary of the Fungi* 的分类为框架，对我国已报道的大型真菌物种进行总结，包括中文学名，拉丁学名，用途（食用、条件可食、药用、有毒、未知）和记载的分布区域。

子囊菌门 Ascomycota
- 盘菌纲 Pezizomycetes
  - 肉座菌目 Hypocreales
    - 肉座菌科 Hypocreaceae
      - 肉棒菌属 *Podostroma*
        - 红角肉棒菌 *Podostroma cornu-damae* (Pat.) Boedijn，有毒，湖南、福建、浙江等
        - 滇肉棒菌 *Podostroma yunnanensis* M. Zang，未知，云南
  - 锤舌菌目 Leotiales
    - 胶陀螺菌科 Bulgariaceae
      - 胶陀螺菌属 *Bulgaria*
        - 胶陀螺 *Bulgaria inquinans* (Pers.) Fr.，有毒，吉林、黑龙江、内蒙古等
    - 锤舌菌科 Helotiaceae
      - 耳盘菌属 *Cordierites*
        - 叶状耳盘菌 *Cordierites frondosa* (Kobayasi) Korf，有毒，吉林、辽宁、湖南等
  - 盘菌目 Pezizales
    - 粪盘菌科 Ascobolaceae
      - 粪盘菌属 *Ascobolus*
        - 齿叶粪盘菌 *Ascobolus crenulatus* P. Karst.，未知，东北、西南
        - 寡纹粪盘菌 *Ascobolus scatigenus* (Berk.) Brumm，未知，广东、福建、台湾
      - 艳盘菌属 *Ascophanus*
        - 赭黄艳盘菌 *Ascophanus ochraceus* (Crouan) Boud.，未知，云南、四川、西藏
    - 平盘菌科 Discinaceae
      - 鹿花菌属 *Gyromitra*
        - 含糊鹿花菌 *Gyromitra ambigua* (P. Karst.) Harmaja，有毒，吉林
        - 鹿花菌 *Gyromitra esculenta* (Pers.) Fr.，有毒，西南

帚状鹿花菌 *Gyromitra fastigiata* (Krombh.) Rehm，有毒，吉林、西藏、云南

赭鹿花菌 *Gyromitra infula* (Schaeff.) Quél.，有毒，东北、西南

乳白鹿花菌 *Gyromitra lactea* J. Z. Cao, L. Fan & B. Liu，有毒，山西

平盘鹿花菌 *Gyromitra perlata* (Fr.) Harmaja，有毒，新疆、云南、四川、西藏

四川鹿花菌 *Gyromitra sichuanensis* Korf & W.Y. Zhuang，有毒，四川、云南、西藏

亮鹿花菌 *Gyromitra splendida* Raitv.，有毒，云南

新疆鹿花菌 *Gyromitra xinjiangensis* J. Z. Cao, L. Fan & B. Liu，有毒，新疆、甘肃

马鞍菌科 Helvellaceae

马鞍菌属 *Helvella*

蝶形马鞍菌 *Helvella acetabulum* (L.) Quél.，未知，云南、四川、西藏等

巴楚马鞍菌*Helvella bachu* Q. Zhao, Zhu L. Yang & K. D. Hyde，可食，新疆

紧凑马鞍菌 *Helvella compressa* (Snyder) N. S. Weber，未知，云南、四川、西藏等

碗马鞍菌 *Helvella cupuliformis* Dissing & Nannf.，未知，云南、四川、西藏等

碗马鞍菌粗柄变种 *Helvella cupuliformis* var. *crassa* W. Y. Zhuang，未知，新疆

马鞍菌 *Helvella elastica* Bull.，有毒，云南、四川、西藏等

灰褐马鞍菌 *Helvella ephippium* Lév.，未知，吉林、新疆、西藏等

暗褐马鞍菌 *Helvella fusca* Gillet，未知，云南

灰白马鞍菌 *Helvella griseoalba* N. S. Weber，未知，云南

粘马鞍菌 *Helvella glutinosa* B. Liu & J. Z. Cao，未知，吉林

伞形马鞍菌 *Helvella galeriformis* B. Liu & J. Z. Cao，未知，吉林

卷边马鞍菌 *Helvella involuta* Q. Zhao, Zhu L. Yang & K. D. Hyde，未知，云南

吉林马鞍菌 *Helvella jilinensis* J. Z. Cao, L. Fan & B. Liu，未知，吉林

蛟河马鞍菌 *Helvella jiaohensis* J. Z. Cao, L. Fan & B. Liu，未知，吉林

吉木萨尔马鞍菌 *Helvella jimsarica* W. Y. Zhuang，未知，新疆

棱柄马鞍菌 *Helvella lacunosa* Afzel.，未知，吉林、新疆、西藏等

白蓝马鞍菌 *Helvella leucomelaena* (Pers.) Nannf.，未知，吉林、新疆、西藏等
白柄马鞍菌 *Helvella leucopus* Pers.，未知，新疆、甘肃
大孢马鞍菌 *Helvella macropus* (Pers.) P. Karst.，未知，云南
斑点马鞍菌 *Helvella maculata* N. S. Weber，未知，新疆
长孢马鞍菌 *Helvella oblongispora* Harmaja，未知，云南、四川、西藏等
东方皱柄马鞍菌 *Helvella orienticrispa* Q. Zhao, Zhu L. Yang & K. D. Hyde，未知，云南
盘状马鞍菌 *Helvella pezizoides* Afzel.，未知，吉林、新疆、西藏等
假棱柄马鞍菌 *Helvella pseudolacunosa* Q. Zhao & K. D. Hyde，有毒，内蒙古
假反卷马鞍菌 *Helvella pseudoreflexa* Q. Zhao, Zhu L. Yang & K. D. Hyde，有毒，云南、四川、西藏等
紫马鞍菌 *Helvella purpurea* (M. Zang) B. Liu & J. Z. Cao，未知，山西、吉林
粗柄马鞍菌 *Helvella robusta* S. P. Abbott，未知，四川
皱盖马鞍菌 *Helvella rugosa* Q. Zhao & K. D. Hyde，未知，云南
小棱柄马鞍菌 *Helvella solitaria* P. Karst.，未知，云南、四川、西藏等
拟球形马鞍菌 *Helvella subglabra* N. S. Weber，未知，云南
亚栗褐马鞍菌*Helvella subspadicea* Q. Zhao, Zhu L. Yang & K. D. Hyde，可食，新疆
黑沟马鞍菌 *Helvella sulcata* Afzel.，未知，云南
中华马鞍菌 *Helvella sinensis* B. Liu & J. Z. Cao，未知，吉林、山西
亚棱孢马鞍菌 *Helvella subfusispora* B. Liu & J. Z. Cao，未知，吉林、山西
太原马鞍菌 *Helvella taiyuanensis* B. Liu & J. Z. Cao，未知，吉林
新疆马鞍菌 *Helvella xinjiangensis* J. Z. Cao, L. Fan & B. Liu，未知，新疆、吉林
中条马鞍菌 *Helvella zhongtiaoensis* Cao J. L. & Liu B，可食，云南、山西、吉林等

羊肚菌科 Morchellaceae

皱盘菌属 *Disciotis*

肋状皱盘菌 *Disciotis venosa* (Pers.) Arnould，条件可食，云南、四川、西藏、青海等

羊肚菌属 *Morchella*

黑脉羊肚菌长孢变种 *Morchella angusticeps* var. *ovoideobrunnea* C. J. Mu，可食，云南

粗腿羊肚菌 *Morchella crassipes* (Vent.) Pers.，可食，云南

双脉羊肚菌 *Morchella bicostata* Ji Y. Chen & P. G. Liu，可食，四川

头丝羊肚菌 *Morchella capitata* M. Kuo & M. C. Carter，可食，云南

德钦羊肚菌 *Morchella deqinensis* Shu H. Li et al.，可食，云南

羊肚菌 *Morchella esculenta* (L.) Pers.，可食，新疆、陕西、吉林等

超群羊肚菌 *Morchella eximia* Boud.，可食，四川、云南

类超群羊肚菌 *Morchella eximioides* Jacquet.，可食，四川、云南

中立羊肚菌 *Morchella frustrata* M. Kuo，可食，云南、新疆

伽利略羊肚菌 *Morchella galilaea* Masaphy & Clowez，可食，四川

梯棱羊肚菌 *Morchella importuna* Kuo，可食，云南、四川、西藏

小海绵羊肚菌 *Morchella spongiola* Boud.，可食，山西、陕西、吉林等

西藏羊肚菌 *Morchella tibetica* M. Zang，可食，西藏

梅里羊肚菌 *Morchella meiliensis* Y. C. Zhao et al.，可食，云南

光柄半开羊肚菌 *Morchella semilibera* DC，可食，甘肃

北方羊肚菌 *Morchella septentrionalis* M. Kuo et al.，可食，吉林、辽宁

七妹羊肚菌 *Morchella septimelata* M. Kuo，可食，云南

六妹羊肚菌 *Morchella sextelata* M. Kuo，可食，云南

草原羊肚菌 *Morchella steppicola* Zerova，可食，西藏、新疆

钟菌属 *Verpa*

皱盖钟菌 *Verpa bohemica* (Krombh.) J. Schröt.，有毒，云南、四川、新疆等

尖顶钟菌 *Verpa conica* (O. F. Müll.) Sw.，未知，云南、四川等地

指状钟菌 *Verpa digitaliformis* Pers.，有毒，陕西、甘肃、新疆等地

盘菌科 Pezizaceae

盘菌属 *Peziza*

茎盘菌 *Peziza ampliata* Pers.，未知，吉林
林地盘菌 *Peziza arvernensis* Roze & Boud.，有毒，全国
疣孢褐盘菌 *Peziza badia* Pers.，有毒，吉林、甘肃、青海、西藏、江苏
山楂盘菌 *Peziza crataegi* Alb. & Schwein.，未知，山东
茶褐盘菌 *Peziza praetervisa* Bres.，未知，山东
波缘盘菌 *Peziza repanda* Pers.，未知，吉林、四川、新疆、西藏
近黄盘菌 *Peziza subcitrina* (Bres.) Korf，未知，西藏、云南
多汁盘菌 *Peziza succosa* Berk.，未知，云南
泡质盘菌 *Peziza vesiculosa* Bull.，未知，全国

火丝盘菌科 Pyronemataceae

土盘菌属 *Humaria*

半球土盘菌 *Humaria hemisphaerica* (F. H. Wigg.) Fuckel.，未知，东北和云南

毛盘菌属 *Melastiza*

弯毛盘菌 *Melastiza chateri* (W.G Sm.) Boud.，未知，湖北

侧盘菌属 *Otidea*

褶侧盘菌 *Otidea cochleata* (L.) Fuckel，未知，吉林、青海、内蒙古等

索氏盘菌属 *Sowerbyella*

雷纳索氏盘菌 *Sowerbyella rhenana* (Fuckel) J. Moravec，未知，湖北

红毛盘菌属 *Scutellinia*

红毛盘菌 *Scutellinia scutellata* (L.) Lambotte.，未知，全国多数区域

长毛盘菌属 *Trichophaea*

拟半球长毛盘菌 *Trichophaea hemisphaerioides* (Mouton) Graddon.，未知，东北

浅根盘菌科 Rhizinaceae

浅根盘菌属 *Rhizina*

波状根盘菌 *Rhizina undulata* Fr.，未知，云南

肉杯菌科 Sarcoscyphaceae

耳菌属 *Aurophora*

耳菌 *Aurophora dochmia* (Berk.& M. A. Curtis in Berk.) Rifai，未知，云南

毛杯菌属 *Cookeina*

皱缘毛杯菌 *Cookeina colensoi* (Berk.) Seaver，未知，贵州、云南

印度毛杯菌 *Cookeina indica* Pfister & R. Kaushal，未知，贵州、云南

大孢毛杯菌 *Cookeina insititia* (Berk. & M. A. Curts) S. Ito & S. Imai，未知，云南

中国毛杯菌 *Cookeina sinensis* Zheng Wang，未知，云南、台湾

艳毛杯菌 *Cookeina speciosa* (Fr.:Fr.) Dennis，未知，云南、海南

毛杯菌 *Cookeina tricholoma* (Mont.) Kuntze，未知，云南、广西、广东、海南等

艳丽盘菌属 *Kompsoscypha*

沃氏艳丽盘菌 *Kompsoscypha waterstonii* (Seaver) Pfister，未知，北京、云南、四川等

小口盘菌属 *Microstoma*

聚生小口盘菌 *Microstoma aggregatum* Otani，未知，东北

卷毛小口盘菌 *Microstoma floccosum* (Schwein.) Rativ.，未知，云南、西藏、海南、黑龙江等

白毛小口盘菌大孢变种 *Microstoma floccosum* var. *macrosporum* Y. Otani，未知，黑龙江

小杯菌属 *Nanoscypha*

美丽小杯菌 *Nanoscypha pulchra* Denison，未知，云南

条孢小杯菌 *Nanoscypha striatispora* (W. Y. Zhuang) F. A. Harr.，未知，贵州、云南

歪盘菌属 *Phillipsia*

肉色歪盘菌 *Phillipsia carnicolor* Le Gal，未知，云南

中华歪盘菌 *Phillipsia chinensis* W. Y. Zhuang，未知，江西、湖北、西藏等

哥地歪盘菌 *Phillipsia costaricensis* Denison，未知，云南

拟波缘歪盘菌 *Phillipsia crenulopsis* W. Y. Zhuang，未知，云南

多地歪盘菌 *Phillipsia domingensis* Berk.，未知，广东、云南等

哈特曼歪盘菌 *Phillipsia hartmannii* (W. Phillips) Rifai，未知，海南、云南

小艳盘菌属 *Pithya*

柏小艳盘菌 *Pithya cupressina* (Batsch) Fuckel，未知，北京、云南

肉杯菌属 *Sarcoscypha*

脑纹孢肉杯菌 *Sarcoscypha cerebriformis* W. Y. Zhuang & Zheng Wang，未知，云南

绯红肉杯菌 *Sarcoscypha coccinea* (Jacq.) Sacc.，有毒，贵州、广西、广东、四川、云南、西藏

长白肉杯菌 *Sarcascypha floccosa* (Schwein.) Sacc.，未知，陕西、黑龙江、广东、云南、西藏

休氏肉杯菌 *Sarcoscypha humberiana* F. A. Harr.，未知，广东、福建、台湾、海南等

柯夫肉杯菌 *Sarcoscypha korfiana* F. A. Harr.，未知，全国

平盘肉杯菌 *Sarcoscypha mesocyatha* F. A. Harr.，未知，四川、云南

神农架肉杯菌 *Sarcoscypha shennongjiana* W. Y. Zhuang，未知，湖北

西方肉杯菌 *Sarcoscypha occidentalis* (Schwein.) Sacc，未知，甘肃、江西、广东、海南、四川、云南、西藏等

谢里夫肉杯菌 *Sarcoscypha sherriffii* Balf.-Browne，未知，新疆、甘肃等

白色肉杯菌 *Sarcoscypha vassiljevae* Raitv.，未知，北京、河北、吉林等

丛耳菌属 *Wynnea*

大丛耳菌 *Wynnea gigantea* Berk. & M.A. Curtis，未知，湖南、吉林、内蒙古等

肉盘菌科 Sarcosomataceae

盖尔盘菌属 *Galiella*

黑龙江盖尔盘菌 *Galiella amurensis* (Lj. N.Vassiljeva) Raitv，未知，黑龙江、吉林、西藏

小孢盖尔盘菌 *Galiella celebica* (Henn.) Nannf.，未知，福建、云南

爪哇盖尔盘菌 *Galiella javanica* (Rehm) Nannf.& Korf，未知，云南、海南、安徽等

暗盘菌属 *Plectania*

弯孢暗盘菌 *Plectania campylospora* (Berk.) Nannf，未知，广西、海南、云南

南费暗盘菌 *Plectania nannfeldtii* Korf，未知，西藏

普拉塔暗盘菌 *Plectania platensis* (Speg.) Rifai，未知，湖北

皱暗盘菌 *Plectania rhytidia* (Berk.) Nannf. & Korf，未知，西藏

云南暗盘菌 *Plectania yunnanensis* W. Y. Zhuang，未知，云南

假暗盘菌属 *Pseudoplectania*

假暗盘菌 *Pseudoplectania nigrella* (Pers.) Fuckel，未知，四川、西藏、湖北

脚瓶盘菌属 *Urnula*

浅脚瓶盘菌 *Urnula craterium* (Schwein.) Fr.，未知，黑龙江

多形脚瓶盘菌 *Urnula versiformis* Y. Z. Wang & C. L. Huang，未知，台湾

沃尔夫盘菌属 *Wolfina*

长孢沃尔夫盘菌 *Wolfina oblongispora* (J. Z. Cao) W. Y. Zhuang & Zheng Wang，未知，福建

块菌科 Tuberaceae

块菌属 *Tuber*

夏块菌 *Tuber aestivum* (Wulfen) Spreng.，可食，云南、四川

白肉块菌 *Tuber alboumbilicum* Y. Wang & Shu H. Li，可食，四川

波密块菌 *Tuber bomiense* K. M. Su & W. P. Xiong，可食，西藏

波氏块菌 *Tuber borchii* Vittad，可食，云南、四川

台湾块菌 *Tuber formosanum* H. T. Hu & Y. Wang，可食，台湾

屑状块菌 *Tuber furfuraceum* H. T. Hu & Y. I. Wang，可食，台湾

光滑块菌 *Tuber glabrum* L. Fan & S. Feng，可食，云南

喜马拉雅块菌 *Tuber himalayense* B. C. Zhang & Minter，可食，西藏、云南

会东块菌 *Tuber huidongense* Y. Wang，可食，四川

会泽块菌 *Tuber huizeanum* L. Fan & C. L. Hou，可食，云南

阔孢块菌 *Tuber latisporum* Juan Chen & P.G. Liu，可食，云南

辽东块菌 *Tuber liaotongense* Y. Wang，可食，辽宁

丽江块菌 *Tuber lijiangense* L. Fan & J. Z. Cao，可食，云南

刘氏块菌 *Tuber liui* A. S. Xu，可食，西藏

李氏块菌 *Tuber liyuanum* L. Fan & J. Z. Cao，可食，云南
小孢块菌 *Tuber microspermum* L. Fan & J. Z. Cao，可食，云南
微球孢块菌 *Tuber microsphaerosporum* L. Fan & Y. Li，可食，云南
小网孢块菌 *Tuber microspiculatum* L. Fan & J. Z. Cao，可食，云南
微疣状块菌 *Tuber microverrucosum* L. Fan & C. L. Hou，可食，云南
攀枝花块菌 *Tuber panzhihuanense* X. J. Deng & Y. Wang，可食，四川
多孢块菌 *Tuber polyspermum* L. Fan & J. Z. Cao，可食，云南
假凹陷块菌 *Tuber pseudoexcavatum* Y. Wang, G. Moreno, Riousset, Manjón & G. Riousset，可食，云南
假白块菌 *Tuber pseudomagnatum* L. Fan，可食，云南
假冬块菌 *Tuber pseudobrumale* Y. Wang & Shu H. Li，可食，云南
中华块菌 *Tuber sinense* K. Tao & B. Liu，可食，云南、四川
中华夏块菌 *Tuber sinoaestivum* J. P. Zhang & P. G. Liu，可食，四川
假毕昂切多白块菌 *Tuber sinoalbidum* L. Fan & J. Z. Cao，可食，四川
中华凹陷块菌 *Tuber sinoexcavatum* L. Fan & Yu Li，可食，四川
中华单孢块菌 *Tuber sinomonosporum* J. Z. Cao & L. Fan，可食，云南
中华短毛块菌 *Tuber sinopuberulum* L. Fan & J. Z. Cao，可食，云南
中华厚垣块菌 *Tuber sinosphaerosporum* L. Fan, J. Z. Cao & Yu Li，可食，云南
亚球形块菌 *Tuber subglobosum* L. Fan & C. L. Hou，可食，云南
太原块菌 *Tuber taiyuanense* B. Liu，可食，山西
脐凹块菌 *Tuber umbilicatum* Juan Chen & P. G. Liu，可食，云南
柱囊状块菌 *Tuber vesicoperidium* L. Fan，可食，云南
汶川块菌 *Tuber wenchuanense* L. Fan & J. Z. Cao，可食，四川
棕黄单孢块菌 *Tuber xanthomonosporum* Qing & Y. Wang，可食，四川
西藏块菌 *Tuber xizangense* A. S. Xu，可食，西藏
中甸块菌 *Tuber zhongdianense* X. Y. He, Hai M. Li & Y. Wang，可食，云南

单孢块菌属 *Paradoxa*

巨单孢块菌 *Paradoxa gigantospora* (Y. Wang & Z. P. Li) Y. Wang，可食，四川

粪壳菌纲 Sordariomycetes

炭角菌目 Xylariales

麦角菌科 Clavicipitaceae

麦角菌属 *Claviceps*

紫麦角菌 *Claviceps purpurea* (Fr.) Tul.，药用，广泛分布

雀稗麦角菌 *Claviceps paspali* F. Stevens & J. G. Hall，药用，广泛分布

亚肉座菌属 *Hypocrella*

竹红菌 *Hypocrella bambusae* (Berk. & Broome) Sacc.，药用，云南、四川

细孢亚肉座菌 *Hypocrella tenuispora* P. G. Liu & Zu Q. Li，药用，云南

集座壳孢属 *Aschersonia*

梭孢集座壳孢 *Aschersonia fusispora* J. Zhi Qiu, C. Y. Sun & Xiong Guan，未知，广西

巨座集座壳孢 *Aschersonia macrostromatica* J. Zhi Qiu & Xiong Guan，未知，海南

虫草菌科 Cordycipitaceae

虫草属 *Cordyceps*

绿核虫草 *Cordyceps aeruginosclerota* Z. Q. Liang & A.Y. Liu，药用，贵州

球孢虫草 *Cordyceps bassiana* Z. Z. Li, C. R. Li, B. Huang & M. Z. Fan，药用，安徽

赤水虫草 *Cordyceps chishuiensis* Z. Q. Liang & A. Y. Liu，药用，贵州

重庆虫草 *Cordyceps chongqingensis* Y. H. Yang, Shao X. Cai, Y. M. Zheng, X. M. Lu, X. Y. Xu & Y. M. Han, 药用，重庆

广东虫草 *Cordyceps guangdongensis* T. H. Li, Q. Y. Lin & B. Song，药用，广东

贵州虫草 *Cordyceps guizhouensis* Zuo Y. Liu, Z. Q. Liang & A. Y. Liu，药用，贵州

古尼虫草 *Cordyceps gunnii* (Berk.) Berk.，药用，贵州、湖南、广东、云南等

龙洞虫草 *Cordyceps longdongensis* A.Y. Liu & Z. Q. Liang，药用，四川

娄山虫草 *Cordyceps loushanensis* Z. Q. Liang & A. Y. Liu，药用，贵州
茂兰虫草 Cordyceps maolanensis Zuo Y. Liu & Z. Q. Liang，药用，贵州
拟茂兰虫草 *Cordyceps maolanoides* Z. Q. Liang, A. Y. Liu & J. Z. Huang，药用，贵州
蛹虫草 *Cordyceps militaris* (L.) Fr.，食药用，全国
鼠尾虫草 *Cordyceps musicaudata* Z. Q. Liang & A. Y. Liu，药用，贵州
新表生虫草 *Cordyceps neosuperficialis* T. H. Li, Chun Y. Deng & B. Song，药用，广东、广西
多壳虫草 *Cordyceps polycarpica* Z. Q. Liang & A. Y. Liu, in Liang, Liu, Huang & Jiao，药用，贵州
喙壳虫草 *Cordyceps rostrata* Z. Q. Liang, A. Y. Liu & M. H. Liu，药用，贵州
山西虫草 *Cordyceps shanxiensis* B. Liu, Rong & H. Jin，药用，山西
泰山虫草 *Cordyceps taishanensis* B. Liu, P. G. Yuan & J. Z. Cao，药用，山东
桫椤虫草 *Cordyceps suoluoensis* Z. Q. Liang & A. Y. Liu，药用，青海、云南、西藏

异虫草属 *Metacordyceps*

拟布里特班克异虫草 *Metacordyceps brittlebankisoides* (Zuo Y. Liu, Z. Q. Liang, Whalley, Y. J. Yao & A. Y. Liu) G. H. Sung, J. M. Sung, Hywel-Jones & Spatafora，药用，贵州
丽叩甲异虫草 *Metacordyceps campsosterni* (W. M. Zhang & T. H. Li) G. H. Sung, J. M. Sung, Hywel-Jones & Spatafora，药用，广东
牯牛降异虫草 *Metacordyceps guniujiangensis* C. R. Li, B. Huang, M. Z. Fan & Z. Z. Li，药用，安徽
凉山异虫草 *Metacordyceps liangshanensis* (M. Zang, D. Liu & R. Hu) G. H. Sung, J. M. Sung, Hywel-Jones & Spatafora，药用，四川
戴氏异虫草 *Metacordyceps taii* (Z. Q. Liang & A.Y. Liu) G. H. Sung, J. M. Sung, Hywel-Jones & Spatafora，药用，贵州

棒束孢属 *Isaria*

鲜红棒束孢 *Isaria amoene-rosea* Henn，药用，湖南
环链棒束孢 *Isaria cateniannulata* (Z. Q. Liang) Samson & Hywel-Jones，药用，贵州
斜链棒束孢 *Isaria catenioblíqua* (Z. Q. Liang) Samson & Hywel-Jones，药用，贵州

蝉棒束孢 *Isaria cicadae* Miq.，药用，云南

粉质棒束孢 *Isaria farinosa* (Holmsk.) Fr.，药用，云南、四川

玫烟色棒束孢 *Isaria fumosorosea* Wize，药用，云南

玫烟色棒束孢北京变种 *Isaria fumosorosea* var. *beijingensis* (Q. X. Fang & Q. T. Chen) Z. Q. Liang & Y. F. Han，药用，北京

爪哇棒束孢 *Isaria javanica* (Frieder.& Bally) Samson & Hywel-Jones，药用，云南

细脚棒束孢 *Isaria tenuipes* Peck，药用，云南

炭角棒束孢 *Isaria xylariiformis* Lloyd，药用，云南

线虫草科 Ophiocordycipitaceae

大团囊虫草属 *Elaphocordyceps*

头状团囊虫草 *Elaphocordyceps capitata* (Holmsk.) G. H. Sung, J. M. Sung & Spatafora，药用，广西、广东、云南

稻子山团囊虫草 *Elaphocordyceps inegoensis* (Kobayasi) G. H. Sung, J. M. Sung & Spatafora，药用，广西、广东、云南

长孢大团囊虫草 *Elaphocordyceps longisegmentis* (Ginns) G. H. Sung, J. M. Sung & Spatafora，药用，吉林

大团囊虫草 *Elaphocordyceps ophioglossoides* (J. F. Gmel.) G. H. Sung, J. M. Sung & Spatafora，药用，云南、广西、贵州、四川等

分枝大团囊虫草 *Elaphocordyceps ramosa* (Teng) G. H. Sung, J. M. Sung & Spatafora，药用，云南、四川

思茅大团囊虫草 *Elaphocordyceps szemaoensis* (M. Zang) G. H. Sung, J. M. Sung & Spatafora，药用，云南

绿色大团囊虫草 *Elaphocordyceps virens* (Kobayasi) G. H. Sung, J. M. Sung & Spatafora，药用，云南

被毛孢属 *Hirsutella*

长白山被毛孢 *Hirsutella changbeisanensis* Z. Q. Liang，药用，吉林

根足被毛孢 *Hirsutella heteropoda* C. R. Li, Ming J. Chen, M. Z. Fan & Z. Z. Li，药用，安徽

黄山被毛孢 *Hirsutella huangshanensis* C. R. Li, M. Z. Fan & Z. Z. Li，药用，安徽

雷州被毛孢 *Hirsutella leizhouensis* H. M. Fang & S. M. Tan，药用，广东

荔波被毛孢 *Hirsutella liboensis* X. Zou, A. Y. Liu & Z. Q. Liang，药用，贵州

长座被毛孢 *Hirsutella longissima* C. R. Li, M. Z. Fan, B. Huang & Z. Z. Li，药用，安徽

多颈被毛孢 *Hirsutella polycolluta* Z. Q. Liang，药用，贵州

云南被毛孢 *Hirsutella yunnanensis* Z. Q. Liang & A. Y. Liu，药用，云南

张家界被毛孢 *Hirsutella zhangjiajiensis* Z. Q. Liang & A. Y. Liu，药用，湖南

线虫草属 *Ophiocordyceps*

金针虫草 *Ophiocordyceps acicularis* (Ravenel) Petch，药用，贵州、广东、海南、江苏

巴恩虫草 *Ophiocordyceps barnesii* (Thwaites) G. H. Sung, J. M. Sung, Hywel-Jones & Spatafora，药用，云南、青海、广东等

蝉花虫草 *Ophiocordyceps cicadicola* (Teng) G. H. Sung, J. M. Sung, Hywel-Jones & Spatafora, in Sung, Hywel-Jones, Sung, Luangsa-ard, Shrestha & Spatafora，药用，全国

阔孢虫草 *Ophiocordyceps crassispora* (M. Zang, D. R. Yang & C. D. Li) G. H. Sung, J. M. Sung, Hywel-Jones & Spatafora，药用，云南

毛虫草 *Ophiocordyceps crinalis* (Ellis ex Lloyd) G. H. Sung, J. M. Sung, Hywel-Jones & Spatafora，药用，贵州

柱座虫草 *Ophiocordyceps cylindrostromata* (Z. Q. Liang, A. Y. Liu & M. H. Liu) G. H. Sung, J. M. Sung, Hywel-Jones & Spatafora，药用，贵州

大邑虫草 *Ophiocordyceps dayiensis* (Z. Q. Liang) G. H. Sung, J. M. Sung, Hywel-Jones & Spatafora，药用，四川

革翅目虫草 *Ophiocordyceps dermapterigena* (Z. Q. Liang, A. Y. Liu & M. H. Liu) G. H. Sung, J. M. Sung, Hywel-Jones & Spatafora，药用，贵州

伸长虫草 *Ophiocordyceps elongata* (Petch) G. H. Sung, J. M. Sung, Hywel-Jones & Spatafora，药用，贵州

峨眉虫草 *Ophiocordyceps emeiensis* (A. Y. Liu & Z. Q. Liang) G. H. Sung, J. M. Sung, Hywel-Jones & Spatafora，药用，四川

丝虫草 *Ophiocordyceps filiformis* (Moureau) G. H. Sung, J. M. Sung, Hywel-Jones & Spatafora，药用，贵州

蚁虫草 *Ophiocordyceps formicarum* (Kobayasi) G. H. Sung, J. M. Sung, Hywel-Jones & Spatafora，药用，贵州、福建、广东

叉尾虫草 *Ophiocordyceps furcicaudata* (Z. Q. Liang, A. Y. Liu & M. H. Liu) G. H. Sung, J. M. Sung, Hywel-Jones & Spatafora，药用，贵州

甘肃虫草 *Ophiocordyceps gansuensis* (K. Y. Zhang, C. J. K. Wang & M. S. Yan) G. H. Sung, J. M. Sung, Hywel-Jones & Spatafora，药用，甘肃

细虫草 *Ophiocordyceps gracilis* (Grev.) G. H. Sung, J. M. Sung, Hywel-Jones & Spatafora，药用，云南、江苏、新疆

日本虫草 *Ophiocordyceps japonensis* (Hara) G. H. Sung, J. M. Sung, Hywel-Jones & Spatafora，药用，贵州

江西虫草 *Ophiocordyceps jiangxiensis* (Z. Q. Liang, A. Y. Liu & Yong C. Jiang) G. H. Sung, J. M. Sung, Hywel-Jones & Spatafora，药用，江西

井冈山虫草 *Ophiocordyceps jinggangshanensis* (Z. Q. Liang, A. Y. Liu & Yong C. Jiang) G. H. Sung, J. M. Sung, Hywel-Jones & Spatafora，药用，江西

康定虫草 *Ophiocordyceps kangdingensis* (M. Zang & Kinjo) G. H. Sung, J. M. Sung, Hywel-Jones & Spatafora，药用，四川

兰坪虫草 *Ophiocordyceps lanpingensis* Hong Yu & Z. H. Chen，药用，云南

老君山虫草 *Ophiocordyceps laojunshanensis* Ji Y. Chen, Y. Q. Cao & D. R. Yang，药用，云南

多轴虫草 *Ophiocordyceps multiaxialis* (M. Zang & Kinjo) G. H. Sung, J. M. Sung, Hywel-Jones & Spatafora，药用，云南

蚁生虫草 *Ophiocordyceps myrmecophila* (Ces.) G. H. Sung, J. M. Sung, Hywel-Jones & Spatafora，药用，贵州、云南、安徽等

下垂虫草 *Ophiocordyceps nutans* (Pat.) G. H. Sung, J. M. Sung, Hywel-Jones & Spatafora，药用，吉林、安徽、湖北、云南等

蜻蜓虫草 *Ophiocordyceps odonatae* (Kobayasi) G. H. Sung, J. M. Sung, Hywel-Jones & Spatafora，药用，贵州、福建

箭头虫草 *Ophiocordyceps oxycephala* (Penz. & Sacc.) G. H. Sung, J. M. Sung, Hywel-Jones & Spatafora，药用，贵州、福建、广东等

泽地虫草 *Ophiocordyceps paludosa* Mains，药用，贵州

粉被虫草 *Ophiocordyceps pruinosa* (Petch) D. Johnson, G. H. Sung, Hywel-Jones & Spatafora，药用，贵州、四川、浙江等

罗柏茨虫草 *Ophiocordyceps robertsii* (Hook.) G. H. Sung, J. M. Sung, Hywel-Jones & Spatafora，药用，贵州

金龟子虫草 *Ophiocordyceps scottiana* (Olliff) G. H. Sung, J. M. Sung, Hywel-Jones & Spatafora，药用，全国

四川虫草 *Ophiocordyceps sichuanensis* (Z. Q. Liang & Bo Wang) G. H. Sung, J. M. Sung, Hywel-Jones & Spatafora，药用，四川

冬虫夏草 *Ophiocordyceps sinensis* (Berk.) G. H. Sung, J. M. Sung, Hywel-Jones & Spatafora，药用，西藏、青海、四川、云南、甘肃

小蝉草 *Ophiocordyceps sobolifera* (Hill ex Watson) G. H. Sung, J. M. Sung, Hywel-Jones & Spatafora，药用，安徽、四川

球头虫草 *Ophiocordyceps sphecocephala* (Klotzsch ex Berk.) G. H. Sung, J. M. Sung, Hywel-Jones & Spatafora，药用，贵州、浙江、安徽等

柄壳虫草 *Ophiocordyceps stipillata* (Z. Q. Liang & A. Y. Liu) G. H. Sung, J. M. Sung, Hywel-Jones & Spatafora，药用，贵州

塔顶虫草 *Ophiocordyceps stylophora* (Berk. & Broome) G. H. Sung, J. M. Sung, Hywel-Jones & Spatafora，药用，吉林、浙江、广西

武夷山虫草 *Ophiocordyceps wuyishanensis* (Z. Q. Liang, A. Y. Liu & J. Z. Huang) G. H. Sung, J. M. Sung, Hywel-Jones & Spatafora，药用，福建

张家界虫草 *Ophiocordyceps zhangjiajiensis* (Z. Q. Liang & A. Y. Liu) G. H. Sung, J. M. Sung, Hywel-Jones & Spatafora，药用，湖南

炭角菌科 Xylariaceae

埋座菌属 *Anthostoma*

豹埋座菌 *Anthostoma decipiens* (DC.) Nitschke，未知，山西

木肉球菌属 *Creosphaeria*

檫木肉球菌 *Creosphaeria sassafras* (Schwein.) Y. M. Ju, F. San Martín & J. D. Rogers，未知，广东、台湾

轮层炭壳菌属（炭球菌属）*Daldinia*

亮轮层炭壳菌 *Daldinia bakeri* Lloyd，未知，云南、西藏

蔡氏轮层炭壳菌 *Daldinia childiae* J. D. Rogers & Y. M. Ju，未知，吉林、黑龙江、辽宁等

地锤状轮层炭壳菌 *Daldinia cudonia* (Berk. & M. A. Curtis) Lloyd，未知，西藏

开裂轮层炭壳菌 *Daldinia fissa* Lloyd，未知，云南、西藏

斯氏轮层炭壳菌 *Daldinia steglichii* M. Stadler, M. Baumgartner & Wollw.，未知，云南

肉球菌属 *Engleromyces*

中国肉球菌 *Engleromyces sinensis* M. A. Whalley, Khalil, T. Z. Wei, Y. J. Yao & Whalley，药用，云南

竹黄菌属 *Shiraia*

竹黄 *Shiraia bambusicola* Henn.，药用，云南、四川、福建等

炭团菌属 *Hypoxylon*

花色炭团 *Hypoxylon anthochroum* Berk. & Broome，未知，安徽

朱砂炭团菌 *Hypoxylon cinnabarinum* (Henn.) Y. M. Ju & J. D. Rogers，未知，贵州、云南、台湾

黄皮炭团菌 *Hypoxylon crocopeplum* Berk. & M. A. Curtis，未知，广东、云南、台湾

迪克曼炭团菌 *Hypoxylon dieckmannii* Theiss，未知，云南

紫棕炭团菌 *Hypoxylon fuscum* (Pers.) Fr.，未知，全国

吉尔伯炭团菌 *Hypoxylon gilbertsonii* Y. M. Ju & J. D. Rogers，未知，湖北

红炭团菌 *Hypoxylon* haematostroma Mont.，未知，云南

豪伊炭团菌 *Hypoxylon howeanum* Peck，未知，全国

肝色炭团菌 *Hypoxylon jecorinum* Berk. & Ravenel，未知，广东、贵州

勒诺尔曼炭团菌 *Hypoxylon lenormandii* Berk. & M. A. Curtis，未知，黑龙江、台湾

莲花寺炭团菌 *Hypoxylon lienhwacheense* Y. M. Ju & J. D. Rogers，未知，广东、福建、台湾

穿孔炭团菌 *Hypoxylon perforatum* (Schwein.) Fr.，未知，湖南、云南、吉林、黑龙江、台湾

尖突炭团菌 *Hypoxylon pilgerianum* Henn.，未知，江西、四川、广东、台湾

棕网炭团菌 *Hypoxylon retpela* Van der Gucht & Van der Veken，未知，吉林、台湾

赤褐炭团菌 *Hypoxylon rubiginosum* (Pers.) Fr.，未知，全国

近暗黄炭团菌 *Hypoxylon subgilvum* Berk. & Broome，未知，湖北、台湾

热带炭团菌 *Hypoxylon trugodes* Berk. & Broome，未知，广东、台湾

酒红色热状炭团菌 *Hypoxylon vinosopulvinatum* Y. M. Ju, J. D. Rogers & H. M. Hsieh，未知，广东、台湾

多形炭团菌属 *Annulohypoxylon*

截头多形炭团菌 *Annulohypoxylon annulatum* (Schwein.) Y. M. Ju, J. D. Rogers & H. M. Hsieh，未知，吉林、四川等

阿切尔多形炭团菌 *Annulohypoxylon archeri* (Berk.) Y. M. Ju, J. D. Rogers & H. M. Hsieh，未知，广东、江西、云南等

博韦多形炭团菌 *Annulohypoxylon bovei* (Speg.) Y. M. Ju, J. D. Rogers & H. M. Hsieh，未知，云南、海南、浙江等

具盘多形炭团菌 *Annulohypoxylon discophorum* (Penz. & Sacc.) Y. M. Ju, J. D. Rogers & H. M. Hsieh，未知，云南

突垫多形炭团菌 *Annulohypoxylon elevatidiscum* (Y. M. Ju, J. D. Rogers & H. M. Hsieh) Y. M. Ju, J. D. Rogers & H. M. Hsieh，未知，云南

小果多形炭团菌 *Annulohypoxylon microcarpum* (Penz. & Sacc.) Y. M. Ju, J. D. Rogers & H. M. Hsieh，未知，广东

桑形多形炭团菌 *Annulohypoxylon moriforme* (Henn.) Y. M. Ju, J. D. Rogers & H. M. Hsieh，未知，四川、台湾

多形炭团菌 *Annulohypoxylon multiforme* (Fr.) Y. M. Ju, J. D. Rogers & H. M. Hsieh，未知，吉林、河北、云南等

亮多形炭团菌 *Annulohypoxylon nitens* (Ces.) Y. M. Ju, J. D. Rogers & H. M. Hsieh，未知，云南、台湾

暗色环纹炭团菌 *Annulohypoxylon stygium* (Lév.) Y. M. Ju, J. D. Rogers & H. M. Hsieh，未知，广东、福建、云南等

坛状多形炭团菌 *Annulohypoxylon urceolatum* (Rehm) Y. M. Ju, J. D. Rogers & H. M. Hsieh，未知，广东、台湾

炭角菌属 *Xylaria*

上升炭角菌 *Xylaria adscendens* (Fr.) Fr.，药用，吉林、黑龙江

蕉孢炭角菌 *Xylaria allantoidea* (Berk.) Fr.，药用，全国

葚座炭角菌 *Xylaria anisopleura* (Mont.) Fr.，药用，广东、云南、甘肃等

矮乔木炭角菌 *Xylaria arbuscula* Sacc.，未知，广东、湖北、台湾

锐顶炭角菌 *Xylaria apiculata* Cooke，未知，云南、河北、广西等

黑球炭角菌 *Xylaria atroglobosa* H. X. Ma, Lar. N. Vassiljeva & Yu Li，未知，云南

褐色炭角菌 *Xylaria badia* Pat.，未知，云南、台湾

竹生炭角菌 *Xylaria bambusicola* Y. M. Ju & J. D. Rogers，未知，云南、广东、台湾

酒红炭角菌 *Xylaria brunneovinosa* Y. M. Ju & H. M. Hsieh，未知，云南、台湾

周氏炭角菌 *Xylaria choui* Hai X. Ma, Lar. N. Vassiljeva & Yu Li，未知，贵州

花壳炭角菌 *Xylaria comosa* (Mont.) Fr.，未知，云南、广西、海南

省藤生炭角 *Xylaria copelandii* Henn.，未知，广东

紫绒炭角菌 *Xylaria cornu-damae* (Schwein.) Berk.，未知，云南、吉林

古巴炭角菌 *Xylaria cubensis* (Mont.) Fr.，未知，吉林、贵州、云南、台湾

短炭角菌 *Xylaria curta* Fr.，未知，云南、台湾

全白炭角菌 *Xylaria enteroleuca* (Speg.) P. M. D. Martin，未知，云南、湖南

痂状炭角菌 *Xylaria escharoidea* (Berk.) Sacc.，未知，云南、台湾

黄心炭角菌 *Xylaria feejeensis* (Berk.) Fr.，未知，黑龙江、吉林、辽宁

木瓜榕生炭角菌 *Xylaria ficicola* Hai X. Ma, Lar. N. Vassiljeva & Yu Li，未知，云南

条纹炭角菌 *Xylaria grammica* (Mont.) Mont.，未知，云南、台湾

团炭角菌 *Xylaria hypoxylon* (L.) Grev.，未知，云南、黑龙江、吉林
毛鞭炭角菌 *Xylaria ianthinovelutina* (Mont.) Fr.，未知，云南、广东、台湾等
内卷炭角菌 *Xylaria involuta* Klotzsch，未知，云南
刺柏炭角菌车叶草变种 *Xylaria juniperus* var. *asperula* Starbäck，未知，云南、黑龙江、吉林
平滑炭角菌 *Xylaria laevis* Lloyd，未知，广东、吉林、台湾
枫香炭角菌 *Xylaria liquidambaris* J. D. Rogers, Y. M. Ju & F. San Martín，未知，广东
多重炭角菌 *Xylaria multiplex* (Kunze) Fr.，未知，云南、台湾
鼠尾炭角菌 *Xylaria myosurus* Mont.，未知，云南、广东
黑柄炭角菌 *Xylaria nigripes* (Klotzsch) Cooke，药用，全国
脓沧炭角菌 *Xylaria papulis* Lloyd，未知，广东、云南、台湾
胡椒形炭角菌 *Xylaria piperiformis* Berk.，未知，云南
番石榴炭角菌 *Xylaria psidii* J. D. Rogers & Hemmes，未知，云南
斯氏炭角菌 *Xylaria schweinitzii* Berk. & M. A. Curtis，未知，四川、台湾
黄色炭角菌 *Xylaria tabacina* (J. Kickx f.) Berk.，未知，云南、西藏、广东等
特氏炭角菌 *Xylaria telfairii* (Berk.) Sacc.，未知，云南、台湾
番丽炭角菌 *Xylaria venustula* Sacc.，未知，云南

担子菌门 Basidiomycota
花耳纲 Dacrymycetes
花耳目 Dacrymycetales
花耳科 Dacrymycetaceae
胶角耳属 *Calocera*
角状胶角耳 *Calocera cornea* (Batsch) Fr.，可食，云南、四川、西藏等
暗色胶角耳 *Calocera fusca* Lloyd，未知，吉林、福建、贵州
湖南胶角耳 *Calocera hunanensis* B. Liu & K. Tao, in Liu, Fan & Tao，未知，湖南

莽山胶角耳 *Calocera mangshanensis* B. Liu & L. Fan，未知，湖南

羊肚菌状胶角耳 *Calocera morchelloides* B. Liu & L. Fan，未知，福建

中国胶角耳 *Calocera sinensis* McNabb，未知，四川、甘肃、浙江等

黏胶角耳 *Calocera viscosa* (Pers.) Fr.，可食，云南、四川、西藏等

片花耳属 *Cerinomyces*

拉氏片花耳 *Cerinomyces lagerheimii* (Pat.) McNabb，未知，四川

彭氏片花耳 *Cerinomyces pengii* B. Liu & L. Fan，未知，湖南

花耳属 *Dacrymyces*

头状花耳 *Dacrymyces capitatus* Schwein，未知，吉林、福建、湖北等

延生花耳 *Dacrymyces enatus* (Berk. & M. A. Curtis) Massee，未知，四川、广西

泪滴花耳 *Dacrymyces lacrymalis* (Pers.) Nees，未知，山西、广西、陕西等

小孢花耳 *Dacrymyces microsporus* P. Karst.，未知，山西、广西

小花耳 *Dacrymyces minor* Peck，未知，云南、福建、广西等

斑点花耳 *Dacrymyces tortus* (Willd.) Fr.，未知，吉林、江西、广西等

花耳 *Dacrymyces stipitatus* (Bourdot & Galzin) Neuhoff，未知，贵州、陕西、云南等

变孢花耳 *Dacrymyces variisporus* McNabb，未知，山西

金孢花耳 *Dacrymyces chrysospermus* Berk. & M. A. Curtis，未知，云南、四川

四川花耳 *Dacrymyces sichuanensis* B. Liu & L. Fan，未知，四川、云南

云南花耳 *Dacrymyces yunnanensis* B. Liu & L. Fan，未知，云南

假花耳属 *Dacryopinax*

橙黄假花耳 *Dacryopinax aurantiaca* (Fr.) McNabb，未知，福建、广西

大孢假花耳 *Dacryopinax macrospora* B. Liu, L. Fan & Y. M. Li，未知，四川、湖北

太白山假花耳 *Dacryopinax taibaishanensis* B. Liu & L. Fan，未知，陕西

匙盖假花耳 *Dacryopinax spathularia* (Schwein.) G. W. Martin，未知，全国

西藏假花耳 *Dacryopinax xizangensis* Lowy & M. Zang，未知，西藏

韧钉耳属 *Ditiola*

韧钉耳 *Ditiola radicata* (Alb. & Schwein.) Fr，未知，吉林、湖南、广西等

盘状韧钉耳 *Ditiola peziziformis* (Lév.) D. A. Reid，未知，陕西、湖南、广西等

胶杯耳属 *Femsjonia*

小胶杯耳 *Femsjonia minor* B. Liu & L. Fan，未知，湖北

红胶杯耳 *Femsjonia rubra* M. Zang，未知，四川、云南

中国胶杯耳 *Femsjonia sinensis* B. Liu & K. Tao，未知，四川

胶盘耳属 *Guepiniopsis*

胶盘耳 *Guepiniopsis buccina* (Pers.) L.L. Kenn.，未知，吉林、陕西、四川等

卵孢胶盘耳 *Guepiniopsis ovispora* B. Liu & L. Fan，未知，湖北

桂花耳属 *Guepinia*

盘状桂花耳 *Guepinia helvelloides* (DC.) Fr.，未知，黑龙江、陕西、云南等

银耳纲 Tremellomycetes

银耳目 Tremellales

瘤孢耳科 Carcinomycetaceae

链孢耳属 *Syzygospora*

链孢耳 *Syzygospora mycetophila* (Peck) Ginns，未知，云南、西藏

链担耳科 Sirobasidiaceae

链担耳属 *Sirobasidium*

日本链担耳 *Sirobasidium japonicum* Kobayasi，未知，海南

大链担耳 *Sirobasidium magnum* Boedijn，未知，云南、湖南、福建等

血红链担耳 *Sirobasidium sanguineum* Lagerh. & Pat.，未知，福建、湖南、云南等

银耳科 Tremellaceae

盘革耳属 *Eichleriella*

中华盘革耳 *Eichleriella chinensis* Pilát，未知，河北、云南

肉色盘革耳 *Eichleriella incarnata* Bres.，未知，河北、吉林、云南等

胶珊瑚属 *Holtermannia*

角状胶珊瑚 *Holtermannia damicornis* (Möller) Kobayasi，未知，湖北、湖南

胶珊瑚 *Holtermannia pinguis* (Holterm.) Sacc. & Traverso，未知，四川、广西、云南等

银耳属 *Tremella*

金耳 *Tremella aurantialba* Bandoni & M. Zang，可食，云南、西藏、四川

澳洲银耳 *Tremella australiensis* Lloyd，可食，江西、海南、广西等

波纳银耳 *Tremella boraborensis* L. S. Olive，可食，湖南、海南

巴西银耳 *Tremella brasiliensis* (Möller) Lloyd，可食，吉林、浙江、云南等

肉白银耳 *Tremella carneoalba* Coker，可食，广西

茎生银耳 *Tremella caulicola* Kobayasi，可食，湖南、湖北、云南

朱砂色银耳 *Tremella cinnabarina* Bull.，可食，云南

棒梗银耳 *Tremella clavisterigma* Lowy，可食，海南

合生银耳 *Tremella coalescens* L. S. Olive，可食，广西

蜡皮银耳 *Tremella concrescens* (Schwein.) Burt，可食，湖北

展生银耳 *Tremella coppinsii* Diederich & G. Marson，可食，湖北、四川

脑状银耳 *Tremella effusa* Y. B. Peng，可食，湖南、山西、福建

大锁银耳 *Tremella fibulifera* Möller，可食，广西、四川、西藏、云南等

火红银耳 *Tremella flammea* Kobayasi，可食，福建、湖南、吉林等

茶银耳 *Tremella foliacea* Pers.，可食，吉林、广西、云南等

叶银耳 *Tremella frondosa* Fr.，可食，云南

银耳 *Tremella fuciformis* Berk.，可食，全国

球孢银耳 *Tremella globispora* D. A. Reid，可食，云南、陕西、湖北

海南银耳 *Tremella hainanensis* Y. B. Peng，可食，海南

角状银耳 *Tremella iduensis* Kobayasi，可食，云南、四川、福建等

长担银耳 *Tremella longibasidia* Y. B. Peng，可食，海南
橙黄银耳 *Tremella lutescens* Pers.，可食，湖南、四川、云南等
莽山银耳 *Tremella mangensis* Y. B. Peng，可食，湖南
勐仑银耳 *Tremella menglunensis* Y. B. Peng，可食，云南
金色银耳 *Tremella mesenterica* Retz.，可食，全国
小孢银耳 *Tremella microspora* Lloyd，可食，吉林
椹形银耳 *Tremella moriformis* Berk.，可食，海南、浙江
菜花银耳 *Tremella occultifuroidea* Chee J. Chen & Oberw，可食，台湾
白花瓣银耳 *Tremella neofoliacea* Chee J. Chen，可食，台湾
雪白银耳 *Tremella nivalis* Chee J. Chen，可食，台湾
珊瑚状银耳 *Tremella ramarioides* M. Zang，可食，云南
蔷薇色银耳 *Tremella roseotincta* Lloyd，可食，湖南
棕红银耳 *Tremella rufobrunnea* L. S. Olive，可食，山西
血红银耳 *Tremella sanguinea* Y. B. Peng，可食，湖南
黏银耳 *Tremella viscosa* (Pers.) Berk. & Broome，可食，湖北、海南、云南
赖特银耳 *Tremella wrightii* Berk. & M. A. Curtis，可食，云南、广西

伞菌纲 Agaricomycetes

伞菌目 Agaricales

伞菌科 Agaricaceae

蘑菇属 *Agaricus*

球基蘑菇 *Agaricus abruptibulbus* Peck，可食，西藏、云南
夏蘑菇 *Agaricus aestivalis* Schumach.，可食，广西、云南、广东
褐顶银白蘑菇 *Agaricus argyropotamicus* Speg.，未知，云南、广东
野蘑菇 *Agaricus arvensis* Schaeff.，可食，新疆、云南、河北等
大紫蘑菇 *Agaricus augustus* Fr.，可食，青海、西藏、云南等

白鳞蘑菇 *Agaricus bernardii* Quél.，未知，内蒙古、河北、青海等

双孢蘑菇 *Agaricus bisporus* (J. E. Lange) Imbach，可食，新疆、西藏、云南等

大肥菇 *Agaricus bitorquis* (Quél.) Sacc.，可食，新疆、西藏、云南等

假根蘑菇 *Agaricus bresadolanus* Bohus，未知，北京、江苏

蘑菇 *Agaricus campestris* L.，可食，新疆、西藏、云南等

粒鳞暗顶蘑菇 *Agaricus caribaeus* Pegler，未知，云南、四川

小白蘑菇 *Agaricus comtulus* Fr.，可食，河北、陕西、云南

褐鳞蘑菇 *Agaricus crocopeplus* Berk. & Broome，可食，吉林、台湾、西藏等

细鳞蘑菇 *Agaricus decoratus* (F. H. Møller) Pilát，未知，云南、四川

浅灰白蘑菇 *Agaricus devoniensis* P. D. Orton，未知，北京、江苏

美味蘑菇 *Agaricus edulis* Bull.，可食，北京、云南

污白蘑菇 *Agaricus excellens* F. H. Møller，未知，新疆、河北、西藏

浅黄蘑菇 *Agaricus fissuratus* F. H. Møller，可食，内蒙古、河北、西藏等

圆孢蘑菇 *Agaricus gennadii* (Chatin & Boud.) P. D. Orton，可食，新疆

红肉蘑菇 *Agaricus haemorrhoidarius* Schulzer，可食，新疆、西藏、四川等

灰褐蘑菇 *Agaricus halophilus* Peck，未知，新疆

赭褐蘑菇 *Agaricus langei* (F. H. Møller) F. H. Møller，可食，云南、四川

假环柄蘑菇 *Agaricus lepiotiformis* Yu Li，未知，云南

细褐鳞蘑菇 *Agaricus moelleri* Wasser，有毒，全国

雀斑蘑菇 *Agaricus micromegethus* Peck，可食，河北、江苏、广东等

黄白蘑菇 *Agaricus niveolutescens* Huijsman，未知，云南、河北、内蒙古等

白杵蘑菇 *Agaricus nivescens* F. H. Møller，可食，河北、内蒙古、北京等

包脚蘑菇 *Agaricus pequinii* (Boud.) Singer，未知，青海、河北

大紫蘑菇 *Agaricus perrarus* Schulzer，可食，新疆、西藏、山西等

灰白褐蘑菇 *Agaricus pilatianus* (Bohus) Bohus，可食，内蒙古、青海

双环林地蘑菇 *Agaricus placomyces* Peck，可食，全国

细褐鳞蘑菇 *Agaricus praeclaresquamosus* A.E. Freeman，未知，河北、广东、广西等

瓦鳞蘑菇 *Agaricus praerimosus* Peck，未知，新疆

草地蘑菇 *Agaricus pratensis* (Fr.) Bon，可食，全国

假根蘑菇 *Agaricus radicatus* Krombh.，可食，河北、北京、山西等

红褶小白蘑菇 *Agaricus rusiophyllus* Lasch，未知，北京、河北

小红褐蘑菇 *Agaricus semotus* Fr.，未知，北京

白林地蘑菇 *Agaricus silvicola* (Vitt.) Sacc，可食，全国

赭鳞蘑菇 *Agaricus subrufescens* Peck，可食，云南、吉林、黑龙江等

紫红蘑菇 *Agaricus subrutilescens* (Kauffman) Hotson & D. E. Stuntz，可食，甘肃、云南、西藏

绵毛蘑菇 *Agaricus vaporarius* Schrank，未知，新疆、内蒙古

麻脸蘑菇 *Agaricus urinascens* (Jul. Schäff. & F. H. Møller) Singer，可食，新疆、吉林、西藏等

黄斑蘑菇 *Agaricus xanthodermus* Genev.，有毒，青海、河北、西藏等

青褶伞属 *Chlorophyllum*

大青褶伞 *Chlorophyllum molybdites* (G. Mey.) Massee，有毒，云南、海南、福建等

拟乳头状青褶伞 *Chlorophyllum neomastoideum* (Hongo) Vellinga，有毒，浙江、江苏、福建等

球孢青褶伞 *Chlorophyllum sphaerosporum* Z. W. Ge & Zhu L. Yang，有毒，内蒙古

鬼伞属 *Coprinus*

鸡腿菇 *Coprinus comatus* (O. F. Müll.) Pers，条件可食，全国

巨孢墨鬼伞 *Coprinus giganteosporus* M. Zang & Y. Fei，未知，新疆

林地鬼伞 *Coprinus silvaticus* Peck，未知，甘肃、新疆、河北等

粪鬼伞 *Coprinus sterquilinus* (Fr.) Fr，未知，全国

囊皮菌属 *Cystoderma*

皱皮盖囊皮菌 *Cystoderma amianthinum* (Scop.) Fayod，可食，吉林、云南、甘肃等

朱红囊皮菌 *Cystoderma cinnabarinum* (Alb. & Schwein.) Fayod，可食，云南、河南、吉林等

金粒囊皮菌 *Cystoderma fallax* A. H. Sm. & Singer，未知，吉林

卷毛菇属 *Floccularia*

白卷毛菇 *Floccularia albolanaripes* (G. F. Atk.) Redhead，可食，西藏、甘肃、陕西

黄绿卷毛菇 *Floccularia luteovirens* (Alb. & Schwein.) Pouzar，可食，西藏、甘肃、青海等

白鬼伞属 *Leucocoprinus*

纯黄白鬼伞 *Leucocoprinus birnbaumii* (Corda) Singer，有毒，广东、云南、海南等

肥脚白鬼伞 *Leucocoprinus cepistipes* (Sowerby) Pat.，有毒，广东、海南、广西等

脆黄白鬼伞 *Leucocoprinus fragilissimus* (Ravenel ex Berk. & M. A. Curtis) Pat.，未知，广东、海南、广西等

浅黄褐白鬼伞 *Leucocoprinus zeylanicus* (Berk.) Boedijn，未知，云南

脱皮马勃属 *Lasiosphaera*

脱皮马勃 *Lasiosphaera fenzlii* Reichardt，食药用，安徽、湖北

锐鳞环柄菇属 *Echinoderma*

锐鳞环柄菇 *Echinoderma asperum* (Pers.) Bon，未知，全国

环柄菇属 *Lepiota*

粉囊孢环柄菇 *Lepiota amplicystidiata* J. F. Liang，未知，新疆

黑顶环柄菇 *Lepiota atrodisca* Zeller，未知，西藏

窄孢环柄菇 *Lepiota attenuata* J. F. Liang & Zhu L. Yang，未知，云南

肉褐鳞环柄菇 *Lepiota brunneoincarnata* Chodat & C. Martín，有毒，河北、江苏、上海等

栗色环柄菇 *Lepiota castanea* Quél.，有毒，青海、云南、甘肃等

红鳞环柄菇 *Lepiota cinnamomea* Cleland，未知，广东、广西

细环柄菇 *Lepiota clypeolaria* (Bull.) P. Kumm.，有毒，全国

丝膜环柄菇 *Lepiota cortinarius* J. E. Lang，未知，四川、云南、西藏等

冠状环柄菇 *Lepiota cristata* (Bolton) P. Kumm.，有毒，全国

灰褐鳞环柄菇 *Lepiota fusciceps* Hongo，未知，广东、广西

褐鳞环柄菇 *Lepiota helveola* Bres.，有毒，江苏、云南、青海等

暗褐顶环柄菇 *Lepiota ianthinosquamosa* Pegler，未知，西藏、云南

浅褐鳞环柄菇 *Lepiota pallidiochracea* J. F. Liang & Zhu L. Yang，未知，西藏

小白鳞环柄菇 *Lepiota pseudolilacea* Huijsman，未知，广东、广西

土黄环柄菇 *Lepiota spiculata* Pegler，未知，云南

近肉红环柄菇 *Lepiota subincarnata* J. E. Lange，有毒，云南、吉林、辽宁等

褐紫鳞环柄菇 *Lepiota otsuensis* (Hongo) Hongo，未知，广东、广西、海南

大环柄菇属 *Macrolepiota*

壳皮大环柄菇 *Macrolepiota crustosa* L. P. Shao & C. T. Xiang，可食，黑龙江、吉林

脱皮大环柄菇 *Macrolepiota detersa* Z. W. Ge, Zhu L. Yang & Vellinga，未知，安徽

长柄大环柄菇 *Macrolepiota dolichaula* (Berk. & Broome) Pegler & R. W. Rayner，可食，云南、四川

裂皮大环柄菇 *Macrolepiota excoriata* (Schaeff.) Wasser，未知，云南、四川、西藏等

红顶大环柄菇 *Macrolepiota gracilenta* (Krombh.) Wasser，未知，四川、云南、吉林等

乳头状大环柄菇 *Macrolepiota mastoidea* (Fr.) Singer，未知，吉林、辽宁、内蒙古等

东方裂皮大环柄菇 *Macrolepiota orientiexcoriata* Z. W. Ge, Zhu L. Yang & Vellinga，未知，四川、云南、西藏等

高大环柄菇 *Macrolepiota procera* (Scop.) Singer，可食，全国

褐顶大环柄菇 *Macrolepiota prominens* (Sacc.) M. M. Moser，未知，全国

白环菇属 *Leucoagaricus*

美洲白环菇 *Leucoagaricus americanus* (Peck) Vellinga，未知，福建、上海、湖南等

蓝黑白环菇 *Leucoagaricus atroazureus* J. F. Liang, Zhu L. Yang & J. Xu，未知，云南

天鹅色白环菇 *Leucocoprinus cygneus* (J. E. Lange) Bon，未知，广东、广西

鳞白白环菇 *Leucoagaricus leucothites* (Vittad.) Wasser，未知，广东、广西、云南

小褐白环菇 *Leucoagaricus sericifer* (Locq.) Vellinga，未知，青海、甘肃、新疆

红色白环菇 *Leucoagaricus rubrotinctus* (Peck) Singer，未知，吉林、广东、广西等

橙褐白环蘑 *Leucoagaricus tangerinus* Y. Yuan & J. F. Liang，未知，广东、云南

马勃属 *Lycoperdon*

粒皮马勃 *Lycoperdon asperum* (Lév.) Speg.，药用，全国

长柄梨形马勃 *Lycoperdon excipuliforme* (Scop.) Pers.，药用，云南、四川、甘肃等

褐皮马勃 *Lycoperdon fuscum* Bonord.，食药用，山西、云南、青海等

光皮马勃 *Lycoperdon glabrescens* Berk.，食药用，江西、云南、四川等

白鳞马勃 *Lycoperdon mammiforme* Pers.，药用，西藏、陕西、云南等

网纹马勃 *Lycoperdon perlatum* Pers.，药用，全国

小马勃 *Lycoperdon pusillum* Hedw.，药用，全国

梨形马勃 *Lycoperdon pyriforme* Schaeff.，食药用，全国

红马勃 *Lycoperdon subincarnatum* Peck，食药用，西藏、云南

赭褐马勃 *Lycoperdon umbrinum* Pers.，食药用，全国

白刺马勃 *Lycoperdon wrightii* Berk. & M. A. Curtis，药用，河北、山西、甘肃等

秃马勃属 *Calvatia*

栗粒皮秃马勃 *Calvatia boninensis* S. Ito & S. Imai，未知，云南

西部大秃马勃 *Calvatia booniana* A. H. Sm.，药用，西藏

白秃马勃 *Calvatia candida* (Rostk.) Hollós，食药用，河北、山西、新疆等

头状秃马勃 *Calvatia craniiformis* (Schwein.) Fr. ex De Toni，食药用，全国

大秃马勃 *Calvatia gigantea* (Batsch) Lloyd，食药用，云南、四川、广东等

紫色秃马勃 *Calvatia lilacina* (Mont. & Berk.) Henn.，食药用，全国

褐环柄菇属 *Phaeolepiota*

金褐环柄菇 *Phaeolepiota aurea* (Matt.) Maire，未知，云南、四川、贵州等

鸟巢菌属 *Nidula*

白绒鸟巢菌 *Nidula niveotomentosa* (Henn.) Lloyd，未知，西藏、云南、四川等

黑蛋巢菌属 *Cyathus*

非洲黑蛋巢菌 *Cyathus africanus* H. J. Brodie，未知，内蒙古

环状黑蛋巢 *Cyathus annulatus* H. J. Brodie，未知，福建
景洪黑蛋巢 *Cyathus cheliensis* F. L. Tai & C. S. Hu，未知，云南
混淆黑蛋巢菌 *Cyathus confusus* F. L. Tai & C. S. Hung，未知，云南
角状黑蛋巢 *Cyathus cornucopioides* T. X. Zhou & W. Ren，未知，云南
盘状黑蛋巢 *Cyathus discoideus* M. Zang，未知，云南
盘柄黑蛋巢菌 *Cyathus discostipitatus* B. Liu & Y. M. Li，未知，山西
甘肃黑蛋巢菌 *Cyathus gansuensis* B. Yang, J. Yu & T. X. Zhou，未知，甘肃
关帝山黑蛋巢菌 *Cyathus guandishanensis* B. Liu & Y. M. Li，未知，山西
毛被黑蛋巢菌 *Cyathus hirtulus* B. Liu & Y. M. Li，未知，吉林
嘉峪关黑蛋巢菌 *Cyathus jiayuguanensis* J. Yu, T. X. Zhou & L. Z. Zhao，未知，甘肃
丽江黑蛋巢菌 *Cyathus lijiangensis* T. X. Zhou & R. L. Zhao，未知，云南
潞西黑蛋巢菌 *Cyathus luxiensis* T. X. Zhou, J. Yu & Y.Hui Chen，未知，云南
巨孢黑蛋巢菌 *Cyathus megasporus* W. Ren & T. X. Zhou，未知，云南
内蒙古黑蛋巢菌 *Cyathus neimonggolensis* B. Liu & Y. M. Li，未知，内蒙古
白被黑蛋巢菌 *Cyathus pallidus* Berk. & M. A. Curtis，未知，四川、贵州、云南等
深暗黑蛋巢 *Cyathus pullus* F. L. Tai & C.S. Hung，未知，云南
任氏黑蛋巢 *Cyathus renweii* T. X. Zhou & R. L. Zhao，未知，湖南
四川黑蛋巢菌 *Cyathus sichuanensis* B. Liu & Y. M. Li，未知，四川
粪生黑蛋巢菌 *Cyathus stercoreus* (Schwein.) De Toni，未知，全国
隆纹黑蛋巢菌 *Cyathus striatus* (Huds.) Willd.，未知，全国
太原黑蛋巢菌 *Cyathus taiyuanensis* B. Liu & Y. M. Li，未知，山西
天山黑蛋巢菌 *Cyathus tianshanensis* B. Liu & J. Z. Cao，未知，新疆、西藏
五台山黑蛋巢菌 *Cyathus wutaishanensis* B. Liu, Shangguan & P. G. Yuan，未知，山西
云南黑蛋巢菌 *Cyathus yunnanensis* B. Liu & Y. M. Li，未知，云南

鹅膏科 Amanitaceae

鹅膏属 *Amanita*

变黄鹅膏 *Amanita alboflavescens* Hongo，未知，云南

长柄鹅膏 *Amanita altipes* Zhu L. Yang, M. Weiss & Oberw.，未知，云南、四川、西藏等

窄褶鹅膏 *Amanita angustilamellata* (Höhn.) Boedijn，未知，海南、云南

暗褐鹅膏 *Amanita atrofusca* Zhu L. Yang，未知，四川、云南、西藏等

雀斑鳞鹅膏 *Amanita avellaneosquamosa* (S. Imai) S. Imai，未知，江苏、台湾、四川等

褐烟色鹅膏 *Amanita brunneofuliginea* Zhu L. Yang，未知，内蒙古、四川、云南等

粗鳞白鹅膏 *Amanita castanopsidis* Hongo，未知，海南、云南

白条盖鹅膏 *Amanita chepangiana* Tulloss & Bhandary，未知，全国

橙黄鹅膏 *Amanita citrina* Pers.，未知，广东、云南

环鳞鹅膏 *Amanita concentrica* T. Oda, C. Tanaka & Tsuda，未知，云南

显鳞鹅膏 *Amanita clarisquamosa* (S. Imai) S. Imai，未知，江苏、福建、云南等

翘鳞鹅膏 *Amanita eijii* Zhu L. Yang，未知，安徽、湖南、贵州等

可食鹅膏 *Amanita esculenta* Hongo & I. Matsuda，未知，四川

致命鹅膏 *Amanita exitialis* Zhu L. Yang & T. H. Li，有毒，华南、西南

小托鹅膏 *Amanita farinosa* Schwein.，未知，江苏、云南、西藏等

黄柄鹅膏 *Amanita flavipes* S. Imai，未知，吉林、云南、西藏等

格纹鹅膏 *Amanita fritillaria* Sacc.，未知，全国

灰花纹鹅膏 *Amanita fuliginea* Hongo，有毒，湖南、广东、云南等

拟灰花纹鹅膏 *Amanita fuligineoides* P. Zhang & Zhu L. Yang，有毒，华中、西南

灰褶鹅膏 *Amanita griseofolia* Zhu L. Yang，未知，北京、广东、云南等

灰绒鹅膏 *Amanita griseofarinosa* Hongo，未知，台湾、云南、西藏等

灰盖粉褶鹅膏 *Amanita griseorosea* Qing Cai et al.，有毒，华南

灰疣鹅膏 *Amanita griseoverrucosa* Zhu L. Yang ex Zhu L. Yang，未知，江苏、海南、云南等

赤脚鹅膏 *Amanita gymnopus* Corner & Bas，有毒，湖南、广东、云南等

红黄鹅膏 *Amanita hemibapha* (Berk. & Broome) Sacc.，未知，全国
本乡鹅膏 *Amanita hongoi* Bas，未知，福建、广东、云南等
湖南鹅膏 *Amanita hunanensis* Y. B. Peng & L. J. Liu，未知，湖南、安徽
假球基鹅膏 *Amanita ibotengutake* T. Oda, C. Tanaka & Tsuda，未知，吉林、辽宁、黑龙江等
短棱鹅膏 *Amanita imazekii* T. Oda, C. Tanaka & Tsuda，未知，四川、云南
粉褶鹅膏 *Amanita incarnatifolia* Zhu L. Yang，未知，江苏、四川、云南等
白鳞隐丝鹅膏 *Amanita innatifibrilla* Zhu L. Yang，未知，云南
日本鹅膏 *Amanita japonica* Hongo ex Bas，未知，台湾、广东、云南等
异味鹅膏 *Amanita kotohiraensis* Nagas. & Mitani，有毒，江苏、广东、云南等
木色鹅膏 *Amanita lignitincta* Zhu L. Yang，未知，贵州、云南
李逵鹅膏 *Amanita liquii* Zhu L. Yang, M. Weiss & Oberw，未知，四川、云南、西藏
长棱鹅膏 *Amanita longistriata* S. Imai，未知，湖北、广东、陕西等
隐花青鹅膏 *Amanita manginiana* Har. & Pat.，未知，江苏、广西、云南等
小毒蝇鹅膏 *Amanita melleiceps* Hongo，有毒，湖南、广东、广西等
美黄鹅膏 *Amanita mira* Corner & Bas，有毒，云南、四川、西藏等
毒蝇鹅膏 *Amanita muscaria* (L.) Lam.，有毒，吉林、黑龙江、内蒙古等
拟卵盖鹅膏 *Amanita neo-ovoidea* Hongo，有毒，江西、四川、云南等
小污白鹅膏 *Amanita nivalis* Grev.，未知，内蒙古、云南、西藏等
欧氏鹅膏 *Amanita oberwinklerana* Zhu L. Yang & Yoshim. Doi，有毒，湖南、广东、贵州等
东方褐盖鹅膏 *Amanita orientifulva* Zhu L. Yang, M. Weiss & Oberw，未知，全国
东方黄盖鹅膏 *Amanita orientigemmata* Zhu L. Yang & Yoshim. Doi，有毒，吉林、海南、甘肃等
红褐鹅膏 *Amanita orsonii* Ash. Kumar & T. N. Lakh.，未知，吉林、广东、西藏等
卵孢鹅膏 *Amanita ovalispora* Boedijn，未知，全国
淡红鹅膏 *Amanita pallidorosea* P. Zhang & Zhu L. Yang，有毒，全国
蟹红鹅膏 *Amanita pallidocarnea* (Höhn.) Boedijn，未知，海南

小豹斑鹅膏 *Amanita parvipantherina* Zhu L. Yang, M. Weiss & Oberw.，有毒，全国
暗鳞隐丝鹅膏 *Amanita pilosella* Corner & Bas，未知，云南
高大鹅膏 *Amanita princeps* Corner & Bas，未知，海南、广东、云南等
假黄盖鹅膏 *Amanita pseudogemmata* Hongo，有毒，湖北、云南、四川等
假豹斑鹅膏 *Amanita pseudopantherina* Zhu L. Yang，未知，四川、云南
假褐云斑鹅膏 *Amanita pseudoporphyria* Hongo，有毒，江苏、广东、云南等
假灰鹅膏 *Amanita pseudovaginata* Hongo，未知，全国
裂皮鹅膏 *Amanita rimosa* P. Zhang & Zhu L. Yang，有毒，华东、华中、华南
红托鹅膏 *Amanita rubrovolvata* S. Imai，有毒，云南、浙江、四川等
土红盖鹅膏 *Amanita rufoferruginea* Hongo，有毒，海南、广东、广西等
刻鳞鹅膏 *Amanita sculpta* Corner & Bas，未知，广东、广西、云南等
中华鹅膏 *Amanita sinensis* Zhu L. Yang，未知，云南、西藏、贵州等
杵柄鹅膏 *Amanita sinocitrina* Zhu L. Yang, Zuo H. Chen & Z. G. Zhang，未知，湖南、广东、海南等
黄鳞鹅膏 *Amanita subfrostiana* Zhu L. Yang，有毒，云南、西藏
球基鹅膏 *Amanita subglobosa* Zhu L. Yang，有毒，全国
黄盖鹅膏 *Amanita subjunquillea* S. Imai，有毒，吉林、广东、湖北等
黄盖鹅膏白色变种 *Amanita subjunquillea* var. *alba* Zhu L. Yang，有毒，全国
假淡红鹅膏 *Amanita subpallidorosea* Hai J. Li，有毒，华东、华中、西南
残托鹅膏 *Amanita sychnopyramis* Corner & Bas，有毒，湖南、广西、云南等
残托鹅膏有环变形 *Amanita sychnopyramis* f. *subannulata* Hongo，有毒，湖南、河南、云南等
绒托鹅膏 *Amanita tomentosivolva* Zhu L. Yang，未知，云南
灰鹅膏 *Amanita vaginata* (Bull.) Lam.，未知，北京、四川、云南等
疣托鹅膏 *Amanita verrucosivolva* Zhu L. Yang，未知，湖北、云南
绒毡鹅膏 *Amanita vestita* Corner & Bas，未知，海南、台湾
锥鳞白鹅膏 *Amanita virgineoides* Bas，未知，江苏、海南、云南等

鳞柄白鹅膏 *Amanita virosa* (Fr.) Bertill.，有毒，东北、华北、华中
颜氏鹅膏 *Amanita yenii* Zhu L. Yang & C. M. Chen，未知，台湾、海南、云南
袁氏鹅膏 *Amanita yuaniana* Zhu L. Yang，可食，四川、云南
臧氏鹅膏 *Amanita zangii* Zhu L. Yang, T. H. Li & X. L. Wu 2001，未知，海南

黏伞属 *Limacella*

斑黏伞 *Limacella guttata* (Pers.) Konrad & Maubl.，未知，四川
台湾黏伞 *Limacella taiwanensis* Zhu L. Yang & W. N. Chou，未知，台湾

粪锈伞科 Bolbitiaceae

粪锈伞属 *Bolbitius*

粉黏粪锈伞 *Bolbitius demangei* (Quél.) Sacc. & D. Sacc.，未知，河北、北京、云南等
粪锈伞 *Bolbitius titubans* (Bull.) Fr.，有毒，全国
云南粪锈伞 *Bolbitius yunnanensis* W. F. Chiu，未知，云南、四川、广西等

锥盖伞属 *Conocybe*

乳白锥盖伞 *Conocybe apala* (Fr.) Arnolds，未知，云南、山西、江苏等
小脆锥盖伞 *Conocybe fragilis* (Peck) Singer，未知，全国
大盖锥盖伞 *Conocybe macrocephala* Kühner & Watling，未知，云南、四川、贵州等
石灰锥盖伞 *Conocybe siliginea* (Fr.) Kühner，未知，四川、云南
土黄锥盖伞 *Conocybe subovalis* Kühner & Watling，未知，陕西、江苏、广东等

挂钟菌科 Cyphellaceae

软韧革菌属 *Chondrostereum*

紫色软韧革菌 *Chondrostereum purpureum* (Pers.) Pouzar，未知，黑龙江、江苏、云南等

珊瑚菌科 Clavariaceae

珊瑚菌属 *Clavaria*

小勺珊瑚菌 *Clavaria acuta* Sowerby，可食，浙江
烟色珊瑚菌 *Clavaria fumosa* Pers.，未知，云南、广东、广西等

紫珊瑚菌 *Clavaria purpurea* O. F. Müll.，可食，四川、福建、云南等

虫形珊瑚菌 *Clavaria vermicularis* Batsch，可食，西藏、广东、云南等

堇紫珊瑚菌 *Clavaria zollingeri* Lév.，可食，福建、台湾、云南等

锁瑚菌属 *Clavulina*

皱锁瑚菌 *Clavulina rugosa* (Bull.) J. Schröt.，可食，江苏、青海、陕西等

拟锁瑚属 *Clavulinopsis*

微黄拟锁瑚 *Clavulinopsis atroumbrina* (Corner) Z. S. Bi，未知，广东

角拟锁瑚菌 *Clavulinopsis corniculata* (Schaeff.) Corner，可食，四川，贵州、云南、湖南等

梭形黄拟锁瑚菌 *Clavulinopsis fusiformis* (Sowerby) Corner，可食，台湾、福建、广东等

红拟锁瑚菌 *Clavulinopsis miyabeana* (S. Ito) S. Ito，可食，台湾、广东

拟枝瑚菌属 *Ramariopsis*

白色拟枝瑚菌 *Ramariopsis kunzei* (Fr.) Corner，未知，吉林、云南、广东等

地衣棒瑚菌属 *Multiclavula*

藻地衣棒瑚菌 *Multiclavula mucida* (Pers.) R. H. Petersen，未知，云南、四川、福建等

中华地衣棒瑚菌 *Multiclavula sinensis* R. H. Petersen & M. Zang，未知，云南

须瑚菌科 Pterulaceae

须瑚菌属 *Pterula*

大羽须瑚菌 *Pterula grandis* Syd. & P. Syd.，未知，广东、云南、四川等

白须瑚菌 *Pterula multifida* (Chevall.) Fr.，未知，广东、广西

钻形须瑚菌 *Pterula subulata* Fr. 未知，广东

丝膜菌科 Cortinariaceae

干盖锈伞属 *Anamika*

窄褶干盖锈伞 *Anamika angustilamellata* Zhu L. Yang & Z. W. Ge，未知，云南

丝膜菌属 *Cortinarius*

白紫丝膜菌 *Cortinarius alboviolaceus* (Pers.) Fr.，未知，西藏、云南

烟灰褐丝膜菌 *Cortinarius anomalus* (Fr.) Fr.，未知，吉林
阿美尼亚丝膜菌 *Cortinarius armeniacus* (Schaeff.) Fr.，可食，吉林、辽宁、云南等
掷丝膜菌 *Cortinarius bolaris* (Pers.) Fr.，有毒，湖南、江西
牛丝膜菌 *Cortinarius bovinus* Fr.，未知，新疆、西藏、云南
褐丝膜菌 *Cortinarius brunneus* (Pers.) Fr.，未知，四川、吉林、云南等
兰丝膜菌 *Cortinarius caerulescens* (Schaeff.) Fr.，未知，安徽、云南、四川等
托柄丝膜菌 *Cortinarius callochrous* (Pers.) Gray，未知，四川、云南、西藏等
美孢丝膜菌 *Cortinarius calosporus* (M. Zang) Peintner, M. M. Moser, E. Horak & Vilgalys，未知，四川
皱盖丝膜菌 *Cortinarius caperatus* (Pers.) Fr.，未知，辽宁
黄棕丝膜菌 *Cortinarius cinnamomeus* (L.) Fr.，有毒，黑龙江、四川、云南等
青黄丝膜菌 *Cortinarius citrino-olivaceus* M. M. Moser，未知，四川、云南、西藏等
亮色丝膜菌 *Cortinarius claricolor* (Fr.) Fr.，未知，黑龙江、吉林、云南等
黏柄丝膜菌 *Cortinarius collinitus* (Pers.) Fr.，未知，黑龙江、四川、云南等
草黄丝膜菌 *Cortinarius colymbadinus* Fr.，未知，青海、云南、西藏等
柱柄丝膜菌 *Cortinarius cylindripes* Kauffman，未知，云南、四川、安徽等
黄褐丝膜菌 *Cortinarius decoloratus* (Fr.) Fr.，未知，云南、甘肃、广东等
较高丝膜菌 *Cortinarius elatior* Fr.，可食，云南、广西、西藏等
喜山丝膜菌 *Cortinarius emodensis* Berk.，未知，云南、四川、西藏
蓝柄丝膜菌 *Cortinarius evernius* (Fr.) Fr.，未知，西藏、甘肃
光黄丝膜菌 *Cortinarius fulgens* Fr.，可食，四川、云南
拟盔孢伞丝膜菌 *Cortinarius galerinoides* Lamoure，未知，陕西
尖顶丝膜菌 *Cortinarius gentilis* (Fr.) Fr.，有毒，湖北、青海、西藏等
黏丝膜菌 *Cortinarius glutinosus* Peck，未知，四川、西藏、云南等
半被毛丝膜菌 *Cortinarius hemitrichus* (Pers.) Fr.，有毒，新疆、西藏
白膜丝膜菌 *Cortinarius hinnuleus* Fr.，未知，西藏、陕西

棕褐丝膜菌 *Cortinarius infractus* (Pers.) Fr.，未知，西藏、云南
大丝膜菌 *Cortinarius largus* Fr.，未知，黑龙江、吉林、内蒙古等
黄盖丝膜菌 *Cortinarius latus* (Pers.) Fr.，未知，青海、西藏、内蒙古等
丁香紫丝膜菌 *Cortinarius lilacinus* Peck，可食，山西、吉林、黑龙江等
长柄丝膜菌 *Cortinarius longipes* Peck，未知，四川、云南、吉林等
皮革黄丝膜菌 *Cortinarius malachius* (Fr.) Fr.，未知，青海
多形丝膜菌 *Cortinarius multiformis* Fr.，未知，山西、四川、云南等
黏肉丝膜菌 *Cortinarius mucosus* (Bull.) J. Kickx f.，未知，四川、云南、新疆等
暗褐丝膜菌 *Cortinarius neoarmillatus* Hongo，未知，青海、甘肃
黑鳞丝膜菌 *Cortinarius nigrosquamosus* Hongo，有毒，云南、四川
浅棕色丝膜菌 *Cortinarius obtusus* (Fr.) Fr.，未知，四川、西藏、云南等
鳞丝膜菌 *Cortinarius pholideus* (Lilj.) Fr.，未知，黑龙江、内蒙古、云南等
喜松丝膜菌 *Cortinarius pinicola* P.D. Orton，未知，陕西、青海、云南等
纹缘丝膜菌 *Cortinarius praestans* (Cordier) Gillet，未知，宁夏、四川、云南等
拟鳞紫丝膜菌 *Cortinarius pseudopurpurascens* Hongo，未知，黑龙江、吉林
拟荷叶丝膜菌 *Cortinarius pseudosalor* J. E. Lange，有毒，甘肃
紫丝膜菌 *Cortinarius purpurascens* Fr.，可食，吉林、湖南、青海等
硬丝膜菌 *Cortinarius rigidus* (Scop.) Fr.，未知，青海、四川、云南等
堇红丝膜菌 *Cortinarius rufo-olivaceus* (Pers.) Fr.，未知，青海、西藏、云南等
深红丝膜菌 *Cortinarius rubicundulus* (Rea) A. Pearson，未知，青海、陕西
荷叶丝膜菌 *Cortinarius salor* Fr.，可食，安徽、四川、云南等
血红丝膜菌 *Cortinarius sanguineus* (Wulfen) Fr.，有毒，云南、西藏、吉林等
堇蓝丝膜菌 *Cortinarius sodagnitus* Rob. Henry，未知，甘肃、西藏
斑丝膜菌 *Cortinarius spilomeus* (Fr.) Fr.，未知，青海
亚白紫丝膜菌 *Cortinarius subalboviolaceus* Hongo，未知，河北

亚褐盖丝膜菌 *Cortinarius subferrugineus* (Batsch) Fr.，未知，四川、云南、新疆等
褪紫丝膜菌 *Cortinarius traganus* (Fr.) Fr.，有毒，云南、河北、广东等
环带柄丝膜菌 *Cortinarius trivialis* J. E. Lange，有毒，四川、云南、内蒙古等
黄丝膜菌 *Cortinarius turmalis* Fr.，可食，四川、云南、吉林等
变色丝膜菌 *Cortinarius variicolor* (Pers.) Fr.，未知，青海
白柄丝膜菌 *Cortinarius varius* (Schaeff.) Fr.，未知，新疆、广东、山西等
黏液丝膜菌 *Cortinarius vibratilis* (Fr.) Fr.，未知，西藏、黑龙江、云南等
紫绒丝膜菌 *Cortinarius violaceus* (L.) Gray，未知，安徽、云南、新疆等

锈盖菇属 *Cuphocybe*

美孢锈盖伞 *Cuphocybe calospora* M. Zang，未知，四川

盔孢伞属 *Galerina*

丛生盔孢伞 *Galerina fasciculata* Hongo，有毒，云南、四川、西藏等
细条盔孢伞 *Galerina filiformis* A. H. Sm. & Singer，有毒，云南、四川、吉林等
黄褐盔孢伞 *Galerina helvoliceps* (Berk. & M. A. Curtis) Singer，有毒，辽宁、吉林、内蒙古等
异囊盔孢伞 *Galerina heterocystis* (G. F. Atk.) A. H. Sm. & Singer，有毒，东北、华北
苔藓盔孢伞 *Galerina hypnorum* (Schrank) Kühner，未知，吉林、辽宁、云南等
纹缘盔孢伞 *Galerina marginata* (Batsch) Kühner，有毒，四川、云南、西藏等
俄勒冈盔孢伞 *Galerina oregonensis* A. H. Sm.，有毒，辽宁、吉林、内蒙古等
条盖盔孢伞 *Galerina sulciceps* (Berk.) Boedijn，有毒，江西、云南、四川等
沟条盔孢伞 *Galerina vittiformis* (Fr.) Singer，有毒，甘肃、青海、吉林等

裸伞属 *Gymnopilus*

绿褐裸伞 *Gymnopilus aeruginosus* (Peck) Singer，有毒，吉林、广东、云南等
橙褐裸伞 *Gymnopilus aurantiobrunneus* Z. S. Bi，有毒，广东
细绿裸伞 *Gymnopilus caerulovirescens* Z. S. Bi，有毒，广东
绿斑裸伞 *Gymnopilus dilepis* (Berk. & Broome) Singer，有毒，广东、广西、云南等

长柄裸伞 *Gymnopilus elongatipes* Z. S. Bi，有毒，广东

亮褐裸伞 *Gymnopilus fulgens* (J. Favre & Maire) Singer，有毒，四川

海南裸伞 *Gymnopilus hainanensis* T. H. Li & W. M. Zhang，有毒，海南

条缘裸伞 *Gymnopilus liquiritiae* (Pers.) P. Karst.，有毒，吉林、内蒙古、西藏等

宽褶裸伞 *Gymnopilus luteofolius* (Peck) Singer，有毒，黑龙江

赭黄裸伞 *Gymnopilus penetrans* (Fr.) Murrill，有毒，四川、云南、吉林等

杉木裸伞 *Gymnopilus picreus* (Pers.) P. Karst.，有毒，四川、吉林、新疆等

紫裸伞 *Gymnopilus purpuratus* (Cooke & Massee) Singer，有毒，海南

枞裸伞 *Gymnopilus sapineus* (Fr.) Murrill，有毒，云南、广东、新疆

橘黄裸伞 *Gymnopilus spectabilis* (Fr.) Singer，有毒，全国

滑锈伞属 *Hebeloma*

大毒滑锈伞 *Hebeloma crustuliniforme* (Bull.) Quél.，有毒，吉林、云南、新疆等

毒滑锈伞 *Hebeloma fastibile* (Pers.) P. Kumm.，有毒，青海、西藏、云南等

长根滑锈伞 *Hebeloma radicosum* (Bull.) Ricken，有毒，吉林、四川、云南等

大孢滑锈伞 *Hebeloma sacchariolens* Quél.，有毒，四川、云南、山西等

芥味滑锈伞 *Hebeloma sinapizans* (Paulet) Gillet，有毒，吉林、四川、云南等

荷叶滑锈伞 *Hebeloma sinuosum* (Fr.) Quél.，有毒，辽宁、四川、甘肃等

土黄滑锈伞 *Hebeloma spoliatum* (Fr.) Gillet，有毒，青海

赭顶滑锈伞 *Hebeloma testaceum* Quél.，有毒，湖北、青海、云南等

黄滑锈伞 *Hebeloma versipelle* (Fr.) Gillet，有毒，云南、甘肃、青海等

酒红褶滑锈伞 *Hebeloma vinosophyllum* Hongo，有毒，四川

褐金钱菌属 *Phaeocollybia*

绒柄褐金钱菌 *Phaeocollybia christinae* (Fr.) R. Heim，未知，云南、广东、海南等

粉褶菌科 Entolomataceae

斜盖伞属 *Clitopilus*

杏孢斜盖伞 *Clitopilus amygdaliformis* Zhu L. Yang，未知，云南、台湾
柔软斜盖伞 *Clitopilus apalus* (Berk. & Broome) Petch，未知，海南
丛生斜盖伞 *Clitopilus caespitosus* Peck，可食，河北、黑龙江、云南
皱纹斜盖伞 *Clitopilus crispus* Pat.，未知，云南、广东
巨孢斜盖伞 *Clitopilus gigantosporus* M. Zang，未知，云南
荷伯生氏斜盖伞 *Clitopilus hobsonii* (Berk.) P. D. Orton，未知，台湾
猫耳斜盖伞 *Clitopilus passeckerianus* (Pilát) Singer，未知，福建
斜盖伞 *Clitopilus prunulus* (Scop.) P. Kumm.，可食，广东

粉褶菌属 *Entoloma*

斜盖粉褶菌 *Entoloma abortivum* (Berk. & M. A. Curtis) Donk，未知，云南、河南等
尖圆锥粉褶菌 *Entoloma acutoconicum* (Hongo) E. Horak，未知，广东
白粉褶菌 *Entoloma album* Hiroë，有毒，吉林、辽宁、内蒙古等
橙黄粉褶菌 *Entoloma aurantiacum* Z. S. Bi，未知，广东
肉褐粉褶菌 *Entoloma carneobrunneum* W. M. Zhang，未知，海南
肉色粉褶菌 *Entoloma carneum* Z. S. Bi，未知，广东
近偏生粉褶菌 *Entoloma caespitosum* W. M. Zhang，未知，海南
暗蓝粉褶菌 *Entoloma chalybeum* (Pers.) Noordel.，有毒，广东、广西、江西
黄肉色粉褶菌 *Entoloma flavocerinum* E. Horak，未知，四川、陕西
脆柄粉褶菌 *Entoloma fragilipes* Corner & E. Horak，未知，广西、广东、海南
变绿粉褶菌 *Entoloma incanum* (Fr.) Hesler，未知，云南、四川、甘肃等
乳突粉褶菌 *Entoloma mastoideum* T. H. Li & Xiao L. He，未知，广东
方孢粉褶菌 *Entoloma murrayi* (Berk. & M. A. Curtis) Sacc.，有毒，广东、云南、福建等
近江粉褶菌 *Entoloma omiense* (Hongo) E. Horak，有毒，广东、湖南、云南等
拟灰白粉褶菌 *Entoloma pseudogriseoalbum* Z. S. Bi，未知，广东
紫褐粉褶菌 *Entoloma purpureobrunneum* W. M. Zhang，未知，广东

极脆粉褶菌 *Entoloma praegracile* Xiao L. He & T. H. Li，未知，贵州
方形粉褶菌 *Entoloma quadratum* (Berk. & M. A. Curtis) E. Horak，有毒，广东、广西、湖南等
灰粉褶菌 *Entoloma sepium* (Noulet & Dass.) Richon & Roze，未知，西藏
近蛛丝粉褶菌 *Entoloma subaraneosum* Xiao L. He & T. H. Li，未知，广东
近纤囊粉褶菌 *Entoloma subtenuicystidiatum* Xiao Lan He & T. H. Li，未知，广西
纤弱粉褶菌 *Entoloma tenuissimum* T. H. Li & Xiao Lan. He，未知，广东
绒毛粉褶菌 *Entoloma tomentosum* Z. S. Bi，未知，广东
云南粉褶菌 *Entoloma yunnanense* J. Z. Ying，未知，云南

牛舌菌科 Fistulinaceae

牛舌菌属 *Fistulina*

牛舌菌 *Fistulina hepatica* (Schaeff.) With.，可食，西南、东北等

小盘孔菌属 *Porodisculus*

悬垂小盘孔菌 *Porodisculus pendulus* (Fr.) Murrill，未知，湖北、浙江

轴腹菌科 Hydnangiaceae

蜡蘑属 *Laccaria*

白蜡蘑 *Laccaria alba* Zhu L. Yang & Lan Wang，可食，云南
窄褶蜡蘑 *Laccaria angustilamella* Zhu L. Yang & L. Wang，可食，云南
双色蜡蘑 *Laccaria bicolor* (Maire) P. D. Orton，可食，西藏、云南、四川等
橘红蜡蘑 *Laccaria fraterna* (Sacc.) Pegler，未知，青海
红蜡蘑 *Laccaria laccata* (Scop.) Cooke，可食，云南、四川、西藏等
条柄蜡蘑 *Laccaria proxima* (Boud.) Pat.，可食，吉林、云南、新疆等
矮蜡蘑 *Laccaria pumila* Fayod，未知，云南、西藏
紫褐蜡蘑 *Laccaria purpureobadia* D. A. Reid，未知，西藏
刺孢蜡蘑 *Laccaria tortilis* (Bolton) Cooke，可食，西藏、云南、福建等
酒色蜡蘑 *Laccaria vinaceoavellanea* Hongo，未知，山西、陕西

云南蜡蘑 *Laccaria yunnanensis* Popa, Rexer, Donges, Z. L. Yang & G. Kost，未知，云南

蜡伞科 Hygrophoraceae

杯褶伞属 *Cuphophyllus*

洁白杯褶伞 *Cuphophyllus virgineus* (Wulfen) Kovalenko, in Nezdoīminogo，未知，西藏、吉林、云南等

草地杯褶伞 *Cuphophyllus pratensis* (Fr.) Bon，未知，云南、吉林、广东等

蜡盖伞属 *Gliophorus*

青绿蜡盖伞 *Gliophorus psittacinus* (Schaeff.) Herink，未知，山西、福建

湿伞属 *Hygrocybe*

锥形湿伞*Hygrocybe acutoconica* (Clem.) Singer，未知，内蒙古、黑龙江

鸡油湿伞*Hygrocybe cantharellus* (Schwein.) Murrill，可食，吉林、安徽、云南等

蜡质湿伞*Hygrocybe ceracea* (Wulfen) P. Kumm.，未知，四川、湖南、西藏等

蜡黄湿伞*Hygrocybe chlorophana* (Fr.) Wünsche，未知，四川、云南

绯红湿伞*Hygrocybe coccinea* (Schaeff.) P. Kumm.，未知，西藏、四川、云南等

变黑湿伞*Hygrocybe conica* (Schaeff.) P. Kumm.，有毒，全国

浅黄湿伞*Hygrocybe flavescens* (Kauffman) Singer，有毒，江西

灰褐湿伞*Hygrocybe griseobrunnea* T. H. Li & C. Q. Wang，未知，广东、广西、云南

小红湿伞*Hygrocybe miniata* (Fr.) P. Kumm.，未知，云南、甘肃、陕西等

草地湿伞*Hygrocybe pratensis* (Pers.) Bon，未知，吉林、云南、四川等

红湿伞*Hygrocybe punicea* (Fr.) P. Kumm.，未知，广西、吉林、西藏等

红褐湿伞 *Hygrocybe spadicea* (Scop.) P. Karst.，有毒，广东、广西、江西等

绣球湿伞 *Hygrocybe sparifolia* T. H. Li & C. Q. Wang，未知，广东

朱黄湿伞 *Hygrocybe suzukaensis* (Hongo) Hongo，有毒，云南、四川、广东等

湿皮伞属*Humidicutis*

粉灰湿皮伞*Humidicutis calyptriformis* (Berk.) Vizzini & Ercole，未知，西藏、云南

拟蜡伞属*Hygrophoropsis*

金黄拟蜡伞*Hygrophoropsis aurantiaca* (Wulfen) Maire，未知，云南、西藏

蜡伞属 *Hygrophorus*

美味蜡伞*Hygrophorus agathosmus* (Fr.) Fr.，可食，吉林、云南、新疆等

林生蜡伞*Hygrophorus arbustivus* Fr.，可食，云南、吉林、四川

美蜡伞*Hygrophorus calophyllus* P. Karst.，可食，湖南、吉林

褐盖蜡伞*Hygrophorus camarophyllus* (Alb. & Schwein.) Dumée, Grandjean & Maire，未知，海南、吉林

金粒蜡伞*Hygrophorus chrysodon* (Batsch) Fr.，可食，吉林、云南

深黄蜡伞*Hygrophorus croceus* (Quél.) Killerm.，未知，河北、吉林、安徽等

盘状蜡伞*Hygrophorus discoideus* (Pers.) Fr.，未知，宁夏

粉黄蜡伞*Hygrophorus discoxanthus* (Fr.) Rea，可食，云南、西藏

白蜡伞*Hygrophorus eburneus* (Bull.) Fr.，药用，黑龙江、云南、西藏等

变红蜡伞*Hygrophorus erubescens* (Fr.) Fr.，可食，黑龙江、云南、甘肃等

粉肉色蜡伞*Hygrophorus fagi* G. Becker & Bon，未知，青海

胶环蜡伞*Hygrophorus gliocyclus* Fr.，未知，四川

乳白蜡伞*Hygrophorus hedrychii* (Velen.) K. Kult，未知，云南、四川

青黄蜡伞*Hygrophorus hypothejus* (Fr.) Fr.，可食，陕西、甘肃、云南等

丝盖蜡伞*Hygrophorus inocybiformis* A. H. Sm.，未知，四川、陕西

浅黄褐蜡伞*Hygrophorus leucophaeus* (Scop.) Fr.，未知，陕西、甘肃

纯白蜡伞*Hygrophorus ligatus* (Fr.) Fr.，未知，四川、青海

柠檬黄蜡伞*Hygrophorus lucorum* Kalchbr.，可食，吉林、西藏、甘肃等

黄粉红蜡伞*Hygrophorus nemoreus* (Pers.) Fr.，未知，陕西

橄榄白蜡伞 *Hygrophorus olivaceoalbus* (Fr.) Fr.，可食，吉林、黑龙江、辽宁

肉色蜡伞*Hygrophorus pacificus* A. H. Sm. & Hesler，可食，云南、四川

佩尔松蜡伞*Hygrophorus persoonii* Arnolds，未知，云南、西藏

云杉蜡伞*Hygrophorus piceae* Kühner，未知，青海

大白蜡伞*Hygrophorus poetarum* R. Heim，未知，青海
拟光蜡伞*Hygrophorus pseudolucorum* A. H. Sm. & Hesler，未知，广东
粉红蜡伞*Hygrophorus pudorinus* (Fr.) Fr.，未知，四川、西藏、云南等
浅紫蜡伞*Hygrophorus purpurascens* Gonn. & Rabenh.，未知，甘肃
红菇蜡伞*Hygrophorus russula* (Schaeff.) Kauffman，可食，云南、西藏、四川等
美丽蜡伞 *Hygrophorus speciosus* Peck，可食，吉林、四川、福建
变色蜡伞 *Hygrophorus variicolor* Murrill，未知，云南、西藏

丝盖伞科 Inocybaceae

靴耳属 *Crepidotus*

阿拉巴马靴耳 *Crepidotus alabamensis* Murrill，未知，吉林、四川、江西等
小白靴耳 *Crepidotus albidus* Ellis & Everh.，未知，吉林
平盖靴耳 *Crepidotus applanatus* (Pers.) P. Kumm.，未知，黑龙江、甘肃、云南等
地生靴耳 *Crepidotus autochthonus* J. E. Lange，未知，广东
基绒靴耳 *Crepidotus badiofloccosus* S. Imai，未知，吉林、甘肃、福建等
桦木靴耳 *Crepidotus betulae* Murrill，未知，吉林、内蒙古
趾状靴耳 *Crepidotus carpaticus* Pilát，未知，吉林、北京、浙江等
美鳞靴耳 *Crepidotus calolepis* (Fr.) P. Karst.，未知，吉林、内蒙古、广东等
球孢靴耳 *Crepidotus cesatii* (Rabenh.) Sacc.，未知，福建、云南、江西等
朱红靴耳 *Crepidotus cinnabarinus* Peck，未知，吉林
铬黄靴耳 *Crepidotus crocophyllus* (Berk.) Sacc.，未知，吉林、四川、云南等
分枝靴耳 *Crepidotus ehrendorferi* Hauskn.& Krisai，未知，浙江、江苏
长柔毛靴耳 *Crepidotus epibryus* (Fr.) Quél.，未知，吉林、福建、江西等
黄茸靴耳 *Crepidotus fulvotomentosus* (Peck) Peck，未知，吉林、四川、西藏等
毛靴耳 *Crepidotus herbarum* (Peck) Sacc.，未知，内蒙古、河南、云南等
吉林靴耳 *Crepidotus jilinensis* T. Bau & S. S. Yang，未知，吉林

粗孢靴耳 *Crepidotus lundellii* Pilát，未知，吉林、江苏
淡黄靴耳 *Crepidotus luteolus* Sacc.，未知，四川、西藏、云南
圆孢靴耳 *Crepidotus malachius* var. *malachius* Sacc.，未知，吉林、云南、西藏等
新囊靴耳 *Crepidotus neocystidiosus* P. G. Liu，未知，云南
软靴耳 *Crepidotus mollis* (Schaeff.) Staude，未知，吉林、河北、云南等
肾形靴耳 *Crepidotus nephrodes* (Berk. & M. A. Curtis) Sacc.，未知，吉林、云南
小靴耳 Crepidotus sinuosus Hesler & A. H. Sm.，未知，吉林
拟叶斑靴耳 *Crepidotus sublatifolius* Hesler & A. H. Sm.，未知，吉林、云南、江苏等
亚疣孢靴耳 *Crepidotus subverrucisporus* Pilát，未知，黑龙江、浙江、江苏
硫色靴耳 *Crepidotus sulphurinus* Imazeki & Toki，未知，福建、吉林、西藏等
潮湿靴耳原变种 *Crepidotus uber* var. *uber* (Berk. & M. A. Curtis) Sacc.，未知，吉林、江西
变形靴耳 *Crepidotus variabilis* (Pers.) P. Kumm.，未知，吉林、山东、云南等
乖巧靴耳 *Crepidotus versutus* (Peck) Sacc.，未知，吉林、福建、江西等
普通靴耳 *Crepidotus vulgaris* Hesler & A. H. Sm.，未知，浙江、江西

暗皮伞属 *Flammulaster*

刺毛暗皮伞 *Flammulaster erinaceellus* (Peck) Watling，未知，吉林

丝盖伞属 *Inocybe*

酒红丝盖伞 *Inocybe adaequata* (Britzelm.) Sacc.，未知，吉林、云南、青海等
齿抚丝盖伞 *Inocybe alienospora* (Comer & E. Horak) Garrido，未知，广东
亚美尼亚丝盖伞 *Inocybe armeniaca* Huijsman，未知，吉林
垂幕丝盖伞 *Inocybe appendiculata* Kuhner，未知，吉林、甘肃
赫色丝盖伞 *Inocybe assimilata* Britzelm.，未知，辽宁、广东、云南等
星孢丝盖伞 *Inocybe asterospora* Quél.，有毒，全国
粗鳞丝盖伞 *Inocybe calamistrata* (Fr.) Gillet，有毒，吉林、陕西、云南
胡萝卜色丝盖伞 *Inocybe caroticolor* T. Bau & Y. G Fan，未知，云南

褐鳞丝盖伞 *Inocybe cervicolor* (Pers.) Quél.，未知，北京、辽宁、青海等
小褐丝盖伞 *Inocybe cincinnata* (Fr.) Quél.，有毒，四川、青海、云南等
绿褐丝盖伞 *Inocybe corydalina* Qud.，未知，吉林
弯柄丝盖伞 *Inocybe curvipes* P. Karst.，未知，吉林、内蒙古、西藏等
多抚丝盖伞 *Inocybe decemgibbosa* (Kiihner) Vauras，未知，甘肃
甜苦丝盖伞 *Inocybe dulcamara* (Pers.) P. Kumm.，有毒，青海、四川、云南等
变红丝盖伞 *Inocybe erubescens* A. Blytt，有毒，青海、云南、甘肃等
拟纤维丝盖伞 *Inocybe fibrosoides* Kiihner，未知，四川
土味丝盖伞 *Inocybe geophylla* (Bull.) P. Kumm，有毒，吉林、辽宁
土黄丝盖伞 *Inocybe godeyi* Gillet，有毒，北京、甘肃
具纹丝盖伞 *Inocybe grammata* Quél. & Le Bret.，未知，吉林、辽宁、河南等
海南丝盖伞 *Inocybe hainanensis* T. Bau & Y. G. Fan，未知，海南
毛纹丝盖伞 *Inocybe hirtella* Bres.，未知，北京、青海、四川
暗毛丝盖伞 *Inocybe lacera* (Fr.) P. Kumm.，有毒，北京、黑龙江、云南等
蜡盖丝盖伞 *Inocybe lanatodisca* Kauffman，有毒，黑龙江、吉林、云南等
棉毛丝盖伞 *Inocybe lanuginosa* (Bull.) P. Kumm.，有毒，吉林
薄褶丝盖伞 *Inocybe leptophylla* G. F. Atk.，未知，黑龙江、四川、西藏等
白锦丝盖伞 *Inocybe leucoloma* Kiihner，未知，吉林
蛋黄丝盖伞 *Inocybe lutea* Kobayasi & Kongo，未知，云南、广东
米易丝盖伞 *Inocybe miyiensis* T. Ban & Y. G. Fan，未知，四川
山地丝盖伞 *Inocybe montana* Kobayasi，未知，西藏
拟黄囊丝盖伞 *Inocybe muricellatoides* T. Bau & Y. G. Fan，未知，甘肃
尖顶丝盖伞 *Inocybe napipes* J. E. Lange，有毒，云南、四川、吉林等
咸味丝盖伞 *Inocybe necromarginata* T. Bau & Y. G. Fan，未知，云南
新褐丝盖伞 *Inocybe neobrunnescens* Grund & D. E. Stuntz，未知，西藏

光帽丝盖伞 *Inocybe nitidiuscula* (Britzelm.) Lapl.，有毒，吉林、云南、新疆等

长孢土味丝盖伞 *Inocybe oblonga* Y.G. Fan, Takah. Kobay. & T. Bau，未知，内蒙古

橄榄绿丝盖伞 *Inocybe olivaceonigra* (E. Horak) Garrido，未知，云南

厚囊丝盖伞 *Inocybe pachypleura* Takah. Kobay.，未知，辽宁

拟沼生丝盖伞 *Inocybe paludinelloides* T. Bau & Y. G. Fan，未知，云南

拟暗盖丝盖伞 *Inocybe phaeodiscoides* Y. G. Fan,Takah. Kobay，未知，内蒙古

突起丝盖伞 *Inocybe prominens* Kauffman，未知，四川

拟茶褐丝盖伞 *Inocybe pseudoumbrinella* T. Bau & Y. G. Fan，未知，吉林

紫柄丝盖伞 *Inocybe pusio* P. Karst.，未知，吉林

淀粉味丝盖伞 *Inocybe quietiodor* Bon，未知，北京、吉林、辽宁

裂丝盖伞 *Inocybe rimosa* Britzelm.，有毒，云南、四川、广东等

接骨木丝盖伞 *Inocybe sambucina* (Fr.) Quél.，未知，甘肃

华美丝盖伞 *Inocybe splendens* R. Heim，未知，北京、河北、黑龙江

翘鳞蛋黄丝盖伞 *Inocybe squarrosolutea* (Corner & E. Horak) Garrido，未知，云南

长囊丝盖伞 *Inocybe stellatospora* (Peck) Massee，未知，四川

地丝盖伞 *Inocybe terrigena* (Fr.) Kuyper，未知，吉林、甘肃、云南等

荫生丝盖伞 *Inocybe umbratica* Quél.，未知，吉林、辽宁

红白丝盖伞 *Inocybe whitei* (Berk. & Broome) Sacc.，有毒，四川、青海

云南丝盖伞 *Inocybe yunanensis* T. Bau & Y. G. Fan，未知，云南

刺毛暗皮伞属 *Phaeomarasmius*

刺毛暗皮伞 *Phaeomarasmius erinaceus* (Fr.) Scherff. ex Romagn.，未知，吉林

侧火菇属 *Pleuroflammula*

黄侧火菇 *Pleuroflammula flammea* (Murrill) Singer，未知，吉林

豆孢侧火菇 *Pleuroflammula praestans* E. Horak，未知，广东、湖南

亚硫磺侧火菇 *Pleuroflammula subsulphurea* (A. H. Sm. & Hesler) E. Horak，未知，吉林

绒盖菇属 *Simocybe*

密绒盖伞 *Simocybe centunculus* (Fr.) P. Karst.，未知，吉林、四川

橄榄色绒盖伞 *Simocybe sumptuosa* (P. D. Orton) Singer，未知，吉林

离褶伞科 Lyophyllaceae

寄生菇属 *Asterophora*

星孢寄生菇 *Asterophora lycoperdoides* (Bull.) Ditmar，未知，云南、四川、西藏等

丽蘑属 *Calocybe*

香杏丽蘑 *Calocybe gambosa* (Fr.) Donk，可食，河北、甘肃、云南等

玉蕈属 *Hypsizygus*

斑玉蕈 *Hypsizygus marmoreus* (Peck) H. E. Bigelow，可食，云南

小玉蕈 *Hypsizygus tessulatus* (Bull.) Singer，可食，云南

榆干玉蕈 *Hypsizygus ulmarius* (Bull.) Redhead，可食，吉林、云南、西藏等

白伞菇属 *Leucocybe*

尖顶白伞菇 *Leucocybe connata* (Schumach.) Vizzini, P. Alvarado, G. Moreno & Consiglio，未知，湖北、甘肃、云南等

离褶伞属 *Lyophyllum*

荷叶离褶伞 *Lyophyllum decastes* (Fr.) Singer，可食，云南、西藏、吉林等

褐离褶伞 *Lyophyllum fumosum* (Pers.) P. D. Orton，可食，河北、甘肃、黑龙江

烟熏褐离褶伞 *Lyophyllum infumatum* (Bres.) Kühner，可食，青海、河北

暗褐离褶伞 *Lyophyllum loricatum* (Fr.) Kühner，可食，西藏、云南

浅赭褐离褶伞 *Lyophyllum ochraceum* (R. Haller Aar.) Schwöbel & Reutter，可食，四川、云南、青海等

菱孢离褶伞 *Lyophyllum rhombisporum* Shu H. Li & Y. C. Zhao，可食，云南

墨染离褶伞 *Lyophyllum semitale* (Fr.) Kühner，可食，西藏、青海、云南等

玉蕈离褶伞 *Lyophyllum shimeji* (Kawam.) Hongo，可食，云南、吉林、西藏等

棱孢离褶伞 *Lyophyllum sykosporum* Hongo & Clémençon，可食，云南

角孢离褶伞 *Lyophyllum transforme* (Sacc.) Singer，可食，云南、西藏

硬柄菇属 *Ossicaulis*

毛柄硬柄菇 *Ossicaulis lachnopus* (Fr.) Contu，可食，云南、四川

木生硬柄菇 *Ossicaulis lignatilis* (Pers.) Redhead & Ginns，可食，云南、四川、河北

黄丽蘑属 *Rugosomyces*

紫皮黄丽蘑 *Rugosomyces ionides* (Bull.) Bon，未知，安徽、江西、四川等

灰顶伞属 *Tephrocybe*

黑灰顶伞 *Tephrocybe anthracophila* (Lasch) P. D. Orton，未知，云南

白蚁伞属 *Termitomyces*

黄白蚁伞 *Termitomyces aurantiacus* (R. Heim) R. Heim，可食，云南

乌黑白蚁伞 *Termitomyces badius* Otieno，可食，云南

球基白蚁伞 *Termitomyces bulborhizus* T. Z. Wei, Y. J. Yao, B. Wang & Pegler，可食，四川、云南

盾尖白蚁伞 *Termitomyces clypeatus* R. Heim，可食，贵州、广东、云南等

根白蚁伞 *Termitomyces eurrhizus* (Berk.) R. Heim，可食，四川、云南、贵州等

烟灰白蚁伞 *Termitomyces fuliginosus* R. Heim，可食，云南、四川

球盖白蚁伞 *Termitomyces globulus* R. Heim & Gooss.-Font.，可食，云南

谷堆白蚁伞 *Termitomyces heimii* Natarajan，可食，云南

粉褐白蚁伞 *Termitomyces le-testui* (Pat.) R. Heim，可食，云南

乳头盖白蚁伞 *Termitomyces mammiformis* R. Heim，可食，云南

中型白蚁伞 *Termitomyces medius* R. Heim & Grassé，可食，广东、云南、海南等

梅朋白蚁伞 *Termitomyces meipengianus* (M. Zang & D. Z. Zhang) P. M. Kirk，可食，云南

小白蚁伞 *Termitomyces microcarpus* (Berk. & Broome) R. Heim，可食，云南、福建、贵州等

粗柄白蚁伞 *Termitomyces robustus* (Beeli) R. Heim，可食，云南、贵州、广东等

裂纹白蚁伞 *Termitomyces schimperi* (Pat.) R. Heim，可食，云南

尖顶白蚁伞 *Termitomyces spiniformis* R. Heim，可食，广东、云南

条纹白蚁伞 *Termitomyces striatus* (Beeli) R. Heim，可食，广东、西藏、云南等

端圆白蚁伞 *Termitomyces tylerianus* Otieno，可食，广东、云南

小皮伞科 Marasmiaceae

瘦孢伞属 *Baeospora*

鼠尾瘦孢伞 *Baeospora myosura* (Fr.) Singer，未知，四川

脉褶菌属 *Campanella*

脉褶菌 *Campanella junghuhnii* (Mont.) Singer，未知，吉林、西藏

中华脉褶菌 *Campanella sinica* T. H. Li，未知，海南

暗淡色脉褶菌 *Campanella tristis* (G. Stev.) Segedin，未知，吉林

哈宁管菌属 *Henningsomyces*

雪白哈宁管菌 *Henningsomyces candidus* (Pers.) Kuntze，未知，云南

天兔座哈宁管菌 *Henningsomyces leptus* Y. L. Wei & Y. C. Dai，未知，吉林

小哈宁管菌 *Henningsomyces minimus* (Cooke & W. Phillips) Kuntze，未知，广西

菌肉哈宁管菌 *Henningsomyces subiculatus* Y. L. Wei & W. M. Qin，未知，广西、海南

巨囊菌属 *Macrocystidia*

巨囊菌 *Macrocystidia cucumis* (Pers.:Fr.) Kummer，未知，吉林、内蒙古、云南等

小皮伞属 *Marasmius*

血红小皮伞*Marasmius aimara* Singer，未知，广东

近白小皮伞*Marasmius albogriseus* (Peck) Singer，未知，广东

高山小皮伞*Marasmius alpinus* Singer，未知，西藏

安洛小皮伞Marasmius androsaceus (L.) Fr.，药用，全国

阿里马小皮伞*Marasmius arimana* Dennis，未知，海南

无污盖小皮伞*Marasmius aspilocephalus* Singer，未知，海南

橙黄小皮伞*Marasmius aurantiacus* (Murrill) Singer，未知，吉林、广东、云南等

金锈小皮伞*Marasmius aurantioferrugineus* Hongo，未知，广东、台湾

南方小皮伞*Marasmius australis* Z. S. Bi et T. H. Li，未知，广东
巴地小皮伞*Marasmius bahamensis* Murrill，未知，广东、贵州
竹小皮伞*Marasmius bambusinus* (Fr.) Fr.，未知，湖南、海南
贝科拉小皮伞*Marasmius bekolacongoli* Beeli，未知，湖南、广东、云南等
美丽小皮伞*Marasmius bellus* Berk.，未知，广东
比尼小皮伞*Marasmius beniensis* Singer，未知，内蒙古、吉林、广东
伯特路小皮伞*Marasmius berteroi* (Lév.) Murrill，未知，广东、海南
布里蒂小皮伞*Marasmius bulliardii* Quél.，未知，宁夏
毛状小皮伞*Marasmius capillaries* Morgan，未知，江苏、四川、云南等
草茎生小皮伞*Marasmius caulicinalis* (Bull.) Quél.，未知，吉林 、青海
脐顶小皮伞*Marasmius chordalis* Fr.，未知，河北、内蒙古、云南等
联柄小皮伞*Marasmius cohaerens* (Pers.) Cooke & Quél.，未知，辽宁、广东、云南等
丘生小皮伞*Marasmius collinus* (Scop.) Singer，未知，河北、广东、青海
马宗小皮伞*Marasmius crinis-equi* F. Muell.，未知，湖南、云南、广东等
秆小皮伞*Marasmius culmisedus* Singer，未知，广东 、海南
多囊小皮伞*Marasmius cystidiosus* (A. H. Sm.& Hesler) Gilliam，未知，吉林
无锁小皮伞*Marasmius defibulatus* Singer，未知，广东
鼎湖小皮伞*Marasmius dinghuensis* Z. S. Bi，未知，广东
臭味小皮伞*Marasmius dysodes* Singer，未知，广东
象牙白小皮伞*Marasmius eburneus* Theiss.，未知，湖南、广东
硬刺小皮伞*Marasmius echinatulus* Singer，未知，广东
爱氏小皮伞*Marasmius edwallianus* Henn.，未知，广东
叶生小皮伞*Marasmius epiphyllus* (Pers.) Fr.，未知，吉林、广西、云南等
栖叶小皮伞*Marasmius foliicola* Singer ex Singer，未知，海南
青黄小皮伞*Marasmius galbinus* T. H. Li & Chun Y. Deng，未知，广东

马尾小皮伞*Marasmius graminum* (Lib.) Berk. et Br.，未知，全国
红盖小皮伞*Marasmius haematocephalus* (Mont.) Fr.，未知，全国
海南小皮伞*Marasmius hainanensis* T. H. Li，未知，海南
蜜黄小皮伞*Marasmius helvolus* Berk.，未知，广东
马鬃小皮伞*Marasmius hippiochaetes* Berk.，未知，广东
马鬃小皮伞褐变型*Marasmius hippiochaetes* Berk. f. *brunneus* T. H.Li，未知，海南
胡索尼小皮伞*Marasmius hudsonii* (Pers.) Fr.，未知，广东
接合小皮伞*Marasmius insititius* Fr.，未知，湖南、云南
灰白小皮伞*Marasmius leucozonitis* Singer，未知，广东
黄色小皮伞*Marasmius luteo* Berk. & M. A. Curtis，未知，广东、海南
大孢小皮伞*Marasmius macrosporus* M. Zang，未知，西藏
马丁小皮伞短柄变种*Marasmius martinii* Singer var. *brevipes* T. H. Li，未知，海南
大盖小皮伞*Marasmius maximus* Hongo，未知，全国
小羊羔小皮伞*Marasmius microhaedinus* Singer，未知，海南
蒙氏小皮伞*Marasmius montagneanus* Singer，未知，广东
指状小皮伞*Marasmius muscariformis* Tolgor et Y. Li，未知，内蒙古
新无柄小皮伞*Marasmius neosessilis* Singer，未知，全国
假爱神小皮伞*Marasmius nothomyrciae* Singer，未知，广东、海南
瓦哈卡小皮伞*Marasmius oaxacanus* Singer，未知，广东
硬柄小皮伞*Marasmius oreades* (Bolton) Fr.，未知，全国
淡盖小皮伞*Marasmius pallidocephallus* Gilliam，未知，吉林
全红小皮伞*Marasmius panerythrus* Singer，未知，广东
臭小皮伞*Marasmius perforans* (Hoffm.) Fr.，未知，贵州
盾状小皮伞*Marasmius pernatus* (Bolt.:Fr) Fr.，未知，黑龙江、云南、甘肃等
拟盾小皮伞*Marasmius personatus* Fr.，未知，全国

褐小皮伞*Marasmius phaeus* Berk.&M. A. Curtis，未知，广东

毛丛树小皮伞*Marasmius pilgerodendri* Singer，未知，海南

扇褶小皮伞*Marasmius plicatulus* Peck，未知，黑龙江、四川、陕西等

褐斑小皮伞*Marasmius polylepides* Dennisin，未知，吉林

孔类小菇小皮伞*Marasmius poromycenoides* Singer，未知，广东

拟皱小皮伞*Marasmius pseudocorrugatus* Singer，未知，海南

拟花味小皮伞*Marasmius pseudoeuosmus* G. Y. Zheng & Z. S. Bi，未知，广东

拟雪白小皮伞*Marasmius pseudoniveus* Singer，未知，吉林

褐红小皮伞*Marasmius pulcherripes* Peck，未知，吉林、福建、云南等

紫条沟小皮伞*Marasmius purpureostriatus* Hongo，未知，福建、湖北、云南等

大黄色小皮伞*Marasmius rhabarbarinus* Berk.，未知，广东

皱褶小皮伞*Marasmius rhyssophyllus* Mont. ex Berk. & M. A. Curtis，未知，广东、台湾

沟边小皮伞*Marasmius riparius* Singer apud Singer & Digilio，未知，吉林、广东

轮小皮伞*Marasmius rotalis* Berk.& Broome，未知，吉林、广东、陕西等

辐射小皮伞*Marasmius rotula* (Scop.) Fr.，未知，辽宁、广东、云南等

类圆形小皮伞*Marasmius rotuloides* Dennis，未知，广东

红小皮伞*Marasmius rubber* Singer，未知，广东

甘蔗小皮伞*Marasmius sacchari* Wakker，未知，广东、台湾

毛褶小皮伞*Marasmius setulosifolius* Singer，未知，海南

再生小皮伞*Marasmius recubans* Quél.，未知，新疆

干小皮伞*Marasmius siccus* (Schwein.) Fr.，未知，全国

稀褶无柄小皮伞*Marasmius sessiliaffinis* Singer，未知，吉林

稀褶小皮伞*Marasmius sparsifolius* Chun Y. Deng & T. H. Li，未知，广东

斯氏小皮伞*Marasmius spegazzinii* Sacc.& P. Syd.，未知，吉林、广东

类苔小皮伞*Marasmius splachnoides* (Hornem.) Fr.，未知，广东

斯托氏小皮伞*Marasmius staudtii* Henn.，未知，海南
近血红小皮伞*Marasmius subaimara* Z. S. Bi，未知，广东
近树状小皮伞*Marasmius subarborescens* Singer，未知，广东
近刚毛小皮伞*Marasmius subsetiger* Z. S. Bi & G.Y. Zheng，未知，广东
圆头小皮伞*Marasmius tereticeps* Singer，未知，广东
西藏小皮伞*Marasmius tibeticus* M. Zang，未知，西藏
特立尼小皮伞*Marasmius trinitatis* Dennis，未知，吉林
脐状小皮伞*Marasmius umbilicatus* Z. S. Bi & G. Y. Zheng，未知，广东
黑粉菌小皮伞*Marasmius ustilago* Singer，未知，广东
旱生小皮伞 *Marasmius xerophyticus* Singer，未知，海南
大金钱菌属 *Megacollybia*
宽褶大金钱菌 *Megacollybia platyphylla* (Pers.) Kotl. & Pouzar，未知，广西、云南、吉林等
杯伞状大金钱菌 *Megacollybia clitocyboidea* R. H. Petersen, Takehashi & Nagas，未知，山东
圆孢侧耳属 *Pleurocybella*
贝形圆孢侧耳 *Pleurocybella porrigens* (Pers.) Singer，未知，浙江
根皮伞属 *Rhizomarasmius*
皱盖根皮伞*Rhizomarasmius undatus* (Berk.) R. H. Petersen，未知，广东、四川、青海等
污黄根皮伞 *Rhizomarasmius epidryas* (Kühner ex A. Ronikier) A. Ronikier & Ronikier，未知，陕西
沟褶菌属 *Trogia*
毒沟褶菌 *Trogia venenata* Zhu L. Yang, Y. C. Li & L. P. Tang，有毒，云南
小菇科 Mycenaceae
网孔菌属*Dictyopanus*
小网孔菌*Dictyopanus pusillus* (Pers. ex Lév.) Singer，未知，贵州、云南、海南等
胶孔菌属 *Favolaschia*
金肾胶孔菌 *Favolaschia auriscalpium* (Mont.) Henn.，未知，广东、海南

日本胶孔菌*Favolaschia nipponica* Kobayasi，未知，贵州、广东、云南等

东京胶孔菌*Favolaschia tonkinensis* (Pat.) Kuntze，未知，福建、广东

疹胶孔菌 *Favolaschia pustulosa* (Jungh.) Kuntze.，未知，海南

沃肯胶孔菌 *Favolaschia volkensii* (Bres.) Henn.，未知，海南、广西

小管菌属 *Filoboletus*

簇生小管菌 *Filoboletus manipularis* (Berk.) Singer，未知，云南

小菇属 *Mycena*

沟纹小菇 *Mycena abramsii* (Murrill) Murrill，未知，西藏

香小菇 *Mycena adonis* (Bull.) Gray，未知，吉林

褐小菇*Mycena alcalina* (Fr.) P. Kumm.，未知，西藏、吉林

金线小菇*Mycena anoectochili* L. Fan & S. X. Guo，未知，云南

弯柄小菇*Mycena arcangeliana* Bres.，未知，广东

兢囊小菇*Mycena brevispina* X. He & X. D. Fang，未知，吉林

石斛小菇*Mycena dendrobii* L. Fan & S. X. Guo，未知，云南

鼎湖小菇*Mycena dinghuensis* Z. S. Bi，未知，广东

黄柄小菇*Mycena epipterygia* (Scop.) Gray，未知，全国

盔盖小菇*Mycena galericulata* (Scop.) Gray，未知，吉林、广东、云南等

乳足小菇 *Mycena galopus* (Pers.) P. Kumm.，未知，云南、黑龙江

血红小菇*Mycena haematopus* (Pers.) P. Kumm.，有毒，吉林、甘肃、云南等

全紫小菇 *Mycena holoporphyra* (Berk. & M. A. Curtis) Singer，未知，广东

粉紫小菇 *Mycena inclinata* (Fr.) Quél.，未知，青海、内蒙古、西藏等

垦丁小菇 *Mycena kentingensis* Y. S. Shih, C. Y. Chen, W. W. Lin & H. W. Kao，未知，台湾、福建

水晶小菇 *Mycena laevigata* Gillet，未知，海南

铅灰色小菇 *Mycena leptocephala* (Pers.) Gillet，未知，黑龙江

黄小菇 *Mycena luteopallens* Peck，未知，吉林

具核小菇 *Mycena nucleata* X. He & X. D. Fang，未知，吉林

暗花纹小菇 *Mycena pelianthina* (Fr.) Quél.，有毒，吉林、黑龙江、内蒙古等

拟胶粘小菇 *Mycena pseudoglutinosa* Z. S. Bi，未知，广东

洁小菇 *Mycena pura* (Pers.) P. Kumm.，有毒，吉林、福建

粉色小菇 *Mycena rosella* (Fr.) P. Kumm.，未知，广东

红边小菇*Mycena roseomarginata* Hongo，未知，山东

浅白小菇 *Mycena subaquosa* A. H. Sm.，未知，西藏

基盘小菇 *Mycena stylobates* (Pers.) P. Kumm.，未知，湖南

近细小菇 *Mycena subgracilis* Z. S. Bi，未知，广东

亚长刺小菇 *Mycena sublongiseta* Z. S. Bi，未知，广东

绿缘小菇 *Mycena viridimarginata* P. Karst.，未知，吉林

黄囊小菇 *Mycena xanthocystidium* X. He & X. D. Fang，未知，吉林

扇菇属 *Panellus*

美味扇菇 *Panellus edulis* Y. C. Dai，Niemela & G. F. Qin，可食，吉林、黑龙江、云南等

球孢扇菇 *Panellus globisporus* Z. S. Bi，未知，广东

白鳞皮扇菇 *Panellus mitis* (Pers.) Singer，未知，西藏

绒毛扇菇 *Panellus pubescens* Z. S. Bi，未知，广东

网孢扇菇 *Panellus reticulatovenosus* G. Y. Zheng & Z. S. Bi，未知，广东

晚生扇菇 *Panellus serotinus* (Pers.) Kühner，未知，云南

鳞皮扇菇 *Panellus stipticus* (Bull.) P. Karst.，未知，北京、吉林、西藏等

紫褐色扇菇 *Panellus violaceofulvus* (Batsch) Singer，未知，吉林、贵州

盖幕菇属 *Tectella*

盘状盖幕菇 *Tectella patellaris* (Fr.) Murrill，未知，甘肃、四川、云南

干脐菇属 *Xeromphalina*

黄干脐菇 *Xeromphalina campanella* (Batsch) Kühner & Maire，未知，江苏、黑龙江、云南等

褐黄干脐菇 *Xeromphalina cauticinalis* (Fr.) Kühner & Maire，未知，西藏

皱盖干脐菇 *Xeromphalina tenuipes* (Schwein.) A. H. Sm.，未知，广东

脐菇科 Omphalotaceae

簇裸菇属 *Connopus*

堆簇裸菇 *Connopus acervatus* (Fr.) K. W. Hughes, Mather & R. H. Petersen，未知，吉林、云南

裸脚菇属 *Gymnopus*

安络裸脚菇 *Gymnopus androsaceus* (L.) Della Maggiora & Trassinelli，未知，吉林、湖北、云南等

毛柄裸脚菇 *Gymnopus confluens* (Pers.) Antonín, Halling & Noordel.，未知，全国

嗜栎裸脚菇 *Gymnopus dryophilus* (Bull.) Murrill，未知，全国

红柄裸脚菇 *Gymnopus erythropus* (Pers.) Antonín, Halling & Noordel.，未知，全国

紫褐裸脚菇 *Gymnopus fuscopurpureus* (Pers.) Antonín, Halling & Noordel.，未知，湖南 、云南

梭柄裸脚菇*Gymnopus fusipes* (Bull.) Gray，未知，河北、湖北、西藏等

哈利奥裸脚菇 *Gymnopus hariolorum* (Bull.) Antonín，未知，广东

无味裸脚菇 *Gymnopus inodorus* (Pat.) Antonín & Noordel.，未知，广东

堇紫裸脚菇 *Gymnopus iocephalus* (Berk. & M. A. Curtis) Halling，未知，广东

褐黄裸脚菇 *Gymnopus ocior* (Pers.) Antonín & Noordel.，未知，甘肃、广东

盾裸脚菇 *Gymnopus perforans* (Hoffm.) Antonín & Noordel.，未知，广东、西藏

贝贝裸脚菇 *Gymnopus putillus* (Fr.) Antonín, Halling & Noordel.，未知，广东

香菇属 *Lentinula*

香菇 *Lentinula edodes* (Berk.) Pegler，可食，全国

砖红香菇 *Lentinula lateritia* (Berk.) Pegler，可食，云南

新西兰香菇 *Lentinula novae-zelandiae* (G. Stev.) Pegler，可食，云南

微皮伞属*Marasmiellus*

枝杆微皮伞*Marasmiellus ramealis* (Bull.) Singer，未知，全国

三色微皮伞*Marasmiellus tricolor* (Alb. & Schwein.) Singer，未知，云南

白微皮伞*Marasmiellus candidus* (Fr.) Singer，未知，辽宁、福建、西藏等

小伞菇属*Mycetinis*

蒜头状小伞菇*Mycetinis scorodonius* (Fr.) A. W. Wilson & Desjardin，未知，福建、湖南、云南等

蒜味小伞菇*Mycetinis alliaceus* (Jacq.) Earle ex A. W. Wilson & Desjardin，未知，吉林、西藏、陕西

脐菇属*Omphalotus*

鞭囊类脐菇*Omphalotus flagelliformis* Zhu L. Yang & B. Feng，有毒，云南、西藏、四川等

日本类脐菇*Omphalotus guepiniformis* (Berk.) Neda，有毒，吉林

莽山类脐菇*Omphalotus mangensis* (Jian Z. Li & X. W. Hu) Kirchm. & O. K. Mill.，未知，湖南

红金钱菌属*Rhodocollybia*

乳酪红金钱菌*Rhodocollybia butyracea* (Bull.) Lennox，未知，广东、云南、西藏等

斑红金钱菌*Rhodocollybia maculata* (Alb. & Schwein.) Singer，未知，甘肃、西藏、新疆等

暗褐盖红金钱菌*Rhodocollybia meridana* (Dennis) Halling，未知，西藏

膨瑚菌科 Physalacriaceae

蜜环菌属 *Armillaria*

北方蜜环菌*Armillaria borealis* Marxm. & Korhonen，可食，陕西、青海、甘肃等

法国蜜环菌*Armillaria gallica* Marxm. & Romagn.，可食，吉林、黑龙江、云南等

蜜环菌*Armillaria mellea* (Vahl) P. Kumm.，可食，全国

红褐蜜环菌*Armillaria obscura* (Schaeff.) Herink，可食，甘肃、新疆、四川等

奥氏蜜环菌*Armillaria ostoyae* (Romagn.) Herink，可食，黑龙江、陕西、云南等

芥黄蜜环菌*Armillaria sinapina* Bérubé & Dessur.，可食，黑龙江、陕西、云南等

假蜜环菌 *Armillaria tabescens* (Scop.) Emel，可食，全国

刺孢伞属 *Cibaomyces*

刺孢伞 *Cibaomyces glutinis* Zhu L. Yang, Y. J. Hao & J. Qin，未知，云南

鳞盖伞属 *Cyptotrama*

粗糙鳞盖伞 *Cyptotrama asprata* (Berk.) Redhead & Ginns，未知，吉林、广东、海南

盖囊菇属 *Cystoagaricus*

松塔盖囊菇 *Cystoagaricus strobilomyces* (Murrill) Singer，未知，青海

冬菇菇属 *Flammulina*

杨树冬菇 *Flammulina populicola* Redhead & R. H. Petersen，可食，云南

柳生冬菇 *Flammulina rossica* Redhead & R. H. Petersen，可食，内蒙古、云南、西藏等

金针菇 *Flammulina velutipes* (Curtis) Singer，可食，云南、四川、西藏等

冬菇丝盖变种*Flammulina velutipes* var. *filiformis* Z. W. Ge, X. B. Liu & Zhu L. Yang，可食，云南

冬菇喜马拉雅变种*Flammulina velutipes* var. *himalayana* Z. W. Ge, Kuan Zhao & Zhu L. Yang，可食，云南

云南冬菇 *Flammulina yunnanensis* Z. W. Ge & Zhu L. Yang，可食，云南

小奥德蘑属 *Oudemansiella*

杏仁形小奥德蘑 *Oudemansiella amygdaliformis* Zhu L. Yang & M. Zang，可食，云南

热带小奥德蘑 *Oudemansiella canarii* (Jungh.) Höhn.，可食，云南、西藏

毕氏小奥德蘑 *Oudemansiella bii* Zhu L. Yang & Li F. Zhang，可食，广东

梵净山小奥德蘑 *Oudemansiella fanjingshanensis* M. Zang & X. L. Wu，可食，贵州

鳞柄小奥德蘑 *Oudemansiella furfuracea* (Peck) Zhu L. Yang, G. M. Muell.，G. Kost & Rexer，可食，云南

日本小奥德蘑 *Oudemansiella japonica* (Dörfelt) Pegler & T. W. K. Young，可食，云南

宽褶小奥德蘑 *Oudemansiella platensis* (Speg.) Speg.，可食，全国

长根小奥德蘑 *Oudemansiella radicata* (Relhan) Singer，可食，全国

卵孢小奥德蘑 *Oudemansiella raphanipes* (Berk.) Pegler & T.W. K. Young，可食，云南、西藏

膜被小奥德蘑 *Oudemansiella velata* Zhu L. Yang & M. Zang，可食，青海

云南小奥德蘑 *Oudemansiella yunnanensis* Zhu L. Yang & M. Zang，可食，云南

拟干蘑属 *Paraxerula*

椭球孢拟干磨 *Paraxerula ellipsospora* Zhu L. Yang & J. Qin，未知，云南

鳞柄拟干磨 *Paraxerula caussei* (Maire) R. H. Petersen, in Petersen & Hughes，未知，云南

泡头菌属 *Physalacria*

侧壁泡头菌 *Physalacria lateriparies* X. He & F. Z. Xue，未知，吉林

搭桥蘑属 *Ponticulomyces*

东方搭桥蘑 *Ponticulomyces orientalis* (Zhu L. Yang) R. H. Petersen，未知，云南

粉菇属 *Rhodotus*

网盖粉菇 *Rhodotus palmatus* (Bull.) Maire，未知，吉林

糙孢粉菇 *Rhodotus asperior* L. P Tang, Zhu L. Yang & T. Bau，未知，云南

松果伞属 *Strobilurus*

大囊松果伞 *Strobilurus stephanocystis* (Kühner & Romagn. ex Hora) Singer，未知，陕西、甘肃

绒松果伞 *Strobilurus tenacellus* (Pers.) Singer，未知，北京

污白松果伞 *Strobilurus trullisatus* (Murrill) Lennox，未知，陕西

干蘑属 *Xerula*

绒干蘑 *Xerula pudens* (Pers.) Singer，可食，福建、海南、云南等

中华干蘑*Xerula sinopudens* R.H. Petersen & Nagas.，可食，云南

硬毛干蘑*Xerula strigosa* Zhu L. Yang, L. Wang & G. M. Muell，可食，云南

侧耳科 Pleurotaceae

亚侧耳属 *Hohenbuehelia*

圆孢亚侧耳 *Hohenbuehelia angustata* (Berk.) Singer，可食，内蒙古、四川

暗蓝亚侧耳 *Hohenbuehelia atrocoerulea* (Fr.) Singer，可食，海南

橙囊亚侧耳 *Hohenbuehelia aurantiocystis* Pegler，可食，海南

灰白亚侧耳 *Hohenbuehelia grisea* (Peck) Singer，可食，云南

巨囊亚侧耳 *Hohenbuehelia ingentimetuloidea* X. He，可食，吉林

黑亚侧耳 *Hohenbuehelia nigra* (Schwein.) Singer，可食，山西

橄榄绿毛亚侧耳 *Hohenbuehelia olivacea* Yu Liu & T. Bau，可食，吉林

勺形亚侧耳 *Hohenbuehelia petaloides* (Bull.) Schulzer，可食，吉林、云南、四川等

肾形亚侧耳 *Hohenbuehelia reniformis* (G. Mey.) Singer，可食，吉林、辽宁、云南等

林地亚侧耳 *Hohenbuehelia silvana* (Sacc.) O. K. Mill.，可食，海南

蹄形亚侧耳 *Hohenbuehelia unguicularis* (Fr.) O. K. Mill.，可食，广东

侧耳属 *Pleurotus*

喜杉侧耳 *Pleurotus abieticola* R. H. Petersen & K. W. Hughes，可食，云南、四川、西藏

白侧耳 *Pleurotus albellus* (Pat.) Pegler，可食，云南、海南

短柄侧耳 *Pleurotus anserinus* Sacc.，可食，西藏、云南

具盖侧耳 *Pleurotus calyptratus* (Lindblad ex Fr.) Sacc.，可食，吉林、河南

金顶侧耳 *Pleurotus citrinopileatus* Singer，可食，北京、吉林、云南等

白黄侧耳 *Pleurotus cornucopiae* (Paulet) Rolland，可食，北京、四川、云南等

盖囊侧耳 *Pleurotus cystidiosus* O. K. Mill.，可食，云南、四川

红侧耳 *Pleurotus djamor* (Rumph. ex Fr.) Boedijn，可食，云南、广东

栎生侧耳 *Pleurotus dryinus* (Pers.) P. Kumm.，可食，吉林、四川、云南等

刺芹侧耳 *Pleurotus eryngii* (DC.) Quél.，可食，新疆

刺芹侧耳托里变种 *Pleurotus eryngii* var. *tuoliensis* C. J. Mou，可食，新疆

真线侧耳 *Pleurotus eugrammus* (Mont.) Dennis，可食，内蒙古

扇形侧耳 *Pleurotus flabellatus* Sacc.，可食，西藏、云南、海南等

沟纹侧耳 *Pleurotus fossulatus* Cooke，可食，四川、云南

巨大侧耳 *Pleurotus giganteus* (Berk.) Karun. & K. D. Hyde，可食，云南、湖南、广东等

木生侧耳 *Pleurotus lignatilis* (Pers.) Redhead & Ginns.，可食，吉林、四川

小白侧耳 *Pleurotus limpidus* (Fr.) Sacc.，可食，西藏、云南、广东

蒙古侧耳 *Pleurotus mongolicus* (Kalchbr.) Sacc.，可食，内蒙古

黄毛侧耳 *Pleurotus nidulans* (Pers.) Singer，可食，北京、新疆、云南等

糙皮侧耳 *Pleurotus ostreatus* (Jacq.) P. Kumm.，可食，全国

宽柄侧耳 *Pleurotus platypus* Sacc.，可食，内蒙古、四川、云南等

贝形侧耳 *Pleurotus porrigens* (Pers.) P. Kumm.，可食，吉林、云南

肺形侧耳 *Pleurotus pulmonarius* (Fr.) Quél.，可食，全国
粉红褶侧耳 *Pleurotus rhodophyllus* Bres.，可食，云南、海南、贵州等
小白扇侧耳 *Pleurotus septicus* (Fr.) P. Kumm.，可食，贵州、云南、海南
长柄侧耳 *Pleurotus spodoleucus* (Fr.) Quél.，可食，吉林、四川、云南等

光柄菇科 Pluteaceae

矮菇属 *Chamaeota*

粉质孢矮菇 *Chamaeota dextrinoidespora* Z. S. Bi，未知，广东
中华矮菇 *Chamaeota sinica* J. Z. Ying，未知，浙江

光柄菇属 *Pluteus*

黄光柄菇 *Pluteus admirabilis* (Peck) Peck，未知，河南
白光柄菇 *Pluteus albidus* Pegler，未知，广东
白柄光柄菇 *Pluteus albostipitatus* (Dennis) Singer，未知，广东
异囊光柄菇 *Pluteus amphicystis* Singer，未知，河南、广东
黑边光柄菇 *Pluteus atromarginatus* (Konrad) Kühner，可食，黑龙江、云南、四川等
橘红光柄菇 *Pluteus aurantiorugosus* (Trog) Sacc.，未知，吉林、福建、四川等
灰光柄菇 *Pluteus cervinus* (Schaeff.) P. Kumm.，可食，全国
裂盖光柄菇 *Pluteus diettrichii* Bres.，未知，黑龙江、吉林、甘肃
鼠灰光柄菇 *Pluteus ephebeus* (Fr.) Gillet，未知，四川、湖北、青海
凤凰光柄菇 *Pluteus fenghuangensis* Z. S. Bi，未知，广东
粒盖光柄菇 *Pluteus granulatus* Bres.，未知，四川、云南、西藏
哈里斯光柄菇 *Pluteus harrisii* Murrill，未知，吉林
硬毛光柄菇 *Pluteus hispidulus* (Fr.) Gillet，未知，台湾
狮黄光柄菇 *Pluteus leoninus* (Schaeff.) P. Kumm.，未知，黑龙江、云南、新疆等
长条光柄菇 *Pluteus longistriatus* (Peck) Peck，未知，云南、江西、广东
金褐光柄菇 *Pluteus luteovirens* Rea，未知，贵州、云南、吉林

小袍光柄菇 *Pluteus microsporus* (Dennis) Singer，未知，云南、广东、海南

南昆光柄菇 *Pluteus nankungensis* Z. S. Bi & T. H. Li，未知，广东

矮光柄菇 *Pluteus nanus* (Pers.) P. Kumm.，未知，内蒙古、吉林

白光柄菇 *Pluteus pellitus* (Pers.) P. Kumm.，未知，黑龙江、甘肃、新疆等

帽盖光柄菇 *Pluteus petasatus* (Fr.) Gillet，未知，吉林、黑龙江、云南等

皱皮光柄菇 *Pluteus phlebophorus* (Ditmar) P. Kumm.，未知，黑龙江、湖南、云南等

粉褐光柄菇 *Pluteus plautus* (Weinm.) Gillet，未知，吉林、西藏

球盖光柄菇 *Pluteus podospileus* Sacc. & Cub.，未知，吉林

波扎里光柄菇 *Pluteus pouzarianus* Singer，未知，吉林

粉状光柄菇 *Pluteus pulverulentus* Murrill，未知，广东

垫状光柄菇 *Pluteus pulvinus* (Berk. & Broome) Sacc.，未知，海南

变黄光柄菇 *Pluteus romellii* (Britzelm.) Sacc.，未知，广东

柳生光柄菇 *Pluteus salicinus* (Pers.) P. Kumm.，未知，吉林、甘肃、西藏

半球盖光柄菇 *Pluteus semibulbosus* (Lasch) Quél.，未知，宁夏、云南

近灰光柄菇 *Pluteus subcervinus* (Berk. & Broome) Sacc.，未知，广东、海南、云南等

汤姆森光柄菇 *Pluteus thomsonii* (Berk. & Broome) Dennis，未知，吉林、广东、新疆

褐绒盖光柄菇 *Pluteus tricuspidatus* Velen.，未知，吉林、福建

网顶光柄菇 *Pluteus umbrosus* (Pers.) P. Kumm.，未知，吉林、新疆、福建

草菇属 *Volvariella*

银丝草菇*Volvariella bombycina* (Schaeff.) Singer，可食，四川、湖北、云南等

美味草菇*Volvariella esculenta* (Massee) Singer，可食，广东、海南

黏盖草菇*Volvariella gloiocephala* (DC.) Boekhout & Enderle，未知，四川、新疆、吉林等

草菇 *Volvariella volvacea* (Bull.) Singer，可食，广东、广西、云南等

小脆柄菇科 Psathyrellaceae

小鬼伞属 *Coprinellus*

假小鬼伞 *Coprinellus disseminatus* (Pers.) J. E. Lange，未知，吉林、云南、新疆等
家园小鬼伞 *Coprinellus domesticus* (Bolton) Vilgalys, Hopple & Jacq. Johnson，未知，江西
速亡小鬼伞 *Coprinellus ephemerus* (Bull.) Redhead, Vilgalys & Moncalvo，未知，江西
晶粒小鬼伞 *Coprinellus micaceus* (Bull.) Vilgalys, Hopple & Jacq. Johnson，有毒，全国
辐毛小鬼伞 *Coprinellus radians* (Desm.) Vilgalys, Hopple & Jacq. Johnson，未知，全国

拟鬼伞属 *Coprinopsis*

墨汁拟鬼伞 *Coprinopsis atramentaria* (Bull.) Redhead, Vilgalys & Moncalvo，有毒，全国
灰盖拟鬼伞 *Coprinopsis cinerea* (Schaeff.) Redhead, Vilgalys & Moncalvo，未知，全国
弗瑞氏拟鬼伞 *Coprinopsis friesii* (Quél.) P. Karst.，未知，全国
白绒拟鬼伞 *Coprinopsis lagopus* (Fr.) Redhead, Vilgalys & Moncalvo，未知，全国
雪白拟鬼伞 *Coprinopsis nivea* (Pers.) Redhead, Vilgalys & Moncalvo，未知，甘肃、青海、新疆等
小射纹拟鬼伞 *Coprinopsis patouillardii* (Quél.) G. Moreno，未知，河北
斑拟鬼伞 *Coprinopsis picacea* (Bull.) Redhead, Vilgalys & Moncalvo，未知，甘肃、云南、西藏等

同膜菇属 *Homophron*

萨尔同膜菇 *Homophron spadiceum* (P. Kumm.) Örstadius & E. Larss.，未知，辽宁

长尾孢菇属 *Lacrymaria*

长尾孢菇 *Lacrymaria lacrymabunda* (Bull.) Pat.，有毒，河北、云南、福建等

脆柄菇属 *Psathyrella*

白柄小脆柄菇 *Psathyrella albipes* (Murrill) A. H. Sm.，未知，广东
白盖小脆柄菇 *Psathyrella albocapitata* Dennis，未知，广东、海南
砂褶小脆柄菇 *Psathyrella ammophila* (Durieu & Lév.) P. D. Orton，未知，广东、海南
阿拉根那小脆柄菇 *Psathyrella araguana* Dennis，未知，广东
沙丘小脆柄菇 *Psathyrella arenulina* (Peck) A. H. Sm.，未知，广东
亚美尼亚小脆柄菇 *Psathyrella armeniaca* Pegler，未知，福建、广东
微黄小脆柄菇 *Psathyrella byssina* (Murrill) A. H. Sm.，未知，广东

草地小脆柄菇 *Psathyrella campestris* (Earle) A. H. Sm.，未知，广东、湖北、海南
黄盖小脆柄菇 *Psathyrella candolleana* (Fr.) Maire，可食，河北、新疆、云南等
黄盖小脆柄菇变盖变型 *Psathyrella candolleana* f. *incerta* (Peck) Singer，未知，河北、江苏
锥盖小脆柄菇 *Psathyrella canoceps* (Kauffman) A. H. Sm.，未知，海南
栗褶小脆柄菇 *Psathyrella castaneifolia* (Murrill) A. H. Sm.，未知，广东
污白小脆柄菇 *Psathyrella coronata* (Quél.) M. M. Moser，未知，山东、新疆
暗皱褶小脆柄菇 *Psathyrella corrugis* (Pers.) Konrad & Maubl.，未知，广东、福建、内蒙古等
假鬼伞小脆柄菇 *Psathyrella crenata* (Lasch) Gillet，未知，江苏
软弱小脆柄菇 *Psathyrella debilis* Peck，未知，广东
绵毛小脆柄菇 *Psathyrella gossypina* (Bull.) A. Pearson & Dennis，未知，福建
灰白小脆柄菇 *Psathyrella griseoalba* Z. S. Bi，未知，广东
硬毛小脆柄菇 *Psathyrella hispida* Heinem.，未知，海南
乳褐色小脆柄菇 *Psathyrella lactobrunnescens* A. H. Sm.，未知，广东
膜盖小脆柄菇 *Psathyrella hymenocephala* (Peck) A. H. Sm.，未知，广东、海南
白小脆柄菇 *Psathyrella leucotephra* (Berk. & Broome) P. D. Orton，未知，广东、河北、四川
长柄小脆柄菇 *Psathyrella longipes* (Peck) A. H. Sm.，未知，海南
条环小脆柄菇 *Psathyrella longistriata* (Murrill) A. H. Sm.，可食，西藏
小孢小脆柄菇 *Psathyrella microspora* (S. Imai) Hongo，未知，吉林、四川
米氏小脆柄菇 *Psathyrella murrillii* A. H. Sm.，未知，广东
多足小脆柄菇 *Psathyrella multipedata* (Peck) A. H. Sm.，未知，辽宁、四川
丛生小脆柄菇 *Psathyrella multissima* (S. Imai) Hongo，未知，吉林、陕西
类脆伞小脆柄菇 *Psathyrella naucorioides* A. H. Sm.，未知，广东
黑点小脆柄菇 *Psathyrella nigripunctipes* W. F. Chiu，未知，云南
钝盖小脆柄菇 *Psathyrella obtusata* (Pers.) A. H. Sm.，未知，广东、辽宁
丸形小脆柄菇 *Psathyrella piluliformis* (Bull.) P. D. Orton，未知，福建

草原小脆柄菇 *Psathyrella pratensis* A. H. Sm.，未知，广东
土黄小脆柄菇 *Psathyrella pyrotricha* (Holmsk.) M. M. Moser，未知，广东
赤褐小脆柄菇 *Psathyrella rubiginosa* A. H. Sm.，未知，广东
荒草生小脆柄菇 *Psathyrella rudericola* A. H. Sm.，未知，广东
皱盖小脆柄菇 *Psathyrella rugocephala* (G. F. Atk.) A. H. Sm.，未知，广东
辛格小脆柄菇 *Psathyrella singeri* A. H. Sm.，未知，广东
灰褐小脆柄菇 *Psathyrella spadiceogrisea* (Schaeff.) Maire，未知，广东
鳞小脆柄菇 *Psathyrella squamosa* (P. Karst.) A. H. Sm.，未知，河北、北京
近变小脆柄菇 *Psathyrella subincerta* Z. S. Bi，未知，广东
褐黄小脆柄菇 *Psathyrella subnuda* (P. Karst.) A. H. Sm.，未知，广东
蒂氏小脆柄菇 *Psathyrella thiersii* A. H. Sm.，未知，海南
灰暗小脆柄菇 *Psathyrella tristis* Singer，未知，广东

裂褶菌科 Schizophyllaceae

裂褶菌属 *Schizophyllum*

耳片裂褶菌 *Schizophyllum amplum* (Lév.) Nakasone，可食，吉林、云南、广西等
裂褶菌 *Schizophyllum commune* Fr.，食药用，全国

球盖菇科 Strophariaceae

田头菇属 *Agrocybe*

茶树菇 *Agrocybe aegerita* (V. Brig.) Singer，可食，福建、云南、广东等
柱状田头菇 *Agrocybe cylindracea* (DC.) Maire，可食，福建、云南、西藏等
硬田头菇 *Agrocybe dura* (Bolton) Singer，未知，四川、山西
黏湿田头菇 *Agrocybe erebia* (Fr.) Kühner ex Singer，未知，河北、辽宁、新疆等
无环田头菇 *Agrocybe farinacea* Hongo，未知，广东
喜湿田头菇 *Agrocybe ombrophila* (Weinm.) Konrad & Maubl.，未知，云南、河南、广西等
沼生田头菇 *Agrocybe paludosa* (J.E. Lange) Kühner & Romagn. ex Bon，未知，广东

平田头菇 *Agrocybe pediades* (Fr.) Fayod，未知，全国
田头菇 *Agrocybe praecox* (Pers.) Fayod，未知，全国
杨柳田头菇 *Agrocybe salicaceicola* Zhu L. Yang, M. Zang & X. X. Liu，可食，云南

半球鳞伞属 *Hemipholiota*

白半球鳞伞 *Hemipholiota populnea* (Pers.) Bon，未知，吉林、湖北、云南等

花边伞属 *Hypholoma*

烟色花边伞 *Hypholoma capnoides* (Fr.) P. Kumm.，有毒，内蒙古、吉林、西藏等
欧石楠状花边伞 *Hypholoma ericaeum* (Pers.) Kühner，未知，广东
簇生花边伞 *Hypholoma fasciculare* (Huds.) P. Kumm.，有毒，全国
亚砖红花边伞 *Hypholoma lateritium* (Schaeff.) P. Kumm.，有毒，全国
勿忘草花边伞 *Hypholoma myosotis* (Fr.) M. Lange，未知，广东、西藏

库恩菇属 *Kuehneromyces*

毛腿库恩菇 *Kuehneromyces mutabilis* (Schaeff.) Singer & A. H. Sm.，未知，山西、黑龙江、云南等

沿丝伞属 *Naematoloma*

圆盘沿丝伞 *Naematoloma discodium* T. X. Meng & T. Bau，未知，吉林
土黄沿丝伞 *Naematoloma gracile* Hongo，有毒，四川、云南、湖南等
垂幕沿丝伞 *Naematoloma hyphokomoiedes* (Murrill) E. J. Tian & T. Bau，未知，云南

钝伞属 *Pachylepyrium*

碳生钝伞 *Pachylepyrium carbonicola* (A. H. Sm.) Singer，未知，吉林、云南、西藏等

鳞伞属 *Pholiota*

冷杉鳞伞 *Pholiota abietis* A. H. Sm. & Hesler，未知，吉林
阿拉巴马鳞伞 *Pholiota alabamensis* (Murrill) A. H. Sm. & Hesler，未知，内蒙古
白小圈齿鳞伞 *Pholiota albocrenulata* (Peck) Sacc.，未知，辽宁、吉林、西藏等
少鳞黄鳞伞 *Pholiota alnicola* (Fr.) Singer，有毒，黑龙江、湖南、云南等
红顶鳞伞 *Pholiota astragalina* (Fr.) Singer，未知，吉林、湖南、云南等

金毛鳞伞 *Pholiota aurivella* (Batsch) P. Kumm.，未知，北京、吉林、云南等
块鳞伞 *Pholiota aurivelloides* Overh，未知，吉林
毕格劳鳞伞 *Pholiota bigelowii* A. H. Sm. & Hesler，未知，吉林
短柄鳞伞 *Pholiota brevipes* Z. S. Bi，未知，广东
烧地鳞伞 *Pholiota carbonaria* A. H. Sm.，未知，西藏、云南、宁夏
密生鳞伞 *Pholiota condensa* (Peck) A. H. Sm. & Hesler，未知，吉林
古巴鳞伞 *Pholiota cubensis* Earle，未知，广东
具纹鳞伞 *Pholiota decorata* (Murrill) A. H. Sm. & Hesler，未知，吉林
鼎湖鳞伞 *Pholiota dinghuensis* Z. S. Bi，未知，广东
长柄鳞伞 *Pholiota elongatipes* (Peck) A. H. Sm. & Hesler，未知，广东
簇囊鳞伞 *Pholiota fagicola* (Murr.) Kauffman，未知，吉林
铁锈鳞伞 *Pholiota ferruginea* A. H. Sm. & Hesler，未知，四川、云南
黄鳞伞 *Pholiota flammans* (Batsch) P. Kumm.，有毒，辽宁、海南、云南等
变黄鳞伞 *Pholiota flavescens* A. H. Sm. & Hesler，未知，黑龙江
淡黄鳞伞 *Pholiota flavida* (Schaeff.) Singer，未知，广东
黄褐鳞伞 *Pholiota fulvella* (Peck) A. H. Sm. & Hesler，未知，内蒙古、广东
黄盘鳞伞 *Pholiota fulvodisca* A. H. Sm. & Hesler，未知，吉林
颗粒鳞伞 *Pholiota granulosa* (Peck) A. H. Sm. & Hesler，未知，吉林
群生鳞伞 *Pholiota gregariiformis* (Murrill) A. H. Sm. & Hesler，未知，吉林
地生鳞伞 *Pholiota highlandensis* (Peck) A. H. Sm. & Hesler，有毒，海南、台湾、云南等
绒圈鳞伞 *Pholiota johnsoniana* (Peck) G. F. Atk.，未知，湖北、广东、云南等
科迪亚克鳞伞 *Pholiota kodiakensis* A. H. Sm. & Hesler，未知，海南
黏环鳞伞 *Pholiota lenta* (Pers.) Singer，未知，吉林、台湾、云南等
柠檬鳞伞 *Pholiota limonella* (Peck) Sacc.，未知，吉林
黏皮鳞伞 *Pholiota lubrica* (Pers.) Singer，有毒，吉林、云南、青海

鲜黄鳞伞 *Pholiota luteola* A. H. Sm. & Hesler，未知，内蒙古
变土黄鳞伞 *Pholiota lutescens* A. H. Sm. & Hesler，未知，广东
长缘囊鳞伞 *Pholiota malicola* (Kauffman) A. H. Sm.，未知，海南
小孢鳞伞 *Pholiota microspora* (Berk.) Sacc.，未知，河北、广西、云南等
暗黄鳞伞 *Pholiota pseudosiparia* A. H. Sm. & Hesler，未知，黑龙江
红鳞伞 *Pholiota rubra* C. S. Bi & Loh，未知，广东
空囊鳞伞 *Pholiota scabella* Zeller，未知，吉林
泡状鳞伞 *Pholiota spumosa* (Fr.) Singer，未知，吉林、海南、云南等
小鳞鳞伞 *Pholiota squamulosa* (Murrill) Kauffman，未知，吉林
翘鳞伞 *Pholiota squarrosa* (Vahl) P. Kumm.，有毒，北京、吉林、云南等
多脂翘鳞伞 *Pholiota squarrosoadiposa* J. E. Lange，可食，吉林、黑龙江、云南
尖鳞伞 *Pholiota squarrosoides* (Peck) Sacc.，有毒，辽宁、浙江、云南等
亚苦鳞伞 *Pholiota subamara* A. H. Sm. & Hesler，未知，海南、西藏
近赭色鳞伞 *Pholiota subochracea* (A. H. Sm.) A. H. Sm. & Hesler，未知，吉林
地鳞伞 *Pholiota terrestris* Overh.，有毒，吉林、辽宁、河北等
伏鳞鳞伞 *Pholiota tuberculosa* (Schaeff.) P. Kumm.，未知，吉林、黑龙江、湖南等
黏膜鳞伞 *Pholiota velaglutinosa* A. H. Sm. & Hesler，未知，海南
喙囊鳞伞 *Pholiota veris* A. H. Sm. & Hesler，未知，吉林、新疆、宁夏
酒红褐鳞伞 *Pholiota vinaceobrunnea* A. H. Sm. & Hesler，未知，吉林
变绿鳞伞 *Pholiota virescens* E. J. Tian & T. Bau，未知，吉林
杂纹鳞伞 *Pholiota virgata* A. H. Sm. & Hesler，未知，吉林

裸盖菇属 *Psilocybe*

鳞柄裸盖菇 *Psilocybe baeocystis* Singer & A. H. Sm.，未知，内蒙古、西藏
肉桂色裸盖菇 *Psilocybe cinnamomea* Yang K. Li, Y. Ye & J. F. Liang，未知，广东
喜粪生裸盖菇 *Psilocybe coprophila* (Bull.) P. Kumm.，有毒，内蒙古、湖南、西藏等

古巴裸盖菇 *Psilocybe cubensis* (Earle) Singer，有毒，广东、西藏

黄裸盖菇 *Psilocybe fasciata* Hongo，未知，广西

粪生裸盖菇 *Psilocybe merdaria* (Fr.) Ricken，未知，内蒙古、广东、西藏等

蒙古裸盖菇 *Psilocybe mongolica* Sarentoya & T. Bau，未知，内蒙古

赭色裸盖菇 *Psilocybe montana* (Pers.) P. Kumm.，未知，广东

苏梅岛裸盖菇 *Psilocybe samuiensis* Guzmán, Bandala & J. W. Allen，有毒，河北、山西、河南等

近蓝盖裸盖菇 *Psilocybe subcaerulipes* Hongo，未知，台湾

台湾裸盖菇 *Psilocybe taiwanensis* Zhu L. Yang & Guzmán，有毒，台湾

毒裸盖菇 *Psilocybe venenata* (S. Imai) Imazeki & Hongo，未知，山西、西藏、新疆

拟变蓝裸盖菇 *Psilocybe wayanadensis* K. A. Thomas, Manim. & Guzmán，未知，湖北

越南裸盖菇 *Psilocybe yungensis* Singer & A. H. Sm.，未知，广东

球盖菇属 *Stropharia*

黄铜绿球盖菇 *Stropharia aeruginosa* (Curtis) Quél.，有毒，内蒙古、吉林、云南等

亮盖球盖菇 *Stropharia albonitens* (Fr.) Quél.，未知，湖南、四川

黄囊球盖菇 *Stropharia chrysocystidia* T. X. Meng & T. Bau，未知，四川

齿环球盖菇 *Stropharia coronilla* (Bull.) Quél.，未知，内蒙古、四川、新疆等

偏孢孔球盖菇 *Stropharia dorsipora* Esteve-Rav. & Barrasa，未知，内蒙古、黑龙江

盐碱球盖菇 *Stropharia halophila* Pacioni，未知，吉林

吉林球盖菇 *Stropharia jilinensis* T. Bau & E. J. Tian，未知，吉林

皱环球盖菇 *Stropharia rugosoannulata* Farl. ex Murrill，可食，辽宁、云南、甘肃等

半球盖菇 *Stropharia semiglobata* (Batsch) Quél.，有毒，全国

多鳞球盖菇 *Stropharia squamosa* (Pers.) Quél.，未知，四川、云南、西藏等

近鳞球盖菇 *Stropharia subsquamulosa* Mitchel & A. H. Sm.，未知，广东

云南球盖菇 *Stropharia yunnanensis* W. F. Chiu，未知，云南

塔氏菌科 Tapinellaceae

塔氏菌属 *Tapinella*

毛柄网塔氏菌 *Tapinella atrotomentosa* (Batsch) Sutara，未知，河北、吉林、云南等

耳状片塔氏菌 *Tapinella panuoides* (Fr.) E.-J. Gilbert，未知，湖北、吉林、广西等

假皱孔菌属 *Pseudomerulius*

波纹假皱孔菌 *Pseudomerulius curtisii* (Berk.) Redhead & Ginns，未知，云南、西藏

口蘑科 Tricholomataceae

阿氏菇属 *Arrhenia*

针状阿氏菇 *Arrhenia acerosa* (Fr.) Kühner，未知，河北、北京

金黄盖阿氏菇 *Arrhenia epichysium* (Pers.) Redhead, Lutzoni, Moncalvo & Vilgalys，未知，吉林

景天阿氏菇 *Arrhenia spathulata* (Fr.) Redhead，未知，吉林

昂阿氏菇 *Arrhenia onisca* (Fr.) Redhead，Lutzoni，Moncalvo & Vilgalys，未知，吉林

松苞菇属 *Catathelasma*

壮丽松苞菇 *Catathelasma imperiale* (Quél.) Singer，可食，四川、甘肃

梭柄松苞菇 *Catathelasma ventricosum* (Peck) Singer，可食，云南、四川

色孢菇属 *Callistosporium*

黄褐色孢菇 *Callistosporium luteo-olivaceum* (Berk. & M. A. Curtis) Singer，未知，广东

杯伞属 *Clitocybe*

赭黄杯伞 *Clitocybe bresadolana* Singer，未知，青海

亚白杯伞 *Clitocybe catinus* (Fr.) Quél.，未知，河北、吉林、安徽

白霜杯伞 *Clitocybe dealbata* (Sowerby) P. Kumm.，有毒，青海

芳香杯伞 *Clitocybe fragrans* (With.) P. Kumm.，有毒，云南、四川、广东等

深凹杯伞 *Clitocybe gibba* (Pers.) P. Kumm.，有毒，云南、四川、甘肃等

广东杯伞 *Clitocybe guangdongensis* Z. S. Bi & G.Y. Zheng，未知，广东

污白杯伞 *Clitocybe houghtonii* (W. Phillips) Dennis，未知，云南

杯伞 *Clitocybe infundibuliformis* Quél.，未知，河北、陕西、云南等

粉肉色杯伞 *Clitocybe leucodiatreta* Bon，未知，云南
变色杯伞 *Clitocybe metachroa* (Fr.) P. Kumm.，未知，陕西、青海
水粉杯伞 *Clitocybe nebularis* (Batsch) P. Kumm.，未知，黑龙江、河南、四川等
林地杯伞 *Clitocybe obsoleta* (Batsch) Quél.，未知，广东
浅白杯伞 *Clitocybe odora* (Bull.) P. Kumm.，未知，陕西
白杯伞 *Clitocybe phyllophila* (Pers.) P. Kumm.，有毒，吉林、四川、云南等
粗壮杯伞 *Clitocybe robusta* Peck，未知，广东
粉白霜杯伞 *Clitocybe sudorifica* (Peck) Peck，未知，青海

金钱菌属 *Collybia*

雪白金钱菌*Collybia nivea* (Mont.) Dennis，未知，吉林、广东、云南等
半焦金钱菌*Collybia semiusta* (Berk. & M. A. Curtis) Dennis，未知，台湾

香蘑属 *Lepista*

白香蘑 *Lepista caespitosa* (Bres.) Singer，可食，吉林、内蒙古、新疆等
灰紫香蘑 *Lepista glaucocana* (Bres.) Singer，可食，黑龙江、甘肃、山西等
浓香蘑 *Lepista graveolens* (Peck) Dermek，未知，云南、湖南、贵州等
肉色香蘑 *Lepista irina* (Fr.) H. E. Bigelow，可食，黑龙江、山西、云南等
灰褐香蘑 *Lepista luscina* (Fr.) Singer，可食，河北、黑龙江、吉林等
紫丁香蘑 *Lepista nuda* (Bull.) Cooke，可食，黑龙江、青海、云南等
粉紫香蘑 *Lepista personata* (Fr.) Cooke，可食，黑龙江、内蒙古、新疆等
花脸香蘑 *Lepista sordida* (Schumach.) Singer，可食，云南、四川

白桩菇属 *Leucopaxillus*

纯白桩菇 *Leucopaxillus albissimus* (Peck) Singer，可食，新疆、西藏、山西
黄大白桩菇 *Leucopaxillus alboalutaceus* (F. H. Møller) F. H. Møller，可食，四川
苦白桩菇 *Leucopaxillus amarus* (Alb. & Schwein.) Kühner，可食，新疆、山西、西藏
白桩菇 *Leucopaxillus candidus* (Bres.) Singer，可食，黑龙江、山西、青海等

大白桩菇 *Leucopaxillus giganteus* (Sowerby) Singer，可食，河北、内蒙古、新疆等

棕褐白桩菇 *Leucopaxillus mirabilis* (Bres.) Konrad & Maubl.，未知，内蒙古

奇异大白桩菇 *Leucopaxillus paradoxus* (Costantin & L. M. Dufour) Boursier，未知，广东

白丽蘑属 *Leucocalocybe*

蒙古白丽蘑*Leucocalocybe mongolica* (S. Imai) X. D. Yu & Y. J. Yao，可食，内蒙古、河北

铦囊蘑属 *Melanoleuca*

短柄铦囊蘑 *Melanoleuca brevipes* (Bull.) Pat.，可食，甘肃

铦囊蘑 *Melanoleuca cognata* (Fr.) Konrad & Maubl.，可食，吉林、江苏、云南等

钟形铦囊蘑 *Melanoleuca exscissa* (Fr.) Singer，可食，河北、青海、四川等

草生铦囊蘑 *Melanoleuca graminicola* (Velen.) Kühner & Maire，可食，甘肃

条柄铦囊蘑 *Melanoleuca grammopodia* (Bull.) Murrill，可食，黑龙江、西藏、山西

黑白囊铦蘑 *Melanoleuca melaleuca* (Pers.) Murrill，可食，黑龙江、西藏、新疆等

灰褐囊铦蘑 *Melanoleuca paedida* (Fr.) Kühner & Maire，未知，新疆

直柄囊铦蘑 *Melanoleuca strictipes* (P. Karst.) Jul. Schäff.，可食，新疆、山西、西藏

赭褐铦囊蘑 *Melanoleuca stridula* (Fr.) Singer，未知，内蒙古

亚高山囊铦蘑 *Melanoleuca subalpina* (Britzelm.) Bresinsky & Stangl，未知，青海、山西、宁夏

近条柄铦囊蘑 *Melanoleuca substrictipes* Kühner，可食，河北、甘肃、陕西

点柄铦囊蘑 *Melanoleuca verrucipes* (Fr.) Singer，可食，吉林、西藏

大伞菇属 *Macrocybe*

大伞菇 *Macrocybe gigantea* (Massee) Pegler & Lodge，可食，云南、广东、福建等

洛巴伊大伞菇 *Macrocybe lobayensis* (R. Heim) Pegler & Lodge，可食，福建、广东

白脐菇属 *Omphalia*

小白脐菇 *Omphalia gracillima* (Weinm.) Quél.，未知，广东、福建、云南等

黄毛侧耳属 *Phyllotopsis*

鸟巢黄毛侧耳 *Phyllotopsis nidulans* (Pers.) Singer，未知，吉林

假杯伞属 *Pseudoclitocybe*

条缘假杯伞 *Pseudoclitocybe expallens* (Pers.) M. M. Moser，未知，吉林

灰假杯伞 *Pseudoclitocybe cyathiformis* (Bull.) Singer，未知，陕西、四川、西藏等

小黑轮属 *Resupinatus*

长孢小黑轮*Resupinatus alboniger* (Pat.) Singer，未知，贵州、内蒙古、广西

小黑轮*Resupinatus applicatus* (Batsch) Gray，未知，吉林

毛小黑轮*Resupinatus trichotis* (Pers.) Singer，未知，吉林、云南

毛缘菇属 *Ripartites*

梅氏毛缘菇 *Ripartites metrodii* Huijsman，未知，吉林

毛缘菇 *Ripartites tricholoma* (Alb. & Schwein.) P. Karst.，未知，吉林

囊泡杯伞属 *Singerocybe*

脐凹囊泡杯伞 *Singerocybe umbilicata* Zhu L. Yang & J. Qin，未知，云南

菌瘿伞属 *Squamanita*

脐突菌瘿伞 *Squamanita umbonata* (Sumst.) Bas，未知，湖南

口蘑属 *Tricholoma*

白口蘑 *Tricholoma album* (Schaeff.) P. Kumm.，有毒，黑龙江、内蒙古

丝盖口蘑 *Tricholoma argyraceum* (Bull.) Gillet，未知，辽宁、河北

黑鳞口蘑 *Tricholoma atrosquamosum* Sacc.，可食，西藏

橘黄口蘑 *Tricholoma aurantium* (Schaeff.) Ricken，可食，云南、陕西、吉林等

假松口蘑 *Tricholoma bakamatsutake* Hongo，可食，云南、四川

黄褐口蘑 *Tricholoma fulvum* (DC.) Bigeard & H. Guill.，可食，四川、云南、吉林等

鳞盖口蘑 *Tricholoma imbricatum* (Fr.) P. Kumm.，可食，青海、四川、云南等

草黄口蘑 *Tricholoma lascivum* (Fr.) Gillet，未知，西藏、甘肃

棕黄褐口蘑 *Tricholoma luridum* (Schaeff.) P. Kumm.，未知，云南

松口蘑 *Tricholoma matsutake* (S. Ito & S. Imai) Singer，可食，云南、吉林、西藏等

毒蝇口蘑 *Tricholoma muscarium* Kawam. ex Hongo，有毒，湖南、湖北
豹斑口蘑 *Tricholoma pardinum* (Pers.) Quél.，有毒，云南、四川
锈色口蘑 *Tricholoma pessundatum* (Fr.) Quél.，有毒，云南、四川、西藏等
杨树口蘑 *Tricholoma populinum* J. E. Lange，可食，内蒙古、河北、山西等
灰褐纹口蘑 *Tricholoma portentosum* (Fr.) Quél.，可食，甘肃、辽宁、吉林等
鳞柄口蘑 *Tricholoma psammopus* (Kalchbr.) Quél.，未知，云南、陕西
闪光口蘑 *Tricholoma resplendens* (Fr.) P. Karst.，未知，河北、青海
粗壮口蘑 *Tricholoma robustum* (Alb. & Schwein.) Ricken，可食，陕西、辽宁
皂味口蘑 *Tricholoma saponaceum* (Fr.) P. Kumm.，有毒，云南、新疆
雕纹口蘑 *Tricholoma scalpturatum* (Fr.) Quél，可食，黑龙江、青海、新疆等
黄绿口蘑 *Tricholoma sejunctum* (Sowerby) Quél.，可食，甘肃、西藏
直柄口蘑 *Tricholoma stans* (Fr.) Sacc.，有毒，四川、西藏、云南等
硫磺色口蘑 *Tricholoma sulphureum* (Bull.) P. Kumm.，未知，青海、四川
棕灰口蘑 *Tricholoma terreum* (Schaeff.) P. Kumm.，可食，黑龙江、河北、青海等
虎斑口蘑 *Tricholoma tigrinum* (Schaeff.) Gillet，有毒，云南
褐黑口蘑 *Tricholoma ustale* (Fr.) P. Kumm.，有毒，台湾、湖北
红鳞口蘑 *Tricholoma vaccinum* (Schaeff.) P. Kumm.，可食，新疆、西藏、吉林等
凸顶口蘑 *Tricholoma virgatum* (Fr.) P. Kumm.，有毒，吉林、山西、四川等
臧氏口蘑 *Tricholoma zangii* Z. M. Cao, Y. J. Yao & Pegler，未知，四川、云南、西藏等

拟口蘑属 *Tricholomopsis*

竹林拟口蘑 *Tricholomopsis bambusina* Hongo，药用，福建、广西、湖北等
淡红拟口蘑 *Tricholomopsis crocobapha* (Berk. & Broome) Pegler，未知，四川
黄拟口蘑 *Tricholomopsis decora* (Fr.) Singer，可食，吉林、云南、西藏等
青盖拟白蘑 *Tricholomopsis lividipileata* P. G. Liu，未知，四川
乌鳞拟口蘑 *Tricholomopsis nigrosquamosa* P. G. Liu，未知，四川

黑鳞拟口蘑 *Tricholomopsis nigra* (Petch) Pegler，未知，云南
赭红拟口蘑 *Tricholomopsis rutilans* (Schaeff.) Singer，有毒，台湾、陕西、西藏等
血红拟口蘑 *Tricholomopsis sanguinea* Hongo，未知，四川
土黄拟口蘑 *Tricholomopsis sasae* Hongo，未知，四川、广西
舒兰拟口蘑 *Tricholomopsis shulanensis* X. He，未知，吉林

科不定

斑褶菇属 *Panaeolus*

锐顶斑褶菇 *Panaeolus acuminatus* Quél.，未知，贵州、宁夏
小型斑褶菇 *Panaeolus alcis* M. M. Moser，未知，内蒙古、黑龙江
安的拉斑褶菇 *Panaeolus antillarum* (Fr.) Dennis，有毒，全国
黑斑褶菇 *Panaeolus ater* (J. E. Lange) Kühner & Romagn. ex Bon，有毒，内蒙古、甘肃、山东等
环带斑褶菇 *Panaeolus cinctulus* (Bolton) Sacc.，有毒，全国
蓝灰斑褶菇 *Panaeolus cyanescens* (Berk. & Broome) Sacc.，有毒，福建、广东、贵州等
粪生斑褶菇 *Panaeolus fimicola* (Pers.) Gillet，有毒，山西、内蒙古、广东等
大斑褶菇 *Panaeolus papilionaceus* (Bull.) Quél.，未知，全国
半卵圆斑褶菇 *Panaeolus semiovatus* (Sowerby) S. Lundell & Nannf.，有毒，吉林、西藏、新疆等
硬腿斑褶菇 *Panaeolus solidipes* (Peck) Sacc.，未知，北京、内蒙古、西藏等
红褐斑褶菇 *Panaeolus subbalteatus* (Berk. & Broome) Sacc.，未知，内蒙古、甘肃、西藏等
热带斑褶菇 *Panaeolus tropicalis* Ola'h，未知，内蒙古、吉林、辽宁

斑褶伞属 *Panaeolina*

黄褐斑褶伞 *Panaeolina foenisecii* (Pers.) Maire，未知，西藏

小脆柄菇属 *Psathyrella*

栗褶小脆柄菇 *Psathyrella castaneifolia* (Murrill) A. H. Sm.，未知，吉林、广东、台湾
早生小脆柄菇 *Psathyrella gracilis* (Fr.) Quél.，有毒，吉林、陕西、河北等
丛毛小脆柄菇 *Psathyrella kauffmanii* A. H. Sm.，有毒，广东、湖南、吉林等

阿太菌目 Atheliales

阿泰菌科 Atheliaceae

棉状菌属 *Byssoporia*

地生棉状菌 *Byssoporia terrestris* (DC.) M. J. Larsen & Zak，未知，河北

木耳目 Auriculariales

木耳科 Auriculariaceae

木耳属 *Auricularia*

美洲木耳 *Auricularia americana* Parmasto & I. Parmasto ex Audet, Boulet & Sirard，可食，四川、云南、西藏

木耳 *Auricularia auricula-judae* (Bull.) Quél.，可食，云南、西藏

皱木耳 *Auricularia delicata* (Mont. ex Fr.) Henn.，可食，云南、广东、广西等

象牙木耳 *Auricularia eburnea* L. J. Li & B. Liu，可食，海南

褐黄木耳 *Auricularia fuscosuccinea* (Mont.) Henn.，可食，全国

海南木耳 *Auricularia hainanensis* L. J. Li，可食，海南

黑木耳 *Auricularia heimuer* F. Wu, B. K. Cui & Y. C. Dai，可食，全国

黑皱木耳 *Auricularia moelleri* Lloyd，可食，广西、海南、云南等

毛木耳 *Auricularia nigricans* (Fr.) Birkebak, Looney & Sánchez-García，可食，云南、福建、四川等

盾形木耳 *Auricularia peltata* Lloyd，可食，福建、江西、云南等

网脉木耳 *Auricularia reticulata* L. J. Li，可食，海南

短毛木耳 *Auricularia villosula* Malysheva，可食，吉林、辽宁、内蒙古等

西沙木耳 *Auricularia xishaensis* L. J. Li，可食，海南

盘革耳属 *Eichleriella*

中国盘革耳 *Eichleriella chinensis* Pilát，未知，云南、吉林、浙江

肉色盘革耳 *Eichleriella incarnata* Bres.，未知，云南、吉林、河北等

黑耳属 *Exidia*

致密黑耳 *Exidia compacta* Lowy，未知，云南

黑耳 *Exidia glandulosa* (Bull.) Fr.，有毒，云南、福建、吉林等

结节黑耳 *Exidia nucleata* (Schwein.) Burt，未知，湖北

短黑耳 *Exidia recisa* (Ditmar) Fr.，未知，河北、广西、云南等

浅波黑耳 *Exidia repanda* Fr.，未知，山西、湖北、云南等

拟黑耳属 *Exidiopsis*

版纳拟黑耳 *Exidiopsis banlaensis* Y. B. Peng，未知，云南

拟黑耳 *Exidiopsis effusa* Bref.，未知，浙江

蜡波拟黑耳 *Exidiopsis galzinii* (Bres.) Killerm，未知，湖北

尖峰拟黑耳 *Exidiopsis jianfengensis* Y. B. Peng，未知，海南

铅灰拟黑耳 *Exidiopsis molybdea* (McGuire) Ervin，未知，湖南

刺皮耳属 *Heterochaete*

黄囊体刺皮耳 *Heterochaete chrysocystidiata* Y. B. Peng & X. W. Hu，未知，湖南

厚刺皮耳 *Heterochaete crassa* Bodman，未知，陕西

白垩刺皮耳 *Heterochaete cretacea* Pat.，未知，云南

柔美刺皮耳 *Heterochaete delicata* Bres.，未知，福建、云南、广东等

异色刺皮耳 *Heterochaete discolor* (Berk. & Broome) Petch，未知，云南、福建、浙江等

镰孢刺皮耳 *Heteroehaete faleato-sporifera* Y. B. Peng & X. W. Hu，未知，安徽

地衣状刺皮耳 *Heterochaete 6chenoidea* Y. B. Peng & X. W. Hu，未知，福建、云南

暗蓝刺皮耳 *Heterochaete lividofusca* Pat.，未知，浙江

莽山刺皮耳 *Heterochaete mangensis* Y. B. Peng & X. W. Hu，未知，湖北、湖南

莫索尼刺皮耳 *Heterochaete mussooriensis* Bodman，未知，吉林、浙江、湖北等

小笠原刺皮耳 *Heterochaete ogasawarasimensis* S. Ito & S. Imai，未知，安徽、云南、湖南等

彭氏刺皮耳 *Heterochaete pengii* X. W. Hu，未知，湖北、四川

粉红刺皮耳 *Heterochaete roseola* Pat.，未知，云南、广西、海南

白粉刺皮耳 *Heterochaete sanctae-catharinae* Möller，未知，湖北、云南、四川

席氏刺皮耳 *Heterochaete shearii* (Burt) Burt，未知，云南

思茅刺皮耳 *Heterochaete simaonensis* X. W. Hu & Jian Z. Li，未知，云南

中华刺皮耳 *Heterochaete sinensis* Teng，未知，福建、湖南、云南等

牛肝菌目 Boletales

牛肝菌科 Boletaceae

金牛肝菌属 *Aureoboletus*

黄孔金牛肝菌 *Aureoboletus auriporus* (Peck) Pouzar，未知，海南、云南

红盖金牛肝菌 *Aureoboletus gentilis* (Quél.) Pouzar，未知，四川、云南

颗粒金牛肝菌 *Aureoboletus moravicus* (Vacek) Klofac，未知，湖北

藤氏金牛肝菌 *Aureoboletus tenuis* T. H. Li & Ming Zhang，未知，广西

西藏金牛肝菌 *Aureoboletus thibetanus* (Pat.) Hongo & Nagas.，未知，西藏、云南、四川等

粒表金牛肝菌 *Aureoboletus roxanae* (Frost) Klofac，未知，湖北、四川、云南等

臧氏金牛肝菌 *Aureoboletus zangii* X. F. Shi & P. G. Liu，未知，湖南、湖北、江西等

南牛肝菌属 *Austroboletus*

细南牛肝菌 *Austroboletus gracilis* (Peck) Wolfe，未知，西藏、四川

纺锤南牛肝菌 *Austroboletus fusisporus* (Kawam. ex Imazeki & Hongo) Wolfe，未知，台湾、福建、海南

亚绿南牛肝菌 *Austroboletus subvirens* (Hongo) Wolfe，未知，台湾、福建、海南

薄瓤牛肝菌属 *Baorangia*

双色薄瓤牛肝菌 *Baorangia bicolor* (Kuntze) G. Wu, Halling & Zhu L. Yang，条件可食，云南、四川

维罗纳薄瓤牛肝菌 *Baorangia emilei* (Barbier) Vizzini, Simonini, Gelardi，未知，云南，四川

假美柄薄瓤牛肝菌 *Baorangia pseudocalopus* (Hongo) G. Wu & Zhu L. Yang，有毒，云南、四川、福建等

拟血红薄瓤牛肝菌 *Baorangia rubelloides* G. Wu, Halling & Zhu L. Yang，未知，云南、四川

条孢牛肝菌属 *Boletellus*

凤梨条孢牛肝菌属 *Boletellus ananas* (M. A. Curtis) Murrill，未知，云南、西藏、福建等

福建条孢牛肝菌属 *Boletellus fujianensis* H. A. Wen，未知，福建

木生条孢牛肝菌属 *Boletellus lignicola* K.W. Yeh & Z. C. Chen，未知，台湾、福建

长柄条孢牛肝菌属 *Boletellus longicollis* (Ces.) Pegler & T. W. K. Young，未知，福建、台湾、广东等

绒斑条孢牛肝菌属 *Boletellus mirabilis* (Murrill) Singer，未知，西藏、云南、福建等

刺牛肝菌属 *Boletochaete*

棘刺牛肝菌属 *Boletochaete setulosa* M. Zang，未知，西藏

毛刺牛肝菌 *Boletochaete spinifera* (Pat. & C. F. Baker) Singer，未知，广东、云南、海南等

牛肝菌属 *Boletus*

铜色牛肝菌 *Boletus aereus* Bull.，未知，云南、四川、西藏等

青木氏牛肝菌 *Boletus aokii* Hongo，未知，福建、台湾

暗紫牛肝菌 *Boletus atroviolaceus* W. F. Chiu，未知，云南、四川、内蒙古等

卷边牛肝菌 *Boletus albides* Roques，未知，福建、云南、四川等

斑柄牛肝菌 *Boletus atkinsonii* Peck，未知，云南、四川、海南等

暗紫牛肝菌 *Boletus atripurpureus* Corner，未知，云南、广西

黄肉牛肝菌 *Boletus auripes* Peck，未知，云南、四川、贵州等

金黄牛肝菌 *Boletus aureomycetinus* Pat. & C. F. Baker，未知，广东、广西

白牛肝菌 *Boletus bainiugan* Dentinger，可食，云南

短管牛肝菌 *Boletus brevitubus* M. Zang，未知，云南

南亚牛肝菌 *Boletus borneensis* Corner，未知，广东、广西、海南

美囊体牛肝菌 *Boletus calocystides* Corner，未知，四川

橙香牛肝菌 *Boletus citrifragrans* W. F. Chiu & M. Zang，未知，云南

艳红牛肝菌 *Boletus craspedius* Massee，未知，云南、西藏

皱盖牛肝菌 *Boletus cutifractus* Corner，未知，云南

网盖牛肝菌 *Boletus dictyocephalus* Peck，未知，云南

龙眼牛肝菌 *Boletus dimocarpicola* M. Zang & Sittigul，未知，四川

美味牛肝菌 *Boletus edulis* Bull.，可食，云南、西藏、吉林等

红柄牛肝菌 *Boletus erythropus* Krombh.，未知，四川、西藏、云南

锈孢牛肝菌 *Boletus ferruginosporus* Corner，未知，云南、广西

深红牛肝菌 *Boletus flammans* E. A. Dick & Snell，未知，四川、云南、西藏

美丽牛肝菌*Boletus formosus* Corner，未知，云南、广西

香牛肝菌*Boletus fragrans* Vittad.，未知，云南

黄牛肝菌*Boletus fulvus* Peck，未知，四川、云南、吉林等

褐微孔牛肝菌*Boletus fuscimicroporus* M. Zang & R. H. Petersen，未知，云南

褐斑牛肝菌*Boletus fuscopunctatus* Hongo & Nagas.，未知，福建

海南牛肝菌 *Boletus hainanensis* T. H. Li & M. Zang，未知，海南

光盖牛肝菌 *Boletus gertrudiae* Peck，未知，四川、云南

大牛肝菌 *Boletus gigas* Berk.，未知，新疆、云南、西藏等

平盖牛肝菌 *Boletus glabellus* Peck，未知，贵州

斜脚牛肝菌 *Boletus instabilis* W. F. Chiu，未知，云南

雪松牛肝菌 *Boletus kauffmanii* Lohwag，未知，云南

橙牛肝菌 *Boletus laetissimus* Hongo，未知，福建

阔孢牛肝菌 *Boletus latisporus* Corner，未知，云南、海南

华丽牛肝菌 *Boletus magnificus* W. F. Chiu，条件可食，云南

巨孢牛肝菌 *Boletus megasporus* M. Zang，未知，西藏

味美牛肝菌 *Boletus meiweiniuganjun* Dentinger，可食，云南

微眇牛肝菌 *Boletus minimus* M. Zang & N. L. Huang，未知，福建

青黄牛肝菌 *Boletus miniato-olivaceus* Frost，未知，云南、四川、西藏等

麻点牛肝菌 *Boletus multipunctus* Peck，未知，云南、湖北、湖南等

黑斑牛肝菌 *Boletus nigromaculatus* (Hongo) Har. Takah.，未知，台湾、云南、贵州

赭盖牛肝菌 *Boletus obscureumbrinus* Hongo，未知，贵州

大台原牛肝菌 *Boletus odaiensis* Hongo，未知，陕西

东方白牛肝菌 *Boletus orientialbus* N. K. Zeng & Zhu L. Yang，未知，福建

淡白牛肝菌 *Boletus pallidus* Frost，未知，福建、广西、四川等

沼泽牛肝菌 *Boletus paluster* Peck，未知，湖南、云南

漆红牛肝菌 *Boletus phytolaccae* E. Horak，未知，西藏

喜松牛肝菌 *Boletus pinophilus* Pilát & Dermek，可食，云南、四川、湖北等

鳞盖牛肝菌 *Boletus poeticus* Corner，未知，海南

糙盖牛肝菌 *Boletus projectellus* (Murrill) Murrill，未知，四川

拟细牛肝菌 *Boletus pseudoparvulus* C. S. Bi，未知，广东

假松塔牛肝菌 *Boletus pseudostrobilomyces* W. F. Chiu，未知，云南

艳美牛肝菌 *Boletus puellaris* C. S. Bi & Loh，未知，广东

绒点盖牛肝菌 *Boletus punctilifer* W. F. Chiu，未知，云南、四川

橙紫牛肝菌 *Boletus purpureus* Pers.，未知，云南

栎林牛肝菌 *Boletus quercinus* Hongo，未知，台湾、浙江、福建等

网盖牛肝菌 *Boletus reticuloceps* (M. Zang, M. S. Yuan & M. Q. Gong) Q. B. Wang & Y. J. Yao，未知，云南

网柄牛肝菌 *Boletus reticulatus* Schaeff. 未知，云南、四川、内蒙古等

裂盖牛肝菌 *Boletus rimosellus* Peck，未知，云南、贵州

红黄牛肝菌 *Boletus rubriflavus* Corner，未知，云南、贵州、福建等

变红褐牛肝菌 *Boletus rufobrunnescens* C. S. Bi，未知，广东、广西

小粗头牛肝菌 *Boletus rugosellus* W. F. Chiu，未知，四川、云南

敏感牛肝菌 *Boletus sensibilis* Peck，未知，云南

食用牛肝菌 *Boletus shiyong* Dentinger，可食，云南

芥黄牛肝菌 *Boletus sinapicolor* Corner，未知，贵州

华金牛肝菌 *Boletus sinoaurantiacus* M. Zang & R. H. Petersen，未知，云南

粉盖牛肝菌 *Boletus speciosus* Frost，未知，云南、福建、广东等

鳞柄牛肝菌 *Boletus squamulistipes* M. Zang，未知，云南

亚棒孢牛肝菌 *Boletus subclavatosporus* Snell，未知，四川

亚黄褐色牛肝菌 *Boletus subfulvus* C. Z. Bi，未知，广东

拟褐黄牛肝菌 *Boletus subluridellus* A. H. Sm. & Thiers，未知，陕西、甘肃、吉林等

酒红牛肝菌 *Boletus subpaludosus* W. F. Chiu，未知，云南

亚血红牛肝菌 *Boletus subsanguineus* Peck，未知，广东

鳞柄牛肝菌 *Boletus subsplendidus* W. F. Chiu，未知，广东

褐绒柄牛肝菌 *Boletus subvelutipes* Peck，未知，云南、四川、西藏等

观亭牛肝菌 *Boletus taienus* W. F. Chiu，未知，云南

细绒牛肝菌 *Boletus tomentulosus* M. Zang, W. P. Liu & M. R. Hu，未知，福建

绒表牛肝菌 *Boletus tristiculus* Massee，未知，海南

小管牛肝菌 *Boletus tubulus* M. Zang & C. M. Chen，未知，台湾

全褐牛肝菌 *Boletus umbrinus* Pers.，未知，四川、云南

褐孔牛肝菌 *Boletus umbriniporus* Hongo，未知，福建、贵州、台湾等

污褐牛肝菌 *Boletus variipes* Peck，未知，内蒙古、福建、海南等

蚀肉牛肝菌 *Boletus vermiculosus* Peck，未知，云南

紫牛肝菌 *Boletus violaceofuscus* W. F. Chiu，未知，云南

布氏牛肝菌属 *Buchwaldoboletus*

半黄布氏牛肝菌 *Buchwaldoboletus hemichrysus* (Berk. & M. A. Curtis) Pilát，未知，台湾、海南、云南等

黄肉牛肝菌属 *Butyriboletus*

绒盖黄肉牛肝菌 *Butyriboletus appendiculatus* (Schaeff.) D. Arora & J. L. Frank，未知，浙江、福建

桃红黄肉牛肝菌 *Butyriboletus regius* (Krombh.) D. Arora & J. L. Fran，未知，云南、广东

粉黄黄肉牛肝菌 *Butyriboletus roseoflavus* (M. Zang & H. B. Li) Arora & J. L. Frank，条件可食，云南、四川、广东等

美柄牛肝菌属 *Caloboletus*

美柄牛肝菌 *Caloboletus calopus* (Pers.) Vizzini，条件可食，四川、云南

坚实美柄牛肝菌 *Caloboletus firmus* (Frost) Vizzini，未知，福建、四川、云南等

紫盖美柄牛肝菌 *Caloboletus inedulis* (Murrill) Vizzini，未知，广西、贵州

毡盖美牛肝菌 *Caloboletus panniformis* (Taneyama & Har. Takah.) Vizzini，有毒，云南、四川、甘肃等

皮氏美柄牛肝菌 *Caloboletus peckii* (Frost) Vizzini，未知，云南

假根美柄牛肝菌 *Caloboletus radicans* (Pers.) Vizzini，未知，福建、台湾、云南等

蓝牛肝菌属 *Cyanoboletus*

中国多粉蓝牛肝菌 *Cyanoboletus sinopulverulentus* (Gelardi & Vizzini) Gelardi, Vizzini & Simonini，未知，福建、广东、云南

垫状粉蓝牛肝菌 *Cyanoboletus pulverulentus* (Opat.) Gelardi, Vizzini & Simonini，未知，云南、四川、贵州等

腹牛肝菌属 *Gastroboletus*

腹牛肝菌 *Gastroboletus boedijnii* Lohwag，未知，云南、四川、西藏

土居腹牛肝菌 *Gastroboletus doii* M. Zang，未知，台湾

陀螺状腹牛肝菌 *Gastroboletus turbinatus* (Snell) A. H. Sm. & Singer，未知，云南、四川

哈亚牛肝菌属 *Harrya*

红磷哈亚牛肝菌 *Harrya chromapes* (Frost) Halling, Nuhn, Osmundson & Manfr. Binder，未知，福建、四川、云南等

圆花孢牛肝菌属 *Heimioporus*

桦圆花孢牛肝菌 *Heimioporus betula* (Schwein.) E. Horak，未知，云南、四川

日本圆花孢牛肝菌 *Heimioporus japonicus* (Hongo) E. Horak，有毒，广东、广西、云南等

网孢圆花孢牛肝菌 *Heimioporus retisporus* (Pat. & C. F. Baker) E. Horak，有毒，江苏、云南、广东等

黑圆花孢牛肝菌 *Heimioporus nigricans* (M. Zang) E. Horak，未知，云南

枣红圆花孢牛肝菌 *Heimioporus xerampelinus* (M. Zang & W. K. Zheng) E. Horak，未知，云南

厚瓤牛肝菌属 *Hourangia*

厚瓤牛肝菌 *Hourangia cheoi* (W. F. Chiu) Xue T. Zhu & Zhu L. Yang，有毒，云南、四川

芝麻厚瓤牛肝菌 *Hourangia nigropunctata* (W. F. Chiu) Xue T. Zhu & Zhu L. Yang，未知，云南

兰茂牛肝菌属 *Lanmaoa*

窄孢兰茂牛肝菌 *Lanmaoa angustispora* G. Wu & Zhu L. Yang，未知，云南

亚洲兰茂牛肝菌 *Lanmaoa asiatica* G. Wu & Zhu L. Yang，条件可食，云南

小疣柄牛肝菌属 *Leccinellum*

粉白小疣柄牛肝菌属 *Leccinellum albellum* (Peck) Bresinsky & Manfr. Binder，未知，云南

黄皮小疣柄牛肝菌 *Leccinellum crocipodium* (Letell.) Della Maggiora & Trassinelli，未知，云南、江苏、四川等

灰小疣柄牛肝菌 *Leccinellum griseum* (Quél.) Bresinsky & Manfr. Binder，未知，云南、四川、西藏等

疣柄牛肝菌属 *Leccinum*

白疣柄牛肝菌 *Leccinum albellum* (Peck) Singer，未知，内蒙古、四川、云南等

易惑疣柄牛肝菌 *Leccinum ambiguum* A. H. Sm. & Thiers，未知，云南、四川

橙黄疣柄牛肝菌 *Leccinum aurantiacum* (Bull.) Gray，可食，云南、新疆、吉林等

婆罗洲疣柄牛肝菌 *Leccinum borneensis* (Corner) M. Zang，未知，海南

橄榄色疣柄牛肝菌 *Leccinum brunneo-olivaceum* Snell, E. A. Dick & Hesler，未知，湖北

黄皮疣柄牛肝菌 *Leccinum crocipodium* (Letell.) Watling，可食，福建、四川、云南等

污白疣柄牛肝菌 *Leccinum holopus* (Rostk.) Watling，未知，云南、西藏

变红疣柄牛肝菌 *Leccinum intusrubens* (Corner) Høil.，未知，贵州、海南、西藏等

波氏疣柄牛肝菌 *Leccinum potteri* A. H. Sm.，Thiers & Watling，未知，四川、云南

红点疣柄牛肝菌 *Leccinum rubropunctum* (Peck) Singer，可食，四川、云南

红疣柄牛肝菌 *Leccinum rubrum* M. Zang，未知，西藏、四川、云南等

糙盖疣柄牛肝菌 *Leccinum rugosiceps* (Peck) Singer，可食，云南、四川、西藏等

褐疣柄牛肝菌 *Leccinum scabrum* (Bull.) Gray，可食，全国

亚平盖疣柄牛肝菌 *Leccinum subglabripes* (Peck) Singer，可食，台湾、新疆、云南等

近白疣柄牛肝菌 *Leccinum subleucophaeum* E. A. Dick & Snell，未知，福建、四川

粒盖疣柄牛肝菌 *Leccinum subgranulosum* A. H. Sm. & Thiers，未知，云南

污白褐疣柄牛肝菌 *Leccinum subradicatum* Hongo，未知，陕西、湖北、甘肃

变色疣柄牛肝菌 *Leccinum variicolor* Watling，可食，西藏、云南

黑鳞疣柄牛肝菌 *Leccinum versipelle* (Fr. & Hök) Snell，未知，云南、四川、西藏等

新牛肝菌属 *Neoboletus*

茶褐新牛肝菌 *Neoboletus brunneissimus* (W. F. Chiu) Gelardi, Simonini & Vizzini，可食，西藏、四川、云南等

华丽新牛肝菌 *Neoboletus magnificus* (W. F. Chiu) Gelardi, Simonini & Vizzini，条件可食，云南

中华新牛肝菌 *Neoboletus sinensis* (T. H. Li & M. Zang) Gelardi, Simonini & Vizzini，条件可食，云南、广东、广西

西藏新牛肝菌 *Neoboletus thibetanus* (Shu R. Wang & Yu Li) Zhu L. Yang, B. Feng & G. Wu，未知，西藏、云南

有毒新牛肝菌 *Neoboletus venenatus* (Nagas.) G. Wu & Zhu L. Yang，有毒，云南、西藏、四川等

近绒盖牛肝菌属 *Parvixerocomus*

假青木近绒盖牛肝菌 *Parvixerocomus pseudoaokii* G. Wu, K. Zhao & Zhu L. Yang，未知，广东

褶孔牛肝菌属 *Phylloporus*

美丽褶孔牛肝菌 *Phylloporus bellus* (Massee) Corner，未知，广东、云南、广西等

褶孔牛肝菌 *Phylloporus rhodoxanthus* (Schwein.) Bres.，可食，云南、贵州、西藏等

红孢牛肝菌属 *Porphyrellus*

台湾红孢牛肝菌 *Porphyrellus formosanus* K. W. Yeh & Z. C. Chen，未知，台湾

烟褐红孢牛肝菌 *Porphyrellus holophaeus* (Corner) Y. C. Li & Zhu L. Yang，未知，云南

黑红孢牛肝菌 *Porphyrellus nigropurpureus* (Hongo) Y. C. Li & Zhu L. Yang，未知，云南

粉末牛肝菌属 *Pulveroboletus*

金粒粉末牛肝菌 *Pulveroboletus auriflammeus* (Berk. & M. A. Curtis) Singer，有毒，福建、广东、江西等

考氏粉末牛肝菌 *Pulveroboletus curtisii* (Berk.) Singer，有毒，湖南、云南

黄粉末牛肝菌 *Pulveroboletus ravenelii* (Berk. & M. A. Curtis) Murrill，有毒，云南、四川、广东等

网盖粉末牛肝菌 *Pulveroboletus reticulopileus* M. Zang & R. H. Petersen，有毒，云南

网牛肝菌属 *Retiboletus*

灰盖网牛肝菌 *Retiboletus griseus* (Frost) Manfr. Binder & Bresinsky，未知，广东、四川、西藏等

紫黑网牛肝菌 *Retiboletus nigerrimus* (R. Heim) Manfr. Binder & Bresinsky，未知，云南、西藏、海南等

网牛肝菌 *Retiboletus retipes* (Berk. & M. A. Curtis) Manfr. Binder & Bresinsky，未知，吉林、江苏、西藏等

罗氏牛肝菌属 *Rossbeevera*

双孢罗氏牛肝菌 *Rossbeevera bispora* (B. C. Zhang & Y. N. Yu) T. Lebel & Orihara，未知，广东

玉红牛肝菌属 *Rubinoboletus*

近圆孢玉红牛肝菌 *Rubinoboletus balloui* (Peck) Heinem. & Rammeloo，未知，台湾、广东、安徽等

红盖牛肝菌属 *Rubroboletus*

阔孢红盖牛肝菌 *Rubroboletus latisporus* Kuan Zhao & Zhu L. Yang，条件可食，云南、四川、江苏等

中华红盖牛肝菌 *Rubroboletus sinicus* (W. F. Chiu) Kuan Zhao & Zhu L. Yang，条件可食，云南、四川

魔红盖牛肝菌 *Rubroboletus satanas* (Lenz) Kuan Zhao & Zhu L. Yang，有毒，四川、云南

皱裂盖牛肝菌属 *Rugiboletus*

灰孔皱裂盖牛肝菌 *Rugiboletus brunneiporus* G. Wu & Zhu L. Yang，可食，西藏

远东皱裂盖牛肝菌 *Rugiboletus extremiorientalis* (Lj. N. Vassiljeva) G. Wu & Zhu L. Yang，可食，云南、广西、贵州等

华牛肝菌属 *Sinoboletus*

白色华牛肝菌 *Sinoboletus albidus* M. Zang & R. H. Petersen，未知，云南

重孔华牛肝菌 *Sinoboletus duplicatoporus* M. Zang，未知，云南

褐色华牛肝菌 *Sinoboletus fuscus* M. Zang & C. M. Chen，未知，台湾

白色华牛肝菌 *Sinoboletus gelatinosus* M. Zang & R. H. Petersen，未知，云南

贵州华牛肝菌 *Sinoboletus guizhouensis* M. Zang & X. L. Wu，未知，贵州

前川氏华牛肝菌*Sinoboletus maekawae* M. Zang & R. H. Petersen，未知，云南

大孔华牛肝菌 *Sinoboletus magniporus* M. Zang，未知，云南

巨孢华牛肝菌 *Sinoboletus magnisporus* M. Zang & C. M. Chen，未知，云南

梅朋华牛肝菌 *Sinoboletus meipengianus* M. Zang & D. Z. Zhang，未知，福建

叔群华牛肝菌 *Sinoboletus tengii* M. Zang & Yan Liu，未知，云南

蔚青华牛肝 *Sinoboletus wangii* M. Zang, Zhu L. Yang & Y. Zhang，未知，云南

松塔牛肝菌属 *Strobilomyces*

高山松塔牛肝菌 *Strobilomyces alpinus* M. Zang, Y. Xuan & K. K. Cheng，未知，云南

网盖松塔牛肝菌 *Strobilomyces areolatus* H. A. Wen & J. Z. Ying，未知，云南、贵州

黑鳞松塔牛肝菌 *Strobilomyces atrosquamosus* J. Z. Ying & H. A. Wen，未知，云南

混淆松塔牛肝菌 *Strobilomyces confusus* Singer，可食，广东、广西、云南等

大松塔牛肝菌 *Strobilomyces giganteus* M. Zang，未知，四川

裸皱松塔牛肝菌 *Strobilomyces glabellus* J. Z. Ying，未知，云南

光盖松塔牛肝菌 *Strobilomyces glabriceps* W. F. Chiu，可食，云南

阔裂松塔牛肝菌 *Strobilomyces latirimosus* J. Z. Ying，未知，广西

近刚毛松塔牛肝菌 *Strobilomyces parvirimosus* J. Z. Ying，未知，云南

锥鳞松塔牛肝菌 *Strobilomyces polypyramis* Hook. f.，未知，湖南、四川

三明松塔牛肝菌 *Strobilomyces sanmingensis* N. L. Huang，未知，福建

半裸松塔牛肝菌 *Strobilomyces seminudus* Hongo，未知，甘肃

松塔牛肝菌 *Strobilomyces strobilaceus* (Scop.) Berk.，可食，云南、四川、甘肃等

亚黑松塔牛肝菌 *Strobilomyces subnigricans* J. Z. Ying，未知，湖北

近裸松塔牛肝菌 *Strobilomyces subnudus* J. Z. Ying，未知，江苏

短绒松塔牛肝菌 *Strobilomyces velutinus* J. Z. Ying，未知，云南

铅紫牛肝菌属 *Sutorius*

铅紫牛肝菌 *Sutorius eximius* (Peck) Halling, M. Nuhn & Osmundson，有毒，浙江、福建、云南等

粉孢牛肝菌属 *Tylopilus*

白粉孢牛肝菌 *Tylopilus albofarinaceus* (W. F. Chiu) F. L. Tai，未知，云南、四川

黑盖粉孢牛肝菌 *Tylopilus alboater* (Schwein.) Murrill，可食，安徽、四川、广东等

蜜色粉孢牛肝菌 *Tylopilus areolatus* (Berk.) Henn.，未知，福建

苦粉孢牛肝菌 *Tylopilus felleus* (Bull.) P. Karst.，有毒，云南、广东、海南等

浅棕粉孢牛肝菌 *Tylopilus ferrugineus* (Frost) Singer，未知，河北、内蒙古

污柄粉孢牛肝菌 *Tylopilus fumosipes* (Peck) A. H. Sm. & Thiers，未知，云南

小孢粉孢牛肝菌 *Tylopilus microsporus* S. Z. Fu, Q. B. Wang & Y. J. Yao，未知，云南

新苦粉孢牛肝菌 *Tylopilus neofelleus* Hongo，有毒，福建、广东、云南等

类铅紫粉孢牛肝菌 *Tylopilus plumbeoviolaceoides* T. H. Li, B. Song & Y. H. Shen，未知，广东

铅紫粉孢牛肝菌 *Tylopilus plumbeoviolaceus* (Snell & E. A. Dick) Snell & E. A. Dick，未知，云南、四川、贵州等

斑褐粉孢牛肝菌 *Tylopilus punctatofumosus* (W. F. Chiu) F. L. Tai，未知，云南

绿盖粉孢牛肝菌 *Tylopilus virens* (W. F. Chiu) Hongo，未知，云南、四川、广西等

垂边红孢牛肝菌属 *Veloporphyrellus*

高山垂边红孢牛肝菌 *Veloporphyrellus alpinus* Yan C. Li & Zhu L. Yang，未知，云南

垂边红孢牛肝菌 *Veloporphyrellus velatus* (Rostr.) Yan C. Li & Zhu L. Yang，未知，云南

假垂边红孢牛肝菌 *Veloporphyrellus pseudovelatus* Yan C. Li & Zhu L. Yang，未知，云南

金孢牛肝菌属 *Xanthoconium*

栗金孢牛肝菌 *Xanthoconium affine* (Peck) Singer，未知，四川

紫金孢牛肝菌 *Xanthoconium purpureum* Snell & E. A. Dick，未知，云南

小绒盖牛肝菌属 *Xerocomellus*

红盖小绒盖牛肝菌 *Xerocomellus chrysenteron* (Bull.) Šutara，未知，河北、云南、四川等

绒盖牛肝菌属 *Xerocomus*

黑色绒盖牛肝菌 *Xerocomus anthracinus* M. Zang, M. R. Hu & W. P. Liu，未知，福建

似栖星绒盖牛肝菌 *Xerocomus astraeicolopsis* J. Z. Ying & M. Q. Wang，未知，安徽
竹生绒盖牛肝菌 *Xerocomus bambusicola* M. Zang，未知，云南
珙桐绒盖牛肝菌 *Xerocomus davidiicola* M. Zang，未知，云南
异囊绒盖牛肝菌 *Xerocomus heterocystides* J. Z. Ying，未知，四川
皱盖绒盖牛肝菌 *Xerocomus hortonii* (A. H. Sm. & Thiers) Manfr. Binder & Besl，未知，四川、云南
拟绒盖牛肝菌 *Xerocomus illudens* (Peck) Singer，可食，云南、四川、西藏等
巨孔绒盖牛肝菌 *Xerocomus magniporus* M. Zang & R. H. Petersen，未知，云南
奇囊体绒盖牛肝菌 *Xerocomus miricystidius* M. Zang，未知，云南
莫氏绒盖牛肝菌 *Xerocomus morrisii* (Peck) M. Zang，未知，吉林、台湾、海南、福建等
细绒盖牛肝菌 *Xerocomus parvulus* Hongo，未知，广东、广西、云南等
小绒盖牛肝菌 *Xerocomus parvus* J. Z. Ying，未知，四川
喜杉绒盖牛肝菌 *Xerocomus piceicola* M. Zang & M. S. Yuan，未知，甘肃
孔褶绒盖牛肝菌 *Xerocomus porophyllus* T. H. Li, W. J. Yan & Ming Zhang，未知，广东
斑孔绒盖牛肝菌 *Xerocomus puniceiporus* T. H. Li, Ming Zhang & T. Bau，可食，广东
叔群绒盖牛肝菌 *Xerocomus tengi*i M. Zang, J. T. Lin & N. L. Huang，未知，福建

臧氏牛肝菌属 *Zangia*

橙黄臧氏牛肝菌 *Zangia citrina* Y. C. Li & Zhu L. Yang，未知，福建
血红臧氏牛肝菌 *Zangia erythrocephala* Y. C. Li & Zhu L. Yang，未知，云南
橄榄臧氏牛肝菌 *Zangia olivacea* Y. C. Li & Zhu L. Yang，未知，云南
橄榄褐臧氏牛肝菌 *Zangia olivaceobrunnea* Y. C. Li & Zhu L. Yang，未知，云南
臧氏牛肝菌 *Zangia roseola* (W.F. Chiu) Y. C. Li & Zhu L.Yang，未知，云南

小牛肝菌科 Boletinellaceae

小小牛肝菌属 *Boletinellus*

类褶孔小小牛肝菌 *Boletinellus merulioides* (Schwein.) Murrill，未知，吉林、新疆

网柄牛肝菌属 *Phlebopus*

暗褐网柄牛肝菌 *Phlebopus portentosus* (Berk. & Broome) Boedijn，可食，云南、广东、海南等

美口菌科 Calostomataceae

美口菌属 *Calostoma*

红皮美口菌 *Calostoma cinnabarinum* Desv，未知，湖南、广西、四川等

广西美口菌 *Calostoma guangxiensis* Li Fan & B. Liu，未知，广西

贵州美口菌 *Calostoma guizhouense* B. Liu & S. Z. Jiang，未知，贵州

海南美口菌 *Calostoma hunanense* B. Liu & Y. B. Peng，未知，湖南

姜氏美口菌 *Calostoma jiangii* B. Liu & Yin H. Liu，未知，贵州

猫儿山美口菌 *Calostoma maoershanense* X. L Wu & Chun Y. Deng，未知，贵州

小美口菌 *Calostoma miniata* M. Zang，未知，四川

彭氏美口菌 *Calostoma pengii* B. Liu & Yin H. Liu，未知，湖南

变孢美口菌 *Calostoma variispora* B. Liu, Z. Y. Li & Du，未知，云南

云南美口菌 *Calostoma yunnanense* L. J. Li & B. Liu，未知，云南

复囊菌科 Diplocystidiaceae

硬皮地星属 *Astraeus*

硬皮地星 *Astraeus hygrometricus* (Pers.) Morgan，未知，全国

朝鲜硬皮地星 *Astraeus koreanus* (V. J. Staněk) Kreisel，未知，山东

腹孢菌科 Gastrosporiaceae

腹孢菌属 *Gastrosporium*

腹孢菌 *Gastrosporium simplex* Mattir.，未知，山西

圆孔牛肝菌科 Gyroporaceae

圆孔牛肝菌属 *Gyroporus*

暗紫圆孔牛肝菌 *Gyroporus atroviolaceus* (Höhn.) E.-J. Gilbert，可食，云南

褐鳞盖圆孔牛肝菌 *Gyroporus brunneofloccosus* T. H. Li, W. Q. Deng & B. Song，可食，广东

栗色圆孔牛肝菌 *Gyroporus castaneus* (Bull.) Quél.，有毒，浙江、云南、广东等

变蓝圆孔牛肝菌 *Gyroporus cyanescens* (Bull.) Quél.，可食，云南、西藏、四川等
长囊体圆孔牛肝菌 *Gyroporus longicystidiatus* Nagas. & Hongo，未知，湖南、台湾、云南等
马来西亚圆孔牛肝菌 *Gyroporus malesicus* Corner，未知，海南、台湾
微孢圆孔牛肝菌 *Gyroporus pseudomicrosporus* M. Zang，可食，云南
紫褐圆孔牛肝菌 *Gyroporus purpurinus* (Snell) Singer，可食，云南、海南
白盖圆孔牛肝菌 *Gyroporus subalbellus* Murrill，未知，福建
疣孢圆孔牛肝菌 *Gyroporus tuberculatosporus* M. Zang，未知，云南

拟蜡伞科 Hygrophoropsidaceae

拟蜡伞属 *Hygrophoropsis*

金黄拟蜡伞 *Hygrophoropsis aurantiaca* (Wulfen) Maire，未知，陕西、四川、云南等

白缘皱孔菌属 *Leucogyrophana*

拟软白缘皱孔菌 *Leucogyrophana pseudomollusca* (Parmasto) Parmasto，未知，云南

桩菇科 Paxillaceae

圆孢牛肝菌属 *Gyrodon*

铅色圆孢牛肝菌 *Gyrodon lividus* (Bull.) Sacc.，未知，云南、西藏
钉头圆孢牛肝菌 *Gyrodon minutus* (W. F. Chiu) F. L. Tai，未知，云南

桩菇属 *Paxillus*

卷边桩菇 *Paxillus involutus* (Batsch) Fr.，有毒，河南、云南、四川等
东方桩菇 *Paxillus orientalis* Gelardi, Vizzini, E. Horak & G. Wu，有毒，云南、西藏、四川
皱褶桩菇 *Paxillus rhytidophyllus* M. Zang，未知，云南
绒毛桩菇 *Paxillus rubicundulus* P. D. Orton，未知，西藏
滇桩菇 *Paxillus yunnanensis* M. Zang，未知，云南

须腹菌科 Rhizopogonaceae

须腹菌属 *Rhizopogon*

浅黄根须腹菌 *Rhizopogon luteolus* Fr.，可食，福建、云南

变黑须腹菌 *Rhizopogon nigrescens* Coker & Couch，可食，云南

黑根须腹菌 *Rhizopogon piceus* Berk. & M. A. Curtis，可食，福建、山西

里氏须腹菌 *Rhizopogon reae* A. H. Sm.，可食，广东、云南

玫红根须腹菌 *Rhizopogon roseolus* (Corda) Th. Fr.，可食，云南、福建

褐黄须腹菌 *Rhizopogon superiorensis* A. H. Sm.，可食，云南、四川

硬皮马勃科 Sclerodermataceae

硬皮马勃属 *Scleroderma*

马勃状硬皮马勃 *Scleroderma areolatum* Ehrenb.，有毒，福建、广西、云南等

金黄硬皮马勃 *Scleroderma aurantium* (L.) Pers.，未知，江苏、台湾、广东

大硬皮马勃 *Scleroderma bovista* Fr.，未知，全国

光硬皮马勃 *Scleroderma cepa* Pers.，有毒，湖北、贵州、云南等

橙黄硬皮马勃 *Scleroderma citrinum* Pers.，有毒，福建、广东、云南等

黄硬皮马勃 *Scleroderma flavidum* Ellis & Everh.，有毒，广西、福建、云南等

奇异硬皮马勃 *Scleroderma paradoxum* G. W. Beaton，未知，广东

多根硬皮马勃 *Scleroderma polyrhizum* (J. F. Gmel.) Pers.，未知，浙江、广东、云南等

疣硬皮马勃 *Scleroderma verrucosum* (Bull.) Pers.，未知，湖北、四川、云南等

云南硬皮马勃 *Scleroderma yunnanense* Y. Wang，可食，云南

豆包马勃属 *Pisolithus*

小豆包马勃 *Pisolithus microcarpus* (Cooke & Massee) G. Cunn.，药用，广东、云南

豆包马勃 *Pisolithus tinctorius* (Pers.) Coker & Couch，药用，全国

干朽菌科 Serpulaceae

干朽菌属 *Serpula*

类悬垂干朽菌 *Serpula himantioides* (Fr.) P. Karst.，未知，吉林

干朽菌 *Serpula lacrymans* (Wulfen) J. Schröt.，未知，吉林

小干朽菌 *Serpula similis* (Berk. & Broome) Ginns，未知，吉林

乳牛肝菌科 Suillaceae

小牛肝菌属 *Boletinus*

亚洲小牛肝菌 *Boletinus asiaticus* Singer，未知，吉林、四川、云南等

短小小牛肝菌 *Boletinellus exiguus* (Singer & Digilio) Watling,，未知，台湾

木生小牛肝菌 *Boletinus lignicola* M. Zang，未知，西藏

松林小牛肝菌 *Boletinus punctatipes* Snell & E. A. Dick，未知，吉林、湖南、云南等

褐孔小牛肝菌属 *Fuscoboletinus*

黏柄褐孔小牛肝菌 *Fuscoboletinus glandulosus* (Peck) Pomerl. & A. H. Sm.，未知，吉林、新疆、云南等

灰色褐孔小牛肝菌 *Fuscoboletinus grisellus* (Peck) Pomerl. &A. H. Sm.，未知，四川、西藏、云南

美观褐孔小牛肝菌 *Fuscoboletinus spectabilis* (Peck) Pomerl. & A. H. Sm.未知，吉林、黑龙江、内蒙古等

乳牛肝菌属 *Suillus*

酸味乳牛肝菌 *Suillus acidus* (Peck) Singer，可食，四川、广西、云南等

白柄乳牛肝菌 *Suillus albidipes* (Peck) Singer，可食，云南、四川、广西等

可爱乳牛肝菌 *Suillus amabilis* (Peck) Singer，未知，内蒙古、云南、四川等

美洲乳牛肝菌 *Suillus americanus* (Peck) Snell，有毒，西藏、云南

乳牛肝菌 *Suillus bovinus* (L.) Roussel，可食，云南、四川、福建等

短柄乳牛肝菌 *Suillus brevipes* (Peck) Kuntze，可食，四川、西藏、云南等

空柄乳牛肝菌 *Suillus cavipes* (Opat.) A. H. Sm. & Thiers，未知，黑龙江、四川、云南等

类空柄乳牛肝菌 *Suillus cavipoides* (Z. S. Bi & G. Y. Zheng) Q. B. Wang & Y. J. Yao，未知，云南、四川

褐乳牛肝菌 *Suillus collinitus* (Fr.) Kuntze，可食，四川、云南

易惑乳牛肝菌 *Suillus decipiens* (Peck) Kuntze，未知，云南

黄乳牛肝菌 *Suillus flavidus* (Fr.) J. Presl，可食，黑龙江、云南、西藏

腺柄乳牛肝菌 *Suillus glandulosipes* Thiers & A. H. Sm.，未知，广东、辽宁、西藏等

胶质乳牛肝菌 *Suillus gloeous* Z. S. Bi & T. H. Li，未知，广东

点柄乳牛肝菌 *Suillus granulatus* (L.) Roussel，有毒，全国

厚环乳牛肝菌 *Suillus grevillei* (Klotzsch) Singer，可食，云南、福建、浙江等

昆明乳牛肝菌 *Suillus kunmingensis* (W. F. Chiu) Q. B. Wang & Y. J. Yao，未知，云南

乳黄乳牛肝菌 *Suillus lactifluus* (With.) A. H. Sm. & Thiers，有毒，广东、云南、浙江等

褐环乳牛肝菌 *Suillus luteus* (L.) Roussel，有毒，全国

赭色乳牛肝菌 *Suillus ochraceoroseus* (Snell) Singer，未知，吉林、云南、内蒙古等

虎皮乳牛肝菌 *Suillus pictus* (Peck) Kuntze，有毒，云南、西藏、吉林等

松林乳牛肝菌 *Suillus pinetorum* (W. F. Chiu) H. Engel & Klofac，有毒，全国

琥珀乳牛肝菌 *Suillus placidus* (Bonord.) Singer，有毒，全国

暗黄乳牛肝菌 *Suillus plorans* (Rolland) Kuntze，未知，宁夏、甘肃

迟生乳牛肝菌 *Suillus serotinus* (Frost) Kretzer & T. D. Bruns, in Kretzer, Li, Szaro & Bruns，未知，四川、云南

红鳞乳牛肝菌 *Suillus spraguei* (Berk. & M. A. Curtis) Kuntze，未知，山西、吉林、内蒙古等

亚金黄乳牛肝菌 *Suillus subaureus* (Peck) Snell，可食，辽宁、吉林、云南等

亚褐环乳牛肝菌 *Suillus subluteus* (Peck) Snell，未知，云南、河北、辽宁等

亚网柄乳牛肝菌 *Suillus subreticulatus* Z. S. Bi，未知，广东

绒乳牛肝菌 *Suillus tomentosus* (Kauffman) Singer，可食，广东、广西、海南

斑乳牛肝菌 *Suillus variegatus* (Sw.) Richon & Roze，未知，陕西、甘肃、湖北等

灰环乳牛肝菌 *Suillus viscidus* (L.) Roussel，未知，四川、甘肃、云南等

鸡油菌目 Cantharellales

滑瑚菌科 Aphelariaceae

滑瑚菌属 *Aphelaria*

树状滑瑚菌 *Aphelaria dendroides* (Jungh.) Corner，未知，陕西、河北

乳白滑瑚菌 *Aphelaria lacerata* R. H. Petersen & M. Zang，未知，云南、西藏

串担革菌科 Botryobasidiaceae

串担革菌属 *Botryobasidium*

波氏串担革菌 *Botryobasidium bondarcevii* (Parmasto) G. Langer，未知，吉林

交织串担革菌 *Botryobasidium intertextum* (Schwein.) Jülich & Stalpers，未知，吉林

钝孢串担革菌 *Botryobasidium obtusisporum* J. Erikss.，未知，河南

鸡油菌科 Cantharellaceae

鸡油菌属 *Cantharellus*

鸡油菌*Cantharellus cibarius* Fr.，可食，云南、四川、西藏等

灰褐鸡油菌*Cantharellus cinereus* (Pers.) Fr.，可食，广西、云南

红鸡油菌*Cantharellus cinnabarinus* (Schwein.) Schwein.，可食，云南

金黄色鸡油菌*Cantharellus formosus* Corner，可食，云南

伤锈鸡油菌*Cantharellus ferruginascens* P. D. Orton，可食，四川、云南

薄黄鸡油菌*Cantharellus lateritius* (Berk.) Singer，可食，福建、湖南、西藏等

小鸡油菌*Cantharellus minor* Peck，可食，广西、湖北、云南等

苍白鸡油菌*Cantharellus pallidus* Yasuda，可食，浙江、湖南

近白鸡油菌*Cantharellus subalbidus* A. H. Sm. & Morse，可食，安徽、云南、广东等

具鞘鸡油菌*Cantharellus vaginatus* S. C. Shao, X. F. Tian & P. G. Liu，可食，云南

黄柄鸡油菌*Cantharellus xanthopus* (Pers.) Duby，可食，云南、四川、西藏等

云南鸡油菌 *Cantharellus yunnanensis* W. F. Chiu，可食，云南、贵州

臧氏鸡油菌 *Cantharellus zangii* X. F. Tian, P. G. Liu & Buyck，可食，云南

喇叭菌属*Craterellus*

金黄喇叭菌*Craterellus aureus* Berk. & M. A. Curtis，可食，福建、广东、云南等

灰黑喇叭菌*Craterellus cornucopioides* (L.) Pers.，可食，全国

薄喇叭菌*Craterellus lutescens* (Fr.) Fr.，可食，云南、广西

芳香喇叭菌*Craterellus odoratus* (Schwein.) Fr.，可食，云南、西藏

管形喇叭菌 *Craterellus tubaeformis* (Fr.) Quél.，可食，云南、西藏

假喇叭菌属*Pseudocraterellus*

波假喇叭菌*Pseudocraterellus undulatus* (Pers.) Rauschert，未知，吉林

锁瑚菌科 Clavulinaceae

锁瑚菌科属 *Clavulina*

灰色锁瑚菌*Clavulina cinerea* (Bull.) J. Schröt.，可食，山东、吉林、云南等

冠锁瑚菌*Clavulina coralloides* (L.) J. Schröt.，未知，吉林、云南、西藏等

皱锁瑚菌 *Clavulina rugosa* (Bull.) J. Schröt.，可食，内蒙古、湖南、西藏等

拟锁瑚菌属*Clavulinopsis*

怡人拟锁瑚菌*Clavulinopsis amoena* (Zoll. & Moritzi) Corner，未知，吉林、浙江、广西等

棒瑚菌属 *Multiclavula*

中华棒瑚菌 *Multiclavula sinensis* R. H. Petersen & M. Zang，未知，云南

多形棒瑚菌 *Multiclavula vernalis* (Schwein.) R. H. Petersen，未知，福建、广西、云南等

齿菌科 Hydnaceae

齿菌属 *Hydnum*

美味齿菌 *Hydnum repandum* L.，未知，全国

变红齿菌 *Hydnum rufescens* Pers.，未知，四川、云南、云南等

胶膜菌科 Tulasnellaceae

胶膜菌属 *Tulasnella*

美孢胶膜菌 *Tulasnella allantospora* Wakef. & A. Pearson，未知，云南、四川、西藏等

伏革菌目 Corticiales

伏革菌科 Corticiaceae

伏革菌属*Corticium*

白油囊伏革菌 *Corticium abeuns* Burt，未知，陕西

玫肉伏革菌 *Corticium roseocarneum* (Schwein.) Hjortstam，未知，陕西

环脉革菌属 *Cytidia*

朱红环脉革菌 *Cytidia rutilans* Pers. ex Quél.，未知，甘肃

毛环暗射脉菌属 *Phaeophlebia*

毛环暗射脉菌 *Phaeophlebia strigosozonata* (Schwein.) W. B. Cooke，未知，台湾

地星目 Geastrales

地星科 Geastraceae

地星属 *Geastrum*

伯克利地星 *Geastrum berkeleyi* Massee，药用，内蒙古、甘肃

毛嘴地星 *Geastrum fimbriatum* Fr.，药用，河北、甘肃、云南等

褐红绒地星 *Geastrum javanicum* Lév.，药用，福建、云南、河北等

黑地星 *Geastrum melanocephalum* (Czern.) V. J. Staněk，药用，新疆

木生地星 *Geastrum mirabile* Mont.，药用，广东、福建、云南等

摩根地星 *Geastrum morganii* Lloyd，药用，云南

四瓣地星 *Geastrum quadrifidum* DC. ex Pers.，药用，青海、宁夏

粉红地星 *Geastrum rufescens* Pers.，药用，甘肃、江苏、云南等

袋形地星 *Geastrum saccatum* Fr.，药用，河北、海南、云南等

矮小地星 *Geastrum schmidelii* Vittad.，药用，黑龙江、新疆、云南等

尖嘴地星 *Geastrum triplex* Jungh.，药用，吉林、新疆、云南等

绒皮地星 *Geastrum velutinum* Morgan，药用，安徽、湖南、云南等

多口地星属 *Myriostoma*

多口地星 *Myriostoma coliforme* (Dicks.) Corda，未知，四川

毛星盾壳属 *Trichasterina*

山指甲毛星盾壳 *Trichasterina desmotis* B. Song, T. H. Li & A. L. Zhang，未知，广东

哥纳香生毛星盾壳 *Trichasterina goniothalamicola* B. Song，未知，云南

银叶树毛星盾壳 *Trichasterina heritierae* Sawada & W. Yamam，未知，台湾

褐褶菌目 Gloeophyllales

褐褶菌科 Gloeophyllaceae

北方韧革菌属 *Boreostereum*

放射状北方韧革菌 *Boreostereum radiatum* (Peck) Parmasto，未知，河北、云南

硫磺北方韧革菌 *Boreostereum sulphuratum* (Berk. & Ravenel) G. Y. Zheng & Z. S. Bi，未知，广东

褐褶菌属 *Gloeophyllum*

冷杉褐褶菌*Gloeophyllum abietinum* (Bull.) P. Karst.，未知，北京、四川、云南等

炭生褐褶菌*Gloeophyllum carbonarium* (Berk. & M. A. Curtis) Ryvarden，未知，西藏

耸毛褐褶菌*Gloeophyllum imponens* (Ces.) Teng，未知，西藏

桧柏褐褶菌*Gloeophyllum juniperinum* (Teng & L. Ling) Teng，未知，北京、山东

香褐褶菌 *Gloeophyllum odoratum* (Wulfen) Imazeki，未知，吉林、黑龙江

喜干褐褶菌*Gloeophyllum protractum* (Fr.) Imazeki，未知，黑龙江

深褐褶菌*Gloeophyllum sepiarium* (Wulfen) P. Karst.，未知，云南、福建、西藏等

条纹褐褶菌*Gloeophyllum striatum* (Swartz) Murrill，未知，江苏、云南、西藏等

亚锈褐褶菌*Gloeophyllum subferrugineum* (Berk.) Bondartsev & Singer，未知，河北、四川、西藏等

密褐褶菌 *Gloeophyllum trabeum* (Pers.) Murrill，未知，北京、山西

绒柄革菌属 *Veluticeps*

冷杉绒柄革菌 *Veluticeps abietina* (Pers.) Hjortstam & Tellería，未知，河北、甘肃、云南等

钉菇目 Gomphales

棒瑚菌科 Clavariadelphaceae

棒瑚菌属 *Clavariadelphus*

小棒瑚菌 *Clavariadelphus ligula* (Schaeff.) Donk，未知，云南、广东

棒瑚菌 *Clavariadelphus pistillaris* (L.) Donk，有毒，云南、广东、河北等

肉色平截棒瑚菌 *Clavariadelphus pallidoincarnatus* Methven，未知，四川、云南、甘肃等

平截棒瑚菌 *Clavariadelphus truncatus* Donk，未知，云南、甘肃、西藏等

铆钉菇科 Gomphidiaceae

色钉菇属*Chroogomphus*

易混色钉菇*Chroogomphus confusus* Y. C. Li & Zhu L. Yang，未知，云南
丝状色钉菇*Chroogomphus filiformis* Y. C. Li & Zhu L. Yang，未知，云南
东方色钉菇*Chroogomphus orientirutilus* Y. C. Li & Zhu L. Yang，未知，云南
假绒盖色钉菇*Chroogomphus pseudotomentosus* O. K. Mill. & Aime，未知，云南
紫色钉菇*Chroogomphus purpurascens* (Lj. N. Vassiljeva) M. M. Nazarova，未知，云南、山东
淡粉色钉菇*Chroogomphus roseolus* Y. C. Li & Zhu L. Yang，未知，云南
色钉菇*Chroogomphus rutilus* (Schaeff.) O. K. Mill.，食药用，云南、四川

高腹菌属 *Gautieria*

承德高腹菌 *Gautieria chengdensis* J. Z. Ying，未知，河北
湖北高腹菌 *Gautieria hubeiensis* K. Tao, Ming C. Chang & Liu，未知，湖北
神农架高腹菌 *Gautieria shennongjiaensis* K. Tao, Ming C. Chang & Liu，未知，湖南
中华高腹菌 *Gautieria sinensis* J. Z. Ying，未知，贵州

胶鸡油菌属 *Gloeocantharellus*

桃红胶鸡油菌 *Gloeocantharellus persicinus* T. H. Li, Chun Y. Deng & L. M. Wu，未知，广东

铆钉菇属*Gomphidius*

黏铆钉菇*Gomphidius glutinosus* (Schaeff.) Fr.，可食，西藏、广东、山西等
斑点铆钉菇*Gomphidius maculatus* (Scop.) Fr.，可食，黑龙江、云南、西藏等
红柳铆钉菇*Gomphidius roseus* (Fr.) Fr.，可食，吉林、云南、广东等
亚红铆钉菇*Gomphidius subroseus* Kauffman，可食，甘肃、西藏

陀螺菌属 *Gomphus*

喇叭陀螺菌 *Gomphus clavatus* (Pers.) Gray，未知，甘肃、云南、贵州等
陀螺菌 *Gomphus floccosus* (Schwein.) Singer，有毒，全国
浅褐陀螺菌 *Gomphus fujisanensis* (S. Imai) Parmasto，有毒，全国
东方陀螺菌 *Gomphus orientalis* R.H. Petersen & M. Zang，有毒，云南、贵州、青海

枝瑚菌属 *Ramaria*

变绿枝瑚菌 *Ramaria abietina* (Pers.) Quél.，可食，吉林、云南、甘肃等
尖顶枝瑚菌 *Ramaria apiculata* (Fr.) Donk，可食，吉林、云南、广东等
亚洲枝瑚菌 *Ramaria asiatica* (R. H. Petersen & M. Zang) R. H. Petersen，未知，云南
金黄枝瑚菌 *Ramaria aurea* (Schaeff.) Quél.，食药用，云南、台湾、吉林等
变锈色枝瑚菌 *Ramaria bataillei* (Maire) Corner，未知，陕西
葡萄色顶枝瑚菌 *Ramaria botrytis* (Pers.) Ricken，食药用，云南、四川、台湾等
红顶枝瑚菌 *Ramaria botrytoides* (Peck) Corner，食药用，云南、四川、西藏等
小孢密枝瑚菌 *Ramaria bourdotiana* Maire，未知，云南
棕顶丛枝瑚菌*Ramaria brunneipes* R. H. Petersen & M. Zang，未知，云南
粗茎枝瑚菌 *Ramaria campestris* (K. Yokoy. & Sagara) R. H. Petersen，未知，四川、西藏、云南等
蓝尖顶枝瑚菌*Ramaria cyanocephala* (Berk. & M.A. Curtis) Corner，未知，浙江，福建
离生丛枝瑚菌 *Ramaria distinctissima* R. H. Petersen & M. Zang，未知，云南
枯皮丛枝瑚菌*Ramaria ephemeroderma* R. H. Petersen & M. Zang，未知，云南
洱源枝瑚菌 *Ramaria eryuanensis* R. H. Petersen & M. Zang，未知，云南
小孢白枝瑚菌 *Ramaria flaccida* (Fr.) Bourdot，有毒，广东、浙江、黑龙江等
疣孢黄枝瑚菌 *Ramaria flava* (Schaeff.) Quél.，有毒，山西、云南、贵州等
浅黄枝瑚菌 *Ramaria flavescens* (Schaeff.) R. H. Petersen，未知，云南、四川
棕黄枝瑚菌 *Ramaria flavobrunnescens* (G. F. Atk.) Corner，可食，云南、福建、甘肃等
白变枝瑚菌 *Ramaria fragillima* (Sacc. & P. Syd.) Corner，未知，云南、四川、广东等
粉红枝瑚菌 *Ramaria formosa* (Pers.) Quél.，有毒，云南
暗灰枝瑚菌 *Ramaria fumigata* (Peck) Corner，未知，安徽、四川、云南等
黄胶质枝瑚菌 *Ramaria gelatinosa* var. *oregonensis* Marr & D. E. Stuntz，未知，宁夏
红顶枝瑚菌 *Ramaria gracilis* (Pers.) Quél.，未知，四川、甘肃、云南等
淡红枝瑚菌 *Ramaria hemirubella* R. H. Petersen & M. Zang，未知，云南
脐孢枝瑚菌*Ramaria hilaris* R. H. Petersen & M. Zang，未知，云南

淡红顶枝瑚菌*Ramaria holorubella* (G. F. Atk.) Corner，未知，山西、云南、四川等
印滇枝瑚菌 *Ramaria indoyunnaniana* R. H. Petersen & M. Zang，可食，云南
光孢枝瑚菌*Ramaria laeviformosoides* R. H. Petersen & M. Zang，未知，云南
橘色枝瑚菌*Ramaria leptoformosa* Marr & D. E. Stuntz，未知，云南、四川、西藏等
拟细枝瑚菌 *Ramaria linearioides* R. H. Petersen & M. Zang，未知，云南
细枝瑚菌*Ramaria linearis* R. H. Petersen & M. Zang，未知，云南
淡黄枝瑚菌 *Ramaria lutea* Schild，未知，云南、四川
黄绿枝瑚菌 *Ramaria luteoaeruginea* P. Zhang & Zhu L. Yang，未知，青海
褐锈枝瑚菌 *Ramaria madagascariensis* (Henn.) Corner，可食，吉林、云南、西藏等
紫丁香枝瑚菌 *Ramaria mairei* Donk，可食，云南、安徽、青海等
短孢枝瑚菌*Ramaria nanispora* R. H. Petersen & M. Zang，未知，云南
新美枝瑚菌 *Ramaria neoformosa* R. H. Petersen，未知，云南
米黄枝瑚菌 *Ramaria obtusissima* (Peck) Corner，可食，湖南、贵州、四川等
淡紫枝瑚菌 *Ramaria pallidolilacina* P. Zhang & Z. W. Ge，未知，青海
红枝瑚菌 *Ramaria rufescens* (Schaeff.) Corner，未知，云南、四川、西藏等
朱细枝瑚菌*Ramaria rubriattenuipes* R. H. Petersen & M. Zang，未知，云南
变血红枝瑚菌 *Ramaria sanguinea* (Pers.) Quél.，未知，云南
红柄枝瑚菌*Ramaria sanguinipes* R. H. Petersen & M. Zang，可食，云南
偏白枝瑚菌 *Ramaria secunda* (Berk.) Corner，可食，安徽、新疆、云南等
华联枝瑚菌*Ramaria sinoconjunctipes* R. H. Petersen & M. Zang，未知，云南
密枝瑚菌 *Ramaria stricta* (Pers.) Quél.，可食，西藏、云南、广东等
金色枝瑚菌 *Ramaria subaurantiaca* Corner，可食，西藏
亚红顶枝瑚菌 *Ramaria subbotrytis* (Coker) Corner，可食，湖南、江西
白枝瑚菌 *Ramaria suecica* (Fr.) Donk，未知，黑龙江、浙江、甘肃等
刺孢枝瑚菌 *Ramaria zippelii* (Lév.) Corner，未知，安徽、广东、云南等

齿螺菌属 *Turbinellus*

喇叭齿螺菌 *Turbinellus floccosus* (Schwein.) Earle ex Giachini & Castellano，未知，云南、广西、山东

浅褐齿螺菌 *Turbinellus fujisanensis* (S. Imai) Giachini，未知，云南

木须菌科 Lentariaceae

齿星菌属 *Hydnocristella*

宽丝齿星菌 *Hydnocristella latihypha* Jia J. Chen, L. L. Shen & B. K. Cui，未知，四川

木须菌属 *Lentaria*

微黄木须菌 *Lentaria byssiseda* Corner，未知，吉林、云南

锈革孔菌目 Hymenochaetales

锈革孔菌科 Hymenochaetaceae

星毛齿革菌属*Asterodon*

红锈色星毛齿革菌*Asterodon ferruginosus* Pat.，未知，吉林、四川

黄肉孔菌属*Aurificaria*

印度黄肉孔菌*Aurificaria indica* (Massee) D. A. Reid，未知，广西、海南、云南等

集毛孔菌属*Coltricia*

喜杉集毛孔菌*Coltricia abieticola* Y. C. Dai，未知，云南

肉桂集毛孔菌*Coltricia cinnamomea* (Jacq.) Murrill，未知，陕西、云南、山东等

粗柄集毛孔菌*Coltricia crassa* Y. C. Dai，未知，云南

杜波特集毛孔菌*Coltricia duportii* (Pat.) Ryvarden，未知，云南

火烧集毛孔菌*Coltricia focicola* (Berk. & M. A. Curtis) Murrill，未知，云南、广东

大孢集毛孔菌*Coltricia macropora* Y. C. Dai，未知，广东

大集毛孔菌*Coltricia montagnei* (Fr.) Murrill，未知，云南、福建、吉林等

微集毛孔菌*Coltricia minor* Y. C. Dai，未知，海南

多年集毛孔菌*Coltricia perennis* (L.) Murrill，未知，西藏、贵州、云南等

刺集毛孔菌*Coltricia spina* Y. C. Dai，未知，湖南

喜红集毛孔菌 *Coltricia pyrophila* (Wakef.) Ryvarden，未知，湖南、湖北
近多年生集毛孔菌*Coltricia subperennis* (Z. S. Bi & G. Y. Zheng) G. Y. Zheng & Z. S. Bi，未知，广东
铁色集毛孔菌*Coltricia sideroides* (Lév.) Teng，未知，云南、广西、海南等
铁杉集毛孔菌*Coltricia tsugicola* Y. C. Dai & B. K. Cui，未知，福建
魏氏集毛孔菌*Coltricia weii* Y. C. Dai，未知，湖南

小集毛孔菌属*Coltriciella*

保山小集毛孔菌*Coltriciella baoshanensis* Y. C. Dai & B. K. Cui，未知，云南
悬垂小集毛孔菌*Coltriciella dependens* (Berk. & M. A. Curtis) Murrill，未知，海南
球形小集毛孔菌*Coltriciella globosa* L. S. Bian & Y. C. Dai，未知，广东
舟孢小集毛孔菌*Coltriciella naviculiformis* Y. C. Dai & Niemelä，未知，黑龙江、贵州
悦目小集毛孔菌*Coltriciella oblectabilis* (Lloyd) Kotl., Pouzar & Ryvarden，未知，广西、云南
假悬垂小集毛孔菌*Coltriciella pseudodependens* L. S. Bian & Y. C. Dai，未知，云南
亚球孢小集毛孔菌*Coltriciella subglobosa* Y. C. Dai，未知，海南
浅色小集毛孔菌*Coltriciella subpicta* (Lloyd) Corner，未知，贵州
塔斯马尼亚小集毛孔菌*Coltriciella tasmanica* (Cleland & Rodway) D. A. Reid，未知，海南

环褶孔菌属*Cyclomyces*

同心环褶孔菌*Cyclomyces fuscus* Fr.，未知，陕西、贵州、湖南
纵褶环褶孔菌*Cyclomyces lamellatus* Y. C. Dai & Niemelä，未知，安徽、云南
针孔环褶孔菌*Cyclomyces setiporus* (Berk.) Pat.，未知，广东、海南
浅褐环褶孔菌*Cyclomyces tabacinus* (Mont.) Pat.，未知，云南、广西、湖南等
干环褶孔菌*Cyclomyces xeranticus* (Berk.) Y. C. Dai & Niemelä，未知，云南、陕西、山东等

嗜蓝孢孔菌属*Fomitiporia*

版纳嗜蓝孢孔菌*Fomitiporia bannaensis* Y. C. Dai，未知，云南
直立嗜蓝孢孔菌*Fomitiporia erecta* (A. David, Dequatre & Fiasson) Fiasson，未知，江苏、吉林
沙棘嗜蓝孢孔菌*Fomitiporia hippophaëicola* (H. Jahn) Fiasson & Niemelä，未知，甘肃、新疆、云南等

五列木嗜蓝孢孔菌*Fomitiporia pentaphylacis* L. W. Zhou，未知，广西

假斑嗜蓝孢孔菌*Fomitiporia pseudopunctata* (A. David, Dequatre & Fiasson) Fiasson，未知，广东

斑嗜蓝孢孔菌*Fomitiporia punctata* (P. Karst.) Murrill，未知，吉林、北京

石榴嗜蓝孢孔菌*Fomitiporia punicata* Y. C. Dai, B. K. Cui & Decock，未知，陕西、北京

小嗜蓝孢孔菌 *Fomitiporia pusilla* (Lloyd) Y. C. Dai，未知，湖南

稀针嗜蓝孢孔菌*Fomitiporia robusta* (P. Karst.) Fiasson & Niemelä，未知，北京、福建、海南

纤小嗜蓝孢孔菌*Fomitiporia tenuitubus* L. W. Zhou，未知，广西

德州嗜蓝孢孔菌*Fomitiporia texana* (Murrill) Nuss，未知，海南

香榧嗜蓝孢孔菌*Fomitiporia torreyae* Y. C. Dai & B. K. Cui，未知，福建

褐黄层孔菌属*Fulvifomes*

海南褐黄层孔菌*Fulvifomes hainanensis* L. W. Zhou，未知，海南

中国褐黄层孔菌*Fulvifomes chinensis* (Pilát) Y. C. Dai，未知，北京、甘肃、海南

褐孔菌属*Fuscoporia*

云南褐孔菌*Fuscoporia yunnanensis* Y. C. Dai，未知，云南

台湾褐孔菌*Fuscoporia formosana* (T. T. Chang & W. N. Chou) T. Wagner & M. Fisch，未知，台湾

锈齿革菌属*Hydnochaete*

无刚毛锈齿革菌*Hydnochaete asetosa* Y. C. Dai，未知，海南

锈革菌属*Hymenochaete*

针状刚毛锈革菌 *Hymenochaete acerosa* S. H. He & Hai J. Li，未知，西藏

异常锈革菌 *Hymenochaete anomala* Burt，未知，海南

贝尔泰罗锈革菌 *Hymenochaete berteroi* Pat.，未知，广东

浅灰锈革菌 *Hymenochaete cana* S. H. He & Hai J. Li，未知，广西

锯齿锈革菌 *Hymenochaete denticulata* J. C. Léger & Lanq.，未知，广西

淡黄锈革菌 *Hymenochaete fissurata* S. H. He & Hai J. Li，未知，云南、四川

圆孢锈革菌 *Hymenochaete globispora* G. A. Escobar，未知，广西

黄山锈革菌 *Hymenochaete huangshanensis* S. H. He & Y. C. Dai，未知，安徽
莱热锈革菌 *Hymenochaete legeri* Parmasto，未知，广西
巨孢锈革菌 *Hymenochaete macrospora* Y. C. Dai，未知，吉林
大孢锈革菌 *Hymenochaete megaspora* S. H. He & Hai J. Li，未知，西藏
小锈革菌 *Hymenochaete minor* S. H. He & Y. C. Dai，未知，广西
薄锈革菌 *Hymenochaete minuscula* G. Cunn.，未知，海南
竹生锈革菌 *Hymenochaete muroiana* Hino & Katumoto，未知，海南
锗边锈革菌 *Hymenochaete ochromarginata* P. H. B. Talbot，未知，安徽、海南、云南等
拟齿锈革菌 *Hymenochaete odontoides* S. H. He & Y. C. Dai，未知，北京
栎生锈革菌 *Hymenochaete quercicola* S. H. He & Hai J. Li，未知，西藏
杜鹃生锈革菌 *Hymenochaete rhododendricola* S. H. He & Hai J. Li，未知，西藏
塔斯马尼亚锈革菌 *Hymenochaete tasmanica* Massee，未知，安徽
极薄锈革菌 Hymenochaete tenuis Peck，未知，广东
铜壁关锈革菌 *Hymenochaete tongbiguanensis* T. X. Zhou & L. Z. Zhao，未知，云南
热带锈革菌 *Hymenochaete tropica* S. H. He & Y. C. Dai，未知，云南
榆锈革菌 *Hymenochaete ulmicola* Corfixen & Parmasto，未知，吉林
云南锈革菌 *Hymenochaete yunnanensis* S. H. He & Hai J. Li，未知，云南

核纤孔菌属*Inocutis*

光核纤孔菌*Inocutis levis* (P. Karst.) Y. C. Dai & Niemelä，未知，陕西、甘肃
杨生核纤孔菌*Inocutis rheades* (Pers.) Fiasson & Niemelä，未知，吉林
柽柳核纤孔菌*Inocutis tamaricis* (Pat.) Fiasson & Niemelä，未知，北京、陕西、新疆
拟栎核纤孔菌*Inocutis subdryophila* Y. C. Dai & H. S. Yuan，未知，西藏

拟纤孔菌属*Inonotopsis*

椭圆拟纤孔菌*Inonotopsis exilisporus* (Y. C. Dai & Niemelä) Y. C. Dai，未知，辽宁
菌索拟纤孔菌*Inonotopsis subiculosa* (Peck) Parmasto，未知，吉林

纤孔菌属*Inonotus*

锐边纤孔菌*Inonotus acutus* B. K. Cui & Y. C. Dai，未知，海南

安德松纤孔菌*Inonotus andersonii* (Ellis & Everh.) Černý，未知，内蒙古、陕西

喜橄榄纤孔菌*Inonotus canariicola* Y. C. Dai，未知，海南

芝山岩纤孔菌*Inonotus chihshanyenus* T. T. Chang & W. N. Chou，未知，台湾

栖兰山纤孔菌*Inonotus chilanshanus* T. T. Chang & W. N. Chou，未知，台湾

金边纤孔菌*Inonotus chrysomarginatus* B. K. Cui & Y. C. Dai，未知，海南

聚生纤孔菌*Inonotus compositus* H. C. Wang，未知，西藏

薄壳纤孔菌*Inonotus cuticularis* (Bull.: Fr.) P. Karst. 药用，吉林、四川、云南等

矛形刚毛纤孔菌*Inonotus diverticuloseta* Pegler，未知，广东

海南纤孔菌*Inonotus hainanensis* H. X. Xiong & Y. C. Dai，未知，海南

河南纤孔菌*Inonotus henanensis* Juan Li & Y. C. Dai，未知，河南

粗毛纤孔菌*Inonotus hispidus* (Bull.) P. Karst.，未知，辽宁、吉林

硬毛纤孔菌*Inonotus indurescens* Y. C. Dai，未知，云南

巨型刚毛纤孔菌*Inonotus magnisetus* Y. C. Dai，未知，广东

白边纤孔菌*Inonotus niveomarginatus* H. Y. Yu, C. L. Zhao & Y. C. Dai，未知，云南

桦纤孔菌*Inonotus obliquus* (Ach. ex Pers.) Pilát，未知，内蒙古、陕西

赭纤孔菌*Inonotus ochroporus* (Van der Byl) Pegler，未知，云南

剖氏纤孔菌 *Inonotus patouillardii* (Rick) Imazeki，未知，海南

暗褐纤孔菌*Inonotus perchocolatus* Corner，未知，海南

粉纤孔菌*Inonotus pruinosus* Bondartsev，未知，辽宁

普洱纤孔菌*Inonotus puerensis* Hai J. Li & S. H. He，未知，云南

栎纤孔菌*Inonotus quercustris* M. Blackw. & Gilb.，未知，陕西

辐射纤孔菌*Inonotus radiatus* (Sowerby) P. Karst.，未知，内蒙古、吉林、辽宁等

里克纤孔菌*Inonotus rickii* (Pat.) D. A. Reid，未知，福建、海南

刚纤孔菌*Inonotus rigidus* B. K. Cui & Y. C. Dai，未知，云南

罗德韦纤孔菌*Inonotus rodwayi* D. A. Reid，未知，台湾、云南

拟光纤孔菌*Inonotus sublevis* Y. C. Dai & Niemelä，未知，海南

薄肉纤孔菌*Inonotus tenuicarnis* Pegler & D. A. Reid，未知，西藏、云南

薄盖纤孔菌*Inonotus tenuicontextus* L. W. Zhou & W. M. Qin，未知，贵州

薄纤孔菌*Inonotus tenuissimus* H. Y. Yu, C. L. Zhao & Y. C. Dai，未知，云南

偏肿硬孔菌属*Mensularia*

石栎偏肿硬孔菌*Mensularia lithocarpi* L.W. Zhou，未知，云南

昂尼孔菌属*Onnia*

浅黄昂尼孔菌*Onnia flavida* (Berk.) Y. C. Dai，未知，云南

鳞片昂尼孔菌*Onnia leporina* (Fr.) H. Jahn，未知，吉林、青海、西藏

绒毛昂尼孔菌*Onnia tomentosa* (Fr.) P. Karst.，未知，黑龙江、甘肃、云南等

三角昂尼孔菌*Onnia triquetra* (Lenz) Imazeki，未知，浙江

墙昂尼孔菌*Onnia vallata* (Berk.) Y. C. Dai & Niemelä，未知，广西

小木层孔菌属 *Phellinidium*

锈小木层孔菌 *Phellinidium ferrugineofuscum* (P. Karst.) Fiasson & Niemelä，未知，黑龙江、内蒙古、西藏等

芳香小木层孔菌*Phellinidium fragrans* (M. J. Larsen & Lombard) Nuss，未知，吉林

橡胶小木层孔菌 *Phellinidium lamaënse* (Murrill) Y. C. Dai，未知，福建、广东、云南等

有害小木层孔菌*Phellinidium noxium* (Corner) Bondartseva & S. Herrera，未知，海南、云南

祁连小木层孔菌*Phellinidium qilianense* L. W. Zhou & Y. C. Dai, in Cui, Dai, He, Zhou & Yuan，未知，甘肃

硫小木层孔菌 *Phellinidium sulphurascens* (Pilát) Y. C. Dai，未知，黑龙江、新疆、云南等

韦尔小木层孔菌 *Phellinidium weirii* (Murrill) Y. C. Dai，未知，青海

拟木层孔菌属 *Phellinopsis*

无刚毛拟木层孔菌 *Phellinopsis asetosa* L. W. Zhou，未知，云南

小通草拟木层孔菌 *Phellinopsis helwingiae* L. W. Zhou & W. M. Qin，未知，四川

刺柏拟木层孔菌 *Phellinopsis junipericola* L. W. Zhou，未知，青海

欧氏拟木层孔菌 *Phellinopsis overholtsii* (Ginns) L. W. Zhou & Ginns，未知，甘肃、吉林、云南等

扁平拟木层孔菌 *Phellinopsis resupinata* L. W. Zhou，未知，山西

木层孔菌属 *Phellinus*

硬红层孔菌*Phellinus adamantinum* (Berk.) Imazeki，未知，海南、江西、云南

尖木层孔菌*Phellinus acifer* (Y. C. Dai) T. Hatt.，未知，吉林

竹生层孔菌*Phellinus bambusicola* L. W. Zhou & B. S. Jia，未知，海南

鲍姆木层孔菌*Phellinus baumii* Pilát，未知，河北、吉林、甘肃等

栲生木层孔菌 *Phellinus castanopsidis* B. K. Cui, Y. C. Dai & Decock，未知，广东

松针层孔菌 *Phellinus chrysoloma* (Fr.) Fiasson & Niemelä，未知，宁夏、新疆

贝形木层孔菌*Phellinus conchatus* (Pers.) Quél.，药用，吉林、河北、河南等

硬木层孔菌*Phellinus durissimus* (Lloyd) Roy，药用，海南、云南

椭圆木层孔菌*Phellinus ellipsoideus* (B. K. Cui & Y. C. Dai) B. K. Cui, Y. C. Dai & Decock，未知，福建

淡黄木层孔菌*Phellinus gilvus* (Schwein.) Pat.，药用，四川、海南、广东等

哈蒂木层孔菌*Phellinus hartigii* (Allesch. & Schnabl) Pat.，药用，河北、吉林、云南

喜马拉雅木层孔菌*Phellinus himalayensis* Y. C. Dai，未知，四川、云南、西藏

火木层孔菌*Phellinus igniarius* (L.) Quél.，药用，吉林、陕西、云南等

无针木层孔菌*Phellinus inermis* (Ellis & Everhart) G. Cunn.，药用，福建、广西、云南等

金平木层孔菌*Phellinus kanehirae* (Yasuda) Ryvarden，未知，福建、海南、江西等

平滑木层孔菌*Phellinus laevigatus* (Fr.) Bourdot & Galzin，未知，台湾、福建

劳埃德木层孔菌*Phellinus lloydii* (Cleland) G. Cunn.，未知，海南

忍冬木层孔菌*Phellinus lonicericola* Parmasto，未知，北京、海南、云南等

隆氏木层孔菌*Phellinus lundellii* Niemelä，未知，黑龙江、陕西、云南等

麦氏木层孔菌*Phellinus macgregorii* (Bres.) Ryvarden，未知，甘肃、广东、云南等

高山针层孔菌*Phellinus montanus* (Y. C. Dai & Niemelä) Y. C. Dai，未知，云南
桑木层孔菌*Phellinus mori* Y. C. Dai & B. K. Cui，未知，黑龙江、北京
厚皮木层孔菌*Phellinus pachyphloeus* (Pat.) Pat.，未知，广西、海南
喜杉木层孔菌*Phellinus piceicola* B. K. Cui & Y. C. Dai，未知，云南
松木层孔菌*Phellinus pini* (Fr.) A. Ames，药用，陕西、吉林、云南等
假火木层孔菌*Phellinus pseudoigniarius*Y. C. Dai & Fan Yang，未知，新疆
暗色木层孔菌*Phellinus pullus* (Berk. & Mont.) Ryvarden，未知，海南
近拉黄木层孔菌*Phellinus neoquercinus* M. J. Larsen，未知，北京
黑壳木层孔菌*Phellinus rhabarbarinus* (Berk.) G. Cunn.，未知，四川、云南、广东等
毛木层孔菌*Phellinus setulosus* (Lloyd) Imazeki，药用，辽宁、安徽、云南等
宽棱木层孔菌*Phellinus torulosus* (Pers.) Bourdot & Galzin，药用，湖南、云南、海南等
窄盖木层孔菌*Phellinus tremulae* (Bondartsev) Bondartsev & Borisov，未知，吉林、辽宁、云南等
多瘤木层孔菌*Phellinus tuberculosus* (Baumg.) Niemelä，未知，吉林、陕西、云南等
瓦宁木层孔菌*Phellinus vaninii* Ljub.，未知，吉林、云南、四川等

叶孔菌属 *Phylloporia*

丹桂叶孔菌*Phylloporia osmanthi* L. W. Zhou，未知，广西
吸水叶孔菌*Phylloporia bibulosa* (Lloyd) Ryvarden，未知，浙江、广东
山楂叶孔菌*Phylloporia crataegi* L. W. Zhou & Y. C. Dai，未知，辽宁
悬垂叶孔菌*Phylloporia dependens* Y. C. Dai，未知，云南
雪柳叶孔菌*Phylloporia fontanesiae* L. W. Zhou & Y. C. Dai，未知，河南、山东
液泡叶孔菌*Phylloporia gutta* L. W. Zhou & Y. C. Dai，未知，四川
海南叶孔菌*Phylloporia hainaniana* Y. C. Dai & B. K. Cui，未知，海南
南天竹叶孔菌*Phylloporia nandinae* L. W. Zhou & Y. C. Dai，未知，江西
窄椭圆孢叶孔菌*Phylloporia oblongospora* Y. C. Dai & H. S. Yuan，未知，广西、广东
高山叶孔菌*Phylloporia oreophila* L. W. Zhou & Y. C. Dai，未知，甘肃、西藏

茶镳子叶孔菌*Phylloporia ribis* (Schumach.) Ryvarden，未知，北京、山东

土生叶孔菌*Phylloporia terrestris* L. W. Zhou，未知，广西

椴树叶孔菌*Phylloporia tiliae* L. W. Zhou，未知，湖南

软叶孔菌*Phylloporia weberiana* (Bres. & Henn. ex Sacc.) Ryvarden，未知，海南

黑线木层孔菌属*Phellopilus*

黑线木层孔菌*Phellopilus nigrolimitatus* (Romell) Niemelä，未知，黑龙江、内蒙古、吉林等

拟纤孔菌属 *Pseudoinonotus*

厚盖拟纤孔菌*Pseudoinonotus dryadeus* (Pers.) T. Wagner & M. Fisch.，未知，广西

西藏拟纤孔菌*Pseudoinonotus tibeticus* (Y. C. Dai & M. Zang) Y. C. Dai, B. K. Cui & Decock，未知，西藏

皮孔菌属 *Pyrrhoderma*

肿红皮孔菌*Pyrrhoderma scaura* (Lloyd) Ryvarden，未知，黑龙江、湖北、陕西等

仙台红皮孔菌 *Pyrrhoderma sendaiense* (Yasuda) Imazeki，未知，广东、海南、陕西等

多孔迷孔菌属 *Porodaedalea*

落叶松针多孔迷孔菌 *Porodaedalea laricis* (Jacz. ex Pilát) Niemelä，未知，湖北、内蒙古、西藏等

喜松多孔迷孔菌 *Porodaedalea pini* (Brot.) Murrill，未知，吉林、北京、云南等

山野多孔迷孔菌 *Porodaedalea yamanoi* (Imazeki) Y. C. Dai，未知，黑龙江、吉林、四川

拟锈革菌属 *Pseudochaete*

宽刚毛拟锈革菌 *Pseudochaete latesetosa* S. H. He & Hai J. Li，未知，海南

拟锈革菌 *Pseudochaete lamellata* (Y.C. Dai & Niemelä) S. H. He & Y. C. Dai，未知，湖南

亚硬拟锈革菌 *Pseudochaete subrigidula* S. H. He & Hai J. Li，未知，云南

烟色拟锈革菌 *Pseudochaete tabacina* (Sowerby) T. Wagner& M. Fisch.，未知，吉林

桑黄孔菌属 *Sanghuangporus*

高山桑黄 *Sanghuangporus alpinus* (Y. C. Dai & X. M. Tian) L.W. Zhou & Y. C. Dai，药用，西藏、云南、四川

桑黄 *Sanghuangporus sanghuang* (Sheng H. Wu, T. Hatt. & Y. C. Dai) Sheng H. Wu, L.W. Zhou & Y. C. Dai，

药用，吉林、黑龙江

环纹桑黄 *Sanghuangporus zonatus* (Y. C. Dai & X. M. Tian) L. W. Zhou & Y. C. Dai, in Zhou, Vlasák, Decock，药用，吉林

热带孔菌属 *Tropicoporus*

热带孔菌 *Tropicoporus cubensis* (Y. C. Dai, Decock & L.W. Zhou) L.W. Zhou & Y. C. Dai，未知，广西、海南

蚬木热带孔菌 *Tropicoporus excentrodendri* L.W. Zhou & Y. C. Dai，未知，广西

褐孔菌属 *Xanthochrous*

射脉褐孔菌 *Xanthoporia radiata* (Sowerby) Ţura, Zmitr., Wasser, Raats & Nevo，未知，甘肃、黑龙江

裂孔菌科 Schizoporaceae

齿舌菌属 *Basidioradidum*

辐射状齿舌菌 *Basidioradulum radula* (Fr.) Nobles，未知，吉林、山东

隐囊孔菌属 *Chaetoporellus*

隐囊孔菌 *Chaetoporellus latitans* (Bourdot & Galzin) Singer，未知，江苏

刺孔菌属 *Echinoporia*

齿刺孔菌 *Echinoporia hydnophora* (Berk. & Broome) Ryvarden，未知，台湾、海南

纤刺皮菌属 *Fibrodontia*

棉毛纤刺皮菌 *Fibrodontia gossypina* Parmasto，未知，山西

产丝齿菌属 *Hyphodontia*

白产丝齿菌*Hyphodontia alba* Sheng H. Wu，未知，台湾

头状囊产丝齿菌*Hyphodontia capitatocystidiata* H. X. Xiong, Y. C. Dai & Sheng H. Wu，未知，台湾

粗糙产丝齿菌*Hyphodontia crassa* Sang H. Lin & Z. C. Chen，未知，台湾

曲孢产丝齿菌*Hyphodontia curvispora* J. Erikss. & Hjortstam，未知，吉林

二型产丝齿菌*Hyphodontia dimorpha* Sang H. Lin & Z. C. Chen，未知，台湾

肉灰产丝齿菌*Hyphodontia fimbriata* Sheng H. Wu，未知，台湾

淡黄产丝齿菌*Hyphodontia flavipora* (Cooke) Sheng H. Wu，未知，黑龙江、内蒙古、辽宁等

哈伦贝格产丝齿菌*Hyphodontia hallenbergii* Sheng H. Wu，未知，台湾

异囊孢产丝齿菌*Hyphodontia heterocystidiata* H. X. Xiong, Y. C. Dai & Sheng H. Wu，未知，台湾

隐囊产丝齿菌*Hyphodontia latitans* (Bourdot & Galzin) Ginns & M. N. L. Lefebvre，未知，内蒙古、辽宁、吉林

尼氏产丝齿菌*Hyphodontia niemelaei* Sheng H. Wu，未知，台湾、福建

轻产丝齿菌*Hyphodontia nongravis* (Lloyd) Sheng H. Wu，未知，台湾

奇异产丝齿菌*Hyphodontia paradoxa* (Schrad.) Langer & Vesterh.，未知，黑龙江、吉林

无锁产丝齿菌*Hyphodontia poroideoefibulata* Sheng H. Wu，未知，台湾

拟热带产丝齿菌*Hyphodontia pseudotropica* C. L. Zhao, B. K. Cui & Y. C. Dai，未知，海南

舌状产丝齿菌*Hyphodontia radula* (Pers.) Langer & Vesterh.，未知，黑龙江、吉林

菌索产丝齿菌*Hyphodontia rhizomorpha* C. L. Zhao, B. K. Cui & Y. C. Dai，未知，云南

隔孢产丝齿菌*Hyphodontia septocystidiata* H. X. Xiong, Y. C. Dai & Sheng H. Wu，未知，台湾

中华产丝齿菌*Hyphodontia sinensis* H. X. Xiong, Y. C. Dai & Sheng H. Wu，未知，黑龙江

亚球产丝齿菌*Hyphodontia subpallidula* H. X. Xiong, Y. C. Dai & Sheng H. Wu，未知，台湾

丁香产丝齿菌*Hyphodontia syringae* E. Langer，未知，黑龙江、吉林、辽宁

热带产丝齿菌 *Hyphodontia tropica* Sheng H. Wu，未知，浙江

木层孔菌属 *Leucophellinus*

霍氏白木层孔菌 *Leucophellinus hobsonii* (Berk. ex Cooke) Ryvarden，未知，海南

齿白木层孔菌 *Leucophellinus irpicoides* (Bondartsev ex Pilát) Bondartsev & Singer，未知，黑龙江、吉林、辽宁

裂孔菌属 *Schizopora*

淡黄裂孔菌 *Schizopora flavipora* (Berk. & M. A. Curtis ex Cooke) Ryvarden，未知，吉林

近光彩裂孔菌 *Schizopora paradoxa* (Schrad.) Donk，未知，河北、吉林、云南等

囊裂孔菌 *Schizopora cystidiata* A. D. David & Rajchenb.，未知，吉林

卧孔菌属 *Poriodontia*

粉软卧孔菌 *Poriodontia subvinosa* Parmasto，未知，吉林、黑龙江、云南等

科不定

附毛孔菌属 *Trichaptum*

冷杉附毛孔菌*Trichaptum abietinum* (Pers.) Ryvarden，药用，吉林、广西、云南等

囊孔附毛孔菌*Trichaptum biforme* (Fr.) Ryvarden，未知，北京、四川、云南等

伯氏附毛孔菌*Trichaptum brastagii* (Corner) T. Hatt.，未知，海南、云南

毛囊附毛孔菌*Trichaptum byssogenum* (Jungh.) Ryvarden，药用，北京、湖北、云南等

褐紫附毛孔菌*Trichaptum fuscoviolaceum* (Ehrenb.) Ryvarden，药用，湖北、黑龙江、云南等

落叶松附毛孔菌*Trichaptum laricinum* (P. Karst.) Ryvarden，未知，吉林、西藏

高山附毛孔菌*Trichaptum montanum* T. Hatt.，未知，云南、海南

多年附毛孔菌*Trichaptum perenne* Y. C. Dai & H. S. Yuan，未知，云南、海南

罗汉松附毛孔菌*Trichaptum podocarpi* Y. C. Dai，未知，海南

多囊附毛孔菌 *Trichaptum polycystidiatum* (Pilát) Y. C. Dai，未知，黑龙江、吉林

辐片孢目 Hysterangiales

辐片孢科 Hysterangiaceae

辐片孢属 *Hysterangium*

宽肢辐片孢 *Hysterangium latiappendiculatum* A. S. Xu & B. Liu，未知，西藏

鬼笔腹菌科 Phallogastraceae

鬼笔腹菌属 *Phallogaster*

对鬼笔腹菌 *Phallogaster saccatus* Morgan，未知，四川

鬼笔目 Phallales

鬼笔科 Phallaceae

星头菌属 *Aseroë*

星头菌 *Aseroë arachnoidea* E. Fisch.，未知，福建、海南、云南等

笼头菌属 *Clathrus*

红头笼头菌 *Clathrus archeri* (Berk.) Dring，有毒，四川、云南

海南笼头菌 *Clathrus hainanensis* X. L. Wu，未知，海南

红笼头菌 *Clathrus ruber* P. Micheli ex Pers.，有毒，湖南、江西、福建等

西宁笼头菌 *Clathrus xiningensis* (H. A. Wen) B. Liu，未知，青海

内笼头菌属 *Endoclathrus*

攀枝花内笼头菌 *Endoclathrus panzhihuaensis* B. Liu, Yin H. Liu & Z. J. Gu，未知，四川

内鬼笔属 *Endophallus*

云南内鬼笔 *Endophallus yunnanensis* M. Zang & R. H. Petersen，未知，云南

网球菌属 *Ileodictyon*

白网球菌 *Ileodictyon* gracile Berk.，未知，福建

考巴菌属 *Kobayasia*

昆明考巴菌 *Kobayasia kunmingica* Zang, K. Tao & Liu，未知，云南

日本考巴菌 *Kobayasia nipponica* (Kobayasi) S. Imai & A. Kawam.，未知，吉林、辽宁

日本考巴菌黄色变种 *Kobayasia nipponica* var. *doracina* Zang, K. Tao & Liu，未知，山西

日本考巴菌原变种 *Kobayasia nipponica* var. *nipponica* (Kobayasi) S. Imai & A. Kawam.，未知，山西

散尾鬼笔属 *Lysurus*

五棱散尾鬼笔 *Lysurus mokusin* (L.) Fr.，有毒，河北、浙江、云南等

围篱状散尾鬼笔 *Lysurus periphragmoides* (Klotzsch) Dring，未知，四川、江苏、河北等

蛇头菌属 *Mutinus*

竹林蛇头菌 *Mutinus bambusinus* (Zoll.) E. Fisch.，未知，海南、贵州

蛇头菌 *Mutinus caninus* (Huds.) Fr.，有毒，河北、吉林、青海

鬼笔属 *Phallus*

重脉鬼笔 *Phallus costatus* (Penz.) Lloyd，未知，黑龙江、吉林

竹荪 *Phallus duplicatus* Bosc，未知，黑龙江、江苏、四川等

棘托竹荪 *Phallus echinovolvatus* (M. Zang, D. R. Zheng & Z. X. Hu) Kreisel，可食，云南

香鬼笔 *Phallus fragrans* M. Zang，未知，湖北、云南、西藏

长裙竹荪 *Phallus indusiatus* Vent.，可食，广东、广西、云南等

白鬼笔 *Phallus impudicus* L.，食药用，山西、西藏、广东等

大孢鬼笔 *Phallus macrosporus* B. Liu, Z. Y. Li & Du，未知，辽宁

巨盖鬼笔 *Phallus megacephalus* M. Zang，未知，云南

勐宋鬼笔 *Phallus mengsongensis* H. L. Li, L. Ye, P. E. Mortimer, J. C. Xu & K. D. Hyde，未知，云南

黄裙竹荪 *Phallus multicolor* (Berk. & Broome) Cooke，有毒，江苏、云南、西藏等

南昌鬼笔 *Phallus nanchangensis* Z. Z. He，未知，江西

红鬼笔 *Phallus rubicundus* (Bosc) Fr.，有毒，云南、广东

红托竹荪 *Phallus rubrovolvatus* (M. Zang, D. G. Ji & X. X. Liu) Kreisel，可食，云南、广西、贵州等

榉鬼笔 *Phallus serrata* H. L. Li, L. Ye, P. E. Mortimer, J. C. Xu & K. D. Hyde，未知，云南

台北鬼笔 *Phallus taipeiensis* B. Liu & Y. S. Bau，未知，台湾

细黄鬼笔 *Phallus tenuis* (E. Fisch.) Kuntze，有毒，吉林、西藏

纤细鬼笔 *Phallus tenuissimus* T. H. Li, W. Q. Deng & B. Liu，未知，云南

假笼头菌属 *Pseudoclathrus*

安顺假笼头菌 *Pseudoclathrus anshunensis* W. Zhou & K. Q. Zhang，未知，贵州

柱状假笼头菌 *Pseudoclathrus cylindrosporus* B. Liu & Y. S. Bau，未知，山西

雷公山假笼头菌 *Pseudoclathrus leigongshanensis* W. Zhou & K. Q. Zhang，未知，贵州

五臂假笼头菌 *Pseudoclathrus pentabrachiatus* F. L. Zou, G. C. Pan & Y. C. Zou，未知，贵州

云南假龙头菌 *Pseudoclathrus yunnanensis* Wei Zhou & K. Q. Zhang，未知，云南

三叉鬼笔属 *Pseudocolus*

纺锤爪三叉鬼笔 *Pseudocolus fusiformis* (E. Fisch.) Lloyd，未知，山东

多孔菌目 Polyporales

拟层孔菌科 Fomitopsidaceae

变孔菌属 *Anomoporia*

柔丝变孔菌 *Anomoporia bombycina* (Fr.) Pouzar，未知，吉林

肿丝变孔菌 *Anomoporia vesiculosa* Y. C. Dai & Niemelä，未知，吉林

拟变孔菌属 *Anomoloma*

白黄拟变孔菌*Anomoloma albolutescens* (Romell) Niemelä & K. H. Larss.，未知，吉林、辽宁、内蒙古

鲜黄拟变孔菌*Anomoloma flavissimum* (Niemelä) Niemelä & K. H. Larss.，未知，黑龙江、吉林

白菌索拟变孔菌*Anomoloma myceliosum* (Peck) Niemelä & K. H. Larss.，未知，黑龙江、吉林

黄菌索拟变孔菌 *Anomoloma rhizosum* Y. C. Dai & Niemelä，未知，吉林

薄孔菌属*Antrodia*

白薄孔菌*Antrodia albida* (Fr.) Donk，未知，北京、吉林、陕西等

竹生薄孔菌*Antrodia bambusicola* Y. C. Dai & B. K. Cui，未知，安徽

白褐薄孔菌*Antrodia albobrunnea* (Romell) Ryvarden，未知，吉林

碳薄孔菌*Antrodia carbonica* (Overh.) Ryvarden & Gilb.，未知，黑龙江、吉林

厚薄孔菌*Antrodia crassa* (P. Karst.) Ryvarden，未知，云南

异形薄孔菌*Antrodia heteromorpha* (Fr.) Donk，未知，湖北、黑龙江、云南等

兴安薄孔菌*Antrodia hingganensis* Y. C. Dai & Penttilä，未知，黑龙江

黄山薄孔菌*Antrodia huangshanensis* Y. C. Dai & B. K. Cui，未知，安徽

沙棘薄孔菌*Antrodia hippophaës* (Bres.) Ryvarden，未知，新疆

软薄孔菌*Antrodia infirma* Renvall & Niemelä，未知，内蒙古、黑龙江、吉林

拉氏薄孔菌*Antrodia lalashana* T. T. Chang & W. N. Chou，未知，台湾

乳白薄孔菌Antrodia *leucaena* Y. C. Dai & Niemelä，未知，吉林

大孢薄孔菌*Antrodia macrospora* Bernic. & De Dom.，未知，黑龙江、辽宁、吉林

苹果薄孔菌*Antrodia malicola* (Berk. & M. A. Curtis) Donk，未知，吉林、湖北、云南等

脆薄孔菌*Antrodia oleracea* (R. W. Davidson & Lombard) Ryvarden，未知，吉林

原始薄孔菌*Antrodia primaeva* Renvall & Niemelä，未知，内蒙古、吉林

垫形薄孔菌*Antrodia pulvinascens* (Pilát) Niemelä，未知，北京、海南
狭檐薄孔菌*Antrodia serialis* (Fr.) Donk，未知，北京、山西、广东等
波状薄孔菌*Antrodia sinuosa* (Fr.) P. Karst.，未知，北京
锡特卡薄孔菌*Antrodia sitchensis* (Baxter) Gilb. & Ryvarden，未知，内蒙古、吉林
拟黄薄孔菌*Antrodia subxantha* Y. C. Dai & X. S. He，未知，四川
红豆杉薄孔菌*Antrodia taxa* T. T. Chang & W. N. Chou，未知，台湾
褐檐薄孔菌*Antrodia variiformis* (Peck) Donk，未知，湖北、四川
王氏薄孔菌*Antrodia wangii* Y. C. Dai & H. S. Yuan，未知，北京
黄薄孔菌*Antrodia xantha* (Fr.) Ryvarden，未知，吉林

黄孔菌属*Auriporia*

金黄孔菌*Auriporia aurea* (Peck) Ryvarden，未知，吉林、辽宁
橘黄孔菌*Auriporia aurulenta* David, Tortič & Jelić，未知，贵州
有盖黄孔菌*Auriporia pileata* Parmasto，未知，吉林

梯间囊菌属*Climacocystis*

北方梯间囊菌*Climacocystis borealis* (Fr.) Kotl. & Pouzar，未知，四川、吉林、云南等

迷孔菌属*Daedalea*

白肉迷孔菌*Daedalea dickinsii* Yasuda，药用，河北、黑龙江、广西等
黄绿迷孔菌*Daedalea flavida* Lév.，未知，福建、广西、四川等
灰白迷孔菌*Daedalea incana* (P. Karst.) Sacc. & D. Sacc.，未知，海南
栎迷孔菌*Daedalea quercina* (L.) Pers.，未知，北京、江苏、湖北等
沟迷孔菌*Daedalea sulcata* (Berk.) Ryvarden，未知，广西、海南

拟迷孔菌属*Daedaleopsis*

贝形拟迷孔菌*Daedaleopsis conchiformis* Imazeki，未知，广东、广西
裂拟迷孔菌*Daedaleopsis confragosa* (Bolton) J. Schröt.，未知，湖北、甘肃、新疆等
日本拟迷孔菌*Daedaleopsis nipponica* Imazeki，未知，黑龙江

紫色拟迷孔菌*Daedaleopsis purpurea* (Cooke) Imazeki & Aoshima，未知，海南、云南、新疆等
中华拟迷孔菌*Daedaleopsis sinensis* (Lloyd) Y. C. Dai，未知，黑龙江、内蒙古、吉林
三色拟迷孔菌*Daedaleopsis tricolor* (Bull.) Bondartsev & Singer，药用，河北、海南、云南等

索孔菌属 *Fibroporia*

白索孔菌 *Fibroporia albicans* B. K. Cui & Yuan Y. Chen，未知，江西、西藏、云南等
棉絮索孔菌*Fibroporia gossypium* (Speg.) Parmasto，未知，黑龙江、吉林、辽宁
根状索孔菌*Fibroporia radiculosa* (Peck.) Parmasto，未知，辽宁
威兰索孔菌 *Fibroporia vaillantii* (DC.) Parmasto，未知，内蒙古、黑龙江、吉林

皱皮孔菌属*Ischnoderma*

芳香皱皮孔菌*Ischnoderma benzoinum* (Wahlenb.) P. Karst.，未知，黑龙江、内蒙古、吉林
松脂皱皮孔菌*Ischnoderma resinosum* (Schrad) P. Karst.，未知，河北、四川、吉林等

绚孔菌属*Laetiporus*

哀牢山绚孔菌*Laetiporus ailaoshanensis* B. K. Cui & J. Song，有毒，云南、四川
硫磺绚孔菌淡红变种*Laetiporus discolor* var. *miniatus* (Jungh.) Imazeki，未知，海南、西藏
硫磺绚孔菌*Laetiporus sulphureus* (Bull.) Murrill，可食，云南、四川、新疆等
变孢绚孔菌*Laetiporus versisporus* (Lloyd) Imazeki，未知，浙江、海南
环纹绚孔菌*Laetiporus zonatus* B. K. Cui & J. Song，有毒，云南、四川

褐腐干酪菌属*Oligoporus*

近悬垂褐腐干酪孔菌*Oligoporus subpendulus* (G. F. Atk.) Gilb. & Ryvarden，未知，湖北

树掌孔菌属*Osteina*

硬树掌*Osteina obducta* (Berk.) Donk，未知，北京、黑龙江

帕氏孔菌属 *Parmastomyces*

软帕氏孔菌*Parmastomyces mollissimus* (Maire) Pouzar，未知，黑龙江、内蒙古、吉林
紫杉帕氏孔菌 *Parmastomyces taxi* (Bondartsev) Y. C. Dai & Niemelä，未知，吉林

暗孔菌属*Phaeolus*

栗褐色暗孔菌*Phaeolus schweinitzii* (Fr.) Pat.，未知，黑龙江、四川、云南等

桦剥管孔菌属*Piptoporus*

桦剥管孔菌*Piptoporus betulinus* (Bull.) P. Karst.，药用，吉林、陕西、云南等

栎剥管孔菌*Piptoporus quercinus* (Schrad.) Pilát，药用，安徽、山东

索伦剥管孔菌*Piptoporus soloniensis* (Dubois) Pilát，药用，福建、四川

波斯特孔菌属*Postia*

赤杨波斯特孔菌*Postia alni* Niemelä & Vampola，未知，黑龙江、内蒙古、吉林等

阿穆波斯特孔菌*Postia amurensis* Y. C. Dai & Penttila，未知，黑龙江、内蒙古、辽宁等

树脂波斯特孔菌*Postia amylocystis* Y. C. Dai & Renvall，未知，吉林

香波斯特孔菌*Postia balsameus* (Peck) Gilb. & Ryvarden，未知，吉林、云南

灰蓝波斯特孔菌*Postia caesia* (Schrad.) P. Karst.，未知，吉林、黑龙江、湖北等

白垩波斯特孔菌*Postia calcarea* Y. L.Wei & Y. C. Dai，未知，辽宁

卡纳波斯特孔菌*Postia cana* H. S. Yuan & Y. C. Dai，未知，山西

蜡波斯特孔菌*Postia ceriflua* (Berk. & M. A. Curtis) Jülich，未知，黑龙江、吉林

双菌肉层波斯特孔菌*Postia duplicata* L. L. Shen, B. K. Cui & Y. C. Dai，未知，浙江、云南

莲座波斯特孔菌*Postia floriformis* (Quél.) Jülich，未知，河北、湖北、云南等

脆波斯特孔菌*Postia fragilis* (Fr.) Jülich，未知，吉林、湖北

胶囊波斯特孔菌*Postia gloeocystidia* Y. L. Wei & Y. C. Dai，未知，内蒙古

油斑波斯特孔菌*Postia guttulata* (Sacc.) Jülich，未知，北京、黑龙江、云南等

爱尔兰波斯特孔菌*Postia hibernica* (Berk. & Broome) Jülich，未知，北京、山西、吉林

奶油波斯特孔菌*Postia lactea* (Fr.) P. Karst.，未知，黑龙江、内蒙古、吉林等

砖红波斯特孔菌*Postia lateritia* Renvall，未知，黑龙江

白褐波斯特孔菌*Postia leucomallella* (Murrill) Jülich，未知，黑龙江、吉林

洛氏波斯特孔菌*Postia lowei* (Pilát) Gilb. & Ryvarden，未知，海南

桃波斯特孔菌*Postia persicina* Niemelä & Y. C. Dai，未知，江苏、海南

精致波斯特孔菌*Postia perdelicata* (Murrill) M. J. Larsen & Lombard，未知，吉林

盖波斯特孔菌*Postia pileata* (Parmasto) Y. C. Dai & Renvall，未知，黑龙江、吉林、辽宁

鲑色波斯特孔菌*Postia placenta* (Fr.) M. J. Larsen & Lombard，未知，吉林、辽宁

秦岭波斯特孔菌*Postia qinensis* Y. C. Dai & Y. L. Wei，未知，陕西、甘肃

异味波斯特孔菌*Postia rancida* (Bres.) M. J. Larsen & Lombard，未知，黑龙江

厚垣孢波斯特孔菌*Postia rennyi* (Berk. & Broome) Rajchenb.，未知，吉林

柔丝波斯特孔菌*Postia sericeomollis* (Romell) Jülich，未知，吉林

希玛波斯特孔菌*Postia simanii* (Pilát) Jülich，未知，吉林、辽宁

苦波斯特孔菌*Postia stiptica* (Pers.) Jülich，未知，吉林

亚波波斯特孔菌*Postia subundosa* Y. L. Wei & Y. C. Dai，未知，黑龙江

白黄波斯特孔菌*Postia tephroleuca* (Fr.) Jülich，未知，吉林、浙江、西藏等

波状波斯特孔菌*Postia undosa* (Peck) Jülich，未知，福建、新疆

小红孔菌属*Pycnoporellus*

白黄小红孔菌*Pycnoporellus alboluteus* (Ellis & Everh.) Kotl. & Pouzar，未知，广西

光亮小红孔菌*Pycnoporellus fulgens* (Fr.) Donk，未知，河北、黑龙江、新疆

灵芝科 Ganodermataceae

假芝属 *Amauroderma*

厦门假芝 *Amauroderma amoiense* J. D. Zhao & L. W. Hsu，药用，福建、海南

耳匙假芝 *Amauroderma auriscalpium* (Pers.) Torrend，药用，福建

华南假芝 *Amauroderma austrosinense* J. D. Zhao & L. W. Hsu，药用，海南、广西

大孔假芝 *Amauroderma bataanense* Murrill，药用，海南、广西

光粗柄假芝 *Amauroderma conjunctum* (Lloyd) Torrend，药用，海南

大瑶山假芝 *Amauroderma dayaoshanense* J. D. Zhao & X. Q. Zhang，药用，广西

黑漆假芝 *Amauroderma exile* (Berk.) Torrend，药用，云南

福建假芝 *Amauroderma fujianense* J. D. Zhao, L.W. Hsu & X. Q. Zhang，药用，福建

广西假芝 *Amauroderma guangxiense* J. D. Zhao & X. Q. Zhang，药用，广西

江西假芝 *Amauroderma jiangxiense* J. D. Zhao & X. Q. Zhang，药用，江西

弄岗假芝 *Amauroderma longgangense* J. D. Zhao & X. Q. Zhang，药用，广西

普氏假芝 *Amauroderma preussii* (Henn.) Steyaert，药用，广东

皱盖假芝 *Amauroderma rude* (Berk.) Torrend，药用，福建、贵州、云南等

假芝 *Amauroderma rugosum* (Blume & T. Nees) Torrend，药用，福建、海南、云南等

拟模假芝 *Amauroderma schomburgkii* (Mont. & Berk.) Torrend，药用，福建、云南

五指山假芝 *Amauroderma wuzhishanense* J. D. Zhao & X. Q. Zhang，药用，海南

云南假芝 *Amauroderma yunnanense* J. D. Zhao & X. Q. Zhang，药用，云南

灵芝属 *Ganoderma*

拟热带灵芝 *Ganoderma ahmadii* Steyaert，药用，台湾、海南

白缘灵芝 *Ganoderma albomarginatum* S. C. He，药用，贵州

拟鹿角灵芝 *Ganoderma amboinense* (Lam.) Pat.，药用，海南、云南

树舌灵芝 *Ganoderma applanatum* (Pers.) Pat.，药用，全国

黑灵芝 *Ganoderma atrum* J. D. Zhao, L. W. Hsu & X. Q. Zhang，药用，海南

南方灵芝 *Ganoderma australe* (Fr.) Pat.，药用，全国

闽南灵芝 *Ganoderma austrofujianense* J. D. Zhao, L. W. Hsu & X. Q. Zhang，药用，福建

霸王岭灵芝 *Ganoderma bawanglingense* J. D. Zhao & X. Q. Zhang，药用，广东

兼性灵芝 *Ganoderma bicharacteristicum* X. Q. Zhang，药用，云南

褐灵芝 *Ganoderma brownii* (Murrill) Gilb.，药用，福建、云南、西藏等

喜热灵芝 *Ganoderma calidophilum* J. D. Zhao, L. W. Hsu & X. Q. Zhang，药用，海南

鸡油菌状灵芝 *Ganoderma cantharelloideum* M. H. Liu，药用，贵州

薄盖灵芝 *Ganoderma capense* (Lloyd) Teng，药用，海南

册亨灵芝 *Ganoderma cehengense* X. L. Wu，药用，贵州

紫铜灵芝 *Ganoderma chalceum* (Cooke) Steyaert，药用，海南、云南

澄海灵芝 *Ganoderma chenghaiense* J. D. Zhao，药用，广东

琼中灵芝 *Ganoderma chiungchungense* X. L. Wu，药用，海南

背柄紫灵芝 *Ganoderma cochlear* (Blume & T. Nees) Merr.，药用，广西、云南

密纹灵芝 *Ganoderma crebrostriatum* J. D. Zhao & L. W. Hsu，药用，海南

高盘曼灵芝 *Ganoderma cupreopodium* X. L. Wu & X. Q. Zhang，药用，贵州

高盘灵芝 *Ganoderma cupulatiprocerum* X. L. Wu & X. Q. Zhang，药用，贵州

弱光泽灵芝 *Ganoderma curtisii* (Berk.) Murrill，药用，湖北、云南、江西等

大青山灵芝 *Ganoderma daiqingshanense* J. D. Zhao，药用，广西

密环灵芝 *Ganoderma densizonatum* J. D. Zhao & X. Q. Zhang，药用，广东

吊罗山灵芝 *Ganoderma diaoluoshanense* J. D. Zhao & X. Q. Zhang，药用，广东、海南、云南

唐氏灵芝 *Ganoderma donkii* Steyaert，药用，云南

弯柄灵芝 *Ganoderma flexipes* Pat.，药用，海南、云南

台湾灵芝 *Ganoderma formosanum* T. T. Chang & T. Chen，药用，台湾、贵州

拱状灵芝 *Ganoderma fornicatum* (Fr.) Pat.，药用，海南

有柄灵芝 *Ganoderma gibbosum* (Blume & T. Nees) Pat.，药用，云南、海南、河北等

桂南灵芝 *Ganoderma guinanense* J. D. Zhao & X. Q. Zhang，药用，浙江、广西、云南等

贵州灵芝 *Ganoderma guizhouense* S. C. He，药用，贵州、云南

海南灵芝 *Ganoderma hainanense* J. D. Zhao, L. W. Hsu & X. Q. Zhang，药用，海南

尖峰岭灵芝 *Ganoderma jianfenglingense* X. L. Wu，药用，贵州

昆明灵芝 *Ganoderma kunmingense* J. D. Zhao，药用，云南

白肉灵芝 *Ganoderma leucocontextum* T. H. Li, W. Q. Deng, D. M. Wang & H. P. Hu，药用，西藏、云南、四川等

灵芝 *Ganoderma lingzhi* Sheng H. Wu, Y. Cao & Y. C. Dai，药用，全国

黎母山灵芝 *Ganoderma limushanense* J. D. Zhao & X. Q. Zhang，药用，海南、云南、台湾等

层迭灵芝 *Ganoderma lobatum* (Schwein.) G. F. Atk.，药用，河北、浙江、云南等

亮盖灵芝 *Ganoderma lucidum* (Curtis) P. Karst.，药用，云南、吉林

黄边灵芝 *Ganoderma luteomarginatum* J. D. Zhao, L. W. Hsu & X. Q. Zhang，药用，广东、贵州

大孔灵芝 *Ganoderma magniporum* J. D. Zhao & X. Q. Zhang，药用，广西

无柄紫灵芝 *Ganoderma mastoporum* (Lév.) Pat.，药用，海南、云南

华中灵芝 *Ganoderma mediosinense* J. D. Zhao，药用，江西、湖北、湖南

梅江灵芝 *Ganoderma meijiangense* J. D. Zhao，药用，广东、云南

小孢灵芝 *Ganoderma microsporum* R. S. Hseu，药用，台湾

奇异灵芝 *Ganoderma mirabile* (Lloyd) C. J. Humphrey，药用，甘肃

奇绒毛灵芝 *Ganoderma mirivelutinum* J. D. Zhao，药用，海南

重盖灵芝 *Ganoderma multipileum* Ding Hou，药用，台湾

黄灵芝 *Ganoderma multiplicatum* (Mont.) Pat.，药用，海南

异壳丝灵芝 *Ganoderma mutabile* Y. Cao & H. S. Yuan，药用，吉林

新日本灵芝 *Ganoderma neojaponicum* Imazeki，药用，北京、山东、海南等

亮黑灵芝 *Ganoderma nigrolucidum* (Lloyd) D. A. Reid，药用，海南、贵州、云南等

光亮灵芝 *Ganoderma nitidum* Murrill，药用，福建、海南

赭漆灵芝 *Ganoderma ochrolaccatum* (Mont.) Pat.，药用，海南、四川

壳状灵芝 *Ganoderma ostracodes* Pat.，药用，云南

小马蹄灵芝 *Ganoderma parviungulatum* J. D. Zhao & X. Q. Zhang，药用，广东

佩氏灵芝 *Ganoderma petchii* (Lloyd) Steyaert，药用，广东

弗氏灵芝 *Ganoderma pfeifferi* Bres.，药用，海南

橡胶灵芝 *Ganoderma philippii* (Bres. & Henn. ex Sacc.) Bres.，药用，海南、云南

多分枝灵芝 *Ganoderma ramosissimum* J. D. Zhao，药用，云南、海南

无柄灵芝 *Ganoderma resinaceum* Boud.，药用，湖北、广东、云南等

大圆灵芝 *Ganoderma rotundatum* J. D. Zhao, L.W. Hsu & X. Q. Zhang，药用，海南

三明灵芝 *Ganoderma sanmingense* J. D. Zhao & X. Q. Zhang，药用，福建

山东灵芝 *Ganoderma shandongense* J. D. Zhao & L. W. Xu，药用，山东
上思灵芝 *Ganoderma shangsiense* J. D. Zhao，药用，广东
四川灵芝 *Ganoderma sichuanense* J. D. Zhao & X. Q. Zhang，药用，海南、四川、贵州
思茅灵芝 *Ganoderma simaoense* J. D. Zhao，药用，云南
紫芝 *Ganoderma sinense* J. D. Zhao, L. W. Hsu & X. Q. Zhang，药用，台湾、福建、山东等
具柄灵芝 *Ganoderma stipitatum* (Murrill) Murrill，药用，江苏、浙江、云南等
拟层状灵芝 *Ganoderma stratoideum* S. C. He，药用，贵州
二孢灵芝 *Ganoderma subresinosum* (Murrill) C. J. Humphrey，药用，海南、广西、云南
伞状灵芝 *Ganoderma subumbraculum* Imazeki，药用，天津
密纹薄灵芝 *Ganoderma tenue* J. D. Zhao, L.W. Hsu & X. Q. Zhang，药用，北京、河北、云南等
茶病灵芝 *Ganoderma theaecola* J. D. Zhao，药用，湖北、广西、云南等
西藏灵芝 *Ganoderma tibetanum* J. D. Zhao & X. Q. Zhang，药用，西藏、云南
三角状灵芝 *Ganoderma triangulum* J. D. Zhao & L. W. Hsu，药用，广东、海南、安徽
热带灵芝 *Ganoderma tropicum* (Jungh.) Bres.，药用，海南
镘形灵芝 *Ganoderma trulla* Steyaert，药用，海南
粗皮灵芝 *Ganoderma tsunodae* Yasuda，药用，云南
马蹄状灵芝 *Ganoderma ungulatum* J. D. Zhao & X. Q. Zhang，药用，广东
紫光灵芝 *Ganoderma valesiacum* Boud，药用，福建、海南
芜湖灵芝 *Ganoderma wuhuense* X. F. Ren，药用，安徽
镇宁灵芝 *Ganoderma zhenningense* S. C. He，药用，贵州

鸡冠孢芝属 *Haddowia*

长柄鸡冠孢芝 *Haddowia longipes* (Lév.) Steyaert，药用，海南、云南

网孢芝属 *Humphreya*

咖啡网孢芝 *Humphreya coffeata* (Berk.) Steyaert，药用，海南、西藏、云南等

革孔菌科 Grammotheleaceae

乳孔菌属 *Theleporus*

钙色乳孔菌 *Theleporus calcicolor* (Sacc. & P. Syd.) Ryvarden，未知，海南

膜乳孔菌 *Theleporus membranaceus* Y. C. Dai & L. W. Zhou，未知，海南

小孢乳孔菌 *Theleporus minisporus* Y. C. Dai & L. W. Zhou，未知，海南

亚灰树花菌科（薄孔菌科）Meripilaceae

灰树花属 *Grifola*

灰树花 *Grifola frondosa* (Dicks.) Gray，食药用，云南、四川、浙江等

刺孔菌属 *Hydnopolyporus*

流苏刺孔菌 *Hydnopolyporus fimbriatus* (Cooke) D. A. Reid，未知，广西

节毛菌属 *Meripilus*

巨大节毛菌 *Meripilus giganteus* (Pers.) P. Karst.，未知，四川

硬孔菌属 *Rigidoporus*

贴生硬孔菌 *Rigidoporus adnatus* Corner，未知，海南

灰硬孔菌*Rigidoporus cinereus* Núñez & Ryvarden，未知，福建

藏红硬孔菌 *Rigidoporus crocatus* (Pat.) Ryvarden，未知，海南、吉林

突囊硬孔菌*Rigidoporus eminens* Y. C. Dai，未知，吉林、四川、广东等

丝状硬孔菌 *Rigidoporus fibulatus* H. S. Yuan & Y. C. Dai，未知，海南

海南硬孔菌 *Rigidoporus hainanicus* J. D. Zhao & X. Q. Zhang，未知，海南

浅褐硬孔菌 *Rigidoporus hypobrunneus* (Petch) Corner，未知，海南

平丝硬孔菌 *Rigidoporus lineatus* (Pers.) Ryvarden，未知，海南、云南、浙江

小孔硬孔菌 *Rigidoporus microporus* (Sw.) Overeem，未知，海南、贵州、云南等

微小硬孔菌 *Rigidoporus minutus* B. K. Cui & Y. C. Dai，未知，海南

榆硬孔菌 *Rigidoporus ulmarius* (Sowerby) Imazeki，药用，海南、浙江、云南等

坚硬孔菌 *Rigidoporus vinctus* (Berk.) Ryvarden，未知，海南

变色卧孔菌属 *Physisporinus*

血红变色卧孔菌*Physisporinus sanguinolentus* (Alb. & Schwein.) Pilát，未知，辽宁、吉林
波变色卧孔菌*Physisporinus rivulosus* (Berk. & M. A. Curtis) Ryvarden，未知，云南
透明变色卧孔菌*Physisporinus vitreus* (Pers.) P. Karst.，未知，云南、吉林
垫变色卧孔菌 *Physisporinus xylostromatoides* (Bres.) Y. C. Dai，未知，海南

皱孔菌科 Meruliaceae

残孔菌属 *Abortiporus*

二年残孔菌 *Abortiporus biennis* (Bull.) Singer，药用，云南、广西、四川等

烟管菌属 *Bjerkandera*

黑烟管菌 *Bjerkandera adusta* (Willd.) P. Karst.，药用，云南、陕西、新疆等
亚黑烟管菌 *Bjerkandera fumosa* (Pers.) P. Karst.，未知，河北、辽宁

皱革菌属 *Cymatoderma*

枝脉皱革菌 *Cymatoderma dendriticum* (Pers.) D. A. Reid, Kew，未知，广东、海南
多疣皱革菌 *Cymatoderma elegans* Jungh.，未知，广东、海南
海南皱革菌 *Cymatoderma hainanense* Z. T. Guo，未知，海南
翻斗皱革菌 *Cymatoderma infundibuliforme* (Klotzsch) Boidin，未知，福建、广西、广东

耙齿菌属*Irpex*

鲑贝耙齿菌*Irpex consors* Berk.，药用，云南
黄囊耙齿菌*Irpex flavus* Klotzsch，未知，海南
齿囊耙齿菌*Irpex hydnoides* Y. W. Lim & H. S. Jung，未知，黑龙江、吉林
白囊耙齿菌*Irpex lacteus* (Fr.) Fr.，药用，云南、湖北、广西等
穆氏耙齿菌*Irpex mukhinii* (Kotir. & Y. C. Dai) Kotir. & Saaren.，未知，吉林
绒囊耙齿菌*Irpex vellereus* Berk. & Broome，药用，广西、云南、海南

容氏孔菌属*Junghuhnia*

皱容氏孔菌*Junghuhnia collabens* (Fr.) Ryvarden，未知，黑龙江、吉林
毛边容氏孔菌*Junghuhnia fimbriatella* (Peck) Ryvarden，未知，黑龙江、吉林

日本容氏孔菌*Junghuhnia japonica* Núñez & Ryvarden，未知，云南、吉林
撕裂容氏孔菌*Junghuhnia lacera* (P. Karst.) Niemela & Kinnunen，未知，黑龙江、陕西
黄白容氏孔菌*Junghuhnia luteoalba* (P. Karst.) Ryvarden，未知，广东
光亮容氏孔菌*Junghuhnia nitida* (Pers.) Ryvarden，未知，北京
亚小孢容氏孔菌*Junghuhnia pseudominuta* H. S. Yuan & Y. C. Dai，未知，海南
假光亮容氏孔菌*Junghuhnia subnitida* H. S. Yuan & Y. C. Dai，未知，云南
菌寄生容氏孔菌*Junghuhnia pseudoziligiana* (Parmasto) Ryvarden，未知，黑龙江、吉林
菌索容氏孔菌*Junghuhnia rhizomorpha* H. S. Yuan & Y. C. Dai，未知，云南
半伏容氏孔菌*Junghuhnia semisupiniformis* (Murrill) Ryvarden，未知，广东、安徽
台湾容氏孔菌*Junghuhnia taiwaniana* H. S. Yuan, Sheng H. Wu & Y. C. Dai，未知，台湾
热带容氏孔菌*Junghuhnia tropica* H. S. Yuan, Sheng H. Wu & Y. C. Dai，未知，台湾
环带容氏孔菌*Junghuhnia zonata* (Bres.) Ryvarden，未知，海南

半胶菌属 *Gloeoporus*

二色半胶菌*Gloeoporus dichrous* (Fr.) Bres.，未知，河北、吉林、云南等
窄孢半胶菌*Gloeoporus pannocinctus* (Romell) J. Erikss.，未知，黑龙江
紫杉半胶菌*Gloeoporus taxicola* (Pers.) Gilb. & Ryvarden，未知，云南
类革半胶菌 *Gloeoporus thelephoroides* (Hook.) G. Cunn.，未知，海南、云南

丝皮革菌属 *Hyphoderma*

无囊丝皮革菌 *Hyphoderma acystidiatum* Sheng H. Wu，未知，台湾
腊肠孢丝皮革菌 *Hyphoderma allantosporum* Sheng H. Wu，未知，台湾
土色丝皮革菌 *Hyphoderma argillaceum* (Bres.) Donk，未知，四川、云南
棒状丝皮革菌 *Hyphoderma clavatum* Sheng H. Wu，未知，台湾
乳白丝皮革菌 *Hyphoderma cremeoalbum* (Höhn. & Litsch.) Jülich，未知，四川、云南
乳黄丝皮革菌 *Hyphoderma cremeum* Sheng H. Wu，未知，台湾
致密丝皮革菌 *Hyphoderma densum* Sheng H. Wu，未知，台湾

约氏丝皮革菌 *Hyphoderma hjortstamii* Sheng H. Wu，未知，台湾

灰利氏丝皮革菌 *Hyphoderma litschaueri* (Burt) J. Erikss. & Å. Strid，未知，台湾

麦迪波芮丝皮革菌 *Hyphoderma medioburiense* (Burt) Donk，未知，吉林

小囊丝皮革菌 *Hyphoderma microcystidium* Sheng H. Wu，未知，台湾

多变丝皮革菌 *Hyphoderma mutatum* (Peck) Donk，未知，吉林

略丝皮革菌 *Hyphoderma praetermissum* (P. Karst.) J. Erikss. & Å. Strid，未知，吉林、辽宁、海南

微毛丝皮革菌 *Hyphoderma puberum* (Fr.) Wallr.，未知，吉林

皱丝皮革菌 *Hyphoderma rude* (Bres.) Hjortstam & Ryvarden，未知，吉林、辽宁

丝皮革菌 *Hyphoderma setigerum* (Fr.) Donk，未知，吉林、辽宁、海南

西伯利亚丝皮革菌 *Hyphoderma sibiricum* (Parmasto) J. Erikss. & Å. Strid，未知，吉林

近刚毛丝皮革菌 *Hyphoderma subsetigerum* Sheng H. Wu，未知，台湾

近棒状丝皮菌 *Hyphoderma subclavatum* Sheng H. Wu，未知，台湾

变形丝皮革菌 *Hyphoderma transiens* (Bres.) Parmasto，未知，吉林

变化丝皮革菌 *Hyphoderma variolosum* Boidin, Lanq. & Gilles，未知，海南、台湾

杰克菌属 *Jacksonomyces*

假白垩杰克菌 *Jacksonomyces pseudocretaceus* Sheng H. Wu & Z. C. Chen，未知，台湾

皱孔菌属 *Merulius*

胶皱孔菌 *Merulius tremellosus* Schrad.，未知，贵州、云南、吉林等

针齿菌属 *Mycoacia*

粗柄针齿菌 *Mycoacia angustata* H. S. Yuan，未知，海南

类齿菌属 *Mycoleptodonoides*

热带类齿菌 *Mycoleptodonoides tropicalis* H. S. Yuan & Y. C. Dai，未知，云南

环盖齿耳菌属 *Mycorrhaphium*

烟色环盖齿耳菌 *Mycorrhaphium adustum* (Schwein.) Maas Geest.，未知，吉林、黑龙江

无柄环盖齿耳菌 *Mycorrhaphium sessile* H. S. Yuan & Y. C. Dai，未知，云南、贵州

瑚针菌属 *Radulodon*

棉瑚针菌 *Radulodon copelandii* (Pat.) N. Maek.，未知，吉林、陕西、山东等

脉革菌属 *Phlebia*

离心脉革菌 *Phlebia centrifuga* P. Karst.，未知，吉林

黄脉革菌 *Phlebia griseoflavescens* (Litsch.) J. Erikss. & Hjortstam，未知，吉林

脉孔菌属 *Phlebiporia*

奶黄色脉孔菌 *Phlebiporia bubalina* Jia J. Chen, B. K. Cui & Y. C. Dai，未知，云南

柄杯菌属 *Podoscypha*

莲座柄杯菌 *Podoscypha elegans* (G. Mey.) Pat.，未知，贵州、福建、云南

无毛柄杯菌 *Podoscypha glabrescens* (Berk. & M. A. Curtis) Boidin，未知，福建

内卷柄杯菌 *Podoscypha involuta* (Klotzsch) Imazeki，未知，云南、广西、广东

麦里西柄杯菌 *Podoscypha mellissii* (Berk. ex Sacc.) Bres.，未知，广西、广东、海南

红头柄杯菌 *Podoscypha nitidula* (Berk.) Pat.，未知，江苏

杯状柄杯菌 *Podoscypha thozetii* (Berk.) Boidin，未知，吉林

齿耳菌属 *Steccherinum*

阔纤毛齿耳菌*Steccherinum ciliolatum* (Berk. & M. A. Curtis) Gilb. & Budington，未知，黑龙江

奶油色齿耳菌 *Steccherinum cremicolor* H. S. Yuan & Sheng H. Wu，未知，台湾

长囊齿耳菌 *Steccherinum elongatum* H. S. Yuan & Sheng H. Wu，未知，台湾

山生齿耳菌 *Steccherinum oreophilum* Lindsey & Gilb.，未知，四川

强壮齿耳菌*Steccherinum robustius* (J. Erikss. & S. Lundell) J. Erikss.，未知，吉林

椭球孢齿耳菌 *Steccherinum subulatum* H. S. Yuan & Y. C. Dai，未知，湖北

亚圆孢齿耳菌 *Steccherinum subglobosum* H. S. Yuan & Y. C. Dai，未知，湖北

柄革菌属 *Stereopsis*

小柄革菌 *Stereopsis burtiana* (Peck) D. A. Reid，未知，四川、云南

掌头柄革菌 *Stereopsis cartilaginea* (Massee) D. A. Reid，未知，云南
厚盖柄革菌 *Stereopsis crassipileata* Z. T. Guo，未知，海南
细柄柄革菌 *Stereopsis gracilistipitata* Z. T. Guo，未知，福建、四川
瓣裂柄革菌 *Stereopsis hiscens* (Berk. & Ravenel) D. A. Reid，未知，四川
假杯柄革菌 *Stereopsis pseudocupulata* Z. T. Guo，未知，海南
蛋黄柄革菌 *Stereopsis vitellina* (S. Lundell) D. A. Reid，未知，北京

原毛平革菌科 Phanerochaetaceae

小薄孔菌属 *Antrodiella*

白黄小薄孔菌*Antrodiella albocinnamomea* Y. C. Dai & Niemelä，未知，吉林
美国小薄孔菌*Antrodiella americana* Ryvarden & Gilb.，未知，吉林
红黄小薄孔菌*Antrodiella aurantilaeta* (Corner) T. Hatt. & Ryvarden，未知，广东、广西、吉林
褐山小薄孔菌*Antrodiella brunneimontana* (Corner) T. Hatt.，未知，黑龙江、吉林
中国小薄孔菌*Antrodiella chinensis* H. S. Yuan，未知，吉林
浅黄小薄孔菌*Antrodiella citrinella* Niemelä & Ryvarden，未知，黑龙江、吉林
黄盖小薄孔菌*Antrodiella citripileata* H. S. Yuan，未知，云南
柔韧小薄孔菌*Antrodiella duracina* (Pat.) I. Lindblad & Ryvarden，未知，云南、四川
山毛榉小薄孔菌*Antrodiella faginea* Vampola & Pouzar，未知，吉林
费氏小薄孔菌*Antrodiella formosana* T. T. Chang & W. N. Chou，未知，台湾
香味小薄孔菌*Antrodiella fragrans* (A. David & Tortic) A. David. & Tortič，未知，吉林
白膏小薄孔菌*Antrodiella gypsea* (Yasuda) T. Hatt. & Ryvarden，未知，黑龙江、吉林、辽宁
包被小薄孔菌*Antrodiella incrustans* (Berk. & M. A. Curtis) Ryvarden，未知，广东、广西
黑卷小薄孔菌*Antrodiella liebmannii* (Fr.) Ryvarden，未知，广西、海南
小孔小薄孔菌*Antrodiella micra* Y. C. Dai，未知，吉林
角孔小薄孔菌*Antrodiella nanospora* H. S. Yuan，未知，云南
帕拉斯小薄孔菌*Antrodiella pallasii* Renvall，未知，黑龙江

缘毛小薄孔菌*Antrodiella pendulina* H. S. Yuan，未知，广东

大集毛小薄孔菌*Antrodiella perennis* B. K. Cui & Y. C. Dai，未知，江西

若氏小薄孔菌*Antrodiella romellii* (Donk) Niemelä，未知，黑龙江、吉林、辽宁

半伏小薄孔菌*Antrodiella semisupina* (Berk. & M. A. Curtis) Ryvarden，未知，黑龙江、吉林、辽宁

具柄小薄孔菌*Antrodiella stipitata* H. S. Yuan & Y. C. Dai，未知，黑龙江

崖柏小薄孔菌*Antrodiella thujae* Y. C. Dai & H. S. Yuan，未知，青海

乌苏里小薄孔菌*Antrodiella ussurii* Y. C. Dai & Niemelä，未知，吉林

环带小薄孔菌 *Antrodiella zonata* (Berk.) Ryvarden，未知，广西、海南、云南等

澳大利亚齿菌属*Australohydnum*

栗生澳大利亚齿菌*Australohydnum castaneum* (Lloyd) Zmitr., Malysheva & Spirin，未知，吉林、福建

蜡孔菌属 *Ceriporia*

阿拉华蜡孔菌 *Ceriporia alachuana* (Murrill) Hallenb.，未知，北京、河南

橘黄蜡孔菌 *Ceriporia aurantiocarnescens* (Henn.) M. Pieri & B. Rivoire，未知，安徽、湖北、云南等

卡玛蜡孔菌 *Ceriporia camaresiana* (Bourdot & Galzin) Bondartsev & Singer，未知，福建

厚壁蜡孔菌 *Ceriporiacrassitunicata* Y. C. Dai & Sheng H. Wu，未知，海南

维德蜡孔菌 *Ceriporia davidii* (D. A. Reid) M. Pieri & B. Rivoire，未知，黑龙江、湖北

浅褐蜡孔菌 *Ceriporia excelsa* (S. Lundell) Parmasto，未知，贵州、海南、吉林等

膨胀蜡孔菌 *Ceriporia inflata* Y. C. Dai & B. S. Jia，未知，海南、江西

江西蜡孔菌 *Ceriporia jiangxiensis* B. S. Jia & B. K. Cui，未知，江西

撕裂蜡孔菌 *Ceriporia lacerata* N. Maek- Suhara & R. Kondo，未知，北京、广东、云南等

宽边蜡孔菌 *Ceriporia latemarginata* Y. C. Dai & B. S. Jia，未知，海南

蜜蜡孔菌 *Ceriporia mellea* (Berk. & Broome) Ryvarden，未知，海南、云南

南岭蜡孔菌 *Ceriporia nanlingensis* B. K. Cui & B. S. Jia，未知，湖北、湖南

白边蜡孔菌 *Ceriporia niveimarginata* Y. C. Dai & B. S. Jia，未知，河南、四川

假囊蜡孔菌 *Ceriporia pseudocystidiata* Y. C. Dai & B. S. Jia，未知，河南、湖南

紫蜡孔菌 *Ceriporia purpurea* (Fr.) Donk，未知，安徽、辽宁、云南等

网状蜡孔菌 *Ceriporia reticulata* (Hoffm.) Domanski，未知，河南、湖北、台湾

紧密蜡孔菌 *Ceriporia spissa* (Schwein. ex Fr.) Rajchenb，未知，福建、吉林、云南等

亚阿拉华蜡孔菌 *Ceriporia subalachuana* Y. C. Dai & B. S. Jia，未知，广西、江西

硫色蜡孔菌 *Ceriporia sulphuricolor* Bemicchia & Niemelǟ，未知，安徽

红褐蜡孔菌 *Ceriporia tarda* (Berk.) Ginns，未知，吉林

罗汉松蜡孔菌 *Ceriporia totara* (G. Cunn.) P. K. Buchanan & Ryvarden，未知，海南

变囊蜡孔菌 *Ceriporia variegate* Y. C. Dai & B. S. Jia，未知，湖南

变色蜡孔菌 *Ceriporia viridans* (Berk. & Broome) Donk，未知，福建、辽宁、云南等

拟蜡孔菌属 *Ceriporiopsis*

白黄拟蜡孔菌*Ceriporiopsis alboaurantia* C. L. Zhao, B. K. Cui & Y. C. Dai，未知，吉林

黑白拟蜡孔菌*Ceriporiopsis albonigrescens* Núñez, Parmasto & Ryvarden，未知，吉林

角孔拟蜡孔菌*Ceriporiopsis aneirina* (Sommerf.) Domański，未知，黑龙江、吉林

巴拉尼拟蜡孔菌*Ceriporiopsis balaenae* Niemelä，未知，吉林、辽宁

近缘拟蜡孔菌*Ceriporiopsis consobrina* (Bresadola) Ryvarden，未知，吉林

奶油拟蜡孔菌*Ceriporiopsis cremea* (Parmasto) Ryvarden，未知，吉林、辽宁

硫磺拟蜡孔菌*Ceriporiopsis egula* C. J. Yu & Y. C. Dai，未知，西藏

浅黄拟蜡孔菌*Ceriporiopsis gilvescens* (Bres.) Domański，未知，黑龙江、内蒙古、吉林等

耶利奇拟蜡孔菌*Ceriporiopsis jelicii* (Tortič & A. David) Ryvarden & Gilb.，未知，黑龙江

淡紫色拟蜡孔菌*Ceriporiopsis lavendula* B. K. Cui，未知，广东

小孢拟蜡孔菌*Ceriporiopsis microporus* T. T. Chang & W. N. Chou，未知，台湾

霉拟蜡孔菌*Ceriporiopsis mucida* (Pers.) Gilb. & Ryvarden，未知，黑龙江、吉林、辽宁

胶拟蜡孔菌 *Ceriporiopsis resinascens* (Romell) Domański，未知，辽宁

半拟蜡孔菌 *Ceriporiopsis semisupina* C. L. Zhao, B. K. Cui & Y. C. Dai，未知，吉林

暗色拟蜡孔菌 *Ceriporiopsis umbrinescens* (Murrill) Ryvarden，未知，云南

平革菌属 *Phanerochaete*

黄孢原毛平革菌 *Phanerochaete chrysosporium* Burds.，未知，云南、四川、西藏等

多孔菌科 Polyporaceae

多孢孔菌属 *Abundisporus*

紫褐多孢孔菌 *Abundisporus fuscopurpureus* (Pers.) Ryvarden，未知，云南

玫瑰色多孢孔菌 *Abundisporus roseoalbus* (Jungh.) Ryvarden，未知，云南

齿毛菌属 *Cerrena*

迈恩齿毛菌*Cerrena meyenii* (Klotzsch) L. Hansen，未知，云南、江苏

一色齿毛菌 *Cerrena unicolor* (Bull.) Murrill，未知，河北、陕西、云南等

革孔菌属 *Coriolopsis*

粗糙革孔菌*Coriolopsis aspera* (Jungh.) Teng，未知，海南、四川、云南等

粗毛革孔菌*Coriolopsis gallica* (Fr.) Ryvarden，未知，河北、云南、新疆等

淡黄革孔菌*Coriolopsis luteola* (X. Q. Zhang & J. D. Zhao) J. D. Zhao，未知，北京、四川、云南等

分枝革孔菌 *Coriolopsis telfairii* (Klotzsch) Ryvarden，未知，江西、海南、云南

隐孔菌属 *Cryptoporus*

中华隐孔菌 *Cryptoporus sinensis* Sheng H. Wu & M. Zang，药用，云南

隐孔菌 *Cryptoporus volvatus* (Peck) Shear，药用，云南、河北、北京等

异薄孔菌属 *Datronia*

软异薄孔菌 *Datronia mollis* (Sommerf.) Donk，未知，北京、河南、云南等

革异薄孔菌 *Datronia stereoides* (Fr.) Ryvarden，未知，广西、云南

拟异薄孔菌属 *Datroniella*

黑拟异薄孔菌 *Datroniella melanocarpa* B. K. Cui, Hai J. Li & Y. C. Dai，未知，四川

盘拟异薄孔菌 *Datroniella scutellata* (Schwein.) B. K. Cui, Hai J. Li & Y. C. Dai，未知，山西、广西、四川等

亚热带拟异薄孔菌 *Datroniella subtropica* B. K. Cui, Hai J. Li & Y. C. Dai，未知，四川

西藏拟异薄孔菌 *Datroniella tibetica* B. K. Cui, Hai J. Li & Y. C. Dai，未知，西藏

热带拟异薄孔菌 *Datroniella tropica* B. K. Cui, Hai J. Li & Y. C. Dai，未知，云南

叉丝孔菌属 *Dichomitus*

污叉丝孔菌 *Dichomitus squalens* (P. Karst.) D. A. Reid，未知，黑龙江、云南

二丝孔菌属 *Diplomitoporus*

硬二丝孔菌*Diplomitoporus crustulinus* (Bres.) Domański，未知，吉林、辽宁

黄二丝孔菌 *Diplomitoporus flavescens* (Bres.) Domański，未知，黑龙江、吉林

红贝菌属*Earliella*

红贝菌*Earliella scabrosa* (Pers.) Gilb. & Ryvarden，未知，浙江、海南、云南等

棘刚毛状菌属*Echinochaete*

短棘刚毛状菌*Echinochaete brachypora* (Mont.) Ryvarden，未知，广西

大孔菌属 *Favolus*

漏斗大孔菌*Favolus arcularius* (Batsch) Fr.，食药用，广西

假桦大孔菌*Favolus pseudobetulinus* (Murashk. ex Pilát) Sotome & T. Hatt.，未知，吉林

匙形大孔菌*Favolus spathulatus* (Jungh.) Lév.，未知，广西、广东

宽鳞大孔菌 *Favolus squamosus* (Huds.) Fr.，食药用，广西、云南、广东等

略薄大孔菌 *Favolus tenuiculus* P. Beauv.，未知，海南

层架菌属*Flabellophora*

黄层架菌*Flabellophora licmophora* (Massee) Corner，未知，安徽、福建、云南等

层架菌*Flabellophora superposita* (Berk.) G. Cunn.，未知，海南

层孔菌属*Fomes*

木蹄层孔菌*Fomes fomentarius* (L.) Fr.，药用，吉林、云南、西藏等

草灰层孔菌*Fomes hemitephrus* (Berk.) Cooke，未知，海南

楝树层孔菌*Fomes meliae* (Underw.) Murrill，未知，湖南

拟层孔菌属*Fomitopsis*

安徽拟层孔菌*Fomitopsis anhuiensis* X. F. Ren & X. Q. Zhang，未知，安徽

粉肉拟层孔菌*Fomitopsis cajanderi* (P. Karst.) Kotl. & Pouzar，未知，吉林、黑龙江、新疆
栗色拟层孔菌*Fomitopsis castanea* Imazeki，未知，吉林、黑龙江
粉红拟层孔菌*Fomitopsis cupreorosea* (Berk.) J. Carranza & Gilb.，未知，广西、云南
浅肉色拟层孔菌*Fomitopsis feei* (Fr.) Kreisel，未知，福建、云南、海南等
脆拟层孔菌*Fomitopsis fragilis* B. K. Cui & M. L. Han，未知，海南
海南拟层孔菌*Fomitopsis hainaniana* J. D. Zhao & X. Q. Zhang，未知，海南
木质拟层孔菌*Fomitopsis lignea* (Berk.) Ryvarden，未知，广西
似雪拟层孔菌*Fomitopsis nivosa* (Berk.) Gilb. & Ryvarden，未知，广西、四川、云南等
药用拟层孔菌*Fomitopsis officinalis* (Vll.) Bondartsev & Singer，药用，河北、山西、新疆等
瘤盖拟层孔菌*Fomitopsis palustris* (Berk. & M. A. Curtis) Gilb. & Ryvarden，未知，福建、广东、海南
红缘拟层孔菌*Fomitopsis pinicola* (Sw.) P. Karst.，药用，广西、四川、云南等
拟帕氏拟层孔菌*Fomitopsis pseudopetchii* (Lloyd) Ryvarden，未知，海南
黑蹄拟层孔菌*Fomitopsis rhodophaea* (Lév.) Imazeki，未知，吉林
玫瑰色拟层孔菌*Fomitopsis rosea* (Alb. & Schwein.) P. Karst.，未知，吉林、广西、云南等
漆红拟层孔菌*Fomitopsis rufolaccata* (Bose) Dhanda，未知，湖北
三明拟层孔菌*Fomitopsis sanmingensis* J. D. Zhao & X. Q. Zhang，未知，福建
硬拟层孔菌*Fomitopsis spraguei* (Berk. & M. A. Curtis) Gilb. & Ryvarden，未知，云南

毛孔菌属 *Funalia*

硬毛孔菌 *Funalia caperata* (Berk.) Zmitr. & V. Malysheva，未知，海南
多带毛孔菌 *Funalia polyzona* (Pers.) Niemelä, in Härkönen, Niemelä & Mwasumbi，未知，北京、贵州、云南等
红斑毛孔菌 *Funalia sanguinaria* (Klotzsch) Zmitr. & V. Malysheva，未知，海南、广西、云南等
柏树毛孔菌 *Funalia thujae* (J. D. Zhao) Y. C. Dai & H.S. Yuan，未知，西藏
粗硬毛孔菌 *Funalia trogii* (Berk.) Bondartsev & Singer，未知，黑龙江、内蒙古、吉林等

褐齿毛菌属 *Fuscocerrena*

管裂褐齿毛菌 *Fuscocerrena portoricensis* (Fr.) Ryvarden，未知，北京、广西

浅孔菌属 *Grammothele*

齿孔浅孔菌 *Grammothele denticulata* Y. C. Dai & L.W. Zhou，未知，广东

棕榈浅孔菌 *Grammothele fuligo* (Berk. & Broome) Ryvarden，未知，海南、广西

线浅孔菌 *Grammothele lineate* Berk. & M. A. Curtis，未知，海南，广西

栎浅孔菌 *Grammothele quercina* (Y. C. Dai) B. K. Cui & Hai J. Li，未知，云南

彩孔菌属 *Hapalopilus*

黄彩孔菌 *Hapalopilus croceus* (Pers.) Donk，未知，黑龙江、福建

浅黄彩孔菌*Hapalopilus flavus* B. K. Cui & Y. C. Dai，未知，福建

彩孔菌 *Hapalopilus nidulans* (Fr.) P. Karst.，未知，山西、吉林、四川等

红彩孔菌 *Hapalopilus rutilans* (Pers.) P. Karst. 未知，山西、吉林、内蒙古等

全缘孔菌属 *Haploporus*

亚拉巴马全缘孔菌*Haploporus alabamae* (Berk. & Cooke) Y. C. Dai & Niemelä，未知，海南

宽孢全缘孔菌*Haploporus latisporus* Juan Li & Y. C. Dai，未知，湖南、浙江

尼泊尔全缘孔菌*Haploporus nepalensis* (T. Hatt.) Y. C. Dai，未知，四川

香味全缘孔菌*Haploporus odorus* (Sommerf.) Bondartsev & Singer，未知，黑龙江、吉林、辽宁

纸全缘孔菌*Haploporus papyraceus* (Schwein.) Y. C. Dai & Niemelä，未知，海南

亚栓全缘孔菌*Haploporus subtrameteus* (Pilát) Y. C. Dai & Niemelä，未知，辽宁

辛迪全缘孔菌 *Haploporus thindii* (Natarajan & Kolandavelu) Y. C. Dai，未知，西藏

太阳菇伞属*Heliocybe*

淡黄褐太阳菇伞*Heliocybe sulcata* (Berk.) Redhead & Ginns，未知，四川

蜂窝孔菌属 *Hexagonia*

毛蜂窝孔菌*Hexagonia apiaria* (Pers.) Fr.，未知，广东、海南

帽形窝孔菌*Hexagonia cucullata* (Mont.) Murrill，未知，云南

亚蜂窝孔菌*Hexagonia subtenuis* Sacc.，未知，海南、云南

薄蜂窝孔菌 *Hexagonia tenuis* (Hook) Fr.，未知，广西、云南、辽宁等

雷丸菌属 *Laccocephalum*

雷丸菌*Laccocephalum mylittae* (Cooke & Massee) Núñez & Ryvarden，药用，安徽、广西、云南等

哈氏雷丸菌*Laccocephalum hartmannii* (Cooke) Núñez & Ryvarden，药用，四川

斗菇属 *Lentinus*

栗褐色斗菇 *Lentinus badius* (Berk.) Berk.，未知，云南

纤柄斗菇 *Lentinus cladopus* Lév.，未知，福建、江西

多色斗菇 *Lentinus polychrous* Lév.，未知，甘肃、海南、云南

环柄斗菇 *Lentinus sajor-caju* (Fr.) Fr.，可食，全国

应兵斗菇 *Lentinus scleropus* (Pers.) Fr.，可食，广东、海南

翘鳞斗菇 *Lentinus squarrosulus* Mont.，未知，全国

红柄斗菇 *Lentinus suavissimus* Fr.，未知，吉林、湖北

虎纹斗菇 *Lentinus tigrinus* (Bull.) Fr.，可食，吉林、云南

具核斗菇 *Lentinus tuber-regium* (Fr.) Fr.，可食，云南

褐绒斗菇 *Lentinus velutinus* Fr.，可食，云南、广东、海南等

褶孔菌属*Lenzites*

锐褶孔菌*Lenzites acuta* Berk.，未知，云南、甘肃、吉林等

桦褶孔菌*Lenzites betulina* (L.) Fr.，药用，湖北、北京、四川等

日本褶孔菌*Lenzites japonica* Berk. & M. A. Curtis，未知，北京、吉林、黑龙江等

马来褶孔菌*Lenzites malaccensis* Sacc. & Cub.，未知，广西、云南

大褶孔菌*Lenzites vespacea* (Pers.) Pat.，未知，海南、云南

细长孔菌属 *Leptoporus*

柔软细长孔菌 *Leptoporus mollis* (Pers.:Fr.) Quél.，未知，黑龙江

虎乳灵芝属 *Lignosus*

虎乳灵芝 *Lignosus rhinocerus* (Cooke) Ryvarden，药用，海南

巨孔菌属 *Megasporia*

拟囊状体巨孔菌 *Megasporia cystidiolophora* (B. K. Cui & Y. C. Dai) B. K. Cui & Hai J. Li，未知，浙江

椭孢巨孔菌 *Megasporia ellipsoidea* (B. K. Cui & P. Du) B. K. Cui & Hai J. Li，未知，海南

广东巨孔菌 *Megasporia guangdongensis* B. K. Cui & Hai J. Li，未知，广东

蜂巢巨孔菌 *Megasporia hexagonoides*，未知，广东、海南

横断山巨孔菌 *Megasporia hengduanensis* B. K. Cui & Hai J. Li，未知，云南

大孢巨孔菌 *Megasporia major* (G. Y. Zheng & Z.S. Bi) B. K. Cui, Y. C. Dai & Hai J. Li，未知，广东

紫孔巨孔菌 *Megasporia violacea* (B. K. Cui & P. Du) B.K. Cui, Y. C. Dai & Hai J. Li，未知，海南

大孢孔菌属 *Megasporoporia*

版纳大孢孔菌 *Megasporoporia bannaensis* B. K. Cui & Hai J. Li，未知，云南

巨大孢孔菌 *Megasporoporia major* (G. Y. Zheng & Z. S. Bi) Y. C. Dai & T. H. Li，未知，广东

小孔大孢孔菌 *Megasporoporia minor* B. K. Cui & Hai J. Li，未知，云南

微孔大孢孔菌 *Megasporoporia minuta* Y. C. Dai & X. S. Zhou，未知，广西

拟大孢孔菌属 *Megasporoporiella*

碎孔拟大孢孔菌 *Megasporoporiella lacerata* B. K. Cui & Hai J. Li，未知，云南

假浅孔拟大孢孔菌 *Megasporoporiella pseudocavernulosa* B. K. Cui & Hai J. Li，未知，四川

杜鹃拟大孢孔菌 *Megasporoporiella rhododendri* (Y. C. Dai & Y. L. Wei) B. K. Cui & Hai J. Li，未知，四川

浅孔拟大孢孔菌 *Megasporoporiella subcavernulosa* (Y. C. Dai & Sheng H. Wu) B. K. Cui & Hai J. Li，未知，云南、广西

黑褐孔菌属 *Melanoderma*

小黑褐孔菌 *Melanoderma microcarpum* B. K. Cui & Y. C. Dai，未知，湖南

卧孔菌属 *Melanoporia*

栗色卧孔菌 *Melanoporia castanea* (Imazeki) T. Hatt. &Ryvarden, Quercus，未知，黑龙江、吉林、辽宁

拟小孔菌属*Microporellus*

伯氏拟小孔菌*Microporellus burkillii* (Lloyd) Corner，未知，海南

倒卵拟小孔菌*Microporellus obovatus* (Jungh.) Ryvarden，未知，广西、海南、云南

紫灰拟小孔菌*Microporellus violaceocinerascens* (Petch) A. David & Rajchenb.，未知，海南

小孔菌属*Microporus*

近缘小孔菌*Microporus affinis* (Blume & Nees) Kuntze，未知，福建、海南、云南

褐扇小孔菌*Microporus vernicipes* (Berk.) Kuntze，未知，海南

黄褐小孔菌*Microporus xanthopus* (F.) Pat.，未知，浙江、海南、云南等

莫里孔菌属 *Mollicarpus*

奇瓣莫里孔菌 *Mollicarpus cognatus* (Berk.) Ginns，未知，海南

新异薄孔菌属 *Neodatronia*

高黎贡山新异薄孔菌 *Neodatronia gaoligongensis* B. K. Cui, Hai J. Li & Y. C. Dai，未知，云南

中华新异薄孔菌 *Neodatronia sinensis* B. K. Cui, Hai J. Li & Y. C. Dai，未知，安徽

新斗菇属 *Neolentinus*

黏新斗菇 *Neolentinus adhaerens* (Alb. & Schwein.) Redhead & Ginns，未知，西藏、吉林

洁丽新斗菇 *Neolentinus lepideus* (Fr.) Redhead & Ginns，有毒，西藏、吉林、内蒙古等

黑层孔菌属*Nigrofomes melanoporus* (Mont.) Murrill

栗黑层孔菌*Nigrofomes melanoporus* (Mont.) Murrill，未知，广东、海南、云南

黑孔菌属*Nigroporus*

硬黑孔菌*Nigroporus durus* (Jungh.) Murrill，未知，广西、海南

乌苏里黑孔菌*Nigroporus ussuriensis* (Bondartsev & Ljub.) Y. C. Dai & Niemelä，未知，黑龙江

紫褐黑孔菌*Nigroporus vinosus* (Berk.) Murrill，未知，北京、广西、云南等

大纹饰孢属*Pachykytospora*

纸质大纹饰孢*Pachykytospora papyracea* (Cooke) Ryvarden，未知，西藏

革耳属 *Panus*

纤毛革耳 *Panus brunneipes* Corner，药用，云南、福建、海南等

贝壳状革耳 *Panus conchatus* (Bull.) Fr.，药用，西藏、云南

革耳 *Panus neostrigosus* Drechsler-Santos & Wartchow，未知，全国

绒柄革耳 *Panus similis* (Berk. & Broome) T. W. May & A. E. Wood，未知，云南、贵州、湖南等

鳞毛革耳 *Panus strigellus* (Berk.) Overh.，未知，四川、云南

多年卧孔菌属 *Perenniporia*

非洲多年卧孔菌*Perenniporia africana* Ipulet & Ryvarden，未知，安徽

干热多年卧孔菌*Perenniporia aridula* B. K. Cui & C. L. Zhao，未知，云南

竹生多年卧孔菌*Perenniporia bambusicola* Choeyklin, T. Hatt. & E. B. G. Jones，未知，云南

版纳多年卧孔菌*Perenniporia bannaensis* B. K. Cui & C. L. Zhao，未知，云南

灰褐多年卧孔菌*Perenniporia cinereofusca* B. K. Cui & C. L. Zhao，未知，海南

三角多年卧孔菌*Perenniporia contraria* (Berk. & M. A. Curtis) Ryvarden，未知，海南

囊孢多年卧孔菌*Perenniporia cystidiata* Y. C. Dai, W. N. Chou & Sheng H. Wu，未知，台湾

下延多年卧孔菌*Perenniporia decurrata* Corner，未知，云南

特氏多年卧孔菌*Perenniporia delavayi* (Pat.) Decock & Ryvarden，未知，安徽、四川、广西

树状多年卧孔菌*Perenniporia dendrohyphidia* Ryvarden，未知，广西

椭圆孢多年卧孔菌*Perenniporia ellipsospora* Ryvarden & Gilb.，未知，云南

费氏多年卧孔菌*Perenniporia fergusii* Gilb. & Ryvarden，未知，贵州、广东

台湾多年卧孔菌*Perenniporia formosana* T. T. Chang，未知，台湾

白蜡多年卧孔菌*Perenniporia fraxinea* (Bull.:Fr) Ryvarden，未知，北京、江苏、安徽等

喜蜡多年卧孔菌*Perenniporia fraxinophila* (Peck) Ryvarden，未知，河北、甘肃

戈氏多年卧孔菌*Perenniporia gomezii* Rajchenb. & J. E. Wright，未知，海南

海南多年卧孔菌*Perenniporia hainaniana* B. K. Cui & C. L. Zhao，未知，海南

哈氏多年卧孔菌*Perenniporia hattorii* Y. C. Dai & B. K. Cui，未知，海南

硬多年卧孔菌 *Perenniporia inflexibilis* (Berk.) Ryvarden，未知，广东、福建

灰黄多年卧孔菌 *Perenniporia isabellina* (Pat. ex Sacc.) Ryvarden，未知，云南

日本多年卧孔菌*Perenniporia japonica* (Yasuda) T. Hatt. & Ryvarden，未知，北京、山东、辽宁

白蜡多年卧孔菌*Perenniporia lacerata* B. K. Cui & C. L. Zhao，未知，云南、广西

怀槐多年卧孔菌*Perenniporia maackiae* (Bondartsev & Ljub.) Parmasto，未知，辽宁、吉林

巨孢多年卧孔菌*Perenniporia macropora* B. K. Cui & C. L. Zhao，未知，广西

褐壳多年卧孔菌*Perenniporia malvena* (Lloyd.) Ryvarden，未知，浙江、广西、海南

角壳多年卧孔菌*Perenniporia* martia (Berk.) Ryvarden，未知，海南、湖南、云南

狭髓多年卧孔菌*Perenniporia medulla-panis* (Jacq.) Donk，未知，吉林、广东、广西

小多年卧孔菌*Perenniporia minor* Y. C. Dai & H. X. Xiong，未知，吉林

骨质多年卧孔菌*Perenniporia minutissima* (Yasuda) T. Hatt. & Ryvarden，未知，湖南、山东、浙江等

南仁山多年卧孔菌 *Perenniporia nanjenshana* T. T. Chang & W. N. Chou，未知，台湾

南岭多年卧孔菌*Perenniporia nanlingensis* B. K. Cui & C. L. Zhao，未知，广东、福建、浙江等

纳雷姆多年卧孔菌*Perenniporia narymica* (Pilát) Pouzar，未知，海南

白赭多年卧孔菌*Perenniporia ochroleuca* (Berk.) Ryvarden，未知，云南、江苏、浙江

俄亥俄多年卧孔菌*Perenniporia ohiensis* (Berk.) Ryvarden，未知，河北

云杉多年卧孔菌*Perenniporia piceicola* Y. C. Dai，未知，云南、四川、湖北

梨生多年卧孔菌*Perenniporia pyricola* Y. C. Dai & B. K. Cui，未知，北京、河北、辽宁

菌索多年卧孔菌*Perenniporia rhizomorpha* B. K. Cui, Y. C. Dai & Decock，未知，安徽、福建、云南等

紫红多年卧孔菌*Perenniporia russeimarginata* B. K. Cui & C. L. Zhao，未知，云南

微酸多年卧孔菌*Perenniporia subacida* (Peck) Donk，未知，云南、福建、陕西等

灰黑多年卧孔菌 *Perenniporia subadusta* (Z. S. Bi & G. Y. Zheng) Y. C. Dai，药用，广东、台湾、云南等

亚稻色多年卧孔菌 *Perenniporia substraminea* B. K. Cui & C. L. Zhao，未知，浙江

亚灰多年卧孔菌 *Perenniporia subtephropora* B. K. Cui & C. L. Zhao，未知，广东

薄多年卧孔菌 *Perenniporia tenuis* (Schwein.) Ryvarden，未知，吉林、辽宁、云南等

天目山多年卧孔菌 *Perenniporia tianmuensis* B. K. Cui & C. L. Zhao，未知，浙江

西藏多年卧孔菌 *Perenniporia tibetica* B. K. Cui & C. L. Zhao，未知，西藏

截孢多年卧孔菌 *Perenniporia truncatospora* (Lloyd) Ryvarden，未知，北京、辽宁、云南等

黄多年卧孔菌 *Perenniporia xantha* Decock & Ryvarden，未知，海南

多孔菌属*Polyporus*

奇异多孔菌*Polyporus admirabilis* Peck，未知，辽宁

漏斗多孔菌*Polyporus arcularius* (Batsch) Fr. 可食，吉林、海南、云南等

褐多孔菌*Polyporus badius* (Pers.) Schwein.，未知，吉林、四川、云南

冬生多孔菌*Polyporus brumalis* (Pers.) Fr.，未知，内蒙古、浙江、四川等

缘毛多孔菌*Polyporus ciliatus* Fr.，未知，四川、西藏、云南

小黑多孔菌*Polyporus dictyopus* Mont.，未知，四川、西藏

条盖多孔菌*Polyporus grammocephalus* Berk.，未知，福建、广西、云南等

圭亚那多孔菌*Polyporus guianensis* Mont.，未知，内蒙古、广西

软多孔菌*Polyporus hapalopus* H. J. Xue & L. W. Zhou，未知，广西

尖峰岭多孔菌*Polyporus jianfenglingensis* (G. Y. Zheng) H. D. Zheng & P. G. Liu，未知，海南

柳叶状多孔菌*Polyporus leptocephalus* (Jacq.) Fr.，未知，吉林、云南、新疆等

理坡瑞多孔菌*Polyporus leprieurii* Mont. 未知，云南

黑柄多孔菌*Polyporus melanopus* (Pers.) Fr.，未知，湖北、广西、西藏等

小多孔菌*Polyporus minor* Z. S. Bi. & G. Y. Zheng，未知，广东

蒙古多孔菌*Polyporus mongolicus* (Pilát) Y. C. Dai，未知，内蒙古、黑龙江、北京等

菲律宾多孔菌*Polyporus philippinensis* Berk.，未知，广西、海南

微小多孔菌*Polyporus pumilus* Y. C. Dai & Niemelä，未知，湖南

喜根多孔菌*Polyporus rhizophilus* (Pat.) Sacc.，未知，青海

细皱多孔菌*Polyporus rugulosus* Lév.，未知，福建、海南

匙形多孔菌*Polyporus spatulatus* (Jungh.) Corner，未知，海南

宽鳞多孔菌*Polyporus squamosus* (Huds.) Fr.，未知，吉林、陕西、云南等

近莲座多孔菌*Polyporus subfloriformis* Z. S. Bi & G. Y. Zheng，未知，广东

近木质多孔菌*Polyporus sublignosus* J. D. Zhao & X. Q. Zhang，未知，海南

拟变形多孔菌*Polyporus subvarius* C. J. Yu & Y. C. Dai，未知，四川、西藏、云南

太白多孔菌*Polyporus taibaiensis* Y. C. Dai，未知，山西、北京

极薄多孔菌*Polyporus tenuissimus* X. Q. Zhang & J. D. Zhao，未知，湖北

栓多孔菌*Polyporus trametoides* Corner，未知，云南

喇叭多孔菌*Polyporus tubaeformis* (P. Karst.) Ryvarden & Gilb.，未知，黑龙江、内蒙古、吉林等

菌核多孔菌*Polyporus tuberaster* (Jacq.) Fr.，未知，黑龙江、内蒙古、吉林等

潮润多孔菌*Polyporus udus* Jungh.，未知，海南

猪苓多孔菌*Polyporus umbellatus* (Pers.) Fr.，未知，山西、云南、西藏等

变形多孔菌*Polyporus varius* (Pers.) Fr.，未知，广西、四川、云南等

条纹多孔菌*Polyporus virgatus* Berk. & M. A. Curtis，未知，海南、云南

新疆多孔菌*Polyporus xinjiangensis* J. D. Zhao & X. Q. Zhang，未知，新疆

远安多孔菌*Polyporus yuananensis* X. Q. Zhang & J. D. Zhao，未知，湖北

红密孔菌属*Pycnoporus*

鲜红密孔菌*Pycnoporus cinnabarinus* (Jacq.) P. Karst.，药用，吉林、山东、云南等

血红密孔菌*Pycnoporus sanguineus* (L.) Murrill，药用，黑龙江、湖北、云南等

小肉齿菌属 *Sarcodontia*

优美小肉齿菌*Sarcodontia delectans* (Peck) Spirin，未知，北京、黑龙江

针小肉齿菌*Sarcodontia setosa* (Pers.) Donk，未知，山西、贵州、云南等

干皮孔菌属*Skeletocutis*

软革干皮孔菌*Skeletocutis alutacea* (J. Lowe) Jean Keller，未知，辽宁

变型干皮孔菌*Skeletocutis amorpha* (Fr.) Kotl. & Pouzar，未知，广西、云南、海南

双泡干皮孔菌*Skeletocutis biguttulata* (Romell) Niemelä，未知，黑龙江、内蒙古、吉林

歪孢干皮孔菌*Skeletocutis brevispora* Niemelä，未知，黑龙江、内蒙古、吉林

肉灰干皮孔菌*Skeletocutis carneogrisea* A. David，未知，吉林

菌索干皮孔菌*Skeletocutis fimbriata* Juan Li & Y. C. Dai，未知，湖北

柯氏干皮孔菌*Skeletocutis krawtzewii* (Pilát) Kotl. & Pouzar，未知，云南、四川

薄干皮孔菌*S keletocutis kuehneri* A. David，未知，黑龙江、吉林

紫干皮孔菌*Skeletocutis lilacina* A. David & Jean Keller，未知，黑龙江

浅黄干皮孔菌*Skeletocutis luteolus* B. K. Cui & Y. C. Dai，未知，海南

白干皮孔菌*Skeletocutis nivea* (Jungh.) Jean Keller，未知，广西、云南、陕西等

黄白干皮孔菌*Skeletocutis ochroalba* Niemelä，未知，黑龙江

香味干皮孔菌*Skeletocutis odora* (Sacc.) Ginns，未知，黑龙江、吉林

纸干皮孔菌*Skeletocutis papyracea* A. David，未知，黑龙江

大孢干皮孔菌*Skeletocutis percandida* (Malençon & Bertault) Jean Keller，未知，西藏、四川

多年干皮孔菌*Skeletocutis perennis* Ryvarden，未知，吉林

星状干皮孔菌*Skeletocutis stellae* (Pilát) Jean Keller，未知，吉林

亚肉干皮孔菌*Skeletocutis subincarnata* (Peck) Jean Keller，未知，吉林、广西

亚星状干皮孔菌*Skeletocutis substellae* Y. C. Dai，未知，海南

拟常见干皮孔菌*Skeletocutis subvulgaris* Y. C. Dai，未知，吉林

稀管孔菌属*Sparsitubus*

莲蓬稀管孔菌*Sparsitubus nelumbiformis* L. W. Hsu & J. D. Zhao，未知，海南、云南

毡被孔菌属*Spongipellis*

毡被孔菌*Spongipellis litschaueri* Lohwag，未知，河北、黑龙江、新疆等

单色毡被孔菌*Spongipellis unicolor* (Fr.) Murrill，未知，广西

栓孔菌属*Trametes*

黄绒栓孔菌*Trametes biokoensis* (Bres. ex Lloyd) G. Cunn.，未知，海南

齿贝栓孔菌*Trametes cervina* (Schwein.) Bres.，未知，山西、吉林、新疆等

瓣环栓孔菌*Trametes cingulata* Berk.，药用，江西、云南

凹形栓孔菌*Trametes ectypus* (Berk. & M. A. Curtis) Gilb. & Ryvarden，未知，浙江

雅致栓孔菌*Trametes elegans* (Spreng.) Fr.，未知，广西、海南、贵州

迷宫栓孔菌*Trametes gibbosa* (Pers.) Fr.，药用，北京、青海、云南等

毛栓孔菌*Trametes hirsuta* (Wulfen) Pilát，药用，云南、西藏、安徽等

灰白栓孔菌*Trametes incana* Lév.，未知，广东、广西、云南

奶油栓孔菌*Trametes lactinea* (Berk.) Sacc.，未知，福建、广西、云南等

柳氏栓孔菌*Trametes ljubarskyi* Pilát，未知，河南、新疆

黄贝栓孔菌*Trametes membranacea* (Sw.) Kreisel，未知，海南

粉灰栓孔菌*Trametes menziesii* (Berk.) Ryvarden，未知，广东、广西、海南

谦逊栓孔菌*Trametes modesta* (Kunze ex Fr.) Ryvarden，未知，广西

赭栓孔菌*Trametes ochracea* (Pers.) Gilb. & Ryvarden，未知，内蒙古、吉林

东方栓孔菌*Trametes orientalis* (Yasuda) Imazeki，未知，湖北

牡蛎栓孔菌*Trametes ostreiformis* (Berk.) Murrill，未知，福建

美丽栓孔菌*Trametes pavonia* (Hook.) Ryvarden，未知，海南

绒毛栓孔菌*Trametes pubescens* (Schumach.) Pilát，未知，吉林、河北、云南等

辐射栓孔菌*Trametes radiata* Burt，未知，吉林

膨大栓孔菌*Trametes strumosa* (Fr.) Zmitr., Wasser & Ezhov，未知，广西、云南

香栓孔菌*Trametes suaveolens* (L.) Fr.，未知，山西、广西、云南等

亚香栓孔菌*Trametes subsuaveolens* B. K. Cui & Y. C. Dai，未知，内蒙古

柏树栓孔菌*Trametes thujae* J. D. Zhao，未知，西藏

硬毛栓孔菌*Trametes trogii* Berk.，未知，北京、湖北、新疆

云芝栓孔菌*Trametes versicolor* (L.) Lloyd，药用，全国

长绒栓孔菌*Trametes villosa* (Sw.) Kreisel，未知，吉林、广西、西藏等

拟栓菌属 *Trametopsis*

齿拟栓菌 *Trametopsis cervina* (Schwein.) Tomšovský，未知，云南、吉林、黑龙江

截畸孢孔菌属 *Truncospora*

大孢截畸孢孔菌 *Truncospora macrospora* B. K. Cui & C. L. Zhao，未知，云南

干酪菌属 *Tyromyces*

杏黄干酪菌*Tyromyces armeniacus* J. D. Zhao & X. Q. Zhang，未知，福建

加拿大干酪菌*Tyromyces canadensis* Overh. ex J. Lowe，未知，吉林、黑龙江

薄皮干酪菌 *Tyromyces chioneus* (Fr.) P. Karst.，未知，吉林、湖北、广西等

灰盖干酪菌*Tyromyces fumidiceps* G. F. Atk.，未知，黑龙江

毛蹄干酪菌*Tyromyces galactinus* (Berk.) J. Lowe，未知，北京

覆瓦干酪菌*Tyromyces imbricatus* J. D. Zhao & X. Q. Zhang，未知，云南、湖北

楷米干酪菌 *Tyromyces kmetii* (Bres.) Bondartsev & Singer，未知，福建

白棉干酪菌 *Tyromyces leucospongia* (Cooke & Harkn.) Bondartsev & Singer，未知，云南、西藏

西藏干酪菌 *Tyromyces tibeticus* J. D. Zhao & X. Q. Zhang，未知，西藏

茯苓属 *Wolfiporia*

锥茯苓 *Wolfiporia castanopsis* Y. C. Dai，药用，云南

长白山茯苓 *Wolfiporia cartilaginea* Ryvarden，药用，吉林

茯苓 *Wolfiporia cocos* (F. A. Wolf) Ryvarden & Gilb.，药用，云南、四川、西藏等

弯孢茯苓 *Wolfiporia curvispora* Y. C. Dai，药用，吉林

绣球菌科 Sparassidaceae

绣球菌属 *Sparassis*

耳状绣球菌 *Sparassis cystidiosa f. flabelliformis* Q. Zhao, Zhu L. Yang & Y. C. Dai，可食，云南

广叶绣球菌 *Sparassis latifolia* Y. C. Dai & Zheng Wang，可食，吉林、云南

亚高山绣球菌 *Sparassis subalpina* Q. Zhao, Zhu L. Yang & Y. C. Dai，可食，云南

科不定

樟芝属 *Taiwanofungus*

樟芝 *Taiwanofungus camphoratus* (M. Zang & C. H. Su) Sheng H. Wu, Z. H. Yu, Y. C. Dai & C. H. Su，药用，台湾

香杉樟芝 *Taiwanofungus salmoneus* (T. T. Chang & W. N. Chou) Sheng H. Wu, Z. H. Yu, Y. C. Dai & C. H.

Su，药用，台湾

红菇目 Russulales

地花菌科 Albatrellaceae

地花属 *Albatrellus*

地花 *Albatrellus confluens* (Alb. & Schwein.) Kotl. & Pouzar，可食，云南、江西

毛地花 *Albatrellus cristatus* (Schaeff.) Kotl. & Pouzar，可食，广西、云南

灰褐地花孔菌 *Albatrellus fumosus* H. D. Zheng & P. G. Liu，可食，云南

河南地花 *Albatrellus henanensis* J. D. Zhao & X. Q. Zhang，可食，河南

大孢地花 *Albatrellus ellisii* (Berk.) Pouzar，可食，云南

小盖地花 *Albatrellus microcarpus* H. D. Zheng & P. G. Liu，可食，云南

云杉地花菌 *Albatrellus piceiphilus* B. K. Cui & Y. C. Dai，未知，甘肃

西藏地花 *Albatrellus tibetanus* H. D. Zheng & P. G. Liu，可食，西藏

云南地花 *Albatrellus yunnanensis* H. D. Zheng & P. G. Liu，可食，云南

庄氏地花 *Albatrellus zhuangii* Y. C. Dai & Juan Li，未知，河北

扬氏孔菌属 *Jahnoporus*

绒毛扬氏孔菌 *Jahnoporus hirtus* (Cooke) Nuss，未知，吉林

北京扬氏孔菌 *Jahnoporus pekingensis* (J. D. Zhao & L. W. Xu) Y. C. Dai，未知，北京

淀粉韧革菌科 Amylostereaceae

淀粉韧革菌属 *Amylostereum*

凯莱梯淀粉韧革菌 *Amylostereum chailletii* (Pers.) Boidin，未知，山西、甘肃、云南等

树峰淀粉韧革菌 *Amylostereum laevigatum* (Fr.) Boidin，未知，四川

东方淀粉韧革菌 *Amylostereum orientale* S. H. He & Hai J. Li，未知，云南、广东

耳匙菌科 Auriscalpiaceae

粉孔菌属 *Amylonotus*

迷路状粉孔菌 *Amylosporus daedaliformis* G. Y. Zheng & Z. S. Bi，未知，广东

薄淀粉孔菌 *Amylonotus tenuis* G. Y. Zheng & Z. S. Bi，未知，广东

耳匙菌属 *Auriscalpium*

耳匙菌 *Auriscalpium vulgare* Gray，未知，全国

小香菇属 *Lentinellus*

耳状小香菇 *Lentinellus auricula* (Fr.) R. H. Petersen，未知，云南

褐毛小香菇 *Lentinellus brunnescens* Lj. N. Vassiljeva，未知，黑龙江

竹林小香菇 *Lentinellus bambusinus* T. H. Li, W. Q. Deng & B. Song，未知，广东

海狸色小香菇 *Lentinellus castoreus* (Fr.) Kühner & Maire, Bull.，未知，内蒙古、四川

海狸色小香菇东亚亚种 *Lentinellus castoreus* subsp. *orientalis* Yu Liu & T. Bau，未知，黑龙江、吉林

贝壳状小香菇 *Lentinellus cochleatus* (Pers.) P. Karst.，未知，吉林、云南

半开小香菇 *Lentinellus dimidiatus* Yu Liu & Tolgor Bau，未知，吉林

扇形小香菇 *Lentinellus flabelliformis* (Bolton) S. Ito，未知，吉林、云南

吉林小香菇 *Lentinellus jilinensis* Yu Liu & Tolgor Bau，未知，吉林

中国小香菇 *Lentinellus sinensis* R. H. Petersen，未知，吉林、内蒙古

北方小香菇 *Lentinellus ursinus* (Fr.) Kühner，未知，黑龙江、内蒙古

粗毛小香菇 *Lentinellus vulpinus* (Sowerby) Kühner & Maire, Bull，未知，吉林

瘤孢多孔菌科 Bondarzewiaceae

黑孢孔菌属 *Amylosporus*

坎氏黑孢孔菌 *Amylosporus campbellii* (Berk.) Ryvarden，未知，广东

瘤孢多孔菌属 *Bondarzewia*

伯克利瘤孢多孔菌*Bondarzewia berkeleyi* (Fr.) Bondartsev & Singer，可食，云南、广西、广东

圆瘤孢多孔菌 *Bondarzewia montana* (Quél.) Singer，可食，云南、广西、广东

罗汉松瘤孢多孔菌 *Bondarzewia podocarpi* Y. C. Dai & B. K. Cui，未知，海南

异担子菌属 *Heterobasidion*

淀粉质异担子菌*Heterobasidion amyloideum* Y. C. Dai, Jia J. Chen & Korhonen，未知，西藏

松根异担子菌*Heterobasidion annosum* (Fr.) Bref.，未知，河北、广西、四川等

座异担子菌*Heterobasidion australe* Y. C. Dai & Korhonen，未知，江西

无壳异担子菌*Heterobasidion ecrustosum* Tokuda, T. Hatt. & Y. C. Dai，未知，广东、江西

岛生异担子菌*Heterobasidion insulare* (Murrill) Ryvarden，未知，黑龙江、四川、云南等

林芝异担子菌*Heterobasidion linzhiense* Y. C. Dai & Korhonen，未知，西藏

东方异担子菌*Heterobasidion orientale* Tokuda, T. Hatt. & Y. C. Dai，未知，吉林、黑龙江

小孔异担子菌 *Heterobasidion parviporum* Niemelä & Korhonen，未知，吉林

西藏异担子菌 *Heterobasidion tibeticum* Y. C. Dai, Jia J. Chen & Korhonen，未知，西藏

拟硬孔菌属*Rigidoporopsis*

灰黑拟硬孔菌*Rigidoporopsis griseonigra* Z. S. Bi & T. H. Li，未知，广东

大孢拟硬孔菌*Rigidoporopsis macrospora* G. Y. Zheng & Z. S. Bi，未知，广东

覆瓦拟硬孔菌*Rigidoporopsis tegularis* Juan Li & Y. C. Dai，未知，湖北

赖特孔菌属 *Wrightoporia*

华南赖特孔菌*Wrightoporia austrosinensis* Y. C. Dai, in Dai, Cui, Yuan, He, Wei, Qin, Zhou & Li，未知，海南

榛色赖特孔菌*Wrightoporia avellanea* (Bres.) Pouzar，未知，广东

二年赖特孔菌*Wrightoporia biennis* Jia J. Chen & B. K. Cui，未知，云南

北方赖特孔菌*Wrightoporia borealis* Y. C. Dai，未知，吉林

木麻黄赖特孔菌*Wrightoporia casuarinicola* Y. C. Dai & B. K. Cui，未知，广西

日本赖特孔菌*Wrightoporia japonica* Núñez & Ryvarden，未知，广西

柔软赖特孔菌*Wrightoporia lenta* (Oveh. & J. Lowe) Pouzar，未知，吉林

浅黄赖特孔菌 *Wrightoporia luteola* B. K. Cui & Y. C. Dai，未知，辽宁

黑线赖特孔菌 *Wrightoporia nigrolimitata* J. J. Chen，未知，湖南

长根赖特孔菌 *Wrightoporia radicata* G. Y. Zheng & Z. S. Bi，未知，广东

红赖特孔菌 *Wrightoporia rubella* Y. C. Dai，未知，河北

微酸赖特孔菌 *Wrightoporia subadusta* Z. S. Bi & G. Y. Zheng，未知，广东

蹄形赖特孔菌 *Wrightoporia unguliformis* Y. C. Dai & B. K. Cui，未知，海南

木齿菌科 Echinodontiaceae

劳氏齿菌属 *Laurilia*

槽劳氏齿菌 *Laurilia sulcata* (Burt) Pouzar，未知，黑龙江、吉林

紫杉劳氏齿菌 *Laurilia taxodii* (Lentz & H.H. McKay) Pouzar，未知，云南

猴头菇科 Hericiaceae

锯齿菌属 *Dentipellicula*

台湾锯齿菌 *Dentipellicula taiwaniana* (Sheng H. Wu) Y. C. Dai & L. W. Zhou，未知，台湾

软齿菌属 *Dentipellis*

无囊软齿菌 *Dentipellis acystidiata* Y. C. Dai, H. X. Xiong & Sheng H. Wu，未知，黑龙江

云杉软齿菌 *Dentipellis coniferarum* Y. C. Dai & L. W. Zhou，未知，吉林

易脆软齿菌 *Dentipellis fragilis* (Pers.) Donk，未知，云南、四川

小孢软齿菌 *Dentipellis microspora* Y. C. Dai，未知，吉林

猴头菇属 *Hericium*

珊瑚状猴头菇 *Hericium coralloides* (Scop.) Pers.，食药用，吉林、云南、西藏等

猴头菇 *Hericium erinaceus* (Bull.) Pers.，食药用，吉林、云南、西藏

柔韧革菌科 Lachnocladiaceae

星芒革菌属 *Asterostroma*

肉褐色星芒革菌 *Asterostroma cervicolor* (Berk. & M. A. Curtis) Massee，未知，吉林

疏松星芒革菌 *Asterostroma laxum* Bres.，未知，四川

二叉韧革菌属 *Dichostereum*

柏丽雅二叉韧革菌 *Dichostereum boreale* (Pouzar) Ginns & M. N. L. Lefebvre，未知，吉林

舒展二叉韧革菌 *Dichostereum effuscatum* (Cooke & Ellis) Boidin & Lanq.，未知，安徽

垫革菌属 *Scytinostroma*

皱皮垫革菌*Scytinostroma duriusculum* (Berk. & Broome) Donk，未知，吉林

奶色垫革菌*Scytinostroma galactinum* (Fr.) Donk，未知，黑龙江、内蒙古、海南等

芳香垫革菌*Scytinostroma odoratum* (Fr.) Donk，未知，吉林

暗褐垫革菌 *Scytinostroma portentosum* (Berk. & M. A. Curtis) Donk，未知，吉林

隔孢伏革菌科 Peniophoraceae

都普革菌属 *Duportella*

似暗色都普革菌 *Duportella tristiculoides* Sheng H. Wu & Z. C. Chen，未知，台湾

褶革菌属 *Gloiothele*

橘黄褶革菌 *Gloiothele citrina* (Pers.) Ginns & G.W. Freeman，未知，吉林

笋伏革菌属 *Peniophora*

灰笋伏革菌*Peniophora cinerea* (Pers.) Cooke，未知，广西、海南、云南等

粉灰笋伏革菌*Peniophora isabellina* Burt，未知，云南

粉褐笋伏革菌*Peniophora pithya* (Pers.) J. Erikss，未知，陕西

树丝笋伏革菌*Peniophora polygonia* (Pers.) Bourdot & Galzin，未知，吉林

红笋伏革菌 *Peniophora rufa* (Per.) Boidin，未知，吉林

厚粉笋伏革菌*Peniophora velutina* (DC.) Cooke，未知，辽宁、陕西、贵州

变形笋伏革菌*Peniophora versiformis* (Berk. & M. A. Curtis) Bourdot & Galzin，未知，北京、江苏、贵州等

红菇科 Russulaceae

黑担橙孢菌属 *Boidinia*

灰黑担橙孢菌 *Boidinia cana* Sheng H. Wu，未知，台湾

颗粒黑担橙孢菌 *oidinia granulata* Sheng H. Wu，未知，台湾

淡黄黑担橙孢菌 *Boidinia luteola* Sheng H. Wu，未知，台湾

巨孢黑担橙孢菌 *Boidinia macrospora* Sheng H. Wu，未知，台湾

裸腹菌属 *Gymnomyces*

乳汁裸腹菌 *Gymnomyces lactifer* B. C. Zhang & Y. N. Yu，未知，广东

南京裸腹菌 *Gymnomyces nanjingensis* (B. Liu & K. Tao) Trappe, T. Lebel & Castellano，未知，江苏

乳菇属 *Lactarius*

槭乳菇 *Lactarius acerrimus* Britzelm，未知，云南、甘肃、西藏等

黑鳞乳菇 *Lactarius atrosquamulosus* X. He，未知，吉林

香乳菇 *Lactarius camphoratus* (Bull.) Fr.，食药用，广西、云南、甘肃等

栗褐乳菇 *Lactarius castaneus* W. F. Chiu，未知，云南

长白乳菇 *Lactarius changbaiensis* Y. Wang & Z. X. Xie，未知，吉林

鸡足山乳菇 *Lactarius chichuensis* W. F. Chiu，食药用，云南

鲑黄色乳菇 *Lactarius chrysorrheus* Fr.，未知，广东、广西

黄褐乳菇 *Lactarius cinnamomeus* W. F. Chiu，未知，云南

污灰褐乳菇 *Lactarius circellatus* Fr.，未知，海南、广东、吉林等

白杨乳菇 *Lactarius controversus* Pers.，可食，内蒙古、吉林、云南等

皱盖乳菇 *Lactarius corrugis* Peck，可食，安徽、广东、云南

松乳菇 *Lactarius deliciosus* (L.) Gray，可食，全国

浅黄褐乳菇 *Lactarius flavidulus* S. Imai，未知，山西

格氏乳菇 *Lactarius gerardii* Peck，未知，云南、广西

甜味乳菇 *Lactarius glyciosmus* (Fr.) Fr.，未知，广东、四川、云南等

红汁乳菇 *Lactarius hatsudake* Nobuj. Tanaka，可食，全国

毛脚乳菇 *Lactarius hirtipes* J. Z. Ying，未知，云南、四川

稀褶乳菇 *Lactarius hygrophoroides* Berk. & M. A. Curtis，未知，全国

翘鳞乳菇 *Lactarius imbricatus* M. X. Zhou & H. A. Wen，未知，西藏

蓝绿乳菇 *Lactarius indigo* (Schwein.) Fr.，可食，云南、海南、四川等

木生乳菇 *Lactarius lignicola* W. F. Chiu，未知，云南

黑褐乳菇 *Lactarius lignyotus* Fr.，未知，吉林、云南、福建等

紫丁香乳菇 *Lactarius lilacinus* (Lasch) Fr.，未知，陕西

小乳菇 *Lactarius minimus* W. G. Sm.，未知，广东

乳黄色乳菇 *Lactarius musteus* Fr.，未知，河南、青海
橄榄褶乳菇 *Lactarius necator* (Bull.) Pers.，未知，黑龙江、辽宁、云南等
峨眉乳菇 *Lactarius omeiensis* W. F. Chiu，未知，云南、四川
苍白乳菇 *Lactarius pallidus* Pers.，可食，福建、吉林、云南等
近格氏乳菇 *Lactarius parvigerardii* X. H. Wang & Stubbe，未知，云南
黑乳菇 *Lactarius picinus* Fr.，未知，安徽、陕西
白乳菇 *Lactarius piperatus* (L.) Pers.，未知，全国
土橙黄乳菇 *Lactarius porninsis* Rolland，有毒，四川、云南
绒边乳菇 *Lactarius pubescens* Fr.，有毒，吉林、云南、新疆等
静生乳菇 *Lactarius quietus* (Fr.) Fr.，未知，浙江、云南、新疆等
黄毛乳菇 *Lactarius repraesentaneus* Britzelm.，有毒，青海、四川、云南等
红褐乳菇 *Lactarius rufus* (Scop.) Fr.，有毒，云南、四川
血红乳菇 *Lactarius sanguifluus* (Paulet) Fr.，可食，江苏、云南、新疆等
奇鳞乳菇 *Lactarius squamulosus* Z. S. Bi & T. H. Li，未知，吉林、广东
肉色乳菇 *Lactarius subplinthogalus* Coker，未知，内蒙古
毛头乳菇 *Lactarius torminosus* (Schaeff.) Gray，有毒，云南、广西
王氏乳菇 *Lactarius wangii* J. Z. Ying & H. A. Wen，未知，贵州
温泉乳菇 *Lactarius wenquanensis* Y. Wang & Z. X. Xie，未知，吉林
潮湿乳菇 *Lactarius uvidus* (Fr.) Fr.，未知，云南、湖北、黑龙江等
绒白乳菇 *Lactarius vellereus* (Fr.) Fr.，有毒，全国
凋萎状乳菇 *Lactarius vietus* (Fr.) Fr.，未知，吉林、广东、陕西等
堇紫乳菇 *Lactarius violascens* (J. Otto) Fr.，未知，黑龙江、湖南、云南等
多汁乳菇 *Lactarius volemus* (Fr.) Fr.，可食，全国
轮纹乳菇 *Lactarius zonarius* (Bull.) Fr.，有毒，全国

乳黄乳菇属 *Lactifluus*

黑茸乳黄乳菇 *Lactifluus atrovelutinus* (J. Z. Ying) X. H. Wang，未知，云南

长红根乳黄乳菇 *Lactifluus longivelutinus* (X. H. Wang & Verbeken) X. H. Wang，未知，云南

近格氏乳黄乳菇 *Lactifluus parvigerardii* X. H. Wang & Stubbe，未知，贵州

白绒乳黄乳菇 *Lactifluus puberulus* (H. A. Wen & J. Z. Ying) Nuytinck，未知，贵州

假金黄乳黄乳菇 *Lactifluus pseudoluteopus* (X. H. Wang & Verbeken) X. H. Wang，未知，云南

亚绒盖乳黄乳菇 *Lactifluus subvellereus* (Peck) Nuytinck，未知，云南、广东、黑龙江等

薄囊乳黄乳菇 *Lactifluus tenuicystidiatus* (X. H. Wang & Verbeken) X. H. Wang，未知，云南

地红菇属 *Macowanites*

云南地红菇 *Macowanites yunnanensis* M. Zang，未知，云南

红菇属 *Russula*

烟色红菇 *Russula adusta* (Pers.) Fr.，未知，黑龙江、云南、广东等

铜绿红菇 *Russula aeruginea* Lindbl. ex Fr.，可食，四川、云南、西藏等

小白菇 *Russula albida* Peck，未知，安徽、云南、西藏等

粉粒白菇 *Russula alboareolata* Hongo，未知，广东、海南

白黑红菇 *Russula albonigra* (Krombh.) Fr.，未知，江西、云南、西藏等

大红菇 *Russula alutacea* (Fr.) Fr.，未知，福建、云南

怡红菇 *Russula amoena* Quél.，未知，湖南、吉林、广东等

平滑红菇 *Russula aquosa* Leclair，未知，江苏

黑铜绿红菇 *Russula atroaeruginea* G. J. Li, Q. Zhao & H. A. Wen，未知，四川、云南

黑紫红菇 *Russula atropurpurea* (Krombh.) Britzelm.，未知，河北、陕西、云南等

葡紫红菇 *Russula azurea* Bres.，可食，云南

桦林红菇 *Russula betularum* Hora，未知，吉林、四川、云南等

宾川红菇 *Russula binchuanensis* H. A. Wen & J. Z. Ying，未知，云南

褐紫红菇 *Russula brunneoviolacea* Crawshay，未知，内蒙古、黑龙江

蓝紫红菇 *Russula caerulea* Fr.，未知，四川、云南、青海等

栲皮裂红菇 *Russula castanopsidis* Hongo，未知，广西、福建
矮狮红菇 *Russula chamaeleontina* (Lasch) Fr.，可食，台湾、云南、青海等
长白红菇 *Russula changbaiensis* G. J. Li & H. A. Wen，未知，吉林
亮黄红菇 *Russula claroflava* Grove，未知，吉林
赤黄红菇 *Russula compacta* Frost，未知，贵州、海南
浅榛色红菇 *Russula cremeoavellanea* Singer，未知，四川、广东
黄斑绿菇 *Russula crustosa* Peck，可食，福建、广东、云南等
花盖红菇 *Russula cyanoxantha* (Schaeff.) Fr.，食药用，云南、四川、广东等
拟土黄红菇 *Russula decipiens* (Singer) Bon，未知，甘肃
褪色红菇 *Russula decolorans* (Fr.) Fr.，可食，吉林、河北、云南等
大白菇 *Russula delica* Fr.，食药，云南、广东、吉林等
密褶黑菇 *Russula densifolia* Secr. ex Gillet，有毒，云南、四川、吉林等
苋菜红菇 *Russula depallens* Fr.，未知，吉林、江苏、云南等
象牙黄斑红菇 *Russula eburneoareolata* Hongo，未知，江苏
毒红菇 *Russula emetica* (Schaeff.) Pers.，有毒，云南、四川、吉林等
毒红菇色红菇 *Russula emeticicolor* Jul. Schäff.，未知，广东
红柄红菇 *Russula erythropus* Fr. ex Pelt.，未知，云南、广东、广西等
山毛榉红菇 *Russula faginea* Romagn.，可食，广东、河北、云南等
粉柄黄红菇 *Russula farinipes* Romell，未知，广东、云南、吉林等
土黄褐红菇 *Russula fellea* (Fr.) Fr.，未知，云南
臭黄菇 *Russula foetens* Pers.，有毒，全国
姜黄红菇 *Russula flavida* Frost，未知，云南、四川、西藏等
小毒红菇 *Russula fragilis* Fr.，未知，云南、四川、西藏等
乳白绿菇 *Russula galochroa* (Fr.) Fr.，可食，云南、福建、贵州等
可爱红菇 *Russula grata* Britzelm.，未知，贵州

暗灰褐红菇 *Russula grisea* Fr.，未知，四川

灰肉红菇 *Russula griseocarnosa* X. H. Wang, Zhu L. Yang & Knudsen，未知，云南

叶绿红菇 *Russula heterophylla* (Fr.) Fr.，可食，江苏、云南、吉林等

全缘红菇 *Russula integra* (L.) Fr.，未知，河北、江苏、云南等

日本红菇 *Russula japonica* Hongo，有毒，湖南、江西、福建等

吉林红菇 *Russula jilinensis* G. J. Li & H. A. Wen，未知，吉林、黑龙江

拟臭黄菇 *Russula laurocerasi* Melzer，有毒，云南、辽宁、河北等

红菇 *Russula lepida* Fr.，食药用，全国

细绒盖红菇 *Russula lepidicolor* Romagn.，可食，广东、河北

淡紫红菇 *Russula lilacea* Quél.，可食，福建、陕西、云南等

土黄红菇 *Russula luteotacta* Rea，可食，广东、四川、云南等

绒紫红菇 *Russula mariae* Peck，可食，江苏、广西、云南等

白粉红菇 *Russula metachroa* Hongo，有毒，陕西

软红菇 *Russula mollis* Quél.，未知，广东、云南

赭盖红菇 *Russula mustelina* Fr.，可食，江苏、广东、云南等

稀褶黑菇 *Russula nigricans* Fr.，有毒，云南、江西、广西等

光亮红菇 *Russula nitida* (Pers.) Fr.，可食，四川、云南

酒红色红菇 *Russula obscura* (Romell) Peck，未知，吉林

蜜黄红菇 *Russula ochracea* Fr.，可食，云南、四川、西藏等

青黄红菇 *Russula olivacea* (Schaeff.) Fr.，可食，黑龙江、云南、新疆等

紫绒红菇 *Russula omiensis* Hongo，未知，四川、云南

沼泽红菇 *Russula paludosa* Britzelm.，可食，黑龙江、云南、西藏等

青灰红菇 *Russula parazurea* Jul. Schäff.，未知，内蒙古

拟篦边红菇 *Russula pectinatoides* Peck，未知，广东、吉林、云南等

假大白菇 *Russula pseudodelica* J. E. Lange，可食，福建、吉林

拟变色红菇 *Russula pseudointegra* Arnould & Goris，未知，云南、河北
紫薇红菇 *Russula puellaris* Fr.，可食，西藏、云南、四川等
紫红菇 *Russula punicea* W. F. Chiu，未知，云南
红色红菇 *Russula rosea* Pers.，未知，广东、河北
玫瑰柄红菇 *Russula roseipes* Secr. ex Bres，可食，广东
变黑红菇 *Russula rubescens* Beardslee，可食，河南、吉林
大朱红菇 *Russula rubra* (Fr.) Fr.，可食，黑龙江、福建、云南等
血红菇 *Russula sanguinea* Fr.，食药用，河南、福建、云南等
红肉红菇 *Russula sardonia* Fr.，未知，云南、广西、青海等
点柄臭黄菇 *Russula senecis* S. Imai，有毒，全国
四川红菇 *Russula sichuanensis* G. J. Li & H. A. Wen，未知，四川、云南、西藏等
茶褐红菇 *Russula sororia* Fr.，药用，辽宁、广西、云南等
粉红菇 *Russula subdepallens* Peck，可食，吉林、福建、云南等
亚稀褶黑菇 *Russula subnigricans* Hongo，有毒，云南、湖南、福建等
大理红菇 *Russula taliensis* W. F. Chiu，未知，云南
黄孢紫红菇 *Russula turci* Bres.，可食，云南
细裂皮红菇 *Russula velenovskyi* Melzer & Zvára，未知，江苏、广东、福建等
菱红菇 *Russula vesca* Fr.，未知，江苏、湖南、云南等
凹黄红菇 *Russula veternosa* Fr.，未知，云南、广西
正红菇 *Russula vinosa* Lindblad，可食，广东、福建、四川等
堇紫红菇 *Russula violacea* Quél.，未知，云南、贵州、四川等
微紫柄红菇 *Russula violeipes* Quél.，未知，云南、广西
绿菇 *Russula virescens* (Schaeff.) Fr.，可食，云南、四川、西藏等
黄孢红菇 *Russula xerampelina* (Schaeff.) Fr.，食药用，黑龙江、湖南、云南等
云南红菇 *Russula yunnanensis* (Singer) Singer，未知，云南

浙江红菇 *Russula zhejiangensis* G. J. Li & H. A. Wen，未知，浙江、福建

乳腹菌属 *Zelleromyces*

中华乳腹菌 *Zelleromyces sinensis* B. Liu, K. Tao & Ming C. Chang，未知，山西

枝刺孢乳腹菌 *Zelleromyces ramispinus* (B. C. Zhang & Y. N. Yu) Trappe, T. Lebel & Castellano，未知，广东

乳腹菌 *Zelleromyces lactifer* (B. C. Zhang & Y. N. Yu) Trappe, T. Lebel & Castellano，未知，广东

韧革菌科 Stereaceae

刺担子菌属 *Acanthobasidium*

青色刺担子菌 *Acanthobasidium penicillatum* (Burt) Sheng H. Wu，未知，台湾

棘囊菌属 *Acanthofungus*

多裂棘囊菌 *Acanthofungus rimosus* Sheng H. Wu, Boidin & C. Y. Chien，未知，台湾

盘革菌属 *Aleurodiscus*

串珠盘革菌 *Aleurodiscus amorphus* (Pers.) J. Schröt.，药用，甘肃、四川、黑龙江等

厚白盘革菌 *Aleurodiscus disciformis* (DC.) Pat.，未知，黑龙江、吉林

黏革菌属 *Gloeomyces*

吉氏黏革菌 *Gloeomyces ginnsii* Sheng H. Wu，未知，台湾

草生黏革菌 *Gloeomyces graminicola* Sheng H. Wu，未知，台湾

胶囊革菌属 *Gloeocystidiellum*

胶囊革菌 *Gloeocystidiellum clavuligerum* (Höhn. & Litsch.) Nakasone，未知，江西

红胶囊革菌 *Gloeocystidiellum luridum* (Bres.) Boidin，未知，台湾

紫胶囊革菌 *Gloeocystidiellum purpureum* Sheng H. Wu，未知，台湾

烟草胶囊革菌 *Gloeocystidiellum tabacinum* Sheng H. Wu，未知，台湾

齿脉菌属 *Lopharia*

针叶齿脉菌 *Lopharia abietina* (Pers.) Z. S. Bi & G. Y. Zheng，未知，广东

灰齿脉菌 *Lopharia cinerascens* (Schwein.) G. Cunn.，未知，陕西、云南、广西

纸状齿脉菌 *Lopharia papyracea* (Bres.) D. A. Reid，未知，广东、海南

纸质齿脉菌 *Lopharia papyrina* (Mont.) Boidin，未知，四川、云南

空孔革菌属 *Porostereum*

厚空孔革菌 *Porostereum crassum* (Lév.) Hjortstam & Ryvarden，未知，云南、四川、广西等

韧革菌属 *Stereum*

覆瓦韧革菌 *Stereum complicatum* (Fr.) Fr.，未知，甘肃、广东、云南等

烟色韧革菌 *Stereum gausapatum* (Fr.) Fr.，药用，北京、甘肃、云南等

毛韧革菌 *Stereum hirsutum* (Willd.) Pers.，药用，云南、西藏、四川等

长毛韧革菌 *Stereum ochroleucum* (Fr.) Quél.，未知，北京、陕西、山西等

扁韧革菌 *Stereum ostrea* (Blume & T. Nees) Fr.，未知，山西、西藏、云南等

皱曲韧革菌 *Stereum rugosum* Pers.，未知，四川、青海

血韧革菌 *Stereum sanguinolentum* (Alb. & Schwein.) Fr.，未知，甘肃、青海、云南等

薄长毛韧革菌 *Stereum vellereum* Berk.，未知，福建、云南、广东等

刷革菌属 *Xylobolus*

从片刷革菌 *Xylobolus frustulatus* (Pers.) P. Karst.，未知，福建、云南、广西等

大刷革菌 *Xylobolus princeps* (Jungh.) Boidin，未知，北京、浙江、云南等

硬刷革菌 *Xylobolus subpileatus* (Berk. & M. A. Curtis) Boidin，未知，北京、甘肃、云南等

革菌目 Thelephorales

烟白齿菌科 Bankeraceae

板氏齿菌属 *Bankera*

褐白板氏齿菌 *Bankera fuligineoalba* (J. C. Schmidt) Coker & Beers ex Pouzar，可食，山东

紫板氏齿菌 *Bankera violascens* (Alb. & Schwein.) Pouzar，未知，四川、西藏、云南等

拟牛肝菌属 *Boletopsis*

灰黑拟牛肝菌 *Boletopsis grisea* (Peck) Bondartsev & Singer，可食，云南

亚磷拟牛肝菌 *Boletopsis subsquamosa* (L.) Kotl. & Pouzar，可食，新疆

亚齿菌属 *Hydnellum*

金黄亚齿菌 *Hydnellum aurantiacum* (Batsch) P. Karst.，未知，新疆、西藏、山西等

环纹亚齿菌 *Hydnellum concrescens* (Pers.) Banker，未知，浙江、福建、吉林

锈色亚齿菌 *Hydnellum ferrugineum* (Fr.) P. Karst.，未知，福建

薄荷味亚齿菌 *Hydnellum suaveolens* (Scop.) P. Karst.，未知，四川

蓝柄亚齿菌 *Hydnellum suaveolens* (Scop.) P. Karst.，未知，四川、西藏、云南等

栓齿菌属 *Phellodon*

黑白栓齿菌 *Phellodon melaleucus* (Sw. ex Fr.) P. Karst.，未知，新疆、云南、辽宁等

黑栓齿菌 *Phellodon niger* (Fr.) P. Karst.，未知，广东、西藏、云南等

环形栓齿菌 *Phellodon tomentosus* (L.) Banker，未知，四川、安徽、云南等

肉齿菌属 *Sarcodon*

翘鳞肉齿菌 *Sarcodon imbricatus* (L.) P. Karst.，可食，新疆、西藏、云南等

粗糙肉齿菌 *Sarcodon scabrosus* (Fr.) P. Karst.，可食，四川、云南、山西等

革菌科 Thelephoraceae

串担革菌属 *Botryobasidium*

鲍氏串担革菌 *Botryobasidium bondarcevii* (Parmasto) G. Langer，未知，吉林

小褶孔菌属 *Lenzitella*

玛氏小褶孔菌 *Lenzitella malenconii* Ryvarden，未知，吉林

拟革裥菌属 *Lenzitopsis*

戴氏拟革裥菌 *Lenzitopsis daii* L. W. Zhou & Kõljalg，未知，广东

拟棉革菌属 *Pseudotomentella*

黄绿拟棉革菌 *Pseudotomentella flavovirens* (Höhn. & Litsch.) Svrček，未知，吉林

簇扇菌属 *Polyozellus*

簇扇菌 *Polyozellus multiplex* (Underw.) Murrill，可食，云南

革菌属 *Thelephora*

头状革菌 *Thelephora anthocephala* (Bull.) Fr.，可食，甘肃、四川、云南等

橙黄革菌 *Thelephora aurantiotincta* Corner，可食，云南
干巴菌 *Thelephora ganbajun* M. Zang，可食，云南
尖枝革菌 *Thelephora multipartita* Schwein.，可食，云南、四川
掌状革菌 *Thelephora palmata* (Scop.) Fr.，可食，云南
莲座革菌 *Thelephora vialis* Schwein.，可食，云南
棉革（小垫）菌属 *Tomentella*
瘤孢绒毛棉革菌 *Tomentella griseoumbrina* Litsch.，未知，吉林
糙孢孔目 Trechisporales
刺孢菌科 Hydnodontaceae
肋卧孔菌属 *Fibuloporia*
虎掌耳属 *Pseudohydnum*
胶质刺银耳 *Pseudohydnum gelatinosum* (Fr.:Fr.) Karsten，未知，云南、吉林、西藏等
糙孢革孔菌属 *Trechispora*
白糙孢革孔菌*Trechispora candidissima* (Schwein.) Bondartsev & Singer，未知，黑龙江、吉林
袋囊糙孢革孔菌*Trechispora hymenocystis* (Berk. & Broome) K. H. Larss.，未知，黑龙江、吉林
软糙孢革孔菌 *Trechispora mollusca* (Pers.) Liberta，未知，河北、广西、江西等
乳白糙孢革孔菌 *Trechispora nivea* (Pers.) K. H. Larss.，未知，陕西
软盖糙孢革孔菌 *Trechispora suberosa* H. S. Yuan & Y. C. Dai，未知，广西
不定纲
科不定
锐孔菌属 *Oxyporus*
布氏锐孔菌*Oxyporus bucholtzii* (Bondartsev & Ljub.) Y. C. Dai & Niemelä，未知，吉林、黑龙江
浅黄锐孔菌*Oxyporus cervinogilvus* (Jungh.) Ryvarden，未知，吉林
长白锐孔菌*Oxyporus changbaiensis* Y. P. Bai & X. L. Zeng，未知，吉林
皮生锐孔菌*Oxyporus corticola* (Fr.) Ryvarden，未知，广东

楔囊锐孔菌*Oxyporus cuneatus* (Murrill) Aoshima，未知，四川、云南

银杏锐孔菌 *Oxyporus ginkgonis* Y. C. Dai，未知，北京

宽边锐孔菌*Oxyporus latemarginatus* (Durieu & Mont.) Donk，未知，湖北

大孔锐孔菌*Oxyporus macroporus* Y. C. Dai & Y. L. Wei，未知，四川

长囊锐孔菌*Oxyporus obducens* (Pers.) Donk，未知，吉林

山梅花锐孔菌*Oxyporus philadelphi* (Parmasto) Ryvarden，未知，四川

杨锐孔菌*Oxyporus populinus* (Schumach.) Donk，未知，湖北、陕西、吉林等

灰黄锐孔菌*Oxyporus ravidus* (Fr.) Bondartsev & Singer，未知，吉林、黑龙江

中国锐孔菌*Oxyporus sinensis* X. L. Zeng，未知，吉林

拟杨锐孔菌*Oxyporus subpopulinus* B. K. Cui & Y. C. Dai，未知，青海

尖囊锐孔菌 *Oxyporus subulatus* Ryvarden，未知，海南

(赵永昌)

第二节　我国特色种质资源

一、离褶伞科资源

形态学和分子生物学研究表明离褶伞科（Lyophyllaceae）是单系群，目前包括 *Arthromyces*、*Asterophora*、*Asterosperma*、*Asterotrichum*、*Blastosporella*、*Calocybe*、*Calocybella*、*Echinosporella*、*Hypsizygus*、*Lyophyllopsis*、*Lyophyllum*、*Myochromella*、*Nyctalis*、*Ossicaulis*、*Podabrella*、*Rajapa*、*Rugosomyces*、*Sagaranella*、*Sinotermitomyces*、*Sphaeropus*、*Stellifera*、*Tephrocybe*、*Tephrocybella*、*Termitomyces*、*Termitosphaera*、*Tricholomella* 等属，该科是营养类型最为复杂的科，包括了寄生、共生（植物、昆虫共生）、腐生、菌根腐生兼性等类型。离褶伞科真菌多生于夏秋季的林地、腐木或落叶腐殖质中，是可食种类比例较高的科，也是未来驯化栽培的重要类群。

（一）离褶伞属

西南和东北是我国离褶伞的主要分布区域，研究表明离褶伞属（*Lyophyllum*）是单系群，其中常见的种有簇生离褶伞（*L. aggregatum*）、炭色离褶伞（*L. carbonarium*）、银白离褶伞（*L. connatum*）、褐离褶伞（*L. fumosum*）、白褐离褶伞（*L. leucophaeatum*）、暗褐离褶伞（*L. loricatum*）、墨染离褶伞（*L. semitale*）、角孢离褶伞（*L. transforme*）、玉蕈离褶伞（*L. shimeji*）、荷叶离褶伞（*L. decastes*）、大孢离褶伞（*L. macrosporum*）、污秽离褶伞（*L. immundum*）、烟熏褐离褶伞（*L. infumatum*）、菱孢离褶伞（*L. rhombisporum*）等（图 4-1）。

图 4-1　云南两种常见的离褶伞（另见彩图）

左. 褐离褶伞（*Lyophyllum fumosum*）；右. 玉蕈离褶伞（*Lyophyllum shimeji*）

1. 离褶伞的分类学与多样性研究

根据形态特征的不同，Singer（1986）将离褶伞属分为异形组（sect. *Difformia*）、离褶伞组（sect. *Lyohyllum*）和灰亮组（sect. *Tephrophana*）3个组，也有学者认为 *Tephrocybe* Donk（*Nova Hedwigia*，1962，5: 284）成立，这样离褶伞属只包括异形和离褶伞两个组。国外研究人员对离褶伞属真菌分类和系统学研究发现，异形组是单系群，包含更多的种，玉蕈离褶伞可能从斯堪的纳维亚到中国，再到日本的针叶林地区都有分布（Hofstetter *et al.*，2002）。异形组包含的种全都是珍贵的美味食用菌（Moncalvo *et al.*,1993），特别是玉蕈离褶伞在日本是仅位于松茸之下的最珍贵食用蘑菇。在我国，也是珍贵的食用菌之一。近年来由于全球气温升高、生态环境恶化和过度采集，导致野生异形组真菌产量下降，种质资源的遗传多样性降低。异形组珍贵的真菌资源亟待妥善保护。但是，由于对该组真菌的分化时间、起源中心，以及演化历史认识不清楚，影响了人们科学保护和持续利用这些真菌。

2. 离褶伞营养生理与栽培（李永红，2009）

离褶伞营养类型复杂，而营养生理是栽培学的基础，碳氮源种类及类型、维生素、矿物质等对离褶伞生长发育的影响是明显的。

碳源：研究表明，同种不同菌株和不同种类的离褶伞，菌丝生长速度差别很大，如在碳源试验中，生长最快的菌种菌丝日均生长速度可达到4.43mm，而生长最慢的菌种的生长速度为1.1mm。在单糖（葡萄糖、果糖）为碳源时，多数菌株的生长基本正常，但在二糖、多糖（纤维素、木质素等）为碳源的培养基上菌丝生产差别较大，碳源是影响栽培的主要原因。

氮源：离褶伞对有机氮源和无机氮源的利用能力差别非常大，表现在同一菌株在不同氮源的培养基上或不同菌株在同一氮源培养基上生长差别较大，长得好的氮源培养基上，生长速度快，菌落规则圆形，气生菌丝旺盛，长得差的氮源培养基上菌落不规则，菌丝稀疏。有机氮源明显好于无机氮源，如对于菌株0001菌株来说，最优的氮源依次是蛋白胨、黄豆粉、麸皮、酵母膏、玉米粉、牛肉膏、硝酸铵、硫酸铵（表4-1）。

表4-1　氮源对菌丝生长速度的影响　　（单位：mm/d）

菌株	蛋白胨	酵母膏	牛肉膏	硝酸铵	玉米粉	黄豆粉	硫酸铵	麸皮
0001	**3.83**	3.00	2.33	1.40	3.00	3.67	1.00	3.53
0005	**1.80**	0.57	0.00	0.97	0.33	0.87	0.90	1.30
0009	**2.33**	1.40	0.00	0.00	0.50	1.83	1.23	1.63
0010	**2.50**	1.70	0.00	0.00	2.00	1.70	1.40	1.27
0018	**1.43**	0.73	0.00	0.00	1.10	1.50	1.07	0.67
0019	**2.27**	0.50	0.00	0.00	1.00	1.00	1.00	0.90
0026	1.57	1.10	0.80	1.10	1.07	**1.93**	1.00	1.63

续表

菌株	蛋白胨	酵母膏	牛肉膏	硝酸铵	玉米粉	黄豆粉	硫酸铵	麸皮
0027	**2.13**	1.33	0.00	0.93	1.27	1.67	1.30	1.00
0029	**1.83**	0.83	0.73	1.00	1.33	1.70	0.73	1.33
0035	3.27	2.57	2.20	1.03	**3.93**	3.50	1.78	2.80
0036	**2.10**	1.92	0.60	0.80	0.83	1.80	0.77	1.40
0037	**1.63**	1.27	0.00	0.00	1.13	1.97	1.07	1.50
0039	**3.90**	2.47	2.73	1.83	3.30	3.80	0.60	3.43
0041	**1.53**	0.90	0.00	0.00	0.97	1.27	0.70	1.33
0045	1.43	1.33	0.00	1.00	1.67	1.47	1.00	**1.77**
0050	**2.43**	2.37	0.70	1.03	1.00	1.17	0.57	1.67
0051	3.60	2.67	1.50	1.60	2.50	3.33	2.00	**4.00**
0061	**4.17**	2.50	1.73	2.33	3.50	3.50	1.73	3.33
0075	3.70	2.57	2.10	2.60	4.00	**4.78**	2.33	3.50
0083	3.83	2.67	2.00	2.33	3.83	**4.33**	1.57	3.60

注：表中黑体下划线为最快速度

碳氮比：离褶伞生长的碳氮比与多数食用菌相仿，一般情况下碳氮比为（10~20）∶1（表 4-2）。

表 4-2　不同碳氮比对 0083 菌丝生长的影响

碳氮比	生长速度/（mm/d）	菌落形态	菌落色泽	菌丝密度
5∶1	3.5	规则圆形	灰白	菌丝密，细弱
10∶1	3.83	规则圆形	灰白	菌丝密，细弱
20∶1	3.40	规则圆形	灰白	菌丝密，粗壮
30∶1	3.03	规则圆形	灰白	菌丝密，粗壮
40∶1	2.80	不规则	灰白	菌丝稀，细弱

无机盐和 pH：无机盐和 pH 对离褶伞培养的气生菌丝影响非常大，离褶伞属于耗酸性菌类，培养过程中 pH 会有所增加，低 pH 或中性酸性盐添加有利于菌丝生长（表 4-3）。

表 4-3　pH 对玉蕈褶伞菌丝生长的影响

pH	生长速度/（mm/d）	菌落色泽	菌丝密度	气生菌丝
5	3.83	白色	菌丝较密，粗壮	+
6	3.33	白色	菌丝较密，粗壮	+
7	2.80	灰白色	菌丝较密，细弱	—
8	2.33	灰白色	菌丝较密，细弱	—
9	2.27	灰白色	菌丝较密，细弱	—

有机体浸出物：有机物（松针、栎树、麦芽、豆芽等）浸出液加到培养基中，研究发现，适量浓度的浸出液对菌丝的生长影响明显。研究发现离褶伞子实体浸出液对菌丝生长的促进作用明显，特别是气生菌丝（图 4-2）。

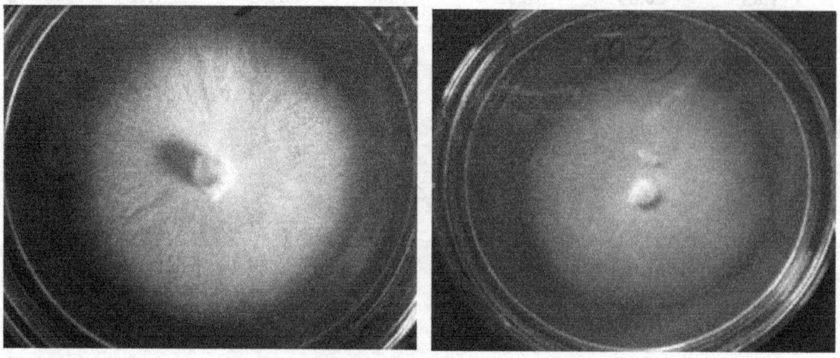

图 4-2　玉蕈离褶伞在不同培养基上的生长情况（另见彩图）

左. 添加 30%离褶伞浸出液的 PDA 培养基；右. PDA 培养基

3. 栽培研究

离褶伞属有腐生、菌根、菌根腐生兼性类型，虽然离褶伞菌种分离比较容易，但对营养特性研究明显不足。离褶伞属与玉蕈属子实体外观形态极其相似，二者常混杂于市场上销售。因此早期源于销售市场样本分离物的栽培研究报道，可能一定程度上存在物种错误的问题。腾田博美早在 1979 年就开始了人为改变离褶伞的生境，促进离褶伞的发生，他发现通过清理林地环境、火烧林地、感染苗法、施用木炭等方法都能不同程度地促进离褶伞的发生和生长。Kawai（1997）对玉蕈离褶伞进行了半人工栽培，他将玉蕈离褶伞接种在松根上，接种 10 个月后，松树根部长出玉蕈离褶伞子实体。王柏和张明杰（1991）对榆干离褶伞进行了驯化栽培，得到了子实体，但是存在的问题是成菇时间太长。Kang 等（1994）对荷叶离褶伞进行了栽培研究，研究结果发现，荷叶离褶伞菌丝在赤杨木屑和添加啤酒渣的培养料上生长较好，子实体形成的适宜温度在 19~23℃。Ohta（1994）研究发现，玉蕈离褶伞在有大麦和山毛榉科木屑的合成培养基中能长出子实体，出菇期的最适温度为 15℃。近年栽培研究的报道也增多（李晓等，2009；闫宝松等，2009；张印等，2012），荷叶离褶伞还实现了工厂化栽培（程继红等，2008）。总之，随着分类和营养生理研究的不断深入，离褶伞会有较多的种栽培成功并进行商业化生产。

（二）寄生菇属

寄生菇属（*Asterophora*）以红菇属（*Russula*）、乳菇属（*Lactarius*）、杯伞属（*Clitocybe*）、蜜环菌属（*Armilaria*）（Kauffman，1918）真菌为寄主，但子实体通常在已经变黑并开始腐烂的红菇属真菌密褶黑菇（*R. densifolia*）、稀褶黑菇（*R. nigricans*）及黑菇（*R. adusta*）菌盖中央或褶和柄部上长出（王建东等，2004；Kuo，2006），也曾发现于新鲜的密褶黑菇菌盖上（McMeekin，1991），我国云南、贵州、四川等地区有分布。寄生菇作为一种真菌寄生菌，却具有营养方式及生活史独特（Koller and Jahrmann，1985）、菌丝培养容易、在人工培养基上能较快形成子实体（7 天）（Homma *et al.*，2006）等寄生菌与腐生菌共同的优点。因此，寄生菇是良好的模式研究材料，其在生理特性、子实体发育、生态关系、分类等方面有较高的研究价值，而针对其生理特性与子实体发育的研究是其他众多研究的前提。

近年来，国内外有关寄生菇的研究主要集中在形态学鉴定（杨祝良和臧穆，2003；Dhancholia and Sinha，1987）、分子生物学分类（Prillinger *et al.*，2007；Sharma *et al.*，2007；Laaser *et al.*，1988）等方面，而针对其生理特性与子实体发育的研究较少。据文献报道，在该菌独特的生活史中存在两大孢子体系支撑其生命周期，即担孢子与厚垣孢子（Koller and Jahrmann，1985）；其孢子菌丝生长和子实体形成所需的碳源、氮源及维生素范围广泛，其中高浓度的葡萄糖有利于该菌原基的形成和发育（McMeekin，1991），培养中以甘露醇或者可溶性糖作为碳源、以氨态氮作为氮源的效果更好，在选取的众多野生菌中，黑红菇中所含的某些物质对促进该菌菌丝快速生长与子实体形成影响最大（Homma *et al.*，2006）。上述研究结果尚未清楚担孢子和厚垣孢子各自的萌发菌丝体形态、子实体形成条件及寄生能力；也没有明确到底是哪一类营养物质使具有较高宿主特异性的寄生菇在野外均为寄生，但在人工培养下又很容易出菇，这种物质是否存在于所有伞菌或食用菌，如果是所有伞菌或食用菌的共同物质，什么样的机制导致该菌具有较高的专一性；如果只存在这几种寄主上，这种物质与人工培养基上的哪种物质具有相同的刺激出菇的功能；如果与这些寄主无关系，说明寄主只是给该菌提供养分，寄生菇的营养方式有可能是兼性寄生、腐生或共生中的伴生等有待进一步深入研究。

星孢寄生菇（*Asterophora lycoperdoides*）是该属的代表种，由于该菌易培养出菇（图 4-3）所以是较好的研究材料，寄生菇厚垣孢子在其生活史中的作用和不形成厚垣孢子的寄生菇属都具有较高的利用价值，该属的深入研究将为大型真菌的菌与菌寄生关系提供理论依据，为该菌及离褶伞科类珍稀食用菌的子实体形成研究奠定理论基础。

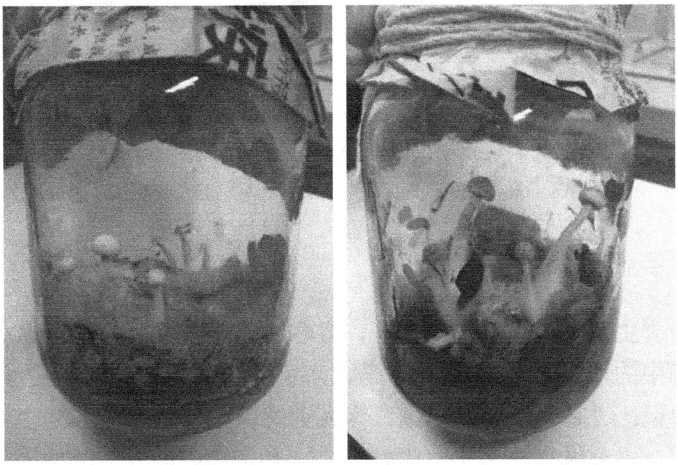

图 4-3 星孢寄生菇厚垣孢子形成差异比较（另见彩图）

左. 不易形成厚垣孢子的培养；右. 易于形成厚垣孢子的培养

（三）丽蘑属（*Calocybe*）

香杏丽蘑[*Calocybe gambosa* (Fr.) Donk]，在河北、内蒙古、甘肃、云南等有分布。夏秋季在草原上群生、丛生或形成蘑菇圈，香杏丽蘑菌肉肥厚、具香味、味道鲜美，深受广大人民群众欢迎，其商品名有香杏、香杏片等，有人工栽培出菇的报道（Wang，2003）。

（四）玉蕈属

玉蕈属（*Hypsizygus*）已报道的种有 6 个，我国有 3 种，分别是斑玉蕈[*Hypsizygus marmoreus* (Peck) H. E. Bigelow]、小玉蕈[*Hypsizygus tessulatus* (Bull.) Singer]、榆干玉蕈[*Hypsizygus ulmarius* (Bull.) Redhead]，该属已报道的种均为腐生，易于栽培出菇，其中斑玉蕈已实现了商业化生产。

（五）硬柄菇属

硬柄菇属（*Ossicaulis*）的毛柄硬柄菇[*Ossicaulis lachnopus* (Fr.) Contu]和木生硬柄菇[*Ossicaulis lignatilis* (Pers.) Redhead & Ginns]，子实体较离褶伞属小，在我国云南、河北、四川等地有分布，在产区都有采食的习惯，在人工栽培条件下，可实现商业化生产（图 4-4），其子实体多发的特性适宜工厂化栽培。

图 4-4　硬柄菇属的人工栽培（另见彩图）

左. 毛柄硬柄菇（*Ossicaulis lachnopus*）；右. 木生硬柄菇（*Ossicaulis lignatilis*）

（六）白蚁伞属（*Termitomyces*）

白蚁伞是一类虫菌共生的美味食用菌，俗称鸡鸡纵，又称为鸡土纵、鸡脚麟菇、蚁纵等，是食用菌中的珍品之一。《庄子》载“鸡菌不知晦朔”，有人认为说的就是鸡纵。《本草纲目》中记：“鸡纵，又名鸡菌，南人谓鸡纵，皆言其味似之也。”清代田雯在《黔书》中写道：“鸡纵菌，秋七月生浅草中，初奋地则如笠，渐如盖，移晷纷披如鸡羽，故名鸡，以其从土出，故名纵。”在云南鸡纵多产于滇南，鸡纵一词在《本草纲目》、《玉篇》、《正字通》等字典中均有记载。

该属真菌主要分布于热带和亚热带地区，在我国传统上认为只分布在长江以南地区、台湾、海南，如云南、四川、江苏、福建、台湾、广东、广西、海南、贵州等省（自治区），但最近陆续在长江以北的省份（如河南、河北）发现有白蚁伞分布。目前我国报道的白蚁伞有黄白蚁伞[*Termitomyces aurantiacus* (R. Heim) R. Heim]、乌黑白蚁伞（*T. badius* Otieno）、球基白蚁伞（*T. bulborhizus* T. Z. Wei, Y. J. Yao, B. Wang & Pegler）、盾尖白蚁伞（*T. clypeatus* R. Heim）、根白蚁伞[*T. eurrhizus* (Berk.) R. Heim]、烟灰白蚁伞（*T. fuliginosus* R. Heim）、球盖白蚁伞（*T. globulus* R. Heim & Gooss.-Font.）、谷堆白蚁伞（*T. heimii* Natarajan）、粉褐白蚁伞[*T. le-testui* (Pat.) R. Heim]、乳头盖白蚁伞（*T. mammiformis* R. Heim）、中型白蚁伞（*T. medius* R. Heim & Grassé）、梅朋白蚁伞[*T. meipengianus* (M. Zang & D. Z. Zhang) P. M. Kirk]、小白蚁伞[*T. microcarpus* (Berk. & Broome) R. Heim]、粗柄白蚁伞[*T. robustus* (Beeli) R. Heim]、裂纹白蚁伞[*T. schimperi* (Pat.) R. Heim]、尖顶白蚁伞（*T. spiniformis* R. Heim）、条纹白蚁伞[*T. striatus* (Beeli) R. Heim]、端圆白蚁伞（*T. tylerianus* Otieno）等。

二、马鞍菌类群

马鞍菌属（*Helvella*）是盘菌纲（Pezizomycetes）盘菌目（Pezizales）中的一个中等大小属（Kirk *et al.*，2008），其子实体杯形、碟形、马鞍形或者不规则形，具有一个或长或短的柄，多数种类色泽暗淡，少数种具有鲜艳的子囊盘（Dissing，1966a，b；Häffner，1987；Abbott and Currah，1997）。该属真菌全球广布，北半球较常见，向南分布至热带非洲、南美洲和新西兰（Dissing 1966b，1979；Hwang *et al.*，2015）。该属真菌营养类型多样，有的为菌根型，如卷边马鞍菌（*H. involuta* Q. Zhao *et al.*）、棱柄马鞍菌（*H. lacunosa* Afzel.）、假棱柄马鞍菌（*H. pseudolacunosa* Q. Zhao & K. D Hyde）和中条马鞍菌（*H. zhongtiaoensis* J. Z Cao & B. Liu）等与松科、壳斗科和杨柳科的许多经济树种形成共生互惠的外生菌根关系（Tedersoo *et al.*，2006，2009；Hwang *et al.*，2015；Zhao *et al.*，2015），在维持森林生态系统平衡过程中发挥着重要的角色（严东辉和姚一建，2003；Tedersoo *et al.*，2006，2009，2014；Hwang *et al.*，2015）；有的为腐生类型，如黑马鞍菌（*H. atra* J. König）和弹性马鞍菌（*H. elastica* Bull.）（Anderson and Ickis，1921；Hwang *et al.*，2015），具有驯化栽培潜力（鲁天平等，1995；何培新等，2001）。由于该属真菌复杂的营养类型，该属真菌生态分布广泛、形态特征多样和物种繁多（Hwang *et al.*，2015）。

利用 ITS、28S、*tef1*、*rpb2* 和 *mcm7* 联合分析了皱柄马鞍菌复合群（*Helvella crispa* complex）真菌的系统学、真菌与其宿主植物间的协同演化关系，发现皱柄马鞍菌复合群真菌与松属和壳斗科、杨柳科植物形成较强的共生关系，二者在漫长的协同演化中，宿主专一性逐渐加强（Hwang *et al.*，2015；Zhao *et al.*，2015）。此外，马鞍菌属不少物种是著名的食、药用菌（戴玉成等，2010；李传华等，2012；李玉等，2015；Zhao *et al.*，2016a）。例如，巴楚马鞍菌（*H. bachu* Q. Zhao, *H. bachu* Q. Zhao, Zhu L. Yang & K. D. Hyde, 2016a）、亚栗褐马鞍菌（*H. subspadicea* Q. Zhao, Zhu L. Yang & K. D. Hyde, 2016a）、中条马鞍菌、棱柄马鞍菌、假棱柄马鞍菌和弹性马鞍菌等就是我国北部、西部或西南部常见的野生食用菌之一（Zhao *et al.*，2015，2016a）。其中巴楚马鞍菌（俗称巴楚蘑、裂盖马鞍菌、白柄马鞍菌等）在我国新疆地区被认为是最美味的食用菌之一（周忠波等，2007，2009；郭楚燕等，2008），其子实体具有提高人体免疫力、降血压和降低胆固醇等多种功效（孟庆玲等，2005；周忠波等，2007；滕立平等，2013）。

在欧洲和北美洲，基于形态解剖特征和部分化学成分特征，对马鞍菌属进行了大量分类研究并发表了大批成果（Anderson and Ickis，1921；Nannfeldt，1931；Dissing，1966a，b，1972，1979；Häffner，1987；Abbott and Currah，1988，1997；Dissing *et al.*，2000；Van Vooren，2010；Landeros *et al.*，2012；Nguyen *et al.*，2013）。迄今，欧洲共报道 36 个物种（Dissing，1966a，b；Häffner，1987；Dissing *et al.*，2000；Van Vooren，2010）；北美共报道 32 个物种（Weber，1972，1975；Abbott and Currah，1997；Landeros *et al.*，2012；Nguyen *et al.*，2013）；在亚洲、非洲、南美洲和大洋洲，马鞍菌属真菌也有很多真菌学家做了分类研究（Dissing，1966a，b；Rifai，1968；Imazeki *et al.*，1988；Boonthavikoon，1998；Wright and Albertó，2006；Gamundi，2010）。

在国内，许多真菌学家都对马鞍菌属真菌开展过以形态特征为主的研究，研究结果散见于各种专业期刊和专著上（如刘波等，1985；杜复和曹晋中，1988；刘波和曹晋中，1988；曹晋中等，1990；卯晓岚等，1993，2000；卯晓岚，1998；应建浙和臧穆，1994；臧穆，1996；徐阿生，2002；袁明生和孙佩琼，2007；李玉等，2015；Cao and Liu，1990；Zhuang，1996，1998，2004；Zhuang and Yang，2008）。迄今，我国共报道马鞍菌属 37 个分类单元，其中描述自中国的物种 18 个（刘波等，1985；杜复和曹晋中，1988；刘波和曹晋中，1988；曹晋中等，1990；Cao and Liu，1990；Zhuang，2004；Ariyawansa *et al.*，2015；Zhao *et al.*，2015，2016a，b，c；Wang *et al.*，2016；Hyde *et al.*，2016）。

我国整体山高、谷深，地理隔离明显且生态气候复杂、多变，是真菌栖息、繁衍、分化的理想地区，是世界生物多样性最特殊、最丰富的区域，也是世界上研究真菌物种多样性及其起源和演化少有的理想地区之一（杨祝良，2010）。近年该地区马鞍菌属真菌的物种多样性研究也取得较好的研究结果（徐阿生，2002；Zhao *et al.*，2015，2016a，b，c；Wang *et al.*，2016），发现了一批新物种（图 4-5）。

图 4-5　近年新发现的马鞍菌新物种（另见彩图）

1. 中国西部珍稀食用菌“巴楚蘑菇”分类学研究

采用形态解剖学和分子系统发育相结合的方法，对我国新疆地区广泛分布的珍稀食用菌“巴楚蘑菇”进行研究。结果表明：先前被鉴定为裂盖马鞍菌（*Helvella leucopus*）的“巴楚蘑菇”并不是欧洲的裂盖马鞍菌，而是两个尚未描述的新种。我们将其描述为巴楚蘑菇（*Helvella bachu* Q. Zhao, Zhu L. Yang & K. D. Hyde, 2016a）和亚栗褐马鞍菌（*Helvella subspadicea* Q. Zhao, Zhu L. Yang & K. D. Hyde, 2016a）。

2. 皱柄马鞍菌复合群（*Helvella crispa* complex）物种多样性研究

对获得的皱柄马鞍菌复合群的 ITS、28S、*tef*1、*rpb*2 和 *mcm*7 序列采用 Bayesian、ML 和 MP 方法分别进行系统学研究和联合分析。发现：该复合群分为两大系统发育分支 7 个物种，即皱柄马鞍菌（*Helvella crispa*）、中条马鞍菌（*H. zhongtiaoensis*）、卷边马鞍菌（*H. involuta*）、东方皱柄马鞍菌（*H. orienticrispa*）、假反卷马鞍菌（*H. pseudoreflexa*）、拟皱柄马鞍菌（*H. crispoides*）和近种马鞍菌 1（*H. subcrispa*）。我国分布有后面 6 个物种，未发现真正的皱柄马鞍菌材料，与皱柄马鞍菌最相似的物种为曹晋忠等（1990）描述于山西中条山的中条马鞍菌。

3. 利用 *ITS2* 基因二级结构对马鞍菌属生态类型研究

用 PHYDESIGN 对马鞍菌属真菌的 ITS 二级结构进修注释、系统评估，发现：该属真菌既有以弹性复合群（*Helvella elastica* complex）为代表的腐生类型，也有以皱柄马鞍菌复合群（*Helvella crispa* complex）为代表的菌根菌类型。本研究揭示了不能人工培养真菌的物种多样性与潜在的植物宿主之间的关系。但非菌根生活方式在马鞍菌属是如何演化的，则需要今后通过对土壤宏基因组测序及其他环境样品与马鞍菌属真菌的全基因组的比较进行分析研究。

三、块菌属资源

块菌属（*Tuber*）是最为珍稀的地下可食资源，是一类与松科（Pinaceae）、壳斗科（Fagaceae）、桦木科（Betulaceae）等高等树木形成典型共生关系的外生菌根（ectomycorrhizal fungi，ECM）真菌，其中一些种类是著名的食药用真菌。该属主要分布在欧洲、北美和亚洲的北温带和寒带地区。我国块菌资源主要分布在四川和云南，此外西藏、新疆、山西、辽宁、吉林、福建、湖南、湖北、甘肃、内蒙古、北京、河北、台湾也有零星分布（李淑超等，2016），目前，全球已报道的块菌有 600 余种或变种，我国块菌资源为丰富的地区之一，已报道的有 60 余种，主要是夏块菌[*T. aestivum* (Wulfen) Spreng.]、白肉块菌（*T. alboumbilicum* Y. Wang & Shu H. Li）、波密块菌（*T. bomiense* K. M. Su & W. P. Xiong）、波氏块菌（*T. borchii* Vittad.）、台湾块菌（*T. formosanum* H. T. Hu & Y. Wang）、屑状块菌（*T. furfuraceum* H. T. Hu & Y. I. Wang）、光滑块菌（*T. glabrum* L. Fan & S. Feng）、喜马拉雅块菌（*T. himalayense* B. C. Zhang & Minter）、会东块菌（*T. huidongense* Y. Wang）、会泽块菌（*T. huizeanum* L. Fan & Yong Li）、阔孢

块菌（*T. latisporum* Juan Chen & P. G. Liu）、辽东块菌（*T. liaotongense* Y. Wang）、丽江块菌（*T. lijiangense* L. Fan & J. Z. Cao）、刘氏块菌（*T. liui* A S. Xu）、李氏块菌（*T. liyuanum* L. Fan & J. Z. Cao）、小孢块菌（*T. microspermum* L. Fan & J. Z. Cao）、微球孢块菌（*T. microsphaerosporum* L. Fan & Y. Li）、小网孢块菌（*T. microspiculatum* L. Fan & J. Z. Cao）、微疣状块菌（*T. microverrucosum* L. Fan & C. L. Hou）、攀枝花块菌（*T. panzhihuanense* X. J. Deng & Y. Wang）、多孢块菌（*T. polyspermum* L. Fan & J. Z. Cao）、假凹陷块菌（*T. pseudoexcavatum* Y. Wang, G. Moreno, Riousset, Manjón & G. Riousset）、假白块菌（*T. pseudomagnatum* L. Fan）、假冬块菌（*T. pseudobrumale* Y. Wang & Shu H. Li）、中华块菌（*T. sinense* K. Tao & B. Liu）、中华夏块菌（*T. sinoaestivum* J. P. Zhang & P. G. Liu）、假毕昂切多白块菌（*T. sinoalbidum* L. Fan & J. Z. Cao）、中华凹陷块菌（*T. sinoexcavatum* L. Fan & Yu Li）、中华单孢块菌（*T. sinomonosporum* J. Z. Cao & L. Fan）、中华短毛块菌（*T. sinopuberulum* L. Fan & J. Z. Cao）、中华厚垣块菌（*T. sinosphaerosporum* L. Fan, J. Z. Cao & Yu Li）、亚球形块菌（*T. subglobosum* L. Fan & C. L. Hou）、太原块菌（*T. taiyuanense* B. Liu）、脐凹块菌（*T. umbilicatum* Juan Chen & P. G. Liu）、柱囊状块菌（*T. vesicoperidium* L. Fan）、汶川块菌（*T. wenchuanense* L. Fan & J. Z. Cao）、棕黄单孢块菌（*T. xanthomonosporum* Qing & Y. Wang）、西藏块菌（*T. xizangense* A. S. Xu）、中甸块菌（*T. zhongdianense* X. Y. He, Hai M. Li & Y. Wang）等。西南地区是块菌属真菌宿主植物多样性最为丰富的地区（刘培贵等，2014），也是块菌种类资源最多的地区，由于巨大的经济价值也成为过度采集资源破坏最为严重的地区。

四、美味牛肝菌复合群

美味牛肝菌复合群（*Boletus edulis* complex）是世界性分布的著名野生食用菌，我国贸易产量在 1 万 t 左右，我国除个别省份外均有分布，西南地区则是生物量最大的地区，中国美味牛肝菌复合群除了狭义的美味牛肝菌、夏牛肝菌（*B. aestivalis*）、铜色牛肝菌（*B. aereus*）外，还有 15 种，如 *B. bainiugan*、*B. fagacicola*、*B. griseiceps* 、*B. meiweiniuganjun*、*B. monilifer*、*B. subviolaceofuscus*、*B. shiyong*、*B. sinoedulis*、*B. tylopilopsis*、*B. umbrinipileus* 、*B. viscidiceps* 等（Cui *et al.*，2015）。西南地区美味牛肝菌复合群极其复杂，对采集于该区域的 500 余份样品利用 ITS 序列进行测定，利用 Maximum Likelihood 聚类和 ITS 区域的 RFLP 聚类分析将云南的美味牛肝菌分为四大类群（图 4-6），分别是：

香格里拉类群：主要是香格里拉县金沙江为界，海拔 2800m 以上地区，针（冷杉、云南松）阔混交林。

老君山类群：包括德钦部分地区、维西、剑川、洱源、玉龙、兰坪等县，海拔 1900~2500m，针（云南松）阔混交林。

滇中类群：包括楚雄、昆明、大理、玉溪、曲靖大部分地区，四川西昌地区，海拔 1700~2300m，针（云南松）阔混交林，滇中类群多样性最为丰富，也是近缘种最多的地区。

滇南类群：包括临沧、普洱、文山、红河地区，海拔 1200~2200m，针（思茅松）阔混交林。

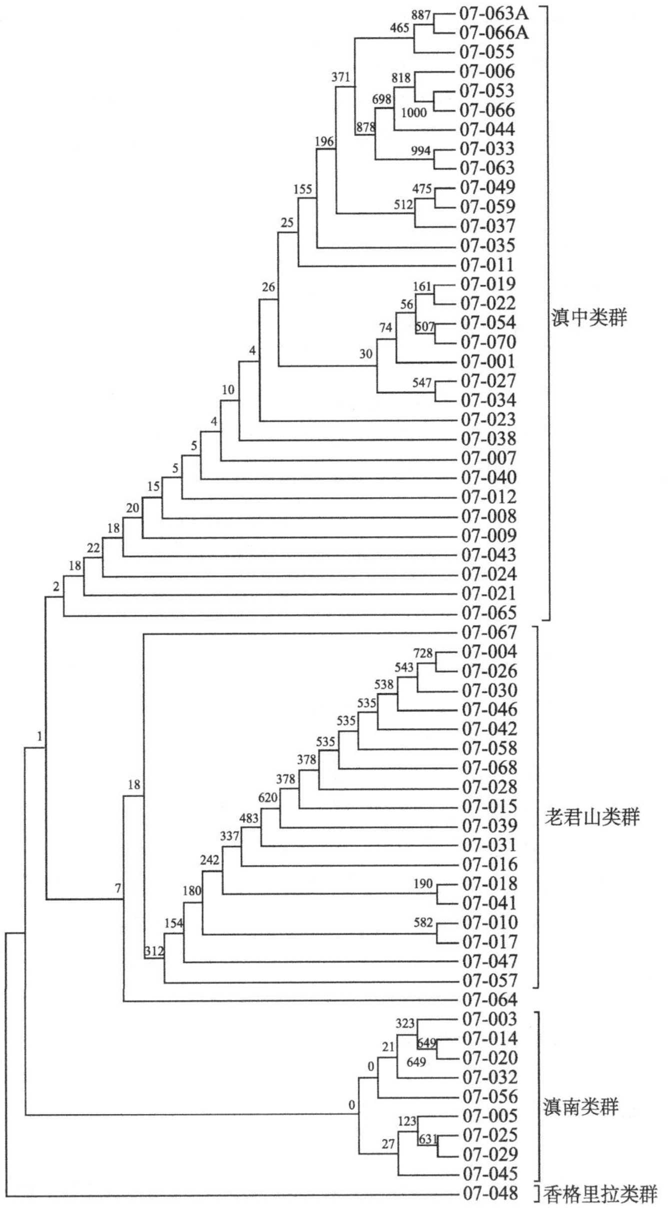

图 4-6　云南美味牛肝菌特征标本基于 ITS1-5.8S rDNA-ITS2 的 Maximum Likelihood 进化树地理类群分布

条件为 Bootstrap trials =10 000，bootstrapping value=60%，unrooted

（赵永昌，周会明）

参 考 文 献

曹晋中, 范黎, 刘波. 1990. 马鞍菌属新种和新记录 I[J]. 真菌学报, 9(3): 184-190.

程继红, 郑慧芬, 贲伟东, 等. 2008. 荷叶离褶伞工厂化栽培[J]. 食用菌学报, 15(2): 20-22 .

戴玉成, 周丽伟, 杨祝良, 等. 2010. 中国食用菌名录[J]. 菌物学报, 29(1): 1-21.

杜复, 曹晋忠. 1988. 马鞍菌属的一个新变种[J]. 山西大学学报(自然科学版), 04: 91-92.

郭楚燕, 胡建伟, 杨历军. 2008. 新疆珍稀食用菌——裂盖马鞍菌[J]. 新疆农业科技, 06: 48.
何培新, 张定法, 王振河, 等. 2001. 皱马鞍菌生物学特性研究[J]. 河南职技师院学报, 01: 28-31.
李传华, 张明, 章炉军, 等. 2012. 巴楚蘑菇学名考证[J]. 食用菌学报, 04: 52-54.
李淑超, 乔鹏, 刘思思, 等. 2016. 块菌属分子系统学及菌根共生机制研究进展[J]. 菌物学报, 35(12): 1-14.
李晓, 张士颖, 李玉. 2009. 银白离褶伞驯化栽培[J]. 食用菌学报, 16(4): 27-30.
李永红. 2009. 云南离褶伞菌株的ITS鉴定及其生理研究[D]. 西南林业学院硕士学位论文.
李玉, 李泰辉, 杨祝良, 等. 2015. 中国大型菌物资源图鉴[M]. 郑州: 中原农民出版社.
刘波, 曹晋中. 1988. 马鞍菌属新种和新记录(一)[J]. 真菌学报, 7(4): 198-204.
刘波, 杜复, 曹晋中. 1985. 马鞍菌属新种和新组合[J]. 真菌学报, 4(4): 208-217.
刘培贵, 王向华, 陈娟, 等. 2014. 我国西南块菌多样性及其保护生物学[C]. 中国菌物学会第六届会员代表大会(2014年学术年会)暨贵州省食用菌产业发展高峰论坛会议摘要, 贵州贵阳: 38-39.
刘培贵, 王向华, 于富强, 等. 2003. 中国大型高等真菌生物多样性的关键类群[J]. 云南植物研究, 25(3): 285-296.
刘培贵, 王云, 王向华, 等. 2011. 中国块菌要览及其保护策略[J]. 菌物研究, 9(4): 232-243.
鲁天平, 徐金燕, 巧库鲁克•艾尼. 1995. 白柄马鞍菌繁生规律和人工促繁效果[J]. 新疆农业科学, 06: 270-272.
卯晓岚, 华安, 庄文颖, 等. 2000. 中国大型真菌[M]. 郑州: 河南科学技术出版社: 149.
卯晓岚, 蒋长坪, 欧珠次旺. 1993. 西藏大型经济真菌[M]. 北京: 北京科学技术出版社.
卯晓岚. 1998. 中国经济真菌[M]. 北京: 科学出版社: 667-671.
卯晓岚. 2000. 中国大型真菌[M]. 郑州: 河南科学技术出版社: 601-605.
孟庆玲, 张萍萍, 胡建伟. 2005. 巴楚蘑菇多糖对鸡免疫功能的影响[J]. 中国家禽, (S1): 118-120.
腾田博美. 1992. 关于离褶伞林地栽培的研究[J]. 中国林地特产, (1): 46-48.
滕立平, 曾红, 周忠波. 2013. 裂盖马鞍菌粗多糖体内抗氧化活性研究[J]. 食用菌学报, 20(03): 22-25.
王柏, 张明杰. 1991. 榆干离褶伞驯化实验初报[J]. 中国食用菌, 10(4): 17-18.
王建东, 赵建, 张杰, 等. 2004. 星孢寄生菇出菇培养及生物活性初探[J]. 四川大学学报: 自然科学版, 41(1): 198-202.
徐阿生. 2002. 西藏马鞍菌属小志[J]. 菌物系统, 21(2): 188-191.
闫宝松, 周华山, 马凤, 等. 2009. 黑龙江榆干离褶伞人工驯化栽培研究[J]. 中国林副特产, (1): 18-22.
严东辉, 姚一建. 2003. 菌物在森林生态系统中的功能和作用研究进展[J]. 植物生态学报, 27(2): 143-150.
杨祝良, 臧穆. 2003. 中国南部高等真菌的热带亲缘[J]. 云南植物研究, 25(2): 129-144.
杨祝良. 2010. 横断山区高等真菌物种多样性研究进展[J]. 生命科学, 22(11): 1086-1092.
应建浙, 臧穆. 1994. 西南地区大型经济真菌[M]. 北京: 科学出版社.
袁明生, 孙佩琼. 2007. 中国蕈菌原色图集[M]. 成都: 四川科学技术出版社: 43-44.
臧穆. 1996. 横断山区真菌[M]. 北京: 科学出版社.
张印, 迟峰, 阎玉慧. 2012. 荷叶离褶伞人工驯化栽培试验初报[J]. 食用菌, (03): 20-21.
周忠波, 图力古尔, 胡建伟. 2007. 裂盖马鞍菌抗肿瘤活性研究[J]. 食品研究与开发, 28(05): 9-11.
周忠波, 曾红, 付金鹏, 等. 2009. 裂盖马鞍菌粗多糖清除自由基活性研究[J]. 食用菌学报, 16(04): 43-46.
Abbott S P, Currah R S. 1988. The genus *Helvella* in Alberta[J]. Mycotaxon, 33: 229-250.
Abbott S P, Currah R S. 1997. The Hevellaceae: systematic revision and occurrence in northern and

northwestern North America[J]. Mycotaxon, 62: 1-125.
Anderson P J, Ickis M G. 1921. Massachusetts species of *Helvella*[J]. Mycologia, 13: 201-229.
Ariyawansa H A, Hyde K D, Jayasiri S C, *et al.* 2015. Fungal diversity notes 111-252: taxonomic and phylogenetic contributions to fungal taxa[J]. Fungal Diversity, 75: 27-274.
Boonthavikoon T. 1998. Diversity of mushrooms in the natural pine-deciduous dipterocarp forest and pine plantation in Chiang Mai, Northern Thailand [J]. Thai Forest Bulletin(Botany), (26): 53-57.
Bueno F S, Romuc A, Wac H M, *et al.* 2008. Variability in commercial and wild isolates of *Agaricus* species in Brazil[J]. Mushroom Sciences, 17: 135-148.
Cao J Z, Liu B. 1990. A new species of *Helvella* from China[J]. Mycologia, 82: 642–643.
Cui Y, Feng B, Wu G, *et al.* 2015. Porcini mushrooms(*Boletus* sect. *Boletus*)from China[J]. Fungal Diversity, doi: 10. 1007/s13225-015-0336-7.
Dhancholia S, Sinha M P. 1987. *Asterophora lycoperdoides*(Agaricales)—a new Indian record[J]. Current Science, 56(6): 268-268.
Dissing H, Eckblad F E, Lange M. 2000. Pezizales[J]. Nordic Macromycetes, 1: 55-127.
Dissing H. 1966a. A revision of collections of the genus *Helvella* L. ex St. Amans emend. Nannf. in the Boudier Herbarium[J]. Revista Iberoamericana de Mycologie, 31(3): 189-224.
Dissing H. 1966b. The genus *Helvella* in Europe with special emphasis on the species found in Norden[J]. Dansk Botanisk Arkiv, 25: 1-172.
Dissing H. 1972. Specific and generic, delimitation in the Helvellaceae[J]. Persoonia, 6: 425-432.
Dissing H. 1979. *Helvella papuensis* a new species from Papua New Guinea[J]. Sydowia Annales Mycologici Beihefte, 8: 156-161.
Gamundi I J. 2010. Genera of Pezizales of Argentina 1. An updating ofselected genera[J]. Mycotaxon, 113: 1-60.
Häffner J. 1987. Die Gattung *Helvella*—Morphologie und Taxonomie[J]. Beihefte zur Zeitschrift fur Mykologie , 7: 1-165.
Hofstetter V, Clémencon H, Vilgalys R, *et al.* 2002. Phylogenetic analyses of the *Lyophylleae*(Agaricales, Basidiomycota)based on nuclear and mitochondrial rDNA sequences[J]. Mycological Research, 106(9): 1043-1059.
Homma H, Shinoyama H, Tanibe M, *et al.* 2006. Fruiting-body formation, cultivation properties, and host specificity of a fungicolous fungus, *Asterophora lycoperdoides*[J]. Mycoscience, 47(5): 269-276.
Hwang J, Zhao Q, Yang Z L, *et al.* 2015. Solving the ecological puzzle of mycorrhizal associations using data from annotated collections and environmental samples—an example of saddle fungi[J]. Environmental Microbiology Reports, 7: 658-667.
Hyde K D, Hongsanan S, Jeewon R, *et al.* 2016. Fungal diversity notes 367-490: taxonomic and phylogenetic contributions to fungal taxa[J]. Fungal Diversity, 80: 1-270.
Imazeki R, Otani Y, Hongo T. 1988. Fungi of Japan[M]. Tokyo: Yama-kei Publishers Co, Ltd(in Japanese).
Kang A S, Cha D Y, Chang H Y, *et al.* 1994. Development of artificial culture method of *Lyophyllum decastes*[J]. Sericulture and Farm Products Utilization, 36(1): 696-700.
Kauffman C H. 1918. The Agaricaceae of Michigan[M]. Michigan: WH Crawford Company, State Printers.
Kawai M. 1997. Artificial ectomycorrhiza formation on roots of air-layered *Pinus densiflora* saplings by inoculation with *Lophyllum shimeji*[J]. Mycologia, 89(2)：228-232.
Kirk P M, Cannon P F, Minter D W, *et al.* 2008. Dictionary of the Fungi[M]. 10th Edition. CAB International,

Wallingford, Oxon Ox10 8DE, UK.

Koller B, Jahrmann H J. 1985. Life-cycle and physiological description of the yeast-form of the homobasidiomycete *Asterophora lycoperdoides*(Bull.: Fr.)Ditm[J]. Antonie van Leeuwenhoek, 51(3): 255-261.

Kuo M. 2006. *Asterophora lycoperdoides*. http: //www. mushroomexpert. com/asterophora_lycoperdoides. html. [2016-10-14].

Laaser G, Jahnke K D, Prillinger H, *et al*. 1988. A new tremelloid yeast isolated from *Asterophora lycoperdoides*(Bull.: Fr.)Ditm[J]. Antonie van Leeuwenhoek, 54(1): 57-74.

Landeros F, Iturriaga T, Guzmán-Dávalos L. 2012. Type studies in *Helvella*(Pezizales)1[J]. Mycotaxon, 119: 35-63.

Landeros F, Iturriaga T, Rodríguez A, *et al*. 2015. Advances in the phylogeny of *Helvella*(Fungi: Ascomycota), inferred from nuclear ribosomal LSU sequences and morphological data[J]. Revista Mexicana de Biodiversidad, 86(4): 856-871.

McMeekin D. 1991. Basidiocarp formation in *Asterophora lycoperdoides*[J]. Mycologia, 83(2): 220-223.

Moncalvo J M, Rehner S A, Vilgalys R. 1993. Systematics of *Lyophyllum* section *Difformia* based on evidence from culture studies and ribosomal DNA sequences[J]. Mycologia, 85(5): 788-794.

Nannfeldt J A. 1931. Contributions to the mycoflora of Sweden[J]. Svensk botanisk Tidskrift, 25: 1-31.

Nguyen N H, Landeros F, Garibay-Orijel R, *et al*. 2013. The *Helvella lacunosa* species complex in western North America: cryptic species, misapplied names and parasites[J]. Mycologia, 105: 1275-1286.

Ohta A. 1994. Product of fruit-bodies of a mycorrhizal fungus, *Lyophyllum shimeji* in pure culture[J]. Mycoscience, 35(2): 147-151.

Prillinger H, Lopandic K, Sugita T, *et al*. 2007. Asterotremella gen. nov. albida, an anamorphic tremelloid yeast isolated from the agarics *Asterophora lycoperdoides* and *Asterophora parasitica*[J]. The Journal of General and Applied Microbiology, 53(3): 167-175.

Rifai M A. 1968. The Australasian Pezizales in the Herbarium of the Royal Botanical Gardens, Kew. Verhnaddelingen der Koninklijke Nedekandse Akademie Van Wetenschappen, Afd. Natuurkunde[J]. Tweede Reeks, 57: 1-295.

Sharma R, Rajak R C, Pandey A K. 2007. New Indian record of a rare fungus: *Asterophora lycoperdoides*[J]. Biodiversity, 8(1): 21-26.

Singer R. 1986. The Agaricales in Modern Taxonomy[M]. 4th edn. Kŏnigstein: Koeltz Scientific Books.

Tedersoo L, Bahram M, Põlme S, *et al*. 2014. Global diversity and geography of soil fungi[J]. Science, 346: 1256688. doi: 10. 1126/science. 1256688.

Tedersoo L, Hansen K, Perry B A, *et al*. 2006. Molecular and morphological diversity of pezizalean ectomycorrhiza[J]. New Phytologist, 170: 581-596.

Tedersoo L, Pärtel K, Jarius T, *et al*. 2009. Ascomycetes associated with ectomycorrhizas: molecular diversity and ecology with particular reference to the Helotiales[J]. Environmental Microbiology, 11: 3166-3178.

Van Vooren N. 2010. Notes sur le genre *Helvella* L. (Ascomycota, Pezizales). 1. Le sous-genre Elasticae[J]. Bulletin mycologique et botanique Dauphiné Savoie, 199: 27-60.

Wang J Y. 2003. Isolation and domestication of Clocybe gambosa[C]. 中国菌物学会第三届会员代表大会暨全国第六届菌物学学术讨论会论文, 北京: 157-159.

Wang M, Zhao Q, Zhao Y C, *et al*. 2016. *Helvella sublactea* sp. nov. (Helvellaceae)from southwestern China[J]. Phytotaxa, 253(2): 131-138.

Weber N S. 1972. The genus *Helvella* in Michigan[J]. The Michigan Botanist, 11: 147-201.

Weber N S. 1975. Notes on Western species of *Helvella* I[J]. Nova Hedwigia Beihefte, 51: 25-38.

Wright J E, Albertó E. 2006. Guía de los hongos de la región PampeanaII. Hongos sin laminillas[M]. Buenos Aires: Literature of Latin America.

Zhao Q, Brooks S, Zhao Y C, *et al.* 2016c. Morphology and phylogenic position of *Wynnella subalpina* sp. nov. (Helvellaceae)from western China[J]. *Phytotaxa*, 270: 041-048.

Zhao Q, Feng B, Yang Z L, *et al.* 2013. New species and distinctive geographical divergences of the genus *Sparassis*(Basidiomycota): evidence from morphological and molecular data[J]. Mycological Progress, 12: 445-454.

Zhao Q, Sulayman M, Zhu X T, *et al.* 2016a. Species clarification of the culinary Bachu mushroom in Western China[J]. Mycologia, 108(4): 828-836.

Zhao Q, Tolgor B, Zhao Y C, *et al.* 2015. Species diversity within the *Helvella crispa* group(Ascomycota: Helvellaceae)in China[J]. Phytotaxa, 239: 130-142.

Zhao Q, Zhang X L, Li S H, *et al.* 2016b. New species and records of saddle fungi(*Helvella*, Helvellaceae)from Jiuzhaigou Natural Reserve, China[J]. Mycosicence, 57(6): 422-430.

Zhuang W Y, Yang Z L. 2008. Some pezizalie an fungi from alpine areas of southwestern China[J]. Mycologia Montenegrina, 10: 235-249.

Zhuang W Y. 1996. Some new species and new records of discomycetes in China[J]. Mycotaxon, 59: 337-342.

Zhuang W Y. 1998. Notes on discomycetes from Qinghai China[J]. Mycotaxon, 66: 439-444.

Zhuang W Y. 2004. Preliminary survey of the Helvellaceae from Xinjiang China[J]. Mycotaxon, 90: 35-42.

Zhuang W Y. 2005. Fungi of Northwestern China[M]. Ithaca: Mycotaxon Ltd: 1-430.

第五章　食用菌遗传学特点

第一节　食用菌的生活史

与大多数真菌一样，食用菌中存在无性繁殖和有性繁殖两种方式，无性繁殖主要通过异核体菌丝的培养和可育孢子萌发生长等方式实现；而有性生殖则伴随着减数分裂和有性孢子的产生。有性繁殖生活史被分为同宗结合和异宗结合两大类。同宗结合（homothallism）被定义为在完全隔离的状态下单个同核体孢子能够独立进行有性生殖的过程（Blakeslee，1904），而异宗结合（heterothallism）的交配和有性生殖则发生在携带不同交配型因子的两个孢子之间。大多数食用菌的生活史为异宗结合类型，如平菇、香菇、杏鲍菇和金针菇等，而双孢蘑菇存在多个变种，*Agaricus bisporus* var. *eurotetrasporus* 为同宗结合类型（Callac *et al.*，2003），*A. bisporus* var. *bisporus* 为次级同宗结合类型，而 *A. bisporus* var. *burnetti* 则为异宗结合类型（Callac *et al.*，1993）。因此，通常以同宗异宗结合（amphithallic）定义双孢蘑菇（*A. bisporus*）的生活史（Kühner，1977）。

异宗结合可以进一步分为二极性异宗结合和四极性异宗结合两类，二极性异宗结合受单个交配型因子 A 的控制，四极性异宗结合受两个不连锁的交配型因子 A 和 B 的控制。交配是形成新个体并出菇的必要过程，只有携带不同交配型因子的同核体才可交配（Casselton and Olesnicky，1998；Kues，2000），交配不亲和常常是育种实践的限制因素。交配型因子 A 调节核配对、锁状联合的形成及核分裂；而 B 因子促进交配过程中的细胞间隔溶解、细胞核向顶端细胞的迁移和锁状联合的融合。A 和 B 两因子共同决定单核体间的亲和性和子实体的产生（Raudaskoski and Kothe，2010；Au *et al.*，2014）。

目前，一些食用菌种类交配型因子的分子结构和功能研究较为深入，如双孢蘑菇 *A. bisporus*（Xu *et al.*，1993）、香菇 *Lentinula edodes*（Wu *et al.*，2013；Au *et al.*，2014）、桃红侧耳 *Pleurotus djamor*（James *et al.*，2004）、刺芹侧耳 *P. eryngii*（Kim *et al.*，2014；Ryu *et al.*，2012）和草菇 *Volvariella volvacea*（Chen *et al.*，2016）。研究表明，在四极性交配系统中，A 交配型因子的基因座位编码同源域转录因子（HD），B 交配型因子编码信息素受体和信息素前体基因（Raudaskoski and Kothe，2010）。A 因子的分子结构相对于 B 因子较保守，受到的选择压力更大（Niculita-Hirzel *et al.*，2008）。大多数 A 因子区域的侧翼序列编码线粒体中间肽酶基因（*mip*）（van Peer *et al.*，2011）。但是，香菇中 *mip* 基因距离 A 因子区域较远（>47kb），并且包含多个重复单元（Au *et al.*，2014）。典型的 B 因子基因座位至少包含一个信息素受体和一个信息素前体基因（Casselton and Challen，2006）。但是，不同种类的 B 因子的结构存在差异，如对杏鲍菇 B 因子座位鉴定出 4 个信息素和 4 个信息素受体基因，长度为 12kb（Kim *et al.*，2014）；香菇也同样有 4 个信息素和 4 个信息素受体（Wu *et al.*，2013）；灰盖鬼伞的 B 因子有 3 个亚基，多个信息素基因，每个亚基有一个信息素受体（Riquelme *et al.*，2005）。

担子菌的生活史大致可以分为 3 个阶段，一是孢子和孢子萌发后的同核体阶段，二是交配后的异核体阶段，三是减数分裂前短暂的二倍体阶段。传统的研究普遍认为，在四极性异宗结合的担子菌中，担孢子大多为单核担孢子，而同宗结合的担孢子大多为双核担孢子。近代研究发现事实并非如此，许智勇（2007）以 3 个不同的金针菇菌株为材料，通过荧光染色观察显示，发现担孢子核相以双核为主，双核孢子、单核孢子和无核孢子分别占 80.2%、7.5%和 12.3%；担孢子中的两个核是同质的，具有相同的交配型。因此，应以异核体和同核体来区分担孢子和菌丝体的倍数性，而非双核体和单核体。

异宗结合食用菌的异核体（heterokaryon）菌丝中存在两类细胞核（n+n），这两类细胞核携带不同交配型因子而具性亲和性。双核并列伴随着营养体的生长。在适宜的环境条件下，在担子细胞中两个细胞核融合，之后行减数分裂产生 4 个单倍体细胞核，进入到 4 个担孢子中。担孢子萌发形成同核体（homokaryon）菌丝，携带不同交配型因子的同核体菌丝间可亲和，细胞质融合，形成异核双核体菌丝，双核菌丝经过充分的营养生长，在适宜的环境条件下形成子实体（出菇），完成生活史（图 5-1）。大多数异宗结合的担子菌（如糙皮侧耳、金针菇、香菇、黑木耳等）的异核双核体菌丝在生长过程中可形成明显的锁状联合。锁状联合的有无通常作为育种实践中同核体和异核体鉴定的显微形态标志。

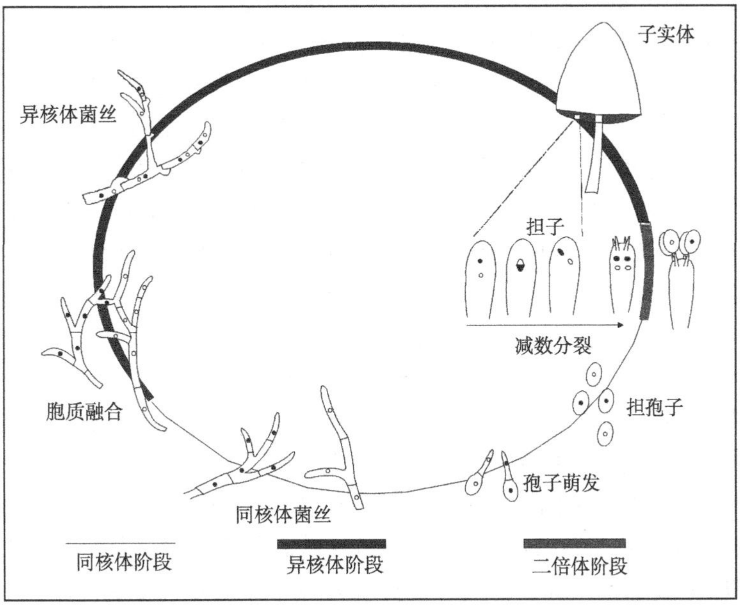

图 5-1　食用菌生活史模式图（Sonnenberg *et al.*，2011）（另见彩图）

同宗结合担子菌，如双孢蘑菇（*A. bisporus* var. *bisporus*）中 85%~90%的担子上形成两个担孢子，减数分裂后形成的非姊妹核两两组合，进入到两个担孢子中，每个担孢子都为异核体担孢子，可直接萌发成异核体菌丝，无须交配即可出菇，完成有性生活史过程（Callac *et al.*，1993）。另外 10%~15%的担子产生 3 或 4 个担孢子，这些担孢子中大部分为单倍体（同核体），类似于异宗结合担子菌，萌发后需要交配才可出菇，完成生活史。而双孢蘑菇变种（*A. bisporus* var. *burnettii*）中 90%的担子产生 4 个担孢子，这些担孢子萌发后产生同核体菌丝，因此认为 *A. bisporus* var. *burnettii* 属异宗结合担子菌（Kerrigan *et al.*，1994）。Chen 等（2016）的最新研究发现，草菇中同时也存在同宗结合与异宗结合两种生活史类型，9%的担子为双孢担子，21%的担子为三孢担子，而 70%的担子为四孢担子，与双孢蘑菇的 *burnettii* 变种类似，草菇的担孢子中 93%为同核体担孢子，而 7%为异核体担孢子，交配型因子 A 决定同核体的亲和性。因此认为，草菇也应属异宗结合担子菌。然而，其特殊之处在于，草菇的有些同核体可以产生子实体（Chen *et al.*，2016）。

第二节　食用菌的准性生殖与不对称杂交

除有性和无性生殖之外，食用菌中有一种特殊的生殖方式，即准性生殖，是单倍型菌丝可以不经过减数分裂，通过菌丝融合，实现质配、核配、遗传物质的交换和重组的过程。菌丝融合过程中，菌丝细胞中的细胞核互相迁移（Raper and Miller，1972）。

除细胞核外，线粒体也是遗传物质的重要载体。核迁移速度通常比菌丝长速快，核迁移过程中菌丝细胞中的线粒体保持静止不变（May and Taylor，1988）。这种交配方式使得菌落中每个菌丝细胞中含有相同的来自双亲的细胞核基因型。就线粒体基因组而言，菌落中一部分菌丝细胞中携带来自父本的线粒体，而另一部分携带来自母本的线粒体（Wilson and Xu，2012）。Jin 和 Horgen（1994）观察到线粒体为单亲本遗传，实验室的杂交组合中少见线粒体重组。线粒体是否始终保持不变，是否重组？为了回答这一问题，Xu 等（2013）应用多位点关联分析和系统发育不亲和性两种方式，对双孢蘑菇 4 个遗传特异的自然种群（Alberta，Canada population；Coastal California population；Sonoran Desert California population；the French population）的 9 个线粒体位点进行分析，探讨线粒体重组的可能性；研究发现，异宗结合的 Sonoran Desert California 种群中存在线粒体重组，而次级同宗结合的 Alberta，Canada 种群中未发现线粒体重组；有趣的是，在主要次级同宗结合的两个种群（Coastal California 和 French）中同时发现了系统发育不亲和性特征和线粒体重组；相关分析表明，异宗结合种群（Sonoran Desert California）大多产生自身不育的单核担孢子，自然界中同核体交配的概率较高。而异宗结合种群中，线粒体重组率最高，这表明担子菌的交配过程伴随着线粒体的重组；由于高温和紫外辐射可以提高新型隐球菌（*Cryptococcus neoformans*）中线粒体双亲遗传重组的比率（Yan *et al.*，2007），因 Sonoran Desert California 种群来自高温干旱环境，受到高温和干旱等极端环境的胁迫，推测线粒体遗传可能对极端环境胁迫下种群的存活率和繁殖力的保持起到积极作用。

担子菌交配过程中单倍体细胞核迁移到可亲和的另一同核体细胞中形成可育的异核体，这一过程根据供体的倍数性（ploidy）不同可以分为单单交配和单双交配。异核体菌丝可作为单双交配中的细胞核供体，这种单双交配又被称为布勒现象。异核体菌丝中的两类细胞核，类似于二倍体，紧密协作，共同调节细胞的生长和营养缺陷型的互补（Clark and Anderson，2004）。然而，由于两类核在菌丝中始终保持分离状态，就某一类细胞核而言会受到进化选择压力的作用。

细胞核的选择压力主要发生在两个阶段，即交配阶段和生长阶段。交配阶段的细胞核选择可以从单双杂交的核迁移规律中看出。理论上，异宗结合担子菌的交配阶段，双核菌丝中的两个细胞核有同等机会作为供体细胞核迁移到受体的单核细胞中，然而通常这两个核中只有一个核可以进入受体细胞。这表明双核体内的两个细胞核在交配过程中实际存在着竞争，且受体核和供体核之间存在着直接的相互作用（Nieuwenhuis *et al.*，2011）。目前，两核之间的互作机制并不清楚，但可能与菌丝的营养生长机制相关。

双核体菌丝营养生长过程中，两个细胞核始终保持分离，且分裂速度可能不同，其中一个核可能以牺牲另一个核的适应性为代价增加自身适应性。因为丝状真菌的生长主要发生在菌落边缘，只有一些处于菌丝尖端的细胞核能够得到复制并参与菌丝生长（Xiang and Fischer，2004）。大多数子囊菌和一些担子菌，特别是一些没有锁状联合的担子菌，营养生长过程中的细胞核的复制和分裂（有丝分裂）往往得不到较好的调控（Gladfelter and Berman，2009）。这类异核体菌丝细胞中的两类核数量可能严重偏离 1∶1（James *et al.*，2008），进而导致单核菌丝的逃离（*A. bisporus*）（Wang and Wu，1976）和单核无性孢子的产生（Cao *et al.*，1999）。研究发现无性孢子的细胞核为大量存在的细胞核类型，对 10 个裂褶菌双核菌株的 5 类细胞核（不同交配型 A，B，C，D，E）进行研究发现，不同细胞核的数量呈现明显的等级，即 A > D > C > E=B（Nieuwenhuis *et al.*，2013）。研究还发现双核菌株中配偶核的等级越高，另外一个核在原生质体单核化过程中的恢复率就越低，单核的恢复率与单核菌株的菌丝生长速度和交配的成功率均不存在明确的相关性。

季哲等（2004）发现，在四极性异宗结合的黄伞中，单孢单核体交配型在群体中的比例显示出明显的偏向性分布。程水明和林范学（2007）以 17 个野生和栽培香菇菌株为材料，研究表明，64.71%的供试菌株担孢子交配型不呈预期的分离比，而出现偏分离现象；偏分离菌株中均有亲本型孢子数量多于重组型孢子的趋势，偏分离双核菌丝体的 F_1 代担孢子的核型主要取决于双核亲本的组成；香菇中担孢子交配型因子分离偏离理论预期是一种统计学意义上的普遍现象；偏离程度栽培菌株大于野生菌株。张小雷等（2012）以 8 个杨柳田头菇菌株为材料，分析担孢子单核体的各类交配型比例，结果表明不同菌株都存在一定的偏分离现象，但偏离程度不同，12.5%的菌株担孢子交配型不呈预期的比例，多数菌株呈现亲本型孢子多于重组型孢子的趋势；并且认为单核菌丝挑取时间这一人为因素会导致生长速度极慢的菌株的丢失，从而导致偏分离现象。所以担子菌的交配型偏分离也可能是孢子萌发力或生长速度导致的结果，而非选择压力的作用。

第三节　食用菌的减数分裂与遗传重组

食用菌在有性生活史中细胞核通过减数分裂实现遗传物质的遗传重组，与大多数真核生物一样，减数分裂过程中同源染色体联会，形成联会复合体，通过产生十字交叉实现遗传物质（基因）的交换和重新排列（重组）。重组是变异的来源，通过连锁分析可以确认基因在染色体上的排列方式和在子代中的分离规律。

食用菌中减数分裂行为的研究主要集中在双孢蘑菇中。Evans（1959）最早报道了双孢蘑菇的减数分裂研究结果，通过显微镜观察发现了 12 条染色体，核配发生后 24 条染色单体总是连接在一起，形成了 12 个二价体结构；但是由于当时显微镜分辨率的限制，未能精确地观测到同源染色体配对和交叉的产生。Mazheika 等（2006）通过电子显微镜观察银染处于减数分裂第一阶段的原生质体，观测到双孢蘑菇四孢变种 *burnettii* 的同源染色体产生正常的联会复合体，而双孢变种 *bisporus* 的轴向组分（axial elements）和联会复合体（synaptonemal complexes）结构都很短，他们以此作为解释四孢变种比双孢变种的遗传重组率高的原因。根据 Sonnenberg 等（2016）的研究结果，双孢蘑菇这两个变种在遗传重组率上的区别在于十字交叉发生的位置而非频率。联会复合体结构的不同是否会造成十字交叉发生位置的不同？目前尚不清楚。

减数分裂过程中的遗传重组是同源染色体 DNA 间发生双链断裂和修复，进而产生十字交叉的过程。由于生活史的特殊性，双孢蘑菇被认为是研究减数分裂中遗传重组的模式材料（Sonnenberg *et al.*，2016）。减数分裂后，非姊妹核进入到同一个担孢子，这两个细胞核来源于同一次减数分裂。如果两个细胞核中的同源染色体参与了同一个十字交叉，通过基因型分析的方式，就可以看出减数分裂过程中通过 DNA 修复产生的重组是基因转换（gene conversion）还是真正的十字交叉（crossover）。

随着基因组测序技术的不断完善，多种食用菌的基因组大小和染色体数目已经确定。结合全基因组测序，通过遗传连锁分析，可以明确获得染色体上的基因座位及排列。不同种类食用菌的基因组大小和染色体数目有所差异，遗传重组率上的差异也较大。重组率可以用遗传连锁分析中的十字交叉频率表示，每个个体中每条染色体上的十字交叉数量越多，重组率越高。随着基因组序列的不断完善，也可以通过计算每单位遗传图距所对应的基因组片段大小获得重组率，每单位遗传图距所对应的基因组片段越短重组率越高。

部分食用菌的遗传图谱信息已有报道，结合已知的基因组信息可以得到遗传的重组率，不同物种之间的重组率差别是明显的（表 5-1）。Sonnenberg 等（2016）的最新研

表 5-1　几种食用菌的基因组、连锁图谱和重组率

物种	菌株	基因组* /Mbp	基因数	染色体数	遗传图距/cM	遗传重组率 /（kb/cM）	参考文献
P. ostreatus	PC15	34.3	11 593	11	1000.7	34.3	Larraya *et al.*，2000
A. bisporus	H97	30.2	10 419	13	321	94.1	Sonnenberg *et al.*，2016
L. edodes	W1-26	41.8	14 889		1006.1	41.5	Gong *et al.*，2014
F. velutipes	TR19	34.8	13 843	6 或 7	896.8	38.8	Tanesaka *et al.*，2012
P. eryngii	ATCC 90797	44.6	15 960	11 或 12	1047.9	42.6	Im *et al.*，2016
V. volvacea	V23	35.7	11 084		411.6	86.7	Wang *et al.*，2015
C. cinereus		37.5	13 342	13	1346	27.9	Muraguchi *et al.*，2003

*基因组信息来源:JGI，NCBI

究发现，双孢蘑菇的重组（十字交叉）集中发生在染色体两末端 100kb 的区域内，靠近端粒，而遗传重组在染色体的大部分区域是受到抑制的。研究发现，黑粉菌（*Microbotryum violaceum*）交配型位点区域内大范围的重组抑制，会导致纯合致死等位基因的产生（Fontanillas *et al.*，2015）。然而双孢蘑菇子代中的单倍型（haplotypes）几乎可以全部得到，因此看出双孢蘑菇的大范围重组抑制并没有形成致死等位基因，这可能与双孢蘑菇特殊的生活史类型有关。减数分裂后，双孢蘑菇的非姊妹核进入到同一个担孢子，很大程度上保持了子代的异质性。

第四节 食用菌担孢子的遗传多样性

担孢子是遗传学研究和育种的基础材料，担孢子特征是形态学分类的重要依据之一。开展担孢子的遗传多样性评价，并在此基础上科学利用，是基础研究中不可或缺的。酯酶同工酶酶谱的分析发现木耳孢子单核体的遗传差异非常显著，遗传背景较为复杂，不同平均遗传距离孢子单核体的交配型没有出现极端分布（何培新等，2003a），同时单孢单核体在菌丝生长速度和菌丝生长势等培养性状方面出现了一定程度的多态性（何培新等，2003b），利用杂交育种选育木耳优良菌株的潜力很大。谭琦等（2001）利用 RAPD 技术，对香菇孢子单核体和原生质体单核体的遗传差异变化进行了分析，结果表明以交配型基因为标记的孢子单核体遗传变异大于原生质体单核体，同种交配型的孢子单核体遗传相似性分别为 66.3%和 71.7%，而原生质体单核体的遗传相似性分别为 98.7%和 93.7%；Gong 等.（2014）对 157 个香菇单孢单核体的生长速度、生物量、萌发时间、交配型等性状进行研究，发现生长速度、生物量、萌发时间呈现连续变异，属于多基因控制，相关性分析表明生长速度与生物量呈正相关，萌发时间与生长速度、生物量呈负相关。斑玉蕈（*Hypsizygus marmoreus*）孢子单核体的遗传多态性也是明显的，许占伍（2009）用 RAPD 技术分析了 82 个孢子单核体中的 30 个不同交配型单核体，单核间的相似系数在 0.34~0.90，相同交配型间都在 0.60 以上，相对较高，而两个原生质体单核体间的相似系数为 0.41，遗传差异较大；这证实了在担子中，减数分裂时染色体交换率较高。

第五节 食用菌甲基化

一、DNA 甲基化的生物学效应

有些植物的种子或幼苗需经过低温处理才会开花结实，这一现象被称为春化作用。研究表明，春化的分子基础是 DNA 的去甲基化（Burn *et al.*，1993）。白菜型油菜种子经热诱导可以显著提高种子的耐热性，在热诱导过程中基因组 DNA 甲基化和去甲基化，以去甲基化为主（高桂珍等，2011）。高温诱导触发欧洲鲈鱼（*Dicentrarchus labrax*）的芳香化酶启动子（*cyp19a*）的 DNA 甲基化，使欧洲鲈鱼最终发育成雄性（Navarro-Martín *et al.*，2011）。多项研究表明，环境因子调节表观遗传修饰，最终影响基因表达和表现型（Feil and Fraga，2012）。

二、温度与 DNA 甲基化

温度对于食用菌是重要的环境因子。在食用菌的发菌期，常常出现由于天气骤变和管理措施不当而遭受高温伤害，导致出菇期子实体产量降低、畸形率高和抗病性下降。在食用菌菌种 4℃冰箱保藏时，常常出现生长速度变慢、菌丝变细、菌落边缘不整齐，甚至出现角变现象。高温和低温成为食用菌经常遭受的两种主要环境胁迫。已有学者开展了食用菌对温度胁迫的响应研究（刘秀明等，2010；Kong *et al.*，2012）。研究温度胁迫（高温、低温）对食用菌的表观遗传修饰，对于探讨高温对食用菌营养生长和繁殖生长的长期效应，解析低温保藏导致的遗传不稳定性等的内在原因，将为菌种维护和保藏方法的创新提供科学依据。

刘冰(2013)以国家认定的平菇 9 个品种为材料，采用甲基化敏感扩增多态性(MSAP)技术对供试材料基因组 DNA 进行甲基化分析，发现甲基化在平菇中发生普遍，品种之间差异明显；全甲基化即双链甲基化为平菇基因组 DNA 甲基化的主要模式。以 4℃和 40℃为低温及高温胁迫条件处理供试材料 24h，以 25℃为对照条件，用 MSAP 技术分析温度胁迫对基因组 DNA 甲基化水平及模式的影响，发现温度胁迫能够造成基因组 DNA 发生甲基化和去甲基化，但突变位点不多。这种甲基化水平及模式的变化如何参与平菇在响应温度胁迫过程中的代谢调节，尚有待深入研究。

三、菌种变异与 DNA 甲基化

肿瘤的形成受遗传学修饰和表观遗传修饰的影响。长期以来，人们一直认为基因突变参与肿瘤的形成，越来越多的证据表明，表观遗传修饰在肿瘤进展中同样具有非常重要的作用。食用菌菌种的退化是否与 DNA 甲基化有关，引起了学者的注意。Binz 等(1998)采用 RP-HPLC 对 4 种担子菌和 2 种子囊菌进行 DNA 甲基化水平分析，结果发现，在异宗结合担子菌玉米黑粉菌 *Ustilago maydis* 和 *U. violaceae* 中，DNA 甲基化水平低于同宗结合担子菌双孢蘑菇和蜜环菌属的 *Armillaria bulbosa*；在酿酒酵母（*Saccharomyces cerevisiae*）中未发现 DNA 甲基化。

双孢蘑菇中没有发现菌种退化与 DNA 甲基化存在相关性。Foulongne-Oriol 等(2013)认为在双孢蘑菇的商业品系中，菌种不稳定性很常见，甲基化模式的差异值得研究。黄晨阳等（未发表）选取 3 个不同来源的平菇 CCEF89 菌种样本，栽培过程中 3 个样本的抗性、出菇周期等农艺性状均表现出较大差异。但是，经 ISSR 标记分析，3 个样本在 DNA 水平上无差异，对峙培养中相互之间无拮抗反应。栽培性状上的差异来自何处？黄晨阳进行了全基因组甲基化测序。结果表明，这 3 个样本中的甲基化发生不同，mCG 是其甲基化存在的主要形式，其中 mCG/mC 在 80.91%~82.10%。基因组不同区域基因（gene）、基因间（intergenic）、启动子（promoter）、非编码区 3'端（UTR3）、非编码区 5'端（UTR5）、编码区（CDS）、内含子（intron）内的甲基化水平的统计结果表明，UTR5 和 intergenic 区域甲基化差异较大。应用生物信息学技术方法对差异甲基化区域（DmRs）进行分析，寻找 DmRs 的基因信息，结果表明糖基转移酶家族 4 蛋白（glycosyltransferase family 4 protein）、hat family dimerization domain-containing protein、

P-loop containing nucleoside triphosphate hydrolase protein、TPA_exp: reverse transcriptase/ribonuclease H 基因的 DNA 甲基化涉及菌种的变异。

四、RNA 干扰与 DNA 甲基化

Walti 等（2006）在研究灰盖拟鬼伞（*Coprinopsis cinerea*） RNA 干扰时发现，采用同源发夹 RNA 干扰目标基因时，高水平表达的发夹 RNA 会导致在同源及其邻近区域伴随出现 DNA 甲基化，但不会引起表观遗传变化。

五、转座子与 DNA 甲基化

在基因组 DNA 中，胞嘧啶甲基化在基因表达的表观遗传调控中发挥关键作用，也参与转座子 transposable elements（TEs）和重复序列的沉默，调控印记基因表达。DNA 甲基化广泛存在于陆地植物和脊椎动物中，由于是有性繁殖，在强烈的选择压力下抑制转座子 TEs。在单细胞动物和真菌中，由于无性繁殖 TE 甲基化更易丢掉（Zemach *et al.*，2010）。在双孢蘑菇中只有重复 DNA 元件和 rDNA 的 CG 出现胞嘧啶甲基化（Li and Horgen，1993），Foulongne-Oriol 等（2013）还发现双孢蘑菇菌丝无性繁殖时，copia 转座子中的 CG 甲基化会发生变化，同时在相近的商业品种中发现较多的甲基化模式。

在单孢培养物中，大多数甚至全部的亲本位点维持不变，在减数分裂和双孢担子的非姊妹核配对中重组频率低。在不同品系中发现甲基化模式存在较大的区别，意味着甲基化模式的变化在减数分裂中大于有丝分裂。既然重复元件的甲基化可能影响附近的基因，这种变化对生物的特征也可能产生影响，而且这在白念珠菌（*Candida albicans*）中已得到实验证实。

（黄晨阳，高 巍）

参考文献

程水明, 林范学. 2007. 香菇担孢子交配型比例偏分离的遗传分析[J]. 中国农业科学, 40(10): 2296-2302.

高桂珍, 应菲, 陈碧云, 等. 2011. 热胁迫过程中白菜型油菜种子 DNA 的甲基化[J]. 作物学报, 37(9): 1597-1604.

何培新, 申进文, 罗信昌, 等. 2003b. 木耳孢子单核菌株培养性状多态性研究[J]. 食用菌学报, 10(2): 1-4

何培新, 王斌, 罗信昌. 2003a. 木耳孢子单核体酯酶同工酶酶谱多态性[C]. 中国菌物学会第三届会员代表大会暨全国第六届菌物学学术讨论会论文集. 北京: 300-302.

季哲, 李玉祥, 薛淑玉. 2004. 黄伞的交配型性状研究[J]. 菌物学报, 23(1): 38-42.

刘冰. 2013. 平菇主栽品种 DNA 甲基化敏感扩增多态性(MSAP)分析[D]. 华中农业大学硕士学位论文.

刘秀明, 郑素月, 图力古尔, 等. 2010. 温度胁迫对白灵侧耳菌丝保护酶活性的影响[J]. 食用菌学报, 17(2): 60-62.

谭琦, 杨建明, 陈明杰, 等. 2001. 香菇孢子单核体与原生质体单核体遗传差异分析[J]. 中国食用菌, 20(6): 3-5.

许占伍. 2009. 真姬菇颜色遗传及单核体多态性初步分析[D]. 南京农业大学硕士学位论文.

许智勇. 2007. 金针菇担孢子核相及遗传属性的研究[D]. 华中农业大学硕士学位论文.

张小雷, 周会明, 柴红梅, 等. 2012. 杨柳田头菇担孢子交配型偏分离成因研究[J]. 西南农业学报, 25(2): 609-613.

Au C H, Wong M C, Bao D, *et al.* 2014. The genetic structure of the A mating-type locus of *Lentinula edodes*[J]. Gene, 535: 184-90.

Binz T, D'Mello N, Horgen P A. 1998. A comparison of DNA methylation levels in selected isolates of higher fungi[J]. Mycologia, 90(5): 785-790

Blakeslee A F. 1904. Sexual reproduction in the Mucorineae[J]. Proceedings of the American Academy of Arts and Sciences, 40(4): 205-319.

Burn J E, Bagnall D J, Metzger J D, *et al.* 1993. DNA methylation, vernalization, and the initiation of flowering[J]. Proceedings of the National Academy of Sciences of the United States of America, 90(1): 287-291

Callac P, Billette C, Imbemon M, *et al.* 1993. Morphological, genetic, and interfertility analyses reveal a novel, tetrasporic variety of *Agaricus bisporus* from the Sonoran Desert of California[J]. Mycologia, 85: 835-851.

Callac P, Jacobe de Haut I, Imbernon M, *et al.* 2003. A novel homothallic variety of *Agaricus bisporus* comprises rare tetrasporic isolates from Europe[J]. Mycologia, 95: 222-31.

Cao H, Yamamoto H, Ohta T, *et al.* 1999. Nuclear selection in monokaryotic oidium formation from dikaryotic mycelia in a basidiomycete, *Pholiota nameko*[J]. Mycoscience, 40(2): 199-203.

Casselton L A, Challen M P. 2006. The mating type genes of the basidiomycetes[M]. *In*: Kües U, Fischer R. Growth, Differentiation and Sexuality. Berlin, Heidelberg: Springer Berlin Heidelberg: 357-374.

Casselton L A, Olesnicky N S. 1998. Molecular genetics of mating recognition in basidiomycete fungi[J]. Microbiology and Molecular Biology Review, 62(1): 55-70.

Chen B, van Peer A F, Yan J, *et al.* 2016. Fruiting body formation in *Volvariella volvacea* can occur independently of its MAT-A-Controlled bipolar mating system, enabling homothallic and heterothallic life cycles[J]. Gene, Genomes and Genetic(Bethesda), 6: 2135-2146.

Clark T A, Anderson J B. 2004. Dikaryons of the basidiomycete fungus *Schizophyllum commune*: evolution in long-term culture[J]. Genetics, 167: 1663-1675.

Evans H J. 1959. Nuclear behaviour in the cultivated mushroom[J]. Chromosoma(Berl.), 10: 115-135.

Feil R, Fraga M F. 2012. Epigenetics and the environment: emerging patterns and implications[J]. Nature Review Genetics, 13(2): 97-109

Fontanillas E, Hood M E, Badouin H, *et al.* 2015. Degeneration of the nonrecombining regions in the mating-type chromosomes of the anther-smut fungi[J]. Molecular Biology & Evolution, 32(4): 928-943.

Foulongne-Oriol M, Murat C, Castanera R, *et al.* 2013. Genome-wide survey of repetitive DNA elements in the button mushroom *Agaricus bisporus*[J]. Fungal Genetics and Biology, 55: 6-21

Gladfelter A, Berman J. 2009. Dancing genomes: fungal nuclear positioning[J]. Nature Reviews Microbiology, 7(12): 875-886.

Gong W B, Liu W, Lu Y Y, *et al.* 2014. Constructing a new integrated genetic linkage map and mapping quantitative trait loci for vegetative mycelium growth rate in *Lentinula edodes*[J]. Fungal Biology, 118(3): 295-308.

Im C H, Park Y H, Hammel K E, *et al.* 2016. Construction of a genetic linkage map and analysis of quantitative trait loci associated with the agronomically important traits of *Pleurotus eryngii*[J]. Fungal Genetics and Bioloy, 92: 50-64.

James T Y, Liou S R, Vilgalys R. 2004. The genetic structure and diversity of the A and B mating-type genes from the tropical oyster mushroom, *Pleurotus djamor*[J]. Fungal Genetics and Biology, 41: 813-825.

James T Y, Stenlid J, Olson A, *et al.* 2008. Evolutionary significance of imbalanced nuclear ratios within heterokaryons of the basidiomycete fungus *Heterobasidion parviporum*[J]. Evolution, 62: 2279-2296.

Jin T, Horgen P A. 1994. Uniparental mitochondrial transmission in the cultivated button mushroom, *Agaricus bisporus*[J]. Applied and Environment Microbiology, 60(12): 4456-4460.

Kerrigan R W, Imbemon M, Callac P, *et al.* 1994. The heterothallic life cycle of *Agaricus bisporus* var. *burnettii* and the inheritance of its tetrasporic trait[J]. Experimental Mycology, 18(3): 193-210.

Kim K H, Kang Y M, Im C H, *et al.* 2014. Identification and functional analysis of pheromone and receptor genes in the B3 mating locus of *Pleurotus eryngii*[J]. PLoS One, 9: e104693.

Kong W W, Huang C Y, Chen Q, *et al.* 2012. Nitric oxide alleviates heat stress-induced oxidative damage in *Pleurotus eryngii* var. *tuoliensis*[J]. Fungal Genetics and Biology, 49(1): 15-20.

Kues U. 2000. Life history and developmental processes in the basidiomycete *Coprinus cinereus*[J]. Microbiology and Molecular Biology Review, 64: 316-353.

Kühner R. 1977. Variation of nuclear behaviour in the homobasidiomycetes[J]. Transactions of the British Mycological Society, 68(1): 1-16.

Larraya L M, Perez G, Ritter E, *et al.* 2000. Genetic linkage map of the edible basidiomycete *Pleurotus ostreatus*[J]. Applied and Environ mental Microbiology, 66: 5290-300.

Li A M, Horgen P A. 1993. Evidence for cytosine methylation in ribosomal-rna genes and in a family of dispersed repetitive DNA elements in *Agaricus bisporus* and selected other *Agaricus* species[J]. Experimental Mycology, 17(4): 356-361.

May G, Taylor J W. 1988. Patterns of mating and mitochondrial DNA inheritance in the agaric Basidiomycete *Coprinus cinereus*[J]. Genetics. 118, 213-220.

Mazheika I S, Kolomiets O L, Dyakov Y T, *et al.* 2006. Abnormal meiosis in bisporic strains of white button mushroom *Agaricus bisporus*(Lange)Imbach[J]. Russian Journal of Genetics, 42(3): 279-285.

Muraguchi H, Ito Y, Kamada T, *et al.* 2003. A linkage map of the basidiomycete *Coprinus cinereus* based on random amplified polymorphic DNAs and restriction fragment length polymorphisms[J]. Fungal Genetics and Biology, 40(2): 93-102.

Navarro-Martín L, Viñas J, Ribas L, *et al.* 2011. DNA methylation of the gonadal aromatase (cyp19a)promoter is involved in temperature-dependent sex ratio shifts in the European sea bass[J]. PLoS Genetics, 7(12): e1002447

Niculita-Hirzel H, Labbe J, Kohler A, *et al.* 2008. Gene organization of the mating type regions in the ectomycorrhizal fungus *Laccaria bicolor* reveals distinct evolution between the two mating type loci[J]. New Phytologist, 180(2): 329-342.

Nieuwenhuis B P, Debets A J, Aanen D K. 2011. Sexual selection in mushroom-forming basidiomycetes[J]. Proceedings of the Royal Society B Biological Sciences, 278: 152-157.

Nieuwenhuis B P, Debets A J, Aanen D K. 2013. Fungal fidelity: nuclear divorce from a dikaryon by mating or monokaryon regeneration[J]. Fungal Biology, 117: 261-267.

Raper C A, Miller R E. 1972. Genetic analysis of the life cycle of *Agaricus bisporus*[J]. Mycologia, 64: 1088-1117.

Raudaskoski M, Kothe E. 2010. Basidiomycete mating type genes and pheromone signaling[J]. Eukaryotic Cell, 9(6): 847-859.

Riquelme M, Challen M P, Casselton L A, *et al.* 2005. The origin of multiple B mating specificities in *Coprinus cinereus*[J]. Genetics, 170(3): 1105-1119.

Ryu J S, Kim M K, Ro H S, *et al.* 2012. Identification of mating type loci and development of SCAR marker genetically linked to the B3 locus in *Pleurotus eryngii*[J]. Journal of Microbiology and Biotechnology, 22(9): 1177-1184.

Sonnenberg A S M, Baars J J P, Hendrickx P M, *et al.* 2011. Breeding and strain protection in the button mushroom *Agaricus bisporus*[C]. Proceedings of the 7th International Conference of the World Society for Mushroom Biology and Mushroom Products, Arcachon, France: 7-15.

Sonnenberg A S, Gao W, Lavrijssen B, *et al.* 2016. A detailed analysis of the recombination landscape of the button mushroom *Agaricus bisporus* var. *bisporus*[J]. Fungal Genetics and Biology, 93: 35-45.

Tanesaka E, Honda R, Sasaki S, *et al.* 2012. Assignment of RAPD marker probes designed from 12 linkage groups of *Flammulina velutipes* to CHEF-separated chromosomal DNAs[J]. Mycoscience, 53: 238-243.

van Peer A F, Park S Y, Shin P G, *et al.* 2011. Comparative genomics of the mating-type loci of the mushroom *Flammulina velutipes* reveals widespread synteny and recent inversions[J]. PLoS One, 6: e22249.

Walti M A, Villalba C, Buser R M, *et al.* 2006. Targeted gene silencing in the model mushroom *Coprinopsis cinerea*(*Coprinus cinereus*)by expression of homologous hairpin RNAs[J]. Eukaryotic Cell, 5(4): 732-744.

Wang H H, Wu J Y H. 1976. Nuclear distribution in hyphal system of *Agaricus bisporus*[J]. Mushroom Science, 9(pt. 1): 23-29.

Wang W, Chen B, Zhang L, *et al.* 2015. Structural variation(SV)markers in the basidiomycete *Volvariella volvacea* and their application in the construction of a genetic map[J]. International Journal of Molecular Sciences, 16(7): 16669-16682.

Wilson A J, Xu J. 2012. Mitochondrial inheritance: diverse patterns and mechanisms with an emphasis on fungi[J]. Mycology, 3(2): 158-166.

Wu L, van Peer A, Song W, *et al.* 2013. Cloning of the *Lentinula edodes* B mating-type locus and identification of the genetic structure controlling B mating[J]. Gene, 531；270-278.

Xiang X, Fischer R. 2004. Nuclear migration and positioning in filamentous fungi[J]. Fungal Genetics and Biology, 41: 411-419.

Xu J, Kerrigan R W, Horgen P A, *et al.* 1993. Localization of the mating type gene in *Agaricus bisporus*[J]. Applied and Environmental Microbiology, 59: 3044-3049.

Yan Z, Sun S, Shahid M, *et al.* 2007. Environment factors can influence mitochondrial inheritance in the fungus *Cryptococcus neoformans*[J]. Fungal Genetics and Biology, 44: 315-322.

Zemach A, Mcdaniel I E, Silva P, *et al.* 2010. Genome-wide evolutionary analysis of eukaryotic DNA methylation[J]. Science, 328: 916-919.

第六章 食用菌可栽培种质的鉴定、评价与利用

可人工栽培的食用菌，从生态类型上划分，有木腐型、草腐型、土生型、拟寄生型等多种类型；从生长温度类型上划分，有高温型、中温型、广温型、低温型等多种类型；对种质特性的要求，生产上有工厂化、农业设施等不同技术模式的要求。因此，开展食用菌种质资源的鉴定评价，既有不同种类的通用技术程序，又需要有针对不同种类、不同用途的技术和方法。通常来说，可栽培种质的鉴定，主要是指生物学种的鉴定和种内菌株或品种（个体）的鉴定，以说明彼此的异同。尽管真菌物种的界定有诸多的新观念，如形态种、生态种、系统发育种等，但是对于食用菌种质资源的利用来说，我们认为还是以“种间隔离”为标志的生物学种的鉴定更具应用价值，因为只有生物学种内的材料才具有用来杂交育种的可行性。

第一节 野生可栽培种质的可利用性鉴定评价程序

在本节中，可栽培种质与栽培种质是两个不同的概念。可栽培种质是指按目前知识和技术可以实现人工栽培的各类食用菌的种质，包括目前已实现了人工栽培的种类的野生种质和栽培种质。栽培种质则是指目前栽培种类的栽培种质，即栽培品种，不包括其野生种质。那么，野生可栽培种质就不言而喻了。

大型真菌中，诸多属内有着多个形态相近可食或可栽培的近缘种。在自然条件下，它们往往自然发生在同一生态区域内。即使发生在不同区域甚至不同季节，由于受环境影响，子实体形态会发生较大的变化而影响人们对其分类地位的认识，这使得同属内多栽培种的野生材料生物学物种准确鉴定非常困难，从而影响其可利用性。因此，建立野生可栽培种质的可利用性的鉴定和评价程序至关重要。一般来说，这个程序包括生物学物种鉴定、菌株遗传特异性鉴定、经济性状评价 3 个层面。

生物学种的鉴定对于食用菌种质的利用至关重要。最早的生物物种鉴定，依赖于林奈的种间生殖隔离的基本原则，即生物学种（biological species），将个体间可否杂交产生可育后代作为种（species）的界定标准。随着人类对生物认知的不断深入，传统的林奈的生物学种的概念不断受到挑战。目前对生物的种的概念有形态学种（morphological species，taxonomical species）、生态种（ecological species）、系统发育种（phylogenetic species）、分子种（molecular species）等数十个，有的物种概念有交叉，有的物种概念则差异较大。正是研究者研究的侧重点和目标不同，才出现了诸多关于物种的定义。然而，作为研究目的在于应用的种质资源学，我们自然会更多地关注其生物学。因为种质资源用于育种其生殖隔离与否至关重要。当然，系统学、分子、生态条件等都成为物种鉴定的重要参考。只有明确了物种，遗传特异性鉴定和经济性状评价及其他的鉴定和评价才是有意义的。

尽管在植物和真菌中，都存在着种间的可交配现象，但种间交配可育的比例远远低于种内。在侧耳属中，存在着种间或变种间的部分可交配现象、自然不交配而人工可交配的现象（Zervakis *et al.*，2014）。

食用菌子实体的形态多样性分化不甚显著，然而，自然条件发生的子实体，形态又常因环境条件的变化而变化。可见，野生种质材料不能仅以形态特征进行菌株或个体的鉴定和鉴别。在自然界，食用菌主要以菌丝体形式存在，作为担子菌的食用菌则以基质中的双核体为主要存在方式。它们与植物不同，每一株植物都是一个个体，而食用菌以群体的菌丝——菌丝体存在。这一群体间彼此亲和，隔膜孔作为物质交换通道，使细胞间有固定的联系和物质交流，整个菌落相通，细胞质在整个菌落中有序流动（Patrick *et al.*，2002）。在适宜的环境条件下，菌丝体即可形成子实体，进行减数分裂，产生有性孢子，完成生活史。在研究中，菌丝体常被称为营养亲和群（vegetative compatibility group，VCG），作为对其种质的利用，我们视其作为一个个体。众所周知，在育种中只有不同个体间的杂交才有可能产生杂交优势。因此，对于野生材料个体的鉴别就显得尤为必要，目前鉴别则采用遗传特异性鉴定的技术和方法进行。

基于食用菌现有的研究背景和知识，对种质材料个体的鉴别结果，只能说明材料之间是否相同，即来自于同一营养亲和群，而不能反映其遗传学上的实质性差异，即不能反映其生物学上特征特性的差异。因此，对于其利用来说，特征特性的评价，特别是人类需要的经济性状的评价，在食用菌的种质资源学研究中具有特殊的重要意义。尽管实验室内的各类鉴定方法层出不穷，通过栽培全过程观测特征特性，对可利用性的评价都是必不可少的。

第二节　野生可栽培种质的可利用性鉴定评价技术与方法

野生种质资源的鉴定评价目的是为了合理利用，建立规范的鉴定评价程序是为了科学、高效利用。目前，随着组学分析技术和生物信息学技术的不断完善，大型真菌的测序种类在不断增加，目前，已公开基因组测序数据的种类已经超过 100 种，组学技术在种质资源鉴定评价中的应用日益广泛。

一、生物学种的鉴定

本节的生物学种鉴定，是指在确定材料所属的生物学分类上的属之后进行的鉴定。在目前栽培的种类中，侧耳属（*Pleurotus*）、木耳属（*Auricularia*）、蘑菇属（*Agaricus*）、田头菇属（*Agrocybe*）、冬菇属（*Flammulina*）、猴头菇属（*Hericium*）、草菇属（*Volvariella*）、灵芝属（*Ganoderma*）、鳞伞属（*Pholiota*）、竹荪属（*Dictyophora*）等都是有多个栽培种的属，且在自然条件下多数种间子实体形态差异较小，需要细致的室内显微形态观察，甚至需要适宜其特点的分子生物学技术的研究分析。在生态、宏观形态、显微形态等分类方法不能奏效的情况下，核 DNA 片段 ITS、LSU、TopⅡ等和线粒体基因组 DNA 片段 CO1、mtSSU（mt-V4、mt-V9 等）是目前属内种间分类鉴定常用的基因片段。利用 CO1 片段可以将侧耳属 15 个种清晰地区分，特别是可将子实体形态外观相近的糙皮侧耳、白黄侧耳、佛州侧耳、肺形侧耳等近源种准确鉴别（宋驰等，2011）。线粒体小亚基（mtSSU）V9-*Dra* I 酶切可容易地将形态相似的田头菇属茶树菇和杨柳田头菇分开（陈卫民等，2011）。

1. 核糖体 DNA（rDNA）

核糖体作为蛋白质合成的场所，生物功能活跃，其活跃的转录功能在生物的遗传活动中起着至关重要的作用，使核糖体 RNA（rRNA）成为遗传学研究的热点。rRNA 作为细胞中最古老的分子之一，具有功能和进化上的同源性，是研究生命起源和早期生物进化以及分子系统学的“活化石”。 rDNA 是基因组 DNA 中的中等重复，是有转录活性的基因家族(gene family)。大量的研究分析表明，编码 rRNA 的基因核糖体 DNA（rDNA）在进化上相当保守，近年来成为研究高级分类单元分子系统学的重要基因，也成为真菌分类研究的有用区域。

真菌 rDNA 是由转录单位和非转录的间隔区组成的重复单位，这些重复单位在基因组中串联排列（图 6-1）。每一个 rDNA 重复单位包括 16 ~18S（小核糖体亚基，SSU）、5.8S、25 ~28S（大核糖体亚基，LSU）、5S 4 个基因转录区，以及两个内部转录间隔区 ITS1 和 ITS2 与两个转录单位间隔区 IGS1 和 IGS2，共 8 个区域。在真核生物中 25 ~28S、16 ~18S、5.8S、5S、ITS 和 IGS 区域处于同一转录单位，在转录单位上转录下来的 rRNA 前体经过酶切成为 25~28S 和 16~18S，转录下来的 25~28S 和 16~18S 之间的内部转录间隔区（ITS）的核苷酸经加工成为 5.8S，5.8S 将 25~28S 和 16~18S 相连接，连接处分别形成长短不一的不转录的单位内部转录间隔区 ITS1 和 ITS2。在绝大多数担子菌和一些子囊菌中，每个转录单位之间的非转录的基因间隔区（IGS）中间含有一个 5S 转录区，5S 的存在将 IGS 分为 IGS1 和 IGS2 两个区域。IGS 虽然不转录，但是在转录单位的转录识别和起始中起重要作用。rDNA 的 ITS 和 IGS 区域都是进化速率较快的区域，其中 ITS 区域常作为属内种间比较的最有效的系统发育标记。Alvarez 和 Wendel（2003）调查了在 1997~2002 年发表的关于植物属或属以下水平系统发育的论文，其中 66%的文章应用了 ITS 的序列分析，更重要的是 34%的文章是完全建立在单独的 ITS 的序列分析的基础上。同样，ITS 的序列分析在真菌的属或属以下水平系统发育研究中也居重要地位（Hibbett，1995；Dunham *et al.*，2003），常被作为真菌属内种间比较的分子标记（Mitchell and Bresinsky，1999）。

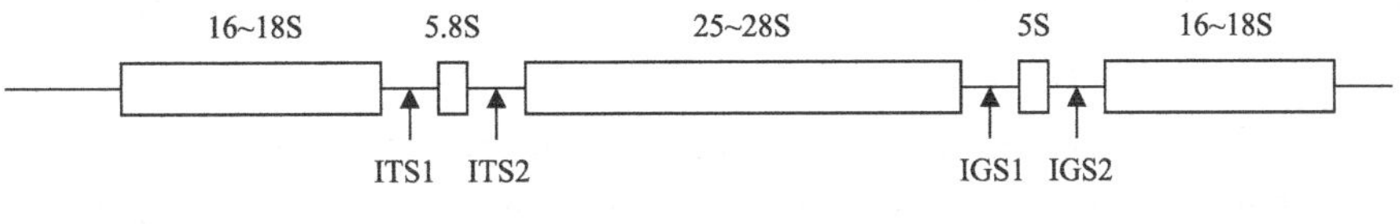

图 6-1　真菌 rDNA 结构示意图

方块为编码区

在传统分类鉴定的基础上，对侧耳属 16 个种的 38 个菌株的 ITS 序列测定表明，不同种间的趋异度不同，存在较大差别，糙皮侧耳（*Pleurotus ostreatus*）和 *P. cornucopiae*

之间趋异度仅 0.003，而 *P. rattenburyi* 和 *P. djamor* 之间趋异度最大，达到 0.282，利用 ITS 序列难以将 *P. ostreatus* 和 *P. cornucopiae* 准确鉴定鉴别，而对侧耳属的大多数种类可以进行有效鉴定（黄晨阳等，2010）。子实体形态难以鉴别的糙皮侧耳和肺形侧耳（*P. pulmonarius*），利用 Primer 3 设计特异引物组合 1F（5′-GATAGATCTGTGAAGTCGTC-3′）、1R（5′-TCACAATTGGAAAGAAACC-3′）和 2R（5′-TGCGTGCTATTGATGAGTGA -3′），经 PCR 扩增和琼脂糖凝胶电泳，糙皮侧耳出现 342bp 和 459bp 的 2 条扩增条带，肺形侧耳仅出现 446bp 的 1 条带，因此可将这两近缘种清晰鉴定鉴别（黄晨阳等，2009a）。

蘑菇属（*Agaricus*）是重要的食用菌栽培类型，属内多栽培种，常见的栽培种类除双孢蘑菇（*A. bisporus*）外，还有大肥菇（*A. bitorquis*）、巴氏蘑菇（*A. blazei*），野生可食种类尚有蘑菇（*A. campetris*）、田野蘑菇（*A. arvensis*）、圆孢蘑菇（*A. gennadii*）、白杵蘑菇（*A. nivescens*）、林地蘑菇（*A. silvaticus*）、双环林地蘑菇（*A. placomyces*）等数种。双孢蘑菇、大肥菇、蘑菇、圆孢蘑菇、白杵蘑菇等野生生态环境相似，子实体形态相近，肉眼难以鉴别生物学种。对我国青藏高原采集的蘑菇属种质的 ITS-RFLP 分析表明，子实体外观极其相似种群，并非完全是双孢蘑菇，有相当比例的蘑菇（王波等，2012）。

木耳属（*Auricularia*）是我国重要的食用菌栽培类型，按品种产量计算，2014 年我国黑木耳（*A. heimuer*）和毛木耳（*A. cornea*）分别排在第二位和第七位。王晓娥等（2013）以木耳属 4 个种 22 个菌株为供试材料，研究了 rDNA ITS 序列作为木耳属条形码的可行性。结果表明，ITS 序列作为木耳属条形码的有效长度为 420bp 左右，片段长度大小适宜，扩增与测序成功率均为 100%。种内 ITS 序列差异度为 0.5%~2.5%，种间序列差异度为 4.8%~10.8%，种间序列差异显著高于种内序列差异。

在进化进程中，转录区 16~18S、25~28S 和 5.8S 的基因最保守，尤其是 18S rDNA 保守程度极高，对 154 种真菌（其中 150 种为担子菌）的研究表明，食用菌的 25~28S rDNA 大小在 4.7kb 左右，其中起始端的 900bp 常作为生物多样性研究的有效区域，这一区域内不同科、属、种间存在差异，科间的差异较大，种间的差异较小（Moncalvo *et al.*，2000）。然而，应用 LSU 片段序列对侧耳、木耳、蘑菇等多属进行系统发生学的研究和种的区别性鉴定也取得了一定的进展（高山等，2008；Wu *et al.*，2015）。

2. DNA 拓扑异构酶基因（topoisomerase，Topo）

DNA 拓扑异构酶存在于所有的真核生物和原核生物中，通过催化 DNA 超螺旋结构局部构型发生变化，在 DNA 复制、转录、重组、凝聚和去凝聚以及染色体分离等生命活动中发挥重要作用（Nitiss，1998；Champoux，2001；Singh *et al.*，2003）。依 DNA 链断裂反应过程中产生断口性质的不同而将 DNA 拓扑异构酶分为两类：Ⅰ型 DNA 拓扑异构酶（TopoⅠ）和Ⅱ型 DNA 拓扑异构酶（TopoⅡ）。TopoⅡ存在于所有活的细胞中，是细胞中仅有的能解开完整 DNA 双螺旋的酶，因此 TopoⅡ在所有活细胞的生长和分裂过程中都非常重要，是所有真核生物细胞生存不可缺少的关键酶。其蛋白质序列保守，具有较多保守基序（motif）；分子进化速率相对适中（Huang，1996；Yamamoto and Harayama，1996；Shimomura *et al.*，2002）；不同生物之间该酶在序列和空间结构上均很相似（Berger *et al.*，1996；Gadelle *et al.*，2003）。这些特点使其可以避免或减少其他分子标记的不足。研究表明，真菌的 18S rDNA 碱基的替换率是每亿年 1%（Berbee and Taylor，1993），而细菌的 TopoⅡ显著特点就是进化率不仅快于核糖体基因，而且相对于其他蛋白编码基因的进化速率也较快（Yamamoto and Harayama，1996），为每 100 万年 0.7%~0.8%。对糙皮侧耳的分析表明，其 TopoⅡ基因（*PosTopo Ⅱ*）全长为 4808bp（NCBI 登录号 ABG73430），含有一个 4713bp 的完整的可读框（ORF）。在糙皮侧耳和 *P. lampas* TopoⅡ全基因克隆的基础上，以 TopoⅡ基因部分序列分析将侧耳属 23 株 20 种材料清晰地划分在 6 个不同的支系中（Li *et al.*，2007；李翠新，2007；黄晨阳等，2009b）。

3. 细胞色素 c 氧化酶亚基Ⅰ基因（*CO1*）

CO1 位于线粒体基因组中，其序列 5′端变异明显，在动物和红藻类植物中，*CO1* 作为 DNA 条形码广泛用于物种的分类鉴定（Hebert *et al.*，2003a，b；Saunders，2005；Hebert *et al.*，2010）。*CO1* 作为 DNA 条形码在真菌中也有研究，在青霉亚属（*Penicillium* subgenus *Penicillium*）的 370 个菌株中，种内的差异为 0.06%，种间的差异为 5.60%，能有效地用于青霉亚属种间的分类鉴定（Seifert *et al.*，2007）；在锤舌菌属（*Leohumicola*）的研究中表明，*CO1* 序列种间差异为 2.42%，种内差异为 0.24%，可用于锤舌菌属各种的分类鉴定（Nguyen and Seifert，2008）。但 Rossman（2007）研究表明，*CO1* 序列在真菌中进化速率慢，不利于物种的鉴定。Vialle 等（2009）研究表明，在部分真菌中 *CO1* 序列有内含子插入，影响通用引物的设计。张金霞实验室对侧耳属 15 个种 27 个菌株的 *CO1* 研究表明，种内 *CO1* 序列一致（未发表），其中，部分种的 *CO1* 序列有内含子存在。内含子的数量和位置不同，使得侧耳属种间序列差异大，能很好地用于侧耳属种间的鉴定（宋驰等，2011）。

4. 线粒体基因序列（mtDNA sequence）

近年研究表明，线粒体小亚基 rRNA V4、V6 和 V9 的序列是田头菇属（*Agrocybe*）种间鉴别和物种鉴定的有效基因片段。对来自法国、意大利、匈牙利、德国、比利时、苏格兰、捷克、泰国等 42 个菌株的线粒体小亚基 rRNA V4、V6 和 V9 的序列分析表明，不同种类 V4、V6 和 V9 的长度不同，且具序列上的差异，这种差异由插入、缺失和颠换等导致，这种差异成为物种的特有分子特征，将材料分为 *A. aegerita*、*A. dura*、*A. chaxingu*、*A. erebia*、*A. firma*、*A. praecox*、*A. paludosa*、*A. pediades*、*A. alnetorum* 和 *A. vervacti* 10 个种（Gonzalez and Labarère，1998）。对云南采集的野生田头菇种质分析也表明线粒体小亚基 rRNA V9 是快速鉴别茶树菇（*A. aegerita*）与其形态相似种杨柳田头菇（*A. salicacola*）的有效片段，对 13 个野生材料的扩增分析表明，*A. aegerita* 线粒体小亚基 V9 较 *A. salicacola* 多 1 个约 50bp 的插入片段，这一插入区域有特异 *Dra* Ⅰ酶切位点，可酶切形成特异性的 RFLP 图谱（陈卫民等，2011），线粒体序列在侧耳近缘种鉴定方面也有所研究（Gonzalez and Labarère，2000）。

二、种内的个体鉴定——遗传特异性鉴定

虽然作为同一个物种的不同成员，它们有着诸多的共性及特征特性，但是，任何一个个体又是不完全相同的。正是这种不同才使得人类进行定向育种、选育符合人类需求的品种成为可能。其实种群个体的鉴定对于种质材料的利用更为必要和重要，这种个体鉴定是在物种鉴定的基础上进行的。其首要目的是明确现有材料与库藏材料是否相同，在本批次材料中是否具遗传特异性。这种材料个体的鉴定，由于形态学和细胞学方法鉴定的困难，常应用微生物学、生物化学、遗传学、分子生物学的各类方法进行。

（一）对峙培养——拮抗试验（antagonism test）

这是操作相对简单、灵敏度较高的微生物学的研究方法，该方法的理论基础在于丝状真菌营养体的形态建成机制。丝状真菌的营养体形态建成包括菌丝顶端生长、分支和菌丝融合（fusion）或网结现象（anastomosis）三大步骤。网结现象是菌丝生长形成菌落的过程中，在菌丝之间的接触点细胞壁局部降解，菌丝间发生融合，菌丝体形成网状结构。网结现象不仅发生在同一接种物长出的菌丝之间，来自同一菌株不同接种物个体的菌丝也能融合形成网结，而来自不同菌株的菌丝之间则多不能融合形成这种网结，而是产生拮抗现象（antagonism）（Patrick *et al.*，2002）。

在生物学上，一般意义上的拮抗系指由某种生物所产生的某代谢产物抑制他种生物的生长发育甚至杀死它们的一种相互关系，是生物种间的一种对抗关系。也正是这种对抗关系，形成了丰富的生物多样性。在食用菌种质资源研究中拮抗的内涵常指同种内不同个体或称为不同营养亲和群之间的一种相互识别、相互排斥的现象。在真菌生理上，这种现象常被称为体细胞不亲和性（somatic incompatibility）或营养不亲和性（vegetative incompatibility）。一个由无数体细胞组成，以网状连接彼此的完整的菌落，细胞之间彼此是亲和的，因此被称为营养亲和群（vegetative compatibility group，VCG）。真菌 VCG 是研究物种起源、进化和群体分化的一种有效手段。在日本的食用菌新品种登记中，拮抗反应已经作为香菇、平菇、肺形侧耳、杏鲍菇、毛木耳、金针菇、滑菇、黄伞、灰树花、斑玉蕈、真姬菇、荷叶离褶伞、茶树菇和砖红离褶伞等多种食用菌新品种 DUS 测试的必测项目之一。

由于菌丝相互接触、识别，融合之后，如果菌丝间是不亲和的，融合细胞与其他细胞间的隔膜孔封闭，使融合细胞形成一个封闭的细胞，接着这个细胞发生程序性死亡（programmed cell death，PCD），有时还诱导相邻细胞发生程序性死亡（Aimi *et al.*，2002a，b）。在这个过程中，由于细胞的死亡，菌丝相互接触区的菌丝稀疏，同时有色素积累，使拮抗区的边缘有明显的颜色变化，这些特征往往作为鉴定菌株互相具拮抗反应的特征。

真菌的体细胞不亲和性是由其遗传关系决定的。不亲和性与遗传差异的关系可以从 3 个方面描述：第一，体细胞不亲和的两个菌株间一定存在遗传差异，因此菌株间的不亲和通常可以作为遗传差异的标记（Barrett and Uscuplic，1971）；第二，完全相同的两个菌株一定是相互亲和的（Dowson *et al.*，1989；Patrick *et al.*，2002）；第三，两个亲和的菌株不一定完全相同，可能存在遗传差异。

亲和菌株的遗传关系的不确定性主要表现为两方面：第一，亲和性不能传递，如A同B和C都亲和，但B和C不亲和（Jacobson *et al.*，1993）；第二，亲和菌株的DNA指纹图谱不同（Stenlid and Vasiliausaks，1998），即存在遗传差异。造成这种情况的原因有多种：第一，拮抗反应是由多个基因共同控制的，造成了亲和性的不传递性；第二，非拮抗基因的差异造成了亲和菌株间的遗传差异（Jacobson *et al.*，1993）；第三，拮抗的检测和判断受技术条件和主观因素的影响，如培养基成分显著影响双孢蘑菇菌株间拮抗现象的发生及其反应程度（王泽生，未发表）；拮抗反应的程度受培养条件的影响，培养期、培养温度、光照强度等都影响着拮抗程度。轻微拮抗和亲和之间的界定受实验者的主观影响。

一般条件下，具亲和性的个体同源性较强。Leslie（1993）将所有没有拮抗的亲和性个体定义为一个营养亲合群，它们可能完全相同，就是一个菌株；也可能有遗传差异（Stenlid and Vasiliausaks，1998），即使有遗传差异，但同源性很强，菌落形态、同工酶图谱、交配型因子和DNA指纹图谱等都证明了这一点（Barrett and Uscuplic，1971；Kay and Vilgalys，1992；Diana *et al.*，1994；Falk and Parbery，1995；Rizzo *et al.*，1995；Stenlid and Vasiliausaks，1998），并且遗传差异越大，不亲和反应越强烈（Coates *et al.*，1981）。长期以来拮抗现象被广泛用于真菌菌株的鉴别、群体遗传学的研究、真菌传播方式和传播途径的调查，一般认为VCG内的个体被认为是同一个菌株或相同来源的菌株（Smith *et al.*，1992）。

目前，关于拮抗的机制还不完全清楚。已研究清楚的真菌中，拮抗都是由与性亲和因子不连锁的独立的多基因控制的（Christina *et al.*，2002），如*Neurospora crassa*中至少由11个不连锁基因位点控制（Perkins and Davis，2000），*Podospora anserina*中9个（Saupe *et al.*，2000），*Cryphonectria parasitica*中7个（Cortesi and Milgroom，1998），*Pleurotus ostreatus*中4个（Malik，1996），*Aspergillus nidulans*中8个（Anwar *et al.*，1993）。

也有研究认为拮抗现象是由营养不亲和造成的。营养不亲和通常是由一个或一系列异核体不亲和（Heterokaryon incompatibility，*het*）位点控制，一种情况是特异*het*位点内等位基因相同的菌株能形成稳定的异核体，而等位基因不同的菌株不能形成稳定的异核体的等位基因不亲和。另一种情况是某一*het*位点的基因与另一*het*位点的基因相互作用，从而阻止其形成稳定的异核体的非等位基因不亲和（陈强等，2007）。

拮抗试验被广泛用于食用菌种内菌株的鉴定和鉴别（Chiu *et al.*，1999；郑素月等，2003），拮抗试验的方法也在不断完善，每皿接种7点的三皿培养法，鉴定效率显著提高（陈强和张金霞，2010）。但是对于遗传关系比较近的菌株来说，拮抗试验的分辨率不及DNA指纹图谱高，一般在食用菌的品种鉴定中拮抗试验与DNA指纹图谱结合使用。

不同种类拮抗现象有所不同，一般而言，拮抗反应的形态可分为三大类，即沟型、山型、隔离型，拮抗反应的程度取决于遗传关系和试验技术条件。因此，统一试验技术条件非常必要。农业行业标准《食用菌菌种区别性鉴定 拮抗反应》（NY/T 1845—2010）对此进行了规定。拮抗实验要求接种块间隔30mm，3个重复，在适宜温度避光条件下进行对峙培养。培养至菌丝接触后，再在自然光下培养5~7天后观察。具拮抗反应的为不同品种或菌株。

（二）同工酶

同工酶（isozyme）是指不同基因位点或等位基因编码的多肽链的单体、纯合体或杂聚体，其理化或生物性质不同而能催化相同反应的一组酶，是生理、生物化学和遗传学研究的重要蛋白质。同工酶作为基因编码的产物，由于模板作用，酶蛋白质中多肽链上的氨基酸顺序（通过 RNA）直接反映了 DNA 链上碱基对的顺序，其变化能代表 DNA 分子水平上的变化，所以同工酶分析是从蛋白质分子水平上研究生物群体遗传分化的有效手段，在动物、植物、菌物等分类中广泛应用。经聚丙烯酰胺凝胶的浓缩、分子筛效应和电泳分离的电荷效应作用下进行的蛋白质的分离，经特异性染色后，不同的酶的不同组分显示在凝胶的不同位置而呈现特有同工酶酶谱。

生物体内酶的种类繁多，并非任何一种酶都是用于种质遗传特异性的研究分析。一般说来，等位基因多、多态性丰富的种类更适用于遗传特异性的分析。用于食用菌遗传特异性鉴定或说是菌株或品种鉴定的同工酶种类主要有过氧化物酶、漆酶、酯酶、苹果酸脱氢酶、乙醇脱氢酶等。

May 和 Royes（1981）及 Toyomasu 和 Zennyozi（1981）首次将同工酶电泳图谱应用到香菇菌株的鉴定。Royse 和 May（1987）利用酯酶、超氧化物歧化酶、谷氨酸脱氢酶、肽水解酶等 11 组同工酶分析了全球香菇的遗传多样性，把香菇分成了 35 个基因类群，为后来的香菇的遗传多样性研究奠定了基础，并且建议将多位点同工酶技术应用到香菇品种鉴别和品种登记中。Fukuda 和 Tokimoto（1991）利用 9 个同工酶研究从世界各地收集的 93 个菌株，聚类分成 3 个类群，并且与地理分布相对应，其中中国和日本的野生菌株属于同一类群。Bowden 等（1991）根据 21 个位点的等位酶的连锁关系构建了香菇的第一个遗传学图谱。阎培生等（1998）运用同工酶电泳技术对木耳属 8 个种 25 个菌株进行了鉴定鉴别，认为酯酶同工酶、谷氨酸脱氢酶同工酶、过氧化物酶同工酶和乙醇脱氢酶同工酶的电泳表型多态性强，可用于种内不同菌株的鉴别。党建章等（1998）研究了草菇的过氧化物酶、酯酶和超氧化物歧化酶 3 种同工酶的酶谱，发现菌株间有显著的差异可用于品种的鉴定。郑素月等（2003）应用酯酶同工酶电泳图谱对我国栽培平菇品种进行了鉴定，结果与拮抗反应鉴定一致，与 RAPD 鉴定结果也相同。这表明，在规范的技术条件下同工酶电泳是食用菌种质遗传特异性鉴定的有效方法。

同工酶电泳技术应用的局限性主要来自环境条件变化所带来的不稳定性，如取材部位、材料的菌龄、培养条件、电泳条件等都可能对酶谱产生影响（Micales *et al.*，1986；Gilot and Andre，1995；Choi *et al.*，2001）。食用菌的种质鉴定也证明了这一点（贺冬梅等，1998）。正是由于这种局限性，为了试验效果的准确，需要根据鉴定种类的不同，探索适宜的试验技术条件及参数，规定材料部位、菌龄、培养基、培养温度、浓缩胶浓度、分离胶浓度、电泳电压和电流等各项试验条件。一般说来，对于种质遗传特异性的鉴定，采用酶种多样性丰富且稳定的一定菌龄的双核菌丝体。使用双核菌丝体，较其他材料更便于试验条件的设置和一致，试验结果的重复性更加稳定。目前食用菌种内的个体鉴定应用较为普遍的是酯酶同工酶，具体方法可参考农业行业标准《食用菌菌种的真

实性鉴定　酯酶同工酶法》（NY/T1097—2006）。

尽管目前基于 DNA 的生物学技术突飞猛进，应用也日趋广泛，但是同工酶电泳技术由于具有重复性好、经济便捷、技术操作简便、快速及检测费用相对较低的特点，仍是遗传特异性分析中应用较多的方法之一。

（三）以 DNA 分析为基础的遗传特异性鉴定

分子标记是继形态标记、细胞标记和生化标记之后发展起来的一种更为理想的遗传标记方法，狭义的分子标记以核酸分子的突变为基础，检测生物的遗传结构及其变异。随着近年分子生物学技术的发展，食用菌种内不同个体间子实体形态分化多样性的不足促使研究者更多地关注和使用包括蛋白质检测的分子标记技术进行个体遗传特异性的鉴定。正如上文所述，同工酶应用的蛋白质电泳，由于受到较多环境条件的限制，虽然经济便捷、技术操作简便，但是以 DNA 分析为基础的遗传特异性的分子生物学方法鉴定与形态标记和生化标记等相比，具有许多独特的优点，而且更具优势：①不因为生物体组织结构的不同而变化，分析结果不受组织类别、发育阶段等影响，菌体的任何发育时期、任何组织均可用于分析；②不受环境影响，因为环境只影响基因表达，即转录与翻译，而不改变基因结构，即 DNA 的核苷酸序列；③标记数量多，可覆盖整个基因组；④多态性高，自然存在许多等位变异；⑤表现为共显性的标记能够用来鉴别基因型的纯和度；⑥操作的技术难度小，快速、易于自动化，效率提高；⑦提取的 DNA 样品，在适宜条件下可长期保存。

分子生物学技术问世以来，相关技术方法不断涌现，并不断改进，甚至互相融合，复合应用。第一代分子生物学技术的 RFLP、RAPD、AFLP 等，第二代的 SSR、ISSR 等，第三代的 SNP、EST 等，都在食用菌的遗传特异性鉴定中得以应用。以这些基础性的技术方法衍生出的 SCAR、SRAP 等的应用也日益广泛。随着食用菌生物学研究得不断深入，功能基因的应用也在不断加强。

1. 第一代分子标记技术

（1）RFLP 标记技术

1980 年 Botesin 提出的限制性片段长度多态性 RFLP 可以作为遗传标记，开创了直接应用 DNA 多态性的新阶段，是最早应用的分子标记技术。RFLP 是检测 DNA 在限制性内切酶酶切后形成的特定 DNA 片段的大小，反映 DNA 分子上不同酶切位点的分布情况。因此 DNA 序列上的微小变化，甚至 1 个核苷酸的变化也能引起限制性内切酶切点的丢失或产生，导致酶切片段长度的变化。RFLP 标记的等位基因具有共显性的特点，结果稳定可靠，重复性好。

但是，对于大分子染色体，标准的操作程序比较繁琐，需要的 DNA 的量很大。随着 PCR 技术的出现和发展，PCR-RFLP 随之出现，利用 PCR 技术特异性地扩增基因组中的一段，用限制性内切酶消化后，直接电泳检测，较传统的标准 RFLP 方便得多，需要的 DNA 的量大大减少，成为目前广泛应用的 RFLP 标记技术。

应用 RFLP 进行食用菌的菌株或品种鉴定中，通常仅以限制性内切酶酶切图谱为依据进行分析，而不再进行 Southern 杂交。研究表明，应用 RFLP 进行食用菌种内菌株鉴定鉴别的有效基因主要有 *IGS1* 和 *IGS2*。IGS1-RFLP 分析将我国西藏、云南和吉林三大主产区的松茸分开，在相似系数 0.702 水平上将供试样本分为地域性明显的三大类群（马银鹏等，2012）。对刺芹侧耳和白灵侧耳的研究表明，不同菌株间 *IGS1* 序列的相似度较高，*IGS2* 片段的大小和数量都存在丰富的多态性，其片段大小在 3.5 ~ 7.8 kb，远大于多数真菌的 *IGS2* 长度，限制性内切酶 *Bsu*RⅠ、*Hin*6Ⅰ、*Hpa*Ⅱ 和 *Rsa*Ⅰ等的酶切都能形成多态性丰富的 IGS2-RFLP 图谱，成为菌株特有的 DNA 指纹，且重复性和稳定性良好（黄晨阳等，2005；Zhang *et al.*，2006）；对白灵侧耳 *IGS2* 的克隆、测序和分析表明，不同菌株其序列存在较大的差异（未发表），是菌株鉴定鉴别的有效基因片段。对黑木耳（Li *et al.*，2014）、香菇（Saito *et al.*，2002）*IGS2* 片段的研究，也取得了相似的结果。

（2）RAPD 标记技术

为了克服 RFLP 技术上的缺点，Williams 等（1990）建立了 DNA 随机扩增多态 RAPD 技术，由于其独特的检测 DNA 多态性的方式使得 RAPD 技术很快渗透于基因研究的各个领域。RAPD 是建立于 PCR 基础之上检测全基因组的分子标记技术。对任一特定引物而言，它在基因组 DNA 序列上有其特定的结合位点，一旦基因组在这些区域发生 DNA 片段插入、缺失或碱基突变，就可能导致这些特定结合位点的分布发生变化，从而导致扩增产物的数量和大小发生改变，表现出多态性。实验设备简单，检测速度快，DNA 用量少，种属特异性和基因组结构的差异都不影响其应用，同时引物的扩增效率高。然而，RAPD 反应条件敏感，易受模板浓度、Mg^{2+}浓度等诸多技术条件和操作因素的影响，实验的稳定性和重复性较差，实验室之间和实验者之间的数据可比性较差。特别是其显性遗传，不能识别杂合子位点而导致遗传分析相对复杂，在基因定位和连锁遗传图制作中发生显性的遮盖作用而使计算位点间遗传距离的准确性下降。但是，作为种内个体的菌株鉴定，只要有平行实验作为参照，仍具有较好的分辨力（discriminatory power，*D*），对 43 个香菇菌株的鉴定表明，RAPD 分子标记的分辨力达到 0.932（张瑞颖，2004）。

（3）AFLP 标记技术

扩增片段长度多态性技术（AFLP）又名限制片段选择扩增技术 SRFA，是 1995 年荷兰 KEYGENE 公司的 Zabean 和 Vos 以 RFLP 标记和 PCR 技术为基础建立起来的。它将基因组 DNA 用成对的限制性内切酶双酶切后产生的片段用接头（与酶切位点互补）连接起来，并通过 5′端与接头互补的半特异性引物扩增得到大量 DNA 片段，从而形成指纹图谱的分子标记技术。它兼具 RAPD 与 RFLP 的优点，用少量的选择性引物能在较短时间内检测到大量位点，并且每对引物所检测到的多个位点都或多或少地呈现随机分布。因此，通过少量效率高的引物组合即可获得覆盖整个基因组的 AFLP 图谱，标记多态性水平高，稳定可靠。Terashima 等（2002）和 Kazuhisa 等（2002）利用 AFLP 技术分别以菌丝体和烘干的子实体为材料进行香菇菌株鉴定，都取得了满意结果。然而 AFLP

成本较高，操作程序复杂。虽然市场上推出许多标准化操作的试剂盒，极大地提高了操作效率，但AFLP成本高的问题仍然困扰着AFLP技术在品种鉴定中的广泛使用。

（4）其他标记技术

在RAPD和RFLP技术的基础上建立了序列特异性扩增区域SCAR、酶切扩增多态序列CAPS和DNA扩增指纹DAF等标记技术，使得第一代分子标记技术不断完善。这为遗传学研究提供了便捷多样、互相印证的技术方法，为种内的个体鉴别鉴定提供了更多的手段。食用菌的菌株鉴定鉴别中，应用较多的当属是SCAR标记。SCAR标记可以将47株香菇主栽品种进行有效鉴别，将形态和性状极其相似的241与241-4、闽丰1与L12、Cr02与7402等互相辨别（赵薇薇等，2010）。SCAR在黑木耳的栽培品种鉴定和标记中，也取得了满意的效果（马庆芳等，2009；李媛媛等，2013）。

2. 第二代分子标记

（1）SSR标记技术

真核生物基因组存在许多15~65个核苷酸的小卫星DNA（minisatellite DNA）序列和2~6个核苷酸重复单位长度的微卫星DNA（microsatellite DNA）序列，它们都是非编码的重复序列，分布于整个基因组。对真核生物基因组中微卫星DNA的调查分析表明，真菌基因组中微卫星DNA的密度大约为2667个/Mb，在基因间区、内含子、外显子中均有微卫星DNA，其中基因间区、内含子中比外显子中多（Toth *et al.*，2000）。由于重复单位的大小和序列的不同，拷贝数不同，从而构成丰富的长度多态性。Moorea等（1991)创立了以PCR技术为基础的简单重复序列SSR标记技术。这是一类多为1~6个碱基组成的基序串联重复而成的DNA序列。不同材料重复次数的不同导致SSR长度的高度变异，从而形成丰富的SSR标记的多态性。以PCR为基础的SSR指纹图谱技术（PCR-SSR）基本原理为，根据微卫星DNA两翼区域的序列设计位点专一性引物，特异性扩增微卫星序列，直接在聚丙烯凝胶电泳上分析长度多态性，操作简单，灵敏可靠，所以很快成为分子标记研究的热点。

以PCR为基础的PCR-SSR技术应用的前提条件是必须知道微卫星DNA两翼区域的序列。这对于已经完成基因组测序的生物来说，可以直接从数据库中查找。而对于其他生物，获取这些序列信息却非常困难，一般借用近缘种的微卫星引物或通过构建基因组文库，筛选微卫星位点测序获得。SSR标记已被广泛应用于基因定位及克隆、疾病诊断、亲缘分析或品种鉴定、农作物育种、进化研究等领域。

自人类在地球上进化形成以来，养育人类的绝大部分食物来自植物和动物。这些生物因此而成为人类关注和研究的重点。随着人类对大自然认识的不断深化，真菌在自然界的作用及其与人类的关系日渐受到关注，特别是人类社会工业化的今天，环境持续恶化，食物压力不断增加，食用菌对人类在营养和健康中的作用日益受到重视。随着科技的进步，大型真菌的测序与日俱增，目前糙皮侧耳、双孢蘑菇、香菇、草菇、金针菇、杏鲍菇、黑木耳、裂褶菌、灵芝、茯苓等数十种食药用真菌基因组测序已完成，为SSR

分子标记的应用提供了便利和基础。

近年食用菌的SSR分子标记用于遗传多样性、遗传分析和品种鉴定鉴别的研究不断增多。SSR引物可将栽培的金针菇品种有效地鉴定鉴别（Zhang *et al.*，2010）。应用SSR分子标记技术，利用11个SSR位点进行平菇核心种质样本构建方法的研究表明，采用位点优先取样策略，结合表型性状，在等位基因保留比例为95%的水平上构建的核心样本，能够以最小的样本量最大限度地代表原种质的遗传多样性（李慧等，2012）。18个SSR标记对我国52个平菇栽培菌株的分析表明，其在供试菌株中的等位基因数量为3~12个，多态性指数为0.34~0.84，相似性指数为0.755~0.9995；可以有效地鉴别其中的47个菌株，其余5个菌株结合体细胞不亲和性和出菇性状（温型、菌盖颜色）分析，认为可能是同物异名（吴丹丹等，2012）。对香菇的25个商业栽培品种的分析表明，引物的多态性为100%，每对引物产生等位基因2~9个，平均5.0个，基因型数为2~12个，平均6.3个。预期杂合度为0.115l~0.8131，平均0.6126；PIC值为0.1064~0.7736，平均0.5541。这25个品种中，除申香10号和申香12号不能区分外，对其他23个品种都能清晰鉴别（叶翔等，2012）。目前，基于香菇全基因组序列已经开发了200对SSR引物（张丹等，2014）。Xiao等（2010）利用SSR标记研究了中国14个省55份野生香菇种质的遗传多样性；与其他地域相比，来自云南高原、横断山脉、台湾、中国南部地区的野生香菇菌株的遗传多样性更为丰富；中国南北部地区的种质具有明显遗传差异，相同地域或邻近地域的菌株间遗传相似程度较高。徐锐（2013）对来自全国14个省份的93个香菇野生种质的遗传多样性进行了SSR分析，并在此基础上利用基于连锁不平衡的关联分析方法，对香菇13个数量性状与34个SSR分子标记的关联性进行了研究，检测到6个与4个性状显著关联的SSR位点，其中与木屑培养基生长速度显著关联的位点3个，与菌盖直径、菌盖厚度、原基期显著相关联的位点各1个。周雁等（2014）以黑木耳和毛木耳的转录本序列为基础，对两种食用菌SSR的数量、分布和结构特征等方面进行分析，发现在两者的SSR中，三碱基和六碱基重复出现最多，SSR的丰度和密度黑木耳均大于毛木耳。冯立建（2014）对黑龙江省伊春、尚志、方正、大兴安岭等地区的31株野生黑木耳进行SSR分析，表明黑木耳野生种质的遗传特异性程度较高，样本间的遗传相似性与其地理来源呈现一定的相关性。

（2）ISSR 标记技术

对于SSR标记需要基因组的测序而言，目前已知基因组序列信息的生物仍然是小部分，大部分的生物基因组是尚未测序的。而通过构建基因组文库，筛选微卫星位点进行测序的方法成本又太高，限制了SSR标记技术的应用。为了克服这个障碍，在SSR标记技术的基础上发展了ISSR技术。

ISSR技术以微卫星序列为引物，利用单引物进行PCR扩增，电泳分析扩增产物的多态性。实验表明，ISSR与RAPD相似，重复性差，易受镁离子浓度、退火温度以及许多不确定因素的影响。Grist等（1993）和Zietkiewicz等（1994）发展了锚定PCR，在微卫星序列引物的3′端或5′端添加1~7个兼并碱基，将引物锚定在微卫星序列的5′端或3′端，可以有效防止扩增过程中引物的滑动，显著提高了ISSR的稳定性和可重复性。

ISSR 技术虽然和 RAPD 技术一样都是使用单引物对整个基因组进行随机扩增，但 ISSR 的引物一般为 20nt 左右，比 RAPD 的引物（10nt）长；ISSR 扩增过程中应用 50℃的退火温度，大大高于 RAPD 仅 36℃的退火温度，严谨性、稳定性和可重复性大大提高。其在柑橘（Fang and Roose，1994）、蓝莓（Levi and Towland，1997）、葡萄（Lamboy and Alpa，1998）等经济作物的品种鉴定和种质资源分析方面取得良好的结果。在食用菌栽培品种的鉴定鉴别中，首次应用 ISSR 标记技术的是香菇，15 个中国香菇栽培品种的检测分析表明，香菇种内不同菌株间 ISSR 存在丰富的多样性，扩增引物的多态性高达 96.9%，可将栽培品种有效鉴别，并将供试材料分为高广温品种和中低温品种两大类（Zhang *et al.*，2007）。在缺乏基因组测序的情况下，ISSR 技术独显优势。研究表明，ISSR 分子标记多态性位点高达 70.21%~97.84%，可以将黑木耳（*Auricularia heimuer*）、白灵菇（*Pleurotus tuoliensis*）、灰树花（*Grifola frondosa*）、金针菇（*Flammulina velutipes*）、滑菇（*Pholiota nameko*）、茶树菇（*Agrocybe cylindracea*）、杏鲍菇（*Pleurotus eryngii* var. *eryngii*）和鸡腿菇（*Coprinus comatus*）等多种食用菌种内的菌株进行鉴别区分（李辉平，2007）。

3. 第 3 代分子标记

（1）SNP 标记技术

单核苷酸多态性 SNP 是指同一位点的不同等位基因之间个别核苷酸的差异，包括单个碱基的缺失、插入或替换，这种差异可以发生在基因组的任何区域、任何基因中。这种差异常发生在嘌呤碱基（A 与 G）和嘧啶碱基（C 与 T）之间。目前被认为是应用前景最好的遗传标记。在全基因组测序基础上的分析表明，双孢蘑菇有 280 000 个 SNP 位点，草菇有 35 389 个 SNP 位点（张金霞，2015）。研究表明，SNP 标记中大约有 30%包含限制性位点的多态性。

对香菇、糙皮侧耳、白黄侧耳、肺形侧耳等食用菌的研究表明，不同种类的 SNP 位点数量不同，不同基因的 SNP 发生频率也不同。总体说来，编码区域的外显子 SNP 发生频率大大低于非编码区域，呈现一定的功能相关性。

王大莉（2012）研究了香菇的 SNP 多态性，葡聚糖酶基因 *exg1* 和 B 交配型因子信息素受体因子 *rcb2* 在供试的 22 个香菇认定品种中 SNP 发生频率大大高于检测的其他基因（表 6-1）；同时对 58 个候选基因的 SNP 多态性进行深入研究，结果表明其中 54 个存在多态性。在测试分析的纤维二糖水解酶基因（cellobiohydrolase，*cbhII-1*）、香菇细胞色素 P450 基因（cytochrome P450，*cyp1*）、外切 β-1,3-葡聚糖酶基因（exo-β-1,3-glucanase-encoding gene，*exg1*）、乳清酸核苷-5′-单磷酸脱羧酶基因（orotidine-5′-monophosphate decarboxylase，*pyrG*）、香菇 B 交配型因子信息素受体 2（pheromone receptor 2，*rcb2*）和核糖核苷酸还原酶小亚基基因（ribonucleotide reductase small subunit，*rnrB1*）6 个基因的 4844bp 总长度中，检测到 72 处 SNP，其中 59 个属于转换，*cbhII-1*、*pyrG* 和 *rnrB1* 中发生的 SNP 全部为转换（表 6-1）；一般外显子区 SNP 发生频率为 0.96%，远低于内含子 2.78%的发生频率，与此不同的是 *rnrB1* 片段，发现的

SNP 全部位于外显子区。不同品种的 SNP 数量也不同，在 1~55 个，表明我国香菇栽培品种之间亲缘关系差别较大，遗传背景多样。

表 6-1　22 个香菇品种的 6 个目的基因片段中 SNP 突变数量和类型

基因	分析长度/bp	SNP 数量/个	SNP 频率/%	转换/个	颠换/个	SNP 类型
cbhII-1	775	5	0.64	5	0	9
cyp1	808	8	0.99	5	3	8
exg1	1117	27	2.41	19	8	11
pyrG	703	14	1.99	14	0	7
rcb2	622	14	2.25	12	2	8
rnrB1	819	4	0.49	4	0	9
合计	4844	72	1.49	59	13	

香菇的 22 个供试品种中，*exg1* 和 *pyrG* 两个基因可以将 14 个菌株区分出来，另外 8 个菌株被归为 3 种类型；在此基础上 *cyp1* 继续将 Cr-62 和赣香 1 号、华香 5 号和 L9319 4 个菌株分开；申香 8 号、Cr-04、申香 10 号和申香 12 号分别在 *rcb2*、*cbh Ⅱ-1* 和 *rnrB1* 中，其中香九、广香 51 等野生驯化系统选育的品种与其他所有供试品种均存在较大差异；而申香 8 号、申香 10 号、申香 12 号系列杂交品种之间，L135 和森源 10 号等品种之间，因具有部分相同的亲本，彼此间差别微小（图 6-2）（王大莉，2012）。

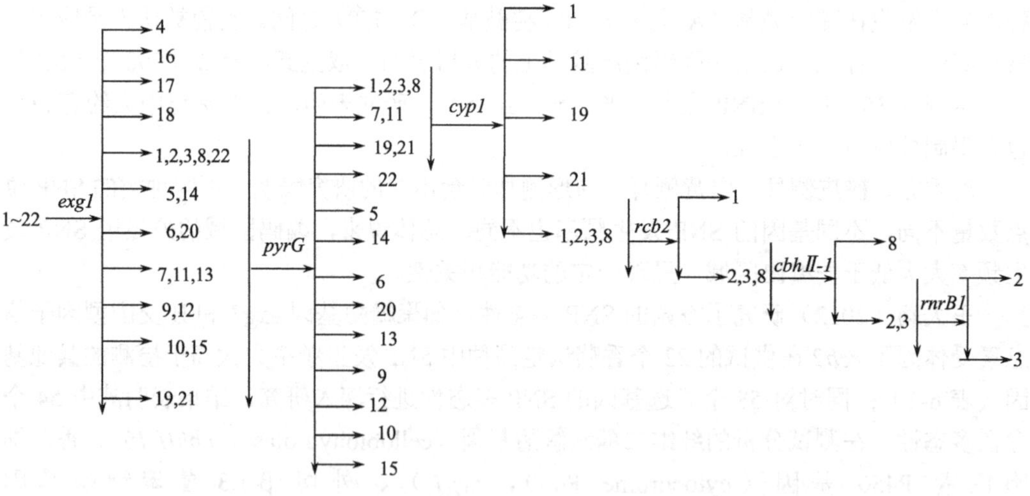

图 6-2　基于 6 个目的基因构建的 22 个认定香菇菌株的鉴别图

1. 申香 8 号；2. 申香 10 号；3. 申香 12 号；4. Cr-02；5. L135；6. 闽丰一号；7. Cr-62；8. Cr-04；9. 庆元 9015；10. 香菇 241-4；11. 赣香 1 号；12. 金地香菇；13. 森源 1 号；14. 森源 10 号；15. 森源 8404；16. 香九；17. 香杂 26 号；18. 广香 51 号；19. 华香 5 号；20. L952；21. L9319；22. L808

尿嘧啶核苷酸-胞嘧啶核苷酸激酶基因（UMP-CMP kinase gene，*uck1*）、分裂原活化蛋白激酶基因（mitogen-activated protein kinase gene，*mapk*）和外切-β-1,3-葡聚糖酶基

因（exo-β-1,3- glucanase -encoding gene，*exg1*）都是与香菇子实体发育相关的功能基因。对香菇 15 个栽培菌株 *uck1*、*mapk*、*exg1* 的部分序列的 SNP 分析表明，在采用的 *uck1*、*mapk* 和 *exg1* 总长的 3126bp 中，存在 48 处多态性位点，发生频率为 1/65bp，其中 36 个属于转换、12 个为颠换。从群体发生频率上，38 个属于超过 10%的常见 SNP，10 个属于罕见 SNP。外显子的 28 个 SNP 位点中，11 个为错义突变，17 个为同义突变。错义突变引起了编码氨基酸的改变，*uck1*、*mapk*、*exg1* 的 SNP 可用于香菇栽培品种的鉴定鉴别（王大莉等，2013）。

选取菌丝体疏水蛋白 1（vegetative mycelium-specific hydrophobin 1，*vmh1*）、金属蛋白酶（metalloprotease，*PoMTP*）、侧耳溶血素（pleurotolysin，*plyA*）、铁硫蛋白（iron-sulfur protein subunit，*sdi1*）、交配型因子信息素受体（Ste3-like pheromone receptor gene，*ste3-like*）5 个功能基因，对 31 个 *Pleurotus cornucopiae* 和 *P. ostreatus* 菌株进行了 SNP 分析。这 5 个功能基因总长度为 3751bp，分别为 418bp、714bp、1079bp、929bp、611bp。分析表明，在总长 3751bp 中含有 630 个 SNP，各基因分别为 89 个、124 个、132 个、73 个、212 个，平均每 6bp 就有 1 个 SNP 位点（表 6-2）。5 个基因的 SNP 分析表明，不同菌株不同基因发生的频率不同，其中作为交配型因子信息素受体的 *ste3-like*，SNP 发生频率最高，为 34.70%，这与其功能相符；*sdi1* 的 SNP 发生频率最低，为 7.86%。编码序列与非编码序列比较，前者 SNP 发生的频率比后者要低很多，这也体现了生物进化中的保守性（表 6-2）。

表 6-2 31 个平菇菌株 5 个基因的 SNP 分析

基因	总长度/bp	SNP/个	频率/%	编码序列			非编码序列		
				长度/bp	SNP/个	频率/%	长度/bp	SNP/个	频率/%
vmh1	418	89	21.29	308	39	12.66	110	50	45.45
plyA	714	124	17.37	417	38	9.11	297	11	3.70
PoMTP	1079	132	12.23	740	74	10.00	339	58	17.11
sdi1	929	73	7.86	684	32	4.68	245	41	16.73
ste3-like	611	212	34.70	417	93	22.30	194	119	61.34
合计	3751	630	16.80	2566	276	10.75	1185	279	23.54

资料来源：沈兰霞，2013

对 31 个平菇菌株中这 5 个基因 SNP 突变类型的分析表明，转换 382 个、颠换 127 个、插入 / 缺失 51 个，剩余的 70 个同时存在两种或三种的突变类型（表 6-3）。转换与颠换的比例约为 3∶1。其中，*vmh1* 编码序列中有 13 个错义突变，26 个同义突变；*plyA* 编码序列中有 13 个错义突变，25 个同义突变；*PoMTP* 编码序列中有 27 个错义突变；47 个同义突变；*ste3-like* 编码序列中有 21 个错义突变，72 个同义突变；*sdi1* 编码序列中的 32 个 SNP 全部为同义突变。

表 6-3　31 个平菇菌株 5 个基因 SNP 的突变类型数量

基因	长度/bp	SNP/个	转换/个	颠换/个	插入/缺失/个	其他/个
vmh1	418	89	55	24	6	4
plyA	714	124	64	26	18	16
PoMTP	1079	132	91	28	9	4
sdi1	929	73	54	14	4	1
ste3-like	611	212	118	35	14	45
合计	3751	630	382	127	51	70

对数据的进一步分析表明，平菇的这 5 个基因中，*plyA* 和 *ste3-like* 的 SNP 突变密度最高，*plyA* 片段的 16 个 SNP 位点，同时存在几种突变类型，其中 15 个位点有转换/颠换、转换/插入/缺失、颠换/插入/缺失分别同时发生的情况；71bp 处碱基发生转换、颠换、插入/缺失 3 种突变类型。*ste3-like* 片段含有 45 个转换、颠换、插入/缺失中两种突变类型同时存在的位点，且大多数突变为转换/颠换同时存在。这些具有活跃的 SNP 突变点的基因正是食用菌种质鉴定和品种鉴别的遗传学和分子基础。5 个基因的 SNP 联合分析可将 31 个平菇菌株完全鉴别开来，其中 2 个菌株为同物异名的重复样本（图 6-3）。简约化鉴定方法的结果分析表明，这 630 个 SNP 中，选用其中的 29 个位点（1 个位于 *ste3-like*，10 个位于 *plyA*，18 个位于 *PoMTP*）即达到相同效果（图 6-4）（沈兰霞，2013）。

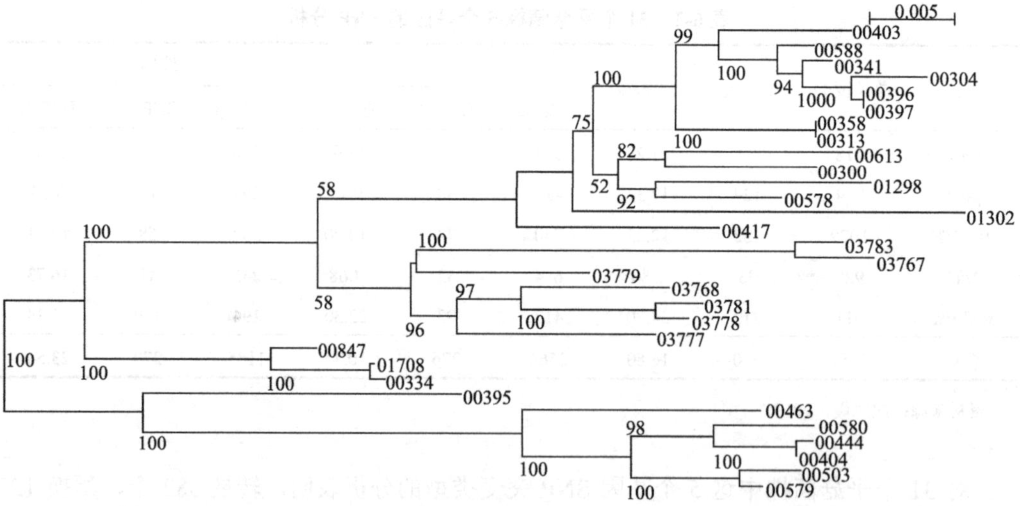

图 6-3　基于 5 个基因的 630 个 SNP 分析构建的平菇 31 个菌株 Neighbour-Joining 树

自举检验重复 1000 次，百分比超过 50%的在树上显示。00396 与 00397 对峙培养无拮抗线，00358 与 00313 对峙培养无拮抗线

对 8 株秀珍菇（肺形侧耳，*Pleurotus pulmonarius*）的研究结果与平菇类似，用长度 414bp 的 *vmh1* 和 599bp 的 *ste3-like* 进行 SNP 分析。研究表明，不同基因的 SNP 分布密度不同，*vmh1* 有 31 个，平均 13.35 bp 含有 1 个 SNP，而 *ste3-like* 有 131 个，平均 4.57 bp 含有 1 个

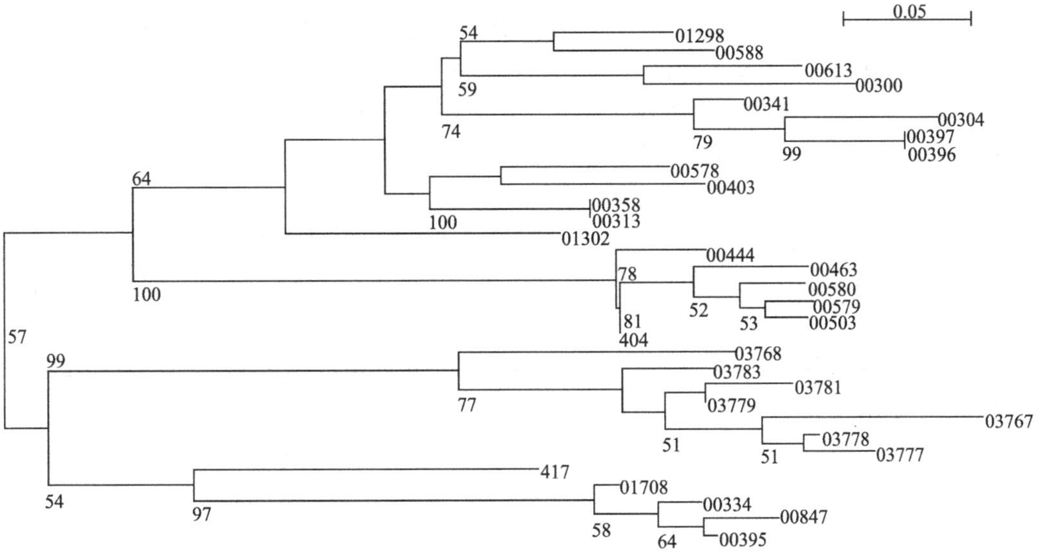

图 6-4 基于 3 个基因 29 个 SNP 分析构建的平菇 31 个菌株 Neighbour-Joining 树

自举检验重复 1000 次，百分比超过 50%的在树上显示；00396 与 00397 对峙培养无拮抗线，00358 与 00313 对峙培养无拮抗线

SNP。仅需位于 *ste3-like* 片段上的 16 个 SNP 位点即可完全将 8 株肺形侧耳菌株有效鉴别（沈兰霞，2013）。

由于 SNP 在全基因组的普遍存在，在外显子和内含子中同时存在，为应用于芯片技术检测提供了方便，可大大提高工作效率。与第 1 代的 RFLP 及第 2 代的 SSR 标记相比，SNP 不再以 DNA 片段的长度变化作为检测手段，而直接以序列变异作为标记，这一标记的分析完全摒弃了手工操作的凝胶电泳，代之以最新的 DNA 芯片技术。

（2）EST 标记技术

表达序列标签技术 EST 的发明起源于人类基因组计划。由于人类基因数量巨大，以及真核基因特有的复杂性（如内含子、外显子的区别、重复序列等），使得一次性不加选择地对基因组全长进行测序成为几乎不可能完成的工作。美国国立卫生研究院（National Institutes of Health，NIH）的生物学家 Venter 等在 1991 年发明了表达序列标签（EST）技术，用于寻找人类新基因，绘制人类基因组图谱，识别基因组序列编码区等。这一技术以 mRNA 为模板构建的 cDNA 文库为基础，在文库中挑选的序列都是表达基因的片段，挑选片段 300~500bp（EST 序列）进行序列测定、基因克隆和基因的寻找定位。为大规模进行基因识别、克隆和表达分析提供了更为简捷的技术方法，为功能基因组的研究提供了广阔的空间。近年来，EST 标记被广泛应用于医学、动物学、植物学等各个领域，开展基因组学、种质资源学、基因挖掘、数量性状、抗病性、抗逆性、品种改良等研究，探索在分子标记辅助育种上的应用。

EST 序列是一组短的、由大量随机取出的 cDNA 库克隆经从 5′ 和 3′ 端一次测序得到的组织或细胞基因的一段 cDNA 序列，代表一个完整基因的一小部分。作为表达基因所在区域的EST因编码DNA 序列高度保守而具有自身的特殊性质，与来自非表达序列的标记（如 AFLP、RAPD、SSR 等）相比更可能穿越家系与种的限制。因此，EST 标记在缺乏基因组测序信息物种的相关研究上发挥独特的优势。来源于目标物种近缘物种的 EST 可用于该物种有益基因的遗传作图，开展比较遗传学和性状的研究，功能基因研究和挖掘功能基因等。

EST 标记应用的上述特点，可以根据研究目标物种 EST 分布和结构的特点及研究目的，用于不同技术的开发。任何技术的开发，均以特定 EST 区段为基础，因此可根据开发技术的不同，分为 4 类。

EST-SSR 标记。这一类以特定 EST 区段内微卫星的多态性为核心，以 PCR 技术为基础，操作简便、经济，是目前研究和应用最多的一类。对作物的相关研究表明，不同物种的 EST 序列上，SSR 发生的频率差异很大，柑橘为 1/2.8kb、白菜 1/2.8kb、水稻 1/11.8kb、玉米 1/28.3kb（陈全求等，2008）。EST-SSR 标记主要优势有三，一是反映了基因的编码部分高质量标记比率较基因组 SSR 要高，是功能基因的“绝对”标记和表达信息，与位置不确定的基因组 SSR 相比更有利用价值，可直接用于表型性状及其基因的研究鉴定（Schubert *et al.*，2001），EST-SSR 标记通常都代表着某种功能，这种功能可以通过序列同源性比对获得；二是由于利用的是公共序列，较基于基因组文库开发的 SSR 标记相比，省去了 SSR 引物开发过程中的克隆和测序步骤，开发过程简捷，成本低；三是由于来自比较保守的转录区，在相关物种间具有很高的通用性，在比较基因组学研究、遗传图谱构建、定位候选基因等研究中较基因组 SSR 更具价值。

EST-SNP 标记。它是以特定 EST 区段内单个核苷酸差异为基础的标记，可依托杂交、PCR 等多种手段进行检测。由于 SNP 发生频率高，在编码区和非编码区都有分布，同时能展示出不能被其他标记所检测到的隐藏的多态性，是我们了解基因复杂性的最为敏感和最为丰富的标记。由于 EST 序列的低质量特性，通常难以确定单个碱基变化是来自测序误差还是自身序列突变所致，其应用受到限制。因此，开发 EST-SNP 标记的前提是选择高质量的 EST 序列，同时选择序列质量比较高的前 100 个碱基以后的 SNP。还可通过适当的软件区分测序误差和自身变异。目前，在玉米（Useche *et al.*，2001；Barker *et al.*，2003）、拟南芥（Iwata *et al.*，2001）、大麦（Kota *et al.*，2001）等植物中已有 EST-SNP 的开发报道。食用菌相关研究尚未见报道。

EST-AFLP 标记。它是以特定 EST 区段内限制性内切酶位点差异产生扩增片段长度多态性为依据，以限制性内切酶技术和 PCR 相结合的标记。EST-AFLP 技术结合了 RT-PCR 和 AFLP 技术，以 cDNA 作为操作对象，可以充分利用已知的 EST 序列进行分析，或根据 EST 的 3′ 端和 5′ 端非翻译区富含 A/T 的特性，选择识别序列的碱基组成集中在有义区段的内切酶，实现有目的的选择扩增。其最大的特点就是特异性强，对低丰富度的表达产物也比较敏感，并且在转录产物高度表达时，扩增条带的强度还能准确反映基因间表达量的差别。基于显性核不育基因相关的序列信息，已应用拟南芥相关 EST 定位甘蓝型油菜的 AFLP 标记 SA12MG14 与不育基因相距 0.3cM（宋来强等，2009）。

EST-RFLP 标记。它是以限制性内切酶和分子杂交为依托，以 EST 本身作为探针的标记技术。EST-RFLP 标记与一般的 RFLP 标记相似，只是所用的探针是 cDNA，即

EST 本身，其多态性的产生依赖于探针与不同限制性内切酶之间的组合。这一技术以单拷贝或低拷贝片段的 EST 为目标可以降低后续标记分析的复杂性。

在食用菌研究中，EST 标记应用尚不够广泛。从现有研究看，主要是应用 EST-SSR 标记进行品种或菌株鉴定鉴别。忻雅等（2008）最早将 EST 标记技术应用于秀珍菇的菌株鉴定鉴别研究，10 对 EST-SSR 引物将 10 个秀珍菇供试材料分为 5 组，与 17 条 RAPD 引物鉴定和栽培性状鉴定的结果一致。食用菌中 EST 引物多态性丰富，在秀珍菇 29 条引物中 26 条具多态性（忻雅等，2008），在香菇 40 条引物中 36 条具多态性（刘春滟等，2010），但是香菇 EST-SSR 的平均分布距离为 25.924kb，低于小麦的 15.6kb（Kantety *et al.*，2002）、柑橘的 5.7kb（Jiang *et al.*，2006）等，高于玉米的 28.32kb 和大麦的 30.09kb。研究表明，香菇的 EST 中 SSR 类型丰富，且不同类型出现频率不同，单核苷酸、二核苷酸、三核苷酸SSR 是主要重复类型，分别为42个、39个和59个，分别占总SSR的29.58 %、27.46%、41.55 %。五核苷酸、六核苷酸 SSR 发生较少，各占总 SSR 的 0.7 %（图 6-5）。22 对多态性标记检测出 18 个香菇品种 64 个多态性位点，根据来源和亲缘关系将 18 份材料鉴定分析，呈现彼此不同的遗传相似系数（图 6-6）。

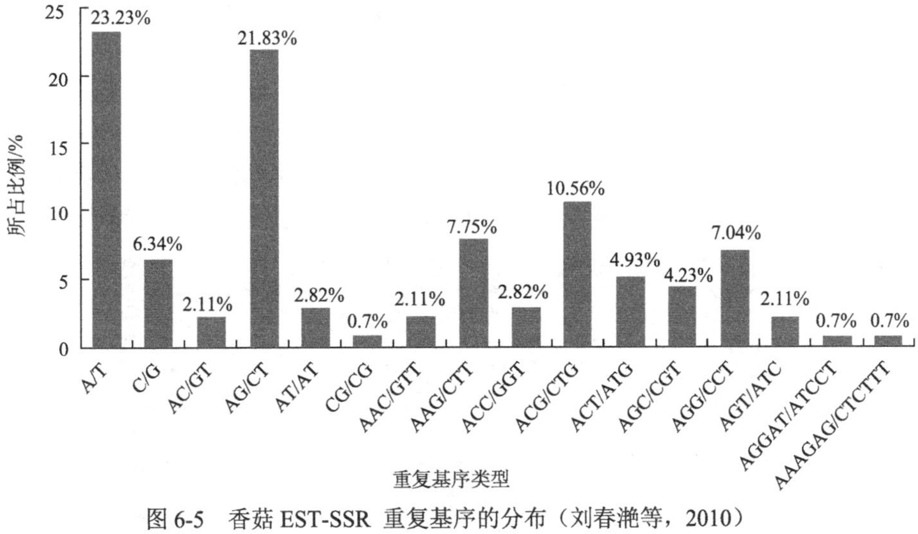

图 6-5　香菇 EST-SSR 重复基序的分布（刘春滟等，2010）

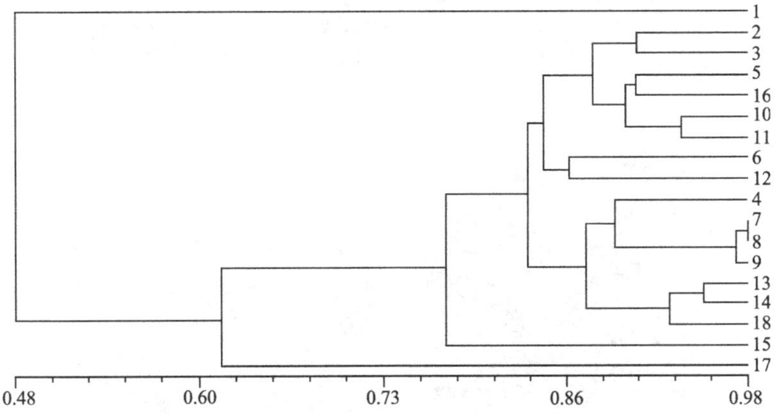

图 6-6　基于 22 个 EST-SSR 标记的 18 个香菇品种遗传相似系数（刘春滟等，2010）

除了上述 4 类 EST 标记外，尚有 EST-PCR 标记技术，该技术难度较小，成本较低，准确度较高。根据 EST 序列设计引物对特定区域直接进行扩增分析，揭示出不同材料在编码区、非编码区及调控区序列的差异。

三、基本特征特性鉴定和评价

野生种质的可利用性评价包括科学研究上的可利用性和经济上的可利用性两大方面。

1. 科学研究的可利用性

科学是技术创新的基础和依据，适宜的材料是科学研究所必需的，是数据准确、结论科学可靠的保障。食用菌这类生物，是一个庞大的家族，有其自身特有生物属性和生物学特性，种质资源、遗传育种、生理栽培、营养保健、保鲜加工等各方面的研究，都需要背景清晰、特性稳定、准确无误的研究材料。而且，不同的研究目的需要不同特性的材料。但是，不论用于何种科学研究，都要求材料的分类地位准确，具有良好的人工培养的生长性，继代培养的稳定性和较好的菌种可保藏性等特点。

作为科学研究为目的的种质材料，不一定是经济性状优良的种质。只要具备科学研究价值即可。在野生种质的鉴定评价中，我们会发现自然存在的各种特性，这种特性可能成对地出现，也可能呈现连续的分布，还可能形态多样。例如，色泽上，金针菇有黄色和白色（图 6-7）；白黄侧耳有深灰色、浅灰色、苍白色、白色（图 6-8）；质地上，有软、中、硬；周期上，有长、中、短；温度响应上，有敏感和迟钝；白灵菇子实体形态有掌状、贻贝状、漏斗状、馒头状（图 6-9），等等。任何一个特性都是值得研究的。

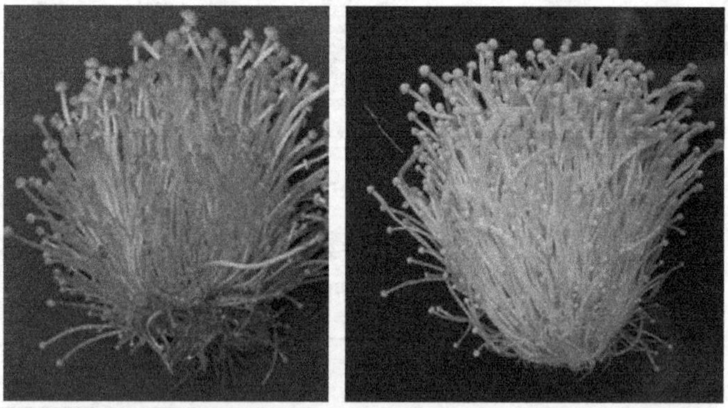

图 6-7　金针菇子实体颜色类型（另见彩图）

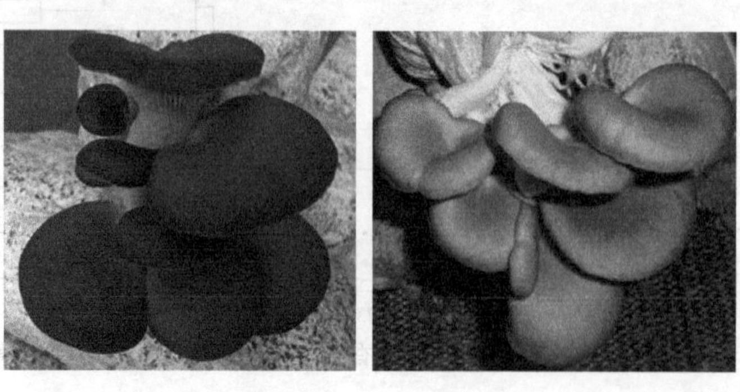

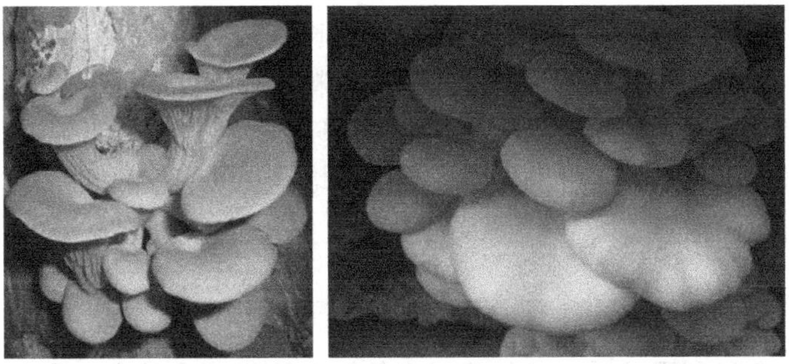

图 6-8 白黄侧耳子实体菌盖颜色的不同类型（另见彩图）

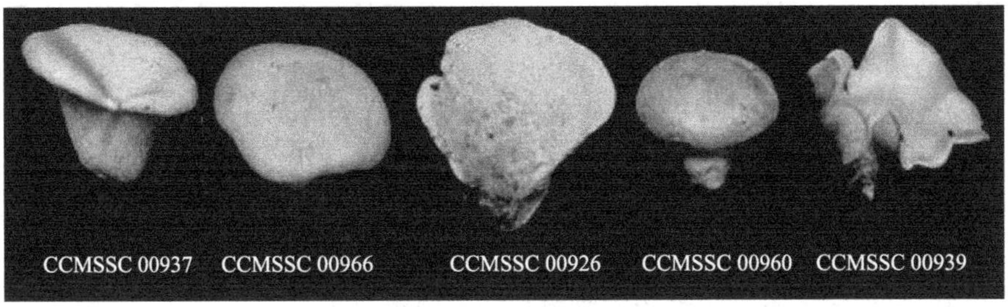

图 6-9 白灵菇野生种质子实体的形态多样性（另见彩图）

随着科学技术的进步，对材料特异性的研究手段不断增加，也不断更新，研究也更加深入细致。在特征特性差异基础上获得的科学数据与日俱增。科学研究本身也就成为了材料可利用性评价。其科学研究的可利用性，可应用多种成熟的各类组学、生物信息学、真菌学、遗传学、生理学、化学、生物技术、波谱学等现代技术，通过各类组学数据信息、功能基因测序、基因片段测序、蛋白质分析（分子质量、结构等）、特殊化学成分（结构、含量等）等进行分析评价。

2. 经济可利用性

人类对食用菌的利用主要在 3 个领域。一是栽培生产食物；二是液体发酵或固体栽培生产健康维护品；三是环境修复，降解多种有毒有害物质。这里我们将重点介绍作为经济作物栽培生产食物和健康维护品要求的经济可利用性，尤其是与栽培生产相关的特征特性的评价。

种质资源作为食用菌产业发展的必需物质基础，由于种类多、分布的生物类群广泛，需要多样化的评价技术方法。目前，对主要栽培种类的种质资源评价技术体系基本形成，大多数种类尚未形成。

在食用菌栽培技术和经验的基础上，对食用菌种质资源的可利用性评价主要包括培养特性、菌种保藏条件、栽培特性、子实体商品特征、贮藏特性等。

（1）培养特性

培养特性是食用菌栽培生产的重要技术参数，是种质资源栽培利用的首要条件要求。

培养特性包括适宜培养基、适宜培养温度、菌丝长速、菌落形态，天然基质上的发菌、长速、适宜 pH、最适 pH。一般说来，对供试材料培养特性的评价建立在适宜培养基的基础上。在适宜培养基上，进行温度梯度培养，以明确生长的最低温度、最高温度、适宜温度和最适温度。在培养特性的鉴定评价中，培养基（基质）和培养温度是最重要的环境因子，是评价的重点。

（2）菌种保藏条件

对于任何一个可利用种质，菌种的保藏条件都是非常重要的。虽然液氮冻结超低温保藏已经成为一项成熟的长期菌种保藏技术，但是由于受较大资金和技术条件的限制，应用仍不够普遍。一般情况下，考虑到菌种日常使用的便利，仍较多采用低温保藏。虽然多数食用菌菌种可低温保藏，但是保藏效果不同。食用菌菌种保藏实践表明，不同种类的菌种保藏条件不同，如草菇、大球盖菇、菌核侧耳、竹荪属数种、灵芝属的某些种，难以常规低温保藏，或在常规低温条件下在较短的保藏期内死亡。甚至同种内的不同品种或菌株的保藏条件要求也不同，这种差异在黑木耳、毛木耳、灵芝、紫芝、巴氏蘑菇、多脂鳞伞等种中普遍存在。就食用菌自身生态和生理的特点而言，草腐菌类和高温菌类的菌种常规低温保藏的不确定性较木腐菌和低温菌类要大。

（3）栽培特性

栽培特性是食用菌种质评价的重要内容，包括结实性、出菇菌龄、出菇适温性、基质适应性、CO_2敏感度、抗病性、菇潮特征、丰产性等。

结实性：食用菌的野生种质，多采集于自然发生的子实体，还有一些采自于发生的宿主或基质。在自然条件下有子实体发生，但是在现有人工栽培条件下，不一定每个分离物都可以形成子实体，至今其生物学机制尚不清楚。因此，任何一个野生种质的栽培特性评价，结实性（fruiting）是栽培特性评价的第一步。结实性测试一般可以在平板或微型培养瓶经培养、低温刺激和光照诱导下完成，较通用的袋栽或瓶栽缩时 70%以上。

出菇菌龄：菌龄关系到生产周期和栽培措施的制订实施，更关系到菇房利用率和生产效率，是重要的栽培特性。菌龄的测试需要与生产栽培完全相同的条件，包括基质配方、容器规格、栽培方式、培养温度、出菇温度与光照等。

出菇适温性：食用菌的不同种类出菇温度范围不同，适宜出菇温度也不同。同一种的不同品种或不同菌株的出菇温度也不同。一般说来，以适宜出菇温度划分，出菇适温性可以分为三大类型或六小类型。作为广泛生物多样性的食用菌类群的种来说，高温种类的出菇适宜温度多为 25℃以上，如草菇、鲍鱼菇、灵芝；中温种类为 16~24℃，如平菇、鸡腿菇、灰树花、黑木耳、毛木耳等；低温种类为 15℃以下，如金针菇、滑菇、白灵菇。栽培历史悠久的一些种，如香菇、平菇、滑菇，逐渐形成了不同出菇温度的品种或菌株。就香菇而言，高温品种的适宜出菇温度为 15~25℃，中温品种为 10~20℃，低温品种为 5~15℃。进一步细分，又可分为 8~28℃的广温类型、介于高温和中温之间的中高温类型、介于低温和中温之间的中低温类型。

基质适应性：尽管在野生状态下，子实体发生的宿主相近或相同，但是同一种内的不同品种或菌株的基质适应性不同。对于栽培利用来说，广泛的基质适应性是理想的栽培特性。

CO_2敏感度：环境中的CO_2浓度直接影响菌丝体的生长及子实体的形成与发育，影响产量和商品外观。对CO_2的敏感度关系到栽培环境对通风的要求，直接影响环境控制的能源消耗与成本，对CO_2浓度不甚敏感的材料理所当然地会受到育种者的欢迎。

抗病性：是获得丰产的重要农艺性状，研究表明，不同品种的抗病性差异显著。在生产实践中，抗病性可以通过栽培中的病情指数进行分析，也可通过菌丝体的抗病性进行早期鉴定评价，还可以通过遗传学分析进行菌株的抗病性鉴定。

对平菇的细菌性黄斑病抗性研究表明，子实体的抗性与菌丝体的抗性呈正相关，相关系数达0.727，菌丝体的抗性鉴定可在室内利用平板培养快速进行（刘川等，2013）。

菇潮特征：不同的栽培模式对菇潮的要求不同，农业方式栽培要求菇潮分散，而工厂化栽培需要菇潮集中，尤其是第一潮菇产量高，是工厂化栽培需要的重要性状。

丰产性：食用菌产量的形成涉及诸多性状，作为个体（菌体单元）的产量形成，需要有良好的结实性和子实体均衡发育特性，需要营养生长对碳、氮等大量营养素的摄取、消化和吸收能力，需要生殖生长中营养体向子实体的营养运输和转化能力。对于群体（单位面积规模）的产量形成，除了个体产量形成要素外，有机体对环境的响应、对生物胁迫和非生物胁迫的反应，即抗逆性或适应性，有着特别重要的意义。食用菌不能像绿色植物那样自养建造自身，相反，需要分解植物残体中的木质纤维素和有机氮源为营养建造自身。研究表明，食用菌对木质纤维素的降解力与子实体产量呈正相关，与氮源利用力呈正相关。对平菇羧甲基纤维素酶（CMC）的研究表明，产量性状不同的菌株各阶段的酶活力差异显著，液体培养的菌丝胞外CMC酶活力，高产型菌株365~375μg/min，平均370μg/min；中产型菌株CMC酶活力219~332μg/min，平均307μg/min；低产菌株CMC酶活力较低，为200~280μg/min，平均242μg/min。在以棉籽壳为基质栽培时，在子实体伸展期，不同产量类型菌株的CMC酶活力差异显著，高产型菌株3202~3263μg/min，低产型菌株 1868~2134μg/min（张金霞和左雪梅，1996）。对金针菇产量性状的研究也表明了CMC酶活力与产量具有正相关性。在食用菌的种质评价中，CMC酶活力常作为丰产性测试的生化指标。当然，CMC酶活力强，不一定产量高，但产量高的CMC酶活力一定强。因此，准确地对产量性状进行测试评价，应在CMC酶活力测定的基础上，用天然基质栽培进行产量的实测。

（4）子实体商品特征

从某种意义上，食用菌的商品性状的优劣较农艺性状更为重要。商品性状特征主要是指子实体形态、质地和风味。形态包括发生方式（单生、散生、丛生）、色泽（白、浅、深）、个体形状（菌盖、菌柄、伞柄比）、群体形状（均匀度）。质地分为紧实、一般、疏松。

（5）贮藏特性

与各类绿色蔬菜相比较，作为大众菜肴的食用菌，质地柔软，运输中的颠簸对其商品外观极易造成损害，而出现菇体破裂、破损。另外一方面，子实体的强烈代谢活动及其构成的菌丝的无限生长能力，导致贮藏期间菌丝长出菇体表面，在影响菇体商品外观的同时，商品内在品质下降。食用菌产业的集约化、规模化，使生产和消费的运输距离大大延长，良好的贮藏特性就更加重要。贮藏特性主要包括子实体离体呼吸强度及其温度响应、保鲜条件。

第三节　栽培种质（品种）的评价

栽培种质泛指作为商业菌种使用的种质，包括按照科学规范程序选育的栽培品种和未经系统鉴定评价使用的栽培菌株。在栽培种质中，栽培历史越悠久，遗传的多样性、性状的多样性越丰富。在诸多的经济性状中，评价的目标不同，性状不同，评价的具体技术要求也不尽相同。

一、种及其品种鉴定

因商品化栽培的蘑菇、木耳、侧耳、田头菇等同属内广泛存在多个生物学种，生物学种和栽培学或商品的种类不完全相同。在我国市场上和生产上，常把商品形态相似的种类赋予同一名称，如糙皮侧耳、美味侧耳、白黄侧耳、佛州侧耳、肺形侧耳（凤尾菇、秀珍菇）统称为平菇，将其中一些采收的小型商品统称为秀珍菇或姬菇。又如，灵芝、薄盖灵芝、松杉灵芝、热带灵芝等多种外观相似的种类都统称为灵芝。

一般说来，商业品种的综合农艺性状较野生种质更为优异，而野生种质常出现某一个或几个优势性状可为育种应用。因此，作为栽培者使用，对品种的生物学种的认知远不及对其经济性状的认知重要。而作为为育种和利用服务的种质评价，生物学种的鉴定与经济性状评价同等重要，特别是生物学种的准确鉴定是非常必要的，事关杂交育种材料的选择和育种的成败。而栽培者对于品种的应用，则完全以农艺性状和商品要求选择栽培品种。

正如前文所述，生物学种的鉴定常采用形态与有效 DNA 片段分析相结合的方法进行。不同种类有效的 DNA 片段不同。在平菇近源种的鉴定中，*CO1* 较 ITS 分析更便捷和准确（宋驰等，2011）。在双孢蘑菇与近源种的鉴别中，ITS-RFLP 分析更为准确（王波等，2012）。在柱状田头菇与杨柳田头菇的鉴定鉴别中，有效 DNA 片段则是线粒体小亚基的 V9 区域（陈卫民等，2011）。而栽培评价中，则一般不分生物学种，按子实体形成条件分组进行试验。例如，在平菇的种质栽培评价中，常把糙皮侧耳、美味侧耳、白黄侧耳、佛州侧耳、肺形侧耳这 5 个种出菇温度较一致的品种置于同一条件下试验；在香菇的种质栽培评价中，常按出菇周期或出菇温度的类型分组进行栽培评价。

二、评价基本程序

我国食用菌的产业化栽培虽然已经 40 余年，由于农业栽培方式环境条件的可控性差，对商业化应用的品种缺乏全面系统的评价。根据多年的育种和菌种研究经验，张金霞认为，比较可行的评价程序和方法如下。

1）培养特征特性：包括生产条件下和最适温度条件下的菌丝生长速度、菌落特征、色素有无等。

2）菌龄：即接种到出第一潮菇需要的时间。栽培条件下的发菌期、后熟期及后熟条件、出菇诱导期及诱导条件。

3）栽培周期：接种到最后一潮菇（耳）采收完毕需要的时间，包括发菌期、后熟期、诱导期、出菇期。

4）丰产性：各潮菇的产量分布，产量、商品菇产量等。

5）栽培特性：原料适应性、氮源及含氮量、含水量和大气湿度要求、温差响应等。

6）抗性：对主要病害的抗性，如平菇的抗细菌性斑点病，双孢蘑菇的抗疣孢霉病，白灵菇的抗斑点病。另外一方面，在农业生产方式中，食用菌极易受到高温气候的伤害。因此，菌丝体的抗高温伤害的能力成为农业栽培中备受关注的性状。研究表明，不同种类和同一种内的不同品种对高温伤害的反应不同（刘秀明等，2015）。

7）商品特性：子实体形态特征、质地、加工特性、贮藏特性、货架寿命等。

各性状的评价均应在采用常规生产程序和条件，在适宜的栽培环境和条件下进行。

三、栽培种质使用中的问题

作为生产上使用的栽培品种，除综合农艺性状和商品性状优良外，首要的要求是性状稳定。在各类食用菌的品种特性上，生产者最为关注的稳定性主要是出菇（耳）周期、个体大小、抗逆性、丰产性等主要农艺性状。然而，在优良品种的使用上，任何一个菌种的个体都是由具无限生长能力的无以计数的菌丝细胞组成，这种大量群体机体之间的任何差异，都将影响生物学特性的表现和农艺性状。因此，在栽培品种的使用上，我们常可见到菌种的退化、老化等问题，从而导致优良性状的丧失。栽培者对栽培品种使用中的主要困惑有：一是由于食用菌受环境影响较大，栽培特征特性难以精准量化，从而导致其固有优良性状难以完全表现。另外一方面，也导致栽培者难以把握和创造适宜其品种的最适环境条件，影响其优良性状的表现。二是在尚未达到完全可控的农业栽培环境条件下，温度、湿度、通风、光照等诸多因素在影响品种性状形成的同时，各因素间的相互作用及其影响目前尚不完全清楚，导致栽培品种表现性状的差异分析困难，难以确认性状的差异属于遗传型还是表型。毫无疑问，这些都将影响着栽培种质的使用，是精准的良种良法配套技术研发的限制因素。造成这一问题的主要原因在于人类对食用菌的基本生物学研究不够，认知不足。另外，人类应用近代技术生产食用菌时间短，经验和技术积累都远远不足。像农作物那样，建立系统的科学研究和生产的技术体系，还有很长的路要走。我们相信，随着科学技术的进步，不久的将来，人类对食用菌的科学认知将取得突破，并带来生产技术的飞跃和突破。

第四节　可栽培种质评价

这里需要对栽培种质和可栽培种质进行概念的划分。在本节中，栽培种质是指生产实践中使用的品种和菌种；可栽培种质则包括了野生种质在内的所有可用来栽培使用的种质。

一般说来，作为栽培品种的综合评价，包括品种间遗传距离的分析，常采用室内的各类分子标记技术进行，如 SSR、SNP、EST、ISSR 等，其相关分析数据作为育种选材和育种目标及其预期的依据。而作为以利用为目的的可栽培种质的评价，重点应放在与利用相关的各类经济性状上。基本性状评价包括生长性、结实性、形态、基质（种类、氮源）、温度、湿度、pH、CO_2、周期、耐贮运性、特殊活性成分等。

评价任何特征特性或性状，都需要标准的规范方法。当然，不同种类，方法不完全相同。而同一种类，不同菌株的评价应采用相同的技术方法，包括培养基、环境条件（温度、湿度、通风、光照等）。

一、生长性

作为丝状真菌的食用菌，不同种类，同一种类的不同菌株，不同品种，其生长性千差万别。这里所谓的生长性，仅指营养体的生长，即菌丝的生长。食用菌以栽培获得子实体为目的的生产，前提条件是菌丝在基质中的良好生长性，即对基质的较强的降解能力。基质的降解力直接影响着子实体产量和品质的形成。因此，生长性是可栽培种质评价的第一步。

从微生物学研究的角度，这种生长性往往与培养特征相关。但是，对于食用菌这类大型真菌，培养特性常因培养条件不同而不同，如猴头菇，在 PDA 培养基上，菌丝纤细，菌落局限，菌落边缘不整，气生菌丝稀少，并随菌落的扩展产生子实体原基。但是，只需要改变碳源，将 PDA 培养基中的葡萄糖换成果糖、乳糖、蔗糖或多种糖组成的蜂蜜，或使用多种碳源，其培养特征大大改变，菌丝相对粗壮，菌落舒展且边缘整齐（图 6-10）。在栽培种使用天然基质的情况下，其菌丝体的生长一改在 PDA 培养基上的长相，不再纤细无力，不再边缘不整，而是充满活力，菌丝粗壮、洁白、密实、生长边缘整齐，与其他平板上生长良好的种类无肉眼可见的差别。因此，可生长性的评价，不仅应选择使用经济、实用、来源方便的培养材料，还需要进行必要的营养生理测试，如碳源、氮源等。

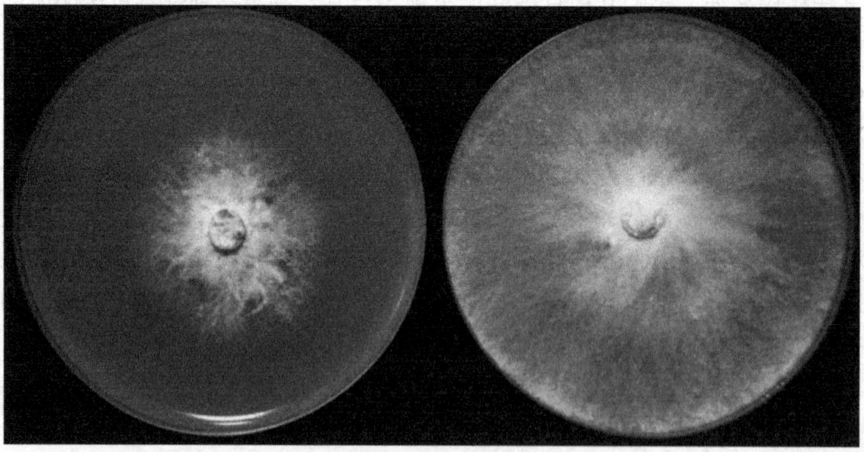

图 6-10　猴头菇 CCMSSC 02817 在不同碳源培养基上的培养特征（培养 10 天）（另见彩图）

左. 葡萄糖，生长慢，菌落局限，有索状菌丝；　右. 蜂蜜，生长快，菌落平展不同生理类型的种类进行生长性评价的方法不同。但是，均需要进行平板生长测试和天然基质的生长测试。为了减少培养基理化性质差异造成的误差，平板生长测试应使用试剂公司生产的同一批次的培养基，以减少自行制作培养基中马铃薯品种和贮藏等差异产生的培养基差异，提高测试的准确性。进行天然基质的生长性测试中，应使用同一种类、同一批次的材料，作为木腐型种类的食用菌，为了取材方便，常以杨树木屑为基质主料进行测试；草腐型种类的草菇常以稻草基质测试，蘑菇属各种类则常以双孢蘑菇发酵料为基质测试。

二、结实性

结实性是食用菌可利用性评价的首要技术参数。食用菌是以获得子实体的高产优质为目标的生产，任何性状的鉴定评价和种质资源的利用，都是以获得高产优质为最终目标。显然，高产优质的前提是具结实性。对野生种质资源的利用，对结实性的要求，不仅是具有形成子实体的能力，更需要子实体形成对环境条件的要求不甚苛刻，如具有广温形成子实体特性的种质，在评价试验中易于形成子实体，也利于作为育种材料使用。另外，还需要对子实体形成的多寡进行测试，因为不同的栽培方式对子实体形成多寡的需要不同。例如，工厂化栽培方式的种类需要子实体发生期集中、个数多、大小较均匀的结实性特征，而农业栽培方式生产的种类则需要子实体发生期相对较长、子实体相对分散发生、个数较少的结实特性。

结实性的初步评价可采用微型栽培法，有的种类甚至可以使用平板进行，特别是对于子实体形成需要较长菌龄的种类，如香菇、白灵菇。在评价材料太多的情况下，使用微型栽培法和平板进行结实性测试可以在人工气候箱或小型智能菇房进行，在大大节约成本的同时缩短实验周期。尽管是微型栽培或平板检测，子实体形成早晚的差异仍能得到清晰的体现。当然这种微型栽培法和平板测试法只能对子实体形成能力进行评价，对子实体形成条件和子实体形成的其他特性均不能作出评价。在这一初步评价基础上，按照子实体形成菌龄的不同分组，采用生产条件再进行结实性的精准评价，包括个数、均匀度、大小等。

利用微型栽培法进行结实性测试，平菇常用 100mL 瓶，香菇常使用 250mL 三角瓶。平板测试则常采用 PDA 培养基，直径 90mm 的培养皿，培养基 25mL。平菇、白灵菇、杏鲍菇、金针菇均可用平板测试结实性。

众所周知，白灵菇是目前出菇菌龄最长、栽培周期最长的种类，以农业方式生产进行评价每年只能完成一次的实验，结实性评价也是如此。采用平板的结实性检测则仅需要 13 天（马银鹏等，2012），这一检测方法不仅可以检测子实体形成能力，出菇周期类型和子实体形态类型均可得到充分的展现（图 6-11）。实验表明，白灵菇的平板结实性评价，平板在 25℃下暗培养 5 天后，置于 500lx 照度下，短周期菌株 8 天即可形成子实体原基，5 天后开始形态分化，长周期菌株则菌丝在 10 天后才形成子实体原基。另外不同子实体形态类型也得以充分展示，表现出掌形、长柄形两大类型，与天然基质条件栽培结果一致。

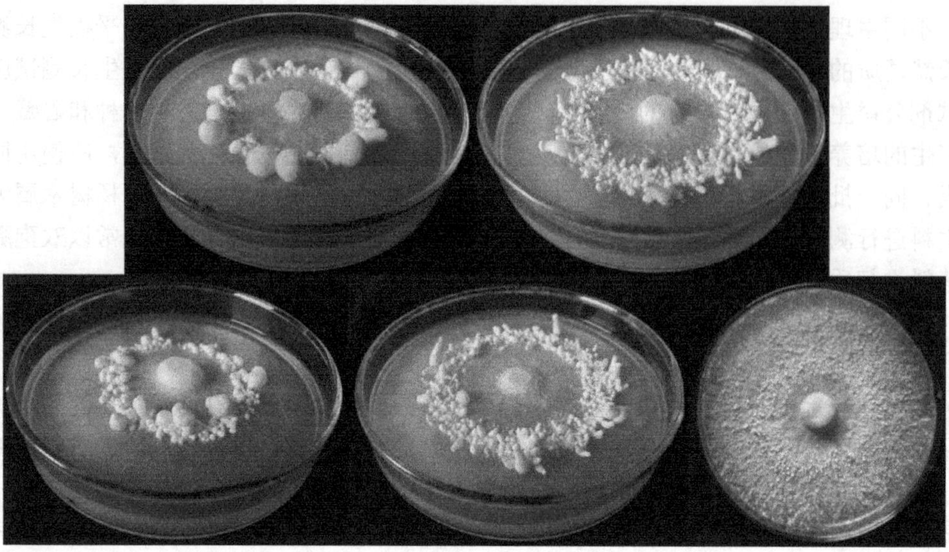

图 6-11　白灵菇平板出菇（另见彩图）

三、形态

人工栽培的食用菌种类繁多，形态特征不同，同一种类的不同种质，形态也是大同小异，甚至某些特征差异显著。例如，同一种类的不同菌株间子实体形状、子实体表面的色泽、附着物等常呈现显著差异。对于不同种类，甚至同一种类，不同消费人群对其商业形态的喜好大不相同。因此，食用菌种质资源的评价，子实体形态特征是其商业可利用性的重要评价内容。

食用菌子实体形态极易受环境条件的影响，栽培单元的大小、温度、大气相对湿度、CO_2、光照等都直接影响子实体的形态发生和建成。众所周知，栽培单元大子实体个体较大，出菇期温度高菌盖薄而菌柄长，大气相对湿度不足则菌盖表面发生皲裂，CO_2 浓度过高则刺激菌柄的伸长而抑制菌盖的伸展。因此，子实体形态的评价应该首先创造适宜的环境条件，不同的实验材料也应给予相同的实验条件。不同种类在评价中，子实体可利用的形态特征不完全相同。主要种类形态特征评价的主要内容如下。

1）平菇：菌盖初期和商品期色泽、菌盖纵剖面形态、菌盖长宽比、菌盖厚度、菌盖硬度，菌褶着生方式和形态，菌柄形态、菌柄着生方式、菌柄硬度、菌柄长粗比，菌盖菌柄比。

2）香菇：菌盖颜色、菌盖形状、菌盖表面附属物、菌盖厚度、菌盖硬度，菌褶着生方式，菌柄形态、菌柄长粗比，菌盖菌柄比。

3）黑木耳：耳片形状、耳片筋脉、耳片厚度、耳片柔韧度，背面颜色、腹面颜色，绒毛长度、绒毛密度，耳片边缘形状，耳根长短。

4）白灵菇：菌盖颜色、菌盖形状、菌盖厚度、菌盖长宽比、菌盖硬度，菌柄着生方式、菌柄颜色、菌柄形状、菌柄长粗比，菌盖菌柄比。

5）金针菇：菌盖颜色、菌盖形状，菌柄着生方式、菌柄分支形式、菌柄颜色。

6）羊肚菌：菌盖形状、菌盖棱纹密度、菌盖纵棱、菌盖颜色、菌盖长度、菌盖宽度、菌盖厚度、菌盖长度/菌盖宽度，菌柄长度、菌柄直径、菌柄颜色，交接处凹陷、菌柄纵切面形状。

在通常情况下，形态特征多就子实体而言。但实际上，菌丝体的形态特征也是至关重要的。但多归类于培养特征进行描述。经常以适宜条件下的菌落特征为主，如菌落色泽、菌落表面特征、菌落边缘、基质中色素等。

四、基质

食用菌的不同生理类型，对基质的偏好性不同，即使是同一种类，不同菌株的基质偏好性或适应性也不同。在多年的平菇品种试验中，我们发现不同品种或菌株的基质适应性差异很大，有的种类基质适应性较窄，而有的则较宽（表 6-4）。因此，种质资源基质的适应性评价是非常重要的。

表 6-4　平菇菌株基质适应性比较（生物学效率）

试验站	配方/%	4003	4153	4155	4195	4212	对照	
北京	棉籽壳 87，麸皮 10，石灰 2，轻质碳酸钙 1	43.3	57.6	90.1	51.9	15.5	51.9	灰美 2 号
	大豆秸 66，棉籽壳 17.5，麦麸 10，豆粕 3，尿素 0.5，石灰 2，轻质碳酸钙 1	36.5	60.2	83.0	43.9	35.8	51.4	
唐山	棉柴 63，棉籽壳 25，麸皮 2，棉籽粉 8，生石灰 2	46.8	73.7	56.4	86.0	77.5	75.1	灰美 2 号
	棉籽皮 93，麸皮 5，生石灰 2	104.8	124.8	107.3	104.7	82.7	96.0	
石家庄	棉柴 60，棉籽壳 25，麸皮 10，豆饼粉 4，豆油 1	114.6	101.7	105.5	69.3	8.0	92.6	双抗
	棉籽壳 87，麸皮 10，石灰 2，轻质碳酸钙 1	63.3	43.4	63.7	51.7	5.9	76.5	
泰安	玉米芯 79，麸皮 15，豆粕 3，石灰 2，石膏 1	57.1	64.2	78.5	52.7	62.3	71.4	99
	豆秸 66，棉籽壳 17.5，麸皮 10，豆粕 3，磷酸二铵 0.5，石灰 2，石膏 1	60.9	72.1	92.3	65.3	58.1	89.5	
武汉	棉籽壳 87，麸皮 10，石灰 2，轻质碳酸钙 1	82.9	77.8	84.7	94.2	76.4	79.8	650
	油菜秸秆 35.2，棉籽壳 52.8，麸皮 10，石灰 2	86.8	86.2	92.9	98.0	78.1	97.3	
牡丹江	麻屑 20，粗木屑 25，细木屑 40，麸皮 13，石灰 1，石膏 1	87.8	91.3	72.8	63.4	78.0	80.4	P19
	大豆秸 66，木屑 17.5，麦麸 13，磷酸二铵 0.5，石灰 2，石膏 1	90.5	78.2	68.0	74.2	65.0	60.5	
成都	玉米芯 80，麸皮 15，豆粕 2，石灰 2，石膏 1	87.6	66.9	52.6	67.9	59.6	86.7	杂优
	稻秸 25，麦秸 25，木屑 18，玉米芯 20，油枯 8，石灰 3，石膏 1	46.4	33.0	29.3	15.1	35.0	36.4	

注：生物学效率是指食用菌鲜重与所用的培养料干重之比，常用百分数表示

五、温度

温度是影响食用菌自然分布最重要的环境因子，也是需要控制的最重要的生产技术

因子。食用菌的不同生长发育阶段需要的温度不同。一般而言，担孢子萌发温度较高，菌丝生长温度范围较广，而子实体形成温度较低且范围较窄。但是，同一种类不同菌株间有不同程度的差异。不同种类，甚至不同菌株均有各自的生长温度范围、适宜生长温度、最适生长温度（表 6-5）。一般说来，多数食用菌菌丝的生长温度范围为 5~35℃（图 6-12），20~30℃是多种种类的菌丝适宜生长温度，也是子实体形成的温度范围。然而，多数情况下，并不需要菌丝生长温度范围的测定，对于资源可利用来说，对温度敏感性的评价更为重要，这包括菌丝生长和子实体形成两个阶段。

表 6-5　几种栽培食用菌生长的温度范围和适宜温度　（单位：℃）

种类	菌丝生长		子实体生长	
	温度范围	适宜温度	温度范围	适宜温度
双孢蘑菇	3~32	22~25	9~22	15~17
双环蘑菇	3~35	28~30	18~25	22~24
黑木耳	15~34	28	15~28	22~25
毛木耳	10~36	20~34	15~28	24~27
金针菇	3~34	18~25	6~18	8~12
猴头菇	12~33	21~25	12~24	15~22
香菇	5~35	24	6~25	10（低温品种） 15（中温品种） 20（高温品种）
平菇	7~37	26~28		25~30（高温品种） 16~22（中温品种） 12~15（低温品种）
秀珍菇	14~32	25~27	10~26	19~21
银耳	5~38	25	20~28	20~24
草菇	15~45	32~35	22~38	28~32

资料来源：Miles and Chang，2004

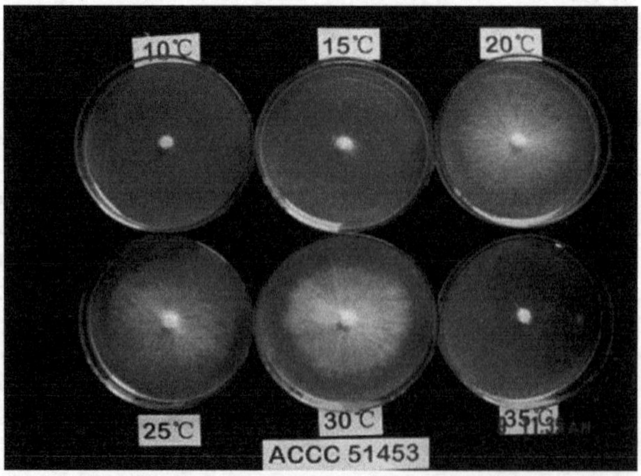

图 6-12　白灵菇在 10~35℃条件下生长测试（另见彩图）

在可视层面上，在不同温度条件下，食用菌菌丝体的生长主要表现为长速和菌落大小的差别，在显微形态上，则可见菌丝细胞直径和长度差别（刘秀明等，2015）。对平菇栽培种质的研究表明，同种内的不同种质对温度的敏感性不同，最适生长温度也不同，菌丝最适生长温度有28℃和30℃之分（张美敏等，2015），特别是对高温伤害的耐受性不同（图6-13）。

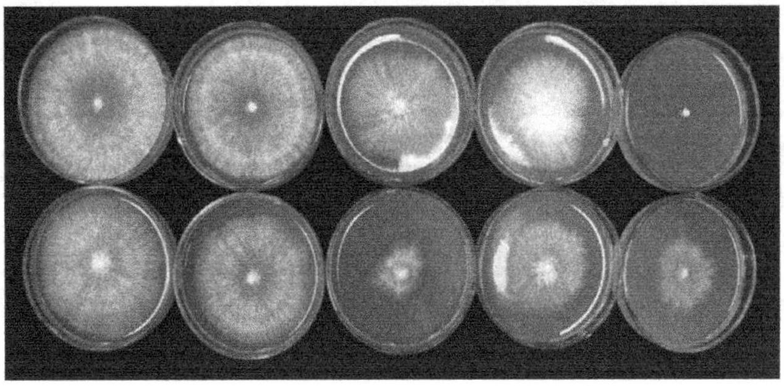

图6-13　10个平菇菌株菌丝耐高温性测试（48℃处理1h后25℃培养9天）（另见彩图）

高温耐受性鉴定不同种类方法不完全相同，香菇常以菌丝培养7天后47℃处理2~2.5h进行耐高温性测试，平菇则以接种后48℃处理1h后再进行25℃培养，进行高温耐受性测试。这种耐受性可用敏感指数表示，敏感指数=各处理的萌发时间除以该处理时间后加和，数值越大，表明耐高温性越弱；数值越小，耐高温性越强（李慧等，2012）。研究和经验都表明，对高温的耐受性强的种质活力强，抗性强。

在适宜温度范围内，不同种质不仅最适温度不同，温度梯度生长曲线也不同（图6-14）。根据这一曲线的不同，可将种质划分为温度敏感型和非敏感型两大类。敏感型表现为“峰型”曲线，非敏感型则呈现“平台型”（图6-14）。出现“平台型”温度梯度生长曲线的种质往往最适生长温度也较高。

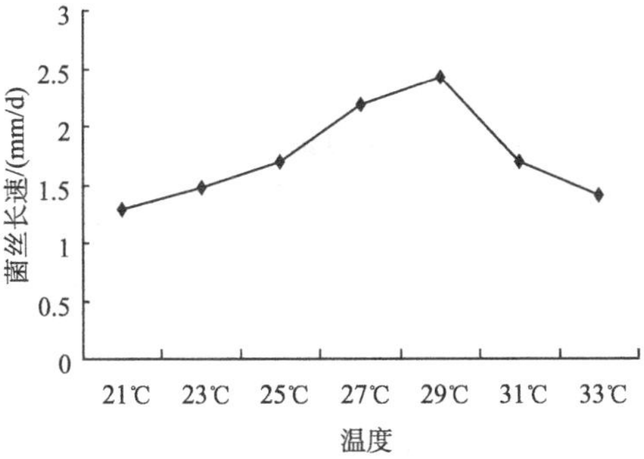

01101不同温度处理下菌丝长速

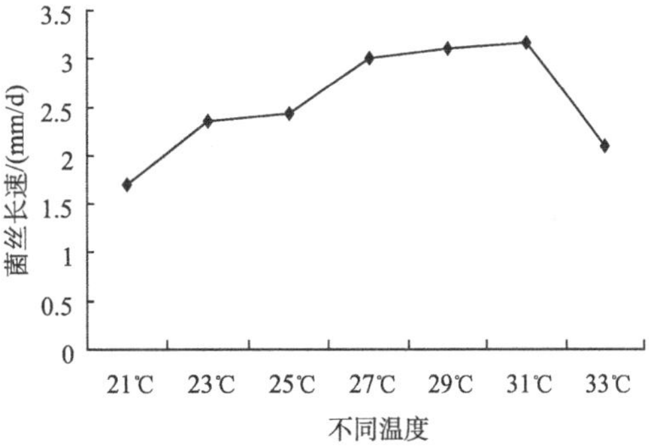

版纳木耳2不同温度下菌丝长速

图6-14　黑木耳适温范围内温度梯度菌丝生长曲线

左. 峰型；右. 平台型

对白灵菇的种质研究表明，不同种质的适宜生长温度和温度梯度生长曲线完全不同（图 6-15），从图中可以看出，CCMSSC（KH2）菌丝生长最适温度 28℃，而 CCMSSC（中农翅鲍）菌丝最适生长温度为 30℃。

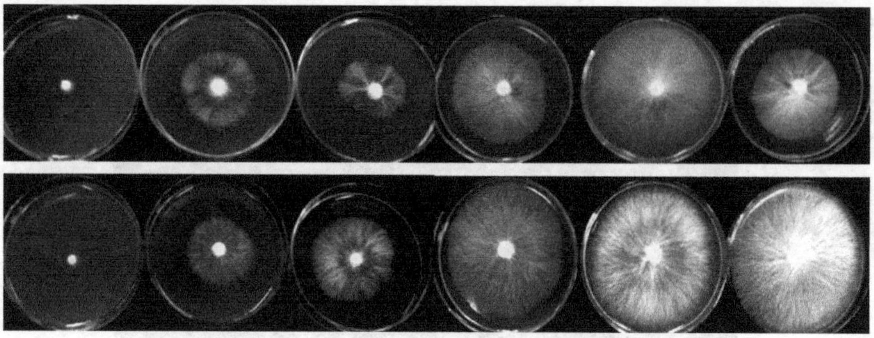

图 6-15　白灵菇最适生长温度测试（另见彩图）

A. 白灵菇 KH2；B. 白灵菇中农翅鲍

食用菌子实体形成对温度的要求差异要远大于菌丝生长阶段，为此，同一种类分为高温品种、低温品种、中温品种、广温品种、中低温品种和中高温品种（表 6-6 和表 6-7）。由于农业栽培环境条件准确控制的困难，一些广温型品种往往难以与中高温品种和高温品种相区别。

表 6-6　主要栽培食用菌不同类型品种的子实体形成的适宜温度范围（单位：℃）

种类	高温型	中温型	低温型	广温型	中低温型	中高温型
香菇	15~25	10~20	5~15	8~28	8~20	10~23
滑菇						
平菇	23~30	16~22	10~15	10~28	12~17	18~25
黑木耳	>22		<20			
白灵菇			10~15	8~22		

表 6-7　主要栽培食用菌品种不同温度类型的代表品种

种类	高温型	中温型	低温型	广温型	中低温型	中高温型
香菇	武香 1	939	241-4	Cr-66	森源 8404	Cr-02
	闵丰 1	9015	135	Cr-33	森源 1	Cr-04
	苏香 1	Cr-62		L9319	森源 10	香杂 26
	赣香 1	华香 8			农香 2	菌兴 8
	金地香菇 L952	申香 15				L808
		申香 16				
		庆科 20				

续表

种类	高温型	中温型	低温型	广温型	中低温型	中高温型
平菇	新科 101	SD-1	AS 5.39 中农平菇 5 号	99 亚光 1 CCEF89 灰美 2 丰 5	特白 1 野丰 118	中蔬 10 SD-2
黑木耳	中农黄天菊花 黑 29 丰收 2		中农黑缎 8808			
白灵菇			10-15	5-20		

六、湿度

湿度包括基质含水量和大气相对湿度。基质含水量和大气相对湿度都显著影响产量的形成，对有些种类，如香菇，同时影响商品性状的形成。多数种质对湿度的要求差异较小，个别种质则有特殊要求，只有满足了其对湿度的特别要求，其产量和相关品质性状才能得以表达，达到人类生产的目标。因此，在食用菌种质评价中，湿度是不可或缺的技术参数。

在平菇种质评价中，我们发现不同种质对大气相对湿度的要求无显著差异。但是对基质含水量要求不完全相同（表 6-8），适宜含水量范围也不同，有的在 60%~66%，有的在 63%~69%，有的在 63%~72%，有的在 66%~72%。即使在适宜含水量范围内，不同种质的敏感性也不同，有的种质要求较高含水量，达到 70%。亚光 1 号（CCMSSC）、CCEF89（CCMSSC）、99（CCMSSC）只有在较高含水量的基质上，其丰产的特性才能充分发挥（表 6-8）。实验表明，不同种质对基质含水量要求的差异主要表现在第一潮

表 6-8　基质含水量对平菇主要栽培品种产量的影响（生物学效率，%）*

品种	含水量							备注
	57%	60%	63%	66%	69%	72%	75%	
AS 5.39	68.2	77.3	83.8	92.6	73.8	64.2	56.8	补水退菌
中蔬 10	74.3	86.3	96.9	124.1	126.4	120.1	92.2	
野丰 118	73.1	76.6	92.4	98.6	96.9	83.2	74.1	补水轻度退菌
特白 1 号	72.0	81.3	89.9	106.3	88.6	82.3	70.3	补水轻度退菌
CCEF89	75.2	86.2	98.9	118.2	129.6	112.1	89.6	
亚光 1 号	76.6	89.8	102.1	118.9	154.1	142.6	101.2	
99	77.2	85.7	99.8	106.2	118.5	98.6	82.1	

* 纯棉籽壳为基质，袋式栽培，两头出菇；出菇期管理三潮菇采收后视情况少量补水

菇的产量上。对基质含水量要求较高的种质第一潮菇生物学效率可以达到50%以上，甚至60%以上。在基质69%~72%含水量的条件下，亚光1号一潮产量达到生物学效率70%。在基质含水量66%~69%的条件下，CCEF89和99一潮产量达到生物学效率50%以上。有的平菇品种，在含水量较高的基质上，菌丝生长变缓，出菇期基质补水不但不能提高产量，反而导致退菌，菌体解体。香菇不同品种对基质含水量的要求也有一定差异，如L808适宜含水量高于939、庆科20等。

对种质基质含水量要求特性的测试，需要按生产栽培的基本技术要求进行实验设计，如基质配方、栽培袋规格、发菌温度等。否则，将导致较大的数据误差。

七、pH

对于新的可栽培种类的种质评价，需要进行较为系统的生长pH测试，分为菌丝生长和子实体形成的pH范围、适宜pH和最适pH。在天然基质的栽培测试中，一般以氢氧化钠和柠檬酸调节pH。

一般而言，作为已知栽培种类，其种质资源的评价不再进行适宜pH的测试。但是，实际上，对于有的种类，不同种质的适宜pH有着显著差异。多年来，黑木耳的栽培品种生长多适宜pH 4~7，最适pH 5~6.5（杨新美，1988）。然而，对云南野生木耳种质的研究表明，有相当数量的野生种质适宜pH和最适pH大大偏离这一数值，它们更偏好偏碱的基质（图6-16）。同时，不同种质对pH的敏感度也不相同。

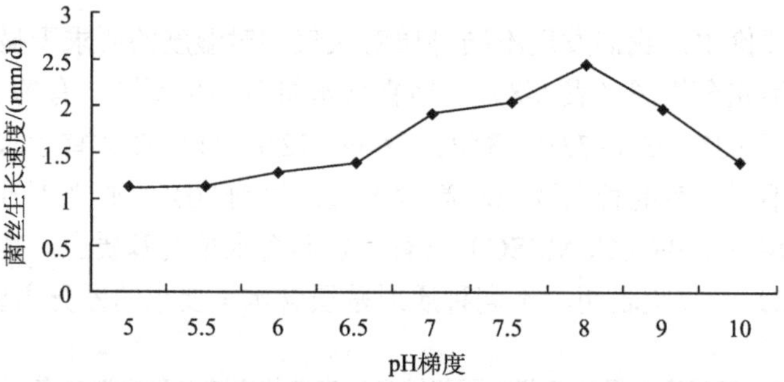

图6-16　菌株0147在不同pH基质上的生长速度

八、CO_2

食用菌的菌丝生长对CO_2不甚敏感，在常规培养条件下，在300~2000ppm①，无肉眼可见的培养特征的改变。但是，子实体的生长发育，不同种质对CO_2的敏感度存在显著差异，特别是在较高CO_2浓度条件下，不同栽培品种表现不同。在对现有栽培品种的栽培比较中，平菇、白灵菇、杏鲍菇、香菇等都有较好CO_2耐受性的品种，在700~800ppm的CO_2条件下，平菇的特白1号、白灵菇中农翅鲍、香菇212都较其他品种商品性状更佳，这主要表现为菌盖大而厚，菌柄较短，外观更健壮。

① $1ppm=10^{-6}$。

九、周期

食用菌的周期是指接种后到出第一潮菇的时间，由发菌期和生理后熟期组成。不同品种或种质周期的长短主要取决于生理后熟期。在食用菌的栽培中，周期是重要的农艺性状，对一些周期差异大的种类，是品种使用成败的关键，如香菇、滑菇、白灵菇。为了生产使用的方便，常分为长周期（迟生）品种和短周期（早生）品种（表 6-9），有的种类甚至有中周期（中生）品种。平菇、黑木耳等种类不同种质的周期特性也具一定差异。例如，平菇特白 1 号发菌完成后需要 10 天左右的后熟期才能获得第一潮菇的好收成，后续菇潮也才有较好的产量。

表 6-9　主要食用菌种类的周期类型和代表品种

种类	长周期（迟生）	中周期（中生）	短周期（早生）	极早生
香菇	>120 天	80~120 天	<80 天	
	135、241-4	939、庆科 20	武香 1、申香 10	
滑菇	150 天	120 天	80~90 天	60 天
	5001、5002	奥羽 3~2	73-1	早丰 112、早生 2
白灵菇	>110 天	90~100 天	<90 天	
	中农翅鲍	中农 1 号	KH2	
黑木耳	后熟期 10~15 天		无需后熟	
	黑 29、黑威 9		中农黑缎、8808	

十、耐贮运性

耐贮运性与诸多性状相关，主要通过子实体形状和质地、生长发育适宜温度和采后呼吸强度等进行观测评价。

十一、特殊化学成分

食用菌以营养美味著称，更以其诸多保健功效而深受市场青睐。其特殊的营养物质、风味物质、生理活性物质都可成为特殊化学成分。研究表明，同一种类的不同种质，化学成分有着显著差异，如香菇，不同品种的多糖、香菇嘌呤等含量都不同（徐晓飞等，2012），灵芝的不同品种三萜的含量也不同（齐川等，2012）。

第五节　菌 株 维 护

在日常的研究和生产实践中，菌种是首要的研究材料。科学研究实践和生产实践都表明，食用菌菌种存在着巨大的不稳定性。这种不稳定性在营养生长阶段常表现为菌丝生长变缓、菌落变稀疏、角变、菌落边缘不齐整、表面产生粉状物、菌丝干瘪、菌丝分泌物、色素等。在天然基质上栽培，出现菌皮、出菇推迟、菇体变多或变小等。这种不稳定性严重困扰着食用菌种质资源的鉴定、评价和利用的研究工作。

食用菌菌种作为生产的种子使用。但是，其生物学和细胞学与大多数作物的种子不同。作物的种子是完成减数分裂后的二倍体或多倍体，是完整的有性繁殖体，每一粒种子是一个个体。而使用中的食用菌菌种，都是菌丝细胞的群体，而非一个个体。这就必然导致在生产过程中的自然分化。不断的继代培养，必然导致菌种个体的差异。这种差异总体上导致菌种群体一致性的下降，不良变异的积累固化，导致性状上出现不稳定，或退化、老化特征的出现。研究表明食用菌菌丝群体细胞的突变率高达 1/366（张金霞，1996）。在菌种的继代培养中，如何去除这突变的 1/366，而保持群体初始期的一致性，就是菌株维护的核心技术和最终目标。

不同种类、不同菌株对环境的反应不同，这种突变的表现形式也不同。因此，菌株维护的技术方法均不相同。总体上，多采用菌丝尖端分离与临界条件抗性锻炼等方法，结合长期的性状系统观察和生物学统计分析，进行长期的维护。

（张金霞，黄晨阳，马银鹏）

参 考 文 献

陈强, 张金霞. 2010. 真菌营养亲和群鉴定方法的改进[J]. 微生物学杂志, 30(05): 45-47.

陈强, 李翠新, 李辉平, 等. 2007. 真菌营养不亲和研究进展[J]. 食用菌学报, 14(1): 73-84.

陈全求, 詹先进, 蓝家样, 等. 2008. EST 分子标记开发研究进展[J]. 中国农学通报, 24(9): 72-76

陈卫民, 张小雷, 柴红梅, 等. 2011. 基于线粒体序列特征的茶树菇及杨柳田头菇分离物快速鉴定[J]. 中国农学通报, 27(31): 152-155.

党建章, 何宗智, 蔡小玲, 等. 1998. 6 株草菇 3 种同工酶的凝胶电泳研究[J]. 吉林农业大学学报, 20(S): 80.

冯立建. 2014. 黑龙江野生黑木耳种质资源的 SSR 分析[D]. 东北农业大学硕士学位论文.

高山, 黄晨阳, 陈强, 等. 2008. 基于 nLSU rDNA 序列分析探讨侧耳属系统发育关系[J]. 植物遗传资源学报, 9(03): 328-334.

贺冬梅, 陈明杰, 谭琦, 等. 1998. 不同培养基对香菇菌丝体酯酶同工酶的影响[J]. 食用菌学报, 5: 18-20.

黄晨阳, 陈强, 高山, 等. 2010. 侧耳属主要种类 ITS 序列分析[J]. 菌物学报, 29(3): 365-372.

黄晨阳, 李翠新, 张金霞. 2009b. 基于 DNA 拓扑异构酶Ⅱ基因部分序列的侧耳属系统发育分析[J]. 植物遗传资源学报, 10(4): 529-534.

黄晨阳, 李燕, 陈强, 等. 2009a. 一种快速辨别糙皮侧耳和肺形侧耳的方法[J]. 生物技术, 19(6): 53-55

黄晨阳, 张金霞, 郑素月, 等. 2005. 刺芹侧耳(*Pleurotus eryngii*)rDNA 的 IGS2 多样性分析[J]. 农业生物技术学报, 13(5): 592-595.

李翠新. 2007. 基于 DNA 拓扑异构酶Ⅱ基因对侧耳属(*Pleurotus*)系统发育关系的研究[D]. 中国农业大学博士学位论文.

李辉平. 2007. ISSR 在食用菌遗传多样性研究中的应用[D]. 中国农业科学院硕士学位论文.

李慧, 陈强, 黄晨阳, 等. 2012. 基于 SSR 标记构建平菇栽培品种核心样本方法的探讨[J]. 园艺学报, 39(10): 2023-2032.

李媛媛, 隋玉龙, 牛淑力, 等. 2013. SCAR 标记在黑木耳栽培菌株分类鉴定中的应用[J]. 菌物研究,

11(3): 182-185.
刘川, 陈强, 张金霞, 等. 2013. 平菇细菌性黄斑病发病因素分析[J]. 食用菌学报, 20(01): 101-105.
刘春滟, 李南羿, 张玉琼. 2010. 香菇 EST-SSR 标记的开发及应用[J]. 食用菌学报, 17(2): 1- 6.
刘秀明, 郐向丽, 张金霞, 等. 2015. 白灵侧耳栽培种质对高温胁迫的反应研究[J]. 菌物学报, 34(4): 640-646.
马庆芳, 张丕奇, 戴肖东, 等. 2009. 黑木耳 Aul85 菌株一个 SCAR 标记的建立[J]. 菌物研究, 7(2): 104-108.
马银鹏, 陈强, 赵梦然, 等. 2012. 中国三省松口蘑遗传多样性分析[J]. 食用菌学报, 9(1): 17-21.
齐川, 周慧, 斯金平, 等. 2012. 不同品种灵芝主要活性成分分析[J]. 中国实验方剂学杂志, 18(17): 96-100.
沈兰霞. 2013. SNP 在平菇菌株鉴别中应用研究[D]. 福建农林大学硕士学位论文.
宋驰, 陈强, 徐璟煜, 等. 2011. *COI* 在侧耳属物种快速鉴定中的应用[J]. 菌物学报, 30(4): 663-668
宋来强, 易斌, 杨明贵, 等. 2009. EST 辅助的甘蓝型油菜显性核不育 AFLP 标记转化[J]. 作物学报, 35(08): 1458-1461.
王波, 刘勇, 赵小青, 等. 2012. 双孢蘑菇和蘑菇的 ITS-RFLP 分析[J]. 西南农业学报, 25(6): 2222-2226.
王波, 彭卫红, 甘炳成. 2008. 金针菇 33 个菌株遗传多样性与组织分离菌株鉴定的酯酶同工酶分析[J]. 西南农业学报, 21(2): 448-450
王大莉, 张金霞, 边银丙, 等. 2013. 香菇三个功能基因部分序列的单核苷酸多态性分析[J]. 菌物学报, 32(1): 81-88
王大莉. 2012. 香菇栽培品种 SNP 指纹图谱库的构建[D]. 华中农业大学硕士学位论文.
王晓娥, 姚方杰, 张友民, 等. 2013. 木耳属菌株 ITS 序列作为 DNA 条形码的可行性[J]. 东北林业大学学报, (07): 111-114.
吴丹丹, 张震, 张瑞颖, 等. 2012. 利用简单重复序列分子标记分析我国侧耳栽培菌株的遗传多样性[J]. 食用菌学报, 19(02): 15-25.
忻雅, 阮松林, 王世恒, 等. 2008. 基于 RAPD 和 EST-SSR 标记的秀珍菇菌株聚类分析[J]. 食用菌学报, 15(04): 20 -2 5.
徐锐. 2013. 野生香菇数量性状与 SSR 分子标记的关联分析[D]. 华中农业大学硕士学位论文.
徐晓飞, 张丙青, 罗珍, 等. 2012. 不同产地香菇营养成分的比较研究[J]. 食用菌, (02): 57-59.
阎培生, 罗信昌, 周启. 1998. 木耳属种的分子系统发育关系研究[J]. 吉林农业大学学报, 20(S): 77
杨新美. 1988. 中国食用菌栽培学[M]. 北京: 中国农业出版社.
叶翔, 黄晨阳, 陈强, 等. 2012. 中国主栽香菇品种 SSR 指纹图谱的构建[J]. 植物遗传资源学报, 13(6): 1067-1072.
张丹, 宋春艳, 章炉军, 等. 2014. 基于全基因组序列的香菇商业菌种 SSR 遗传多样性分析及多位点指纹图谱构建的研究[J]. 食用菌学报, 21(02): 1-13.
张金霞, 陈强, 黄晨阳, 等. 2015. 食用菌产业发展历史、现状与趋势[J]. 菌物学报, 34(4): 524-540.
张金霞, 左雪梅. 1996. 食用菌菌种结实性和产量性状早期鉴定的初步研究[J]. 食用菌学报, 3(4): 30-34.
张金霞. 1996. 食用菌的品种菌种质量及其保持 I [J]. 中国食用菌, 15(2): 11-12
张金霞. 2015. 食用菌产量和品质形成的分子机理及调控项目简介——食用菌产业发展技术创新的科学基础[J]. 菌物学报, 34(4): 511-523.
张美敬, 刘秀明, 邹亚杰, 等. 2015. 侧耳属食用菌高温胁迫条件优化研究[J]. 菌物学报, 34(4): 662-669.
张瑞颖. 2004. 香菇菌株多相鉴定鉴别技术研究[D]. 中国农业大学硕士学位论文.
赵薇薇, 李海波, 付立忠, 等. 2010. 47 个主栽香菇菌株的 SCAR 标记分子鉴别[J]. 食用菌学报, 17(2):

7-14.
郑素月, 张金霞, 黄晨阳. 2003. 中国栽培平菇的酯酶同工酶分析[J]. 食用菌学报, 10(4): 1-6.
周雁, 范秀芝, 陈连福, 等. 2014. SSR 在黑木耳和毛木耳转录组中的分布和序列特征[J]. 菌物学报, 33(2): 280-288.

Aimi T, Yotsutani Y, Morinaga T. 2002a. Cytological analysis of anastomoses and vegetative incompatibility reactions in *Helicobasidium monpa*[J]. Current Microbiology, 44(2): 148-152.

Aimi T, Yotsutani Y, Morinaga T. 2002b. Vegetative incompatibility in the ascomycete *Rosellinia necatrix* studied by fluorescence microscopy[J]. Journal of Basic Microbiology, 42: 147-155.

Alvarez I, Wendel J F. 2003. Ribosomal ITS sequences and plant phylogenetic inference[J]. Molecular Phylogenetics and Evolution, 29(3): 417-434.

Anwar M M, Croft J H, Dales R B. 1993. Analysis of heterokaryon incompatibility between heterokaryon-compatibility(h-c)groups R and GL provides evidence that at least eight het loci control somatic incompatibility in *Aspergillus nidulans*[J]. Journal of General Microbiology, 139: 1599-603.

Barker G, Batley J, Sullivan H O, *et al*. 2003. Redundancy based detection of sequence Polymorphisms in expressed sequence tag data using auto SNP[J]. Bioinformatics, 19: 421-422.

Barrett D K, Uscuplic M. 1971. The field distribution of interacting strains of *Polyporus schweinitzii* and their origin[J]. The New Phytologistogist, 70: 581-598.

Berbee M L, Taylor J W. 1993. Dating the evolutionary radiations of the true fungi[J]. Canadian Journal of Botany, 71: 1114-1127.

Berger J M, Gamblin S J, Harrison S C, *et al*. 1996. Structure and mechanism of DNA topoisomerase Ⅱ[J]. Nature, 379: 225-232.

Bowden C G, Royse D J, May B. 1991. Linkage relationships of allozyme-encoding loci in shiitake, *Lentinula edodes*[J]. Genome, 34(4): 652-657.

Champoux J J. 2001. DNA topoisomerases: structure, function, and mechanism[J]. Annual Review of Biochemistry, 70: 369-413.

Chiu S W, Wang Z M, Chiu W T, *et al*. 1999. An integrated study of individualism in *Lentinula edodes* in nature and its implication for cultivation strategy[J]. Mycological Research, 103: 651-660.

Choi N S, Yoon K S, Lee J Y , *et al*. 2001. Comparison of three substrates(casein, fibrin and gelatin)in zymographic gel[J]. Journal of Biochemistry and Molecular Biology, 34: 531-536.

Christina A, Muirhead N, Glass L, *et al*. 2002. Multilocus self-recognition systems in fungi as a cause of trans-species polymorphism[J]. Genetics, 161: 633–641.

Coates D, Rayner A D M, Todd N K. 1981. Mating behaviour, mycelial antagonism and the establishment of individuals in *Stereum hirsutum*[J]. Transactions of the British Mycological Society, 76: 41-51.

Cortesi P, Milgroom M G. 1998. Genetics of vegetative incompatibility in *Cryphonectria parasitica*[J]. Applied and Environmental Microbiology, 64: 2988-2994.

Diana F, Komi A, Marie-Pierre D, *et al*. 1994. Molecular characterization of races and vegetative compatibility groups in *Fusarium oxysporum* f. sp. *vasinfectum*[J]. Applied and Environmental Microbiology, 60: 4039-4046.

Dowson C G, Rayner D M, Boddy L. 1989. Spatial dynamics and interactions of the woodland fariry ring fugus, *Clitocybe nebularis*[J]. The New Phytologist, 111: 699-705.

Dunham S M, O'dell T E, Molina R. 2003. Analysis of nrDNA sequences and microsatellite allele frequencies reveals a cryptic chanterelle species *Cantharellus cascadensis* sp. nov. from the American Pacific

Northwest[J]. Mycological Research, 107(10): 1163-1177.

Falk S P, Parbery D G. 1995. *Armillaria luteobubalina* population structure in horticultural plantings in Victoria, Australia[J]. Mycological Reaearch, 99: 216-220.

Fang D Q, Roose M L. 1994. Identification of closely relatedcitrus cultivars with inter-simple sequence repeat markers[J]. Theoretical and Applied Genetics, 95: 408-417.

Fukuda M, Tokimoto K. 1991. Variation of isozyme patterns in the natural population of *Lentinus edodes*[J]. Proceedings of the Japan Academy, SeriesB, 67(3): 43-47.

Gadelle D, Filée J, Buhler C, *et al.* 2003. Phylogenomics of type II DNA topoisomerases[J]. Bioessays, 25: 232-242.

Gilot P, Andre P. 1995. Characterization of five esterases from *Listeria monocytogenes* and use of their electrophoretic polymorphism for strain typing[J]. Applied and Environmental Micromology, 61: 1661-1665.

Gonzalez P, Labarère J. 1998. Sequence and secondary structure of the mitochondria small subunit rDNA V4, V6 and V9 domains reveal highly species-specific variations within the genus *Agrocybe*[J]. Applied and Environmental Microbiology, 64(11): 4149-4160.

Gonzalez P, Labarère J. 2000. Phylogenetic relationships of *Pleurotus species* according to the sequence and secondary structure of the mitochondrial small-subunit rRNA V4, V6 and V9 domains[J]. Microbiology, 146(1): 209-221.

Grist S A, Firgaira F A, Morley A A. 1993. Dinucleotide repeat polymorphisms isolated by the polymerase chain reaction[J]. Biotechniques, 15: 304-309.

Hebert P D, Cywinska A, Ball S L, *et al.* 2003a. Biological identifications through DNA barcodes[J]. Philosophical Transactions of the Royal Society B: Biological Sciences, 270: 313-321.

Hebert P D, de Waard J R, Landry J F, 2010. DNA barcodes for 1/1000 of the animal kingdom[J]. Biology Letters, 6: 359-362.

Hebert P D, Ratnasingham S, de Waard J R. 2003b. Barcoding animal life: cytochrome c oxidase subunit 1 divergences among closely related species[J]. Philosophical Transactions of the Royal Society B: Biological Sciences, 270(Suppl.): 96-99.

Hibbett D S, Grimaldi D, Donoghue M J. 1995. Cretaceous mushrooms in amber[J]. Nature, 377: 487.

Huang W M. 1996. Bacterial diversity based on type Ⅱ DNA topoisomerase genes[J]. Annual Review of Genetics, 30: 79-107.

Iwata H, Ujino-lhara T, Yoshimura K, *et al.* 2001. Cleaved amplified polymorphic sequence markers in sugi and their locations on a linkage map[J]. Theoretical and Applied Genetics, 103: 881-895.

Jacobson K M, Miller O K, Turner B J. 1993. Randomly amplified polymorphic DNA markers are superior to somatic incompatibility tests for discriminating genotypes in natural populations of the ectomycorrhizal fungus *Suillus granulatus*[J]. Proceedings of the National Academy of Sciences of the United States of America, 90: 9159-9163.

Jiang D, Zhong G Y, Hong Q B. 2006. Analysis of microsatellites in *Citrus unigenes* [J]. Acta Genetica Sinica, 33(4): 345-353.

Kantety R V, Rota M L , Matthews D E, *et al.* 2002. Data mining for simple sequence repeats in expressed sequence tags from barley, maize, rice, sorghum and wheat[J]. Plant Molecular Biology, 48(5): 501-510.

Kay E, Vilgalys R. 1992. Spatial distribution and genetic relationships among individuals in a natural population of the oyster mushroom *Pleurotus ostreatus*[J]. Mycologia, 84: 173-182.

Kazuhisa T, Teruyuki M, Eiji H, *et al.* 2002. A genetic linkage map of *Lentinula edodes*(shiitake)based on AFLP markers[J]. Mycological Research, 106(8): 911-917.

Kota R, Varshney R K, Thiel T, *et al.* 2001. Generation comparison of EST-derived SSRs and SNPs in barley(*Hordeum vulgare* L.)[J]. Hereditas, 135: 145-151.

Lamboy W F, Alpa C G. 1998. Using simple sequence repeats(SSRs)for DNA fingerprinting germplasm accessions of grape(*Vitis* L.)species[J]. Journal of the American Society for Horticultural Science, 123: 182-188.

Leslie J F. 1993. Fungal vegetive compatibilty[J]. Annual Review of Phytopathology, 31: 127-150.

Levi A, Towland L J. 1997. Identifying blueberry cultivars and evaluating their genetic relationship using randomly amplified polymorphic DNA(RAPD)and simple sequence repeat(SSR)anchored primers[J]. Journal of the American Society for Horticultural Science, 122: 74-78.

Li C X, Zhang J X, Huang C Y, *et al.* 2007. Isolation of DNA topoisomerase II gene from *Pleurotus ostreatus* and its application in phylogenetic analysis[J]. Journal of Applied Microbiology, 103(5): 2026-2032.

Li L, Zhong C H, Bian Y B. 2014. The molecular diversity analysis of *Auricularia auricula-judae* in China by nuclear ribosomal DNA intergenic spacer[J]. Electronic Journal of Biotechnology, 17(1): 27-33.

Malik M. 1996. The genetics and evolution of somatic self/non-self recognition in the oyster mushroom *Pleurotus ostreatus*[D]. PH. D. Dissertation, Duke University. Durham, North Carolina: 217.

May B, Royse D J. 1981. Application of the electrophoretic methodology to the elucidation of genetic life histories of edible fungi[J]. Mushroom Science, 11: 799-817.

Micales J A, Bonde M R, Peterson G L. 1986. The use of isozyme analysis in fungal taxonomy and genetics[J]. Mycotaxon, 12: 405-449.

Miles P G, Chang S. -T. 2004. *Pleurotus*: A mushroom of broad adaptability. mushrooms: cultivation, nutritional value, medicinal effect, and environmental impact[J]. Natural Resources, 3(11): 315-325.

Mitchell A D, Bresinsky A. 1999. Phylogenetic relationships of *Agaricus* species based on ITS-2 and 28S ribosomal DNA sequences[J]. Mycologia, 91: 811-819.

Moncalvo J M, Lutzoni F M, Rehner S A, *et al.* 2000. Phylogenetic relationships of agaric fungi based on nuclear large subunit ribosomal DNA sequences[J]. Systematic Biology, 49(2): 278-305.

Moorea S S, Sargeant L L, Kinga T J, *et al.* 1991. The conservation of dinucleotide microsatellites amon g mammalian genomes allows the use of heterologous PCR primer pairs in closely related species[J]. Genomics, 10(3): 654-660.

Nguyen H T, Seifert K A. 2008. Description and DNA barcoding of three new species of *Leohumicola* from South Africa and the United States[J]. Molecular Phylogeny and Evolution of Fungi, 21: 57-69

Nitiss J L. 1998. Investigating the biological functions of DNA topoisomerases in eukaryotic cells[J]. Biochemica et Biophysica Acta, 1400: 63-81.

Patrick C H, David J J, Nick D R, *et al.* 2002. Live-cell imaging of vegetative hyphal fusion in *Neurospora crassa*[J]. Fungal Genetics and Biology, 37: 109-119.

Perkins D D, Davis R H. 2000. Neurospora at the millennium[J]. Fungal Genetics and Biology, 31: 153-167.

Rizzo D M, Rentmeester R M, Burdsall H H. 1995. Sexuality and somatic incompatibility in *Phellinus gilvus*[J]. Mycologia, 87: 805-820.

Rossman A. 2007. Report of the planning workshop for all fungi DNA barcoding[J]. Inoculum, 58(6): 1-5

Royse D J, May B. 1987. Identification of Shiitake genotypes by multilocus enzyme electrophoresis: catalog of lines[J]. Biochemical Genetics, 25: 705-717.

Saito T, Tanaka N, Shinozawa T. 2012. Characterization of subrepeat regions within rDNA intergenic spacers of the edible basidiomycete *Lentinula edodes*[J]. Bioscience, Biotechnology, and Biochemistry, 66(10): 2125-2133.

Saunders G W. 2005. Applying DNA barcoding to red macroalgae: a preliminary appraisal holds promise for future applications[J]. Philosophical Transactions of the Royal Society B: Biological Sciences, 360: 1879-1888.

Saupe S J, Clave C, Begueret J. 2000. Vegetative incompatibility in filamentous fungi: *Podospora* and *Neurospora* provide some clues[J]. Current Opinion in Microbiology, 3: 608-612.

Schubert R, Starek G M, Riegel R. 2001. Development of EST-PCR markers and monitoring their intra populational genetic variation in *Picea abies*(L.)Karst[J]. Theoretical and Applied Genetics, 103: 1223-1231.

Seifert K A, Samson R A, deWaard J R, *et al.* 2007. Prospects for fungus identification using *CO1* DNA barcodes, with *Penicillium* as a test case[J]. Proceedings of the National Academy of Sciences, 104: 3901-3906.

Shimomura K, Yamamoto S, Harayama S, *et al.* 2002. Type Ⅱ DNA topoisomerase(Top2)as promising molecular marker for phylogenetic analysis in *Rhodophyta*[J]. Botanica Marina, 45: 87-90.

Singh B N, Mudgil Y, Sopory S K. 2003. Molecular characterization of a nuclear topoisomerase II from *Nicotiana tabacum* that functionally complements a temperature-sensitive topoisomerase II yeast mutant[J]. Plant Molecular Biology, 52: 1063-1076.

Smith M L, Bruhn J N, Anderson J B. 1992. The fungus *Armillaria bulbosa* is among the largest and oldest living organisms[J]. Nature, 356: 428-431.

Stenlid J, Vasiliausaks R. 1998. Genetic diversity within and among vegetative compatibility groups of *Stereum sanguinolentum* determined by arbitrary primed PCR[J]. Molecular Ecology, 7: 1265-1274.

Terashima K, Matsumoto T, Hasebe K. 2002. Genetic diversity and strain-typing in cultivated strains of *Lentinula edodes*(the shii-take mushroom)in Japan by AFLP analysis[J]. Mycological Research, 106: 34-39.

Toth G, Gaspari Z, Jurka J. 2000. Microsatellites in different eukaryotic genomes: survey and analysis[J]. Genome Research, 10: 967-981.

Toyomasu T, Zennyozi A. 1981. On the application of isoenzyme electrophoresis to identification of strains in *Lentinus edodes*(Shiitake)[J]. Mushroom Science, 11: 675-684.

Useche F J, Gao G, Hanafey M, *et al.* 2001. High throughput identification database storage and analysis of SNPs in EST sequence[J]. Genome Informatics, 12: 194-203.

Vialle A, Feau N, Allaire M, *et al.* 2009. Evaluation of mitochondrial genes as DNA barcode for Basidiomycota[J]. Molecular Ecology Resources , 9(S1): 99-113.

Williams J G, Kubelik A R, Livak K J, *et al.* 1990. DNA polymorphisms amplified by arbitrary primers are useful as genetic markers[J]. Nucleic Acids Research, 18(22): 6531-6535.

Wu F, Yuan Y, Rivoire B, *et al.* 2015. Phylogeny and diversity of the *Auricularia mesenterica*(Auriculariales, Basidiomycota)complex[J]. Mycological Progress, 14(6): 1-9.

Xiao Y, Liu W, Dai Y H, *et al.* 2010. Using SSR markers to evaluate the genetic diversity of *Lentinula edodes*' natural germplasm in China[J]. World Journal of Microbiology and Biotechnology, 26: 527-536.

Yamamoto S, Harayama S. 1996. Phylogenetic analysis of *Acinetobacter* strains based on the nucleotide sequences of *gyrB* genes and on the amino acid sequences of their products[J]. International Journal of

Systematic Bacteriology, 46(2): 506-511.

Zervakis G I, Ntougias S, Gargano M L, *et al*. 2014. A reappraisal of the *Pleurotus eryngii* complex—New species and taxonomic combinations based on the application of a polyphasic approach, and an identification key to *Pleurotus* taxa associated with Apiaceae plants [J]. Fungal Biology, 118: 814-834.

Zhang J X, Huang C Y, Ng T B, *et al*. 2006. Genetic polymorphism of ferula mushroom growing on *Ferula sinkiangensis*[J]. Applied Microbiology and Biotechnology, 71: 304-309.

Zhang R Y, Huang C Y, Zheng S Y, *et al*. 2007. Strain-typing of *Lentinula edodes* in China with inter simple sequence repeat markers[J]. Applied Microbiology and Biotechnology, 74: 140-145.

Zhang R, Hu D, Zhang J, *et al*. 2010. Development and characterization of simple sequence repeat (SSR) markers for the mushroom *Flammulina velutipes*[J]. Journal of Bioscience and Bioengineering, 110(3): 273-275.

Zietkiewicz E, Tafalski A, Labuda D. 1994. Genome fingerprinting by simple sequence repeat(SSR)-anchored polymerase chain reaction amplification[J]. Genomics, 20: 176-183.

第七章 香菇种质资源与分析

第一节 起源与分布

香菇是东亚地区著名的食用菌。资料显示，野生香菇的自然分布区域在亚洲东南部，分布范围为 80°E~150°E，10°S~41°N，属于热带及亚热带自然环境区分布的真菌生物。记载有野生香菇分布的国家和地区是中国、朝鲜、韩国、日本、越南、缅甸、泰国、菲律宾、马来西亚、印度尼西亚、印度、尼泊尔、巴布亚新几内亚和加里曼丹岛等（黄年来，1993）。

中国野生香菇的分布地区包括广东、广西、福建、海南、台湾、浙江、湖南、湖北、安徽、江西、江苏、四川、云南、贵州、甘肃、陕西、西藏、吉林、辽宁以及香港等地区。我国历史文化悠久，是香菇栽培的发源地。经现代考证，中国香菇栽培源自浙江省龙泉、庆元、景宁 3 县连成一片的 1300km^2 的菇民区，依靠的就是古老的“砍花”技术。2002 年，“庆元香菇”被批准为“中华人民共和国地理标志保护产品”（杨新美，1986）。

在我国 800 多年的香菇栽培历程当中，技术上主要经历了砍花法、纯菌丝段木接种法、木屑压块法及木屑人工菇木法 4 个阶段。每次的技术革命都给我国香菇生产带来了飞跃。近 20 年，随着我国香菇产业“南菇北移”战略的实施，新技术、新模式的不断涌现，香菇栽培已经遍布全国。2013 年香菇总产量达到 635 万 t，占食用菌总产量的 22%，成为我国产量最高的食用菌种类，在世界上也仅次于双孢蘑菇。

第二节 国内外相关种质遗传多样性分析与评价

在香菇野生种质资源的遗传评价方面，美国学者于 1995 年曾以日本、塔斯马尼亚、巴布亚新几内亚、新西兰等东北亚及南太平洋岛屿地带的 22 个香菇菌株为材料，通过 ITS 序列分析，提出亚-澳香菇的起源地位于南太平洋岛屿（Hibbett *et al.*，1995）。日本学者于 1999 年利用同一方法，分析了日本、泰国、婆罗洲、巴布亚新几内亚和新西兰的 14 个野生香菇菌株，认为婆罗洲是最具多样性的地域。国内代江红和林芳灿（2001）研究 1 km^2 范围内的 18 个野生香菇菌株，认为香菇个体间的遗传差异随着空间距离的增大，异质性相应提高；孙勇和林芳灿（2003）进一步用 RAPD 分析了中国 14 个省份的 53 个菌株，将它们聚类后分为 4 个类群，发现以横断山脉、云南高原、台湾及华南地区菌株的多样性尤为丰富。徐学峰等（2005）测定了 60 个中国野生香菇的 ITS 序列，发现中国东南沿海、西北高原地区和中国（亚洲）西南部地区的香菇自然群体的遗传多样性最丰富，尤其以中国云南、贵州、四川及喜马拉雅等亚洲西南部地区最为突出，因此他们认为就仅存在于东半球的香菇这一物种而言，中国是最重要的遗传多样性中心。林芳灿

（2008）以取自中国六大区域共 15 个省份的 53 个香菇菌株为材料，估测出中国香菇自然群体的交配型因子总数为 121A 和 151B。因此认为，中国香菇自然群体中的交配型因子总数达 18 271 种。与已知的世界其他区域相比，中国香菇自然群体的遗传多样性要丰富得多。

第三节　栽 培 品 种

一、国审栽培品种及其他主要栽培品种

1. L808（国品认菌 2008009）

选育单位：浙江省丽水市大山菇业研究开发有限公司。

品种来源：从兰州某菇场段木香菇组织分离获得。

特征特性：子实体单生，中大叶型，半球形；菌盖直径 4.5 ~7cm，深褐色，菌盖表面丛毛状鳞片明显，呈圆周形辐射分布；菌肉白色，致密结实不易开伞，厚度在 1.2 ~2.2cm；菌褶直生，宽度 4mm，密度中等；菌柄长为 1.5~3.5cm，粗 1.5~2.5cm，上粗下细，基部圆头状；孢子印白色；属中高温型菌株，菌龄 90~120 天，出菇温度为 12~25℃，最适出菇温度为 15~22℃；菇蕾形成期需 6~10℃的昼夜温差刺激；秋冬季出菇，秋菇的比例较高，无明显潮次。按配方要求拌料：杂木屑 78%、麦麸 20%、红糖 1%、石膏粉 1%；南方产区 7 ~9 月制菌袋，北方产区 5 ~8 月制菌袋，10 月~翌年 4 月出菇；及时散堆：在接种孔菌丝长至 4 ~5cm 时散堆，避免烧菌，另外在培养过程中需刺孔通气；适时排场、脱袋，采收 2~3 潮菇后，需适当补水。生物学效率为 80%~90%。

2. L9319（国品认菌 2008008）

选育单位：浙江省丽水市大山菇业研究开发有限公司。

品种来源：从丽水莲都农民菇棚采集种菇分离驯化育成。

特征特性：子实体中大型，属高温型中熟品种。菌丝粗壮浓白、抗逆性强、适应性广；菌盖黄褐色，菇形圆整，菌柄中等，菇质硬实。菌龄 120 天，菌丝生长温度范围为 5~33℃，最适生长温度 25℃左右，出菇温度为 12~34℃，最适出菇温度为 15~28℃；温差、湿差、振动刺激有利于子实体发生；在年前接种香菇产量较高，春夏、夏秋季出菇；潮次明显，抗逆性强，适应性广。按配方要求拌料：采用 15cm×55cm 筒袋，以香菇专用粉碎机粉碎的硬杂木屑为主料每袋装干料 900~1000g，杂木屑 78%、麦麸 20%、红糖 1%、石膏粉 1%；南方菇区 11 月~翌年 3 月接种，5~6 月、8~11 月出菇；北方菇区 10~12 月接种，6~10 月出菇。需注意的是，春节后接种会导致减产；菌丝生长过程中要刺孔通气；适时排场、适时脱袋；适时喷水，防止烂棒；出菇阶段增加遮阴物，降低菇棚温度。低海拔地区生物学效率 70%~80%，高海拔地区生物学效率 80%~90%。

3. 菌兴 8 号（国品认菌 2008007）

选育单位：浙江省丽水市食用菌研究开发中心，浙江省林业科学研究院。

品种来源：野生香菇采集分离驯化栽培育成。

特征特性：子实体单生，偶有丛生；菌盖颜色较深，为棕褐色，绒毛较少，菌肉较厚、质地致密结实，菇盖直径为4 ~7cm，菌肉厚1.5~2cm，菌柄相对较短；菌丝体洁白，气生菌丝较浓密，爬壁能力较强，在木屑培养基上菌丝生长旺盛，但转色时间长；菌丝抗逆性强，不易发生烂棒；菌丝生长温度为5~35℃，最适生长温度为24~28℃；子实体生长温度为10~32℃，最适出菇温度为18~23℃，并且需要有5℃以上的温差刺激，属高温型香菇品种，菌龄60天以上。生物学转化率可达90%~100%，平均每袋产鲜菇680g（15cm×55cm规格聚乙烯塑料袋）。适于夏季高温反季节香菇覆土栽培和畦床露地栽培，浙江地区适宜接种期为11月~翌年4月，出菇期为翌年5~11月；培养基中需适当增加麦麸用量至22%以上，含水量控制在55%以下，以提高香菇单产；在菌棒转色均匀并有零星菇蕾发生后进行覆土，排场时避免振动菌棒，防止头潮菇发生过多；每潮菇后，均需适当干燥养菌4~6天，待菇脚处培养料菌丝重生后再进行浸水催蕾。

4. 庆元9015（国品认菌2007009）

选育单位：浙江省庆元县食用菌科学技术研究中心。

特征特性：子实体单生、偶有丛生；菇形圆整，被有淡色鳞片，易形成花菇；菌盖褐色，菌盖直径4~14cm，厚1~1.8cm；菌褶整齐呈辐射状；菌柄白黄色，圆柱状，质地紧实，长3.5~5.5cm，直径1~1.3cm，被有淡色绒毛。菇质紧实，耐贮存，适于鲜销和干制，鲜菇口感嫩滑清香，干菇口感柔滑浓香。代料和段木栽培两用品种，春、夏、秋三季均可接种。中温偏低、中熟型菌株；菇潮明显，间隔期7~15天，头潮菇在较高的出菇温度条件下，菇柄偏长，菇体偶有丛生。

5. 香菇241-4（国品认菌2007010）

选育单位：浙江省庆元县食用菌科学技术研究中心。

特征特性：子实体单生，菇形中等大小，菇形圆整，菌盖棕褐色，菌盖直径6~10cm，厚度1.8~2.2cm，被有淡色鳞片，部分菌盖有斗笠状尖顶；菌柄黄白色，圆柱状，质地中等硬，长3.4~4.2cm，直径1~1.3cm，被有淡色绒毛。菌肉质地致密，耐贮存，鲜菇口感嫩滑清香，干菇口感脆而浓香。代料和段木栽培两用菌种，适宜春季制棒，秋冬季出菇；出菇温度 6~20℃，最适温度 12~15℃。中低温、迟熟型菌株，菇潮明显，间隔期 7~15天。

6. 庆科20（国品认菌2010003）

选育单位：浙江省庆元县食用菌科学技术研究中心。

特征特性：子实体单生，菇形圆整；菌盖表面颜色较淡，为淡褐色，含水量高时颜色较深，菌盖直径2.0~7.0cm，菌肉组织致密，厚0.5~1.5cm；菇柄直且短，长2.8~4.0cm，直径0.8~1.3cm；菌褶整齐、较致密，呈辐射状排列，易开膜。易形成花菇，花菇率高，适宜作高棚层架栽培花菇和低棚脱袋栽培普通菇。属中低温型中熟菌株，菌丝体生长适温为22~27℃，出菇适宜温度8~22℃，最适14~18℃，9月下旬~翌年5月出菇。适宜接种期2~7月，最适为3~5月，不同接种期菌棒的出菇期、香菇产量无明显差异，但冬菇率、折干率等会随接种期提前而提高。

7. 武香1号（国品认菌2007011）

选育单位：浙江省武义县真菌研究所。

特征特性：子实体单生，偶有丛生；中等大小，菌盖灰褐色，直径5~10cm；菌柄白色，有绒毛，菌柄长3~6cm，直径1~1.5cm。菇体致密，有弹性，具硬实感，口感嫩滑清香。发菌适宜温度24~27℃；出菇温度范围为5~30℃。菌龄60~70天。南方地区3月下旬~4月中下旬制袋接种，6月中下旬开始排场转色、出菇、采收；北方地区2月上中旬~3月下旬制袋接种，5月上中旬开始排场转色、出菇、采收。

8. 申香215

选育单位：上海市农业科学院食用菌研究所。

特征特性：子实体单生，菇形圆整；菌盖浅棕色，菌盖直径（5.62 ± 0.20）cm，菌肉结实，菌盖纵切面顶端呈平形；鳞片白色，分布在菌盖周边；菌柄上粗下细，偶尔为柱状，菌柄长度为（3.19 ± 0.21）cm，属于中等长度；菌盖直径与菌柄长度比为1.77 ± 0.12，属于中等偏短。中高温型品种，菌龄100~110天，菌丝粗壮浓白，抗逆性强，耐高温能力强，越夏安全。生物学转化率为95%以上。各地产量稳定，适应性强。2013~2014栽培周年申香215平均产量742g/棒，L808单产678g/棒，产量优势明显。属中高温、长菌龄品种，菌丝生长适宜温度为20~25℃，发菌注意降温。出菇适宜温度为15~25℃，适宜代料栽培。上海地区8月上旬接种，11月中下旬~翌年5月出菇。菇蕾形成时需要保持85%以上的相对湿度，6~8℃的昼夜温差，现蕾后再脱袋出菇。菌棒硬度和弹性好，菌丝恢复能力强，便于转潮管理。

9. 申香2号

选育单位：上海市农业科学院食用菌研究所。

特征特性：子实体单生，菇形圆整；菌盖直径约8.6cm，厚度约2.1cm，菌柄长约3.2cm，厚菇率92%；出菇温度18~25℃，温度范围广，适应性强。出菇不局限于接种口四周，干菇的菇形美观，商品价值高。

10. 申香4号

选育单位：上海市农业科学院食用菌研究所。

特征特性：菌丝活性强，菌棒成品率高。子实体中大叶，单生或丛生；菇形圆整，菇柄短、细。该品种属中温型，菌丝生长适宜温度为23~25℃，出菇温度10~23℃，适宜代料栽培。江浙地区制备菌棒宜在8月上中旬，菌龄65~70天。

11. 申香8号（国品认菌2007001）

选育单位：上海市农业科学院食用菌研究所。

特征特性：子实体呈单生，菇形圆整，朵型属中偏大叶型；菌盖呈淡褐色；子实体质地坚实紧密；菌柄长度4~7cm，属短柄型；出菇较集中，潮次明显。属于中温偏高型，最适出菇温度为18~25℃。出口菇比例一般可以达到20%左右。适宜代料栽培，上海地区制种在8月中旬。

12. 申香9号

选育单位：上海市农业科学院食用菌研究所。

特征特性：子实体以单生为主，不易开伞，易采摘；菇形圆整，朵型属大叶型，易形成白花菇；菌盖呈褐色，质地坚实紧密；菌柄细，为短柄型。属于中温型，菌丝最适生长温度为25℃左右，生长过程中较常规菌种更好氧，且分解能力强，最适出菇温度为16~20℃，最适培养菌龄75~80天。适宜的环境条件下，成花率在70%以上，天白花菇所占比例较高。

13. 申香10号

选育单位：上海市农业科学院食用菌研究所。

特征特性：子实体以单生为主，菇形圆整，朵型属中偏大叶型；菌盖呈淡褐色，菌肉厚，质地坚实紧密；菌柄为短柄型；属于中温型，菌丝最适生长温度为25℃左右，最适出菇温度为16~20℃，最适培养菌龄65~70天。转潮快，潮次明显。在基地推广过程中，发现其极易成花，已作为短菌龄花菇品种被栽培，并深受菇农喜爱。

14. 申香12号（国品认菌2007003）

选育单位：上海市农业科学院食用菌研究所。

特征特性：子实体单生，菇形圆整，朵型属中叶型；菌盖呈淡褐色，鳞片较多，质地坚实紧密；菌柄为短柄型。属于中温型，菌丝最适生长温度为18~25℃，最适出菇温度为16~20℃，最适培养菌龄为70~75天。

15. 申香15号

选育单位：上海市农业科学院食用菌研究所。

特征特性：子实体单生，菇形圆整；菌盖棕色，菌肉非常厚实，菌盖布满白色鳞片；菌盖直径4.5 ~8cm，厚1.3~2.6cm；菌柄柱状或者漏斗状，质地紧实，长2.8~6.5cm，直径0.9~2.6cm，被有淡色纤毛，菌盖直径与菌柄长度之比为1.63，当属短柄品种。中温型中熟品种，菌丝生长适宜温度为20~25℃，出菇适宜温度为10~20℃，适合于代料栽培。制种期的安排根据不同地区、不同海拔而定，浙江地区制种在8月上、中旬。云南地区制种在10月上中旬。

16. 申香16号

选育单位：上海市农业科学院食用菌研究所。

特征特性：菌丝粗壮浓白，抗逆性强；菌棒转色快、深、均匀；子实体单生，菇形圆整，菌盖黄棕色，菌肉厚实，耐贮存；鳞片布满菌盖；菌柄细、中等长度。鲜菇口感嫩滑清香，适于鲜销。属中温、中熟型品种，菌丝生长适宜温度为 20~25℃，出菇适宜温度为 10~22℃，适合于代料栽培。制种期的安排根据不同地区、不同海拔而定，浙江地区制种在 8 月中、下旬。选择最高气温稳定在 20~25℃，晴天或阴天时出田。棚内的相对湿度要求保持在 90%以上，菇蕾形成时需要 6~8℃的昼夜温差刺激。11 月上旬~翌年 4 月出菇，菇蕾均匀。菌丝恢复能力强，潮次明显，便于管理。

17. L135（国品认菌 2007005）

选育单位：福建省三明市真菌研究所。

特征特性：子实体单生；菌盖圆整，茶褐色，子实体致密，鳞片少或无；菌盖直径 5~8cm，平均直径 6.58cm，厚 2.27cm。菌柄圆柱形，纤毛少或无，平均长 3.42cm，平均直径 1.19cm，菌柄长度与直径比为 2.87，长度与菌盖直径比为 0.52。菇蕾形成时需不少于 6℃的温差刺激，菌丝可耐受 4℃低温和 34℃高温，子实体可耐受 5℃低温和 22℃高温。菇潮明显，间隔期 10~15 天。适于花菇和厚菇生产。福建地区 2~4 月接种。25~28℃条件下发菌期 30~35 天，后熟期 150~180 天；栽培周期 2 月~翌年 4 月。尤其注意越夏管理，防止高温烧菌。

18. Cr02（国品认菌 2007004）

选育单位：福建省三明市真菌研究所。

特征特性：该品种菇形圆整，出菇整齐；子实体中等大小，单生或少有丛生；菌盖黄褐色至茶褐色，菌肉中厚，质地脆嫩，香味浓郁；菌柄细短。出菇温度范围为 5~20℃，子实体均以（17±3）℃为中心大量发生。菌龄 60 天，适宜接种期 1~4 月，出菇期 4~12 月。抗逆性强，适应性广，适宜地栽。

19. Cr04（国品认菌 2007008）

选育单位：福建省三明市真菌研究所。

特征特性：该菌种子实体大叶型，菇形圆整；菌盖为茶褐色，菌肉肥厚，被有鳞片，有时盖顶有稍突起的尖顶；菌柄中粗稍长。出菇温度范围为 10~28℃，最适温度为 18~23℃，菌龄约 60 天，抗逆性较强，适应性较广。适宜在中高海拔地区使用，主要适于保鲜和烘干销售。

20. Cr62（国品认菌 2007007）

选育单位：福建省三明市真菌研究所。

特征特性：子实体中等大小，菇形圆整，大小均匀；菌盖茶褐色或黄褐色，菌肉肥厚，菌柄短而细。出菇温度范围为 7~28℃。菌龄 60~80 天，适宜接种期 6~9 月，出菇期为 9 月~翌年 4 月。可适用于栽培普通菇，也是栽培花菇的理想品种。

21. L26

选育单位：福建省三明市真菌研究所。

特征特性：子实体属中大叶型，单生，菇形圆整；菌盖深褐色或深棕色，菌肉肥厚；菌柄短而细，产量高。出菇温度10~25℃，菌龄约70天，为早熟品种。适宜接种期1~4月，出菇期4~12月。该品种抗逆性强，适应性广，适合各菇区栽培应用，中高海拔地区更优。

22. 闽丰一号（国品认菌2007006）

选育单位：福建省三明市真菌研究所。

品种来源：（日本）L12×（宁化）L34，单孢杂交育成。

特征特性：子实体散生；菇形圆整，黄色至棕褐色，盖顶中央光洁，半径1/2处着生鳞片，边缘有纤毛，平均直径7.5cm，平均厚度2.1cm；菌柄圆柱形或近圆柱形，有纤毛，平均长度4.7cm，平均直径1.5cm，长度与直径比为3.2，长度与菌盖直径比为0.63。早生品种，转潮快，朵型大，菌肉厚。菇蕾形成时需不低于3℃的温差刺激，菌丝可耐受5℃低温、35℃高温，子实体可耐受8℃低温、28℃高温；菇潮明显，间隔期10天。秋季袋式栽培生物学效率90%~100%。福建地区8月底~9月上旬接种，栽培周期为8月下旬~翌年4月。25~28℃条件下发菌期30天，后熟期25天；菌丝长满后，23~28℃弱光或避光培养25天。菇蕾形成时加大日夜温差，气温在10~25℃，空气相对湿度85%~95%。

23. 华香5号（国品认菌2008005）

选育单位：华中农业大学。

品种来源：由德国菌株经分离选育而成。

特征特性：菇体大小较均匀，干菇个大，柄略长；菌盖茶褐色，直径6~21cm，盖厚1.2~1.7cm，柄长3~7cm，柄径1~1.8cm，盖顶较平，鳞片较多；采用不脱袋出菇方式栽培时，菌龄约为110天，出菇密度中等；转色宜中等略偏深，通风较干燥的环境可培育出优质花菇；发菌温度为23~26℃，低于20℃时发菌期延长，高于28℃时菌丝易老化；出菇温度为5~24℃，最适出菇温度为12~20℃，需要8℃以上的温差刺激，气温高时开伞较快。生物学效率可达90%~110%。适宜用栎类等各种阔叶落叶树种的木屑和麸皮等进行熟料栽培；适宜在3~4月接种，越夏后10月底~翌年4月出菇，或8月初接种，11月中旬~翌年4月出菇；每茬菇采完后，需干燥养菌5~7天，然后再补水，补至前一批菇出菇前菌筒重量的90%~95%；菇蕾发生期加强通风，保持空气相对湿度在85%~90%；盖径达2~3cm后，空气相对湿度降至70%~75%，可培育优质花菇。冬季气温低时，可适当给予直射阳光，增加花菇率，气温大于14℃时应适当遮阴。子实体发生较多时，适当疏蕾，每袋留10~20个为宜。

24. 华香 8 号（国品认菌 2008004）

选育单位：华中农业大学。

品种来源：湖北省黄陂区香菇栽培品种经分离系统选育而成。

特征特性：子实体单生，不易开伞；菌盖深褐色，半扁球状或馒头状，鳞片中等，盖径 5~9cm，盖厚 1.5~2.0cm，柄长 3~6cm，柄径 1.3~2cm；采用脱袋出菇方式栽培时，菌龄 65 ~75 天；转色中等略偏深，出菇较均衡，后劲好；发菌温度为 23~26℃，低于 20℃时发菌期延长，高于 28℃时菌丝易老化；出菇温度为 6~24℃，最适出菇温度为 13~20℃，需要 8℃以上的温差刺激；菌丝生长较快，出菇快，菌龄短，抗杂力强，商品菇率高；转色较浅时子实体发生较多，商品性下降。生物学效率可达 90%~120%。适宜用栎类等各种阔叶落叶树种的木屑和麸皮等进行代料熟料栽培；一般在早秋 8 月中旬~9 月初接种，10 月底~翌年 4 月出菇；每采完一茬菇后，均需干燥养菌 5~7 天，再浸泡或注水补水，补至前一批菇出菇前菌袋重量的 90%~95%。

25. L952（国品认菌 2008006）

选育单位：华中农业大学。

品种来源：日本香菇栽培品种经系统选育而成。

特征特性：子实体单生，菌盖深褐色，直径 5~8cm，盖厚 1.4~1.8cm，柄长 2~5cm，柄径 1.2~1.8cm；出菇期较长，当年 11~12 月可见少量报信菇，第二年和第三年为产菇盛期；出菇期间需较大温差刺激；菌丝定植力强，定植速度快，接种成活率高；花菇率较高，商品菇率高。采用段木栽培，在适宜条件下，一根直径 8 ~12cm、长 1.2m 的段木累计可产干香菇 0.5kg。选择栎类等阔叶落叶树种作菇树；接种适宜季节为 2 月~3 月下旬，一般要求清明节前定植，避免高温烧菌；越夏期间及时翻堆，加强荫蔽，干旱时适当浇水保湿；当菇木成熟、出现报信菇后，即可架木进入出菇管理，干旱时进行人工补水，以便整齐出菇；旧菇木在低温时适当覆盖保温，高温时注意蔽荫调湿。

26. 香九（国品认菌 2008001）

选育单位：广东省微生物研究所。

品种来源：野生品种驯化育成。

特征特性：菇形中等，菇盖直径在 7~11cm，形状和色泽美观，味香，菇肉偏薄；产菇质量好，味香，农艺性状稳定。菌丝生长和出菇速度一般，第一年产菇量中等，较稳产，对环境适应性一般。适于段木栽培，生物学效率为 20%~25%。选择适宜的树种，砍伐时间一般为每年 11 月~翌年 2 月，砍伐后需干燥 10~30 天。采用木屑纯菌种接种或木块纯菌种接种，接种时要求日平均温度 10℃左右，空气相对湿度 70%左右，接种后进行堆放，注意调节干湿度，防治杂菌、虫害等。菌丝长好后，进行架木管理，此时空气相对湿度以 75%~90%较好。一般口径在 20cm 以内的菇木可产菇 6 年左右，以第二、第三年产量最高。

27. 香杂 26 号（国品认菌 2008002）

选育单位：广东省微生物研究所。

品种来源：野生种 No.8 和 No.40 杂交育成。

特征特性：菇形为中小型，肉厚。属广温型菌种，菌丝培养温度为 15~25℃，适宜出菇温度为 20~30℃，高温 30℃左右可正常出菇。对半纤维素、纤维素及木质素的降解能力较强，蔗渣等废料利用效率高。出菇数量多，味鲜美。生物学效率在 91%左右。采用蔗渣基质袋料栽培，培养料组分为蔗渣 77%，麸皮 20%，石膏粉 1.5%，尿素 0.5%，磷酸二氢钾 0.3%，硫酸镁 0.2%，水料比为（1.4~1.5）∶1。栽培时间为每年 10 月~翌年 4 月，生长周期为 90 天左右，其中菌丝生长期为 68 天左右。

28. 广香 51 号（国品认菌 2008005）

选育单位：广东省微生物研究所。

品种来源：野生菌株驯化育成。

特征特性：属中早熟、中温类型品种，菌丝生长适宜温度范围为 22~28℃，最适生长温度 25℃。出菇适宜温度范围 8~22℃，最适出菇温度为 12~18℃。菇形偏大。出菇早，栽培周期短。适于段木栽培，第 1~第 2 年产量高。该品种仅适于段木栽培，不适宜木屑代料栽培。平均每立方米木材能产鲜菇 75~90kg。采用规格为长 110~140cm、直径 8~20cm 的阔叶树木枝、椏、尾材等进行段木栽培。野外段木栽培采用冬末段木接种，春夏堆放管理，秋末散堆出菇。栽培周期短，栽培第一年进入高产期，第二年产量稳定。若管理得当，前两个出菇年度可获 80%以上产量，第三年度后可结束栽培。

29. 赣香 1 号（国品认菌 2007012）

选育单位：江西省农业科学院农业应用微生物研究所。

品种来源：1303 和 HO3，单孢杂交育成。

特征特性：子实体单生或丛生，菌盖深褐色，菌盖直径 4~10cm，柄长 3~8cm，直径 0.5~1.5cm。前期现蕾较多。接种到出菇 60~65 天，出菇温度范围为 5~24℃，最适出菇温度为 16~22℃。鲜菇贮藏温度 4~15℃，保藏期 7 天以上。生物学效率在 110%以上。制袋宜在 8 月底~9 月初，10 月底~11 月初脱袋出菇，常应用于冬季和春秋季出菇。培养料添加 10%~20%棉籽壳。出菇管理要求掌握好最佳脱袋时间，菌丝养菌 60 天左右根据天气适时脱袋，进行出菇管理。

30. 金地香菇（国品认菌 2007013）

选育单位：四川省农业科学院土壤肥料研究所。

品种来源：L939×135，原生质体融合育成。

特征特性：单生，少有簇生，菇体扁平球形，稍平展，红褐色，菌盖直径 12~16cm，厚 1~2cm，边缘有明显鳞片；菌褶白色，密；菌柄长 8~10cm，直径 0.5~1cm。菇体致密，柔软。子实体生长最适温度 15~22℃；菇潮间隔期约 15 天。生物学效率 80%~95%。脱袋关闭大棚保湿转色，温度保持在 18~22℃，大气湿度 80%~85%，给予散射光。转色后增强光照强度到 100lx 以上，同时加大温差，刺激出菇，连续处理 5 天，现蕾后开始进入出菇管理。菌棒温度控制在 15~25℃，采收前 2 天停止喷水。养菌 7~10 天后，再进行催菇和出菇管理。采收 1~2 批后，应及时注水补水。

31. 森源 1 号（国品认菌 2007014）

选育单位：湖北省宜昌森源食用菌有限责任公司。

品种来源：8404×856，单孢杂交育成。

特征特性：子实体大中叶型，多单生，少数丛生，菇形圆整，致密度中等；菌盖圆形，深褐色，直径 4~7cm，厚 1~3cm；菌柄白色，质地坚韧，菌柄长 1~4cm，直径 1~1.5cm，菌柄长度与菌盖直径的比为 1∶3；中低温中熟段木栽培种；发菌适宜温度为 15~25℃，空气相对湿度 80%左右，菇蕾形成时需要 10℃左右的温差刺激；栽培中菌丝体可耐受的最高温度 35℃，最低温度 5℃，菌丝生长适宜温度为 15~25℃；子实体可耐受的最高温度为 30℃，最低温度 5℃，子实体生长适宜温度为 8~20℃，花菇率高。对温湿差和振动刺激反应敏感，过强振动容易出菇太多。子实体口感滑嫩、浓香，质地紧实，高温时较疏松。适宜段木栽培，每立方米段木产干菇 25kg 以上。落叶后砍树、断筒，30 天后钻眼接种，适宜接种期在 11 月~12 月上旬和 2 月中旬~3 月底，发菌期适量喷水保湿和通风，越夏防强日晒，10 个月后开始出菇，一般采用喷水增湿刺激出菇，出菇季节在 9 月下旬~翌年 5 月，收获期 3~5 年。

32. 森源 10 号（国品认菌 2007015）

选育单位：湖北省宜昌森源食用菌有限责任公司。

品种来源：8404×135，单孢杂交育成。

特征特性：大中叶型，单生，浅褐色，柄短盖大，菇形圆整，菌盖直径 4~8cm，厚 1~3cm；菌柄白色，质地紧实，有弹性，长 1~3cm，直径 1~1.5cm，菌柄长与菌盖直径的比为 1∶4。子实体致密度中等，高温时稍疏松，口感滑嫩、浓香。低温、中熟、代料段木栽培两用种，成活率高，接种后菌种定植快，菇潮明显，不易开伞，保鲜期长；栽培中菌丝体可耐受最高温度 35℃，最低温度 5℃，适宜温度 15~25℃；子实体可耐受最高温度 30℃，最低温度 5℃，适宜温度 6~20℃。袋料栽培每千克干料产干菇 150g 左右，段木栽培每立方米段木产干菇 25kg 以上。袋料栽培适宜接种时间为 1~4 月，发菌温度 15~25℃，越夏期间保持通风避光，10 月~翌年 5 月出菇，采用不脱袋划口出菇，菇潮明显，菇潮间期适量补水。段木栽培适宜接种时间为 11 月~12 月上旬和 2 月中旬~3 月底，落叶后砍树、断筒，30 天后接种，发菌期适量喷水保湿和通风，越夏防强日晒，10 个月后开始出菇，一般采用喷水增湿刺激出菇，出菇季节 10 月~翌年 5 月，收获期 3 ~5 年。培养基水分偏重和菌筒转色过度时产量稍低，但子实体质量更好。

33. 森源 8404（国品认菌 2007016）

选育单位：湖北省宜昌森源食用菌有限责任公司。

品种来源：湖北省远安县望家乡野生种驯化育成。

特征特性：子实体多单生，少数丛生，大中叶型，菇形圆整，茶褐色，菌盖直径5~8cm，厚1~3cm；菌柄白色，质地韧，有少量绒毛，长1~4cm，直径1~1.5cm，长度与菌盖直径比为1∶4，菇体致密度中等。接种12个月后开始出菇，菇蕾形成时需要10℃左右的温差刺激，出菇季节10月下旬~翌年4月，收获期4~6年。栽培中菌丝体可耐受的最高温度为35℃，最低温度为5℃，菌丝体生长适宜温度为15~25℃。子实体可耐受的最高温度为30℃，最低温度5℃，子实体生长适宜温度为6~18℃。子实体朵大肉厚，圆整柄短，花菇厚菇率高；有丛生现象，高温时菇质较疏松。适宜段木栽培，低温迟熟段木种。在适宜栽培条件下（配方、地区和季节），每立方米段木产干菇25kg以上。落叶后砍树、断筒，30天后钻眼接种，适宜接种期为11月~12月上旬和2月中旬~3月底，发菌期适量喷水保湿、通风，越夏防强日晒，接种12个月后开始出菇，可采用增湿和振动刺激出菇，出菇季节10月下旬~翌年4月，收获期4~6年。

二、国外栽培品种介绍

韩国工厂化香菇品种YD1。YD1适合工厂化栽培条件，具有菇形大、菇形圆整、菌肉厚、组织致密等优点，但也存在着菌龄偏长（90~100天），出菇需要较大温差刺激（5℃以上），温型偏低。

日本工厂化香菇品种森XR-1。在工厂化栽培条件下，森XR-1具有子实体菇形圆整、菌肉厚、组织致密等优点。

三、栽培品种的遗传多样性分析

国内对食用菌栽培菌种的遗传多样性分析研究广泛，普遍认为形态特征、培养特性、农艺性状、酯酶同工酶图谱和DNA指纹是鉴定现有菌株和新品种的重要指标，是香菇种质资源信息库的主要内容。

（一）DUS测试

形态特征是指一种遗传上稳定的、特定的、视觉可见的或可用仪器测量的外部特征，是遗传与环境综合作用的结果。日本一直把形态特征作为食用菌菌种鉴定的重要指标，通过对形态性状的有效描述和数据统计，来鉴定、区别品种。

我国开展了基于植物新品种特异性、一致性和稳定性测试的香菇DUS测试指南研究，该指南主要参照了日本“香菇栽培用品种审查基准”并结合中国的具体情况编写的。香菇栽培用品种审查基准主要是依据香菇原木栽培和菌床栽培的特性及数据，共有测试指标76个，其中涉及菌丝性状8个，原木栽培的各种性状34个，菌床栽培（代料栽培）的各种性状34个。香菇DUS测试指南主要是以香菇代料栽培的特性及数据进行编写的，共有测试指标36个，分必测性状34个（拮抗现象、菌丝被膜的形成、菌丝密度、菌落表面颜色、菌丝最适生长温度、10℃下菌丝生长速度、15℃下生长速度、20℃下生长速度、25℃下生长速度、30℃下生长速度、菌盖侧面形状、菌盖直径、菌盖颜色、菌盖厚度、菌肉质地、鳞片存在的位置、鳞片的大小、鳞片的颜色、菌褶排列方式、菌褶宽度、菌褶密度、菌褶颜色、菌褶形态、菌柄形状、菌柄长度、菌盖直径与菌柄长度的比值、菌柄直径、菌盖直径与菌柄直径的比值、菌柄表面颜色、菌柄上的纤毛、菌柄质地、子实体发生型、子实体发生的温型、接种后到子实体发生的时间）和补充性状 2 个（子实体含有特殊成分的含量、DNA 指纹图谱）。必测性状中涉及菌丝性状 10 个，代料栽培的各种性状 24 个。

（二）DNA 指纹图谱

应用 DNA 指纹图谱从遗传进化角度阐明真菌种群之间和种群内的分类关系是目前真菌分类研究的热点，在真菌辞典中越来越多地采用分子生物学数据作为系统发育和分类的基础。目前在真菌菌株鉴别中最常用的主要有核糖体 DNA 序列分析、限制性片段长度多态性（RFLP）、随机扩增多态性（RAPD）、扩增片段长度多态性（AFLP）、微卫星技术（SSR）和单核苷酸多态性（SNP）等。

1. rDNA

Peterson 和 Kurtzman（1991）及 Sugita 等（1999）的报道都证实，种内 ITS 序列差异性均小于 1%，所以 ITS 不适于种内的菌株鉴别。Saito 等（2002）对香菇 IGS 进行序列分析发现，IGS1 和 IGS2 中分别有一个亚重复序列 SR1 和 SR2，不同菌株亚重复单位的重复次数不同，造成 PCR 特异性扩增的产物长度多态性。根据 SR1 和 SR2 的长度多态性，成功鉴别了日本 16 个香菇商业栽培品种，并申请了专利。

2. RFLP

Rajiv（1991）首先将 RFLP 技术应用到香菇的遗传多态性分析，揭示了 RFLP 在香菇遗传育种和商业品种鉴别中的重要价值。Fukuda 等（1994）研究了来自不同地理区域的 51 个香菇野生菌株的线粒体 DNA（mtDNA）的限制性片段多态性，结果表明菌株间的系统发育关系与地理区域有关。Fukuda 等（1995）还利用 RFLP 分子标记技术研究了杂交过程中线粒体的遗传关系。香菇基因组的 RFLP 的遗传多样性研究，也都取得良好的效果（李英波等，1995；Fukuda and Moril，2003）。

3. RAPD

采用 10 碱基的单个随机引物 PCR 扩增香菇的多态性 DNA，结果表明 RAPD 方法可用于鉴别香菇菌株间的差异，在食用菌遗传育种研究中具有广泛的用途（Zhang and Molina，1995）；叶明等（2000）利用 RAPD 技术对香菇 6 个双单杂交菌株及 2 个双核体基因组 DNA 进行了检测，结果显示杂交菌株与其双核体亲本基因组具有较大差异，杂交菌株之间存在着不同程度差异，6 个杂交菌株是真正的杂交后代，聚类分析树状图直观地表明了菌株间的遗传相关性，认为菌株间 DNA 的相似系数值可以作为杂交育种选择亲本的辅助的遗传标记；Chiu 等（1999）应用 RAPD 技术分别对香菇的栽培种及野生种进行遗传多样性研究，表明我国香菇野生资源存在较大的遗传差异，而栽培菌株之间的同源性较高。不同的研究者利用 RAPD 对香菇的遗传多样性研究也都取得良好效果

（林范学和林芳灿，1999；黄志龙等，2002；孙勇和林芳灿，2003）。

4. AFLP

扩增片段长度多态性AFLP标记技术是以RFLP标记和PCR技术为基础建立起来的，多态性水平高，稳定可靠，但成本较高。卓英等（2006）采用 AFLP 技术分析了收集到的 31 个主要香菇栽培菌株的 DNA 多态性。采用 6 组引物共获得 443 条 AFLP 扩增条带，其中 189 条为所有菌株共有条带，多态性比率为 57.34%，说明收集到的香菇菌种具有一定的遗传多样性，它们之间存在一定的遗传差异；采用平均连锁聚类法构建了遗传相关聚类图，认为 AFLP 技术通过不同菌株的指纹图谱不同能够有效分辨其基因型，可为香菇的栽培菌株质量监测和菌种鉴定提供快速有效的技术手段，从而为规范食用菌菌种生产管理提供科学依据。

5. SSR

重复 DNA 序列是真核生物基因组的一种组成成分，主要包括分散重复和串联重复，虽然某些基因，如组蛋白和核糖体 DNA 的转录单位在基因组中也是重复存在，但大多数串联重复 DNA 是非编码的，没有明确的功能，变异较快，根据组成串联重复的基本元素的长度、拷贝数以及它们在基因组上的定位，可将其分为卫星 DNA、小卫星 DNA、微卫星 DNA 等。简单序列重复 SSR，也被称为微卫星 DNA（microsatellite），是一种由 1~6 个核苷酸基序多次串联重复的短核苷酸序列，也称为 STR。它的组成基元是 1~6 个核苷酸，如（CA)n、（GAG)n、（GACA)n 等，这些序列广泛存在于真核生物的基因组，串联重复的数目可变且呈高度的多态性。吴锦荣（2013）基于香菇 135 菌株的两个原生质体单核体的全基因组序列分别分析，获得了 1807 个和 1861 个 SSR 序列，其中包含 1 个重复单元的 SSR 序列最多，分别为 714 个和 737 个，包含 3 个重复单元的 SSR 序列其次，分别为 620 个和 643 个，基于香菇全基因组设计了 104 对 SSR 引物，通过筛选发现 61 对 SSR 引物表现出多态性，多态性引物比例为 58.7%，获得了 430 条扩增条带，其中具有多态性条带为 298 条，多态性条带比例达 69.3%。对 21 株供试原生质体单核体菌株的遗传相似性进行了分析，结果表明栽培品种和野生菌株之间具有明显的遗传差异，但是栽培品种之间具有很高的相似系数，表明它们的亲缘关系很近。同时发现了“亲本近缘”现象，即来自同一双核体的两个原生质体单核体菌株之间具有非常近的遗传关系，并对产生此现象的原因进行了分析。张丹等（2014）在香菇菌种 L135 全基因组测序完成的基础上，开发 200 对 SSR 标记，并对 25 份经国审认定的香菇商业菌种进行 SSR 基因型鉴定，成功筛选 7 对条带清晰稳定、重复性好且退火温度一致的 SSR 标记，适用于香菇菌种的鉴定。研究结果表明，在 25 份国审香菇菌种中有 11 份菌种可被区分鉴定，剩余 14 份菌种可被分为 4 类。基于菌种的 SSR 分子表型，构建了 11 份香菇商业菌种的多位点 SSR 指纹图谱。相比于已有的 RAPD、ISSR 以及 SCAR 等标记建立的香菇指纹图谱，SSR 指纹图谱具有条带清晰易读、稳定性好等优点。

6. SNP

基因组 DNA 序列的变异是物种遗传多样性的基础。较普遍的 DNA 序列变异是单个碱基的差异，包括单个碱基的缺失和插入，但更多的是单个碱基的置换，即单核苷酸多态性 SNP，这是等位基因间序列差异最为普遍的类型。这种具有单核苷酸差异引起的遗传多态性特征的 DNA 区域，可以作为一种 DNA 标记，即单核苷酸多态性（SNP）标记，黄杰等（2015）根据香菇单核菌丝体 135A 和 135B 的全基因组测序，通过生物信息学方法分析筛选出香菇功能基因 *cap*、*gla1*、*tlg1* 结构域中的非同义 SNP 位点，开发出 3 对 SNP-CAPS 分子标记。结果表明：这 3 对功能基因 SNP-CAPS 分子标记可将 23 个香菇单核体供试菌株分成 135A 型和 135B 型，这些标记表现出的多态性为进一步研究香菇菌株的来源和功能基因的定位提供参考价值；并建立起可以简单、快速、准确地调查重要功能基因的 SNP 位点变异情况的方法。

7. ISSR

目前对于大部分生物，我们已知的基因组序列信息有限，而通过构建基因组文库，筛选微卫星位点进行测序的方法成本又太高，限制了 SSR-PCR 的应用。为了克服这个障碍，后来发展了简单序列重复区间多态性 ISSR 分子标记。秦莲花等（2004）以（TATG）n 基序序列为基础设计引物，在香菇属 3 个种 13 个菌株上进行 PCR 扩增，发现不仅不同的香菇菌种如豹皮香菇、虎皮香菇和香菇种之间的菌株存在着明显的差异，同一香菇种内的菌株也存在着明显的多态性。随后筛选获得了 8 个 ISSR 引物，并用这些引物构建了 27 个标准菌株的 ISSR 系统发育图谱。通过对这些供试菌株的 ISSR 遗传聚类结果与来源信息的比较分析，以微卫星为基础发展起来的 ISSR 分子标记是可以用于香菇种内菌株的鉴定的，且表现出很强的分辨力和良好的稳定性。王子迎和王书通（2005）采用 ISSR 技术，利用 13 个引物对 26 个安徽野生香菇菌株和 6 个香菇栽培品种进行了遗传多样性分析，结果显示 26 个野生菌株未出现在遗传背景完全相同的菌株上，供试菌株的平均遗传相似性为 71.21%，ISSR 分组与菌株的不同地理来源之间无明显的相关性。

8. SCAR

SCAR 标记基于对特异 RAPD 片段的测序，根据两端的序列设计一对 18~24bp 的引物，在较高退火温度下特异扩增 DNA 上的一个位点而实现的。其专一性引物的采用，排除了随机引物结合位点之间的竞争，因而稳定性和可重复性比 RAPD 显著提高。而且，与 RAPD 相比，SCAR 标记无须在样品鉴定时筛选大量随机引物，亦无须根据获得数据估算样品间的遗传相似性和构建遗传聚类图谱，因而在实际应用中，具有快速、简便、低成本的优越性。而且，由于 SCAR 标记具有种的特异性，并且在基因组上只代表一个位点，现已广泛用于多个物种种质资源的诊断。在香菇中，Tanaka 等（2004）将用 RAPD 分析获得的分别与香菇 A、B 交配因子相关联的片段，成功转化为稳定的 SCAR 标记。宋春艳等（2005）用 120 个随机引物（S1~S120）对 31 个香菇生产用标准菌株进行 RAPD 扩增，筛选获得 4 个 RAPD 特异标记，回收特异性条带，经克隆测序后设计了 4 对 SCAR

引物，分别为申香 93F/R、45 F/R、135 F/R 和 507F/R。通过 SCAR-PCR 扩增，将 RAPD 标记成功地转化成了特异性和稳定性更好的 SCAR 标记；得到的 4 个香菇菌株的 SCAR 标记在 114 个收集自全国各地的香菇生产用菌株上验证，证实了 SCAR 特异标记在菌株快速检测鉴定中的可行性和可靠性。

随着分子标记技术的发展，SCAR 标记的发展不仅可以从 RAPD 标记基础上发展，还可以将其他分子标记如 RFLP、AFLP、SSR、ISSR 等获得的物种特异条带转化为基因组特定位点扩增的共显性 SCAR 标记。

第四节 种质资源的创新与利用

种质资源的保存和利用，对选育高产、优质、抗逆、抗病新品种具有重要意义，也直接关系到农业的可持续发展。种质资源一旦丢失，人类将无法再创造其中的基因。香菇的育种技术亦日趋成熟，目前主要的育种技术包括：人工选择育种、杂交育种、诱变育种、原生质体融合育种、基因工程育种以及分子标记辅助育种等，借助这些育种技术人们已获得了一批在生产上具有应用价值的香菇新品种。

一、人工选择育种

自然条件下香菇不同极性的孢子相互接触后会产生多种基因重组，为香菇育种提供了最初的原始材料，根据育种目的来挑选符合要求的香菇菌株。例如，以温度为选种目标时，应到相应的纬度或海拔地区选种（黄年来，1993）。选种后通过组织分离获得纯种，然后经栽培试验验证后进行示范推广。优良香菇品种广香 5 号、广香 7 号、广香 9 号、241、8210 等都是通过人工选择育种方法获得的（吴学谦，2005）。值得一提的是，从印度尼西亚引进热带地区栽培的香菇品种，进行驯化栽培试验后，得到了属性良好、出菇率高、抗逆性强的菌株，对解决香菇夏季高温栽培问题、保证周年有鲜香菇供应具有重要的应用价值（代江红和林芳灿，2001）。

二、杂交育种

杂交育种是遗传物质在细胞水平上的重组，建立在双亲性状优势互补的基础上，作为目前香菇新品种选育中最重要、最有效的技术手段，为我国香菇产业的迅猛发展和跃居世界领先水平作出了卓越的贡献（谭琦等，2000）。Elliott 和 Langton（1981）认为只基于单个孢子、多个孢子甚至是组织分离的品种选育虽然可以在短时间内获得进展，但是效果不可能像人工杂交方法那么有效，他们还发现可育菌株交配的杂交结果不容易检出，最好的方法是选用不育菌株进行杂交。在香菇杂交育种中，应用最广泛的是单单杂交与双单杂交两种育种手段。

借助单单杂交手段，福建省三明市真菌研究所蔡衍山和黄秀治（2000）选育出木屑袋栽香菇优良菌株 Cr-20 和 Cr-62。张善财等（2002）以 7 个亲本的单孢萌发菌丝体进行杂交组合，共进行了 1212 个配对，经过 5 年的出菇试验，最终培育出适合北方气候特点的高产优良菌株 1363。陈世通等（2013）以香菇栽培品种大山 18 和云南野生香菇 11-1

为亲本，将孢子萌发的单核菌丝体进行随机配对杂交，并利用 ISSR 分子标记验证了最终获得的 45 个杂交菌株是真正的杂合子。谭琦等（1999）以香菇野生种 0426 和栽培种 Le1 为亲本，利用原生质体单核化技术，通过再生得到单核体菌丝，由两亲本的单核体菌丝进行香菇单单杂交育种，经过栽培出菇试验，最终培育出香菇新品种申香 8 号。双单杂交则将需要改良的菌株的原生质体单核体作为受体，以能提供改良菌种所需性状的双核菌株为供体，进行非对称杂交。该育种方法具有减少杂交后代筛选工作量和缩短育种时间的优点，后代的表型则更趋向于受体。谭琦等（2007）利用原生质体单核化技术获得香菇栽培种 26 的原生质体单核体，以其为受体，选用栽培种苏香为供体，通过双单杂交，选育出申香 10 号。宋春艳等（2010）利用原生质体单核化技术取得香菇菌株 939 和 135 的单核体，通过单单杂交和双单杂交成功培育出香菇新品种申香 16 号。这些杂交香菇新品种由于具有优质、高产、抗逆性强、栽培适应性广等特点，已陆续在我国香菇主产区应用，部分已成为香菇主栽品种。

三、诱变育种

王澄澈等（2010）将香菇栽培菌株原生质体经紫外线诱变后得到 105 株再生菌株，分别与亲本菌株的菌丝生长速度、产量及出菇期进行比较，部分再生菌株获得了早熟、高产的优良特性；经继代培养证明，这些再生菌株获得的优良特性稳定。邵伟等（2004）也利用紫外线诱变香菇的原生质体，经筛选后获得 1 株富硒菌株，并且该菌株富硒性状能够稳定遗传，栽培试验发现其子实体硒含量高达 38.64μg/g。汪昭月等（1990）对香菇 7402 与 79027 进行物理、化学诱变处理，并将得到的诱变菌株进行出菇栽培和生化测定，发现这些诱变菌株的酯酶、过氧化物同工酶、多酚氧化酶活性都发生了变化，表明编码这些蛋白质的基因位点发生了改变。窦会娟等（2009）利用 ^{60}Co-γ 射线对香菇原生质体进行诱变，获得多糖含量高产菌株，突变菌株的多糖含量比出发菌株提高了 20.6%。

四、原生质体融合育种

原生质体融合是指脱壁后不同遗传类型的香菇原生质体，在融合剂的诱导下发生融合，最终达到部分或整套基因组的交换与重组，进而产生香菇新品种的过程。原生质体融合技术应用于香菇育种后发展迅速且日趋成熟，先后有香菇种内融合、种间融合及属间融合的报道。邢振楠等（2012）以香菇商业栽培菌株 135 与 396 为亲本进行种内原生体融合，将酯酶同工酶作为遗传标记，选育出适宜小兴安岭气候条件的香菇新菌株。上海市农业科学院食用菌研究所的育种者们将香菇 8001 和虎皮香菇 223 进行种间原生质体融合，得到 32 个种间融合子，经培养都能形成原基并发育成子实体（潘迎捷等，1992）。杨土凤等（2010）对平菇和香菇进行属间原生质体融合，并研究了融合新菌株的生物学特性，发现融合新菌株的菌丝生长速度以及木质素酶、纤维素酶活力都得到显著性提高。

五、基因工程育种

目前香菇中有许多基因已被克隆，如疏水蛋白基因 *Le. hyd1*、*Le. hyd2*（Ng *et al.*, 2000）、纤维素酶基因 *cel6B*（杨婷等，2011）、线粒体中间肽酶基因 *le-mip*（张美彦等，

2009）及部分与子实体生长发育相关的基因（Miyazaki *et al.*，2007；Carol *et al.*，2008；Hiroaki *et al.*，2009），而香菇全基因组框架图的构建使得目的基因的获取时间大幅度缩短（Au *et al.*，2014），为香菇基因工程育种的发展奠定了坚实的基础。遗传转化是香菇基因工程育种的重要环节。目前香菇上常用的遗传转化方法有 PEG 法、电激法、农杆菌介导法、限制酶切介导法等。孙丽等（2001）利用 PEG 法实现表达载体 p301-bG1（含有香菇三磷酸甘油醛脱氢酶启动子驱动下的 *gus* 基因和除草剂抗药性基因）对香菇原生质体的转化，并在含 40μg/mL 除草剂的 CYM 再生平板上，得到了抗除草剂及含有 GUS 活性的转化菌株。Kuo 和 Huang（2008）以香菇孢子和菌丝体为试验材料，采用电激法将含有 *gpd* 启动子和 *gus* 基因的表达载体成功转化香菇，转化效率为每微克 DNA 可获得 30~150 个转化子。喻晶晶（2012）和喻义赣（2009）分别以农杆菌为介导，构建了香菇遗传转化体系。关于香菇限制酶切介导法的遗传转化体系研究也较多，Irie 等（2003）采用该方法后，使突变基因在香菇中的转化效率提高了 2 倍左右；Hirano 等（2000）运用限制酶切介导法，以香菇内源 *gpd* 为启动子，成功地将 *hph* 基因转入并实现表达。

六、分子标记辅助育种

分子标记技术是通过检测生物个体在基因或基因型上的变异来反映生物个体间的差异（王印肖等，2006）。RAPD、RFLP、ISSR、SRAP、AFLP、SCAR 等是食用菌遗传育种研究中最常用的标记方法，广泛用于遗传多样性与亲缘关系分析、杂交亲本选择与杂交子鉴定、功能基因克隆、遗传图谱构建与农艺性状 QTL 定位等方面。Liu 等（2012）将特异的 RAPD、ISSR、SRAP 条带转化为 SCAR 标记，用于评价 24 株商业栽培香菇菌株的遗传多样性，结果表明这些菌株的遗传差异较小，建议在育种时应引入野生香菇种质。随着分子生物学研究的深入开展，SSR、SNP、TRAP、IRAP、REMAP 等新型分子标记技术逐渐被开发应用。在香菇野生种质资源和栽培种质资源的遗传多样性研究方面，在开发 SSR、TRAP、IRAP、REMAP 标记引物的基础上，这些分子标记在香菇种质资源遗传多样性研究中的适用性也得到较好的评价，为进一步利用香菇种质资源选育优良品种奠定了基础（肖扬，2009；Xiao *et al.*，2010）。由于香菇属于典型的四极性异宗结合蕈菌，A、B 两对交配型因子相互协同，对交配、结实等关键发育过程的遗传调控具有决定性作用，因此研究者做了大量的相关工作。Au 等（2014）与 Wu 等（2013）分别研究了香菇 A 交配型位点与 B 交配型位点的基因及其结构，为进一步开发分子标记辅助香菇育种奠定了理论基础。

七、展望

香菇在我国栽培历史悠久，各种育种技术已经日趋成熟。纵观香菇常用的育种方法，赵妍等（2015）认为杂交育种虽然育种周期相对较长，但是其育种目标的预见性与方向性较好，在较长的一段时间里可能仍然是香菇育种的主要手段。值得一提的是，随着香菇全基因组测序的完成与框架图的组装，各种分子标记与传统香菇育种技术的结合，将会更好地为香菇遗传育种工作服务。随着科学技术与社会发展的不断进步，香菇的产业发展也迈向了新的历史时期。由于香菇属中低温型的食用菌，目前市场上夏季鲜香菇供不应求，经济效益较好。与此同时，由于传统的香菇种植方式较为费时费力且生产效率低下，依靠科学技术、不受自然环境条件制约的香菇工厂化生产模式正日益兴起。因此在新的香菇产业发展需求下，利用日益成熟的香菇育种技术，培育出具有自主知识产权的香菇新菌株/品种，将是我国香菇产业走向更大成功的关键所在。

（宋春艳，赵　妍，陈明杰）

参考文献

蔡衍山，黄秀治. 2000. 香菇新菌株 Cr-20 Cr-62 选育报告[J]. 中国食用菌, 19(4): 8-9.

陈世通，白建波，李梦杰，等. 2013. 香菇单孢杂交及杂合子鉴定的研究[J]. 中国食用菌, 32(1): 45-46, 55.

代江红，林芳灿. 2001. 香菇自然群体中个体间的空间分布及其遗传联系[J]. 菌物系统, 20: 100-106.

窦会娟，李超敏，李林珂. 2009. 原生质体诱变筛选香菇多糖高产菌株[J]. 中国酿造, 203(2): 74-76.

黄杰，谭琦，鲍大鹏. 2015. 运用 SNP-CAPS 分子标记定位香菇重要功能基因的研究[J]. 上海农业学报, 31(2): 13-17.

黄年来. 1993. 中国香菇栽培学[M]. 上海: 科学技术文献出版社.

黄志龙，谢宝贵，谢福泉，等. 2002. 15 个代料栽培香菇菌株的分子鉴别[J]. 食用菌学报, 9: 5-8.

李英波，罗信昌，李滨. 1995. 香菇菌株的限制性片段长度多态性[J]. 真菌学报, 14: 209-217.

林范学，林芳灿. 1999. 香菇亲本菌株及其杂交后代的 RAPD 分析[J]. 菌物系统, 18: 279-283.

林芳灿. 2008. 香菇遗传多样性及系统发育的研究[C]. 中国菌物学会第四届会员代表大会暨全国第七届菌物学学术讨论会, 湖北武汉: 41-51

潘迎捷，陈明杰，汪昭月，等. 1992. 香菇和虎皮香菇的种间原生质体融合[J]. 上海农业学报, 8(1): 9-12.

秦莲花，张红，陈明杰，等. 2004. 微卫星(TATG)n 基序在香菇菌种中的验证[J]. 微生物学报, 44(4): 474-478.

邵伟，乐超银，李玲，等. 2004. 富硒香菇菌种原生质体诱变选育[J]. 食用菌, (2): 12-13.

宋春艳，刘德云，尚晓冬，等. 2010. 香菇杂交新品种“申香 16 号”的选育及示范推广[J]. 食用菌学报, 17(4): 11-14.

宋春艳，谭琦，陈明杰，等. 2005. 香菇生产用菌株的 SCAR 鉴定[C]. 首届海峡两岸食(药)用菌学术研讨会, 北京: 132-138.

孙丽，许伟宏，蔡华清，等. 2001. PEG 介导下香菇的转化[J]. 植物学报, 43(10): 1089-1092.

孙勇，林芳灿. 2003. 中国香菇自然种质资源遗传多样性的 RAPD 分析[J]. 菌物系统, 22: 387-393.

谭琦，潘迎捷，陈明杰，等. 2007. 香菇申香 10 号菌种的选育与推广[J]. 食用菌学报, 7(3): 6-10.

谭琦，潘迎捷，黄为一. 2000. 中国香菇育种的发展历程[J]. 食用菌学报, 7(4): 48-52.

谭琦，潘迎捷，汪昭月，等. 1999. 用单核原生质体杂交育成香菇新菌株申香 8 号[J]. 食用菌学报, 6(2): 1-4.

汪昭月，潘迎捷，王曰英. 1990. 香菇育种中的诱变处理和生化分析[J]. 上海农业学报, 6(1): 45-50.

王澄澈，梁枝荣，苗艳芳. 2000. 香菇原生质体诱变育种初报[J]. 西北农业大学学报, 6(3): 36-39.

王印肖，徐秀琴，韩宏伟. 2006. 分子标记在品种鉴定中的应用及前景[J]. 河北林业科技, (增刊): 46-49.

王子迎，王书通. 2005. 安徽野生香菇遗传多样性及杂种优势的 RAPD 分析[J]. 中国农学通报, 21(9): 31-42.

吴锦荣. 2013. 基于香菇全基因组的 SSR 分子标记开发及其对香菇单核体遗传多样性分析[D]. 上海海

洋大学硕士学位论文.
吴学谦. 2005. 香菇生产全书[M]. 北京: 中国农业出版社: 67-68.
肖扬. 2009. 几种新型分子标记技术在中国香菇种质资源遗传多样性研究中的应用[D]. 华中农业大学博士学位论文.
邢振楠, 臧海莲, 李滇华, 等. 2012. 原生质体融合技术选育香菇菌株[J]. 食用菌, (4): 16-18.
徐学锋, 林范学, 程水明, 等. 2005. 中国香菇自然种质的 rDNA 遗传多样性分析[J]. 菌物学报, 24(1): 29-35.
杨婷, 裴雁曦, 王景雪. 2011. 香菇纤维素酶基因 *cel6B* 的克隆及表达[J]. 华北农学报, 26(3): 42-46.
杨士凤, 王立洪, 杨涛, 等. 2010. 平菇与香菇原生质体融合新菌株的生物学特性研究[J]. 四川大学学报(自然科学版), 47(1): 202-206.
杨新美. 1986. 中国食用菌栽培学 [M] . 北京: 农业出版社.
叶明, 潘迎捷, 陈永萱, 等. 2000. 用 RAPD 技术检测香菇双-单杂交后代[J]. 微生物学通报, 27(4): 283-286.
喻晶晶. 2012. 农杆菌介导的香菇遗传转化体系构建[D]. 华中农业大学硕士学位论文.
喻义赣. 2009. 香菇农杆菌介导转化条件优化及 BCA 基因转化研究[D]. 福建农林大学硕士学位论文.
张丹, 宋春艳, 章炉军, 等. 2014. 基于全基因组序列的香菇商业菌种 SSR 遗传多样性分析及多位点指纹图谱构建的研究[J]. 食用菌学报, 21(2): 1-8.
张美彦, 鲍大鹏, 陈明杰, 等. 2009. 香菇编码线粒体中间肽酶 *le-mip* 基因及其紧密连锁基因的克隆[J]. 食用菌学报, 16(2): 21-25.
张善财, 曹玉谦, 迟峰, 等. 2002. 香菇杂交新菌株 1363 号的选育研究[J]. 中国食用菌, 21(1): 40-41.
赵妍, 林锋, 宋春艳, 等. 2015. 香菇主要育种技术研究进展[J]. 生物学杂志, 32(2): 92-95.
卓英, 谭琦, 陈明杰, 等. 2006. 香菇主要栽培菌株遗传多样性的 AFLP 分析[J]. 菌物学报, 25(2): 203-210.
Au C H, Wong M C, Bao D, *et al*. 2014. The genetic structure of the *A* mating-type locus of *Lentinula edodes*[J]. Gene, 535: 184-190.
Carol Y Y S, Queenie W L W, Grace S L, *et al*. 2008. Isolation and transcript analysis of two-component histidine kinase gene *Le. nik1* in Shiitake mushroom, *Lentinula edodes*[J]. Mycological Research, 112(1): 108-116.
Chiu S W, Wang Z M, Chiu W T, *et al*. 1999. An integrated study of individualism in *Lentinula edodes* in nature and its implication for cultivation strategy[J]. Mycological Research, 103: 651-660.
Elliott T J, Langton F A. 1981. Strain improvement in the cultivated mushroom *Agaricus bisporus*[J]. Euphytica, 30(1): 175-182.
Fukuda M, Harada Y, Imahori S, *et al*. 1995. Inheritance of mitochondrial DNA in sexual crosses and protoplast cell fusions in *Lentinula edodes*[J]. Current Genetics, 27: 550-554.
Fukuda M, Moril Y. 2003. Genetic differences in wild strains of *Lentinula edodes* collected from a single fallen tree[J]. Mycoscience, 44: 365-368.
Fukuda M, Nakai Y F, Hibbett D S, *et al*. 1994. Mitochondrial DNA restriction fragment length polymorphisms in natural populations of *Lentinula edodes*[J]. Mycol Res, 98: 169-175.
Hibbett D S, Fukumasa N Y, Tsuneda A, *et al*. 1995. Phylogenetic diversity in shiitake inferred from nucear ribosomal DNA sequences[J]. Mycologia, 87: 618-638.
Hirano T, Sato T, Yaegashi K. 2000. Efficient transformation of the edible basidiomycete *Lentinus edodes* with a vector using a glyceraldehyde-3-phosphate dehydrogenase promoter to hygromycin B

resistance[J]. Molecular General Genetics, 263(6): 1047-1052.

Hiroaki S, Shinya K, Yuiehi S. 2009. The basidiomycetous mushroom *Lentinula edodes* white collar-2 homolog PHRB, a partner of putative blue-light photoreceptor PHRA, binds to a specific site in the promoter region of the *L.* edodes tyrosinase gene[J]. Fungal Genetics and Biology , 46(4): 333-341.

Irie T, Saito K, Honda Y, *et al.* 2003. Construction of a homologous selectable marker gene for *Lentinula edodes* transformation[J]. Bioscience, Biotechnology, and Biochemistry, 67(9): 2006-2009.

Kuo C Y, Huang C T. 2008. A reliable transformation method and heterologous expression of ß-glucuronidase in *Lentinula edodes*[J]. Journal of Microbiological Methods , 72(2): 111-115.

Liu J Y, Ying Z H, Liu F, *et al.* 2012. Evaluation of the use of SCAR markers for screening genetic diversity of *Lentinula edodes* strains [J]. Current Microbiology, 64(4): 317-325.

Miyazaki Y, Kaneko S, Sunagawa M, *et al.* 2007. The fruiting-specific *Le. flp1* gene, encoding a novel fungal fasciclin-like protein, of the basidiomycetous mushroom *Lentinula edodes*[J]. Current Genetics, 51(6): 367-375.

Ng W L, Ng T P, Kwan H S. 2000. Cloning and characterization of two hydrophobin genes differentially expressed during fruit body development in *Lentinula edodes*[J]. FEMS Microbiology Letters, 185: 139-145.

Peterson S W, Kurtzman C P. 1991. Ribosomal RNA sequence divergence among sibling species of yeasts[J]. Systematic and Applied Microbiology, 14: 124-129.

Rajiv K. 1991. DNA polymorphisms in *Lentinula edodes*, the shiitake mushroom[J]. Applied and Environmental Microbiology, 57: 1735-1739.

Saito T, Tanaka N, Shinozawa T. 2002. Characterization of subrepeat regions within rDNA intergenic spacers of the edible basidiomycete *Lentinula edodes*[J]. Bioscience, Biotechnology, and Biochemistry, 66: 2125-2133.

Sugita T, Nishikawa A, Ikeda R, *et al.* 1999. Identification of medically relevant *Trichosporon* species based on sequences of internal transcribed space regions and construction of a database for *Trichosporon* identification[J]. Journal of Clinical Microbiology, 37: 1985-1993.

Tanaka A, Miyazaki K, Murakami H, *et al.* 2004. Sequence characterized amplified region markers tightly linked to the mating factors of *Lentinula edodes*[J]. Genome, 47: 156-162.

Wu L, Peer A V, Song W, *et al.* 2013. Cloning of the *Lentinula edodes B* mating-type locus and identification of the genetic structure controlling *B* mating[J]. Gene, 531: 270-278.

Xiao Y, Liu W, Dai Y H, *et al.* 2010. Using SSR markers to evaluate the genetic diversity of *Lentinula edodes* natural germplasm in China[J]. World Journal of Microbiology and Biotechnology, 26(3): 527-536.

Zhang Y, Molina F. 1995. Strain typing of *Lentinula edodes* by random amplified polymorphic DNA assay[J]. FEMS Microbiology Letters, 131: 17-20.

第八章　平菇种质资源与分析

我国平菇（*Pleurotus* spp.）的商业化栽培起源于20世纪70年代，当时主要栽培种类是美味侧耳（*Pleurotus sapidus*）和糙皮侧耳（*P. ostreatus*）。随着栽培规模的扩大及其对品种多样化的需求，栽培种类不断增加，白黄侧耳（*P. cornucopiae*）、佛州侧耳（*P. florida*）、肺形侧耳（*P. pulmonarius*）都成为了平菇的一员。广义的平菇（oyster）包括了这5个种。栽培措施和采收期不同导致商品外观形态的差异，形成了平菇、姬菇、秀珍菇等不同的商品名称。

平菇首次人工栽培是在1900年的德国（Falck，1917），在我国的栽培开始于20世纪30年代。平菇是我国栽培规模最为广泛的食用菌之一，栽培品种繁多，野生种质也较为丰富。据中国食用菌协会统计，2014年我国平菇（包括姬菇和秀珍菇）总产量达到648.63万t，占食用菌总产量的18.75%。

第一节　起源与分布

Vilgalys和Sun（1994）以来自世界不同区域的27个侧耳属菌株为材料，进行了侧耳属生物种的地理分布研究。他们首先采用交配亲和性试验将27个菌株划分为8个生物类群，进而基于ITS序列构建了系统发育树，并分成两组，一组中的桃红侧耳、刺芹侧耳、栎生侧耳等广泛分布于世界各地，被认为是远古种，约在200万年以前就形成了；另一组主要分布在北半球被认为是现代种，起源相对较晚，这包括了糙皮侧耳、白黄侧耳和肺形侧耳，形成于100万年前；他们认为，糙皮侧耳来源于北美及北欧亚大陆，分布在北半球，主要生长在落叶阔叶树的树干上。也有人认为，佛州侧耳是糙皮侧耳的亚种（Guzman *et al.*，1994），也分布在北半球；白黄侧耳来源于欧洲，主要分布在北半球的落叶阔叶树的树干上；肺形侧耳来源于欧洲，从欧亚大陆到北美均有其分布，与糙皮侧耳不同的是在澳大利亚、新西兰及附近南太平洋诸岛也有肺形侧耳种的分布（Segedin *et al.*，1995）。

平菇在我国的分布相当广泛。对我国侧耳属真菌的种类及其生态地理分布的统计分析表明，糙皮侧耳主要分布在河北、山西、内蒙古、黑龙江、吉林、辽宁、江苏、山东、河南、湖北、湖南、江西、陕西、甘肃、四川、新疆、西藏、广东、广西、云南、贵州、浙江、安徽、福建、香港、台湾等地，生长在各种阔叶树树干上；白黄侧耳主要分布在我国黑龙江、吉林、河北、河南、陕西、山西、山东、湖南、江苏、浙江、安徽、江西、广西、海南、云南、四川、新疆、西藏等省（自治区），生长于阔叶树枯木上；美味侧耳夏秋季生于杨树等阔叶树枯立木、倒木、枝条上，分布于黑龙江、吉林、辽宁、河北、甘肃、陕西、河南、湖南、山东、江苏、安徽、浙江、江西、四川、云南、贵州、广东、广西、海南、新疆等省（自治区）；肺形侧耳在我国的分布范围也很广，从吉林到云南均有分布，夏秋季生长在阔叶树倒木、枯树干或木桩上。佛州侧耳（*P. florida*）为引进栽培种，我国无野生资源分布（图力古尔和李玉，2001）。

第二节　近缘种鉴定技术研究

平菇近缘种外观形态差异不大，且易受环境条件影响而变化，依靠传统的子实体形态鉴定常发生错误，从而影响了种质资源的利用。因此，对其进行准确的分类鉴定非常重要，其重大的经济利用价值，使其成为真菌学家研究的热点。

一、 以形态特征为依据的物种鉴定

形态学鉴定是生物分类的传统方法，这主要包括外观形态和显微形态。外观形态包括菌盖大小、颜色、形状，菌褶形态、颜色、与菌柄的关系，菌柄长度、粗细、着生方式，孢子印等。显微形态包括菌盖表皮结构、菌柄表皮结构、子实层结构特征（如担子、担孢子、菌髓、囊状体）等。

糙皮侧耳（*Pleurotus ostreatus*）：丛生，子实体中等至大型。菌盖直径 5~21cm，白色至灰白色、青灰色，有条纹，水浸状，扁半球形后平展，有后沿。菌肉白色，厚。菌褶白色，稍密至稍稀，延生，在柄上交织。菌柄侧生，短或无，内实，白色，长 1~3cm，粗 1~2cm，基部常有绒毛。孢子印白色。孢子光滑，无色，近圆柱形，[7~10（11）]μm×（2.5~3.5）μm（卯晓岚，2000）。

白黄侧耳（*P. cornucopiae*）：子实体外观与糙皮侧耳极其相似，子实体中等至较大，菌盖直径 5~13cm，初期扁半球形，伸展后基部下凹，光滑，幼时铅灰色，后渐呈灰白至近白色，有时稍带浅褐色，边缘薄，平滑，幼时内卷，后期常呈波状。菌肉白色，稍厚。菌褶宽，稍密，延生而在柄上交织，白色至近白色。柄短，扁生或侧生，内实，光滑，长 2~5cm，粗 0.6~2.5cm，往往基部相连。孢子印淡紫色。孢子长方椭圆形，光滑，无色，（7~11）μm×（3.5~4.5）μm（卯晓岚，2000）。

美味侧耳（*P. sapidus*）：子实体簇生或覆瓦状叠生。菌盖初期半球形，盖面褐色，盖缘色深，随菌盖的开展，颜色渐浅，渐变为青灰色至灰白色，盖缘薄，平滑，幼时内卷，平展后呈扁半球形、贝壳形，有后沿但较小，基部下凹，呈偏漏斗形，宽 4~13cm。菌肉白色，致密，稍厚。菌柄短，白色，侧生至偏生，或近无柄，中实，光滑，基部相连成簇。菌褶延生，白色，基部不交织，幅宽 2~4mm，稍密，不等长，具小菌褶（王呈玉，2004）。

佛州侧耳（*P. florida*）：由德国引进，子实体丛生，中型大小。弱光条件下菌盖呈乳白色，强光和低温时呈浅棕褐色。菌盖直径 6~14cm，厚 0.6~1.6cm。菌柄较美味侧耳稍长，3~8cm，一般为 4cm 左右，外被一层白色绒毛（张金霞和耿莲美，1986）。

肺形侧耳（*P. pulmonarius*）：其商品多为秀珍菇，也有少部分以糙皮侧耳方式栽培形成大型子实体的凤尾菇，曾错用名 *P. sajor-caju* 多年。子实体散生，中等大小，菌盖直径 4~8cm，大的可达 10cm，扁半球形至平展，肾形或近扇形，表面光滑，褐白色至灰黄色，边缘平滑或稍呈波状。菌肉白色。菌褶白色，稍密，延生，不等长。菌柄很短或

几无，白色有绒毛，后期近光滑，内部实心至松软。孢子无色透明、光滑，近圆柱形，（8.1~10.7）μm×（3~5.1）μm（卯晓岚，2000）。

二、以交配亲和性试验为依据的物种鉴定

生物学物种的鉴定主要是以交配亲和性试验为依据。Boidin（1986）精辟地阐述了亲和性试验在生物学种鉴定中的意义，研究指出：交配亲和性试验可用于确定可疑种和形态相似种之间是否存在生殖隔离。如果两个在形态上无明显差异，但生殖上存在隔离的个体或种群则属于姊妹种（sibling species）。反之，形态上差异显著而性亲和的个体或种群，如果交配表现为完全可亲和，则两者可能属于同一生物群。例如，分布于欧洲和北美地区的糙皮侧耳，不同种群间尽管形态特征差异较大，但交配试验证实是完全亲和的，则都属于同一个生物种（Petersen and Hughes，1999）。Vilgalys 等（1993）采用交配亲和性试验将来自北美的 170 个侧耳菌株分成 3 个不育群，这 3 个种群在形态、生长特性、地理分布以及寄主范围等特征方面存在差异，但是除了交配性亲和试验，仅靠一个特征是不能将这些种群区分开的。

性亲和测试虽然可以为生物学种的鉴定和界定提供有效信息，相比形态学鉴定结果更为准确客观，但是若不事先将样本按形态特征归类，测试的工作量之巨是无法想象的。另外，对标本的错误鉴定也常导致与交配试验结果的矛盾，令研究者陷入困扰（吴秋欣，1992）。

三、以 DNA 为依据的物种分类

子实体形态分化的不足和易受环境条件影响的特点，使平菇近缘种的鉴定不能完全依靠传统形态学的方法。性亲和测试的繁琐和工作量之巨，一直困扰着平菇近缘种的鉴定鉴别。无疑，这些都影响了野生种质资源的有效利用。随着现代分子生物学技术的迅速发展，多种快捷、稳定、准确的 DNA 分子标记技术应用到真菌鉴定中来，这为平菇种质资源的研究和利用带来曙光。

1. rDNA

rDNA 的 ITS 区域常作为侧耳属种间比较的一个有效系统发育标记。ITS 的序列分析在侧耳属物种的鉴定应用有直接序列分析和酶切（ITS-RFLP）分析两种形式。直接序列分析是将 ITS 扩增后直接进行序列分析，以 GenBank 公布的序列数据为对照进行比对分析，这一研究表明我国主栽的平菇品种包括了糙皮侧耳、美味侧耳、白黄侧耳和肺形侧耳 4 个种（郑和斌等，2006）。ITS 和 ITS-RFLP 分析将 16 个高温平菇菌株分为肺形侧耳和糙皮侧耳两大类（刘新锐等，2010）。而对侧耳属主要种类直接测序分析表明，ITS 序列能够对侧耳属的大多数种类进行有效鉴定区分，但是糙皮侧耳和白黄侧耳二者的趋异度非常小，仅 0.003。因此，多数真菌系统分类学专家认可的以 ITS 序列差异不超过 2%~3%定为同种的指标并不适于侧耳属的物种鉴定，特别不适合平菇近缘种的鉴定鉴别（黄晨阳等，2010）。

2. *Topo Ⅱ*

DNA 拓扑异构酶基因 *Topo Ⅱ*的氨基酸序列保守，具有较多保守基序，具有序列相对保守、进化速率适中等特点。基于 *Topo Ⅱ*基因部分序列将侧耳属 14 种分为 6 组，其系统发育分析与传统分类学分类结果一致，表明糙皮侧耳与白黄侧耳、哥伦比亚侧耳、金顶侧耳之间亲缘关系更近，而与肺形侧耳亲缘关系较远（黄晨阳等，2009）。

3. *CO1*

细胞色素 c 氧化酶亚基 I 基因（*CO1*）位于线粒体基因组中，其序列 5′ 端变异明显，*CO1* 作为真菌 DNA 条形码成功地应用于青霉亚属（*Penicillium* subgenus *Penicillium*）种间的分类鉴定（Seifert *et al.*，2007）。对侧耳属 15 种 27 个菌株的 *CO1* 序列分析发现，种内 *CO1* 序列一致，部分种的 *CO1* 序列存在内含子。由于内含子的数量和位置不同，侧耳属种间序列差异较大，可有效用于侧耳属种间鉴定鉴别（宋驰等，2011）。根据各菌株 *CO1* 编码区序列设计一组通用引物 CO332F：5′-TTACAAGGAGATCATCAATT-3′和 CO332R：5′-TGCTAAGTGTAGACTGAAGA-3′，然后再根据扩增结果设计特异引物，首先使用引物 CO332F 和 CO332R 进行第一轮 PCR 扩增，根据扩增条带的大小进行分组，选择每组的特异引物进行第二轮 PCR 扩增，根据特异引物扩增目的条带大小和有无即可达到快速鉴定物种的效果；第一轮 PCR 扩增即可通过 3400bp 片段的出现鉴别出肺形侧耳，同时出现的 1700bp 片段为糙皮侧耳和白黄侧耳，再经糙皮侧耳特异引物 CO332F 和 COOSR：5′-CCGAAGGACCAAGGATAAG-3′ 扩增出现的 1500bp 和 150bp 片段，将糙皮侧耳和白黄侧耳分开，从而将平菇近缘种的糙皮侧耳、白黄侧耳、肺形侧耳快速鉴定鉴别（宋驰等，2011）。

4. mtDNA

线粒体 DNA（mtDNA）在真菌物种鉴定中应用最多的是线粒体小亚基 DNA 的 V4、V6 和 V9 区域，这 3 个可变区域在不同物种之间存在显著差异，而在同一物种内却高度保守。对侧耳属内的 16 种 48 个菌株的线粒体小亚基 DNA 的 V4、V6 和 V9 区进行 PCR 扩增、测序以及二级结构的分析表明，这 3 个可变区在每个种的不同菌株的序列长度、碱基序列以及二级结构均相同（表 8-1）。其中糙皮侧耳与佛州侧耳具有完全相同的 V4、V6 和 V9 区，如它们的 V4 都是 104bp，V6 都是 83bp，V9 都是 267bp，从而认为传统分为糙皮侧耳和佛州侧耳的两个种为同一物种——糙皮侧耳（*P. ostreatus*）。实验室内的交配实验也呈现可交配性。V4、V6 和 V9 还可以清晰地将糙皮侧耳（*P. ostreatus*）与形态极其相似的白黄侧耳（*P. cornucopiae*）和美味侧耳（*P. sapidus*）区别开来。且基于线粒体小亚基基因 V4、V6 和 V9 可变区的分析与传统形态和基于核基因以及同工酶进行研究的结果一致（Gonzalez and Labarère，2000），这为平菇近缘种的鉴定提供了更好的分子依据。

表 8-1　侧耳属内几个种的线粒体核糖体小亚基 DNA V4、V6 和 V9 可变区的序列长度比较

侧耳属类群，种和菌株	来源	V4 区				V6 区			V9 区		
		长度	二级结构			长度	二级结构		长度	二级结构	
			P23-2	P23-1	P23-3		P37-1	P37-2		P49-2	P49-1
					P. cornucopiae						
SC 96 06 01	日本 [b]	77	+	—	—	82	+	—	225	—	+
SC 96 06 02	日本 [b]	77	+	—	—	82	+	—	225	—	+
					P. ostreatus						
SM 84 11 01	法国(西南)[b]	104	+	+	—	83	+	—	267	+	+
SM 91 04 07	CBS 291.47	Id	+	+	—	Id	+	—	Id	+	+
SM 96 09 13	意大利 [b]	104	+	+	—	83	+	—	267	+	+
SM 85 10 01	捷克，斯洛伐克	104	+	+	—	83	+	—	267	+	+
SM 90 10 07	希腊(Vardoussia)[b]	Id	+	+	—	Id	+	—	Id	+	+
SM 90 10 31	希腊(LGAM P 38)[a]	104	+	+	—	83	+	—	267	+	+
SM 40	印度(Kashmir)[b]	Id	+	+	—	Id	+	—	Id	+	+
SM 96 09 07	泰国 [b]	104	+	+	—	83	+	—	267	+	+
					P. florida						
SC 97 12 03	MUCL 31688	104	+	+	—	83	+	—	267	+	+
SC 97 12 08	MUCL 31686	104	+	+	—	83	+	—	267	+	+
					P. pulmonarius						
SM 92 05 12	西班牙 [b]	90	+	+	—	78	+	—	233	+	+
SM 92 05 23	匈牙利 [b]	90	+	+	—	78	+	—	233	+	+
SM 90 10 01	希腊(Vardoussia)[b]	90	+	+	—	78	+	—	233	+	+
SM 90 10 12	希腊(Vardoussia)[b]	Id	+	+	—	Id	+	—	Id	+	+
SM 90 10 22	希腊(Vardoussia)[b]	Id	+	+	—	Id	+	—	Id	+	+
SM 96 06 06	日本 [b]	Id	+	+	—	Id	+	—	Id	+	+
SM 96 06 07	日本 [b]	Id	+	+	—	Id	+	—	Id	+	+
SM 92 05 42	CBS 132.85	90	+	+	—	78	+	—	233	+	+
					P. sapidus						
SC 97 12 23	CBS 195.92	102	+	+	—	84	+	—	262	+	+

资料来源：Gonzalez and Labarère，2000

注：+. 有；—. 无；a. 在 Iraçabal 等(1995)的研究中使用过的菌株；b. 仅在此研究中使用的菌株

第三节 野生种质可利用性评价及遗传多样性分析

我国野生平菇分布广泛，正如前文所述，全国各地几乎都有平菇的分布。中国农业科学院农业资源与农业区划研究所对采自我国云南、四川、吉林、黑龙江、新疆、西藏等地的平菇野生种质资源 300 多份进行了遗传多样性研究。结果表明，我国野生平菇有白黄侧耳、糙皮侧耳和肺形侧耳。与栽培种质的比较分析表明，诸多的栽培种质已经自然扩散到栽培场所之外的环境中并形成子实体，在野外定植繁衍，目前已分离到栽培种质 CCEF89、西德 33 等。

对平菇野生种质的可利用性评价是利用野生种质的重要途径，崔文浩（2014）对来自东北三省（辽宁、吉林、黑龙江）和云南省地区的 92 株糙皮侧耳野生菌株的菌丝生长速度、产量、生长周期、品质等性状进行了评价。不同区域种质的差异主要体现在生长周期上，云南种质原基发生菌龄集中在 60~80 天，最短为 35 天，最长为 81 天，平均为 63.12 天。而东北地区种质菌龄 20~60 天，最短为 27 天，最长为 50 天，平均为 37.11 天。随之栽培周期出现同样的差异趋势（表 8-2）。

表 8-2 野生平菇种质生长周期的统计

来源	周期统计	长满瓶/天	原基发生/天	子实体成熟/天
云南省	平均天数	20.34±1.22	63.12±2.34	77.21±2.44
	最快天数	18	35	40
	最慢天数	33	81	146
东北三省	平均天数	20.30±1.08	37.11±2.27	53.17±2.80
	最快天数	17	27	31
	最慢天数	47	50	91

对上述种质进行的菌柄韧性、菌盖色泽、菌褶网纹、菌褶颜色、整菇高度、单菇重量、菌盖大小（长宽乘积）7 个表型性状的观测，其平均变异系数为 0.4，其中东北糙皮侧耳的整菇高度和菌褶颜色 2 个性状的变异系数较小，均小于 0.2（崔文浩，2014）。

基于 SSR 分子标记对 80 个野生菌株的遗传多样性分析结果显示，在相似度 0.76 的水平上供试材料分为 A、B、C、D、E 5 个形态类型。A 组包含了菌柄分支多、菌盖小、色泽较浅的野生种质；B 组包含未能出菇的东北地区种质，据推测这组材料可能为低温类型，在 16~22℃的试验条件下难以形成子实体；C 组为菌盖横截面明显漏斗状且菌盖较大的种质；D 组绝大多数都是菌盖灰黑色、菌柄粗大洁白、长速较慢的种质；E 组涵盖的种质较多，达 53 份，在遗传相似 0.8 的水平上进一步分为 6 个小组。SSR 聚类分析结果未显示出遗传关系与地域的直接相关性（崔文浩，2014）。这可能与三大因素有关，一是室内出菇条件虽然可控，但与野生环境存在差异，未必适合所有种质子实体的形成，从而导致农艺性状表现产生较大误差；二是本研究选用的 SSR 序列标记尚未覆盖整个基因组，从而导致数据统计误差与偏离；三是平菇栽培种质的逃逸，相关研究分析尚在进行中。

目前，平菇野生种质的遗传多样性和可利用性研究刚刚起步，深入精准的评价尚需时日，尚需大量细致的工作。

第四节　栽培种质农艺性状研究及遗传多样性分析

平菇在我国自从20世纪70年代商业化栽培以来，生产规模不断扩大，栽培品种不断增加，并不断更新换代。2002~2010 年，中国农业科学院农业资源与农业区划研究所收集我国20世纪70年代以来栽培的平菇种质249个，应用拮抗试验、同工酶技术、RAPD、ISSR 等分子标记技术进行了遗传多样性分析。结果表明，具遗传特异性的种质为 60 个，其他样本均为这 60 个种质的同物异名。

一、栽培种质的农艺性状研究

1. 子实体颜色多样性的研究

平菇子实体颜色是一个重要的商品性状，也是平菇育种的重要目标性状。平菇生产品种子实体的色泽从白色到深褐色，呈现深浅不同的颜色差异。日本全国食用菌菌种协会制定的糙皮侧耳品种 DUS 测试指南将子实体初期和采收期的颜色分为白色、淡黄褐色、青灰色、暗青褐色、灰褐色、暗灰褐色、紫褐色以及其他 8 级。在实际鉴定评价中，这一色泽的划分，准确把握很难。随着新型仪器的问世，近年对我国平菇主栽品种农艺性状的研究中，采用了分光测色仪对子实体初期和采收期颜色进行测量（李慧，2012），得到基于 $L*a*b$ 模型的 L、a、b 三个参数值，其中，L 表示明度，完全白的物体视为 100，完全黑的物体视为 0；a 为红绿色品指数，正数越大表示颜色越偏向红色，负值越大表示颜色越偏向绿色；b 为黄蓝轴色品指数，正值越大表示颜色越偏向黄色，负值越大表示颜色越偏向蓝色。将 L、a、b　3 个参数转换成 lg[L/（100–L）]和 H[tan–1（b/a）]，二者呈现显著正相关性，相关系数 R 值为 0.962，回归方程为 lg[L/（100–L）]= –2.85+2.73H。在这一实验基础上，平菇子实体颜色可以一个参数 lg[L/（100–L）]或 H 来代表 L、a、b　3 个参数。根据 lg[L/（100–L）]的频率分布进行颜色的分级赋值。应用这一方法我国栽培的平菇品种商品采收期颜色分成 7 级，分别为白色（标准菌株 CCMSSC00358）、乳白色（标准菌株 CCMSSC03759）、浅黄褐色（标准菌株 CCMSSC00509）、灰色（标准菌株 CCMSSC00419）、暗黄褐色（标准菌株 CCMSSC00389）、暗灰褐色（标准菌株 CCMSSC00406）以及深灰褐色（标准菌株 CCMSSC03858）（表 8-3 和图 8-1）。

表 8-3　平菇子实体商品采收期颜色分级赋值情况

分级标准	颜色描述	lg[L/（100–L）]	L	H
1	白色	0.825~0.975	86.985~90.422	1.346~1.401
2	乳白色	0.675~0.825	82.553~86.985	1.291~1.346

续表

分级标准	颜色描述	lg[L/（100–L）]	L	H
3	浅黄褐色	0.375~0.525	70.339~77.010	1.181~1.236
4	灰色	0.225~0.375	62.670~70.339	1.126~1.181
5	暗黄褐色	0.075~0.225	54.307~62.670	1.071~1.126
6	暗灰褐色	–0.075~0.075	45.693~54.307	1.016~1.071
7	深灰褐色	–0.225~–0.075	37.330~45.693	0.962~1.016

资料来源：李慧，2012

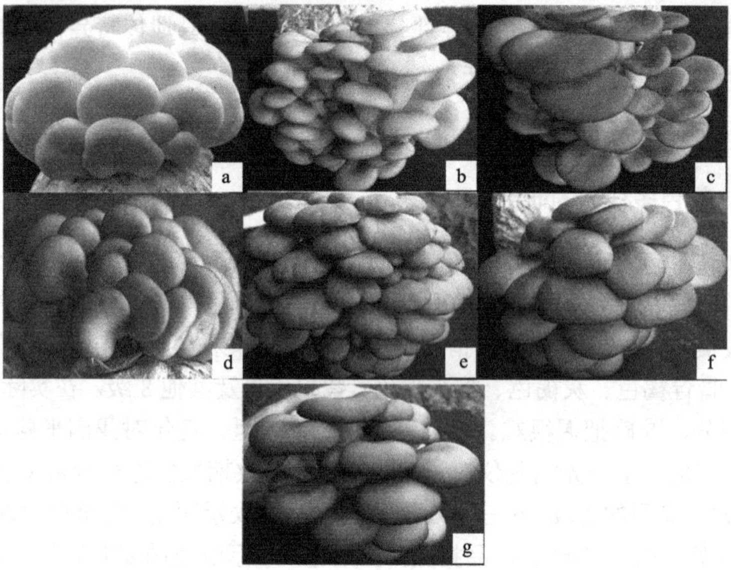

图 8-1　我国栽培平菇品种的子实体采收期的颜色类型（李慧，2012）（另见彩图）

a. 白色；b. 乳白色；c. 浅黄褐色；d. 灰色；e. 暗黄褐色；f. 暗灰褐色；g. 深灰褐色

2. 菌丝耐高温性的研究

平菇适应性强、耐粗放生产的特性，成就了平菇如今的规模和生产者的青睐。我国几十年的平菇生产，绝大多数采用了物美价廉的园艺设施栽培。然而，园艺设施与装备齐全的工厂化相比较，环境调控能力较差，特别易于遭遇极端高温天气的影响。在生产实践中，高温是导致平菇产量降低和品质下降的重要非生物胁迫因子。因此，平菇对温度的适应性，特别是菌丝的耐高温性成为平菇栽培品种特性的重要研究内容。平菇耐高温特性可分为菌丝和出菇两个阶段开展鉴定评价。

李慧（2012）采用平板培养法对 54 个平菇栽培品种进行了高温耐性研究。结果表明，不同栽培品种之间的菌丝耐高温性差异显著。 48℃处理 3h 时，27 个品种可在 48h 内恢复生长，7 个品种要 72h 恢复生长，13 个品种 96h 后才可恢复生长，2 个品种则需要 120h 才恢复生长，5 个品种死亡。48℃处理 4.5h 时， 在 48h 恢复生长的 4 个， 72h 恢复生长的 6 个，96h 恢复生长的 12 个，120h 恢复生长的有 12 个，144h 恢复生长的 4 个，死亡的有 16 个。

在上述研究分析的基础上，形成了高温敏感指数（I）的耐高温性评价公式：$I=t_1/1.5+t_2/3+t_3/4.5$ 。其原理是，定义高温敏感指数（I），最高理论值设为 1000，即高温处理后死亡为 1000，数值越小，意为高温耐受性越强，高温敏感指数 I 值越低。设高温处理 1.5h 后萌发时间为 t_1、处理 3h 后萌发时间为 t_2、处理 4.5h 后萌发时间为 t_3。根据这一公式，54 个品种的高温敏感指数为 42.67~619.56，其中<100 的 38 个，耐高温性较强； 270~310 的 11 个，耐高温性中等；580~620 的 5 个，耐高温性较差。栽培实验表明，同一出菇温型品种，菌丝的高温敏感指数不完全相同，即菌丝的耐高温性与出菇温型（子实体形成温度）之间无相关性（表 8-4）。

表 8-4　54 个平菇菌株菌丝高温敏感指数及出菇温型

国家食用菌标准菌株库号（CCMSSC）	出菇温型	菌丝高温敏感指数	国家食用菌标准菌株库号（CCMSSC）	出菇温型	菌丝高温敏感指数
00328	低温	42.67	00436	低温	74.67
00499	高温	42.67	03845	广温	74.67
00599	广温耐高温	42.67	00588	广温耐高温	77.33
00622	广温	42.67	03846	低温	77.33
00304	低温	48.00	03760	广温耐高温	77.33
00388	广温	48.00	00375	广温	80.00
00419	广温耐高温	48.00	03848	低温	82.67
00613	广温	48.00	00386	广温	85.33
03765	低温	48.00	03763	广温	88.00
00389	广温	53.33	03855	广温	88.00
00398	广温	53.33	03761	高温	96.00
00509	广温耐高温	53.33	03849	广温	270.22
03759	广温	53.33	00406	广温	278.22
03859	低温	53.33	00578	低温	278.22
00358	低温	58.67	03860	高温	282.22
00374	广温	58.67	00359	广温耐高温	286.22
00403	广温耐高温	58.67	00503	广温耐高温	286.22
00435	广温	58.67	03850	广温	286.22
00457	低温	58.67	03861	高温	286.22
00579	低温	58.67	00336	低温	294.22
03847	广温	58.67	03851	广温	302.22
03762	广温耐高温	58.67	03853	低温	302.22
00397	广温	64.00	00373	广温	587.56
00585	广温	69.33	03858	低温	587.56
03854	低温	69.33	03764	低温	619.56
03856	广温耐高温	69.33	03852	广温	619.56
00391	广温	74.67	03857	低温	619.56

耐高温特性除了可通过菌丝生长的培养特性观测外，也可通过一些生理特征性指标得以观察。研究表明，硫代巴比妥酸反映产物（TBARS）的产生量可以作为菌丝高温胁迫响应的生理指标。这一生理指标直接反映供试种质在高温胁迫条件下的生物膜损伤程度。基于 TBARS 对高温胁迫生理响应的实验方法研究表明，糙皮侧耳和白黄侧耳高温胁迫研究的实验条件应为 DifcoTM Potato Dextrose Agar 培养基，最适温度下培养 3 天，最适温度加 12℃ 培养 48h（张美敬等，2015）。

3. 平菇抗褐斑病特性的评价

细菌性褐斑病是危害平菇的主要子实体病害，病原菌为托拉氏假单胞菌（*Pseudomonas tolaasii*）。子实体被感染后，菌盖表面出现圆形或椭圆形黄色至褐色凹陷斑。病菇的商品质量大大下降而难以出售。严重可致子实体死亡，甚至影响下潮菇的正常生长，并导致其他病害交叉感染。因此，平菇的抗病性（褐斑病）是栽培者选择品种的重要考量。栽培品种的抗病性评价和新品种选育中的抗病性筛选都是平菇种质研究的重要方面。

研究抗病性的第一步，需要建立抗病性评价技术和方法。刘川（2012）以糙皮侧耳、白黄侧耳、肺形侧耳 3 种的 20 个栽培品种为实验材料，采用室内和室外抗性试验相结合的方法，综合分析了供试材料的抗病性。建立了菌丝与病原菌对峙培养的室内抗性评价方法。室外抗性试验采用人工接种病原菌，统计病情指数，综合评价抗病性。病情指数=∑（各病级的子实体个数×病级值）/（调查总个数×最高级值）×100。用这一方法将田间病情分为 6 级（图 8-2）。

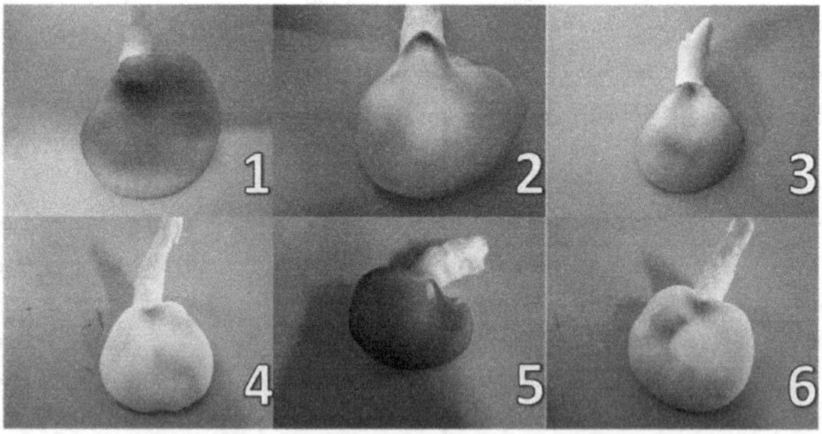

图 8-2　平菇褐斑病病级评价标准（刘川，2012）（另见彩图）

病级 1——斑点较菌盖颜色略深，难于分辨（blotch lightly darker than pileus，difficult to distinguish）；

病级 2——浅黄色斑点（pale yellowish blotch）；

病级 3——比菌盖颜色略深的凹陷斑点（concave blotch slightly darker than pileus）；

病级 4——黄色凹陷斑点（yellow concave blotch）；

病级 5——深黄色到褐色凹陷斑点（dark yellow-brown concave blotch）；

病级 6——深褐色斑点（dark brownish concave blotch）

分析表明，室内摇瓶 20℃平菇菌丝体和托拉氏假单孢菌病原共培养生物量反映了品种的抗病性，共培养与对照的菌丝鲜重比值作为室内抗性指标，与室外子实体抗性水平之间具有较好的线性相关性，回归方程为 $y=-67.782x+67.643$，其中，y 是病情指数，x 是抗性水平，$R=0.802$。这为平菇抗病性（褐斑病）的室内检测和育种的定向筛选提供了方法。

室内和室外的抗性试验综合分析结果显示，20 个品种对褐斑病抗性具有显著差异。其中国家食用菌标准菌株库编号为 CCMSSC00358、CCMSSC00397、CCMSSC00499、CCMSSC00599、CCMSSC0376 的菌株为抗性品种，编号为 CCMSSC00328、CCMSSC00374、CCMSSC00419、CCMSSC00578、CCMSSC00616、CCMSSC03841 的菌株为感病品种。

二、栽培种质遗传多样性分析

对我国大规模商业栽培平菇品种的酯酶同工酶和 RAPD 分析表明，平菇栽培种质有着丰富的遗传多样性，在 60%相似性水平上分为六大类 44 个品种（郑素月等，2003，2005）。李慧（2012）对来自全国各地的 54 份具遗传特异性的平菇菌种（保存在国家食用菌标准菌株库）进行了 SSR 分析。应用 11 对 SSR 标记引物检测到等位基因 86 个，遗传相似性系数为 0.75~0.95，这表明这两个类群内样本之间亲缘关系较近。在 79%的相似性水平上分为七大类，其中的两大类群分别包含了总种质的 33%和 35%，存在遗传多样性冗余（图 8-3）。

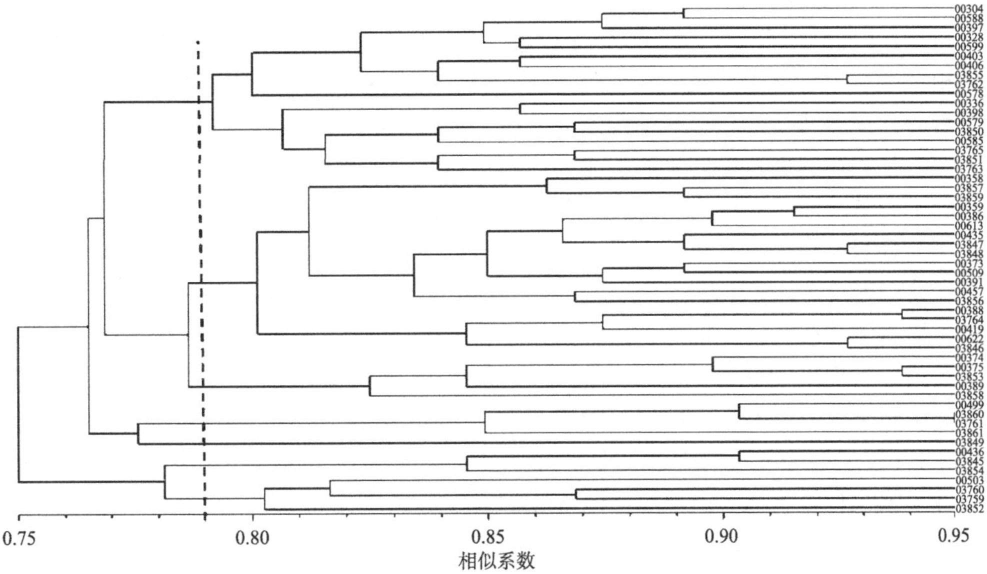

图 8-3　54 个平菇品种的 SSR 聚类分析（李慧，2012）

基于糙皮侧耳全基因组测序，获得分布于全基因组连锁群的 SSR 引物 28 对，并验证了其多样性，用于表型性状相近的 48 个品种的分子指纹图谱的构建（段硕楠，2013）。

功能基因 SNP 分析为平菇栽培种质的遗传分析提供了更为方便快捷的途径。对我国主要栽培平菇品种的 *vmh1*、*plyA* 、*PoMTP* 、*sdi1* 、*ste3-like* 5 个功能基因的 SNP 分析表明，不同种和品种的 SNP 存在的数量和型式都不完全相同，总体上转换占比较高，插入/缺失较少（沈兰霞，2013）。

第五节　核心种质群体的构建

正如前文所述，我国栽培平菇品种繁多，遗传多样性丰富，分散的农业方式生产导致随意冠名，同名异物、同物异名的出现，导致菌种混乱、遗传多样性冗余等现象的发生。为了更好地利用现有栽培种质，开展遗传改良，构建核心种质群体就显得格外重要。

核心种质（core collection）的概念是 Frankel 和 Brown 于 1984 年最早提出的。核心种质的材料必须具有最大的遗传差异，这些差异主要表现为不同材料在基因型上的差异，以及不同基因型对环境反应的差异，因此，如何准确地评价不同材料间在遗传上的相似性则是合理构建核心种质的前提。根据核心种质的定义，从食用菌的特点出发，认为食用菌的核心种质应具有如下特性：

1）核心种质群体应包括和体现当前的主要变异类型；

2）核心种质彼此间要有异质性，最大限度地避免遗传上的重复；

3）核心种质存在动态交流和调整，而非一成不变；

4）包含生产实践所需要的优异农艺性状（主要为丰产性、适应性、抗性、周期性）或基因；

5）包含商品性状（外形、色泽、质地）和贮运性状及其调控基因。

可见，核心种质群体构建的原则是以最小的样本数量代表原种质最多的遗传多样性。

根据这一理念，中国农业科学院农业资源与农业区划研究所在对性状较为清晰的栽培品种进行遗传特异性分析的基础上，开展了平菇核心种质群体的构建和研究。

综合分析我国现有平菇种质资源的可利用信息，发现诸多野生种质资源的农艺性状信息尚不完备，而栽培种质农艺性状和商品性状都比较清晰。因此，为了构建得更为合理，尽管张金霞实验室有数百个平菇野生种质资源，我们仍选择了我国广泛栽培使用过和正在使用的 48 个品种为原种质，在栽培实验的基础上，进行了 SSR 标记的构建方法研究。糙皮侧耳核心种质群体构建概括如下。

平菇菌种样本收集（249 个）→拮抗+ISSR 分析+栽培试验→60 个具遗传特异性和表型差异菌株→ITS+ *CO1* 分析剔除肺形侧耳→选取性状差异显著的糙皮侧耳菌株 48 个→SSR 分析+表型性状→核心种质样本 25 个。目前，具遗传特异性和表型差异的菌株全部保藏于国家食用菌标准菌株库（CCMSSC）。

平菇表型评价的农艺性状包括 24 个（表 8-5），对前 15 个非数值型性状进行分级赋值，对后 9 个数值型性状测量后进行质量化处理。采用 11 对 SSR 引物对 48 个原种质进行遗传多样性分析，采用位点优先取样策略，结合表型性状，在不同 SSR 等位基因保留比例（100%、95%、90%、85%、80%）水平上筛选核心样本，进而确定取样量。采用稀有等位基因保留比例以及对 Nei’s 基因多样度和 Shannon’s 信息指数进行 *t* 检验，评价核心种质的代表性，并且根据表型保留比例以及极差、均值和标准差的符合率对核心种质的代表性做进一步确认。最终抽取 25 份样本（表 8-6），约占原种质的 52%，这 25 个核心样本的等位基因保留比例为 95%，稀等位基因保留比例为 92.11%。15 个非数值型性状的表型保留比例均为 100%（表 8-5）。9 个数值型性状的极差、均值和标准差符合率均在 80%以上。对 Nei's 基因多样度和 Shannon's 信息指数进行的 *t* 检验均无显著差异。表明这个核心种质群体无论从基因水平还是从表型水平上，都能代表原种质的遗传多样性，为合理有效的核心样本（李慧等，2012）。

表 8-5 平菇（糙皮侧耳）24 个表型性状与分级赋值

序号	性状	分级赋值情况
1	气生菌丝发达程度	稀-3，普通-5，密-7
2	菌丝耐高温能力	差-1，中等-2，强-3
3	子实体发生型	丛生-1，散生-2，叠生-3，其他-9
4	子实体初期颜色	白色-1，乳白色-2，浅黄褐色-3，灰色-4，暗黄褐色-5，暗灰褐色-6，深灰色-7
5	子实体采收期颜色	白色-1，乳白色-2，浅黄褐色-3，灰色-4，暗黄褐色-5，暗灰褐色-6，深灰色-7
6	菌盖截面形态	凹形-1，漏斗形-2，山形-3，平形-4，其他-9
7	菌盖长宽比	在（1.0~1.2）-3，大于 1.3-5
8	菌褶网纹	有-1，无-9
9	菌褶颜色	白色-1，乳白色-2，浅灰色-3
10	菌柄着生方式	近中生-1，偏生-2，侧生-3
11	菌柄形态	细长-1，细短-2，粗长-3，粗短-4，中粗-5，其他-9
12	菌柄颜色	白色-1，乳白色-2，浅灰色-3
13	柄着生毛	有-1，无-9
14	菌柄质地	疏松-3，普通-5，紧密-7
15	菌盖质地	疏松-3，普通-5，紧密-7
16	菌丝长速	菌丝在 PDA 培养基中的生长速度（cm/d），不少于 5 次重复
17	菇菌龄	从接种到子实体大量发生的天数，不少于 30 个重复
18	发菌速度	菌丝在栽培料中的生长速度（cm/d），不少于 30 次重复
19	菌盖长径	测量菌盖长径（cm），不少于 50 次重复
20	菌盖短径	测量菌盖短径（cm），不少于 50 次重复
21	菌盖厚度	测量菌盖厚度（cm），不少于 50 次重复
22	菌柄长度	测量菌柄长度（cm），不少于 50 次重复
23	菌柄直径	测量菌柄直径（cm），不少于 50 次重复
24	产量	每千克干料所生产出第一潮菇鲜子实体的重量（kg），两个重复

核心种质群体为种质资源的高效利用提供了重要材料，育种者可以根据育种目的选择育种目标性状亲本（表 8-6）。例如，选育具有深色、丰产、广适性、强抗性性状的品种，可选用 CCEF89（CCMSSC00389）为材料；选育白色、丰产、短柄型性状的品种，可选用特白 1 号（CCMSSC00358）等。当然，核心种质不是一成不变的而是一个动态的集合。随着研究的深入，遗传多样性冗余将逐步去除，更加具有性状代表性的材料和遗传资源将不断加入。

表 8-6　平菇（糙皮侧耳）核心种质群体 25 个菌株的主要表型性状

序号	CCMSSC	品种名称	菌丝耐高温力	出菇温型	菌盖				菌褶		菌柄					丰产性	抗病性
					初期颜色	采收期颜色	截面形态	质地	有无网纹	颜色	着生方式	形态	颜色	着生毛	质地		
1	00328	超低温平菇	强	低温	深灰色	暗黄褐色	凹形	普通	无	乳白色	偏生	粗长	白色	无	普通	低	敏感型
2	00358	特白 1 号	强	低温	白色	白色	凹形	紧密	无	乳白色	偏生	粗短	白色	有	普通	中	低抗型
3	00374	亚光 1 号	强	广温	深灰色	暗黄褐色	凹形	普通	有	白色	偏生	中粗	白色	有	普通	高	敏感型
4	00389	CCEF89	强	广温	暗灰褐色	暗黄褐色	凹形	普通	有	乳白色	偏生	中粗	白色	有	普通	中	高抗型
5	00391	ACCC 50601	强	广温	暗灰褐色	暗灰褐色	平形	紧密	无	乳白色	侧生	细短	白色	无	紧密	低	中抗型
6	00398	ACCC 50712	强	广温	暗灰褐色	灰色	凹形	紧密	有	浅灰色	偏生	粗长	浅灰色	无	紧密	低	中抗型
7	00403	P928	强	广温耐高温	灰色	灰色	平形	普通	无	浅灰色	侧生	中粗	白色	无	普通	中	中抗型
8	00406	CCEF99	强	广温	深灰色	暗灰褐色	凹形	普通	无	白色	偏生	中粗	白色	有	疏松	高	敏感型
9	00419	加拿大 7	强	广温耐高温	暗灰褐色	灰色	凹形	普通	无	乳白色	偏生	中粗	白色	有	普通	中	高抗型
10	00436	京平	强	低温	暗黄褐色	灰色	凹形	普通	无	浅灰色	偏生	中粗	白色	有	普通	中	中抗型
11	00457	ACCC 50234	强	低温	暗灰褐色	灰色	山形	紧密	有	白色	近中生	粗长	白色	有	紧密	低	中抗型
12	00503	中蔬 10 号	中等	广温耐高温	暗黄褐色	浅黄褐色	凹形	普通	无	乳白色	偏生	细长	白色	无	紧密	低	高抗型
13	00578	平 001	中等	低温	深灰色	深灰色	平形	紧密	无	浅灰色	侧生	粗短	白色	无	紧密	低	中抗型
14	00585	平菇 51	强	广温	浅黄褐色	乳白色	凹形	普通	无	乳白色	偏生	中粗	白色	无	普通	低	中抗型
15	00599	平菇 925	强	广温耐高温	灰色	灰色	凹形	普通	无	浅灰色	偏生	中粗	白色	无	紧密	低	中抗型

续表

序号	CCMSSC	品种名称	菌丝耐高温力	出菇温型	菌盖				菌褶		菌柄					丰产性	抗病性
					初期颜色	采收期颜色	截面形态	质地	有无网纹	颜色	着生方式	形态	颜色	着生毛	质地		
16	03849	平 117	中等	广温	深灰色	暗灰褐色	平形	普通	无	浅灰色	侧生	粗长	浅灰色	无	紧密	低	中抗型
17	03850	平 2004	中等	广温	深灰色	暗灰褐色	平形	紧密	无	白色	侧生	粗长	白色	无	普通	高	中抗型
18	03851	2061	中等	广温	暗灰褐色	暗黄褐色	凹形	紧密	无	乳白色	偏生	粗长	白色	有	普通	中	中抗型
19	03763	豫平 1 号	强	广温	深灰色	深灰色	平形	紧密	有	白色	侧生	中粗	白色	无	紧密	高	中抗型
20	03852	春山	弱	广温	深灰色	暗灰褐色	凹形	紧密	无	乳白色	偏生	中粗	白色	有	普通	低	高抗型
21	03760	中蔬 98	强	广温耐高温	灰色	灰色	漏斗形	疏松	无	乳白色	近中生	细长	白色	有	疏松	低	高抗型
22	03854	永发黑平	强	低温	暗灰褐色	暗黄褐色	凹形	普通	无	乳白色	偏生	粗长	白色	有	普通	中	敏感型
23	03762	F803	强	广温耐高温	灰色	乳白色	凹形	普通	无	乳白色	侧生	中粗	白色	无	紧密	中	中抗型
24	03857	长江 999	弱	低温	乳白色	白色	凹形	紧密	无	白色	侧生	细短	乳白色	有	普通	中	高抗型
25	03858	金凤 2-1	弱	低温	深灰色	深灰色	平形	紧密	无	浅灰色	偏生	粗短	浅灰色	无	普通	高	中抗型

第六节 栽培品种

平菇是我国栽培历史悠久的食用菌品种，它不但包括多个生物学种，而且种类内的品种也是丰富多样的，按照栽培的需要，可以从不同的方面将平菇品种进行分类。只有了解品种的类型，进而掌握品种的详细特征特性，栽培中才可能措施得力，创造该品种适宜的环境条件，栽培品种的优势才能充分发挥，获得理想的生产效果。

一、按出菇温度划分的品种

按照温度划分食用菌栽培种类与微生物学上以培养温度划分类群不同，是从食用菌栽培学的意义上进行划分的。按照栽培种出菇需要的温度可以将平菇分为五大类。

1. 低温品种

低温品种出菇温度为5~15℃，高于15℃子实体不能形成。这类品种子实体组织紧密，细腻、口感好，菌盖大、菌柄短。常见品种有特白1号、ACCC50272。

2. 中温品种

中温品种出菇温度为10~20℃，多数品种属于此类。这类品种子实体组织较为紧密，菌盖较厚，大小整齐，常见品种有野丰118、雪美2号等。

3. 中高温品种

中高温品种出菇的适宜温度多在16~23℃，属于糙皮侧耳的这类品种子实体多为土灰色，组织多较疏松，菌盖较薄，韧性稍差。属于佛州侧耳的这类品种则为乳白色，菌盖质地紧密，口感清脆，菌柄细长，常见品种有中蔬10号、1012等。

4. 高温品种

高温品种出菇的适宜温度在20℃以上。这类品种在低于20℃的环境条件下虽然也可以形成子实体，但是菌柄较长，菌盖较小，商品质量下降，适宜的商品质量形成温度在20~27℃。这类品种有亚光1号、新科101等。

5. 广温品种

广温品种出菇的温度范围较广，在8~28℃，可作为周年栽培使用。这类品种子实体韧性好，耐贮运性能好，子实体组织的紧密度随温度的变化而异，在20℃以下质地紧密，超过20℃菌盖变薄，常见品种有CCEF99、CCEF89等。

按照子实体生长发育所需温度的不同，可选择适宜不同栽培季节的品种，因此，生产中，也常将栽培品种按照栽培季节进行划分。例如，适宜北方秋冬季栽培的品种有：双抗黑平、CCEF99、大丰425、特抗650等；适宜北方早春、晚秋季节栽培的品种有：CCEF89、早秋615、黑平王、科佳1号、苏研7号等；适宜北方夏季栽培的品种有：海南2号、苏引6号、基因2005等。

二、按子实体色泽划分的品种

子实体色泽是平菇的重要商品性状，根据生产和市场的需要，长期的品种选育，形成了深灰色、棕褐色、灰褐色、浅灰色、灰白色、乳白色、纯白色等系列的不同色泽品种。除纯白色类型的品种外，其他色泽的形成都受温度和光照的影响。温度越低色泽越深，光照越强色泽越深。本节描述的是在适宜温度和光照条件下的色泽。

1）深色系：包括深灰色的CCEF99、CCEF89、双抗黑平，深灰褐色的ACCC50601、灰美2号等；但这些品种的子实体颜色可能会随着栽培温度的升高而变浅。

2）土灰色系：包括野丰118等，多为我国野生种质驯化而来。

3）棕褐色系：棕褐色系主要都是肺形侧耳，色泽深浅不完全相同，其灰色带有程度不同的红棕而呈现棕褐色，目前栽培的各秀珍菇品种，20世纪80年代栽培的凤尾菇，均为此类品种。

4）浅色系：主要是佛州侧耳的品种，如中蔬10号、侧5、新科101 、宁杂1号、1012、灰平260、庆丰1号等，这类品种在16℃以上条件下菌盖乳白色或苍白色，低温和强日光条件下菌盖色泽变深至棕褐色。

5）纯白色系：这类纯白色品种的色泽不受温度和光照的影响，如特白1号。

三、按照其他特性划分的品种

在实际生产中，市场需求对栽培者和育种者具有重要的导向作用。为了满足市场需求，生产者会通过栽培技术或者品种特性生产高商品性状的平菇品种。例如，根据栽培子实体大小，可生产大叶平菇CCEF99、中叶品种中蔬10号，以及可作为小平菇生产的2028（河北地区常用栽培品种），还有小叶品种中农秀珍等；此外，还可以根据子实体形状（菌柄长短、粗细）、耐贮运特性选择适宜的品种。

四、我国主要栽培的品种

2008年，张金霞收集了我国20世纪70年代到当前的平菇栽培种质，尽管品种名称有300余个，经遗传特异性鉴定和田间栽培性状的比较，具显著性差异的品种有72个。目前仍在广泛栽培使用的品种有十余个。截至2015年年底国家认定平菇品种14个，据不完全统计，省级认定品种达几十个。尚有诸多未经认定的品种，在不同区域使用，如99、亚光1号、特白1号。

1. 国家认定品种

（1）丰5（国品认菌 2008025）

选育单位：山东省农业科学院土壤肥料研究所。

品种来源：野生种质驯化，系统选育。

形态特征：子实体叠生，大型，菇形圆整；菌盖幼时灰黑色，渐变为浅灰色，且随温度的变化而变化（6~12℃灰黑色，12℃以上浅灰色），表面光滑，直径5~8cm，厚1~1.8cm；菌柄长2.5~3.5 ㎝（视通风情况不同而不同），直径1.4~1.8cm，一般为1.5cm（图8-4）。

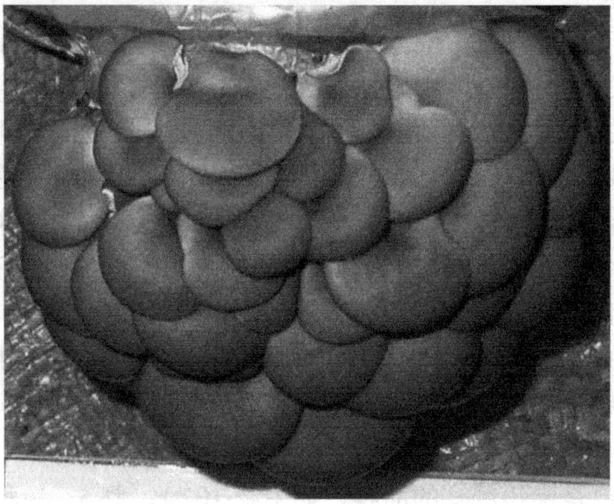

图8-4　丰5（张金霞等，2012）（另见彩图）

菌丝培养特征特性：生长适宜温度24~26℃，生长温度范围4~35℃，最高温度44℃可耐12h；在适宜培养条件下，7天长满90mm培养皿。菌落平整、浓密，正反面均为白色，气生菌丝较发达，无色素分泌。

栽培特性：广温性品种。原基形成需要 5~8℃温差刺激；子实体生长温度范围为8~28℃，适温范围为12~24℃。23~25℃下20天左右完成发菌，播种30天左右出菇。采菇3~5潮，菇潮间隔期5~7天。整个生产周期110天左右。棉籽壳为主料栽培生物学效率为150%~200%，第一潮菇占总产50%左右，第二潮约占30%，第三潮占10%~15%，以后占5%~10%。

栽培注意事项：①喜大水，基质含水量要达到65%以上，低于65%显著影响产量。②基质酸碱度要高于其他品种，播种适宜pH 8~10，酸碱度过低，霉菌污染概率增加。③发菌快，料温上升快，菌袋排放不可过密，以防烧菌。④出菇集中，要通风充分，预防长脚菇。⑤出菇期偏低温管理，可提高品质，延长出菇期和货架寿命。

适宜栽培地区和季节：山东、河北、河南、吉林、江苏、山西等地早秋、初春两季栽培。

商品特性：菌肉较厚，韧性好，耐贮运。贮存温度1~2℃，较耐贮藏。

（2）中农灰平（国品认菌2016010）

选育单位：中国农业科学院农业资源与农业区划研究所。

品种来源：国外引进品种。

特征特性：丛生，个数少、大小均匀；盖大，肉厚，扇形，韧性好，子实体青灰色；抗黄斑病能力强；广温型品种，菌丝体生长适宜温度23~25℃；出菇温度5~30℃，出菇适宜温度18~26℃。

产量表现：纯棉籽壳栽培生物学效率为120%~160%。

栽培技术要点：南方和长江中上游适宜秋栽，中原适宜秋栽和春栽，华北地区可周年栽培，东北、西北地区适宜春夏栽培。适宜春季和早秋季节栽培，以棉籽壳为主料，培养料含水量以65%左右为宜；23~25℃条件下，25~30天完成发菌，控制料温不超过32℃；菌丝长满后，移至出菇房；原基形成前，空气相对湿度控制在80%以内，并给予5~8℃温差刺激；原基形成后，空气相对湿度提高至90%，定期通风，控制菇房温度不超过32℃；八成熟采收，第一潮菇采收后，停止喷水2~3天，适时通风，养菌。一般能采收4~6潮菇。

适宜栽培地区和季节：华北地区和长江流域。华北地区周年栽培，长江流域春秋冬季栽培。

（3）中农P6（国品认菌2016009）

选育单位：中国农业科学院农业资源与农业区划研究所。

品种来源：平菇CCEF2004和丰收1号的单孢单核体通过单单杂交培育的品种。

特征特性：丛生，每丛子实体数量多，菌盖小，菌盖厚度中等，子实体色泽随温度变化而变化，低温下深灰棕色，高温下灰白色，适宜作为姬菇栽培；属于广温型品种，菌丝体生长最适温度20~25℃；出菇温度8~26℃，最适出菇温度12~18℃。

产量表现：纯棉籽壳熟料袋栽生物学效率达110%。

栽培技术要点：该品种适于作为姬菇品种秋季栽培，在华北地区，适宜接种期在8月中旬~9月中旬，南方适当后延。20~25℃环境条件发菌，控制料温不超过30℃，发菌完成后给予5~8℃温差刺激3天内出菇，子实体多发，在幼菇期采收作为姬菇销售。

适宜区域与季节：华北地区及长江流域，夏末至秋季接种，秋冬季和冬秋季出菇。

（4）秀珍菇5号（国品认菌2008026）

选育单位：上海市农业科学院食用菌研究所。

品种来源：国外引进，系统选育。

形态特征：子实体单生或丛生，多数单生。菌盖呈扇形、贝壳形或漏斗状等，开始分化时颜色为浅灰色，后逐渐变深，呈棕灰色或深灰色，成熟后又开始逐渐变浅最后呈灰白色；菌盖直径2~5cm。菌柄白色、偏生。

栽培特性：出菇温度范围10~32℃，适宜温度15~25℃，最适温度20~22℃。对光照敏感，偶尔光照即可刺激出菇，适宜弱光出菇，菇房明亮不易形成原基。

产量表现：生物学效率60%~70%。

（5）中农秀珍（国品认菌2008027）

选育单位：中国农业科学院农业资源与农业区划研究所。

品种来源：国外引进，系统选育。

形态特征：子实体单生或散生，中大型；菌盖浅棕褐色，直径3~12cm，成熟后边缘呈波状；菌肉和菌褶白色，菌褶延生，不等长；菌柄白色、侧生，长2~6cm，粗0.6~1.5cm，幼时肉质，基部稍细。搔菌处理后子实体发生较多，多至丛生，从生的子实体则个体较小，菌盖直径为1~3cm（图8-5）。

图8-5　中农秀珍（张金霞等，2012）（另见彩图）

菌丝培养特征特性：菌丝最适培养温度25℃。在适宜培养条件下，7天长满90mm培养皿。菌落浓密、舒展，正反面颜色均为白色；菌丝白色、纤细，有少量气生菌丝，无色素分泌。

栽培特性：发菌最适温度25℃，出菇温度10~20℃，最适出菇温度12~14℃。子实体形成对温差刺激敏感。栽培基质含水量62%~64%，低于60%时，转潮明显减缓，二潮菇及其以后菇体明显变小，口感下降，且菌盖边缘易开裂，商品价值降低；子实体生长适宜空气相对湿度85%~92%。发菌期20天左右，无后熟期，长满7~10天即可出菇，30~35天采收第一潮菇，一般可采收3~4潮，适宜七成熟或更早采收，栽培周期70~90天。

产量表现：纯棉籽壳栽培生物学效率70%~80%。

主要优点：子实体分化快而均匀，发育中不死菇。

商品特性：子实体大小较均匀，质地致密、柔软，菌柄纤维化程度低；适宜贮藏温度3~4℃，1℃时细胞失水，出现冷害；口感较同类品种清脆、清香、幼嫩。

2. 省级认定品种

我国对食用菌品种实施管理的省份对食用菌品种实行了认定或鉴定，但是除北京市要求有遗传特异性鉴定报告外，其他省（自治区、直辖市）完全以农艺性状为基础开展相关工作，缺乏标准菌株比对的遗传特异性检测报告。本节所列的都是经过与国家标准菌株库（CCMSSC）保藏的国家认定品种做过DNA图谱比对，证明具遗传特异性的省级认定品种。

（1）中农平菇1号（CCMSSC04003）

选育单位：中国农业科学院农业资源与农业区划研究所。

品种来源：野生种质驯化，系统选育。

形态特征：子实体丛生，中大型，灰色至浅灰色，扇形，较圆，菌盖长 6.3~9.9cm，宽 5.9~9.9cm，平均 8.0cm×6.8cm，厚 0.8~1.1cm，平均 0.99cm；菌柄偏细长，长 1.9~5.5cm，平均 3.5cm，粗 1.0~2.7cm，平均 1.7cm。菌褶无网纹（图 8-6）。

图 8-6　中农平菇 1 号（另见彩图）

栽培特性：适宜发菌温度 23~25℃，25~30 天完成发菌；5~8℃温差刺激易形成原基；中高温型，出菇温度 12~33℃，适宜温度 18~27℃；喜大水，培养料含水量以 65%~67% 为宜；采菇 4~6 潮；抗病性较强，整个生产周期 110 天左右。

商品性状：大小均匀，美观，质地紧密，柄硬；口感清脆；耐运输性稍差，耐贮藏性较好。

适宜区域和季节：华北、东北和山东、河南等地，根据当地季节气温特点，可周年栽培。

（2）中农平菇 2 号（CCMSSC 04153）

选育单位：中国农业科学院农业资源与农业区划研究所。

品种来源：野生种质驯化，系统选育。

形态特征：子实体丛生，中大型，深灰色，较圆，菌盖长 6.0~10.7cm，宽 5.0~8.9cm，平均 8.0m×6.8cm；菌盖厚度中等，平均 1.1cm；菌柄较细短，长 1.5~5.5cm，平均 2.8cm，菌柄粗 1.0~2.4cm，平均 1.7cm，外被一层白色绒毛。菌褶有网纹（图 8-7）。

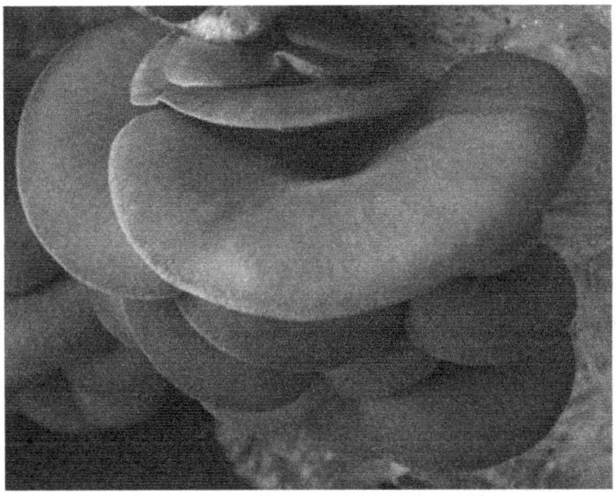

图 8-7　中农平菇 2 号（另见彩图）

栽培特性：适宜发菌温度 23~27℃，发菌快，发菌后期遇高温形成厚菌皮；5~8℃温差刺激易形成原基；广温型品种，出菇温度 7~30℃，适宜温度 15~26℃；喜大水，适宜培养料含水量以 65%左右；采菇 4~6 潮，生物学效率 130%~160%；抗病性强，整个生产周期 110 天左右。

品质与贮运性状：大小均匀，质地紧实，柄硬，口感清脆；耐运输性和耐贮藏性均佳。

适宜区域和季节：华北、东北和山东、河南等地，根据当地季节气温特点，可周年栽培。

（3）中农平菇 3 号（CCMSSC04155）

选育单位：中国农业科学院农业资源与农业区划研究所。

品种来源：野生种质驯化，系统选育。

形态特征：子实体深灰色，丛生，中型，扇形，圆整。菌盖长 5.6~9.1cm，宽 4.6~8.0cm，平均 7.4cm×6.3cm；菌盖厚 0.8~1.0cm，平均 0.89cm；菌柄短粗，长 1.6~6.4cm，平均 2.8cm，粗 1.3~3.5cm，平均 2.3cm，外被一层白色绒毛。菌褶无网纹（图 8-8）。

图 8-8　中农平菇 3 号（另见彩图）

栽培特性：出菇温度 10~30℃，适宜温度 15~25℃，广温耐低温品种；发菌快，出菇快，子实体生长快，后期菌体易变黄，较其他品种发菌期短 5 天左右，早出菇 3~4 天，转潮快。温差刺激敏感，大于 5℃即可大量形成原基。出菇期需要通风量大于其他品种。第一潮菇产量达到总产量的 55%以上。抗病性一般。采菇 4~6 潮，生物学效率 160%。

商品和贮藏性状：菇丛较大，菇形优美，个体均匀，质地中等，柄软；韧性好，耐运输；采后代谢旺盛，耐贮藏性稍差。

（4）中农平菇 4 号（CCMSSC04195）

选育单位：中国农业科学院农业资源与农业区划研究所。

品种来源：野生种质驯化，系统选育。

形态特征：子实体丛生，紧凑，丛生，大小均匀，幼时深灰褐色，长大逐渐变灰褐色或灰色，中型，扇形。菌盖长 5.5~12.6cm，宽 4.7~10.5cm，平均 7.9cm×6.5cm；菌盖厚 0.8~1.0cm，平均 0.95cm；菌柄细长形，长 1.8~5.5cm，平均 3.5cm，粗 1.3~2.9cm，平均 1.9cm。菌褶无网纹（图 8-9）。

图 8-9　中农平菇 4 号（另见彩图）

栽培特性：发菌最适温度 25~28℃，出菇温度 8~30℃，适温 16~26℃，广温型品种。原料适应性广，棉柴栽培与棉籽皮栽培产量相当，菇形好，颜色深。抗病性强。

商品与贮运性状：质地紧实，硬柄；口感清脆，味道甘甜；耐运输性稍差，耐贮藏性较好。

适宜地区与接种季节：适宜长江以北各地春秋两季栽培。

（5）中农平菇 5 号（CCMSSC04142）

形态特征：子实体丛生，幼时灰色，长大逐渐变浅灰色，中型大小，扇形，菇形圆整。菌盖长 7.0~11.8cm，宽 5.2~9.5cm，平均 8.8cm×7.1cm；菌盖厚平均 1.2cm；菌柄细短形，长平均 2~3cm，粗平均 1.2cm。菌褶无网纹。

栽培特性：出菇温度 8~30℃，最适温度 16~26℃，广温耐高温品种。出菇期需要通风量大于其他品种。抗病性强。

商品与贮运性状： 质地紧实，味道甘甜，口感筋道，韧性好。货架寿命长于其他品种。

适宜栽培地区和接种季节：适宜在长江以北地区春、秋两季栽培。

（6）SD-1（鲁农审 2009082 号）

选育单位：山东省农业科学院。

品种来源：单孢杂交选育，亲本为 SA10027、SA10008。

形态特征：子实体叠生覆瓦状；菌盖大而平展，幼期黑褐色，随温度升高颜色变浅（6~12℃黑褐色，12℃以上灰褐色），成熟时深灰色，直径 10~15cm，厚 1~1.4cm，表面光滑、无绒毛；菌褶白色、较密；菌柄白色、侧生，直径 1.1~1.8cm，质地紧密，无绒毛、无鳞片。

菌丝培养特征特性：生长适宜温度 20~25℃，生长温度范围 3~35℃，耐最高温度 48℃ 12h。在适宜培养条件下，7 天长满直径 90mm 培养皿。菌落正反面均为白色，菌丝体白色绒毛状、平整、致密，气生菌丝较发达，无色素分泌。

栽培特性：适宜基质初始酸碱度 pH 9，发菌适宜温度 24~26℃，不可超过 30℃；子实体生长温度范围 8~24℃，适宜温度 12~20℃；菇潮间隔期 5~10 天。前三潮菇潮明显，以后则多为单生、散生，断续出菇。

商品特性：菇形美观，菇体紧实，菌肉厚，韧性好，耐贮运，不易破碎；0℃条件下贮藏期 7 天，常温条件下 3 天。

主要优缺点：主要优点是出菇快，产量高；主要缺点是高温高湿条件下菌盖易发黄。

适宜栽培地区和接种季节：适宜山东、河北、河南、吉林、江苏、山西等省栽培，接种季节为早秋至冬末。

（7）SD-2（鲁农审 2009082 号）

选育单位：山东省农业科学院。

品种来源：单孢杂交选育，亲本为 SA10002、SA10083。

形态特性：子实体叠生，覆瓦状，灰色至深灰色，扇形，表面光滑有细条纹，中部略凹，菌肉厚度中等；菌盖直径 6~14cm，厚 0.6~1.1cm；菌柄短粗，长 1~3cm，直径 1.1~1.8cm，实心、柔软，基部有少量绒毛；菌褶白色、较密。

菌丝培养特征特性：生长适宜温度 20~25℃，生长温度范围 3~35℃，耐最高温度 48℃ 12h；适宜培养条件下，7 天长满直径 90mm 培养皿。菌落平整、致密，正反面颜色均为白色；菌丝绒毛状，气生菌丝多，气生菌丝老化后分泌橘黄色色素。

栽培特性：发菌温度范围 5~35℃，适宜温度 20~24℃，不可超过 30℃；子实体生长温度范围 10~29℃，适宜温度 16~24℃，为中高温品种；菇潮间隔期 7~14 天；三潮菇后多为单生或散生，断续出菇。

产量表现及其分布：发酵料袋栽，两头出菇，头潮菇产量 0.8~1.9kg/袋，单丛重 1kg 以上，单菇重 30~50g；秋冬季栽培，生物学效率 120%~150%。

适宜栽培地区和接种季节：适宜华北、华东地区夏末、早秋接种栽培。

商品和贮运特性：菌柄短粗，菌盖中型，外观美观，质地中等，韧性好，耐贮运；0℃可贮存 7 天，常温条件货架寿命 3 天。

3. 未经认定或登记的主要栽培品种

（1）亚光 1 号

选育单位：中国农业科学院农业资源与农业区划研究所。

品种来源：1983年从德国引进，系统选育。

形态特征：子实体大型，近喇叭状至扇形（出菇部位不同形态不同）；菌盖幼时灰色，渐变为浅灰色或灰白色，且随温度的变化而变化，温度低时色深，温度高时色浅，直径7~25cm，一般10~15cm，菌盖厚1.5~1.8cm，一般1.5cm；菌柄长2~10cm（视通风情况不同而不同），一般6cm，粗1.4~1.8cm，一般1.5cm，菌柄侧生偏中；生长发育过程中产孢量很少，孢子释放晚，只有当子实体完全成熟、菌盖边缘出现波状卷曲才开始较大量地弹射孢子。

菌丝培养特征特性：在适宜培养条件下，在PDA培养基上6天长满90mm培养皿。菌落浓密、绒毛状，正反面颜色均为白色；菌丝洁白，气生菌丝较发达，无色素分泌。

栽培特性：对原料营养要求不严，可利用棉籽壳、玉米芯、玉米秆、木屑、稻草、麦秸、豆秸及工农业废料等材料栽培生产。菌丝生长温度范围5~35℃，适宜温度15~30℃，最适温度30℃，菌丝体耐受最高温度48℃6h。子实体形成温度范围6~31℃，适宜温度10~25℃，为广温性品种。在30℃高温下仍能正常出菇，一年四季可以栽培。喜大水，栽培适宜基质含水量65%~68%，子实体形成适宜基质含水量70%~75%。出菇期要求通风量高于其他品种。抗霉性极强，平板体可将青霉、根霉、曲霉的菌落完全覆盖，可抑制木霉菌落的扩散，而不受侵染。

生产周期：14~20℃气温下自然季节发菌，棉籽壳栽培15天左右完成发菌，20天左右出菇，播种一个月内采收第一潮菇。可采收4~5潮，菇潮间隔期4~5天，生产周期110天左右。

产量及分布：棉籽壳栽培生物学效率180%~250%，第一潮菇占总产的50%~60%，第二潮占30%左右，第三潮占10%~15%，以后占5%~10%。

栽培注意事项：一是培养料含水量要充足，达到65%以上，低于65%不能获得高产。二是发菌和出菇期都要有足够的通风，由于发菌快，出菇多，需氧量较其他品种多。由于菇潮集中，出菇期菌袋密度要适中，不可过紧过密，以防氧气不足。三是出菇期补水，由于菇潮集中，且第一至第二潮菇所占比例高，故前2潮菇每潮采后都要及时补水，否则，影响下潮菇的形成，补水量以原重90%左右为准。四是以平菇为商品的栽培，要适时早采收，以确保口感清脆。该品种子实体孢子释放较晚，适时采收可以有效避免生产者的孢子过敏反应，同时产品的口感口味也保持最佳；更适合早采收的姬菇栽培。

主要优缺点：主要优点是耐高温性能好，可四季栽培，30℃下3h子实体仍能正常生长，低温8℃也可缓慢生长，特别适合高温的夏季栽培。主要缺点是采收稍晚商品性显著下降，要特别注意及早采收。

使用情况：1987年开始在北京、河北等地推广应用，以后四川、河北、湖北、河南等地大规模栽培，四川和河北的姬菇产地常作为姬菇品种使用。

（2）特白1号

选育单位：中国农业科学院农业资源与农业区划研究所。

品种来源：深灰色品种的自然突变，系统选育。

形态特征：子实体纯白色，丛生，整丛呈牡丹花形，菌盖中大型，直径6~16cm，平均

9cm 左右；菌盖厚度中等，1~1.3cm，平均 1.1cm；菌柄短而细，仅（1~3）cm×（0.8~1.2）cm（图 8-10）。

图 8-10　特白 1 号（张金霞，2012）（另见彩图）

菌丝培养特征特性：在适宜培养条件下，在 PDA 培养基上，7 天长满 90mm 培养皿。菌落絮状，边缘不甚整齐，菌丝生长后期易出现“黄梢”，分泌浅黄色色素。培养温度偏高条件下，菌落雪花状，“黄梢”色深，分泌物增多。

栽培特性：菌丝生长适温 24℃；出菇温度范围 5~17℃，最适温度 12~14℃。为中低温、耐低温型品种。生料栽培较有色品种抗杂性稍差，出菇期抗细菌性黄斑病较强。常规栽培 25~30 天完成发菌，需要 10~14 天的后熟期，在适宜条件下才可出菇。接种到出菇 40 天左右。整个栽培周期 90~100 天。纯棉籽壳栽培生物学效率一般在 110%以上，中等管理水平在 130%~140%，最高生物学效率 163%。头潮菇占总产量的 60%左右，且个体大、均匀；第二潮以后菇体明显变小。出菇 3 潮，菇潮间隔期 10~15 天。

主要优缺点：主要优点一是颜色洁白，且不受光照强度影响。二是柄短，盖大，商品率高。三是头潮菇产量高，适宜工厂化栽培。四是口感较温和，货架寿命较灰色品种长。主要缺点是菌丝生长较有色品种慢；栽培中的菌体几乎没有菌皮，管理需要格外小心，补水要缓，采菇要轻，否则菌体易散，并引发霉菌污染。出菇较有色品种晚 7 天左右，转潮较慢。

栽培技术要点：一是菌丝体生长需氧量高于有色品种，因此基质含水量要较有色品种稍低、以 58%~60%为宜，装料也应相对疏松。二是发菌期对高温敏感，高温高湿条件下易发生霉菌；室温应控制在 25℃以下，料温控制在 30℃以下。三是补水不可一次补足，以防散棒。四是发菌完成后要在 22℃以下养菌，充分后熟。否则出菇个体小、产量低，第二潮菇难以形成。

适宜推广区域和季节：适宜在福建、浙江之外南方菇区冬季栽培，北方菇区秋、冬和早春栽培。

使用情况：1987 年开始在北京、天津、河北廊坊等地推广。以后在四川、湖北、湖南、江苏、山东等地推广使用，一些产地将其播菌栽培，作为“小白平菇”商品栽培。

（3）CCEF89

品种来源：国外引进，系统选育。

形态特征：子实体深灰褐色，丛生，大型；菌盖断面漏斗形，平均长径 10.2cm，平均短径 7.8cm，长径与短径比 1.30，厚 1.2cm，表面光滑，致密度中等偏上。幼时和低温下菌盖深褐色带微黄，随生长发育颜色渐变浅；高温条件下菌盖浅灰色至灰白色。菌褶低温下暗灰色，高温下颜色变浅，底端呈网纹。菌柄白色、无纤毛、表面平滑细腻，短粗型，平均长 2.2cm，粗 1.9cm。

菌丝培养特征特性：菌丝生长温度范围 5~35℃，适温 24~30℃，最适温度 28℃，耐最高温度 45℃ 4h。在适宜培养条件下，6~7 天长满 90mm 培养皿，过度培养一周内无菌皮形成。菌落均匀、平展，边缘整齐；菌丝粗壮、致密、均匀、洁白，无色素、无黄梢、无分泌物。

栽培特性：发菌温度范围 5~28℃，适宜温度 15~20℃；子实体形成温度范围 6~27℃，适宜温度 12~20℃，属广温丰产品种。低温条件下菌盖颜色深，质地紧密，菌肉厚；温度偏高时菌盖颜色变浅，质地较疏松，菌肉变薄。栽培适宜基质初始适宜 pH 9~9.5。适宜条件发菌期 22 天左右，无后熟期。发菌完成后给予散射光 3~5 天即可形成原基。夏末播种秋栽，在适宜条件下，接种 32 天左右采收第一潮菇，可出菇 4 潮，菇潮间隔期 7 天左右，整个生产周期 100~110 天。夏季细袋栽培，高温季节出菇，整个生产周期 90 天左右；秋季大袋（干料 1.5~2kg/袋）栽培出菇期延长，整个栽培周期长至 180 天左右。

产量及分布：头潮菇产量占总产的 50%左右，高水肥管理条件下甚至更高。第二潮占总产的 25%左右，第三潮占 15%左右，以后出菇较零散，占总产的 10%。生物学效率 130%左右，较高管理水平生物学效率 150%以上。

栽培注意事项：基质水分充足才能减少幼菇萎缩，提高成菇率，促使菇体大小均匀。遇连阴天或低气压天气，要注意多通风，少喷水，切忌大水。可作为姬菇栽培品种使用。

主要优缺点：主要优点是商品外观好、色泽深、耐贮运；出菇温度广，可四季栽培，丰产性好，抗黄斑性强。出菇的耐低温性较平菇 99 稍差。

商品特性：适宜贮藏温度 0~1℃，贮藏期 3~4 天；耐贮运，不易碎。常温下销售适量喷水可有效延长货架寿命。

使用情况：1990 年前后开始在河北、山东等地推广应用，以后全国各地广为栽培，成为全国各地的平菇主栽品种。湖北、四川、河北、云南的姬菇产地作为姬菇栽培。

（4）平菇 99

选育单位：沈阳市农科所（现沈阳市农业科学院）。

品种来源：沔良 3 号与少孢菌株 6 的单孢杂交选育。

形态特征：子实体深灰褐色，丛生，大型；菌盖断面凹形，平均长径 9.9cm，平均短径 8.3cm，长径与短径比为 1.20，厚 1.2cm，表面光滑，质地极其紧密。幼时和低温下菌盖深青褐色，菌盖随生长发育颜色渐变浅；高温条件下菌盖浅灰色。菌褶低温下暗灰色，高温下颜色变浅，无网纹。菌柄白色、无纤毛、表面平滑细腻，短粗型，平均长 2.8cm，粗 2.3cm，下细上渐粗（图 8-11）。

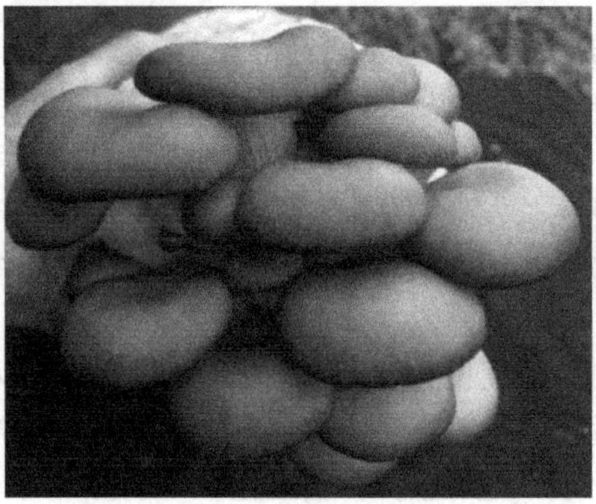

图 8-11　平菇 99（另见彩图）

菌丝培养特征特性：菌丝生长温度范围 5~35℃，适温 24~30℃，最适温度 28℃，耐最高温度 48℃ 2h。在适宜培养条件下，6~7 天长满 90mm 培养皿，过度培养一周内无菌皮形成。菌落均匀、平整，边缘整齐；菌丝粗壮、致密、均匀、洁白，无色素、无黄梢、无分泌物。

栽培特性：发菌温度范围 5~28℃，适宜温度 15~20℃；子实体形成温度范围 5~28℃，适宜温度 11~21℃，属广温丰产品种。低温条件下菌盖颜色深，质地紧密，菌肉厚；温度偏高时菌盖颜色变浅，质地较疏松，菌肉变薄。栽培适宜基质初始 pH 为 9~9.5。适宜条件发菌期 20 天左右，无后熟期。发菌完成后给予散射光，3~5 天即可形成原基，子实体发育期 6~7 天，低温条件下 7~12 天。在适宜条件下，接种 30 天左右采收第一潮菇，出菇 4~5 潮，菇潮间隔期 7 天左右，整个生产周期 100~110 天。夏季细袋栽培出菇，整个生产周期 90 天左右；秋季大袋（干料 1.5~2kg/袋）栽培出菇期延长至 180 天左右。

产量及分布：头潮菇产量占总产量的 50%左右，高水肥管理条件下甚至更高。第二潮占总产的 20%~25%，第三潮占 15%左右，以后出菇较零散，占总产的 10%~15%。生物学效率 130%，较高管理水平达到生物学效率 160%~200%。

栽培注意事项：一是注意预防细菌性褐斑病，要多通风，少喷水，切忌大水；喷大水后要一次大通风，尽快吹干菌盖表面的水，切忌形成水膜。二是熟料栽培，可有效预防细菌性褐斑病的发生。

主要优缺点：主要优点是商品外观好、色泽深、耐贮运；出菇温度广，可四季栽培，丰产性好。主要缺点是高湿条件下抗病性较差，菌柄较松软。

贮藏特性：适宜贮藏温度 0~1℃，贮藏期 3~4 天；耐贮运，不易碎。常温下销售适量喷水可有效延长货架寿命。

使用情况：1992 年前后在辽宁、河北、山东等地推广应用，以后全国各地广为栽培，成为全国应用最为广泛、栽培量最大的品种。目前仍在广为栽培。

（5）P234

选育单位：四川省农业科学院土壤肥料研究所。

品种来源：单孢杂交选育，亲本为西德 33、杂优 1 号。

形态特征：子实体深灰褐色，丛生，菌盖直径 1.8~3.4cm；菌柄长 4.0~5.2cm，直径 0.7~1.4cm。

菌丝培养特征特性：最适温度 30℃，生长温度范围 10~40℃，耐受最高温度 45℃、最低温度 1℃；保藏温度 4~6℃。在适宜培养条件下，7 天长满直径 90mm 培养皿。菌落雪花状，正反面均为白色；菌丝致密，气生菌丝发达，无色素分泌。

栽培特性：发菌期 25~30 天，无后熟期，菌丝长满即可出菇，栽培周期 120~150 天。5~10℃的温差刺激出菇整齐。子实体生长温度范围 5~25℃，适宜温度 10~18℃，最适 10~15℃。对二氧化碳和光照均较敏感。菇潮明显，间隔期为 20~25 天。出菇整齐，耐低温。

适宜的栽培地区和接种季节：适宜在四川平原及其相似气候条件地域栽培，9~11 月接种。

商品特性：贮存温度 1~4℃，耐贮藏；口感脆、嫩、柔、清香；适宜制罐加工。

（6）平杂 19 号

选育单位：华中农业大学。

品种来源：体细胞单核杂交选育，亲本为平高 30、姬菇 3 号。

形态特征：子实体深灰黑色，丛生，出菇较整齐；菌盖平均直径 6.37cm，平均厚度 0.94cm，表面光滑，边缘内卷，菌盖较薄，中部靠菌柄处下凹并有少量白色绒毛；菌褶平均宽度 5.79mm；菌柄乳白色、圆柱状，侧生，平均长 5.1cm，平均直径 1.1cm，质地均匀，基部有少量绒毛。平均单菇重量 13.23g。

菌丝培养特征特性：菌丝生长温度范围 5~32℃，生长适宜温度 24~26℃；在适宜培养条件下，6~7 天长满直径 90mm 培养皿。菌落洁白、平展、棉毛状，边缘整齐，培养后期菌落背面分泌少量黄色色素，气生菌丝较发达。

栽培特性：发菌温度范围 5~28℃，适宜温度 20~25℃，基质含水量 62%左右，pH 6~7。栽培中菌丝体可耐受的最高温度为 34℃，最低温度 0℃；子实体可耐受最高温度约 35℃，最低温度 0℃。出菇温度范围 5~26℃，适宜温度 15~19℃。子实体对二氧化碳耐受性较强。发菌期 25 天左右，后熟期 6~8 天；菇潮明显，间隔 22 天左右；可采收 5 潮；从接种到出菇 32~35 天，出菇到采收结束 85~90 天，整个栽培周期 120 天左右。生物学效率 150%以上。

栽培技术要点：发菌袋内温度要控制在 28℃以下，严防菌袋料温超过 30℃。在采收第一、第二潮菇后采用注射法补水。

商品特性：子实体致密度中等偏低；适宜贮藏温度 4~10℃，4℃货架期 5 天。

（7）平杂 27 号

选育单位：华中农业大学。

菌种来源：双单杂交选育，亲本为平高 30、平菇 981。

形态特征：子实体丛生；菌盖灰黑色，平均直径 7.38cm，平均厚度 1.2cm，表面光滑、平展，边缘内卷；菌褶平均宽度 7.4mm；菌柄侧生、洁白、圆柱状，平均长 3.11cm、平均直径 1.57cm、质地均匀。平均单朵菇重 20.34g。

菌丝培养特征特性：菌丝生长温度范围 5~31℃，适温 24~26℃；在适宜培养条件下，8 天长满直径 90mm 培养皿。菌落洁白、平展、棉毛状，边缘整齐，培养后期菌落背面分泌黄色色素，气生菌丝发达。

栽培特性：发菌生长温度范围 5~28℃，适温 20~25℃，基质含水量 62%左右，pH 6~7，菌丝体可耐受最高温度 34℃，最低温度 0℃；子实体可耐受最高温度 35℃，最低温度 0℃。昼夜温差 8~10℃刺激子实体形成。出菇温度范围 5~28℃，适宜温度 15~18.5℃。发菌期 25 天左右，后熟期 5~8 天；菇潮明显，间隔期 20 天左右，可采收 5~6 潮菇；从接种到出菇 30~34 天，出菇到采收结束 95~100 天，栽培周期 130 天左右。在适宜栽培条件下，生物学效率 170%以上。

商品特性：子实体致密，菌肉厚实；4℃存贮货架期可达 7 天；口感脆嫩。

（8）平杂 28 号

选育单位：华中农业大学。

品种来源：双单杂交选育，亲本为姬菇 3 号、平菇 981。

形态特征：子实体灰白色、小型、扇贝状、丛生，菌盖平均直径 6.96cm，平均厚度 1.0cm，表面光滑，边缘内卷；菌褶平均宽度 5.8mm；菌柄乳白色，平均长 3.09cm，平均直径 1.57cm，质地均匀，表面有少量微绒毛。平均单朵菇重 18.77g。

菌丝培养特征特性：菌丝生长温度范围 4~30℃，适温 24~26℃；在适宜培养条件下，7 天长满直径 90mm 培养皿。菌落洁白、平展、棉毛状，边缘整齐，培养后期菌落背面分泌少量黄色色素，气生菌丝发达。

栽培特性：发菌适宜温度 20~25℃，基质含水量 62%左右，pH 6~7，菌丝体耐受最高温度为 34℃，最低温度在 0℃以下；子实体可耐受最高温度约为 35℃，最低温度为 0℃；出菇温度范围 4~25℃，适宜温度 15~20℃；发菌期 25 天左右，后熟期 5~8 天；菇潮明显，间隔期 18 天左右，可采收 6 潮；从接种到出菇 30~34 天，出菇到采收结束 95~100 天，栽培周期 130 天左右。在适宜栽培条件下，生物学效率 140% 。

商品特性：子实体致密，菌肉厚实；4℃存贮货架期 7 天；口感脆嫩。

（9）HZ24

选育单位：华中农业大学。

菌种来源：单孢杂交选育，亲本为华平特白、采于张家界野生菌株（ZJJ）。

形态特征：子实体丛生或单生，出菇较整齐；菌盖洁白、扇形，平均大小 3.5cm×3cm，平均厚度1cm，表面光滑，边缘反卷，菌肉白色；菌褶较短且稀疏，平均宽度2.5mm；菌柄乳白色、圆柱状，侧生，平均长度2.4cm，平均直径1.4cm，质地均匀，致密度中等，无绒毛和鳞片。平均单菇重量6.1g。

菌丝培养特征特性：菌丝生长温度范围5~33℃，生长适宜温度25~28℃；在适宜培养条件下，10天长满直径90mm培养皿。菌落均匀、平展、绒毛状，边缘不甚整齐，培养后期菌落背面分泌少量黄色色素；菌丝洁白、致密，气生菌丝较少。

栽培特性：发菌适温20~25℃，子实体生长适温22~28℃。发菌期18天左右，后熟期3~5天。菇蕾形成后6天左右达商品菇采收标准。菇潮明显，间隔12~15天，可出菇7~8潮菇，栽培周期120天左右。栽培中菌丝体可耐受最高温度38℃，最低温度0℃以下；子实体可耐受最高温度36℃，最低温度0℃。为高温型品种，适合湖北地区栽培，3月上旬接种，3月下旬开始出菇；或者10月初接种，但秋、冬季栽培时要采取升温措施。以棉籽壳为主要原料，春季栽培条件适宜的情况下，生物学效率100%~120%。

商品特性：子实体致密度中等；4℃存贮货架期6天；子实体韧性较好，不易破损；口感脆嫩。

4. 曾大规模栽培使用的品种

我国的平菇品种经历了几次的更新换代。20世纪70~80年代的美味侧耳AS5.39、佛州侧耳AS 5.184、肺形侧耳AS5.185、杂交品种宁杂一号；80~90年代的佛州侧耳中蔬10号（国品认菌2008024）、PD1012、侧5、沔良3号；后来的831、野丰118、少孢06、CCEF2004和丰收1号等，都在我国的平菇产业发展中发挥了巨大作用。

第七节　种质资源创新与利用

以自然界已经存在的种质为材料，通过杂交重组、诱变和自然突变，选择具有丰富的遗传多样性，我们可以根据具体生产需求直接利用，如通过栽培试验筛选适宜夏季栽培的高温品种、高抗品种、基质适应性品种等，当现有种质无法满足生产需求时，就需要利用现有的种质资源，通过一定的方法手段进行种质资源的遗传与变异，进而得到具备优良性状的新种质。种质资源的创新和利用，对于选育高产、优质、抗逆、抗病新品种具有重要意义。

一、通过基因重组获得优良新种质

种质资源的创新可以通过基因重组将双亲控制不同性状的优良基因结合于一体来实现，发生基因重组的双亲可以是种内（杂交育种）也可以是种间（原生质体融合）。现在生产用的许多优良品种都是通过基因重组的方式获得的。例如，早在20世纪八九十年代，何强泰（1987）取佛州侧耳与美味侧耳进行单孢杂交，选育出产量和质量均高于亲本的宁杂一号，该菌株集合了亲本佛州侧耳丰产和美味侧耳商品外观性的优点。沈阳市农业科学研究院于1991年将沔良3号和少孢06进行单孢杂交选育出的平菇99不仅具有少孢06的少孢特性，避免了生产者的孢子过敏反应，而且具有高产、优质、孢少、商品性好等特点（王若然和王桂华，1997）。除了单单杂交外，双单杂交也常用于平菇育种。马晓龙（2009）以糙皮侧耳 4 个栽培菌株华平特白、平高 30、姬菇 3 号、平菇 981 为试验材料，采用正反双单杂交，得到了 13 个杂交子，结合拮抗试验和 ISSR 分子标记鉴定杂交子，通过两季栽培试验筛选获得 6 个优于亲本性状的杂交子。

原生质体融合能有效克服生物间性因子的障碍，实现远缘杂交，可以有目的地选择亲株以选育有突出优良性状的新类型。近年来，人们运用这项技术获得了食用菌种内、种间、属间甚至是科间的原生质体融合子，并从中选育出优良的新菌株。李省印等（2004）采用原生质体融合技术，将 16 个平菇品种的原生质体两两配对融合，得到了种内杂交融合子 5 株。其中 4 株融合子再生出菌丝体和子实体，并进一步经栽培试验选育出优生一号品系，表现为适应性强、优质、丰产、抗杂、耐热等优良特性。

二、深褐色平菇纯合体的创制

常用的杂交育种基本都是来自两个不同的亲本，通过不同菌株的单孢配对获得具有杂种优势的杂交子。在真菌遗传研究与育种中，单孢自交和多孢随机自交构建双核群体的方法也有应用。自交是一种极端的近亲交配方式，它可以使杂合基因分离、纯合，从而淘汰有害隐形基因，改良群体遗传组成。自交也可以稳定遗传性状，得到基因纯合体。徐荣荣（2014）以国家食用菌标准菌株库的白黄侧耳菌株 CCMSSC00406 为亲本，通过单孢分离，单核体配对杂交，出菇后选择色泽最深的个体再行单孢分离、自交 2 代，获得颜色性状不再分离的深褐色纯合体材料（图 8-12）。采用拮抗试验和 SSR 分析对 28 株纯合体进行鉴定区分，发现这些菌株存在相似性很高的菌株，但 F_2 代与 F_1 代及亲本菌株均存在遗传差异，这也说明在传代过程中，某些基因如控制色泽基因发生了纯合。

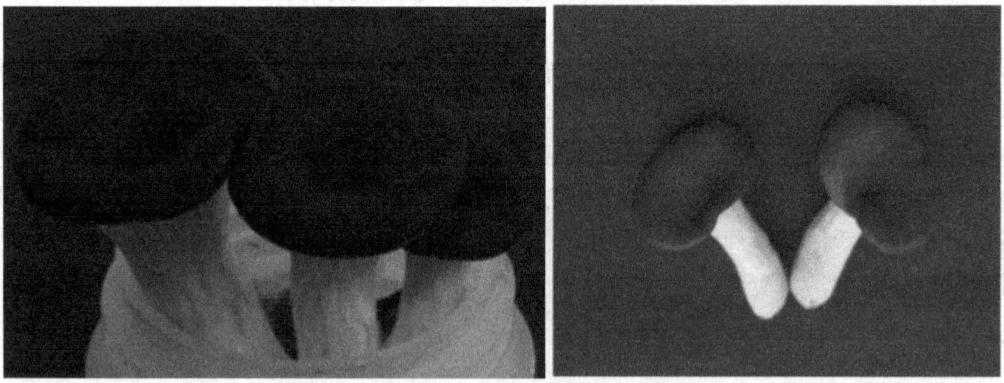

图 8-12　白黄侧耳子实体色泽（另见彩图）

左. 自交 2 代获得的褐色纯合型材料；右. 灰褐色亲本

三、平菇子实体颜色遗传规律的研究

平菇子实体颜色是一个表现型多样的性状也是重要的商品性状，一直是育种者关注的目标性状，但对平菇子实体颜色遗传规律及基因方面的研究一直不够深入。盛春鸽等

（2012）以白黄侧耳白色菌株 CCMSSC00358（P-w）和深灰色菌株 CCMSSC00406（P-d）为研究材料，开展了白黄侧耳子实体色泽遗传规律的研究。该研究通过单孢稀释的方法获得各亲本 4 个不同核型的单核菌株，并构建两个亲本自交系 P-w×P-w、P-d×P-d，两亲本杂交一代 F_1（P-w×P-d），杂交一代中浅灰色和深灰色子实体分别与 2 亲本的回交系 $F_{1浅}$×P-w、$F_{1浅}$×P-d，$F_{1深}$×P-w、$F_{1深}$×P-d，共 7 个家系群体。出菇观察统计这 7 个家系群体的子实体颜色。结果显示，白色亲本 P-w 自交后代未出现性状的分离，子实体全部白色；深灰色菌株 P-d 自交出现了性状的分离，除深灰色外，还出现浅灰色。由此证明白色菌株 P-w 为纯合体，深灰色菌株 P-d 为杂合体。菌株 P-d 的自交后代浅灰色∶深灰色＝1∶3。杂交一代（F_1，P-w×P-d）子实体颜色呈现由浅向深的连续分布，无白色子实体出现。按照深浅分为浅灰色和深灰色两大类，比例为 1∶1。在回交系中，F_1代与白色亲本杂交，经卡方检验，出现深灰色∶浅灰色∶白色=1∶4∶3 的分离；与深灰色亲本杂交，无白色子实体出现，经卡方检验深灰色∶浅灰色=5∶3。因此，该研究认为白黄侧耳子实体的颜色性状为数量性状，深灰色对白色呈不完全显性，由不同位点上的两对主基因控制。对颜色性状相关分子标记的初步研究获得与暗灰褐色相关的 RAPD 标记，记为片段 S2371200bp，并成功地转化成 SCAR 标记。检出的正确率为 67%。

四、平菇菌丝耐高温特性的研究

温度是食用菌生长的重要环境因子，尤其对于平菇现有生产方式仍以传统菇棚为主，常受到每日和季节变换带来的温度波动影响。其中高温是影响平菇产量和品质的重要因素。刘秀明（2013）选取糙皮侧耳低温型菌株 CCMSSC00329 和高温型菌株 CCMSSC 00406，肺形侧耳热敏感型菌株 CCMSSC00494 和耐热型菌株 CCMSSC00499 为研究材料，进行了菌丝高温胁迫响应机制的研究。结果表明，外源海藻糖通过保护抗氧化酶 SOD 活性和直接清除 O_2^- 和 H_2O_2 提高耐热性。海藻糖提高生物的耐热性与浓度有关，对热敏感型菌株的保护效应高于耐热型强菌株。

研究表明，肺形侧耳热敏感不同的菌株胞内海藻糖本底值无显著差异。但是，在高温胁迫条件下其代谢差异显著。热胁迫早期热敏感型菌株海藻糖积累显著高于耐热型菌株，海藻糖-6-磷酸合成酶（TPS）和合成海藻糖反应方向海藻糖磷酸化酶（TP）活性较耐热型菌株的增幅更显著。胁迫中后期，热敏感型菌株 TPS 活性保持持续升高，而耐热型菌株 TPS 活性呈下降趋势。高温胁迫后恢复培养中，热敏感型菌株的海藻糖下降速率高于耐热型菌株。恢复期中性海藻糖酶（NTH）和降解海藻糖反应方向 TP 活性增加。这种热敏感的不同表现出的海藻糖应激响应的差异主要来自 *tps* 基因表达的差异。

第八节 基因组学在糙皮侧耳种质资源利用中的应用

种质资源是基因的载体，种质资源的利用说到底就是基因的利用。如何从种质资源中发掘出新的目标基因是种质资源用于育种所面临的最大挑战。近年来，随着基因组学的迅猛发展，新的基因发掘方法和技术不断涌现。基因组学用于平菇种质资源的研究主要包括遗传图谱构建及基因功能分析。第一个完成测序的平菇基因组是北美商业菌株

N001 的两个单核：PC9 和 PC15。该基因组测序项目由西班牙 Navarra 公立大学的科学家牵头，于 2012 年完成。我国第一个完成测序的平菇基因组是广泛用于农业栽培的品种 CCEF89（CCMSSC00389），由中国农业科学院农业资源与农业区划研究所完成（Qu *et al.*，2016）。该品种基因组约为 35Mb，包含大约 13 000 个编码基因。基于该基因组数据的相关研究已经开始。

一、遗传连锁图谱的构建及 QTL 定位

遗传连锁图谱的构建是基因组研究中的重要环节，是基因定位与克隆乃至基因组结构与功能研究的基础（向道权等，2001）。随着基因组测序和分子标记技术的发展，构建分子遗传连锁图谱，寻找与数量性状位点紧密连锁的分子标记，开展数量性状基因的克隆和功能分析，以及分子标记辅助育种，使适量性状遗传改良成为可能。目前，食用菌领域已经公布和发表了多张遗传连锁图谱，其中糙皮侧耳遗传连锁图谱早在 2000 年就已公布，并定位了多个糙皮侧耳数量性状。

Larraya 等（2000）主要应用 RAPD 和 RAPD-RFLP 分子标记技术，以 80 个单核同源菌株为作图群体绘制了糙皮侧耳高密度遗传连锁图谱。在此基础上，Larraya 等（2003）测定了 80 个同源单核菌丝分别在 SEM 和稻草基质培养基上的生长速率和 5 个测交群体双核菌丝在 SEM 培养基上的生长速率，明确了双核菌丝的生长速率为数量性状，受多个数量基因座位（quantitative trait locus，QTL）和环境因子的共同作用。通过 QTL 定位测试，研究发现单核菌丝在 SEM 培养基上的生长速率 QTL 在 4 号和 8 号染色体上，对总生长速率变异的贡献率为 38.46%；在稻草基质上生长时，分别位于 4 号、6 号、8 号染色体上，对菌丝生长速率变异的贡献率为 41.19%。Larraya 等（2002）应用最小二乘法的复合区间定位法，对控制糙皮侧耳早熟度、温度对早熟度的影响、温度对第一潮菇产量的影响、子实体数量、子实体平均重量、冷藏时重量的减少和子实体颜色等 QTL 进行定位，发现有 18 个 QTL 控制产量性状，分布在不同连锁群上，对产量性状的贡献率为 5.70%~48.36%，其中，位于 7 号染色体的一个产量 QTL 对产量性状的贡献率最大为 48.36%。

Santoyo 等（2008）在上述作图群体的基础上，借用表达 QTL（eQTL）的概念提出了酶活性 QTL（aQTL），将 80 个单核体的酚氧化酶（phenol oxidases，Pox）和锰过氧化物酶或通用过氧化物酶的酶活作为数量性状进行研究，并将这些数量性状位点的定位结果与相应的编码基因在连锁群中的位置进行比较，采用极大似然法进行复合区间作图，通过研究 MnP/VP 活性，在第 6 和第 11 连锁群上定位了 4 个主效 QTL，第 2 连锁群上还有与之相关的两个微效 QTL；其中仅第 6 连锁群上的 QTL 与具有 VP 活性的锰过氧化物酶基因 *mnp2* 的表达相关，另外 3 个 QTL 的存在可能与其他未曾克隆的过氧化物酶基因相关，也可能与过氧化物酶活性的调控基因相关；通过研究 Pox 的活性，在第 4 连锁群上定位了 1 个主效 QTL，在第 8 和第 10 连锁群上还有少量微效 QTL，但这些 QTL 与已知的 Pox 基因家族在基因组中的位置并无连锁关系。这些与酶活相关的 QTL 定位将有助于分离克隆新的编码基因或调控基因。

Park 等（2006）将 82 个在菌褶中表达的功能基因补充到 Larraya 等（2000）构建

的糙皮侧耳遗传图谱中，将覆盖长度增加到 1061cM，缩小了物理距离与遗传距离的比值。将这些功能基因在连锁图中的位置与上述 QTL 位点相比较，与 QTL 存在连锁关系的功能基因可以作为该 QTL 的候选基因进行研究。

Okuda 等（2009）采用 300 个 AFLP 标记结合两个交配性因子和无孢性状等多种标记，以 *P. pulmonarius* 的 150 个单孢杂交群体为构建群体，构建 *P. pulmonarius* 遗传图谱，包括 12 个连锁群。该图谱覆盖基因总长度为 971cM，标记间平均距离为 5.2cM，其中与无孢性状位点最近的标记为 1.4cM。

以上遗传连锁图谱的构建，主要基于 RAPD、RFLP、AFLP 等分子标记技术，这些标记方法重复性较差，并且标记片段夹杂在众多的扩增片段中，标记片段检测与判别较难，更为重要的是这些标记难以均匀分布于基因组中。因此，覆盖全基因组、稳定性好的分子标记（如 SNP）需要进一步开发和应用到遗传连锁图谱构建上来。基于遗传作图所发现的新基因实际上还仅仅是个“符号”，尽管找到的标记可以用于辅助选择中，但距真正的分子生物学意义上的“基因”尚有较大的差距。要得到真正的基因序列，需要通过图位克隆（map-based cloning）或其他方法来实现。图位克隆法是在遗传作图的基础上利用各种人工染色体来克隆基因的方法。然而对于由多个基因控制的 QTL 来说，克隆其中的某些 QTL 则困难得多，因为这些 QTL 的遗传效应和表型效应更难准确估计。

二、糙皮侧耳 cDNA 文库的构建及差异表达基因的研究

cDNA 文库构建是分离目的基因最常用的方法，也为研究生物体基因的结构、功能、表达及调控信息提供了物质基础。基于 cDNA 文库的差异表达基因研究常包括表达序列标签（expressed sequence tag，EST）分析、mRNA 差异显示技术（differential mRNA display，DD）、基因芯片技术（macroarray）、cDNA 代表性差异技术（cDNA representational difference analysis，cDNA-RDA）、基因表达系列分析（serial analysis of gene expression，SAGE）等方法。

Lee 等（2002）首次构建了糙皮侧耳菌丝体和子实体两个不同生长阶段的 cDNA 文库。以液体培养的菌丝体和子实体的 RNA 为模板反转录得到 cDNA，进一步构建 cDNA 克隆文库，再经单向测序分别获得菌丝体阶段表达序列标签 952 个，子实体阶段表达序列标签 1069 个。将表达序列标签与数据库进行 BLASTX 比对，发现菌丝体和子实体阶段分别有 390 个和 531 个 EST 与数据库中基因序列有极高的相似度。采用 SeqMan Ⅱ 软件将两个阶段的 EST 相互比对，发现在 2021 个表达序列标签中有 1256 个是特异的，只在菌丝体或子实体中表达，有 66 个表达序列标签在两个阶段中都表达。同样采用 EST 标签分析，Joh 等（2007）构建了液体培养菌丝体、木屑培养菌丝体、原基、幼嫩子实体、成熟子实体、老化子实体、担孢子和单核菌丝体 8 个不同生长阶段的 cDNA 文库，共获得 11761 个 EST 标签，其中 4060 个是特异表达的 EST 标签，这些标签覆盖了糙皮侧耳基因组 30%~40%的基因序列。并采用 RT-PCR 进一步鉴定了在菌丝体、子实体和担孢子中特异表达的基因分别有 8 个、13 个和 2 个。在此基础上，该研究组采用基因芯片技术分析了菌丝体、子实体和担孢子三个发育阶段的 1528 个单基因克隆，基因表达图

谱显示，在菌丝体、子实体和担孢子三个发育阶段分别有 33 个、10 个和 94 个大量表达的特异基因（Lee *et al.*，2009）。

随着糙皮侧耳不同生长发育阶段 cDNA 文库的不断研究（Sunagawa and Magae，2005；Park *et al.*，2006），对特异表达基因的研究更加深入。Miyazaki 等（2010）为了解释微重力对真菌发育影响的分子机理，利用 cDNA 代表性差异分析技术研究了糙皮侧耳在微重力条件下子实体发育基因的表达情况。在基因组消减杂交的基础上采用 PCR 技术从两个基因组之间筛选到了 36 个差异基因，包括 17 个上调表达基因和 19 个下调表达基因。殷朝敏（2015）对糙皮侧耳菌丝体阶段的数字基因表达谱（Digital Gene Expression Profiling，DGE）文库进行了筛选，获得与数据库中注释基因匹配性较好的基因 41 个，其中包括 17 个重要酶基因，进一步利用 RACE 技术获得 *Msr A* 基因、*Mn-SOD* 基因、*Asp* 基因和 *lectin* 基因的 cDNA 全长，这些基因被认为在糙皮侧耳分化发育过程中起着重要的作用。

三、通过生物信息学发掘新基因

随着糙皮侧耳（*Pleurotus ostreatus* PC9 和 PC15）全基因组的测序成功并发布（Grigoriev *et al.*，2012；Riley *et al.*，2014），基于生物信息学手段的基因学分析将大大加快平菇功能基因分析的速度。

曲积彬等（2014）从已公布的糙皮侧耳基因组信息入手，用全局比对法计算两个不同单核体（PC9 和 PC15）之间基因序列的相似性，在糙皮侧耳单核 PC15 的 12 330 个基因中，有 7567 个（61.4%）能在 PC9 中找到一致性很高的基因（一致性>90%），这些基因序列在两个单核之间的保守性很高。因此认为这种相似性与基因序列的保守性有关。通过对保守和不保守的基因集合进行功能富集分析研究，分析与序列保守性相关的 Gene Ontology 功能。分析发现保守基因集合中显著富集的主要是一些代谢过程、催化酶活性、输送等功能。不保守基因集合中显著富集的多为激酶活性、绑定、调控等功能。

Alfaro 等（2016）也基于 *Pleurotus ostreatus* PC9 和 PC15 全基因，利用生物信息学手段分别确认了糙皮侧耳 PC9 和 PC15 菌株的 538 个和 554 个蛋白序列。对其功能注释发现，37.2%的蛋白功能未知，26.5%为糖基水解酶，11.5%为氧化还原酶。结合 RNA-seq 分析，发现在不同菌株和不同培养条件下，每组蛋白的重要性不同，并且功能未知蛋白的相关性增强。在扩张多基因家族中只有少部分基因是在给定培养条件下活跃表达，说明家族的扩增可能依赖于适当时机的增加而不是活性的增强。该研究还利用糙皮侧耳蛋白序列搜索了其他真菌基因组的相应蛋白，研究发现分泌蛋白组表达谱聚在生活方式群上而不是系统发育群上（图 8-13）。

此外，Qu 等（2014）还对糙皮侧耳全基因上 SSR 序列的分布情况进行了分析。该研究在糙皮侧耳 PC15 基因组中找到了全部 2114 个完美 SSR 序列。它们多分布在内含子区域中。通过比较分析可知，亚伞菌门物种的 SSR 分布比较相似。通过 GO 功能富集分析，包含这些 SSR 序列的基因（1497 个）富集了与环境交互与维持生命体相关的功能。重复长度为 3 的 SSR 序列在所有 SSR 中占了很大的比例，并且这些 SSR 分布在外显子

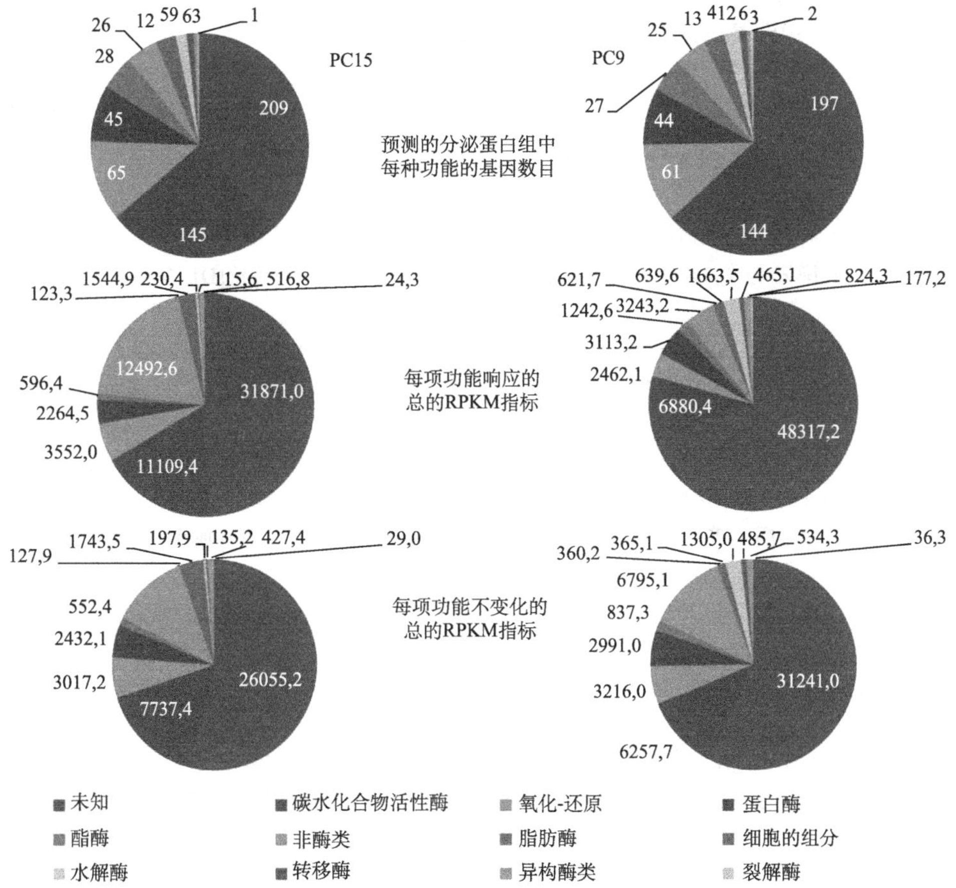

图 8-13　糙皮侧耳 PC9 和 PC15 分泌蛋白功能预测及分泌蛋白数量和 RPBM（reads per kilobases per million reads）数量的比较（另见彩图）

区域的比例明显高于其他 SSR。外显子区域重复长度为 3 或者 6 的 SSR 序列相当于插入/删除重复的氨基酸序列，亚伞菌门中这种氨基酸序列的分布比较相似，可能与这一类物种特有的功能相关。

高温是影响平菇产量和品质的重要因素。Qu 等（2016）在平菇基因组测序的基础上，对高温胁迫条件下的菌丝进行转录组测序。通过对基因表达数据的分析，从 450 个与高温胁迫相关的基因中筛选出 142 个差异表达的基因，并将它们按照表达模式的不同划分为 4 类，每一类表达模式都代表了这一类基因对高温胁迫响应的一种机制。几丁质合成酶和大多数转录因子的表达活性在高温胁迫条件下被抑制。海藻糖合成酶和大部分（59%）热激蛋白在高温胁迫条件下被激活，在高温胁迫后大约 0.5h 活性达到峰值。而葡萄糖苷水解酶作为一大类酶系，其不同子家族对高温胁迫的响应机制有所差异。其中子家族 1 和 35 中大多数成员的活性在高温胁迫条件下被抑制，而子家族 3 中的成员在高温胁迫条件下会被激活，达到峰值的时间约为 1h。

随着多个大型真菌全基因组的陆续公开，包括结构基因组学、比较基因组学、功能基因组学以及蛋白质组学在内的基因组学研究将大大地促进真菌在生物进化与系统发育、生理代谢、功能基因发掘等领域的研究进展。

（李　慧，曲积彬，陈　强，张金霞）

参 考 文 献

陈靓. 2014. 平菇种质资源评价及优良菌株选育的研究[D]. 吉林农业大学硕士学位论文.
崔文浩. 2014. 我国云南省和东北三省野生糙皮侧耳种质资源多样性的评价[D]. 华中农业大学硕士学位论文.
段硕楠. 2013. 平菇基因组 SSR 分子标记开发与利用[D]. 河北师范大学硕士学位论文.
宫志远, 任海霞, 姚强, 等. 2010. 35 个山东主栽平菇菌株的 ISSR 遗传差异分析[J]. 基因组学与应用生物学, 29(03): 507-512.
何强泰. 1987. 侧耳单孢杂交育种——“宁杂一号”的选育[J]. 南京师大学报(自然科学版), 1: 85-89.
黄晨阳, 陈强, 张金霞, 等. 2010. 侧耳属主要种类 ITS 序列分析[J]. 菌物学报, 29(3): 365-372.
黄晨阳, 李翠新, 张金霞. 2009. 基于 DNA 拓扑异构酶Ⅱ基因部分序列的侧耳属系统发育分析[J]. 植物遗传资源学报, 10(4): 529-534.
黄龙花, 吴清平, 杨小兵, 等. 2009. 基于ITS序列分析探讨我国栽培凤尾菇的分类地位[J]. 食用菌学报, 16(02): 30-35.
李慧, 陈强, 黄晨阳, 等. 2012. 基于 SSR 标记构建平菇栽培品种核心样本方法的探讨[J]. 园艺学报, 39(10): 2023-2032.
李慧. 2012. 我国栽培平菇种质资源评价及核心种质构建[D]. 福建农林大学硕士学位论文.
李瑾, 宫志远, 任鹏飞, 等. 2008. 山东省 35 个黑灰色平菇菌株的酯酶同工酶分析[J]. 山东农业科学, (04): 8-10.
李省印, 李孟楼, 胡彩霞, 等. 2004. 平菇种内原生质体分离与融合杂交育种技术及应用[J]. 西北农业学报, 13(04): 146-151.
李燕. 2009. 河南省栽培平菇种质资源评价[D]. 河南农业大学硕士学位论文.
刘川. 2012. 平菇褐斑病发生的环境因素分析和抗性材料筛选[D]. 华中农业大学硕士学位论文.
刘海英, 侯伯生, 范永山, 等. 2010. 不同平菇品种对细菌性褐斑病的室内抗性分析[J]. 食用菌, 32(2): 53-54.
刘新锐, 谢宝贵, 熊芳, 等. 2010. 高温平菇种质资源的 ITS-RFLP 分析[J]. 热带作物学报, 9: 1509-1513.
刘秀明. 2013. 糙皮侧耳和肺形侧耳热胁迫响应的海藻糖代谢调控研究[D]. 中国农业科学院博士学位论文.
马晓龙. 2009. 糙皮侧耳优良杂交子筛选与侧耳属野生菌株驯化栽培研究[D]. 华中农业大学硕士学位论文.
卯晓岚. 2000. 中国大型真菌[M]. 郑州: 河南科学技术出版社.
孟宇, 蒋昌顺, 廖问陶, 等. 2003. 糙皮侧耳(*Pleurotus ostreatus*)的 AFLP 指纹图谱分析[J]. 遗传学报, 30(12): 1140-1146.
曲积彬, 张金霞, 陈强, 等. 2014. 糙皮侧耳不同单核体基因序列的保守性分析[J]. 菌物学报, 33(2): 289-296.
沈兰霞. 2013. SNP 在平菇菌株鉴别中应用研究[D]. 福建农林大学硕士学位论文.
盛春鸽, 黄晨阳, 陈强, 等. 2012. 白黄侧耳子实体颜色遗传规律[J]. 中国农业科学, 45(15): 3124-3129.
宋驰, 陈强, 黄晨阳, 等. 2011. CO1 在侧耳属物种快速鉴定中的应用[J]. 菌物学报, 30(4): 663-668.
图力古尔, 李玉. 2001. 我国侧耳属真菌的种类资源及其生态地理分布[J]. 中国食用菌, 20(5): 8-10.

王呈玉. 2004. 中国侧耳属[*Pleurotus*(Fr.)Kumm.]真菌系统分类学研究[D]. 吉林农业大学硕士学位论文.
王桂芹, 李戈. 2006. 平菇种质资源评价[J]. 中国食用菌, 25(1): 14-17.
王若然, 王桂华. 1997. 少孢平菇 99 号特性及栽培要点[J]. 食用菌, (3): 11-11.
吴秋欣. 1992. 亲和性试验与高等担子菌的系统学[J]. 真菌学报, 11(4): 249-257.
向道权, 曹海河, 曹永国, 等. 2001. 玉米SSR遗传图谱的构建及产量性状基因定位[J]. 遗传学报, 28(8): 778-784.
徐荣荣. 2014. 白黄侧耳深褐色纯合体创制及评价初探[D]. 吉林农业大学硕士学位论文.
殷朝敏. 2015. 基于 DGE 技术的糙皮侧耳生长发育相关基因的鉴定及功能研究[D]. 华中农业大学博士学位论文.
张金霞, 耿莲美. 1986. 平菇新菌株"中蔬 10 号"的生产特性[J]. 中国食用菌, (5): 8-9.
张金霞, 黄晨阳, 胡小军. 2012. 中国食用菌品种[M]. 北京: 中国农业出版社.
张美敬, 刘秀明, 邹亚杰, 等. 2015. 侧耳属食用菌高温胁迫条件优化研究[J]. 菌物学报, 34(04): 662-669.
张瑞颖, 左雪梅, 姜瑞波. 2007. 平菇褐斑病病原菌的分离与鉴定[J]. 中国食用菌, 26(5): 58-60.
郑和斌, 马志刚, 吕作舟, 等. 2006. 基于 ITS 序列分析对我国主要栽培的侧耳品种的鉴定及评价[J]. 菌物学报, 25(3): 398-407.
郑素月, 黄晨阳, 张金霞. 2005. 中国栽培平菇的 RAPD 分析[J]. 山东农业大学学报(自然科学版), 36(2): 186-190.
郑素月, 张金霞, 黄晨阳. 2003. 中国栽培平菇的酯酶同工酶分析[J]. 食用菌学报, 10(04): 1-6.
Alfaro M, Castanera R, Lavín J L, *et al.* 2016. Comparative and transcriptional analysis of the predicted secretome in the lignocellulose-degrading basidiomycete fungus *Pleurotus ostreatus*[J]. Environmental Microbiology, DOI: 10. 1111/1462-2920. 13360.
Boidin J. 1986. Intercompatibility and the species concept in the saprobic Basidiomycotina[J]. Mycotaxon, 26: 319-336.
Brock P M, Döring H, Bidartondo M I. 2009. How to know unknown fungi: the role of a herbarium[J]. New Phytologist, 181: 719-724.
Falck R. 1917. Uber die Waldkultur des Austernpilzes(*Agaricus ostreatus*)[J]. Laubholzstubben. Z. Forst-u. Jagdween，49: 159-165.
Gonzalez P, Labarère J. 2000. Phylogenetic relationships of *Pleurotus* species according to the sequence and secondary structure of the mitochondrial small-subunit rRNA V4, V6 and V9 domains[J]. Microbiology, 146(1): 209-221.
Gonzalez P, Labarère J. 2000. Phylogenetic relationships of *Pleurotus* species according to the sequence and secondary structure of the mitochondrial small-subunit rRNA V4, V6 and V9 domains[J]. Microbiology, 146(1): 209-221.
Grigoriev IV, Nordberg H, Shabalov I, *et al.* 2012. The genome portal of the department of energy joint genome institute[J]. Nucleic Acids Research, 40(Database issue): 26-32.
Guzman G, Montoya L, Mata G, *et al.* 1994. Studies in the genus *Pleurotus*. III. The varieties of *P. ostreatus*-complex based in interbreeding strains and in the study of basidiomata obtained in culture[J]. Mycotaxon, 50: 365-378.
Iraçabal B, Zervakls G, Labarère J. 1995. Molecular systematic of the genus *Pleurotus*: analysis of the restriction polymorphism in ribosomal DNA[J]. Microbiology , 141: 1479-1490.
Joh J H, Lee S H, Lee J S, *et al.* 2007. Isolation of genes expressed during the developmental stages of the

oyster mushroom, *Pleurotus ostreatus*, using expressed sequence tags[J]. FEMS Microbiology Letters, 276: 19-25.

Larraya L M, Alfonso M, Pisabarro A G, *et al.* 2003. Mapping of genomic regions(quantitative trait loci)controlling production and quality in industrial cultures of the edible basidiomycete *Pleurotus ostreatus*[J]. Applied & Environmental Microbiology, 69(6): 3617-3625.

Larraya L M, Idareta E, Arana D, *et al.* 2002. Quantitative trait loci controlling vegetative growth rate in the edible basidiomycete *Pleurotus ostreatus*[J]. Applied & Environmental Microbiology, 68(3): 1109-1114.

Larraya L M, Pérez G, Ritter E, *et al.* 2000. Genetic linkage map of the edible basidiomycete *Pleurotus ostreatus*[J]. Applied & Environmental Microbiology, 66(12): 5290-5300.

Lee S H, Joh J H, Lee J S, *et al.* 2009. Isolation of genes specifically expressed in different developmental stages of *Pleurotus ostreatus* using macroarray analysis[J]. Mycobiology, 37: 230-237.

Lee S H, Kim B G, Kim K J, *et al.* 2002. Comparative analysis of sequences expressed during the liquid-cultured mycelia and fruit body stages of *Pleurotus ostreatus*[J]. Fungal Genetics and Biology, 35: 115-134.

Ma K H, Lee G A, Lee S Y, *et al.* 2009. Development and characterization of new microsatellite markers for the oyster mushroom(*Pleurotus ostreatus*)[J]. Journal of Microbiology Biotechnology, 19(9): 851-857.

Miyazaki Y, Sunagawa M, Higashibata A, *et al.* 2010. Differentially expressed genes under simulated microgravity in fruiting bodies of the fungus *Pleurotus ostreatus*[J]. FEMS Microbiology Letters, 307: 72-79.

Nilsson R H, Ryberg M, Kristiansson E, *et al.* 2006. Taxonomic reliability of DNA sequences in public sequence databases: a fungal perspective[J]. PLoS One, 1(1): e59.

Okuda Y, Murakami S, Matsumoto T. 2009. A genetic linkage map of *Pleurotus pulmonarius* based on AFLP markers, and localization of the gene region for the sporeless mutation[J]. Genome, 52(5): 438-446.

Park S K, Peñas M M, Ramírez L, *et al.* 2006. Genetic linkage map and expression analysis of genes expressed in the lamellae of the edible basidiomycete *Pleurotus ostreatus*[J]. Fungal Genetics and Biology, 43: 376-387.

Park S K, Peñas M M, Ramírez L. 2006. Genetic linkage map and expression analysis of genes expressed in the lamellae of the edible basidiomycete *Pleurotus ostreatus*[J]. Fungal Genetics & Biology, 43(5): 376-387.

Petersen R H, Hughes K W. 1999. Species and speciation in mushroom: Development of a species concept poses difficulties[J]. BioScience, 49(6): 440-452.

Qu J, Huang C, Zhang J. 2014. Genome-wide functional analysis of SSR for an edible mushroom *Pleurotus ostreatus*[J]. Gene, 575(2): 524-530. .

Qu J, Liu X, Zhao M. 2016. Gene expression patterns of *Pleurotus ostreatus* under heat stress revealed by genomic and transcriptomic data[C]. 2016 International Society for Mushroom Science. 北京: 中国农业出版社: 360-363.

Riley R, Salamov A A, Brown DW, *et al.* 2014. Extensive sampling of basidiomycete genomes demonstrates inadequacy of the white-rot/brown-rot paradigm for wood decay fungi[J]. Proceedings of the National Academy of Sciences, 111: 9923-9928.

Santoyo F, González A E, Terrón M C, *et al.* 2008. Quantitative linkage mapping of lignin-degrading enzymatic activities in *Pleurotus ostreatus*[J]. Enzyme and Microbial Technology, 43(2): 137-143.

Segedin B P, Buchanan P K, Wilkie J P. 1995. Studies in the agaricales of New Zealand: New species, new records and renamed species of *Pleurotus*(Pleurotaceae)[J]. Australian Systematic Botany, 8(3): 453-482.

Seifert K A, Samson R A, deWaard J R, *et al.* 2007. Prospects for fungus identification using *CO1* DNA barcodes, with *Penicillium* as a test case[J]. Proceedings of the National Academy of Sciences, 104: 3901-3906.

Sunagawa M, Magae Y. 2005. Isolation of genes differentially expressed during the fruit body development of *Pleurotus ostreatus* by differential display of RAPD[J]. FEMS Microbiology Letters, 246: 279-284.

Vilgalys R, Smith A, Sun B L, *et al.* 1993. Intersterility groups in the *Pleurotus ostreatus* complex from the continental United States and adjacent Canada[J]. Can. J. Bot, 71: 113-128.

Vilgalys R, Sun B L. 1994. Ancient and recent patterns of geographic speciation in the oyster mushroom *Pleurotus* revealed by phylogenetic analysis of ribosomal DNA sequences[J]. Proceedings of the National Academy of Sciences, 91(10): 4599-4603.

第九章　金顶侧耳种质资源与分析

第一节　起源与分布

金顶侧耳（*Pleurotus citrinopileatus* Singer），菌盖呈黄色，故而得名金顶侧耳，又称为金顶蘑、核桃菌、黄冻菌、玉皇蘑、榆黄蘑等。英文名称为 golden oyster mushroom 或 elm yellow mushroom（王柏松和江日仁，1988）。在我国金顶侧耳分布于东北和河北、四川、广东、云南、西藏等地（图力古尔和李玉，2001），在日本和东南亚、欧洲、非洲（Musieba *et al.*，2011）、北美洲也有分布。关于金顶侧耳的起源尚未明确，以生物学物种概念即划分交配亲和的类群归为同一个侧耳属的物种时，其结果与形态学及生化特征划分的结果出现明显差异。白黄侧耳（*P. cornucopiae*）与金顶侧耳为一个性亲和群（Ohira，1990；姚方杰等，2004），但在形态学上二者被广大学者视为不同的种。

金顶侧耳在温暖多雨的夏秋季节腐生于榆、栎、桦、杨、柳、核桃等阔叶树的枯立木干基部、伐桩和倒木上（图力古尔和李玉，2001）。20 世纪 70 年代开始对野生的金顶侧耳进行组织分离和驯化等研究，80 年代中期，在吉林、黑龙江、山西、江苏等省已有大面积栽培。

东北地区是金顶侧耳分布的主要地区，包括黑龙江、吉林和辽宁的大部地区。该地区为温带湿润半湿润森林和森林草原带，其北部的大兴安岭属寒温带，辽南属华北暖温带。大部分地区气候温和而较湿润。夏季受季风的影响，雨量丰富，年降水量 400~800mm。大小兴安岭及长白山区又是我国最大的天然林区，海拔 400~1000m，为山地针阔混交林，为金顶侧耳的生长提供了良好的生境（卯晓岚，1988）。在吉林省的东南部、东北部均发现了野生金顶侧耳的分布。在吉林省通化石湖国家森林公园有野生金顶侧耳的分布，该地位于吉林省南部集安市与通化县境内的山区，隶属于长白山系老爷岭山脉中段，地理位置为 125°48′~126°08′E，41°01′~41°35′N，总面积 3.9 万 hm^2。区域内气候属于温带大陆性季风气候，年平均降水量 900mm，集中在 6 月、7 月、8 月 3 个月，年平均气温 2.5~6.5℃，年平均相对湿度 71%~72%。该区属全东北植物亚区，中国-日本森林植物区，地带性植被为温性针阔混交林、寒性针叶林和阔叶次生林。上层乔木树种有红松、云杉、沙松、落叶松、黄檗、水曲柳、椴树、柞树、榆树、风桦、白桦、杨树、胡桃楸及杂木等（高源，2013）。金顶侧耳生于榆、栎等阔叶树的倒木上，王薇（2014）在吉林省东北部山区汪清县境内发现了野生金顶侧耳的分布，该地区处于 129°51′~130°56′E、43°06′~44°03′N。地处长白山麓，平均海拔 806m，年平均气温 3.9℃，年平均降水量为 580mm。森林植被中乔木以柞树林比例较大，其他如桦木、红松、落叶松林也占有相当的比例，发现的野生金顶侧耳生于榆树的倒木上。在吉林省东南部的长白山地区也发现了野生金顶侧耳的分布。该地区位于吉林省安图、抚松、长白三县交界处，位于 127°42′55″~128°16′48″E，41°41′49″~42°51′18″N。该地区的乔木有红松、鱼鳞松、沙松、鹅耳枥、枫、针叶林和岳桦林等，土壤由火山碎屑和玄武岩风化而形成（王薇，2014）。此外在吉林的蛟河、安图、老爷岭及黑龙江铁力、林口也发现了野生的金顶侧耳(王呈玉,2004)。

除东北外，通过对河南省、陕西省和云南省的部分山区的调查，也发现了野生金顶侧耳的分布（林晓民，2004）。在内蒙古地区也有金顶侧耳的分布（刘坤，2012），该地区地理坐标为 37°24′~53°23′N，97°12′~126°04′E，由锡林郭勒高平原、呼伦贝尔高平原、巴彦淖尔-阿拉善及鄂尔多斯高平原等组成，平均海拔 1000m 左右。该区以温带大陆性季风气候为主，主要的乔木有兴安落叶松、白桦、黑桦、色木槭、云杉、油松、柞木、山杨、白桦、云杉、松树林以及阔叶林等。

西藏真菌资源十分丰富，森林分布明显受印度洋暖湿气流的影响。例如，南迦巴瓦峰地区年降水量 2000mm 左右，墨脱境内达 3000mm，充沛的降水促使林木繁茂，形成林间倒木纵横、枯枝落叶成层、土壤腐殖质肥厚，树种繁多且根系复杂，从而为腐生、寄生或共生性野生食用菌及其他真菌提供了繁衍的优越条件（卯晓岚，1993），南迦巴瓦峰北部地区降水较南坡少，在海拔 200~2500m 的谷坡上出现常绿阔叶林带，与南部地区的山地亚热带常绿阔叶林带基本相同，在该地区发现担子菌 35 科 101 属 225 种，其中就包括长在阔叶树倒木上的野生金顶侧耳（卯晓岚，1984）。除上述地区外，在内蒙古的大青山，北京，河北，甘肃汶县，广东惠东，云南大理、昆明、德钦，西藏的米林也发现了野生金顶侧耳的分布（王呈玉，2004）。

第二节　国内外相关种质遗传多样性分析与评价

从遗传多样性来看，物种是遗传基因的携带者，因此摸清现存物种数量与分布是评价侧耳多样性的基础。金顶侧耳在分类上属侧耳属，全球记录的侧耳种类超过 1000 种，涉及 25 个相关的或混淆的属，确认属于侧耳的种大约有 50 个（Guzman，2000）。曾东方（1999）曾报道侧耳属真菌有 29 种，此后图力古尔和李玉（2001）在进行《中国真菌志》的编研过程中，通过查阅和核对国内标本和文献资料，初步确认我国的侧耳属真菌有 36 种。

种质资源的分类方法依据种质的形态特征（高山，2009）、拮抗反应、酯酶同工酶谱、分子标记和特征吸收光谱等（Zervakis *et al.*，2012）。

一、形态标记

按形态特征划分侧耳物种，形成了侧耳的形态学物种概念。形态特征即子实体的大小、菌盖直径、形状、颜色；菌肉颜色、气味；菌褶形态、颜色、与菌柄的关系；菌柄长度、粗细、着生方式；孢子印等。根据不同金顶侧耳菌株的形态与栽培农艺性状的表现可以分为质量性状、数量性状。其中质量性状包括拮抗现象、母种现原基情况，数量性状包括菌丝体浓密程度、气生菌丝体发达程度、菌丝生长速度、原种菌丝满瓶时间、栽培种菌丝满袋时间、子实体原基发生的时间、采收时间、菌盖直径、菌盖颜色、菌盖厚度、菌盖的硬度、菌柄的长度、菌柄的直径、菌柄硬度、生物转化率、子实体干湿比、菌盖直径与菌柄长度的比值、不同潮次菇产量占总产量的比例（王海英，2012）。

根据《金顶侧耳 DUS 测试指南的研制及种质创新的研究》（王海英，2012），包括中国和日本在内的 16 个金顶侧耳菌株，菌丝按照浓密程度分成 3 类：稀疏、中等和浓密；气生菌丝发达程度分为 3 类：不发达、中等和发达（张姝，2013）。从生育期看，金顶侧耳不同品种的原种生育期一般在 17~24 天，栽培种生育期一般在 32~50 天，可分成较短、中等和较长 3 类；不同品种的子实体原基发生时间一般为 45~62 天，不同品种的采收时间一般为 57~72 天，可分成较短、中等和较长 3 类。从农艺性状来看，菌盖颜色可分为浅黄、黄和深黄 3 类；菌盖和菌柄的硬度可分为脆、中和致密 3 类；菌盖边缘状态可分为平滑和褶皱 2 类；从数量性状看，菌盖直径和菌柄长度可分为较短、中等和较长 3 类。菌柄长度范围一般为 1.78~3.22cm，菌盖直径一般为 2.92~6.12cm。金顶侧耳担孢子的大小（长×宽）为（5.66~8.25）μm×（2.06~3.38）μm。孢子萌发有从一端萌发的，从一端长出 1 根棒状菌丝，而后逐渐伸长生长，也有从两端萌发的孢子，一端先开始萌发达到孢子纵长的 2~3 倍，孢子另一端开始萌发，亦有孢子其他部位同时伸出棒状菌丝。成熟子实体菌盖表皮到两菌褶腔距离一般为 193.6~503.5μm。子实层厚度范围为 110.1~184.5μm（崔丹，2012）。菌盖与菌柄比值一般在 1.37~2.88，可分为小、中和大 3 类；菌盖厚度可分为薄、中等和较厚 3 类；菌柄直径可分为较小、中等和较大 3 类；子实体丛生有效茎数一般在 21~41，可分为少、中和多 3 类。从产量看，第一潮菇和第二潮菇产量占总产量比值可分为小、中和大 3 类。实体干湿比可分为小、中、大 3 级。

二、同工酶标记

通过对金顶侧耳酯酶同工酶谱的研究，发现其有 13 条（张玉铎等，2009）或 14 条（崔丹等，2012）酶带，其中有不同迁移率的酶带有 11 条，3 条（崔丹等，2012）或 5 条（张玉铎等，2009）酶带为所有菌株所共有，可作为金顶侧耳的基础酶谱带。通过对金顶侧耳过氧化物同工酶谱的研究，发现其有 7 条酶带，其中有不同迁移率的酶带有 4 条，3 条为共同酶带，不同菌株的酶带数为 4~5 条。虽然这些菌株的酶带数目相同，但酶带颜色的深浅仍有差异，说明不同种质材料的酯酶同工酶活性和酶含量存在差异。对 20 个金顶侧耳菌株同工酶谱的相似系数分析发现，不同材料间相似系数为 0.25~1.00，在相似系数为 0.80 时可分成 7 个类群，表明其具有丰富的遗传多样性。

三、分子标记

在侧耳属的不同种间，可以利用 RFLP 对不同种进行特异性标记。马富英（2002）对侧耳属 18 个形态种 52 个菌株进行 rDNA 的 RFLP 分析，结果发现 6 种特异性的限制性内切酶可将金顶侧耳与其他侧耳区分开。对线粒体 DNA 进行 RFLP 分析，结果显示侧耳种间和种内线粒体 DNA 也存在多态性，mt-SSU-rRNA 的 V4、V6 和 V9 区域的长度、序列及结构是区分侧耳属不同种的有效分子标记，以侧耳属 16 个种 48 个菌株为材料，发现在同一个种内这 3 个区域的长度和序列恒定，具有高度的种内特异性，同时也发现由于插入或缺失而引起的种间变异，以线粒体中这些区域的序列进行的侧耳属系统发育分析的结果与以前根据形态描述、核基因组或同工酶分析得出的结论相一致（Gonzalez and Labarère，2000）。Mirjana（2005）等以 10 个侧耳种 37 个菌株为材料证明 RAPD

可以区分不同生态因素和地理隔离影响下的不同种类。用 ISSR 同样可以有效对金顶侧耳进行标记，应用 ISSR 技术可以有效区分相同区域的金顶侧耳各品种；金顶侧耳品种间具有比较丰富的遗传多样性，5 个引物扩增出的多态性位点共有 64 个，同时，部分 PCR 扩增片段为所有菌株共有，这些片段比较保守，为金顶侧耳菌株物种特征性遗传谱带；通过对供试的金顶侧耳菌株间亲缘关系分析，大部分金顶侧耳表现出较强的地域性，即大部分来自于同一地区的栽培菌株可以聚为一类；同时还可以通过聚类分析分辨出哪些菌株频繁引种（崔丹，2012）。

四、交配型标记

金顶侧耳交配型系统类型为四极性，由 A、B 两对不亲和性因子控制。因四极性真菌的交配型系统由 A、B 两对不亲和性因子控制，能形成 4 个不同交配型 A1B1、A2B2、A1B2、A2B1 的孢子，一般 1 个交配型只能与 4 个交配型中的 1 个交配（只有 A≠B≠时），形成子实体。金顶侧耳不亲和性因子 A、B 不连锁，其中 A 因子由独立的 1 个亚基构成，B 因子由遗传距离为 0.49cM 的 α 和 β 两个亚基构成。通过对金顶侧耳交配型进行多样性分析，发现 A、B 因子的不亲和性因子数均为 55，估算金顶侧耳可能存在的不亲和性因子总数为 3025 个。

五、漫反射傅里叶变换红外光谱

漫反射傅里叶变换红外光谱可以快速鉴定微生物，是一种新型检测技术，可在细菌（聂明等，2007）和酵母（Wenning *et al.*，2002）中广泛应用，有“分子指纹”之称。但应用于丝状真菌的鉴定十分有限。通过对侧耳属的 16 个种 73 个菌株的鉴定，结果发现这种方法可以鉴定遗传上明确不同的个体，如栎生侧耳（*P. dryinus*）、红平菇（*P. djamor*）、杏鲍菇（*P. eryngii*）。其吸收光谱范围在 1800-600/cm（Zervakis *et al.*，2012），说明不同侧耳属的菌株其化合物具有稳定性和多样性。

第三节　栽培品种及其遗传多样性分析

目前金顶侧耳生产用菌种比较混乱，相关的菌种登记制度尚未完善，菌种质量的可追溯规范尚未建立，监督与监管缺失或不到位，菌种生产与销售单位受利益的驱使导致同名异物和同物异名的现象在生产上较为普遍。因此，对市场上的栽培品种数量尚未见到准确的统计，但相对没有相关认证的品种而言，经国家或省品种审定委员会审定通过并登记的品种其质量能够得到有效的保证。但由于系统、科学的育种工作起步较晚，目前仅有少数的栽培品种通过相关审定与登记工作。品种选育的方法多种多样，有经野生菌株系统选育而来，有杂交育种选育而来，还有通过辐射诱变再经系统选育而来。针对市场对熟期的要求有早熟品种和中熟品种。针对栽培的适宜温度有中温品种、中高温品种和广温性品种，可以满足不同生产者和消费者的需求。

1. 旗金 1 号（张友民和姚方杰，2011）

该品种为吉林农业大学选育的杂交品种。2011 年通过吉林省农作物品种审定委员会审定（吉登菌 2011005）。具有丰产、抗杂等特性。属中温、中早晚熟品种，春茬从接种到采收 55~75 天，菌丝体洁白浓密，子实体金黄色、丛生、喇叭形，抗杂能力较强，品质佳、商品性好。单个子实体直径 35~78mm，菌盖厚 4.5~7.5mm，鲜菇产量为 85.7kg/100kg 干料（图 9-1）。

2. 旗金 2 号（王海英等，2012）

该品种为吉林农业大学培育的杂交品种，2011 年通过吉林省农作物品种审定委员会审定（吉登菌 2011006）。具有早熟、抗杂和丰产等特性。属中温、早熟品种，从接种到采收春茬需要 50~70 天，秋茬需要 20~45 天。菌丝体洁白浓密，子实体金黄色、丛生、喇叭形，抗杂能力较强，品质佳、商品性好。单个子实体直径 34~51mm，菌盖厚 3.7~6.3mm，鲜菇产量为 84.9kg/100kg 干料（图 9-2）。

图 9-1　旗金 1 号（另见彩图）

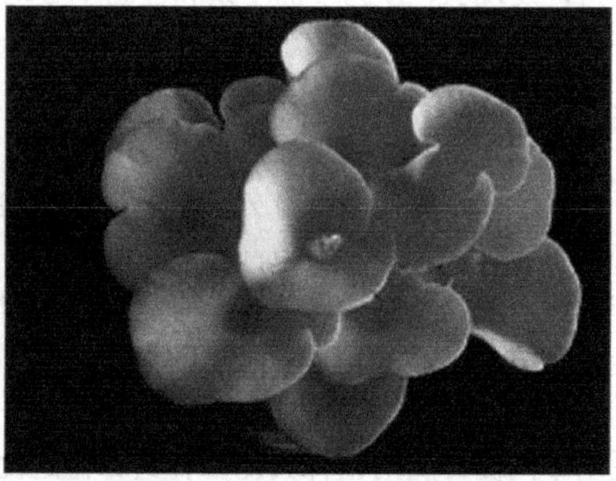

图 9-2　旗金 2 号（另见彩图）

3. 吉金 1 号

该品种为吉林农业大学选育的品种，通过野生菌株的系统选育而来。2012 年通过吉林省农作物品种审定委员会审定（吉登菌 2012011）。具有中熟和丰产等特性。中温、中熟品种，春茬从接种到采收 60~70 天，菌丝体洁白浓密，子实体深黄色、丛生、喇叭形，抗杂能力较强，品质佳、商品性好。单个子实体直径 31~80mm，菌盖厚 4.8~7.8mm，产量为每 100kg 干料产鲜菇 86.9kg（图 9-3）。

4. 旗金 3 号

该品种为吉林农业大学培育的杂交品种，2012 年通过吉林省农作物品种审定委员会审定（吉登菌 2012012）。具有中早熟和丰产等特性。春茬从接种到采收 52~65 天，菌丝体洁白浓密，子实体浅黄色、丛生、喇叭形，抗杂能力较强，品质佳、商品性好。单个子实体直径 34~77mm，菌盖厚 4.3~7.6cm，产量为每 100kg 干料产鲜菇 85.8kg（图 9-4）。

图 9-3　吉金 1 号（另见彩图）

图 9-4　旗金 3 号（另见彩图）

5. 蕈谷 2 号

该品种为敦化市明星特产科技开发有限责任公司培育的品种，2006 年 1 月 8 日通过吉林省农作物品种审定委员会审定（吉审特 2006003）。该品种为长白山野生选育，菇体金黄色，菌盖平整，腿粗壮，朵大，色正，出菇快，适应温度广，出菇温度 10~29℃，适合冬季大棚出菇。

6. 榆黄菇 LD-1

该品种是鲁东大学用大连榆黄菇 818 经 ^{60}Co γ 射线辐射选育而成的中高温型品种。2009 年通过山东省第四十批农作物审定的品种，品种审定编号：鲁农审 2009095 号。适宜在山东省全省榆黄菇种植地区利用。榆黄菇 LD-1 品种菌丝体浓密、洁白，气生菌丝多。子实体丛生。菌盖呈漏斗形或扁扇形，平滑，不黏，鲜黄色或金黄色，直径 30~100mm；菌肉白色，表皮下带黄色，脆，中等厚度；菌褶白色或黄白色，延生，稍密，不等长；菌柄白色至淡黄色，中实，偏生，长 2~11cm，直径 0.5~1.1cm，有细毛，常弯曲，基部相连。孢子印白色。

第四节　种质资源的创新与利用

一、种质资源创新方法

亲本筛选→收集孢子→单孢的分离提取→单核菌株的确定→杂交组合的配置→种质创新材料的真实性鉴定→种质创新材料的筛选→获得种质创新材料。

二、种质资源的创新

在种质创新方面，杂交育种是获得新种质的有效途径。金顶侧耳与白黄侧耳（*P. cornucopiae*）同属于侧耳属的真菌，二者在地理分布和形态上不同，但是通过性亲和研究发现它们能够部分亲和或完全亲和。二者 2 个杂交后代菌株的菌丝生长最适宜温度（23.38~24.62℃、23.61~24.19℃），均低于双亲的温度（24.03~26.37℃、24.27~26.33 ℃）。此外，利用杂交育种方法还可以获得高温性的菌株（姚方杰，2002）。金顶侧耳的生长不耐高温，菌丝生长适温 20~27℃，32℃时菌丝很难生长。子实体形成适温 15~25℃，最适温度为 17~23℃，温度高于 24℃后产量下降。姚方杰和李玉（2002）利用杂交的方法，获得了 2 株高温型的杂交菌株。发菌最适温度分别为 28.6℃和 26.1℃，属于极具开发潜力的金顶侧耳高温型菌株。同样利用杂交育种的方法，张玉铎（2010）以 8 个不同来源的金顶侧耳为亲本，获得了具有不同特性的杂交株，分别表现为现蕾早，朵型正，绿霉抗性强；产量高，朵型正，颜色鲜艳，绿霉抗性强；菌丝体多糖含量高，抗绿霉；耐低温，色泽鲜艳。彦培璐等（2009）利用杂交的方法获得了 2 个高产杂交菌株和 1 个商品性状优良的杂交菌株。分别表现为产量高、抗杂菌能力较强、商品性状优良等特性，这些具有不同特性的杂交株可以作为新的育种材料或创新的种质加以利用。

除了作为育种材料，通过紫外线（UV）诱变，可以对金顶侧耳进行营养缺陷标记，获得的营养缺陷型突变菌株可用于遗传和育种研究。例如，单重营养缺陷突变：精氨酸缺陷型、腺嘌呤缺陷型、胆碱缺陷型、组氨酸缺陷型、异亮氨酸缺陷型、肌醇缺陷型、亮氨酸缺陷型、甲硫氨酸缺陷型、烟酰胺缺陷型、氨基苯甲酸缺陷型、泛酸缺陷型和吡哆醇缺陷型（姚方杰和李玉，2002）。

三、种质资源的利用

1. 新品种的选育

利用野生菌株或现有的品种，采用系统选育、杂交育种或辐射诱变等方法获得了一批具有完全知识产权、父母本遗传信息明确的新品种。针对熟期培育出早熟品种和中熟品种，针对栽培的适宜温度培育出中温品种、中高温品种和广温性品种。

2. 农业和工业废弃物的利用

每年农业生产产生大量的稻草、玉米秸秆、椰壳、甘蔗渣（Ragunathan *et al.*，1996）、棉柴（Liang *et al.*，2009）、木薯秸秆，甚至象草秸秆和铺地藜茎（Liang *et al.*，2009）等农业副产品或废弃物。每年清理、焚烧农业副产品和废弃物造成经济负担及地面和大气污染，已经成为社会问题。金顶侧耳作为真菌能够分解和利用农业废弃物，可将农业垃圾转化成优质蛋白，既可以创造经济价值、推动经济发展，促进就业，还可以改善环境。例如，利用棉柴、椰壳、高粱秆及这些废弃物的混合物生产金顶侧耳（Ragunathan and Swaminathan，2003）。其中利用棉柴产量最高，达到 326.48g/kg 培养料，生物学效率为 32.69%。此外，金顶侧耳还可以利用纸浆和硬纸板等工业废弃物（Kulshreshtha *et al.*，2013）。

3. 有效成分

金顶侧耳中含有丰富的蛋白质、多糖和各种生物活性物质，如纤维素酶、半纤维素酶、木质素酶（高芮等，2008）、过氧化氢酶、超氧化物歧化酶、过氧化物酶等（Khatun *et al.*，2015）。其提取物具有抗氧化、预防心脑血管疾病、抗免疫、降血糖和抗肿瘤的作用，从金顶侧耳中发现了一个新的多糖化合物，对该物质的分子结构的分析可以帮助人们了解其作用于人体的潜在机制（Liu *et al.*，2012）。金顶侧耳的水提物β葡聚糖还能够显著抑制破骨细胞的分化，分子质量在 50kDa 以上的部分抑制破骨细胞的活性最强，而破骨细胞可以诱发骨密度降低和骨小梁骨质侵袭（Jang *et al.*，2013）。金顶侧耳子实体的醇、冷水和热水提取物具有抗氧化活性，其中醇提取物效果最好（Lee *et al.*，2007）。金顶侧耳子实体中提取的凝集素具有抗肿瘤的活性，抑制小鼠肉瘤 180 生长的效果达到 80%，还可促进小鼠脾脏细胞的有丝分裂，对抑制艾滋病的转录也有一定的活性（Li *et al.*，2008）。

第五节 种质资源利用潜力分析

我国从 20 世纪 70 年代开始对野生的金顶侧耳进行组织分离和驯化等研究，到 80 年代初开始人工驯化栽培，80 年代中期开始大面积栽培，使得原来的“山珍”走出了大山，搬上了百姓的餐桌，作为营养丰富的菌类蔬菜越来越受到生产者的关注和消费者的青睐。但近年来国家为了保护环境限制林木资源的砍伐，传统栽培原料如木屑的供应将逐渐趋紧，价格也随之上涨，开发新的栽培基质是今后资源利用和产业发展的趋势之一。除稻草、玉米秸秆、椰壳、甘蔗渣等常见的栽培原料外，木薯秸秆、象草秸秆和铺地藜茎等也可以尝试替代原有的栽培原料，降低成本，同时还可以促进相关农业废弃物的利用或循环农业的发展。

金顶侧耳既适宜鲜食，又可采用冷冻、快速脱水干燥、盐渍等方法进行加工，是一种美味的食用真菌。但从目前来看，市场上很难看到金顶侧耳的深加工产品。随着金顶侧耳产量的逐年增加，生产即食的风味食品是其发展方向之一。

金顶侧耳具有高蛋白、低糖、低盐、低脂肪的特点，且不饱和脂肪酸含量占比很高，含有人体必需的各种氨基酸及 K、P、Fe、Ca、Na、Mg、Mn 等微量元素，但对人体有害的重金属 Cu、Zn 含量却极低（Ghosh and Chakravarty，1990），金顶侧耳中还含有对人体有益的微量元素 Se 和 Ge（刘晓峰等，1998）。金顶侧耳中还含有多糖和各种生物活性物质，如纤维素酶、半纤维素酶、木质素酶、过氧化氢酶、超氧化物歧化酶、过氧化物酶等。金顶侧耳提取物具有抗氧化、预防心脑血管疾病、抗免疫、降血糖、降血脂、预防肥胖、抗肿瘤、抗艾滋病病毒和防止骨密度降低的作用。目前以金顶侧耳作为原材料生产保健品和药品的产品依然鲜见于市场，其巨大价值潜力尚待开发。

此外，金顶侧耳在环境保护和污水处理方面亦可发挥一定的作用。在橄榄油的生产过程中会产生大量的工业废水，试验发现经自来水稀释至浓度为25%~50%的橄榄油废水可以用于栽培金顶侧耳，不仅可以生产具有经济价值的产品，还可以减少橄榄油废水对环境的污染，降低处理污染源的费用（Kalmis and Sargin，2004）。印度桑格内尔（Sanganer）的人造纸和硬纸板行业在生产过程中会产生无用的纸浆残余物，通过试验发现这种物质能够被金顶侧耳作为栽培原料所利用，这种尝试为处理工业污染的废料提供了途径（Kulshreshtha *et al.*，2013）。

（姚方杰）

参考文献

崔丹, 姚方杰, 张友民. 2012. 金顶侧耳酯酶同工酶多样性的研究[J]. 北方园艺, (10): 179-181.

崔丹. 2012. 金顶侧耳种质资源多样性的研究[D]. 吉林农业大学硕士学位论文.

高芮, 姚方杰, 王晓娥, 等. 2008. 不同栽培料配方对金顶侧耳营养利用及胞外酶活性影响的研究[C]. 第二届全国食用菌中青年专家学术交流会. 中国浙江杭州: 7.

高山. 2009. 侧耳属蕈菌之分类方法研究[J]. 湖北民族学院学报(自然科学版), 27(4): 455-457.

高源. 2013. 吉林省通化石湖国家森林公园大型真菌多样性研究[D]. 吉林农业大学硕士学位论文.

林晓民. 2004. 大型真菌的生态多样性及分子鉴定[D]. 西北农林科技大学博士学位论文.

刘坤. 2012. 内蒙古克什克腾旗大型真菌资源利用研究[D]. 中央民族大学博士学位论文.

刘晓峰, 李玉, 孙晓波, 等. 1998. 榆黄蘑(*Pleurotus citrinopileatus*)成分和药用活性的研究[J]. 吉林农业大学学报, 20(S): 181.

马富英. 2002. 侧耳属菌株分子分类和分子系统发育关系研究[D]. 华中农业大学博士学位论文.

卯晓岚. 1984. 南迦巴瓦峰地区大型真菌的垂直分布[J]. 山地研究, 2(3): 190-197, 223-224.

卯晓岚. 1988. 我国大型经济真菌的分布及资源评价[J]. 自然资源, (2): 79-84.

卯晓岚. 1993. 西藏经济真菌资源[J]. 山地研究, 11(2): 105-112.

聂明, 罗江兰, 包衎, 等. 2007. 镰刀菌的傅里叶变换红外光谱鉴别[J]. 光谱学与光谱分析, 27(8): 1519-1522.

图力古尔, 李玉. 2001. 我国侧耳属真菌的种类资源及其生态地理分布[J]. 中国食用菌, 20(5): 8-10.

王柏松, 江日仁. 1988. 金顶侧耳的生物学特性观察[J]. 食用菌, (3): 6.

王呈玉. 2004. 中国侧耳属[*Pleurotus*(Fr.)Kumm.]真菌系统分类学研究[D]. 吉林农业大学硕士学位论文.

王海英, 姚方杰, 陈靓, 等. 2012. 金顶侧耳新品种旗金 2 号选育报告[J]. 吉林农业科学, 37(3): 20-21.

王海英. 2012. 金顶侧耳 DUS 测试指南的研制及种质创新的研究[D]. 吉林农业大学硕士学位论文.

王薇. 2014. 长白山地区大型真菌生物多样性研究[D]. 吉林农业大学博士学位论文.

彦培璐, 孙露, 姚方杰, 等. 2009. 金顶侧耳杂交品种选育研究[C]. 中国菌物学会 2009 学术年会, 中国北京: 3.

姚方杰, 李玉. 2002. 金顶侧耳的营养缺陷标记[J]. 吉林农业大学学报, 24(6): 25-26+33.

姚方杰, 肖靖, 李玉. 2004. 金顶侧耳与黄白侧耳性亲和特性的研究[J]. 中国食用菌, 23(5): 8-9.

姚方杰. 2002. 金顶侧耳基因连锁图谱与双-单交配机制解析及高温型菌株选育研究 [D]. 吉林农业大学博士学位论文.

张姝. 2013. 金顶侧耳品种比较研究[D]. 吉林农业大学硕士学位论文.

张友民, 姚方杰. 2011. 金顶侧耳新品种'旗金 1 号'[J]. 园艺学报, 38(9): 1829-1830.

张玉铎, 李明, 张晓倩, 等. 2009. 八个榆黄蘑菌株同功酶分析[J]. 华北农学报, 24(6): 210-214.

张玉铎. 2010. 榆黄蘑单孢杂交及后代筛选[D]. 河北农业大学硕士学位论文.

曾东方. 1999. 侧耳物种多样性研究现状[J]. 食用菌学报, 6(2): 60-64.

Ghosh N, Chakravarty D. 1990. Predictive analysis of the protein quality of *Pleurotus citrinopileatus*[J]. Journal of Food Science and Technology, 27: 236-238.

Gonzalez P, Labarère J. 2000. Phylogenetic relationships of *Pleurotus* species according to the sequence and secondary structure of the mitochondrial small-subunit rRNA V4, V6 and V9 domains[J]. Microbiology, 146(1): 209-221.

Guzman G. 2000. Genus *Pleurotus* (Jacq. : Fr.) P. Kumm. (Agaricomycetideae): diversity, taxonomic problems, and cultural and traditional medicinal uses[J]. International Journal of Medicinal Mushrooms,

2: 95-123.

Jang J H, Lee J, Kim J H, *et al.* 2013. Isolation and identification of RANKL-induced osteoclast differentiation inhibitor from *Pleurotus citrinopileatus*[J]. Mycoscience, 54: 265-270.

Kalmis E, Sargin S. 2004. Cultivation of two *Pleurotus* species on wheat straw substrates containing olive mill waste water[J]. International Biodeterioration & Biodegradation, 53: 43-47.

Khatun S, Islam A, Cakilcioglu U, *et al.* 2015. Nutritional qualities and antioxidant activity of three edible oyster mushrooms (*Pleurotus* spp.)[J]. NJAS-Wageningen Journal of Life Sciences, 72-73: 1-5.

Kulshreshtha S, Mathur N, Bhatnagar P, *et al.* 2013. Cultivation of *Pleurotus citrinopileatus* on handmade paper and cardboard industrial wastes[J]. Industrial Crops and Products, 41: 340-346.

Lee Y L, Huang G W, Liang Z C, *et al.* 2007. Antioxidant properties of three extracts from *Pleurotus citrinopileatus*[J]. LWT - Food Science and Technology, 40: 823-833.

Li Y R, Liu Q H, Wang H X, *et al.* 2008. A novel lectin with potent antitumor, mitogenic and HIV-1 reverse transcriptase inhibitory activities from the edible mushroom *Pleurotus citrinopileatus*[J]. Biochimica et Biophysica Acta (BBA) - General Subjects, 1780: 51-57.

Liang Z C, Wu C Y, Shieh Z L, *et al.* 2009. Utilization of grass plants for cultivation of *Pleurotus citrinopileatus*[J]. International Biodeterioration & Biodegradation, 63: 509-514.

Liu J, Sun Y, Yu H, *et al.* 2012. Purification and identification of one glucan from golden oyster mushroom (*Pleurotus citrinopileatus* (Fr.) Singer)[J]. Carbohydrate Polymers, 87: 348-352.

Mirjana S, Sikorski J, Wasser S P, *et al.*2005. Genetic similarity and taxonomic relationships within the genus *Pleurotus* (higher Basidiomycetes) determined by RAPD analysis[J]. Mycotaxon, 93: 247-256.

Musieba F, Okoth S, Mibey R K. 2011. First record of the occurrence of *Pleurotus citrinopileatus* Singer on new hosts in Kenya[J]. Agriculture and Biology Journal of North America, 2: 1304-1309.

Ohira I. 1990. A revision of the taxonomic status of *Pleurotus citrinopileatus*[R]. Reports of the Tottori Mycological Institute: 143-150.

Ragunathan R, Gurusamy R, Palaniswamy M, *et al.* 1996. Cultivation of *Pleurotus* spp. on various agro-residues[J]. Food Chemistry, 5: 139-144.

Ragunathan R, Swaminathan K. 2003. Nutritional status of *Pleurotus* spp. grown on various agro-wastes[J]. Food Chemistry, 80: 371-375.

Wenning M, Seiler H, Scherer S. 2002. Fourier-transform infrared microspectroscopy, a novel and rapid tool for identification of yeasts[J]. Applied and Environmental Microbiology, 68: 4717-4721.

Zervakis G I, Bekiaris G, Tarantilis P A, *et al.* 2012. Rapid strain classification and taxa delimitation within the edible mushroom genus *Pleurotus* through the use of diffuse reflectance infrared Fourier transform (DRIFT) spectroscopy[J]. Fungal Biology, 116: 715-728.

第十章　白灵菇及近缘种种质资源与分析

第一节　起源与分布

白灵菇，中文正名白灵侧耳（*Pleurotus tuoliensis*）（Zhao *et al.*，2016a），是我国近年来栽培规模发展最为迅速的珍稀食用菌之一，也是目前唯一被列入中华人民共和国农业植物新品种保护名录（第六批）的食用菌。白灵菇的近缘种主要包括杏鲍菇和阿魏菇。

杏鲍菇，中文正名刺芹侧耳刺芹变种（*P. eryngii* var. *eryngii*），是刺芹侧耳种族群中最为常见的一个群体，寄主种类丰富多样，主要包括刺芹属植物（*Eryngium* spp.）、前胡属植物（*Peucedanum* spp.）、*Opopanax chironium*、*Smyrniopsis aucheri*、*Kelussia odoratissima* 等，广泛分布在地中海亚热带地区、中欧和中亚（Lewinsohn *et al.*，2001）。意大利、法国、德国、奥地利、希腊、匈牙利、以色列、叙利亚、土库曼斯坦、捷克和斯洛伐克等国家都有其分布记载。然而到目前为止，仍未在我国发现有野生杏鲍菇分布。杏鲍菇驯化栽培最早起源于 1958 年的法国（黄年来，1996），20 世纪 90 年代被引入中国并开始栽培技术和育种等研究，直到 2000 年年底才被推广到全国各地（郭美英，2001）。据中国食用菌协会统计，杏鲍菇 2014 年年产量已达 107.5 万 t。

阿魏菇，中文正名刺芹侧耳阿魏变种（*P. eryngii* var. *ferulae*），在地中海海拔 0~1200m 的大部分区域均有分布，寄居环境复杂多样，主要包括常绿矮灌丛、荒原和牧场，大阿魏（*Ferula communis*）是其最常见的寄主。除了地中海之外，阿魏菇在伊朗、中国等亚洲国家也有分布。但据文献记载，分布在伊朗境内的阿魏菇的寄主多为羊食阿魏（*F. ovina*）（Ravash *et al.*，2010），而分布在中国境内的阿魏菇的寄主多为托里阿魏（*F. krylovii*）、多伞阿魏（*F. erulaeoides*）和准噶尔阿魏（*F. songorica*）（牟川静和曹玉清，1986）。阿魏菇最早发现于 1873 年意大利，自 1958 年起，先后有法国、印度、德国等外国科学家对其进行驯化栽培（陈忠纯，1991），中国阿魏菇的驯化栽培研究起步较晚，始于 1983 年中国科学院新疆生物土壤沙漠研究所，并获得了成功。然而，由于阿魏菇双核体菌丝生长缓慢、子实体形成周期较长，而且在子实体形成过程中易受病原菌和环境因子的影响，因此，与其他可栽培食用菌相比，阿魏菇在大多数国家仍未开始大规模栽培或生产。

在中国，阿魏菇和白灵菇同域分布，二者在自然状态下均弱寄生或腐生在伞形花科（Apiaceae）阿魏属（*Ferula*）植物的根茎部（图 10-1），仅分布在新疆西北部海拔 700~1500m 的山地和山前平原，主要包括裕民、托里、青河、木垒、石河子等地（牟川静等，1987）。近年来研究发现，白灵菇在伊朗也有分布（Zervakis *et al.*，2014）。我国白灵菇是在阿魏菇驯化栽培过程中由牟川静等（1987）发现的，随后以棉籽壳、锯木屑为主料，以麸皮、阿魏根屑和石膏粉为辅料将其成功驯化，1997 年在北京实现商业化栽培，并取商品名为“白灵菇”。近十年间，我国白灵菇年产量已由 2004 年的 3.7 万 t 增长至 2014 年的 30 万 t，是目前我国最具商业价值和市场前景的食用菌之一。

图 10-1　生长在我国新疆阿魏属植物根茎部的侧耳（Zhao *et al.*，2016a）（另见彩图）

第二节　物种鉴定

一、刺芹侧耳种族群主要栽培种的形态特征

传统分类学上，将发生于伞形花科植物上的侧耳统称为刺芹侧耳（*Pleurotus eryngii*），由于其种群内部在形态、生理生化和遗传特征等方面都具有复杂的多样性，因此也被称为刺芹侧耳复合群（*P. eryngii* species-complex）。到目前为止，该种族群至少包含着 10 个不同的遗传群体。以发生宿主为主要依据的传统分类学，刺芹侧耳种族群自然包括了白灵菇、阿魏菇和杏鲍菇。正如前文所述，虽然它们都发生于伞形花科植物，但是宿主的属或种不同，发生和各自的形态特征也不同。

白灵菇，子实体发生在春季到初夏，常单生，菌盖匙形、扇形，菌盖直径 4.0~16.5cm，边缘内卷，中间凸，不黏，菌盖白色夹乳酪斑，表面有块鳞，龟裂，菌肉厚。菌褶密，延生，宽度 1~2mm。菌柄侧生，长 2.9cm，粗 0.7cm，上部粗而基部较细，实心。孢子大小为[（9）10~14] μm×[（4.2）5~6]μm，担孢子长宽比（*Q*）=2.0~2.5（*Q*=2.2±0.21），椭圆形和长椭圆形，无色透明。担子大小为[30~45（50）] μm×（7~9）μm，棍棒状，透明，薄壁，四孢子小梗。生殖菌丝直径 4~6（8）μm。

地中海阿魏菇，子实体从秋季到翌年春季发生，单生或丛生，子实体肉质，深棕色、栗棕色到棕灰色。担孢子大小为（9.6~13.8）μm×（4.7~6.9）μm（Zervakis *et al.*，2001）。与之明显不同的是，我国阿魏菇发生在春季至夏初，子实体形成早期其外观特征与杏鲍菇十分相似（图 10-2），菌盖呈浅红棕色、灰棕色至污黄，而后渐呈白色，其上有细长小鳞片或龟裂斑纹，盖宽 4~5cm。菌褶延生。菌柄长 3~10cm，粗 1~3cm，内实，肉质，向下渐细。孢子卵白色、透明，长椭圆

图 10-2　子实体形态特征极似杏鲍菇的阿魏菇（另见彩图）

形至椭圆形，（12~14）μm×（5~6）μm（Zadrayil，1974；应建浙等，1982；陈忠纯，1991）。

杏鲍菇，子实体从秋季到晚冬发生。子实体大多数为丛生，菌盖直径 4~15cm，浅棕、印度棕、棕灰色，担孢子大小为（9.1~13.5）μm×（4.6~6.7）μm[担孢子长宽比平均数（Qm）=2.04]。

二、白灵菇、杏鲍菇、阿魏菇之间的性亲和

种间隔离，杂交不育，是生物学种的界定准则。依据这一准则，很多隐蔽种都被鉴定识别出来（Anderson and Ullrich，1979）。真菌学家也曾围绕着刺芹侧耳种族群展开过交配试验，以期对该种族群的不同生态条件下存在的遗传群体进行生物学种的划分。但遗憾的是，不同研究者，不同材料，试验结果不完全相同。 Zhang 等（2006）分别以白灵菇、杏鲍菇、阿魏菇（采自新疆）的 4 个交配型担孢子进行交配试验，结果表明，杏鲍菇与阿魏菇的交配率为 56.25%，白灵菇与杏鲍菇、阿魏菇均不交配。李远东（2009）对多个材料的交配试验表明，白灵菇与阿魏菇（采自新疆）的种间交配率较低，仅为 19%。此外，也有杏鲍菇与阿魏菇的交配率高达 98%或 93%、白灵菇与杏鲍菇交配率 65%、白灵菇与阿魏菇交配率 82%的报道（Kawai *et al.*，2008；Zervakis *et al.*，2014）。可见依据交配试验，杏鲍菇、阿魏菇都应属于刺芹侧耳种族群的变种，而白灵菇的分类学地位仍有待进一步确认。

近年来研究表明，许多真菌虽然在自然状态下生殖隔离，但是仍保留了进化过程中曾有的可交配特性，因此常出现近缘种或变种间人工杂交的不完全交配现象（Le Gac and Giraud，2008），可见在真菌中明确生物学种的界限是存在实际困难的。此外，生物学种的确立依赖交配试验，而交配试验结果正确与否常常受到供试样本的准确鉴定、数量多少和地理来源有无代表性等因素影响，以至于可直接影响测试结果的准确性。

三、白灵菇、杏鲍菇、阿魏菇之间的分子系统发生关系

形态鉴定和生物学种鉴定的困难，推动着大型真菌物种鉴定技术的进步。真菌学家在传统分类学技术的基础上，应用多种分子标记技术开展了刺芹侧耳种族群的研究，以期将各遗传群体置于更能真实反映其自然状态的分类地位。

按照传统分类学，Hilber（1982）认为杏鲍菇和阿魏菇之间是变种水平的差异，应分别定名为刺芹侧耳刺芹变种（*P. eryngii* var. *eryngii*）、刺芹侧耳阿魏变种（*P. eryngii* var. *ferulae*）。Boisselier-Dubayle（1983）通过酯酶、氨基肽酶和磷酸酶的同工酶分析认为，寄主明显不同的杏鲍菇和阿魏菇之间的差别是物种水平上的差别，应分别定名为刺芹侧耳（*P. eryngii*）和阿魏侧耳（*P. ferulae*）。而后 Zervakis 等（2001）通过 RAPD 和酶活分析，认为二者属于种族群内的变种。然而 De Gioia 等（2005）根据微卫星 M13 和 RAPD 标记确定的遗传距离，将杏鲍菇和阿魏菇提升至亚种水平。Urbanelli 等（2007）根据等位酶和 PCR 指纹图谱以及对漆酶、锰过氧化物酶基因的 AFLP、RFLP 分析，又将杏鲍菇和阿魏菇提升到物种水平，支持 Boisselier-Dubayle（1983）的研究结果。Rodriguez-Estrada 等（2010）根据 *ef1α* 和 *rpb2* 部分基因的序列分析结果认为，将杏鲍菇和阿魏菇视为刺芹侧耳种族群中的变种更为合理。

对于同域分布在我国新疆地区的白灵菇和阿魏菇来讲，不同学者就其群体组成及分类学研究也存在不同见解。依据传统分类学，黄年来（1996）认为分布在我国新疆地区发生于阿魏的侧耳包含着两个遗传群体，其中，阿魏菇是与刺芹侧耳相平行的独立物种，即 *P. ferulae*，而白灵菇则属于刺芹侧耳种族群中的变种，赋予拉丁学名 *P. eryngii* var. *nebrodensis*。卯晓岚（2000）亦认为分布在我国新疆地区的侧耳由两个群体组成，并认为这两个群体均是独立于刺芹侧耳的物种，其中白灵菇与分布在意大利的 *P. nebrodensis* 为同一物种。臧穆和黎兴江（2004）则认为新疆地区阿魏植物上发生的侧耳都是阿魏菇（*P. ferulae*）。

2006 年，Zhang 等首次应用分子标记技术对来自新疆地区发生在阿魏根茎部的侧耳组织分离物进行研究，结果表明，我国新疆阿魏上发生的侧耳不是单一物种，而是由白灵菇和阿魏菇两个群体组成。虽然在中国新疆发生的阿魏菇中有些样本形态特征与杏鲍菇极为相似，但是通过 *CO1*、ITS、mtSSU-rDNA 的 V4、V6 和 V9 区域、*ef1α*、*rpb2*、IGS2-RFLP、SCoT、ISSR 多种标记对大量样本的研究表明这些种质并非是杏鲍菇（赵梦然，2012）。

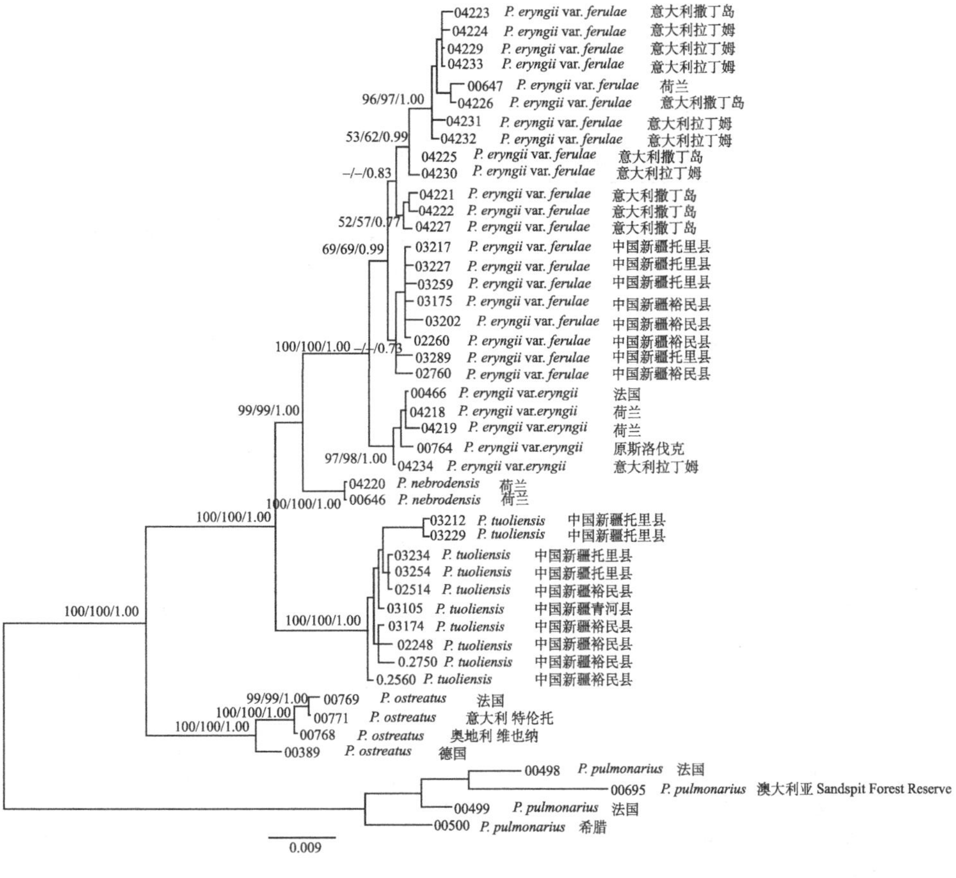

图 10-3 基于 *ef1α*、*rpb2* 和 *rpb1* 联合数据构建的侧耳属主要种类的最大似然树（Zhao *et al.*，2016a）

Kawai 等（2008）对我国白灵菇与意大利的 *P. nebrodensis* 及德国和捷克的杏鲍菇进行 ITS、IGS1 序列比对，认为我国的白灵菇不是意大利的 *P. nebrodensis*，而是刺芹侧耳（*P. eryngii*）在中国独立进化的一个变种。Mang 和 Figliuolo（2010）利用 ITS 和 *ef1α* 构建刺芹侧耳种族群的进化树发现，我国白灵菇、西西里的 *P. nebrodensis* 和地中海地区的“刺芹–阿魏”遗传组群 3 个类群共同组成了刺芹侧耳种族群进化支。虽然我国的白灵菇与其他两个类群的分支较大，但是由于 ITS、*ef1α* 的碱基替代水平都没有达到物种的碱基替代水平，因此依然处于变种的水平。

Zervakis 等（2014）通过形态特征、交配试验以及 ITS 和 IGS1 序列分析结果将我国白灵菇的分类学地位提升至亚种水平。Zhao 等（2016a）采用 ITS、*ef1α*、*rpb2* 和 *rpb1* 多基因联合分析的方法对我国同域分布的白灵菇和阿魏菇分别进行系统发育分析，研究结果表明，白灵菇是一个单系类群（图 10-3），不应视为刺芹侧耳种族群内的变种，而应该被视为一个独立的系统发育学种，拉丁学名为 *Pleurotus tuoliensis*（Zhao *et al.*，2016a）。而我国的阿魏菇，与地中海种质虽然菌盖颜色、寄主和寄居的生态类型等均具显著差异，但是二者亲缘关系仍然十分接近，属于同一个遗传组群，都是刺芹侧耳种族群内的变种，应为 *P. eryngii* var. *ferulae* （Zhao *et al.*，2016b）。

总之，白灵菇及其近缘种的分类地位是一个不断变化和发展的过程，但总体趋于完善并接近本质（表 10-1）。

表 10-1　白灵菇及其近缘种拉丁学名的变迁

种类	分类依据	拉丁学名	参考文献
白灵菇	形态鉴定	*P. eryngii* var. *tuoliensis*	牟川静等，1987
	形态鉴定	*P. eryngii* var. *nebrodensis*	黄年来，1996
	形态鉴定	*P. nebrodensis*	卯晓岚，2000
	交配、栽培试验和序列分析	*P. eryngii* var. *tuoliensis*	Kawai *et al.*，2008
	序列分析	*P. eryngii* var. *tuoliensis*	Mang and Figliuolo，2010
	形态鉴定、交配试验和序列分析	*P. eryngii* subsp. *tuoliensis*	Zervakis *et al.*，2014
	形态鉴定、序列分析	*P. tuoliensis*	Zhao *et al.*，2016a
阿魏菇	宿主、交配试验	*P. eryngii* var. *ferulae*	Hilber，1982
	同工酶分析	*P. ferulae*	Boisselier-Dubayle，1983
	酶活和 RAPD 分析	*P. eryngii* var. *ferulae*	Zervakis *et al.*，2001
	微卫星 M13 和 RAPD 分析	*P. eryngii* subsp. *ferulae*	De Gioia *et al.*，2005
	等位酶、PCR 指纹图谱、特定基因的 AFLP、RFLP 分析	*P. ferulae*	Urbanelli *et al.*，2007
	序列分析	*P. eryngii* var. *ferulae*	Rodriguez-Estrada *et al.*，2010
杏鲍菇	宿主、交配试验	*P. eryngii* var. *eryngii*	Hilber，1982
	同工酶分析	*P. eryngii*	Boisselier-Dubayle，1983
	酶活和 RAPD 分析	*P. eryngii* var. *eryngii*	Zervakis *et al.*，2001
	微卫星 M13 和 RAPD 分析	*P. eryngii* subsp. *eryngii*	De Gioia *et al.*，2005
	等位酶、PCR 指纹图谱、特定基因的 AFLP、RFLP 分析	*P. eryngii*	Urbanelli *et al.*，2007
	序列分析	*P. eryngii* var. *eryngii*	Rodriguez-Estrada *et al.*，2010

第三节　国内外相关种质遗传多样性分析与评价

遗传多样性具有广义和狭义两类概念，通常所说的遗传多样性大多是指狭义的遗传多样性，即种内个体之间或一个群体内不同个体的遗传变异总和（沈浩和刘登义，2001）。种内遗传多样性与物种对环境变化的适应能力密切相关，遗传多样性越丰富，物种对环境变化的适应能力越强，生存能力和进化潜力也就越大。遗传多样性是通过研究而逐渐被认识的，随着生物学研究层次的变化和实验手段的不断改进，目前，人们对遗传多样性的认识主要分为形态特征、生理特性和DNA水平多态性3个层面。

一、白灵菇种质遗传多样性分析与评价

1. 子实体形态的多样性

子实体形态特征是野生种质资源评价和利用的重要性状，研究表明，野生白灵菇不同菌株在菌盖颜色及形状、菌柄形状及着生方式、菌褶疏密及网纹多少、子实体质地及周期长短等方面均有明显区别。白灵菇菌盖颜色多为纯白、近白和乳白色，少数为浅米黄和浅棕色。菌盖初期半球形，后期伸展或中部下凹，呈山形、贻贝形、掌形、圆盘形、浅盘形、浅漏斗形或马蹄形。当湿度不够时，菌盖表面常出现龟裂；湿度过大时，菌盖表面常出现细微的浅黄褐色条纹或条斑。菌柄多为侧生，亦有偏生、近中生，甚至近无柄；上粗下细或上下等粗，形态呈细长、细短、粗长、粗短、基部粗5种类型（图10-4）。子实体的基本形态特征，在原基形成期就可分为两大类：贻贝形或掌形与浅漏斗形或马蹄形（图10-5）。菌褶延生，有疏密之分，菌褶或菌褶基部常有深浅不同、疏密不同的网纹结构。子实体质地包括致密、正常、松软3种类型。

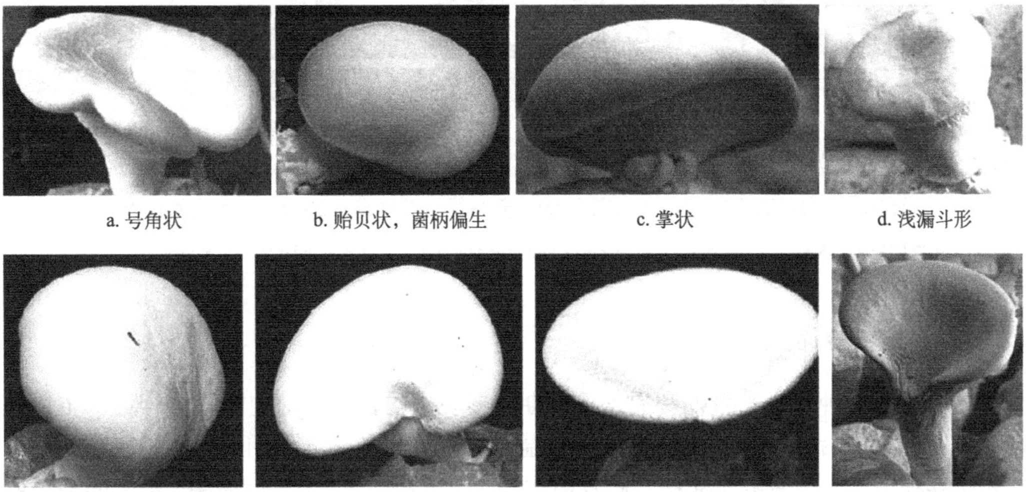

a. 号角状　b. 贻贝状，菌柄偏生　c. 掌状　d. 浅漏斗形

e. 贻贝形，菌柄侧生　f. 扇形　g. 浅盘形　h. 马蹄形

图10-4　白灵菇野生种质的栽培特征（另见彩图）

图b为栽培品种中农1号

图 10-5　白灵菇不同菌株的原基形态（李远东，2009）（另见彩图）

左. 商品菇掌状或贻贝状（短柄）；右. 商品菇漏斗形或马蹄形（长柄）

2. 培养特征的多样性

培养特征的差异体现了双核菌丝体形态的多态性，也反映了其内部遗传信息的多样性。在适宜温度下，白灵菇种质均表现出自身特有的培养特征（图 10-6）。有的菌丝浓密舒展、气生菌丝发达，有的菌株菌丝稀疏舒展、气生菌丝不发达；还有的菌丝浓密、菌落局限，气生菌丝极为发达，向上空生长。有的菌落边缘十分圆整，而有的则不圆整。菌落颜色多为白色和乳白色，也有个别种质产生色素于气生菌丝上而使菌落呈现淡黄色（李远东, 2009）。

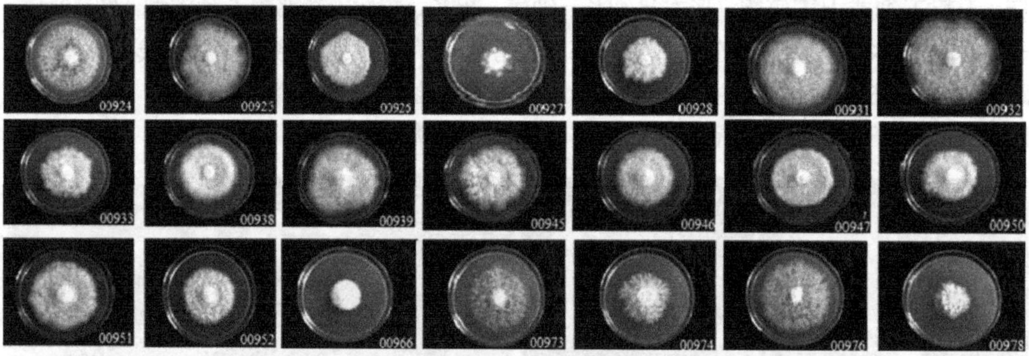

图 10-6　白灵菇不同菌株在 25℃下的培养特征（李远东，2009）（另见彩图）

图上菌株均来源于国家食用菌标准菌株库（China Center for Mushroom Spawn Standards and Control，CCMSSC）

3. 栽培生理特征的多样性

白灵菇不同种质在发菌期和原基形成期所展现出的生理特征也极富多样性。主要表现在发菌速度、后熟期、子实体形成对低温的反应等。虽然发菌期差异不是特别显著，但是仍存在差异，在使用纯棉籽壳做发菌实验时，最快的 35 天长满菌袋，最慢的则需要 45 天。后熟期与原基形成时间密切相关。发菌完成后，不同种质子实体形成需要的生理后熟期差异大大显著于菌丝的生长速度。原基形成时间最短的仅需 38 天，最长的则超过 90 天。一般而言，短周期种质的子实体形成不需要低温刺激，而长周期种质需要较强的低温刺激。

短周期种质多数对低温刺激不敏感，无低温刺激也可出菇，有低温刺激条件则出菇更快。多数种质则必须低温刺激才可出菇，一般需要低温刺激 10~12 天，甚至更长。

不同种质适宜的出菇温度差异较大，高温种质出菇温度可高达 16~22℃，而低温种质仅 12~16℃。

另外，不同种质搔菌后菌丝恢复生长的能力差异显著，多数搔菌后 6 天恢复生长，而恢复力强的仅需 3 天，比较脆弱的种质搔菌后则难以恢复生长，最终菌体干缩或被霉菌侵染。

4. 温度反应

不同的种质不论菌丝体生长还是子实体形成，对温度的反应不完全相同。在野生条件下，多在春季发生的为低温种质，初夏发生的为高温或广温种质。

双核体菌丝的生长温度范围、适宜生长温度范围和最适生长温度是菌株固有的生理特性。白灵菇不同菌株的菌丝生长对温度要求和反应也不尽相同。研究表明白灵菇在 5~30℃条件下都可生长，在 35℃条件下，接种物均不能萌发。绝大多数菌株都在 25℃表现出最大生长量，但也有个别菌株在 15℃下表现出最大生长量。有的菌株在不同培养温度下菌丝长速都很缓慢，对温度变化也不敏感；而有的菌株在不同温度下长速变化则特别明显，对温度变化反应十分敏感（图 10-7）。

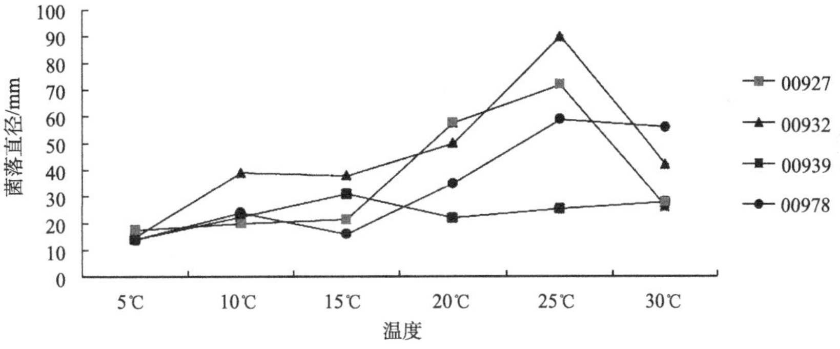

图 10-7　白灵菇不同菌株对温度变化的反应

5. 体细胞不亲和性

体细胞不亲和的个体间产生拮抗反应，这一现象普遍发生在丝状真菌中，在异宗结合的大型真菌中，这种体细胞不亲和性通常可以作为遗传差异的标记（Barrett and Uscuplic，1971）。一般认为拮抗反应的有无是个体间是否存在本质差别的体现，拮抗反应程度的强弱是群体间遗传差异程度的反映，遗传差异性越大，拮抗反应越强烈（May，1988）。按照 May（1988）给予的分级界定标准，白灵菇种内不同菌株间的拮抗反应呈中强程度，不亲和个体间形成微弱隆起的沟和浅黄褐色色素（图 10-8），色素的有无是其拮抗反应有无的标志。形态上差异较大的个体间反应相对强烈，形态相近的个体间反应强度相对较弱。

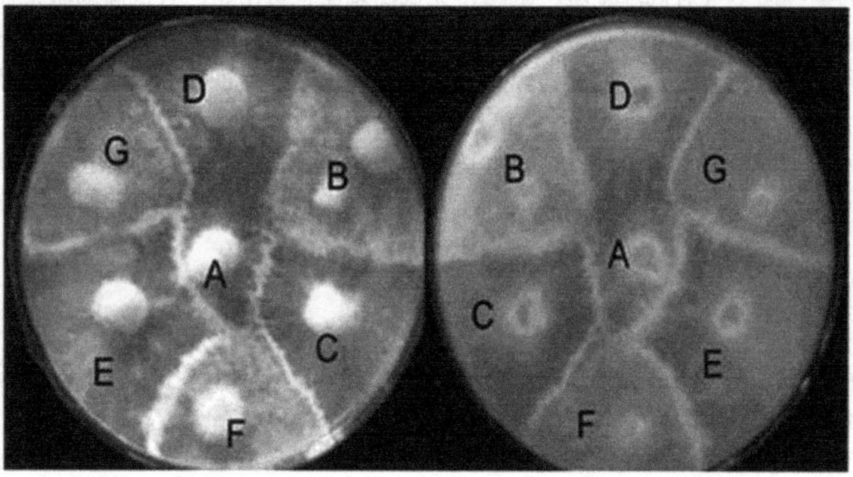

图 10-8　白灵菇不同菌株间的拮抗反应（李何静，2012）（另见彩图）

6. 野生种质的交配型因子估测

物种自然群体中的交配型因子数目，不仅是该物种遗传丰度的重要体现，也是种质鉴定和利用的良好的参考标准（林芳灿等，2003）。在食用菌育种中，不亲和性因子总数越多，则不同来源的单核体间交配的可亲和率越高，可供杂交育种的材料就越丰富，获得优良品种的可能性就越高（黄晨阳等，2009）。李何静等（2013）对 51 株新疆野生白灵菇的 84 个原生质体单核体的交配型因子进行分析。在 84 个单核体中存在 54 个不同的 A 因子和 59 个不同的 B 因子。卡方检测表明交配型因子 A 、B 的系列因子均为等概率分布。据此估算我国白灵菇自然群体中有 79 个 A 因子，100 个 B 因子，自然群体中的单核交配型总数 79×100=7900 个，双核交配型总数 31 201 050 个。可见，新疆白灵菇遗传多样性丰富，新疆是我国白灵菇的野生种质资源宝库。

7. 遗传多样性形成分析

赵梦然等（2015）对来自新疆青河县、富蕴县和石河子地区的 21 个野生白灵菇进行 IGS2-RFLP 分析，研究结果表明供试白灵菇总样本的多态性条带比率为 78.6%，Nei's 基因多样性指数 0.219，Shannon 信息指数为 0.332，平均相似系数为 0.68，揭示野生白灵菇具有丰富的遗传多样性。然而基于 IGS2-RFLP 的聚类分析结果表明，21 个白灵菇并没有完全按照其地理来源聚类。Zhao 等（2013） 采用 ISSR+SCoT 的方法对源自新疆裕民、托里、青河 3 个地区 9 个采集点的 123 个野生白灵菇样本进行物种水平和居群水平的遗传多样性分析。在物种水平上，白灵菇的多态位点百分率和 Nei's 基因多样性指数分别为96.32%和0.238；居群水平上的Nei's基因多样性指数在0.149~0.218，平均为0.186，Shannon 信息指数在 0.213~0.339，平均值为 0.284。表明白灵菇野生种质在物种和居群水平上的遗传变异均很丰富。Nei's 基因多样性分析和分子方差分析（AMOVA）结果表明，白灵菇的遗传变异主要源于居群内部，异域居群间和同域居群间均存在相对较低但显著的遗传分化。居群间遗传距离与地理距离和经度变化具有显著正相关性（r_{Go}=0.789，r_{Ln}=0.873），揭示距离隔离可能是促使居群间产生遗传分化的一个重要因素。居群遗传距离分析和聚类分析显示来自同一采集地区的居群亲缘关系较近，表明白灵菇居群间的亲缘关系与其地理分布密切相关（图 10-9）。

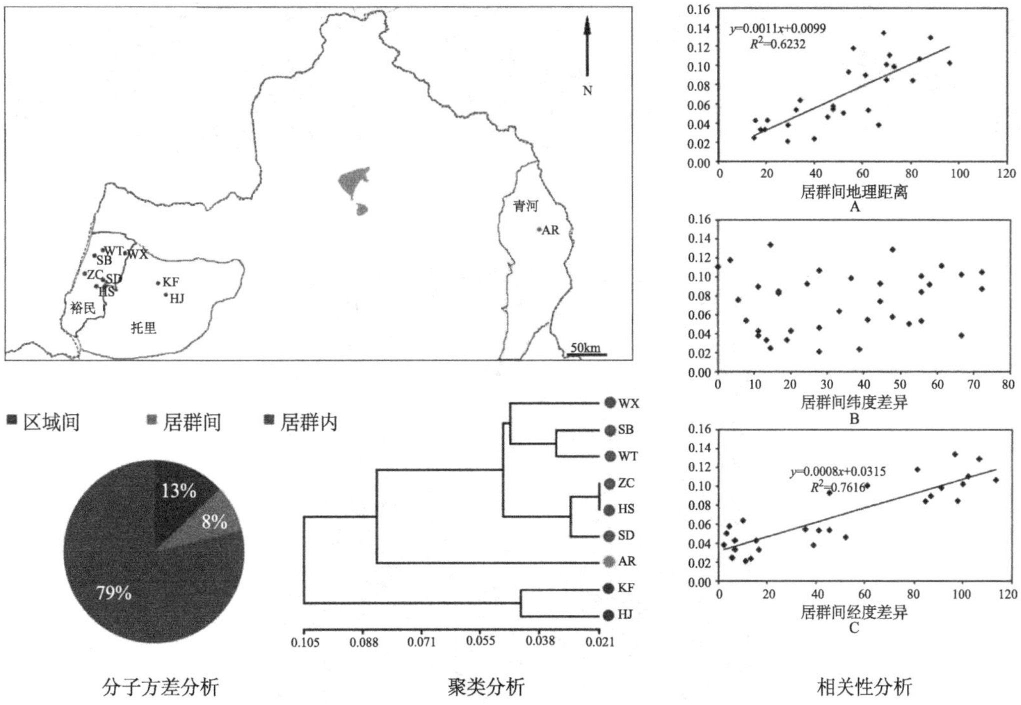

图 10-9　野生白灵菇的遗传结构特点（另见彩图）

二、阿魏菇种质遗传多样性分析与评价

我国阿魏菇与白灵菇同域分布，多年来的野外调查发现，我国野生阿魏菇种群数量远远少于白灵菇。虽然在自然界阿魏菇未进化形成优势种群，但是，研究发现我国野生阿魏菇群体中的个体间遗传变异度也很高。

阿魏菇菌盖颜色多为米黄色、浅米黄色、浅褐色，个别种质呈白色或灰白色。菌盖初期凸出，呈半球形，后平展，中部下凹呈浅盘状、浅漏斗状，亦有掌状，边缘内卷或呈波状，表面粗糙似有绒毛、近龟裂或有明显的浅褐色条纹。菌柄多为偏生或近中生，粗壮、实心，幼时近瓶形。菌褶密，延生，几乎都伴有深浅不同、疏密不同的网状结构（图 10-10）。

在适宜温度下，阿魏菇不同个体间的双核体培养特征基本一致，都表现为菌丝浓密，聚集成不规则的半圆形或圆形隆起，匍匐菌丝少而气生菌丝较多，菌丝生长缓慢、菌落局限，较圆整，在 PDA 培养基上不能长满平板（图 10-11）。

图 10-10　阿魏菇野生种质的栽培特征（赵梦然，2012）（另见彩图）

图上菌株均来源于国家食用菌标准菌株库（China Center for Mushroom Spawn Standards and Control，CCMSSC）

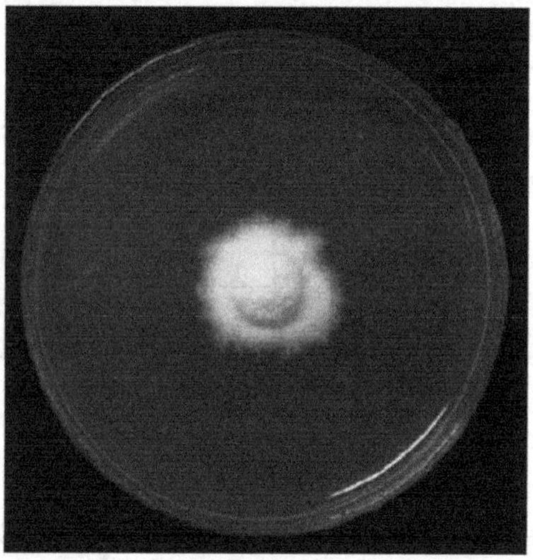

图 10-11　阿魏菇菌株在 25℃下的培养特征（赵梦然，2012）（另见彩图）

阿魏菇双核体生长温度范围与白灵菇相同，不同种质的适宜生长温度存在差别，有的 25℃，有的 30℃。由于阿魏菇双核体对温度变化反应不敏感，因此不同温度对菌丝生长量的影响并不显著（图 10-12）。这种不显著也可能受菌落局限的遮盖。

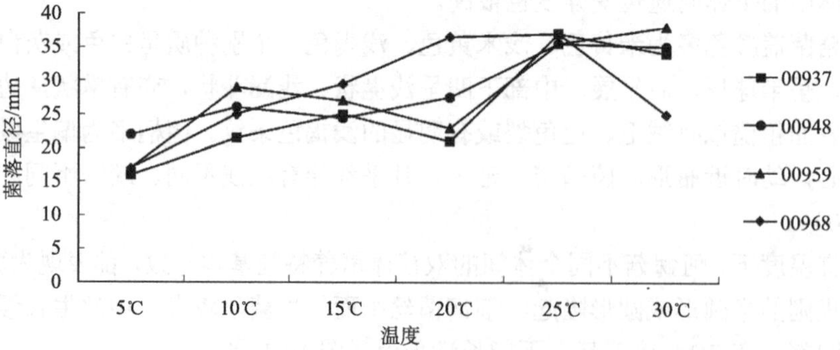

图 10-12　阿魏菇不同菌株在不同温度下的生长速度

由于阿魏菇双核体菌落局限，大大限制了其经济利用。同时，也影响了真菌学家研究的积极性，其遗传多样性的研究报道也较少。Urbanelli 等（2003）利用等位酶技术对意大利 19 个采集点的 261 个阿魏菇样本进行了遗传多样性分析，结果表明其基因多样性指数为 0.158，居群间的基因分化系数 Gst 为 0.045。基于微卫星 M13 的扩增结果对意大利阿魏菇居群间的遗传变异的方差分析表明，阿魏菇居群间的基因分化系数 Fst 为 0.138，这表明不同居群间的遗传分化水平很低，揭示了意大利阿魏菇遗传变异多源于居群内部的特征。Zhao 等 （2016b） 采用 *ef1α*、*rpb2* 和 *rpb1* 三个基因片段对来自新疆的 6 个采集点的 78 个野生阿魏菇进行遗传多样性分析，研究表明，我国阿魏菇遗传变异很丰富。与意大利阿魏菇遗传结构相似，新疆野生阿魏菇大部分的遗传变异也来自居群内部。与意大利群体不同的是，我国阿魏菇地理居群之间存在显著的遗传分化，但是分化水平较低。且其遗传多样性与样本地理来源无明显相关性。通过 ISSR+SCoT 的方法对来自新疆裕民县、托里县 7 个采集点的 56 个野生阿魏菇进行遗传多样性分析的结果表明，我国阿魏菇变种水平上的多态位点百分率和 Nei's 基因多样性指数分别为 71.88%和 0.192；居群平均 Nei's 基因多样性指数为 0.178，平均 Shannon 信息指数为 0.267，与白灵菇相比，我国阿魏菇在种群水平和居群水平上的遗传多样性略低，与意大利阿魏菇多样性水平相当。ISSR+SCoT 标记与 *ef1α*、*rpb2* 和 *rpb1* 三个基因片段的方差分析结论一致。

白灵菇虽然比阿魏菇具有更为丰厚的遗传背景，然而基于 ISSR+SCoT 标记的分析结果表明，阿魏菇样本间的平均相似系数（0.800）却低于白灵菇平均相似系数（0.840），揭示阿魏菇样本间的遗传差异高于白灵菇（赵梦然，2012）。可见，野生阿魏菇同样蕴藏着较大的育种潜力。

三、杏鲍菇种质遗传多样性分析与评价

到目前为止，在我国几乎没有发现野生杏鲍菇分布，因此未见国内杏鲍菇野生种质多样性分析与评价的相关报道。在国外，有关杏鲍菇的研究热点几乎都集中在分类学地位的相关研究上，对于野生杏鲍菇种内多样性的分析报道也非常有限。Zervakis 等（2001）对 15 个地中海分布的野生杏鲍菇进行同工酶分析，研究结果显示，多态性位点比率达 100%，平均多样性指数为 0.261，揭示野生杏鲍菇种内高水平的遗传变异。Urbanelli 等（2003）利用等位酶和微卫星 M13 对来自意大利 6 个采集点的 123 个杏鲍菇进行遗传多样性分析，结果表明杏鲍菇基因多样性指数分别为 0.211，居群间的基因分化系数 Gst 为 0.10，揭示杏鲍菇野生种质资源遗传多样性丰富，大部分遗传变异都源自居群内部，居群间不具有显著的遗传分化，研究结论与其同域分布的阿魏菇非常相似。

第四节　栽 培 品 种

不同的市场，对产品要求不同；不同的消费群体，对产品商业品质的要求不同；为了满足市场的需要，育种者要选育不同的菌株供商业栽培使用。在栽培实践中，不同的设施和条件，需要农艺性状不同的菌株。在巨大的商业和产业需求下，白灵菇和杏鲍菇商业栽培菌株不断增加，品种的农艺性状也呈现多样化。

一、白灵菇栽培品种遗传多样性分析及评价

1. 农艺性状的多样性

白灵菇经过近 30 年的人工选择，从出菇周期上分化出长周期（大于 110 天）、中等周期（大于 90 天且小于 110 天）和短周期（小于 90）三大类，从出菇温度上分化出低温型和广温型两类品种。从子实体形态上划分为扇形、掌状、贻贝形、浅漏斗形 4 种类型。

然而王波等（2003）通过拮抗试验、菌丝生长速度、栽培特性和子实体形态的观测对 8 个生产菌株进行了种质评价，认为具种质差异的仅 4 个。

刘秀明等（2015）对栽培品种的耐热性研究表明，中农 1 号、华杂 13、中农翅鲍和 CCMSSC00488 等不同栽培品种间耐高温能力存在差异，这不仅体现在菌落形态和菌丝显微形态上，而且还体现在由高温引起的氧化损伤程度上。不同品种的氧化损伤程度不同，依次为 CCMSSC00488>华杂 13>中农翅鲍>中农 1 号。高温胁迫处理后恢复生长需要的时间依次为 CCMSSC00488>华杂 13>中农翅鲍、中农 1 号；菌落生长势依次为中农 1 号>中农翅鲍=华杂 13>CCMSSC00488。

2. 遗传特异性

张金霞（2005）对 19 个白灵菇栽培菌株进行酯酶同工酶多样性分析，19 个菌株酶谱差异较小，菌株相似性在 97 %以上，栽培特征完全相同的菌株酯酶同工酶谱则表现完全相同（图 10-13a）。对这 19 个白灵菇菌株进行 RAPD 分析的结果显示，11 个引物共产生 78 条条带，其中有差异的条带 25 条，仅占 32%。供试菌株可分为 4 类（图 10-13b），各类群内的菌株 RAPD 图谱完全相同，可能是同一菌株，菌株间遗传相似性范围为 88%~99%，与菌株间形态和栽培性状的差异部分吻合。白灵菇不同菌株 IGS2 长度和数量都具多态性，所有掌状菌株均为单一条带，但是大小有所差别，分别为 7.8kb、3.5kb，马蹄状菌株（CCMSSC00486）则同时具有 7.8kb 和 3.5kb 两条带（图 10-13c）。选取 4 个限制性内切核酸酶对不同菌株 IGS2 区域进行酶切，结果显示每个菌株均存在这 4 种酶的酶切位点，电泳产生不同带型。*Bsh*1236I 酶切后产生 3 条带，*Bsu*RI 酶切后产生 11 条带，*Hin*6I 酶切后产生 4 条带，*Rsa*I 酶切后产生 7 条带，共计 25 条，其中多态性条带为 16 条，占 64%（张金霞等，2004）。基于 IGS2-RFLP 产生的白灵菇菌株间的遗传相似性为 88%（图 10-13d）。张金霞实验室自 1997 年开始收集全国白灵菇栽培菌株，10 年间收集到 32 个栽培菌株，经栽培试验、拮抗试验、酯酶同工酶和 DNA 分子标记方法鉴定后，表明存在着大量的同物异名，32 个菌株中具有遗传特异性的仅 5 个，分别是中农翅鲍（CCMSSC00485）、KH2（CCMSSC00486）、CCMSSC00487、CCMSSC00488 和中农 1 号（CCMSSC00489）。

对 CCMSSC00485、CCMSSC00486、CCMSSC00488 和 CCMSSC004894 个栽培菌株 rDNA-IGS2 区域进行了 TA 克隆。40 个阳性克隆得到 IGS2 序列片段 21 个，大小在 1200~3593bp。其中 CCMSSC00485 菌株得到 5 个，片段大小在 1644~3461bp；CCMSSC00486 菌株 6 个，片段大小在 1200~3416bp；CCMSSC00488 菌株 7 个，片段大

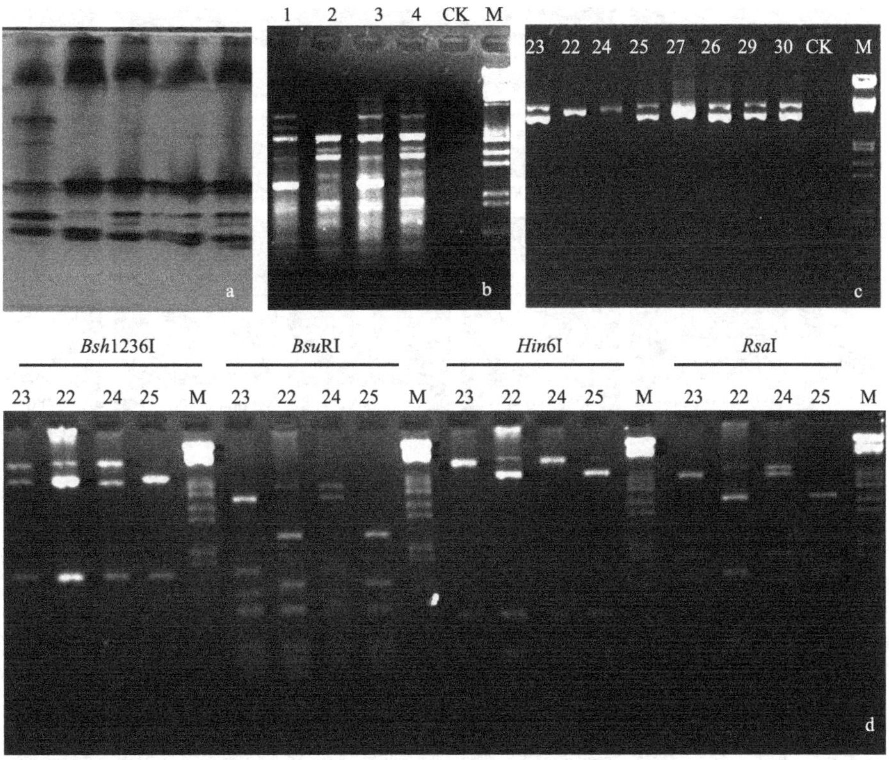

图 10-13　不同分析方法获得的白灵菇栽培菌株间的差异电泳图谱（张金霞，2005）

a. 酯酶同工酶图谱；b. RAPD 电泳图谱；c. IGS2 电泳图谱；d. IGS2-RFLP 电泳图谱

小在 1372~3461bp；CCMSSC00489 菌株 3 个，片段大小在 1313~3593bp。长片段序列比对表明多数区域一致度较高，仅在 300bp 和 2000~2500bp 区域存在差异。证实白灵菇不同菌株 IGS2 长度和数量都具多态性（曲绍轩，2007）。

3. 营养不亲和性

曲绍轩（2007）以上述 5 个具有遗传特异性的栽培菌株和 1 个野生菌株（CCMSSC-00491）为材料，对白灵菇进行体细胞不亲和性分析，研究表明 6 个菌株 15 个体细胞不亲和性反应中，在有光条件下全部产生色素，无光条件下有 4 个组合未产生色素；除 CCMSSC00485 与 CCMSSC00491 两菌株菌丝接触区之间无隆起，互相在接触处停止生长，形成无菌丝的沟外，其他菌株两两之间在接触处均有隆起；所有组合菌丝生长都旺盛，无一方占优势的现象发生（图 10-14）。

4. 不亲和性因子分析

白灵菇 A、B 因子不连锁，其中 A 因子由 1 个亚基构成，B 因子由 2 个遗传距离为 1cM 的 α、β 亚基构成（姚方杰等，2005）。黄晨阳等（2009）对 5 个白灵菇栽培菌株和 1 株野生菌株进行不亲和性因子分析，试验表明，供试菌株交配型因子是不同的（表 10-2），存在着 7 个特异的 A 因子和 10 个特异的 B 因子，分别占单核体数的 58%和 83%。

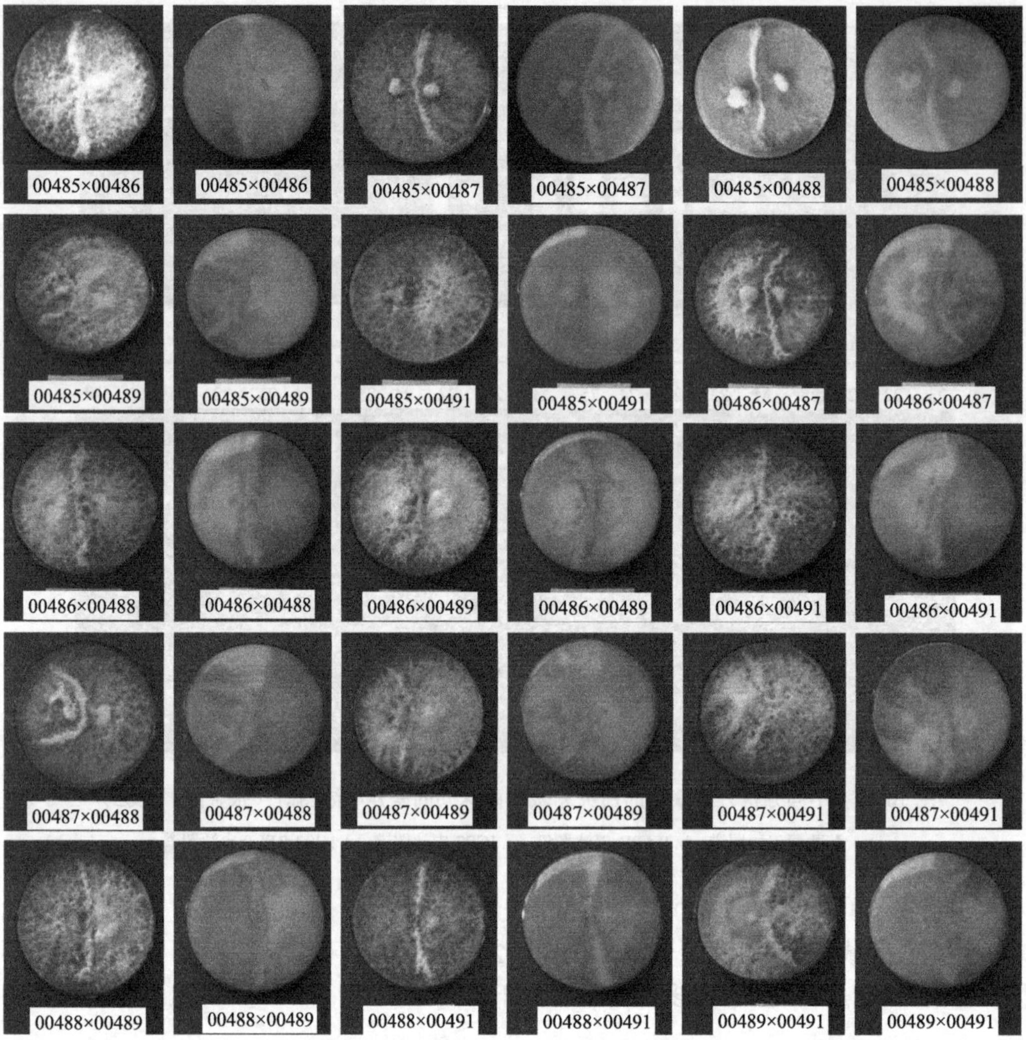

图 10-14　无光条件下白灵菇栽培菌株间的拮抗反应（曲绍轩，2007）（另见彩图）

图上菌株均来源于国家食用菌标准菌株库（China Center for Mushroom Spawn Standards and Control，CCMSSC）

在 6 个菌株中的 A、B 因子的重复频率分别为 41.7%和 16.7%。其中 00485 菌株和 00488 菌株的 2 个 A 因子相同，只有一个 B 因子不同。本试验中 A 因子的 A1、A3 和 A5 分别出现 2 次，A4 出现 3 次，A2、A6 和 A7 各自只出现一次。在 B 因子中，B3 和 B4 出现了 2 次，其他 8 个 B 因子都仅出现 1 次。菌株间交配型因子特异性的存在与 RAPD 和 IGS 的分析结果相一致（张金霞等，2004）。

表 10-2　6 个白灵菇菌株的交配型不亲和性因子

不亲和性因子	CCMSSC00485	CCMSSC00486	CCMSSC00487	CCMSSC00488	CCMSSC00489	CCMSSC00491
A 因子	A_3A_4	A_5A_7	A_4A_5	A_3A_4	A_1A_2	A_1A_5
B 因子	B_3B_4	B_9B_{10}	B_3B_5	B_4B_6	B_1B_2	B_7B_8

资料来源：黄晨阳等，2009

5. 主要栽培品种及其特性

（1）中农1号（国品认菌2007042）

选育单位：中国农业科学院农业资源与农业区划研究所。

品种来源：单菇多孢杂交选育，亲本来自新疆野生种质。

形态特征：子实体色泽较其他品种洁白，致密度中等；菌盖贻贝状，平均厚4.5cm，长宽比1∶1；菌柄白色，偏生，表面光滑，长宽比约1∶1，菌盖长和菌柄长之比约2.5∶1。子实体形态的一致性高于80%，几乎无畸形菇形成（图10-15a）。

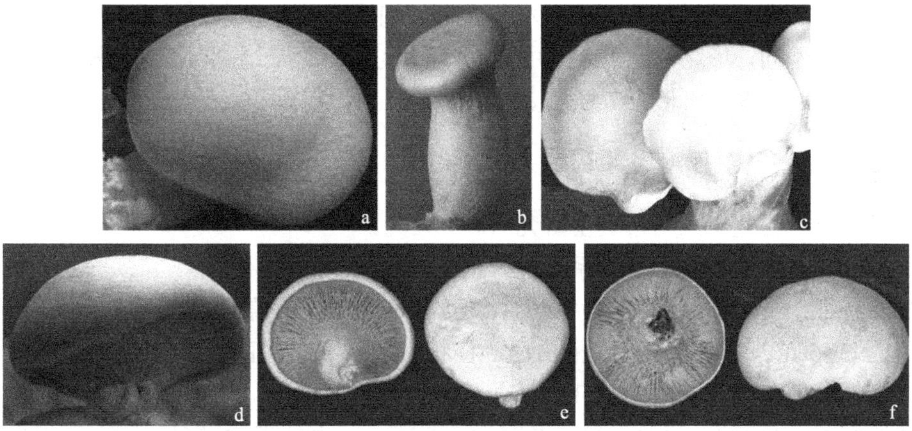

图10-15　白灵菇主栽品种的子实体形态（张金霞等，2012）（另见彩图）

a. 中农1号；b. KH2；c. 华杂13号；d. 中农翅鲍；e. 中农短期1号；f. 中农致密1号

菌丝培养特征特性：菌丝生长的温度10~33℃，适宜温度20~30℃，最适培养温度28℃，温度高于35℃、低于5℃时菌丝停止生长；在PDA培养基上，28℃条件下，菌丝12天长满90mm直径的培养皿。菌落均匀、舒展、绒毛状，边缘整齐，正反面颜色均为白色，菌丝洁白、浓密，气生菌丝较发达，无色素分泌。

栽培特性：子实体分化温度5~20℃，生长适宜温度15~19℃，商品菇品质形成最适温度10~14℃，无低温刺激也可形成子实体，但是子实体形成对温差刺激敏感，温差刺激可促进子实体形成；菌丝生长适宜的基质含水量62%左右，子实体发育适宜的基质含水量65%，高于其他白灵菇品种。子实体发育期较耐高湿，适宜空气相对湿度为85%~90%，高于其他品种；对斑点病抗性强，在相同环境条件下，其他品种表现不同程度的发病，该品种子实体无一发病；子实体原基阶段对强光刺激敏感，在昼夜温差大、光照强的条件下，菌丝一经长满基质，光照7~10天即可有子实体形成。

栽培周期：在室温20~22℃条件下40~45天长满直径11cm、长30cm的栽培袋，后熟期温度18~20℃条件下30~40天，之后给予足够的光照和昼夜温差即可出菇，在相同条件下，子实体发育快于其他品种，从原基出现到采收一般仅7~8天。菇潮较集中，易管理，从接种到采收一般100~110天，较掌状品种周期短10~20天。

栽培技术要点：出菇前适当提高基质含水量。含水量应高于普通品种。装袋时含水量较低的需要完成菌丝后熟后适当补水。接种和发菌环境条件较好的生产者，可以在装袋时适当提高含水量，可高至68%左右。形成菇蕾后，可通过泥墙出菇方式补水。出菇菌袋码放密度要适当。中农 1 号生长快，呼吸强度大，释放二氧化碳多，因此要想控制菇房二氧化碳含量，菌袋码放不可过密，以棚内的总面积计，应在每平方米 40 袋左右。中农 1 号子实体生长快，是普通品种的 2~3 倍，生长中需氧量大，要加强通风。采收一潮菇后养菌 3 周左右再适当补水，40 天左右可形成二潮菇，出菇的菌袋二潮菇产量与一潮菇基本相当，但出菇率较低，30%左右，精心管理下出二潮菇的菌袋可占 70%以上，总生物学效率可达 60%以上。

适宜栽培地区和接种季节：适宜华北各地、河南、湖北和东北各省栽培，但是不同地方接种季节不同，华北各地以 8 月中旬~9 月中旬接种为最适期，河南和湖北以 9 月中旬~10 月上旬为最适，东北则 7 月为接种适期。

（2）白灵菇 KH2（国品认菌 2007043）

选育单位：福建省三明市真菌研究所。

品种来源：野生种质驯化，系统选育，采自新疆。

形态特征：子实体单生、双生或丛生，致密度中等；菌盖白色，浅漏斗形，直径 6~12cm，厚 3~6cm，表面光滑，菌柄白色，柱状，长 4~8cm，直径 2~5cm，肉质，中生、偏中生，无绒毛和鳞片（图 10-15b）。

菌丝培养特征特性：菌丝生长的温度为 5~32℃，最适温度 24~26℃，耐最高温度 40℃ 4h，耐最低温度 0℃ 8h，保藏温度 4~6℃。适宜的培养条件下，12 天长满 90mm 培养皿，菌落洁白整齐，正反面色泽相同，气生菌丝较发达，无色素分泌。

栽培特性：

配方：除樟科外的阔叶树木屑 50%，棉籽壳 28%，麦麸 20%，轻质石灰或石膏粉 1%，糖 1%。采用棉籽壳 54%、玉米芯 30%、麦麸 10%、玉米粉 5%、石灰 1%的配方栽培效果更好。

发菌适宜的环境条件：发菌温度 20~27℃，最适温度 25℃，基质含水量 62%~65%，空气相对湿度 60%~70%；菌丝生长的基质酸碱度为 pH 5~9，最适 pH 5.5~6.5；不需光照，需适量通风供氧。

子实体生长适宜的环境条件：子实体生长的温度为 5~23℃，适宜温度 8~13℃；基质含水量 60%~65%，空气相对湿度 90%~95%；空气新鲜，较强的散射光。

催蕾方法和条件：较充足的散射光，充分利用自然昼夜温差，温差 5℃以上，空气相对湿度 90%~95%。

出菇菌龄：适温下 75 天左右，低温下则更长。

栽培周期：适温下发菌期 30~35 天，后熟期 40~45 天，栽培周期 90~120 天。

产量表现：生物学效率 50%~70%。

品种主要优缺点：主要优点是产量高，抗逆性好；主要缺点是菌柄较长。

栽培注意事项：培养料含水量 62%~65%。菌丝培养期宜避光，后熟期需散射光，菌丝生理成熟后应增强光线，加大温差刺激原基形成。待菇蕾长至拇指大时开袋，无原基就开袋将难以出菇，菇蕾太小开袋则容易夭折。采收后菌袋覆土，可再出一潮菇。

适宜栽培地区和接种季节：适宜除热带地区外，各地夏、秋季栽培。

商品特性：贮存温度 1~2℃，耐贮藏性差。

（3）华杂 13 号（国品认菌 2008028）

品种来源：单孢杂交选育，亲本为白阿魏蘑 1 号、长柄阿魏菇。

形态特征：菌盖白色，扇形，直径 7~12cm，厚 2.5cm，菌柄处菌褶有时呈网格状；菌柄长短中等，6~8cm，侧生或偏生（图 10-15c）。

菌丝培养特征特性：菌丝生长温度为 2~32℃，最适温度 23~24℃，耐最高温度 35℃ 1 天，耐最低温度 0℃10 天；保藏温度 2~4℃。在适宜的培养条件下，11 天长满 90mm 培养皿。菌落舒展、较稀疏，正反面均为白色，有少量气生菌丝，不分泌色素。

栽培特性：配方为棉籽壳 43%，杂木屑 40%，麦麸 10%，玉米粉 5%，石膏 1%，石灰 1%，含水量 58%~65%；发菌适宜温度为 22~24℃，最适温度 24℃，子实体形成温度为 5~23℃，适宜温度 12~18℃；菌丝生长适宜的基质含水量 58%~65%，空气相对湿度 60%~70%，子实体形成的适宜基质含水量 60%~65%，空气相对湿度 85%~95%；菌丝体生长的酸碱度为 pH 5~10，适宜 pH 5.5~7.5，最适 pH 6.5；菌丝体生长阶段不需要光照，菇蕾分化需散射光，子实体生长阶段需要明亮的散射光。菌丝生长和出菇阶段都需要充足的氧气，氧气不足会导致菌丝生长缓慢，出菇期菇棚需经常通风换气，氧气不足会导致子实体生长缓慢或变黄，二氧化碳浓度过高易产生菌盖不分化的畸形菇。

抗霉性：抗霉性中等。发菌期间温度偏高或湿度偏大会导致木霉和黄曲霉等杂菌侵染，出菇期高温高湿菌袋易被木霉等杂菌侵染。

栽培周期：90~120 天。在长江中下游地区，9 月接种，自然条件下发菌期 35~45 天，再经 40 天左右的后熟培养，当年 11 月下旬~翌年 3 月出菇。菇潮不整齐，在此期间只出菇一潮，较高管理水平下，少部分菌棒可出二潮菇。

催蕾方法和条件：先搔菌促子实体原基发生整齐，之后在温度 18~22℃条件下培养 5 天，使菌丝恢复生长，再于 0~13℃的低温处理 7~10 天，以后控制菇房温度 10~15℃，相对大气湿度提高到 85%~90%，光照强度达到 500lx 以上，保持空气新鲜，经过 7~10 天即可现蕾。

产量及分布：一般只出一潮菇，生物学效率 40%以上，覆土栽培出少量二潮菇。

品种主要优缺点：主要优点是出菇快，不需要较大的温差刺激；较耐高温，适合南方地区种植，对栽培管理要求不高。主要缺点是菇柄较长，商品性较差。

商品特性：贮存温度 0~4℃，耐贮藏性较好，在 0~4℃条件下可保鲜 20~25 天。

（4）中农翅鲍（国品认菌 2008029）

选育单位：中国农业科学院农业资源与农业区划研究所，四川省农业科学院土壤肥料研究所。

品种来源：野生菌株驯化，系统选育，采自新疆木垒。

特征特性：子实体掌状，大中型，色泽白，后期外缘易出现细微暗条纹，菌盖长11.7cm，宽10.6cm，厚5cm左右，长宽比为1.1∶1，菌柄白色、中实，长1.1cm，直径1.95cm，侧生或偏生，表面光滑，菌盖宽与菌柄长比为10.5∶1，菌柄长粗比小于1；菌褶乳白色，后期略带肉粉黄色，长短不一（10~15天）（图10-15d）。

菌丝培养特征特性：在适宜培养条件下，11天长满90mm培养皿，菌落舒展、绒毛状，边缘整齐，菌丝洁白、较浓密，气生菌丝较发达；无色素分泌。

栽培特性：配方为棉籽壳90%，玉米粉7%，石膏1%，石灰2%，料水比1∶(1.5~1.6)。温度：菌丝生长温度为5~32℃，适宜温度26~28℃；子实体分化温度为5~20℃，适宜温度为10~14℃；培养室需遮光，室内温度18~24℃，经常通风，温湿度过高时增加通风次数和时间；为了发菌均匀，10天左右翻堆一次。

后熟条件：最适温度为20~22℃，空气相对湿度70%左右，少量散射光。后熟期较长，为40~60天，与发菌期温度关系密切。发菌期温度适当偏高，后熟期较短，相反则较长。以菌袋接种端出现一薄层菌膜为后熟完成标志。

催蕾方法和条件：解开袋口，耙掉老菌皮，搔菌后松扎袋口，0~13℃光照自然条件催蕾。

出菇管理注意事项：子实体原基形成后“松口”原基长到黄豆大小“散口”，待菇蕾长到乒乓球大小时“挽口”。幼蕾期温度控制在8~12℃，空气相对湿度85%~95%，子实体发育期温度控制在5~18℃，注意防低温冻害，空气相对湿度85%~95%；主原基长至2cm以上后开袋、疏蕾，增加光照。子实体生长较缓慢，原基期10天左右，分化到商品菇采收10~15天，子实体从原基形成至采收一般20~30天。第一潮菇采收后，养菌20~30天，注水至菌袋原重的80%，或者覆土浇水增湿，促二潮菇的形成，第二潮菇生物学效率20%~30%。

栽培周期：发菌40~50天，后熟40~60天，栽培周期为120~150天。

品种主要优缺点：优点是耐低温，柄短，耐干旱，质地紧密，口感爽。缺点是子实体生长慢，耐高温高湿性差，农业方式栽培有一定量的畸形菇。

适宜栽培地区和接种季节：华北及其相似气候地区8~9月为接种适期；东北6月底~8月20日为接种适期；华中及其近似气候地区9月上中旬接种。

（5）中农短期1号

选育单位：中国农业科学院农业资源与农业区划研究所。

品种来源：多孢杂交，系统选育，亲本为新疆野生菌株。

形态特征：原基聚生，白色；菌盖浅灰色，贻贝状，平均长度13.7cm，平均宽度11.8cm，平均厚度6.3cm，质地普通；菌柄白色，偏生，平均长3.5cm，平均直径3.6cm，质地硬，表面光滑；菌褶乳白色，有少量网纹，排列整齐。菌盖长、宽比约为1.2∶1，菌柄长、宽比约为1∶1，菌盖长和菌柄长之比约为3.9∶1。子实体出菇整齐，菇形好，形态的一致性高于80%（图10-15e）。

菌丝培养特征特性：在温度24~26℃的培养条件下，9天长满直径90mm的培养皿。菌落呈绒毛状，正面颜色为白色，反面无色；菌丝短细，较稀疏，气生菌丝较少，无色素产生。

栽培特性：

配方及营养要求：配方1:棉籽壳90%，玉米粉6%，石灰2%，石膏 1%，磷酸二氢钾1%；配方2:棉籽壳81%，麦麸12.5%，玉米粉3.5%，石灰 3%。培养料含水量为70%，最适pH为5.5~6.5，碳氮比为（30~40）∶1。

发菌适宜的环境条件：温度24~26°C，培养料含水量70%，空气相对湿度60%~70%，酸碱度为pH 5. 5~6.5；不需光照，需适量通风供氧。

子实体生长的适宜环境条件：子实体分化温度 10~14℃，幼蕾期空气相对湿度85%~95%；子实体发育期间温度5~14℃，空气相对湿度85%~95%，需要少量散射光。

催蕾方法和条件：开袋搔菌后松扎袋口，适量光照，早晚有10℃左右温差刺激，促进原基形成。当原基长至2cm以上后开袋、疏蕾，增加光照。

出菇菌龄：适温下40~50天（视接种方式定）出现原基，低温下则更长。

栽培周期：温度24~26℃条件下发菌期30~40天，后熟期7~10天。栽培周期60~70天。

品种主要优缺点：优点为周期短，出菇整齐度高，菇形好，柄短，一级优质菇在80%以上，缺点为菌盖颜色不够白。

产量表现：以棉籽壳为主料的栽培条件下，生物学效率50%左右。

适宜栽培地区和季节：东北地区8~9月接种，华北及黄河流域9月底接种，长江流域10月下旬接种。

商品特性：贮藏温度1~2℃，耐贮藏性一般；质地紧密，口感细腻。

（6）中农致密1号

选育单位：中国农业科学院农业资源与农业区划研究所。

品种来源：多孢杂交，系统选育，亲本为新疆野生菌株。

形态特征：原基散生，白色；成熟时菌盖浅灰色，贻贝状，平均长12.7cm，平均宽10.1cm，平均厚4.1cm，质地硬；菌柄白色、中生，平均长1.9cm，平均直径2. 7cm，表面光滑，质地硬；菌褶乳白色，有网纹。菌盖长宽比约为1.16∶1，菌柄长宽比约为0.7∶1，菌盖长和菌柄长之比约为 6.68∶1。子实体出菇整齐，菇形好，形态的一致性高于 80%（图10-15f）。

菌丝培养特征特性：在温度24~26℃的培养条件下，8天长满直径90mm的培养皿。菌落呈绒毛状，正面颜色为白色，背面无色；菌丝短细、较致密，气生菌丝较发达，无色素分泌。

栽培特性：

配方及营养要求：配方1:棉籽壳90%，玉米粉6%，石灰2%，石膏1%，磷酸二氢钾1%；配方2：棉籽壳81%，麦麸12.5%，玉米粉3.5%，石灰 3%，熟料栽培，培养料含水量70%，最适pH为5.5~6.5，碳氮比为（30~40）∶1。

发菌适宜的环境条件：菌丝生长的温度为5~32℃，最适温度24~26℃，基质含水量70%，空气相对湿度60%~70%；酸碱度为pH 5~9，最适pH 5.5~6.5；不需光照，需适量通风供氧。

子实体生长适宜的环境条件：子实体分化温度为5~20℃，最适温度10~14℃，幼蕾期空气相对湿度为85%~95%，子实体发育期温度为5~14℃，空气相对湿度为85%~95%，需要少量散射光。

催蕾方法和条件：后熟完全后，开袋搔菌后松扎袋口，早晚有10℃左右温差刺激，适量光照刺激，促进原基形成。当原基长至2cm以上后开袋、疏蕾，增加光照。

出菇菌龄：适温下45~70天（视接种方式定），低温下则更长。

栽培周期：温度24~26℃条件下发菌期30~40天，后熟期15~30天。栽培周期100~110天。

产量表现：以棉籽壳为主料的栽培条件下，生物学效率50%左右。

品种主要优缺点：优点为出菇整齐度高，菇形好，柄特别短小；菇体可用部分比例高，菌盖与菌柄重量比为47.8∶1，菇质硬；一级优质菇比例在80%以上，主要缺点是菌盖不够白。

适宜栽培地区和接种季节：东北地区7月接种，华北及黄河流域8月接种，长江流域9月上旬接种。

商品特性：贮藏温度1~2℃，耐贮藏性好；质地紧密，口感细腻。

二、杏鲍菇栽培品种遗传多样性分析及评价

杏鲍菇是侧耳属栽培种中营养和风味最佳的种。虽然有文献记载我国西北部地区可能有野生杏鲍菇分布（卯晓岚，2000），但是到目前为止仍未有实地采集获得该种质资源的记录。我国从20世纪90年代开始从世界各地引进大量杏鲍菇种质资源，主要包括泰国、日本、法国、西班牙、匈牙利、原捷克斯洛伐克等国家。自2000年在全国推广栽培以来，逐步对其展开种质资源多样性评价的相关研究。

1. 子实体形态多样性

张金霞（2005）收集了全国各地栽培的20个杏鲍菇菌株进行形态特征、生理特性的相关研究。供试的杏鲍菇菌株间子实体有着显著的差异，综合形态特征呈数量分布，子实体丛生、散生或单生，菌盖幼时深灰色，后灰色、灰棕色或土黄色（与温度和光照强度有关），初半球形或弓圆形，偏高温度条件下逐渐伸展呈扇形、浅漏斗形、漏斗形，栽培子实体菌盖大小差异显著，直径2~12cm，表面光滑或粗糙；菌肉白色；菌柄中生、近中生、偏生或侧生，中实，直径1.4~4cm，长2~8cm，上下基本等粗，或两头细中间粗；菌褶乳白色，延生，常有网状结构，多小菌褶。

栽培菌株间形态差异主要表现在菌盖伸展程度、菌盖大小和菌柄形态，按形态可划分为三大类，即侧耳状、柱状、保龄球状。这些形态上的差异并非环境条件影响所致。在子实体发育过程中，侧耳状菌株菌盖发育较早，子实体一旦分化即开始菌盖的伸展，最后形成与糙皮侧耳（*P. ostreatus*）等平菇类形态极其相似的侧耳状子实体（图10-16a），子实体菌肉组织较致密。保龄球状菌株在子实体发育过程中，菌柄生长几乎一直处于优势，菌柄呈枣核形、纺锤形或保龄球形，上部近菌盖处明显变细，菌盖小而薄，菌褶狭窄（图10-16b），菌肉组织较疏松，常具浓郁的杏仁香味。柱状菌株菌盖发育较晚，在

子实体发育过程中，首先是菌柄的伸长，当菌柄长至足够长度后，菌盖才伸展，菌盖伸展前子实体呈柱状（图 10-16c），子实体成熟时菌盖呈浅盘状或浅漏斗状（图 10-16d），菌肉组织致密，口感细腻。

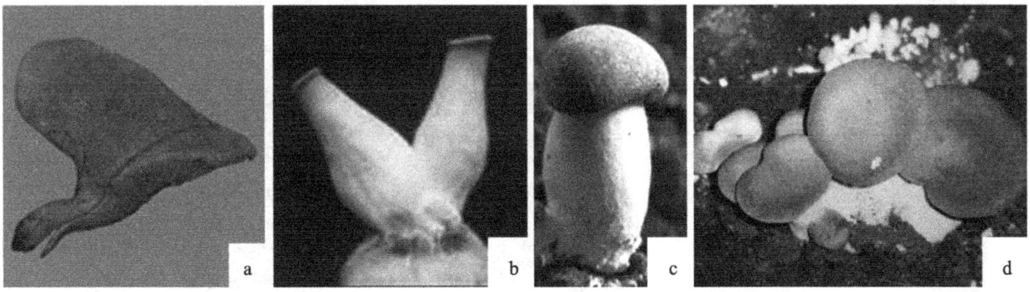

图 10-16　杏鲍菇栽培菌株的子实体形态（张金霞，2005）（另见彩图）

a. 侧耳状子实体；b. 保龄球状子实体；c. 柱状子实体；d. 浅盘状子实体

2. 出菇温度

杏鲍菇子实体形成温度 5~26℃，中小型、保龄球状菌株出菇温度较高，适宜温度在 16~20℃，大型、柱状和侧耳型菌株出菇温度较低，适宜温度在 12~16℃。目前工厂化栽培的均为大型柱状的低温型菌株。

3. 营养不亲和性

杏鲍菇不同菌株间为弱拮抗反应，不亲和群体间不形成埂，也不分泌色素，而是形成菌丝不生长的空白带，两菌株菌丝间表现为隔离型（图 10-17a）。拮抗反应将 16 个杏鲍菇栽培菌株分为 8 组，这 8 组之间有典型的弱拮抗反应。

刘盛荣（2008）通过拮抗反应将 81 株杏鲍菇分成 11 组，从中选取 13 个菌株进行交配型因子测定，通过单孢分离法获得 13 个菌株 4 种交配型的单核菌株，研究结果表明，13 个供试菌株共存在 5 种不同的交配型因子，特异的 A 因子和 B 因子各 7 个。

4. 遗传特异性

有关杏鲍菇栽培菌株的遗传差异研究较多，大都采用的是酯酶同工酶分析和各种 DNA 分子标记技术。贺冬梅等（1999）对国外引进的 7 个杏鲍菇菌株进行酯酶同工酶分析，表明 7 个杏鲍菇菌株遗传差异较大。王俊玲等（2004）对 6 个杏鲍菇菌株的酯酶同工酶分析表明，在相似系数为 0.64 水平上被分为三大类群。张金霞（2005）的研究表明，杏鲍菇酯酶同工酶的多态性丰富，带型分布均匀，数目在 5~13 条。栽培、生理特性试验没有显著差别的菌株，酯酶同工酶谱完全相同，按照酶谱的异同，可将供试的 20 个菌株分为 8 个类型，与拮抗试验划分结果完全一致（图 10-17b）。RAPD 图谱不同的菌株间遗传相似性程度 80%~93%（图 10-17c），相似性程度低的菌株间子实体生长适宜温度显著不同，基于 RAPD 标记的聚类分析将杏鲍菇菌株划分为三大类型，与子实体生长的温度相关。杏鲍菇菌株间 IGS2 片段大小和数量存在丰富的多态性（图 10-17d），大小在 1.3~5.9kb，片段数量在 1~4 条（张金霞，2005）。

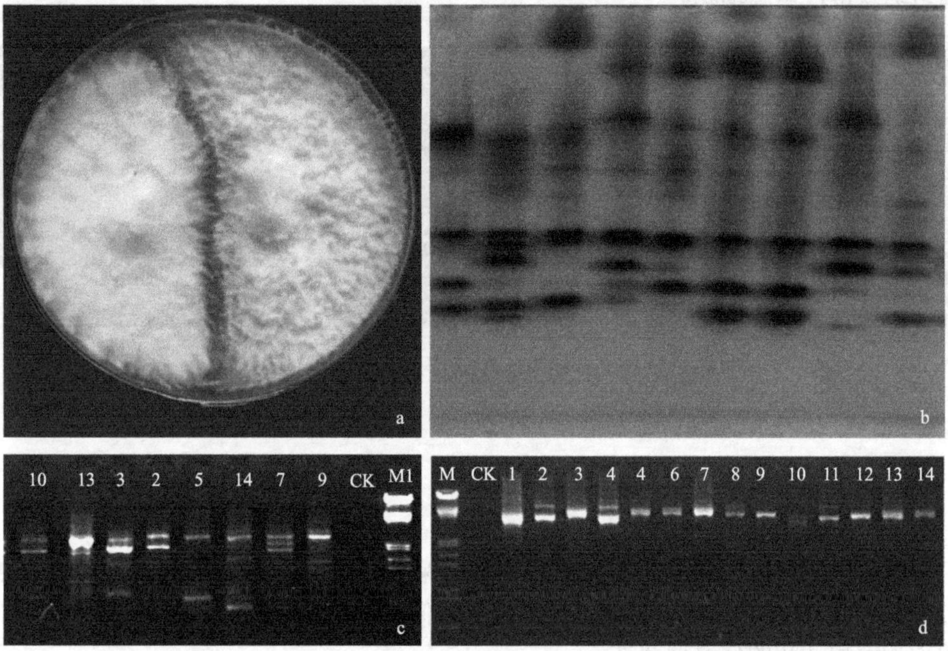

图 10-17　不同杏鲍菇菌株在生理水平和分子水平上呈现出的遗传多样性（张金霞，2005）（另见彩图）

a. 菌株间的拮抗反应程度；b. 酯酶同工酶谱的多态性；c. RAPD 图谱的多态性；d. IGS2 区域的多态性

黄晨阳等（2005）用 *Bsu*RⅠ、*Hin*6Ⅰ、*Hpa*Ⅱ、*Rsa*Ⅰ4 个限制性内切酶对 8 个杏鲍菇菌株进行了 IGS2-RFLP 分析，结果显示每个菌株均存在 4 种酶的酶切位点，但是酶切位点不同，不同菌株电泳后产生不同的带型图谱（图 10-18），IGS2-RFLP 呈现丰富的多

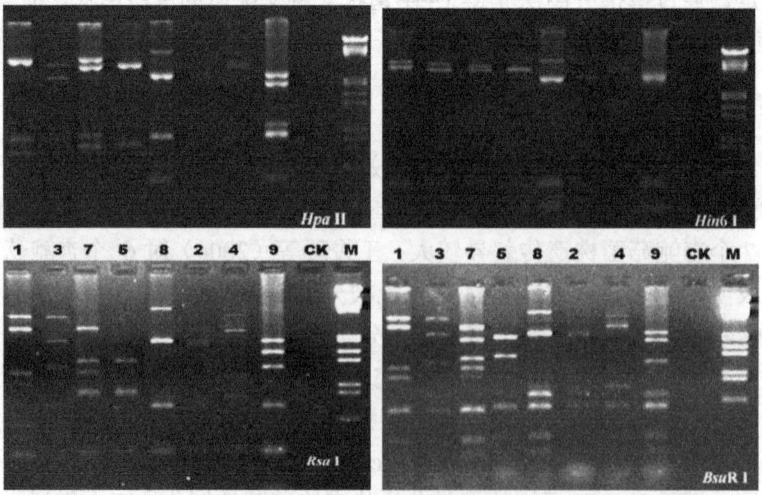

图 10-18　杏鲍菇栽培菌株的 IGS2-RFLP 电泳图谱（黄晨阳等，2005）

态性。4 种限制性内切酶酶切一共产生 56 个片段，其中有差异性的片段 50 个，占总带数的 89.3%。8 个菌株间相似系数在 0.554~0.804，表明供试菌株具有丰富的遗传多样性。

冯伟林等（2009）建立和优化了杏鲍菇 ISSR 分析的实验体系，结果表明，12 个杏鲍菇菌株遗传相似系数为 0.68~1.00。在遗传相似系数为 0.83 处可将这些杏鲍菇生产性菌株分成 3 类。Pe9 和 Pe11 可能是同物异名。王波等（2010）对 10 个杏鲍菇菌株进行 ISSR 分析和子实体生长特性评价，结果表明，在相似水平为 0.879 时，将 10 个供试菌株分为 6 个类群。10 个杏鲍菇菌株的子实体在 13~16℃条件下都能正常生长，但在 22~27℃，只有 3 个菌株的子实体能正常生长；根据子实体形态特征可将 10 个杏鲍菇菌株分为 6 个类型，子实体形态分别呈保龄球形，细棒状，菌柄短且基部稍膨大，粗棒状，子实体粗壮、棒状、菌柄较长类型，子实体介于保龄球形与棒状之间的类型，与 ISSR 分子标记聚类分类结果一致。

尚晓冬等（2009）对从国内外收集到的 19 株杏鲍菇菌株进行 RAPD 分析，结果表明，供试菌株间的相似系数在 0.448~0.857，其中栽培菌株的相似系数较高，以 0.72 为阈值时，分成两个类群：来自台湾（3）、三明（5）、武汉（15、16、17）、上海（19）和日本（1、12）的 8 个菌株构成一个类群，而另外 2 株台湾菌株（2、6）和 1 株武汉菌株（18）以及一株来源不明的 13 号菌株构成另外一个类群。栽培菌株与其他菌株相似程度较低，而且在子实体形态上也有较明显的差异（图 10-19）。

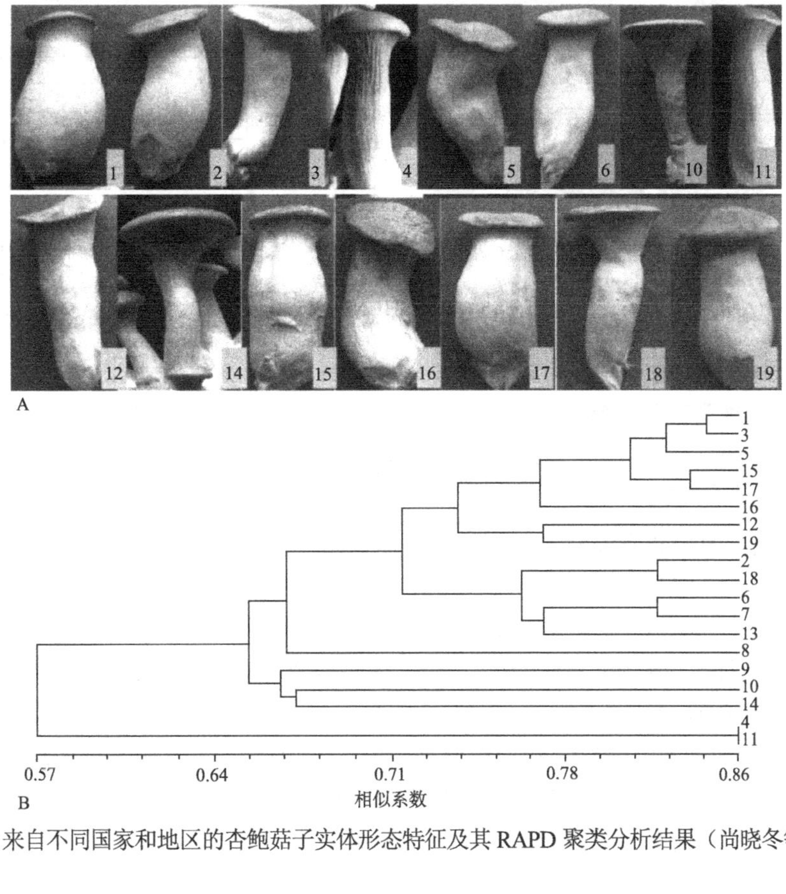

图 10-19　来自不同国家和地区的杏鲍菇子实体形态特征及其 RAPD 聚类分析结果（尚晓冬等，2009）

Ro 等（2007）对 22 个在韩国广泛栽培的杏鲍菇菌株进行 RAPD 分析，18 条 RAPD 引物在供试菌株中共产生 538 条差异条带。聚类分析将 22 个菌株划分成 5 个类群，聚类结果与菌株的生理特性具有相关性：类群 I 中的菌株菌盖呈凸状，大小菌褶间隔排列。子实体较高，最适生长温度为 24~25℃。类群 II 菌株的菌盖呈漏斗形，柄短，生长速度快，从子实体形成到采收仅需 15~16 天，其他类群则需要 18~21 天。类群III菌株子实体细长，菌盖较小。类群IV菌株子实体形态与类群 I 相似，但不同的是其生长温度在 27℃左右。类群 V 菌株来自伊朗，很难形成子实体，子实体白色，菌盖凸状，最适生长温度在 5 个类群中最低，为 19~21℃（图 10-20）。

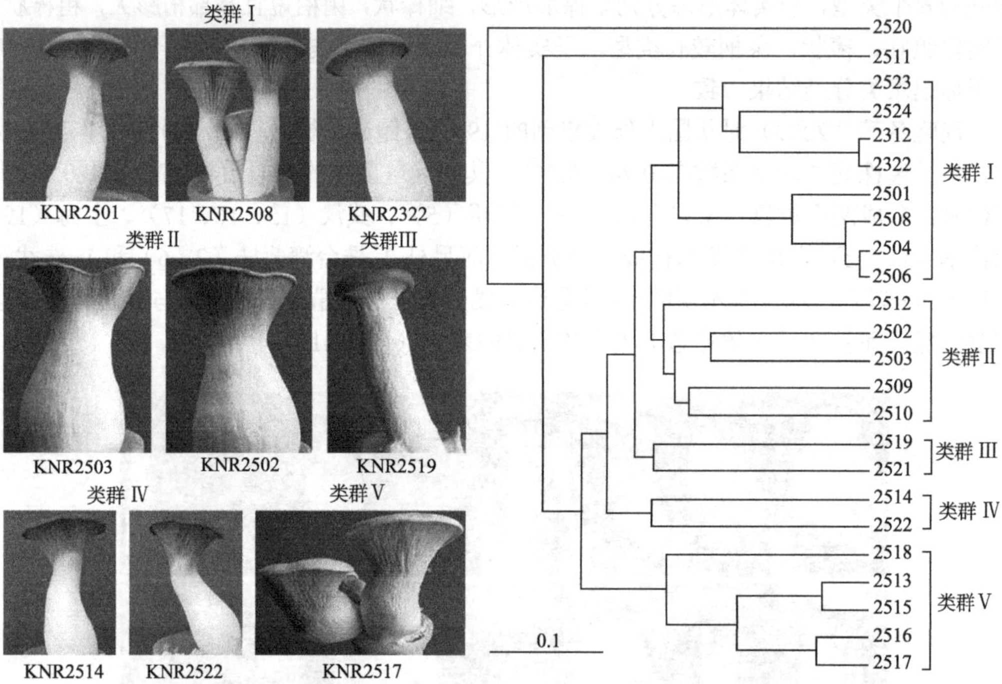

图 10-20　韩国栽培杏鲍菇的形态特征及其 RAPD 聚类分析结果（Ro *et al.*，2007）（另见彩图）

5. 主栽品种及其特征特性

（1）川杏鲍菇 2 号（国品认菌 2007040）

选育单位：四川省农业科学院土壤肥料研究所。

品种来源：单孢杂交选育，亲本为 Pel、Pe2。

形态特征：子实体中型，质地紧实；菌盖黄褐色，直径 1.8~2.8cm，厚 0.8~1.5cm，平展，表面覆盖纤毛状鳞片；菌柄白色、中生，保龄球形，长 11.4~17.0cm，直径 4.0~4. 8cm，质地紧实（图 10-21a）。

菌丝培养特征特性：菌丝生长的温度为 10~35℃，耐最高温度 40℃，耐最低温度 1℃。在适宜的培养条件下，7 天长满 90mm 培养皿。菌落白色、浓密、丝毛状，边缘整齐，正反面颜色一致，气生菌丝较发达，无色素分泌。

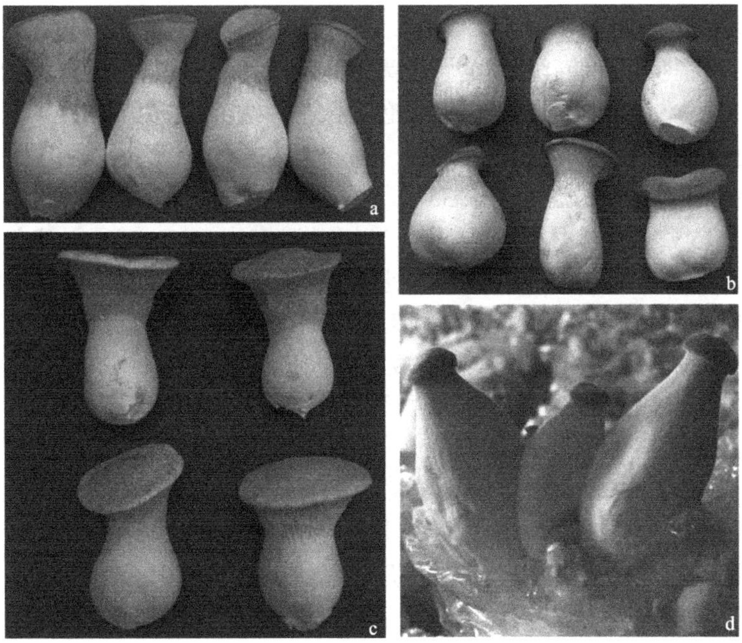

图 10-21　杏鲍菇主栽品种的子实体形态（张金霞等，2012）（另见彩图）

a. 川杏鲍菇 2 号；b. 川选 1 号；c. 中农美纹；d. 中农脆杏

栽培特性：菌丝生长的温度为 5~35℃，最适温度 25°C；子实体形成的温度为 12~25℃，适宜温度 15~17℃；菌丝生长适宜的基质含水量 60%~70%，空气相对湿度 50%~80%；子实体形成的基质最适含水量 60%，空气相对湿度 80%~90%；菌丝体生长的酸碱度为 pH 4~8，最适 pH 6~7；光照对菌丝生长有抑制作用，子实体形成适宜光照强度 100~500lx。菌丝生长期对氧气要求不高，子实体生长初期需通风良好，后期增加二氧化碳浓度，可促进菌柄增长，抑制菌盖生长。

生产周期：采用棉籽壳栽培基质，温度 22~25℃条件下 28 天完成发菌，之后 20 天左右采菇，采收一潮，生产周期 50 天左右。

产量及分布：棉籽壳栽培生物学效率 60%，较高的管理水平下，生物学效率可达 70%。

栽培注意事项：培养料含水量要充足，低于 65%影响子实体形成和产量。出菇之前，需进行搔菌处理，诱导子实体在袋口形成。子实体多发，要适时疏蕾，每袋保留 1~2 个。出菇期喷水必须喷细雾状水，不能直接喷于子实体上，否则易感病害。

商品特性：贮存温度 1~4℃，耐贮藏性好；口感脆嫩、清香。

（2）川选 1 号（国品认菌 2007041）

选育单位：四川省农业科学院土壤肥料研究所。

品种来源：系统选育，亲本为 Pe1。

形态特征：子实体中型；菌盖浅褐色至淡黑褐色，直径 3~5cm，厚 0.8~1.5cm，平展，顶部凸，表面覆盖纤毛状鳞片；菌柄白色、保龄球形，长 6~9cm，直径 4.2~6.2cm，中生，质地紧实（图 10-21b）。

菌丝培养特征特性：菌丝生长的温度为 10~35℃，耐最高温度 40℃。在适宜的培养条件下，7 天长满 90mm 培养皿。菌落白色、浓密、绒毛状，边缘整齐，正反面颜色均为白色，气生菌丝较发达，无色素分泌。

栽培特性：菌丝生长的温度为 5~35℃，最适温度 25℃；子实体形成的温度 12~20℃，适宜温度 12~15℃；菌丝体生长要求空气相对湿度为 50%~80%，培养基含水量为 60%~70%；子实体形成期间最适基质含水量 60%，空气相对湿度 80%~90%；菌丝体生长的酸碱度为 pH 4~8，以 pH 6~7 最适；菌丝生长期光照强度在 700lx 以下无影响，高于 700lx 对菌丝生长有抑制作用。子实体形成的适宜光照强度为 500~600lx。菌丝生长期对氧气要求不高，子实体生长初期适宜的二氧化碳浓度为 1000~2000mg/m^3，后期浓度为 4000~5000mg/m^3。

抗霉性：该品种抗霉性较强，特别是抗木霉能力强。在棉籽壳培养基上接种该品种，待菌丝生长满培养基后接种木霉，木霉不生长。

生产周期：在温度 22~25℃发菌，棉籽壳栽培 28 天左右发好菌，20 天左右出菇，采收 1 潮，生产周期 50 天左右。

产量及分布：棉籽壳栽培生物学效率可达 60%，较高的管理水平下，生物学效率可达 70%。

栽培注意事项：培养料含水量要充足。含水量要达到 65%以上，低于 60%时影响子实体的形成和产量。疏蕾：由于该品种形成的子实体数量多，须去除部分菇蕾，保留 1~2 个菇蕾，方可增加子实体菌柄直径。出菇期补水，出菇期须喷细雾状水，在子实体上不能喷水过多，温度高于 18℃时，不能在菇体上喷水，否则易感染病害。CO_2 浓度控制：子实体长度在 10cm 以下时，二氧化碳浓度控制在 2000mg/m^3 以下，后期二氧化碳浓度控制在 4000~5000mg/m^3，促进菌柄增长，抑制菌盖展开。

适宜栽培地区和季节：适宜在春、秋季节栽培，在全国范围均可栽培。

商品特性：贮存温度 1~2℃，耐贮藏性强；口感脆嫩，清香。

（3）中农美纹

选育单位：中国农业科学院农业资源与农业区划研究所。

品种来源：野生种质驯化，系统选育。

形态特征：原基丛生，灰白色；商品菇菌盖灰褐色，盖顶平展，表面有形似大理石花纹；菇体平均长度 9.9cm，平均宽度 8.5cm，质地紧密；菌柄浅灰色，近保龄球形，平均长 7.1cm，平均直径 6.lcm，表面光滑，质地紧密；菌落呈浅黄色，有网纹。出菇整齐，大小均匀，子实体形态优美，形态的一致性高达 80%（图 10-21c）。

菌丝培养特征特性：在适宜的培养条件下，8 天长满 90mm 培养皿。菌落均匀、舒展、绒毛状，正面颜色白色，背面无色；菌丝洁白、浓密，气生菌丝发达，无色素分泌。

栽培特性：可利用棉籽壳和玉米芯等为主料栽培生产；菌丝生长的温度范围为 5~35℃，适宜温度 22~28℃，最适温度 24~26℃；子实体形成的适温范围为 8~16℃，温度 10~12℃；菌丝体生长要求空气相对湿度 50%~80%，基质含水量 60%~70%；子实体形成期间最适基质含水量60%,空气相对湿度85%~90%;菌丝体生长的酸碱度为pH 4~8,最适 pH 6~7。

出菇菌龄:农业方式栽培 50 天。

催蕾方法和条件:菌丝长满袋后,在温度8~18℃、空气相对湿度95%、光照强度10~300lx下搔菌催蕾。

产量表现:棉籽壳作为栽培基质,一潮菇生物学效率 60%左右,子实体平均单重226g。

栽培注意事项:无后熟期,菌丝体长满袋(瓶)后即可出菇。幼菇长出袋(瓶)口后疏蕾,每袋保留 1~2 个子实体,疏蕾后保持温度 8~16℃,空气相对湿度 85%~90%。水不能直接喷在菇体上,保持良好通风。

适宜栽培地区和接种季节:北方地区秋栽 8~9 月接种,春栽 1~2 月接种;南方地区9~10 月接种。

商品特性:贮存温度 1~2℃,耐贮藏性好;质地紧密,口感细腻。

(4)中农脆杏

选育单位:中国农业科学院农业资源与农业区划研究所。

品种来源:原生质体融合育种,亲本引自法国。

形态特征:原基簇生,灰白色;成熟时菌盖呈灰褐色,盖小,表面无突起物,质地硬;菌柄白色,保龄球形,表面光滑,质地中等;菌褶淡黄色,有网纹,子实体出菇整齐,菇形好,形态的一致性高于 80%(图 10-21d)。

菌丝培养特征特性:在适宜培养条件下,8 天长满 90mm 培养皿。菌落均匀、舒展、绒毛状,正面颜色白色,背面无色;菌丝洁白、致密,气生菌丝发达,无色素分泌。

栽培特征特性:对原料营养要求较严,可利用棉籽壳和木屑等原材料作为栽培基质生产;菌丝体生长适宜温度 24~26°C,出菇适宜温度 12~16℃;菌丝体生长要求空气相对湿度为 50%~80%,培养基含水量 60%~70%;子实体形成期间最适基质含水量 60%,空气相对湿度 85%~90%;菌丝体生长的酸碱度为 pH 4~8,最适 pH 6~7。

催蕾方法与条件:待菌丝长满菌袋后搔菌,加盖无纺布保持湿度在 85%~95%,于温度 10~15℃条件培养,7 天左右形成菇蕾。

出菇期管理:待菇蕾有明显的菌盖和菌柄分化时,撤掉无纺布,温度控制在 12~15℃,空气相对湿度 85%~90%,保持地面湿润。

出菇菌龄:农业方式栽培 45 天,工厂栽培 35 天左右。

产量表现:棉籽壳作为栽培基质生物学效率可达 50%。

栽培注意事项:出蔬期切忌高温高湿,要保持通风良好,加湿时不可直接向菇体喷水,以防细菌性软腐病的发生。适时采收,以菌体伸展到足够大小但菌盖未开、菌柄结实时采收。采收时用锋利的小刀连根切下,不可损坏料面,以防霉菌污染。一潮菇采后,必要时适量补水,温度 15~20℃下养菌数日后降温至 10~15℃,提高空气相对湿度至85%~90%,并保持通风良好,菇蕾出现后按第一潮菇的环境条件要求进行管理。

适宜栽培地区和接种季节:北方地区秋栽 8~9 月接种,春栽 1~2 月接种;南方地区

9~10月接种。

商品特性：贮存温度1~2℃，耐贮藏性好；质地紧密，口感清脆。

第五节　种质资源的创新与利用

种质资源是指能从亲代传递给子代基因的载体，是培育新品种的原始材料，这些基因的载体可以是群体或个体，也可以是细胞甚至DNA片段。种质资源的保存和利用，对选育高产、优质、抗逆、抗病新品种具有重要意义。随着人们生活水平的改善，对种质资源的要求越来越高，要想培育优良品种，就需要及时发现和提供新的基因。因此种质资源的创新与利用就显得尤为重要。

在食用菌中，种质资源创新与利用的实现途径主要包括自然选育、诱变育种、杂交育种、杂种优势的利用以及细胞工程或基因工程育种。其中基因工程育种主要是依赖分子标记、转基因等技术实现种质资源的创新和利用。具体包括分子标记辅助选择技术、转基因技术和分子辅助育种。

一、白灵菇种质资源的创新与利用

白灵菇是我国特有的食用菌，自其驯化成功以来，栽培规模不断扩大。但是目前白灵菇栽培品种几乎完全来自野生种质子实体组织分离，未经人工性状改良，商品性状远不能满足市场的要求，选育优质新品种已成当务之急。然而白灵菇自被发现、驯化到广泛栽培不过30年，遗传信息量仍十分匮乏，因此，传统的育种方法仍是目前实现白灵菇种质资源创新利用的主要途径。

1. 白灵菇优异新种质的选育

宋爱青等（2007）采用经多孢分离、诱变筛选出单核后再与亲本回交的方法，育成白灵菇焦科1号，该品种具有耐CO_2、耐弱光，菌丝后熟期短、抗逆性强等优良特性。刘宇等（2006）通过单孢杂交育种技术选育出白灵菇杂交新菌株，该菌株子实体呈手掌形，柄较短，平均生物学效率达48.26%。单菇鲜重比两个亲本分别高出15.95%和27.05%。冯改静（2006）通过孢子紫外线诱变、配对，获得58个白灵菇杂交新组合，对诱变亲本及新组合进行酯酶同工酶分析，在杂交子代中出现了26个“杂种新酶带”和“互补型酶带”，杂种优势较强，有望选出优良新品种。徐兵等（2015）以3个白灵菇菌株的孢子为试材，经紫外诱变，以致死率75%的存活个体为亲本，进行单孢杂交育种，筛选出优势菌株26株。

马淑凤（2006）用原生质体为诱变材料，通过紫外线，He-Ne激光单一和复合方法进行反复诱变，筛选出生命力旺盛、适合于液体发酵培养也适合于栽培的突变菌株，液体培养中，突变菌株比出发菌株的生物量提高10.93%，胞外多糖产量提高16.22%，经验证突变菌株的遗传性能稳定。刘盛荣（2008）获得了由杏鲍菇与白灵菇杂交所形成的2个杂交菌株，经出菇验证，两杂交菌株均能出菇，与亲本白灵菇相比，杂交菌株出菇周期缩短30天左右。

虽然有关白灵菇的可用遗传信息十分有限，但是研究人员仍通过现代分子生物学技术努力发掘与白灵菇结实、耐高温相关的基因信息，以期为分子辅助育种奠定遗传学基础。

2. 探寻与白灵菇结实相关的基因片段

马银鹏（2012）应用 mRNA 差异显示技术寻找可能与白灵菇菌丝分化发育有关的基因，共找到 60 条差异的条带，其中 32 条在原基中特异表达，克隆测序成功的序列有 5 条。通过 RT-PCR 验证得到 2 条在原基中特异表达的片段，一条与非催化反应的 EXPN 蛋白家族和棒曲霉素家族蛋白同源；另一条与糖苷水解酶相关。陈苗苗等（2013）利用相同的技术获得 8 条在白灵菇菌丝和原基两个发育阶段差异表达的基因片段，其中 1 条与未知蛋白具有 40%同源性的基因片段在菌丝中高表达，其余 7 条在原基中高表达，与细胞色素 P450、糖基转移酶、扩展蛋白、糖苷水解酶家族 3、核糖体蛋白 L29、高半胱氨酸甲基转移酶、未知蛋白的氨基酸同源性为 32%~88%。但是这些基因在白灵菇子实体结实中的功能还有待试验验证。

3. 白灵菇高温响应的分子基础研究

Kong 等（2012）研究表明，高温胁迫能够引起白灵菇菌丝体内海藻糖含量的显著升高，海藻糖合成基因 *tps* 表达量的显著增加。高温胁迫下，外源 NO 能够促进菌丝体内海藻糖合成基因 *tps* 的表达，NO 清除剂能够抑制 *tps* 的表达，说明 *tps* 是海藻糖代谢途径的重要基因。近年来很多研究都试图将海藻糖合成基因过表达以提高生物体对胁迫环境的抗性。

白灵菇的全基因组测序工作正在进行中，全基因组信息的获得有助于寻找调控形状、产量、低温刺激催蕾相关的靶标基因，从而使定向培育白灵菇优质新品种成为可能。

二、杏鲍菇种质资源的创新与利用

杏鲍菇在我国的栽培起始时间与白灵菇相近，但是由于它周期短、易于栽培，深受广大菇农喜爱。市场调查样本的分析表明，我国栽培的杏鲍菇几乎是同一品种。由于我国几乎没有杏鲍菇野生种质分布，在这种野生种质匮乏的情况下，如何合理利用现有杏鲍菇种质资源，对种质资源研究者和育种者都是严峻的挑战。

1. 杏鲍菇优异新种质的选育

工厂化栽培需要的杏鲍菇品种应具有表面光滑、质地紧实、菇数少、产量高、分化一致等特性。王瑞娟等（2014）以杏鲍菇 19 号为材料，从其自交子一代中筛选出一株单产高于亲本、产菇数和均菇重性状均优于亲本的新菌株，经出菇验证，新菌株的自交子一代在均菇重和产菇数两个农艺性状上也都优于亲本菌株的自交子一代。

杏鲍菇属于中低温型食用菌，耐高温品种选育有利于降低生产成本。李守勉（2005）以 10 个杏鲍菇亲本菌株及由亲本单孢杂交获得的 128 个杏鲍菇杂交子代新菌株为试验材料，利用酯酶同工酶在杂交子代中选出了具有“杂种新酶带”和“互补型酶带”24 个强优势杂交新菌株，经栽培试验，筛选出 8 个产量较高的杂交子代菌株，经耐高温初筛试验、复筛试验及不同温度下的产量比较试验，筛选出 4 个耐高温的杂交子代菌株。

王波等（2007）利用单核体杂交方法选育出的杏鲍菇杂交菌株 Pe5710，该菌株的子实体形态特征与亲本 Pe1 相近，但比该亲本耐高温，子实体生长温度为 18~25℃。杂交菌株产量显著高于亲本，比两亲本分别增产 55.85%和 18.98%。

王蕾（2009）通过原生质体技术结合紫外线诱变获得高产优质的再生变异菌株，该菌株在栽培袋的长速明显优于出发菌株，满袋时间较出发菌株提前 7 天，出菇提前 9 天，农艺性状优于出发菌株，生物学效率为 65.2%。陈敏和姚善泾（2010）通过对杏鲍菇原生质体开展复合诱变，获得 5 株正突变菌株。经过摇瓶发酵实验，发现这 5 个菌株产木质素降解酶能力比出发菌株明显提高。传代培养测试结果表明，有两个突变菌株的发酵液中木质素降解酶产量稳定，具有较好的遗传稳定性。其中 1 个突变菌株比出发菌株的酶活表达量提高 54.3%。

2. 杏鲍菇遗传连锁图谱的构建

Okuda 等（2012）构建了杏鲍菇无孢菌株的遗传连锁图。该遗传连锁图构建出 11 个连锁群，包含 294 个 AFLP 标记分离位点、2 个交配型因子和无孢性状基因区，覆盖整个基因组长度为 837.2cM。控制无孢性状的基因区域位于第 IX 号连锁群上，包含 32 个 AFLP 标记和交配型因子 B。鉴定出 8 个与无孢座位紧密连锁的分子标记，并将其中 1 个标记转化为两个序列标签位点标记。利用 14 个野生菌株，评价了这两个序列标签位点标记在无孢菌株杂交育种中的可用性。Im 等（2015）通过孢子分离法获得杏鲍菇双核体亲本 KNR2312 的 98 个单核体子代，并以此群体构建杏鲍菇的遗传连锁图。对单核体 P5 进行了全基因组测序用于开发 SSR 标记。共筛选出 241 个位点用于作图，其中包括 222SSR 标记位点，2 个交配型因子和 13 个 InDel 标记。连锁图共包括 14 个连锁群，覆盖整个基因组长度为 1003cM，平均图距为 4.2cM。交配型座位 A 和 B 被分别标注到第 4 号和第 11 号连锁群上。基于全基因测序信息构建的遗传连锁图可用于农艺性状的 QTL 定位和分子辅助育种。

3. 杏鲍菇遗传转化体系的构建

遗传转化体系的构建是基因工程育种中转基因技术的基础，虽然杏鲍菇遗传转化体系的相关研究领域基础还很薄弱，但仍取得了一些成果。杏鲍菇遗传转化研究的最早报道是 2010 年 Noh 等用限制性内切酶介导方法，将增强型青色荧光蛋白基因（*ecfp*）转入杏鲍菇菌丝获得表达。同年，不同研究学者都以农杆菌介导法，分别将重组人类白介素基因（interleukin-32）和人生长素基因（growth hormone）导入杏鲍菇中（Chung *et al.*，2010；Kim *et al.*，2010）。随后，尹永刚（2012）采用 PEG/$CaCl_2$ 介导法将绿色荧光蛋白基因（*gfp*）导入杏鲍菇中，建立杏鲍菇的遗传转化体系。廖静文等（2013）采用 PEG 介导法将白藜芦醇合酶基因（*rs*）和潮霉素抗性基因（*hph*）共同转入杏鲍菇中，获得成功表达的菌株。徐丽丽等（2015）将斑玉蕈热激蛋白 *hsp*70 基因通过农杆菌介导的方法导入杏鲍菇中，以潮霉素磷酸转移酶基因为筛选标记，最终获得多个抗性转化子。盛立柱等（2015）使用农杆菌介导法将外源基因 *GUS* 导入杏鲍菇菌丝中并获得表达。这些研究都为杏鲍菇分子育种研究提供了必要的技术支持。

（赵梦然，张金霞）

参考文献

陈苗苗, 黄晨阳, 陈强, 等. 2013. 白灵侧耳结实相关基因片段的筛选与分析[J]. 生物技术, 23(3): 4-8.
陈敏, 姚善泾. 2010. 原生质体复合诱变选育刺芹侧耳木质素降解酶高产菌株[J]. 高校化学工程学报, 24(3): 462-467.
陈忠纯. 1991. 阿魏侧耳的研究[J]. 干旱区研究, (2): 94-95.
冯改静. 2006. 白灵菇亲本筛选与紫外线诱变、杂交及杂种优势预测[D]. 河北农业大学硕士学位论文.
冯伟林, 蔡为明, 金群力, 等. 2009. ISSR 分子标记分析杏鲍菇菌株遗传差异研究[J]. 中国食用菌, 28(1): 47-49.
郭美英. 2001. 不同类型杏鲍菇菌株的生产性能研究[J]. 食用菌, (增): 231-232.
贺冬梅, 高君辉, 陈明杰, 等. 1999. 杏鲍菇菌株遗传差异的研究[J]. 食用菌学报, 6(4): 7-10.
黄晨阳, 曲绍轩, 高巍, 等. 2009. 白灵侧耳不亲和性因子分析[J]. 菌物学报, 28(6): 870-872.
黄晨阳, 张金霞, 郑素月, 等. 2005. 刺芹侧耳(*Pleurotus eryngii*) rDNA 的 IGS2 多样性分析[J]. 农业生物技术学报, 13(5): 592-595.
黄年来. 1996. 18 种珍稀美味食用菌栽培[M]. 北京: 中国农业出版社.
李何静, 陈强, 黄晨阳, 等. 2013. 中国白灵侧耳自然群体的交配型因子分析[J]. 菌物学报, 32(2): 248-252.
李何静. 2012. 我国野生白灵侧耳交配型因子数目的估测[D]. 吉林农业大学硕士学位论文.
李守勉. 2005. 杏鲍菇杂交后代耐高温优良菌株的筛选[D]. 河北农业大学硕士学位论文.
李远东. 2009. 新疆阿勒泰地区阿魏蘑野生种质资源评价[D]. 中国农业科学院硕士学位论文.
廖静文, 郭丽琼, 林俊芳, 等. 2013. 白藜芦醇合酶基因遗传转化杏鲍菇的研究[J]. 生物技术, 23(5): 31-36.
林芳灿, 汪中文, 孙勇. 2003. 中国香菇自然群体的交配型因子分析[J]. 菌物系统, 22(2): 235-240.
刘盛荣. 2008. 杏鲍菇的遗传特性及种间杂交研究[D]. 福建农林大学硕士学位论文.
刘秀明, 邬向丽, 张金霞, 等. 2015. 白灵侧耳栽培种质对高温胁迫的反应研究[J]. 菌物学报, 34(4): 640-646.
刘宇, 耿小丽, 王守现, 等. 2006. 白灵菇 15 号杂交菌株选育研究[J]. 食用菌学报, 13(3): 13-15.
马淑凤. 2006. 高产多糖白灵菇菌株的诱变选育及其多糖研究[D]. 沈阳农业大学博士学位论文.
马银鹏. 2012. 环境因子对白灵侧耳原基形成的影响研究[D]. 中国农业科学院硕士学位论文.
卯晓岚. 2000. 中国大型真菌[M]. 郑州: 河南科学技术出版社.
牟川静, 曹玉清, 马金莲. 1987. 阿魏侧耳一新变种及其培养特性[J]. 真菌学报, 6(3): 153-156.
牟川静, 曹玉清. 1986. 新疆阿魏侧耳及其驯化培养特征[J]. 食用菌, (5): 4-5.
曲绍轩. 2008. 白灵侧耳栽培菌株的不亲和性因子和 rDNA-IGS2 序列分析[D]. 中国农业科学院硕士学位论文.
尚晓冬, 宋春艳, 沈学香, 等. 2009. 杏鲍菇菌株 RAPD 指纹图谱分析[J]. 食用菌学报, 16(3): 1-4.
沈浩, 刘登义. 2001. 遗传多样性概述[J]. 生物学杂志, 18(3): 5-8.
盛立柱, 宋冰, 戴月婷, 等. 2015. 农杆菌介导的刺芹侧耳遗传转化体系的建立[J]. 菌物学报, 34(4): 653-661.
宋爱青, 张安世, 吴放, 等. 2007. 白灵菇焦科 1 号菌株选育[J]. 食用菌, (5): 15-17.

王波, 甘炳成, 王建东, 等. 2010. 刺芹侧耳菌株遗传差异与农艺性状的评价研究[J]. 西南农业学报. 23(1): 145-148.
王波, 唐利民, 熊鹰, 等. 2003. 白灵侧耳(白灵菇)种质资源评价[J]. 菌物系统, 22(3): 502-503.
王波, 王勇, 杨俊辉, 等. 2007. 刺芹侧耳杂交菌株 Pe5710 选育[J]. 菌物学报, 26(S): 158-162.
王俊玲, 李明, 田景华, 等. 2004. 6 个杏鲍菇菌株及其杂交子代的酯酶同工酶分析[J]. 河北农业大学学报, 27(3): 29-32.
王蕾. 2009. 刺芹侧耳的细胞工程育种及栽培研究[D]. 河北大学硕士学位论文.
王瑞娟, 章炉军, 李红梅, 等. 2014. 瓶栽刺芹侧耳新品种 U5 选育及其农艺性状分析[J]. 食用菌学报, 21(3): 13-17.
徐兵, 姚璐晔, 朱婧, 等. 2015. 白灵菇品种选育研究[J]. 北方园艺, (6): 147-151.
徐丽丽, 范晓洋, 于雯楠, 等. 2015. 斑玉蕈热激蛋白基因 *hsp70* 在刺芹侧耳中的转化[J]. 食用菌学报, 22(2): 8-12.
姚方杰, 张友民, 李玉. 2005. 白灵侧耳(白灵菇)交配系统特性的研究[J]. 菌物学报, 24(4): 539-542.
尹永刚. 2012. 杏鲍菇遗传转化体系的建立与 *pyrG* 基因的克隆[D]. 河北农业大学硕士学位论文.
应建浙, 赵继鼎, 卯晓岚, 等. 1982. 食用蘑菇[M]. 北京: 科学出版社.
臧穆, 黎兴江. 2004. 我国新疆两种有趣的担子菌[J]. 新疆大学学报(自然科学版), 21(S): 24.
张金霞, 黄晨阳, 胡小军. 2012. 中国食用菌品种[M]. 北京: 中国农业出版社.
张金霞, 黄晨阳, 张瑞颖, 等. 2004. 中国栽培白灵侧耳的 RAPD 和 IGS 分析[J]. 菌物学报, 23(4): 514-519.
张金霞. 2005. 中国栽培刺芹侧耳种族群(*Pleurotus eryngii* species-complex)遗传多样性及鉴定技术研究[D]. 中国农业大学博士学位论文.
赵梦然, 李远东, 李艳春, 等. 2015. 新疆野生阿魏蘑的 IGS2-RFLP 及培养特征多样性分析[J]. 菌物学报, 34(4): 612-620.
赵梦然. 2012. 新疆野生阿魏蘑种群分析[D]. 中国农业科学院博士学位论文.
Anderson J B, Ullrich R C. 1979. Biological species of *Armillaria mellea* in North America[J]. Mycologia, 71: 402–414.
Barrett D K, Uscuplic M. 1971. The field distribution of interacting strains of *Polyporus schweinitzii* and their origin[J]. New Phytologist, 70: 581-598.
Boisselier-Dubayle M C. 1983. Taxonomic significance of enzyme polymorphism among isolates of *Pleurotus* (Basidiomycetes) from umbellifers[J]. Transactions of the British Mycological Society, 81(1): 121-127.
Chung S J, Kim S, Sapkota K, *et al.* 2010. Expression of recombinant human interleukin-32in *Pleurotus eryngii*[J]. Annals of Microbiology , 61(2): 331-338.
De Gioia T, Sisto D, Rana G L, *et al.* 2005. Genetic structure of the *Pleurotus eryngii* species-complex[J]. Mycological Research, 109(PT1): 71-80.
Hilber O. 1982. Die Gattung *Pleurotus* (Fr.) Kummer: unter besonderer Berücksichtigung des *Pleurotus eryngii*-Formenkomplexes. *In*: Bibliotheca Mycologica 87[M]. Cramer J, Vaduz.
Im C H, Kim K H, Ali A, *et al.* 2015. Linkage grouping of *Pleurotus eryngii* by simple sequence repeats (SSR)[J]. Mushroom, 19(2): 88.
Kawai G, Babasaki K, Neda H. 2008. Taxonomic position of a Chinese *Pleurotus* "Bai-Ling-Gu" : it belongs to *Pleurotus eryngii* (DC. : Fr.) Quél. and evolved independently in China[J]. Mycoscience, 49: 75-87.

Kim S, Sapkota K, Choi B S, *et al.* 2010. Expression of human growth hormone gene in *Pleurotus eryngii*[J]. Central European Journal of Biology, 5(6): 791-799.

Kong W W, Huang C Y, Chen Q, *et al.* 2012. Nitric oxide is involved in the regulation of trehalose accumulation under heat stress in *Pleurotus eryngii* var. *tuoliensis*[J]. Biotechnology Letters, 34(10): 1915-1919.

Le Gac M, Giraud T. 2008. Existence of a pattern of reproductive character displacement in Homobasidiomycota but not in Ascomycota[J]. Journal of Evolutionary Biology, 21: 761-772.

Lewinsohn D, Nevo E, Wasser S P, *et al.* 2001. Genetic diversity in populations of the *Pleurotus eryngii* complex in Israel[J]. Mycological Research, 105: 941-951.

Mang S M, Figliuolo G. 2010. Species delimitation in *Pleurotus eryngii* species-complex inferred from ITS and *EF-1α* gene sequences[J]. Mycology, 1(4): 269-280.

May G. 1988. Somatic incompatibility and individualism in the coprophilous basidiomycete, *Coprinus cinereus*[J]. Transactions of the British Mycological Society , 91(3): 443-451.

Noh W, Kim S W, Bae D W, *et al.* 2010. Genetic introduction of foreign genes to *Pleurotus eryngii* by restriction enzyme-mediated integration[J]. Journal of Microbiology, 48(2): 253-256.

Okuda Y, Ueda J, Obatake Y, *et al.* 2012. Construction of a genetic linkage map based on amplified fragment length polymorphism markers and development of sequence-tagged site markers for marker-assisted selection of the sporeless trait in the oyster mushroom (*Pleurotus eryngii*)[J]. Applied & Environmental Microbiology, 78(5): 1496-1504.

Ravash R, Shiran B, Alavi A A, *et al.* 2010. Genetic variability and molecular phylogeny of *Pleurotus eryngii* species-complex isolates from Iran, and notes on the systematics of Asiatic populations[J]. Mycological Progress, 9: 181-194.

Ro H S, Kim S S, Ryu J S, *et al.* 2007. Comparative studies on the diversity of the edible mushroom *Pleurotus eryngii*: ITS sequence analysis, RAPD fingerprinting, and physiological characteristics[J]. Mycological Research, 111, 710-715.

Rodriguez Estrada A E, Jimenez-Gasco M M, Royse D J. 2010. *Pleurotus eryngii* species complex: sequence analysis and phylogeny based on partial *EF*1alpha and *RPB*2 genes[J]. Fungal Biology, 114: 421-428.

Urbanelli S, Della Rosa V, Fanelli C, *et al.* 2003. Genetic diversity and population structure of the Italian fungi belonging to the taxa *Pleurotus eryngii* (DC. : Fr.) Quel and *P. ferulae* (DC. : Fr.) Quel[J]. Heredity, 90: 253-259.

Urbanelli S, Della Rosa V, Punelli F, *et al.* 2007. DNA-fingerprinting (AFLP and RFLP) for genotypic identification in species of the *Pleurotus eryngii* complex[J]. Appl. Microbiol Biotechnol, 74: 592-600.

Zadrayil F. 1974. Ecology and industrial production of *Pleurotus ostreatus*, *P. florida*, *P. cornucopiae* and *P. eryngii*[J]. Mushroom Sciences, IX(1): 621-625.

Zervakis G I, Ntougias S, Gargano M L, *et al.* 2014. A reappraisal of the *Pleurotus eryngii* complex—New species and taxonomic combinations based on the application of a polyphasic approach, and an identification key to *Pleurotus* taxa associated with Apiaceae plants[J]. Fungal Biology, 118: 814-834.

Zervakis G I, Venturella G, Papadopoulou K. 2001. Genetic polymorphism and taxonomic infrastructure of the *Pleurotus eryngii* species-complex as determined by RAPD analysis, isozyme profiles and ecomorphological characters[J]. Microbiology , 147: 3183-3194.

Zhang J X, Huang C Y, Ng T B, *et al.* 2006. Genetic polymorphism of ferula mushroom growing on *Ferula sinkiangensis*[J]. Applied Microbiology and Biotechnology, 71: 304-309.

Zhao M R, Huang C Y, Chen Q, *et al*. 2013. Genetic variability and population structure of the mushroom *Pleurotus eryngii* var. *tuoliensis*[J]. PLOS ONE, 8: e83253.

Zhao M R, Huang C Y, Wu X L. 2016b. Genetic variation and population structure of the mushroom *Pleurotus ferulae* in China inferred from nuclear DNA analysis[J]. Journal of Integrative Agriculture, 15(10): 60345-7.

Zhao M R, Zhang J X, Chen Q, *et al*. 2016a. The famous cultivated mushroom Bailinggu is a separate species of the *Pleurotus eryngii* species complex[J]. Scientific Reports, 6: 33066; doi: 10. 1038/srep33066.

第十一章　双孢蘑菇及近缘种种质资源与分析

第一节　起源与分布

一、双孢蘑菇学名及分类地位

双孢蘑菇因其担子上通常仅着生 2 个担孢子而得名，在分类上隶属真菌门，担子菌纲，无隔担子菌亚纲，伞菌目，蘑菇科，蘑菇属。它的拉丁学名为 *Agaricus bisporus*（J. E. Lange） Imbach，也称为 *Agaricus brunnescens* Peck.，欧美生产经营者常称之为普通栽培蘑菇（common cultivated mushroom）或纽扣蘑菇（button mushroom）。中文别名为蘑菇、白蘑菇、双孢菇、洋菇。日本人称之为マシュルム或西洋松茸。

二、双孢蘑菇种质资源的起源与分布

双孢蘑菇栽培起源于法国，至今已有 400 多年的历史。据报道，1550 年，法国已有人将蘑菇栽培在菜园里未经发酵的非新鲜的马粪上，1651 年法国人用清水漂洗蘑菇成熟的子实体，然后洒在甜瓜地的驴粪、骡粪上，使它出菇。1707 年，被称为蘑菇栽培之父的法国植物学家 D. 托尼弗特用长有白色霉状物的马粪团在半发酵的马粪堆上栽种，覆土后终于长出了蘑菇。我国金陵大学胡昌炽先生于 1925 年前后引进双孢蘑菇，试种出蕾。福建省闽侯县潘志农先生 1930 年开始家庭式小规模栽培蘑菇，获得成功。浙江杭州余小铁先生 1931 年也开始种植（王泽生等，2012）。由于人工栽培历史较长，且早期栽培的菌种都是使用从自然界中寻找的菌丝块，栽培种和野生种基本无区别。进入 20 世纪后，纯种栽培技术的出现，使栽培品种逐步从野生居群中脱离出来，随后纯白品系在栽培品种中出现，使得栽培品种与野生菌种完全分离。生产上使用的品种有雪白色、米白色、奶油色、浅棕色和棕色品种。双孢蘑菇野生菌株子实体表面主要呈褐色至浅褐色，极少白色，菌柄白色，有的有菌环。据报道，现在使用的白色品种是 1925 年棕色品种栽培床上突变种的后代，荷兰的 Sonnenberg（2000）也认为现有的白色商业菌株源自不到 20 株的欧洲独立传统菌株。

直到 20 世纪 90 年代初，人们对双孢蘑菇的自然分布、种质资源还知之甚少（Groot *et al.*，1998）。在那之后，世界范围内的许多科学家对双孢蘑菇种质资源的分布、习性、群落结构、基因流动态、遗传变异水平等方面进行了广泛的研究。在北美 Kerrigan（1995）主持的 ARP（*Agaricus* recovery program）项目，自 1988 年开始已收集到数百个野生双孢蘑菇菌株。在欧洲大陆以法国 Callac 为首的蘑菇研究组自 1990 年开始，已收集了约 250 个野生双孢蘑菇的菌株。在英国，Elliott 和 Noble 除了收集很多野生双孢蘑菇菌株外，还收集了该属其他种的野生种质（李荣春和杨志雷，2002）。这些团队收集的双孢蘑菇资源主要分布在欧洲、北美洲、南美洲、大洋洲等地。Xu 等（1998）研究了收自美国、

加拿大、以色列、比利时、丹麦、英格兰、法国和中国福建的441个菌种的线粒体DNA，依据其相似性，把441个菌株划分成法国居群、阿伯塔居群、加利福尼亚海滨居群、加利福尼亚沙滩居群。Kerrigan等（1995）指出，他们对中国和东南亚双孢蘑菇自然资源情况尚不清楚，期待在这些区域找到新的遗传类群和丰富的遗传资源。

我国蘑菇属资源分布广泛，从北方辽宁、内蒙古到西南的云南、四川、西藏、新疆都有分布（李宇，1990）。20世纪70年代首次在新疆发现野生双孢蘑菇，可惜未保留活体菌种（卯晓岚，1998）。马文惠等（1993）在合肥郊区的野外采集到双孢蘑菇，并进行鉴定、制种、驯化，定名为Ag5。Wang等（1993）对收集到的国内外菌株进行鉴定，认为Ag5菌株是栽培中逃逸到野外并生存下来的栽培种。1999年王波等在西藏高原草甸分离到双孢蘑菇野生菌株，并进行了初步研究（王波等，2001；王波，2002）。2004年，王泽生等在西藏同一高原草甸再次分离到野生双孢蘑菇菌株并进行了鉴定（王泽生等，2005；Wang *et al.*，2008）。2007年以来王泽生和王波研究团队对中国野生双孢蘑菇种质资源分布情况进行调查，采集了大量野生菌株，经鉴定，部分为双孢蘑菇。这是首次对中国野生双孢蘑菇种质资源进行的系统采集、鉴定与评价。这一研究发现了我国西藏、四川、青海等地丰富的双孢蘑菇野生种质资源，证明了中国也是世界双孢蘑菇遗传多样性中心之一，纠正了中国双孢蘑菇野生种质稀缺的传统认知（Song *et al.*，2002；Wang *et al.*，2002，2004，2008；廖剑华等，2007；陈美元等，2009b；王泽生等，2012）。

通过文献分析、学术交流和实地考察，我们绘制了野生双孢蘑菇的世界分布图和中国分布图。野生双孢蘑菇主要分布在欧洲的法国、英国、荷兰，亚洲的中国，北美洲的加拿大、美国，南美洲的巴西，大洋洲的澳大利亚等国家。中国是世界野生双孢蘑菇资源的一个重要分布区，主要分布在西藏、四川、新疆、甘肃、贵州、宁夏、青海等西部冷凉地区，其中以西藏、四川、青海、甘肃和云南种质资源更为丰富。

（王泽生，陈美元）

第二节　生物学种的鉴定

双孢蘑菇是蘑菇属诸多种中栽培量最大的栽培种，子实体形态极其相似的近缘种尚有蘑菇、双环蘑菇、巴氏蘑菇等。对这些近缘种进行准确的生物学种鉴定鉴别，对于种质资源的利用是至关重要的。与其他食用菌一样，双孢蘑菇生物学种的鉴定也经历了从经典微生物学到分子生物学技术的过程。目前主要的鉴定手段有子实体形态特征观察、担孢子数目显微观测（配合栽培试验进行）、同工酶电泳、ITS序列分析、同核不育单孢菌株杂交等。

一、双孢蘑菇的形态结构

菌丝体是营养器官，由担孢子萌发生长而成，粗1~10μm，细胞多异核，细胞间有横隔，通过隔膜孔相连，经尖端生长、不断分枝而形成蛛网状菌丝体，主要作用是吸收、运送水分和营养物质，支撑子实体。从形态上看，菌丝体有绒毛菌丝（一级菌丝）、线状菌丝（二级菌丝）和索状菌丝（三级菌丝），菌落有白色绒毛型、白色紧贴绒毛型、紧贴索状等类型。绒毛菌丝是初期生长的菌丝，在生长过程遇到适宜的环境条件就会相互结合形成线状菌丝，进而扭结、分化、发育成子实体。期间，线状菌丝分化形成束状菌丝，束状菌丝体再分化成子实体组织和根状菌束。

子实体是繁殖器官，也是人们食用的部分，包括菌盖、菌褶、孢子、菌柄、菌膜、菌环等几个部分（图 11-1）。子实体大小中等，初期呈半圆形、扁圆形，后期渐平展，成熟时菌盖直径 4~12cm，表面白色、米色、奶油色或棕色，光滑或有鳞片，干时变淡黄色或棕色，幼时边缘内卷，菌肉组织白色，较结实。菌褶初期为米色或粉红色，后变至褐色或深褐色，密、窄，离生不等长。担子单细胞，无分隔，通常生有 2 个担孢子（图 11-2）。担孢子褐色、椭圆形、光滑，大小为（6~8.5）μm×（5~6）μm，孢子印深褐色或咖啡色。菌柄一般长 3~8cm，粗 1.0~3.5cm，白色，近圆柱形，内部结实至疏松。菌膜为菌盖和菌柄相连接的一层膜，随着子实体成熟，逐渐拉开，直至破裂。有的品种有菌环，单层、膜质，生于菌柄中部，易脱落。

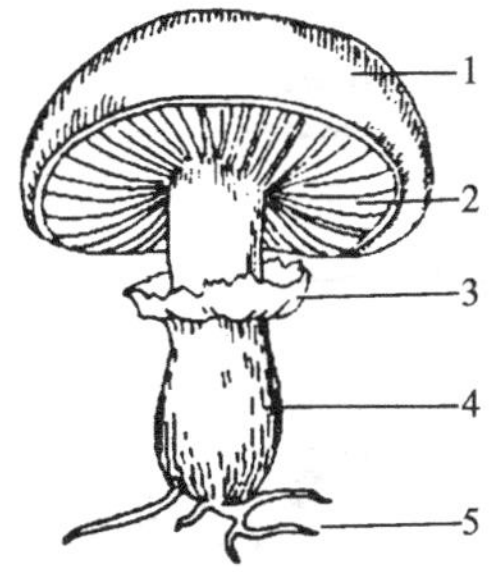

图 11-1　双孢蘑菇子实体形态（寿诚学，1982）

1~5. 菌盖、菌褶、菌环、菌柄、根状菌束

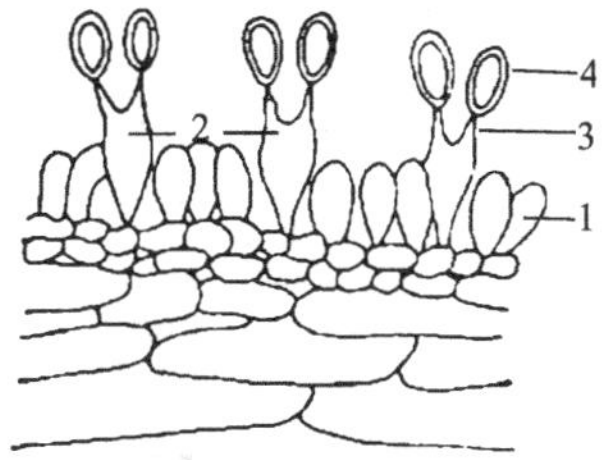

图 11-2　双孢蘑菇菌褶横切面示意图（寿诚学，1982）

1~4. 幼嫩担子、成熟担子、担子柄、担孢子

二、担孢子

在显微镜（400×）下观察野生菌株的成熟子实体菌褶，结果发现菌褶上 80%的担子生长有 2 个担孢子（图 11-3），与双孢蘑菇的常规栽培菌株表现一致。对双孢蘑菇种所具有的独特担孢子着生数量分析，可以从形态学上判断分离的野生菌株属于双孢蘑菇种。

三、双孢蘑菇及其近缘种的鉴定

当仅以子实体形态不能准确鉴定生物学种的情况下，需要应用生物化学或分子生物学技术进行鉴定，以确认野生种质材料的物种及可利用性。双孢蘑菇常用的则是酯酶同工酶电泳和 ITS 分析。

1. 酯酶同工酶检测鉴定

福建省农业科学院食用菌研究所首先将这一技术应用于双孢蘑菇的农艺性状鉴定预测，他们详细比较分析了国内外双孢蘑菇栽培菌株的生物学特性、农艺性状与酯酶同工酶

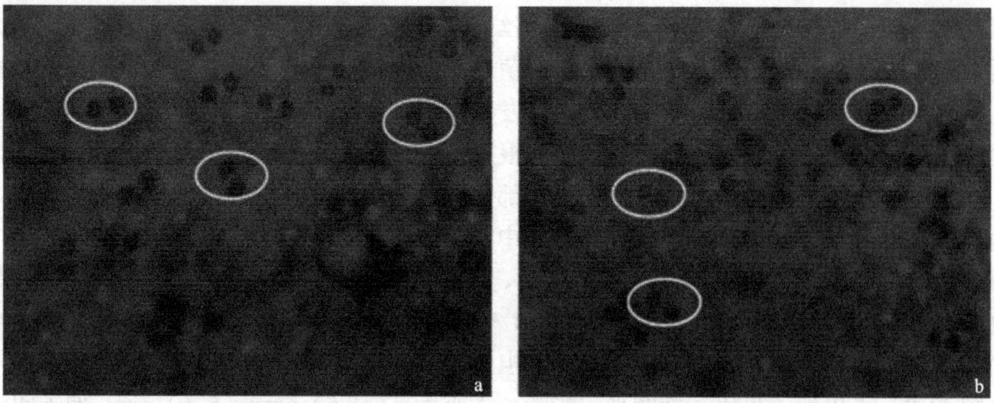

图 11-3 野生分离菌株担孢子情况（另见彩图）

a. 菌株 Ag78132；b. 菌株 AgLH833；白圈指示野生菌株子实体担子上的 2 个担孢子

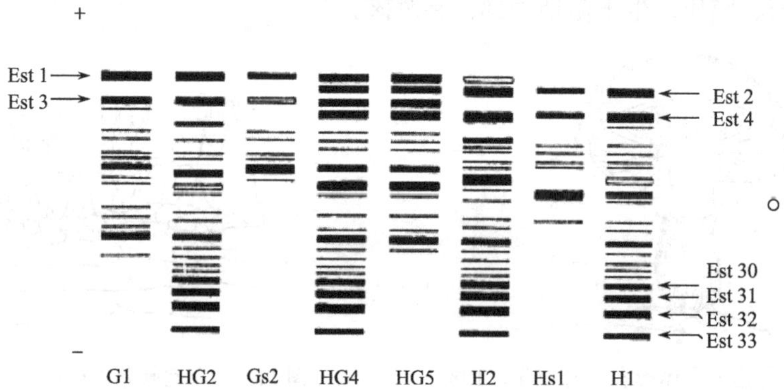

图 11-4 双孢蘑菇不同类型菌株的酯酶同工酶 PAGE 电泳图谱模式图（标记条带箭头所示）

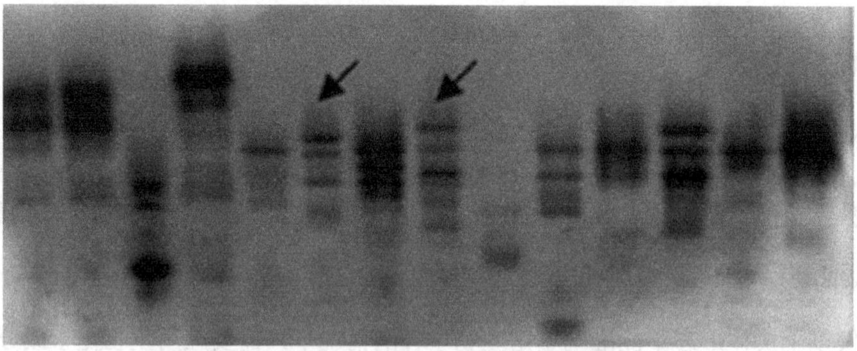

图 11-5 双孢蘑菇与近缘种菌株的酯酶同工酶电泳图谱

泳道从左至右分别为菌株 AgLQ962、AgLQ982、AgREK31、As2796、AgREK61、AgREK732、AgREK123-3、AgR41、AgR141、AgR235、AgR240、AgR241、AgR244、AgR245 的酯酶同工酶谱，其中 As2796 为双孢蘑菇，其余均为蘑菇属近缘种，箭头指示非双孢蘑菇菌株不具有双孢蘑菇标记条带

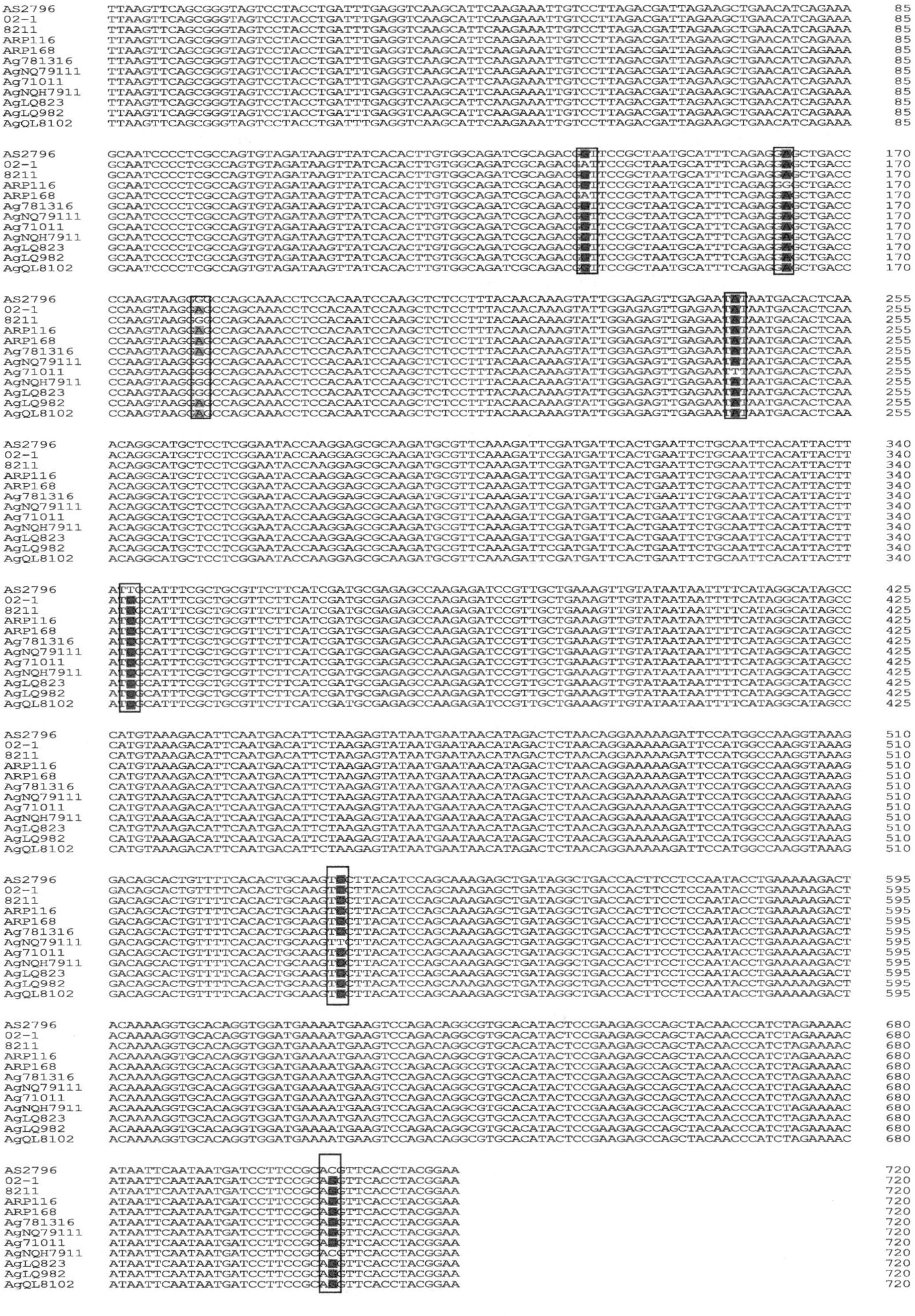

图 11-6　12 个双孢蘑菇菌株的 ITS 序列比对（另见彩图）

方框指示双孢蘑菇不同菌株 ITS 序列差异碱基位置

PAGE 表型和标记条带的相关性之后，率先应用这一技术进行野生菌株的鉴定、重要农艺性状的预测和育种目标菌株的筛选。根据酯酶同工酶电泳图谱，可把双孢蘑菇菌株分为高产型（H 型）、优质型（G 型）、中间型（HG1-2 型）、同核不育型（S 型，包括高产不育型 Hs 型、优质不育型 Gs 型、中国不育型 HGs 型）和杂交型（HG4-5 型）（图 11-4）。凡具有这些类型典型条带的野生材料基本上可鉴定为双孢蘑菇，而其近缘种与双孢蘑菇的酶谱则完全不同（图 11-5）。与分子生物学技术比较，应用酯酶同工酶电泳鉴定野生材料，对实验仪器设备的要求不高，比化学试剂更为绿色安全，是从野生材料中鉴定/筛选双孢蘑菇的最为经济、便捷的技术方法。

2. ITS 序列比较鉴定

ITS 序列在真菌的进化过程中较保守，常用于解决科、亚科、族、属、组内的系统发育和分类问题。根据双孢蘑菇 ITS 序列设计合成 PCR 引物（ITS4：5′-TCC TCC GCT TAT TGA TAT GC-3′，ITS5：5′-GGA AGT AAA AGT CGT AAC AAG G-3′），可以对双孢蘑菇 rDNA ITS 区序列进行扩增与测定，采用 25μL 反应体系：10× PCR buffer 2.0μL，$MgCl_2$ 2mmol/L，dNTPs 400mmol/L，ITS4、ITS5 为 0.8μmol/L，模板 DNA 50ng，*Taq* DNA 聚合酶 1U。PCR 反应条件：94℃ 2min；94℃ 15s，60℃ 30s，72℃ 1min，30 个循环；72℃ 10min，扩增产物纯化后进行测序。对收集的部分栽培品种、国外野生菌株及国内不同地区分离的野生菌株等进行 ITS 鉴定，结果表明，12 个菌株的核糖体转录间隔区序列大小一样，全长都为 721 个碱基，其比对结果见图 11-6。从图中可以看出，7 株中国野生双孢蘑菇菌株与 5 株对照菌株（其中包括国内栽培面积最大的主栽品种 As2796）的 ITS 序列之间只有几个碱基的不同，各菌株间序列同源性高达 99%以上。因此继形态学及同工酶鉴定之后，可以在 DNA 水平上将这 7 个菌株鉴定为双孢蘑菇种（蔡志欣等，2011）。

（陈美元，蔡志欣，王泽生）

第三节　国内外相关种质遗传多样性分析与评价

根据研究的需要，双孢蘑菇种质有不同的类型划分依据，以种质的来源可分为栽培菌株与野生菌株两大类型；以遗传特征可分为双孢菌株和四孢菌株两大变种；以色泽可分为棕色菌株、浅棕色菌株、奶油色菌株、米色菌株和白色菌株五大类型；按照菌丝培养特征可分为匍匐型菌株、气生型菌株和中间型菌株三大类。

双孢蘑菇种质的遗传多样性分析与评价可以用同工酶电泳（May and Royse，1982；Royse and May，1982；王贤樵和王泽生，1989；王泽生，1991；王泽生等，1994，1999）、RFLP（Castle *et al.*，1988）、RAPD（詹才新和凌霞芬，1997；陈美元等，1998，2003；曾伟等，1999；蔡志欣等，2014）、SRAP、ISSR（陈美元等，2007，2009b；Nazrul and Bian，2009，2011）等方法进行，用聚类统计方法分析菌株间的遗传相似性及种群间存在的遗传差异性，常采用生物统计软件。

以同工酶谱或 DNA 电泳条带的迁移率（Rm）为依据可以比较分析同工酶类型或 DNA 标记的差异、推定基因型变异。把表型完全一致的菌株归于同一基因类群。两个基因类群间的遗传相似程度值 S=NS/（NS+ND）。NS 代表 Rm 值相同的条带数，ND 代表 Rm 值不同的条带数。当比较的同工酶或 DNA 标记多于一种时，取各遗传相似值的平均数作为两个基因类群间的总遗传相似值。

运用同工酶和 SRAP、ISSR 等 DNA 指纹技术评价了双孢蘑菇种质库菌株的遗传多样性，构建了它们的亲缘关系图。研究发现中国栽培品种、国外栽培品种、中国野生菌株与国外野生菌株分属不同的类群，我国双孢蘑菇野生种质资源存在明显的地域性差异和遗传多样性，来自川藏高原的褐色或浅褐色野生菌株随采集地的不同聚为不同类群；部分来自新疆、西藏的白色野生双孢蘑菇菌株具有独特带型，与其他菌株的遗传相似度较低，是独特的基因种群。另外，研究发现国内与国外栽培品种群间的遗传差异十分显著，遗传相似值在 30%左右；但群内的遗传差异却很小，遗传相似值多在 70%以上。

一、国内外双孢蘑菇栽培菌株的 DNA 指纹分析

对 206 个国内外双孢蘑菇栽培菌株的总 DNA 进行大量的 SRAP、ISSR 和 RAPD 分析（图 11-7 和图 11-8 显示了部分菌株的图谱），共获得 15 个 SRAP、3 个 ISSR 和 2 个 RAPD 多态性标记。利用这 20 个标记对 206 个菌株进行聚类分析，获得亲缘关系树状图（图 11-9）。结果显示在 28%的相似值上，206 个菌株可以分为优质型和高产型两大类群。其中，优质类群主要包含优质传统菌株（代表菌株 8213、8211）和优质杂交菌株（代表菌株为 As2796、As4607）两大类，高产类群也主要包含高产传统菌株（代表菌株 01、02）和高产杂交菌株（代表菌株为荷兰的 U1、U3）两大类，规律性非常明显。而在 100%相似值上，可分为大小 72 个类群。其中有 49 个菌株已单独分出（陈美元等，2009b），其余类群分别包含 2~31 个菌株，最大的类群仍为优质传统菌株（陈美元等，2007）。获得的 20 个双孢蘑菇的特异性分子标记，可用于辅助鉴定、鉴别双孢蘑菇菌株。

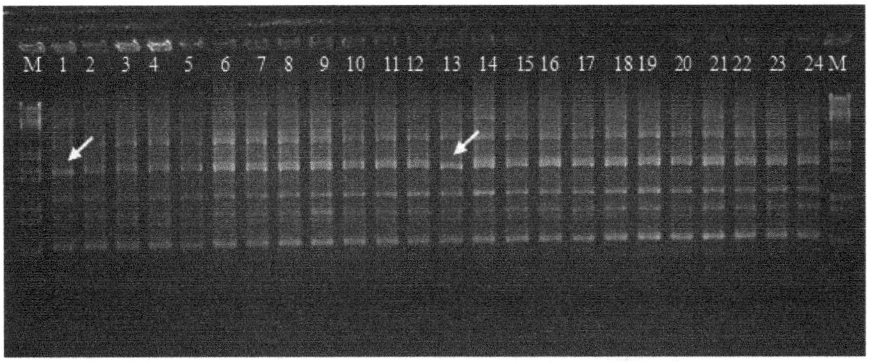

图 11-7　双孢蘑菇 24 个优质菌株的 ISSR 图谱（引物 808）

M: LambdaDNA/*Eco*R I+*Hin*d III Markers；1-24：沪 8213，8211，闽 1 号，As376，As1671，As1789，As321，As555，T-8205，A，D，沪 101，21，22，175，751，福罐 3，福罐 10，厦前 751，仙游 841，沪 102-1，黄岩 62，浣沙 176-4，Ag10。箭头指示特异条带位置

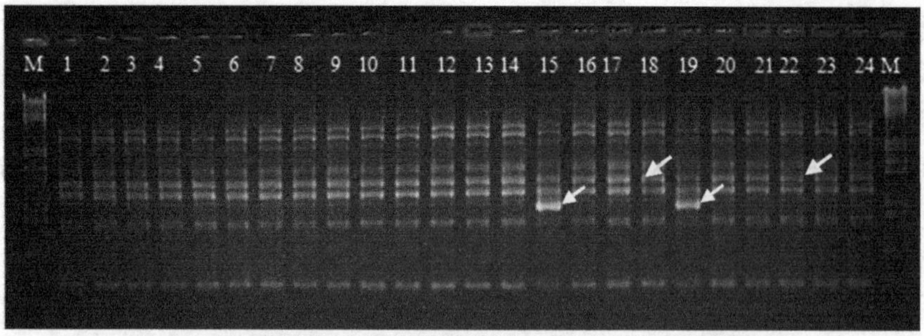

图 11-8 双孢蘑菇 24 个优质菌株的 RAPD 图谱（引物 S402）

M: LambdaDNA/*Eco*R I+*Hin*d III Markers；1-24：沪 8213，8211，闽 1 号，As376，As1671，As1789，As321，As555，T-8205，A，D，沪 101，21，22，175，751，福罐 3，福罐 10，厦前 751，仙游 841，沪 102-1，黄岩 62，浣沙 176-4，Ag10。箭头指示特异条带位置

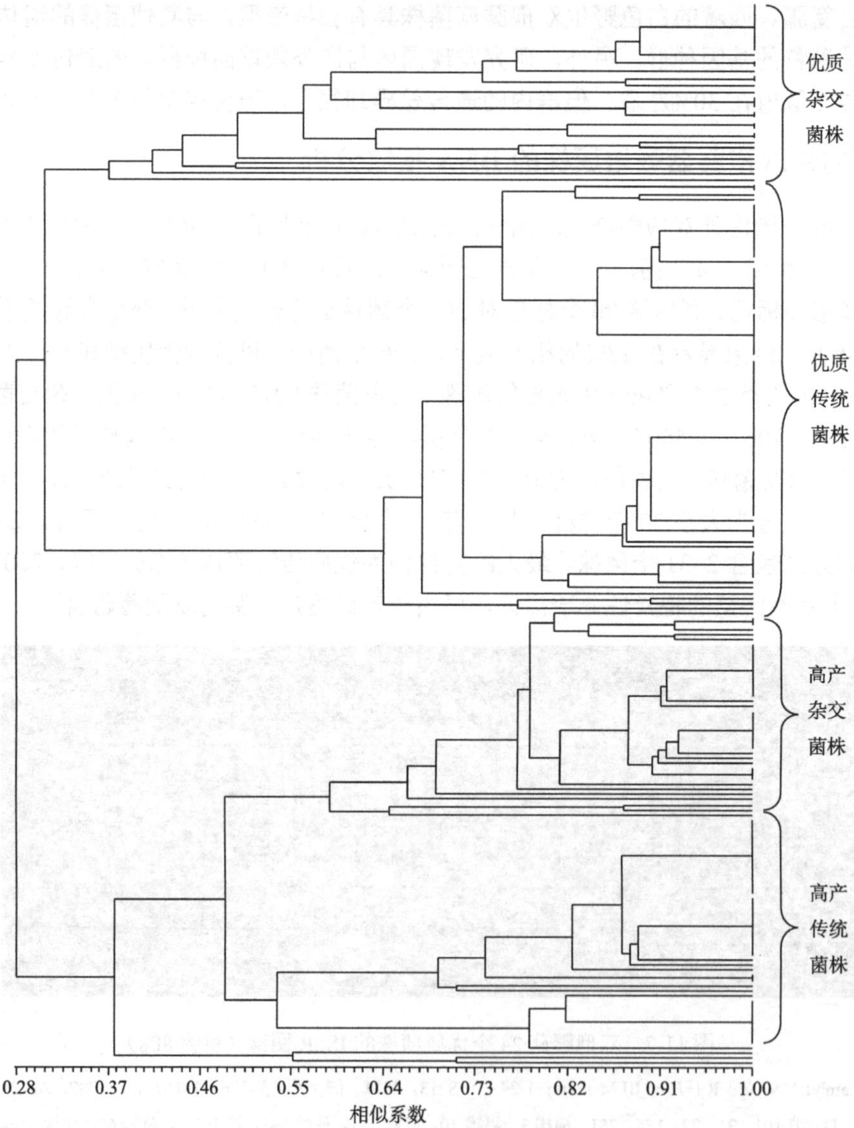

图 11-9　基于 SRAP、ISSR 和 RAPD 标记的双孢蘑菇 206 个栽培菌株的亲缘关系分析

二、中国蘑菇属野生种质的 DNA 指纹分析及亲缘关系评价

对 90 个中国蘑菇属野生菌株进行 SRAP 和 ISSR 分析，结果与酯酶同工酶电泳鉴定结果一致，酯酶同工酶鉴定为双孢蘑菇的 44 个菌株再次聚为同一类群。其中，41 个来自川藏高原的野生双孢蘑菇按照采集地的不同聚为 4 个小群，分别是西藏拉萨 1 个、西藏那曲 2 个、四川红原 1 个，显示出清晰的地域性分布。但是，各个群的遗传相似值较高，均在 62%以上。除了西藏拉萨类群 2 个菌株 Ag78317 和 Ag781313 与群内其他菌株稍有差别外，其余各群内菌株的带型均较为一致。

对采自新疆和西藏的蘑菇属白色菌株的分析表明各自具有显著的遗传特异性，与川藏高原的棕色或浅棕色双孢蘑菇种质的遗传相似值仅为 10%~13%（图 11-10）。这些白色菌株很可能不属于双孢蘑菇，而是双孢蘑菇的近缘种。

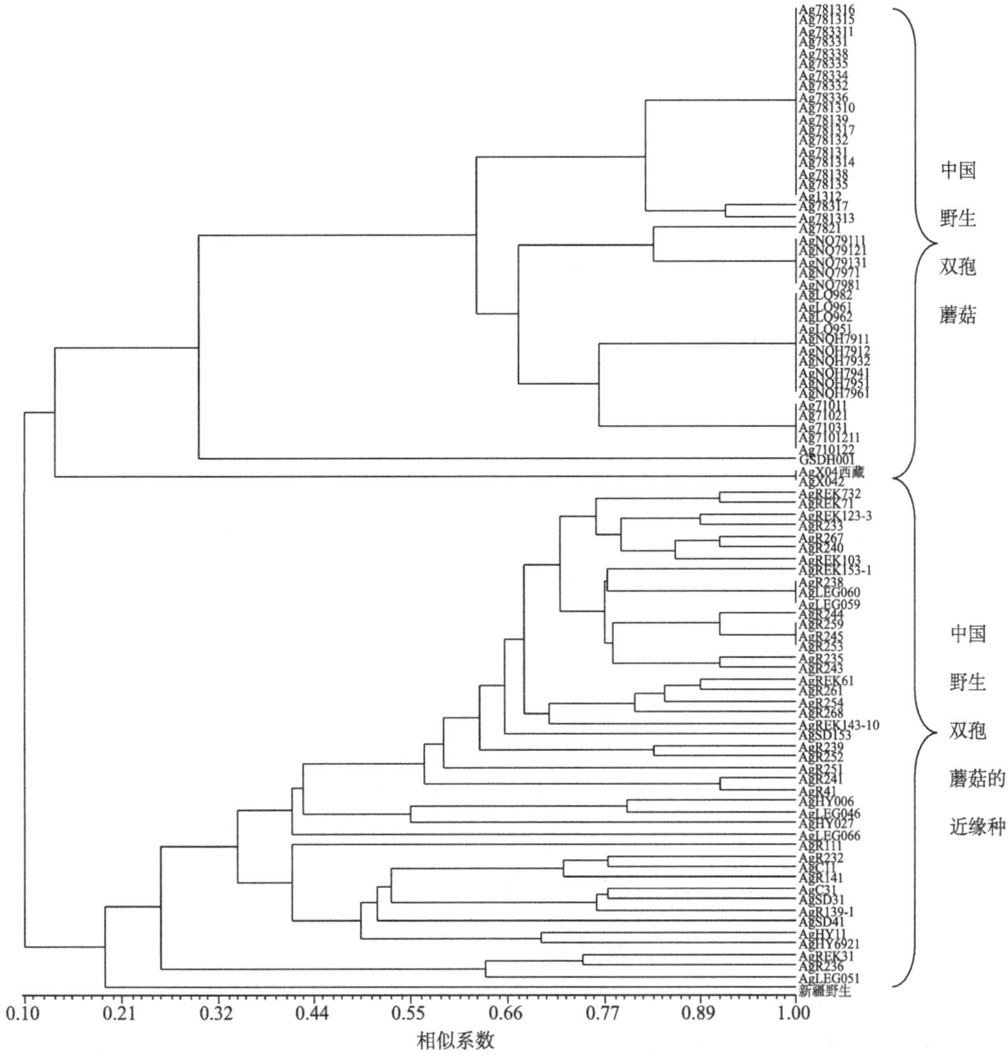

图 11-10　基于 SRAP 和 ISSR 标记分析的中国野生蘑菇属 90 个菌株的亲缘关系

三、国内外双孢蘑菇野生菌株与栽培菌株的 DNA 指纹分析与亲缘关系评价

对 305 个双孢蘑菇菌株（其中，206 个国外栽培菌株，41 个中国野生菌株，58 个来自 ARP 项目组的国外野生菌株）进行 SRAP 和 ISSR 分析。分别选取在 305 个菌株中均能扩增出清晰特异条带的 SRAP 引物 3 对（me1-em2，me2-em4，me5-em10）和 ISSR 引物 2 对（808，809），分别扩增出 SRAP 标记条带 32 条，ISSR 标记条带 28 条。将这 60 条特异条带（Song *et al.*，2002），应用 NTSYSpc-2.02j 软件分析，结果表明，在 0.54 的相似值处这些菌株分为两大类：58 个来自 ARP 项目组的菌株聚为一大类，另一大类包含 41 个中国野生菌株和栽培菌株（图 11-11）。ARP 菌株与中国野生菌株和栽培菌株的遗传距离均较远。在相似值为 0.93 时，41 个中国野生菌株以地域分为 3 组。在栽培菌株类群中，相似值在 0.9 处，206 个栽培菌株分为 7 个亚类群，这 7 个亚类群根据农艺学

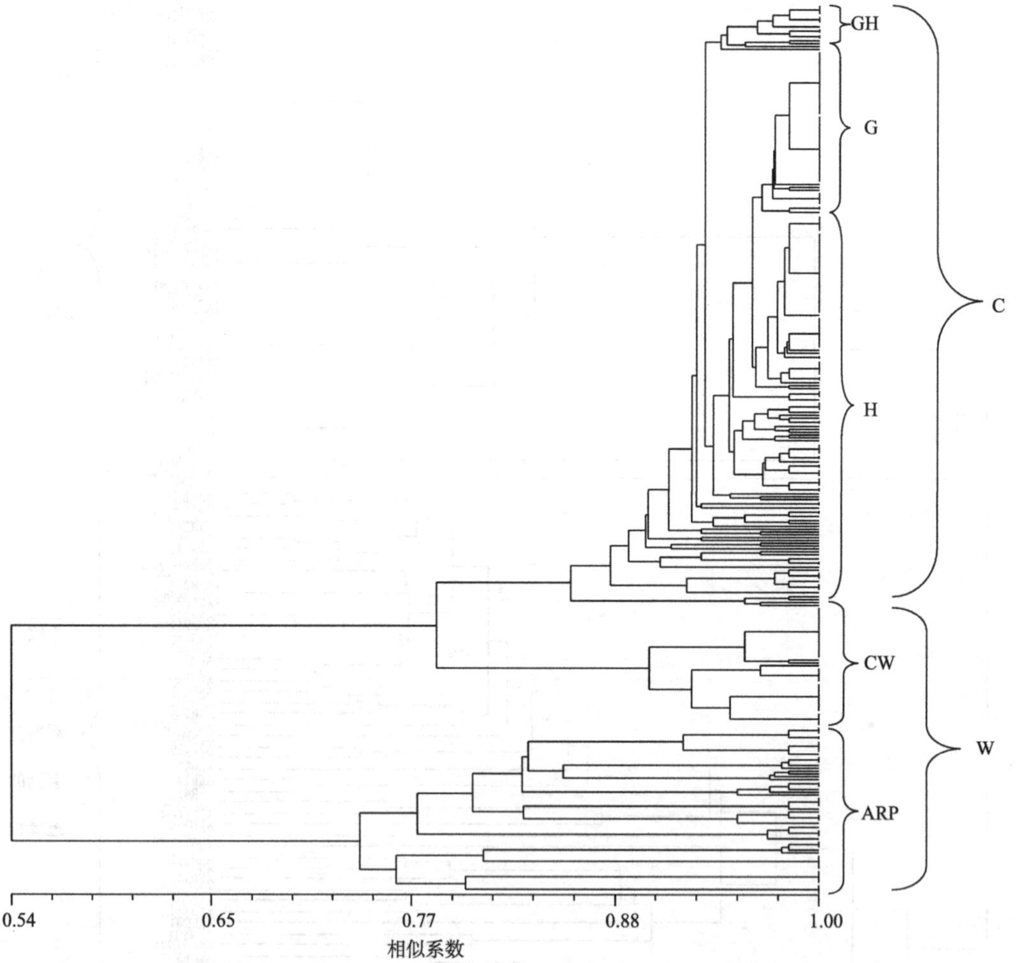

图 11-11　基于 SRAP 和 ISSR 标记对 305 株双孢蘑菇菌株的亲缘关系分析

W. 野生类群；C. 栽培类群；H. 高产菌株类群；G. 优质非杂交菌株类群；GH. 优质杂交菌株类群；CW. 中国野生菌株；ARP. 来自 ARP 项目组的菌株

性状又分为 3 组：优质杂交菌株、优质非杂交菌株、高产菌株（Wang and Wang，1989）。本研究清晰地表明，双孢蘑菇的中国种群与欧美种群间存在着显著的遗传差异（Wang *et al.*，2008），且中国双孢蘑菇种群有着丰富的遗传多样性。

（陈美元，蔡志欣，王泽生）

第四节　栽培品种

1980 年荷兰 Horst 蘑菇试验站的 Fritsche（1981）利用双孢蘑菇不育单孢子培养物配对培养，以恢复可育性为标记选育杂交菌株，于 1981 年首先育成纯白色品系和米色品系间杂交的品种 U1 和 U3，并在欧洲广泛使用数年（Fritsche，1991）。1989 年，福建省蘑菇菌种研究推广站王泽生等采用分子标记辅助杂交育种技术，育成高产优质耐热的杂交品种 As2796 系列（Wang *et al.*，1995），在中国广泛使用了 20 多年。现在世界各国使用的双孢蘑菇白色商业菌种几乎均为杂交品种 U 系列或 As2796 系列直接或间接的后代（Bueno *et al.*，2008；廖剑华，2013a），U 系列与 As2796 系列也成为世界上并列的两大双孢蘑菇杂交品系。

双孢蘑菇商业杂交品种（表 11-1）从颜色上分，有白色杂交种（多为纯白种与米白或白色种杂交）和棕色杂交种（多为棕色种之间或棕色与白色种之间杂交）两大类型。从生产特性上分有适于工厂化生产的品种（如 U1 系列）或适于自然气候条件下栽培的品种（As2796 系列）。从加工特点上分，又有适于鲜销的品种（S130），适于罐藏加工的品种及二者兼用的品种（As2796）。

表 11-1　近年商业化使用的主要双孢蘑菇杂交菌株

国别	选育单位	菌株名称	EST 同工酶类型	使用情况
中国	福建省农业科学院食用菌研究所	As2796	HG4	在中国、巴西广泛使用，抗逆性强，适于农业与工厂化生产，鲜菇适用于罐藏或鲜销
		As4607		
		W192		
		W2000		
荷兰	Horst 蘑菇试验站	U1	HG4	在欧洲、北美广泛使用，适于工厂化栽培和鲜销
		U3	H	
美国	Sylvan 公司	S130	HG4	适于工厂化栽培，鲜销
		A15		适于工厂化栽培，鲜销
		S608		适于工厂化栽培，鲜销
		S512		适于工厂化栽培，罐藏与鲜销
法国		F56	HG4	在欧洲广泛使用，罐藏与鲜销
		F50		

1. As2796（国品认菌 2007036）

特征特性：福建省蘑菇菌种研究推广站选育的杂交品种。子实体单生。菌盖直径 3.0~3.5cm，厚度 2.0~2.5cm，外形圆整，组织结实，色泽洁白，无鳞片；菌柄白色，中生，直短，直径 1~1.5cm，长度与直径比为(1~1.2)∶1，长度与菌盖直径比为 1∶(2.0~2.5)，无绒毛和鳞片；菌褶紧密、细小、色淡。平均产量为9~15kg/m^2，生物学效率35%~45%。

图 11-12　双孢蘑菇 As2796

栽培技术要点：发菌适宜温度 24~28℃、空气相对湿度 85%~90%；出菇温度 10~24℃，最适温度 14~22℃。栽培中菌丝体可耐受最高温度 35℃，子实体可耐受最高温度 24℃，转潮不明显，后劲强。投料量 30~35kg/m^2，碳氮比（C/N）（28~30）∶1，菌种萌发力强，菌丝吃料速度中等偏快。菌丝爬土速度中等偏快，扭结能力强，子实体生长发育较慢（图 11-12）。

2. As4607（国品认菌 2007035）

特征特性：子实体单生，商品菇直径 3.2~3.8cm，菌盖厚 2.0~2.5cm，外形圆整，组织结实，色泽洁白，无鳞片；菌柄直短，直径 1~1.5cm，长度与直径比（1~1.2）∶1，长度与菌盖直径比 1∶（2.0~2.5），无绒毛和鳞片；菌褶紧密，细小，色淡。平均产量为 9~15kg/m^2，生物学效率 35%~45%。

栽培技术要点：投料量 30~35kg/m^2，碳氮比（28~30）∶1，含氮量 1.4%~1.6%，含水量 65%~68%，pH 在 7.0 左右。发菌适温 24~28℃、适宜空气相对湿度 85%~90%；出菇温度 10~24℃，最适温度 14~22℃。菌种播种后萌发力强，菌丝吃料速度和爬土速度中等偏快，扭结能力强。不宜薄料栽培，料含氮量低或水分不足都影响产量或产生薄菇和空腹菇（图 11-13）。

图 11-13　双孢蘑菇 As4607

3. W192

特征特性：W192 以 As2796 的单孢菌株 2796-208 与 02 的单孢菌株 02-286 杂交选育而成。菌落形态为贴生、平整，气生菌丝少，子实体单生，菌盖为扁半球形，表面光滑，无绒毛和鳞片，直径 3~5cm；菌柄为近圆柱形，直径 1.2~1.5cm，子实体大小适中，可工厂化栽培。菌丝在 10~32℃下均能生长，24~28℃最适；结菇温度 10~24℃，最适温度 14~20℃。菌种萌发快，菌丝吃料较快，生长强壮有力，抗逆性较强，菌丝爬土速度较快，原基扭结能力强，子实体生长快，菇潮明显，1~4 潮产量较多，从播种到采收 35~40 天。

栽培技术要点：适用经二次发酵的粪草料栽培，要求每平方米投干料量 30~35kg，其中，稻草 20kg，牛粪 10kg~15kg，C∶N＝（28~30）∶1，含氮量 1.4%~1.6%，含水量 65%~68%，pH 7 左右，发菌适宜料温 24~28℃，出菇适宜温度 16~22℃，需水量较 As2796 略多。基本单生，成菇率高。不宜薄料栽培，料含氮量低或水分不足都影响产量或产生薄菇和空腹菇。

适合采用麦粒种，麦粒含水量 40%~45%，菌种培养的适合温度为 22~24℃，750mL 标准菌种瓶的菌丝满瓶时间为 28~32 天，菌种使用的适宜菌龄为长满后 5~20 天，超过 20 天则必须 2~4℃下冷藏（图 11-14）。

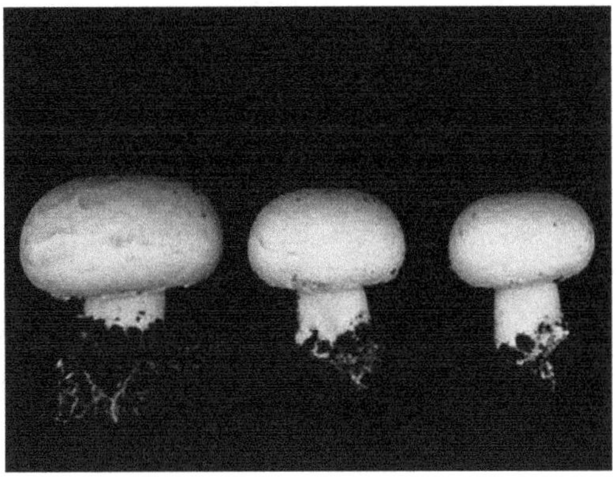

图 11-14　双孢蘑菇 W192

4. W2000

特征特性：W2000 以 As2796 的单孢菌株 2796-208 与 02 的单孢菌株 02-280 杂交选育而成。菌落形态为中间贴生、外围气生；子实体单生，菌盖为半球形，表面光滑，无绒毛和鳞片，直径 3~5.5cm；菌柄近圆柱形，直径 1.3~1.6cm；菇体结实，圆整，适合鲜销。菌丝在 10~32℃均能生长，24~28℃最适；结菇温度 10~24℃，最适温度 14~20℃。菌种萌发快，菌丝吃料较快，生长强壮有力，抗逆性较强，菌丝爬土速度较快，原基扭结能力强，子实体单生，生长快；菇潮明显，1~4 潮产量较多，从播种到采收 35~40 天。

栽培技术要点：适用经二次发酵的粪草料栽培，表现出耐肥、耐水和适应性广的特点，要求每平方米投干料量 30~35kg，C∶N＝（28~30）∶1，含氮量 1.4%~1.6%，含水量 65%~68%，pH 7 左右，出菇期蓄水量需要较 As2796 多 15%。菌丝吃料速度中等偏快，生长强壮有力，抗逆性较强。菌丝爬土速度中等偏快，扭结能力强，生长快，开采期较一般菌株早 2~3 天。子实体基本单生，成菇率高，1~4 潮产量较多，菇潮明显。不宜薄料栽培，营养不足易出现薄菇。覆土层薄、不均匀、通气不良易出现丛生菇。

适合采用麦粒种，麦粒含水量 40%~45%，菌种培养适宜温度 22~24℃，750mL 标准菌种瓶 28~32 天菌丝长满瓶，菌种使用适宜菌龄为长满后 5~20 天，超过 20 天则必须 2~4℃下冷藏（图 11-15）。

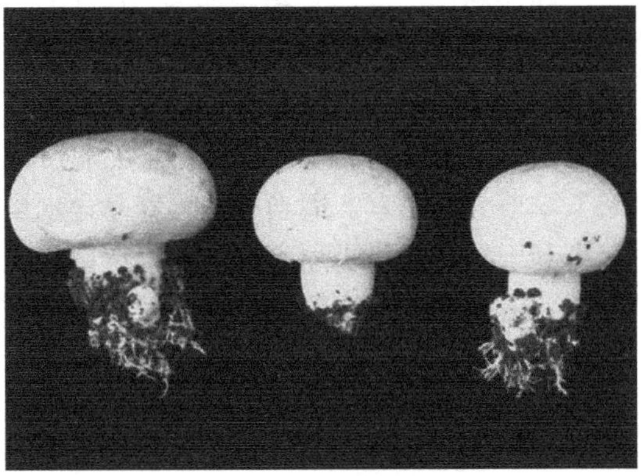

图 11-15　双孢蘑菇 W2000

5. A15

特征特性：A15是美国Sylvan公司杂交选育并商业推广的工厂化高产菌株。菌落贴生、平整；子实体单生，菌盖半球形，表面有鳞片，直径3~5cm；菌柄近圆柱形，较长，直径1.2~1.5cm；菇体大小适中，适合于欧美生产模式的工厂化栽培。该菌株的菌丝在10~32℃下均能生长，24~28℃最适；结菇温度10~22℃，最适温度16~18℃。菌种播种后萌发快，菌丝吃料较快，生长强壮有力，抗逆性较强，菌丝爬土速度较快，原基扭结能力强，子实体生长快，产量集中在第一潮，可达总产量的50%~60%。

栽培技术要点：A15菌株适用经二次发酵的粪草料栽培，要求每平方米投干料量40kg以上，含氮量1.4%~1.6%，含水量65%~68%，pH 7左右，发菌适宜料温24~28℃，出菇温度16~18℃。成菇率高，在欧美工厂化生产模式产量25kg/m^{2}以上，菇体紧实度较差，不及国内使用菌株，适于鲜销。

6. 英秀1号（国品认菌2007037）

特征特性：浙江省农业科学院园艺研究所从国外引进的双孢蘑菇A737单孢选育而成。子实体散生、少量丛生，近半球形，不凹顶。商品菇菌盖棕色，平均直径4.1cm，菌盖平均厚1.7cm，表面光滑，环境干燥时表面有鳞片；菌柄白色，粗短近圆柱形，基部膨大明显，平均长2.6cm，中部平均直径1.5cm。子实体组织致密结实。发菌适温22~26℃，原基形成无需温差刺激，子实体生长发育温度范围4~23℃，最适温度16~18℃；低温结实能力强。菇潮间隔期7~10天。平均产量为9.1~15.7kg/m^2。

栽培技术要点：基质适宜含氮量为1.5%~1.7%，发酵前适宜含氮量为1.6%~1.8%，播种前适宜含水量为65%左右，pH 7.2~7.5。出菇期适宜室温13~18℃，温度高于20℃时禁止喷水，加强通风。自然气候条件下秋冬季播种，春季结束，跨年度栽培。河北、河南、山东、山西、安徽和苏北等蘑菇产区适宜播种期为8月，浙江、上海及苏南蘑菇产区适宜播种期为9月，福建、广东、广西等蘑菇产区适宜播种期为10~11月。应用菇棚覆膜增温技术措施，可适当推迟播种期，实现反季节栽培。要充分利用低温出菇能力强的特性，使其在自然温度较低季节大量出菇。适当提高培养基含水量有利于提高产量。注意预防高温烧菌和死菇；出菇期应保持覆土良好的湿度和空气相对湿度，以免菇盖产生鳞片（图11-16）。

图11-16　双孢蘑菇英秀1号（另见彩图）

7. 棕秀1号（国品认菌2007038）

特征特性：浙江省农业科学院园艺研究所从国外引进的褐色蘑菇Ab07常规单孢选育。子实体散生、少量丛生，近半球形，不凹顶，菇柄粗短、白色，近圆柱形，基部稍膨大，平均长 2.8cm，菌柄中部平均直径 1.5cm。商品菇菌盖棕褐色、平均厚 1.8cm，内部菌肉白色，肉质紧密，平均直径 4.1cm，表面光滑。环境干燥时菇盖表面有鳞片产生。原基形成不需要温差刺激，菌丝生长温度范围为 5~33℃，发菌适宜温度 22~26℃；子实体生长发育的温度范围为 4~23℃，最适温度 16~18℃；低温结实能力强。平均产量为 9.8~16.5kg/m^2。

栽培技术要点：自然气候条件下秋冬季播种，可比常规品种延后 10~25 天播种，跨年度栽培。河北、河南、山东、山西、安徽和苏北等蘑菇产区适宜播种期为 8 月，江苏、浙江、上海蘑菇产区适宜播期 9 月；华南蘑菇产区适当推迟播期，福建、广东、广西等蘑菇产区适宜播种期为 10~11 月。应用菇棚覆膜增温技术措施，播种期可推迟，实现反季节栽培。粪草培养料的适宜含氮量为 1.5%~1.7%，无粪合成料发酵前的适宜含氮量为 1.6%~1.8%，碳氮比为（30~33）∶1，二次发酵后的培养料适宜含水量为 65%左右，pH 7.2~7.5。发菌期若料温高于 28℃，应夜间通风降温，必要时需向料层打扦，散发料内的热量，降低料温，以防烧菌（图 11-17）。

图 11-17　棕色蘑菇棕秀 1 号（另见彩图）

8. 蘑菇 176

特征特性：中国科学院微生物研究所从香港中文大学引进的法国品种。子实体单生或丛生，半球形，菌盖色白，表面光滑，菌盖大小 3.5~4.5cm，菌盖厚 1.9~2.3cm；菌柄长 2.8~3.6cm，粗 1.9~2.5cm；菌丝生长温度为 24~28℃，菌丝在 pH 5~8 均能生长；发菌期 20~25 天，从播种到出菇需 35~45 天；原基形成和子实体发育适宜温度 10~20℃，最适温度 15℃。菇潮明显，7 天左右一潮。生物学效率 40%左右。

栽培技术要点：上海地区播种期 9 月 5 日~9 月 10 日，其余地区提早 2~3 天播种；培养料含水量 65%~68%，必须二次发酵；当菌丝穿透料底时覆土，覆土后发菌温度控制在 24~28℃，保持土层湿润；菌丝长满覆土层时通风降温和喷水，降温至适宜出菇温度；及时喷出菇水，少量多次喷湿（图 11-18）。

图 11-18　蘑菇 176（另见彩图）

图 11-19　棕色双孢蘑菇蘑 1 号（另见彩图）

9. 蘑 1 号

特征特性：上海市农业科学院食用菌研究所从波兰引进的棕色品种。子实体单生为主，菇形圆整，质地坚实紧密；朵型中等，商品菇直径 3~5cm；适当疏蕾，可获得菌盖直径 10~12cm 的大型子实体；菌盖棕色，无鳞片；菇潮明显，转潮快；发菌适宜温度 25℃左右，最适出菇温度 16~18℃。产量为 8~10kg/m^2。

栽培技术要点：上海及周边地区 8 月中上旬堆制培养料，9 月中上旬播种，10 月上旬覆土；出菇期从当年 10 月下旬~翌年 4 月下旬；覆土厚度 4cm 左右；一潮菇喷一次水，避免原基形成期喷水（图 11-19）。

10. 蘑加 1 号（国品认菌 2010002）

特征特性：华中农业大学菌种实验中心通过国外引进菌株组织分离系统选育而成。菌丝半气生；子实体前期多丛生，后期多单生，个体较大、圆整；菌盖洁白半球形，空气干燥易产生同心圆状的较规则的鳞片，菌肉白色，致密；菌柄白色近柱状，基部稍膨大。出菇期集中，菇潮明显，适于工厂化栽培；抗病性较差。以粪草料栽培，生物学效率 35%左右。

栽培技术要点：室内大棚床栽，大田畦栽，通常选用粪草料二次发酵法栽培。气温在 15~28℃播种，20~25℃下避光发菌，避免 30℃以上烧菌，出菇适宜温度 13~18℃，避免 20℃以上死菇；适宜在全国蘑菇栽培产区推广，可根据不同气候条件，适时栽培，湖北地区一般 9 月初播种，10 月底~翌年 4 月出菇。

11. 浙农 1 号

特征特性：浙江农业大学选育的品种。子实体单生或丛生，组织致密结实；菌盖白色，半球形，有绒毛和鳞片，平均直径 3.9cm，平均厚度 1.1cm；菌柄白色，平均长度 3.5cm，平均中部直径 2.0cm。菌丝生长最适宜温度为 22~26℃，在 pH 5~8 菌丝均能生长；发菌期 20~25 天，从播种到出菇需 35~45 天；原基形成温度 10~20℃；子实体适宜生长温度 16~20℃，菇潮不明显。生物学效率 40%左右（图 11-20）。

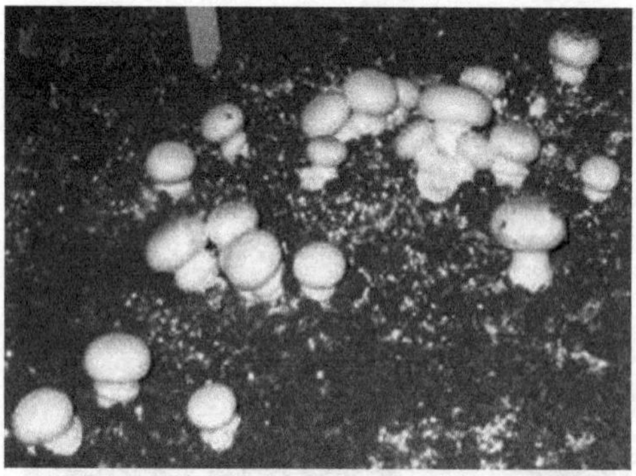

图 11-20　双孢蘑菇浙农 1 号（另见彩图）

图 11-21　双孢蘑菇 SA6（另见彩图）

12. SA6

特征特性：上海市农业科学院食用菌研究所从波兰引进品种。子实体单生或丛生；菌盖白色，有绒毛，平均直径 3.6cm，平均厚度 1.0cm；菌柄白色，平均长度 3.2cm，平均中部直径 1.5cm。菌丝在 pH 5~8 时均能生长；发菌期为 20~25 天，从播种到出菇需 35~45 天；发菌最适温度 22~26℃；原基形成和子实体发育适宜温度为 10~20℃，菇潮不明显。生物学效率 35%左右（图 11-21）。

13. S130A

特征特性：美国施尔丰菌种公司引进品种。子实体单生或丛生；菌盖白色，半球形，有绒毛和鳞片，平均直径 3.9cm，平均厚度 1.1cm；菌柄白色，基部膨大，平均长 3.1cm，平均直径 2.1cm。发菌期 20~25 天，播种到出菇 35~45 天；发菌最适温度 22~26℃，原基形成温度 10~20℃，子实体生长适宜温度 14~20℃；培养料适宜含水量 65%~68%，发菌期和覆土后适宜料温均为 24~28℃；菇潮不明显。生物学效率 40%左右（图 11-22）。

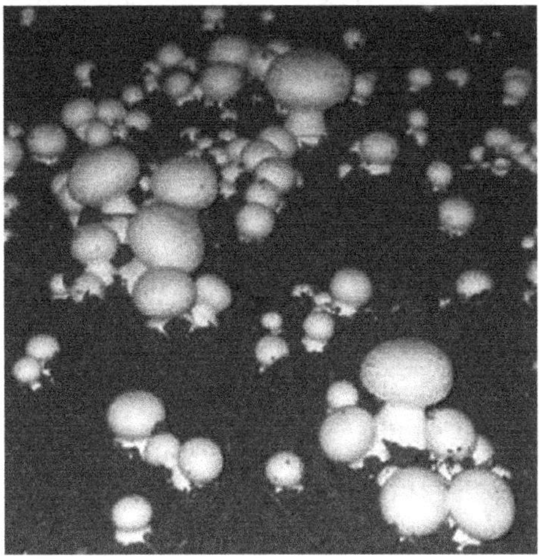
图 11-22　双孢蘑菇 S130A（另见彩图）

（王泽生，廖剑华，陈美元）

第五节　种质资源的创新与利用

福建省农业科学院食用菌研究所的前身是福建省蘑菇菌种研究推广站，是我国开展双孢蘑菇种质资源评价与利用最早的专业机构，自 1983 年以来持续系统地收集了世界各地的双孢蘑菇菌株，现已保藏 400 多株，开展了全面系统的鉴定评价工作，并应用于杂交育种（Wang and Wang，1990；Wang *et al.*，1991；Wang and Liao，1993；曾伟等，1999，2000；廖剑华等，2001；王泽生等，2001，2004，2005；陈美元等，2003，2007，2009a，2010，2011，2013；蔡志欣等，2011，2014；廖剑华，2013a，b）。近年来，四川省农业科学院王波研究团队采集国内蘑菇属野生菌株百余个，开展了较为系统的鉴定和评价研究，并应用于种质创新和杂交育种。

我国 1925 年前后从国外引进双孢蘑菇在国内栽培，1978 年开始品种改良。1989 年育成我国第一个双孢蘑菇杂交菌株 As2796，全国性推广应用至今，成为世界上年产鲜菇量最大的双孢蘑菇商业菌株。As2796 从育成至今已使用近 30 年，面临着不可避免的退化问题，而日渐细化发展的蘑菇产业也需要各类专用品种。例如，高产型菌株适于工厂化生产，高温型菌株适于反季节或周年栽培，致密型蘑菇更适于罐头加工，不易褐变的蘑菇更适于鲜销，而高产小朵型的蘑菇更适于盐水菇加工，等等。引入野生种质，开展种质创新，应用多种现代生物学技术手段培育新品种是双孢蘑菇持续健康发展的技术保障。

为此，福建省农业科学院食用菌研究所与美国 Sylvan 公司、四川省农业科学院土壤肥料研究所、厦门大学生命科学学院等单位合作，大量收集或采集国内外双孢蘑菇野生种质，建立中国野生双孢蘑菇种质资源库。并对这些材料进行了系统的生物学和分子生物学的比较与鉴定，建立 DNA 指纹库，筛选特殊性状或优良性状的野生种质，并对重要农艺性状开展分子遗传基础的研究，指导双孢蘑菇育种（王泽生等，2003；陈美元等，2007，2009a；蔡志欣等，2011；Chen *et al.*，2012）。

在此基础上，选择特殊性状或优良性状的种质，通过与四孢变种的杂交进行野生种质创新，获得拥有二者优势的创新种质，用于定向杂交育种，杂交率提高到 50%以上，育种周期缩短 50%以上。获得的创新种质在保留了野生种质耐热或高产特性的同时，出菇期比 As2796 提早 2~3 天（廖剑华，2013b）。

同核不育体检出率是双孢蘑菇育种效率的首要影响因素。对野生种质的分析表明，不同种质同核不育体检出率差异很大（表 11-2），国外引进的四孢野生菌株 ARP159 同核不育体的检出率高达 92.6%，国内从四川收集的野生菌株 AgQG841 和 AgLH830 在 60%以上，而其他 3 个野生菌株仅为 15%~17%，杂交菌株 MT206 为 37.7%，传统栽培品种 333 的同核不育体检出率最低，仅 8.7%。

表 11-2　不同菌株同核不育体检出情况统计

菌　株	分离疑似同核不育体	确定为同核不育体	检出率/%
ARP159	27	25	92.6
AgQG841	14	9	64.3
AgLH830	29	12	63.1
Ag2K811	52	9	17.3
AgQL8125	30	5	16.7
AgLH836	13	2	15.4
M7206	53	20	37.7
333	23	2	8.7

对同核不育体的培养特征观察表明，国外引进的四孢野生菌株 ARP159 的同核不育体分为三大类型（图 11-23）。第一类菌丝生长较快，菌落白色。第二类菌丝生长较快，菌落产生褐色菌丝。第三类菌丝生长较慢，菌落白色。国内从四川收集的野生菌株同核不育体差异较大，图 11-24 为 AgQL8125 和 AgQG841 的同核不育体，可见其主要表现为贴生生长，菌丝弱细，并分泌褐色素。杂交菌株 M7206 的同核不育体培养特征类型较多（图 11-25），大多为贴生生长，部分菌丝生长较快并伴有少量气生菌丝，有些菌株分泌较多褐色素。

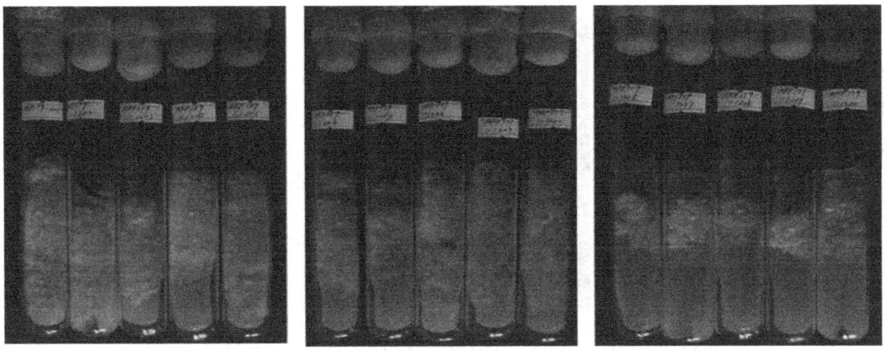

图 11-23　双孢蘑菇 ARP159 同核不育体菌丝形态的 3 种类型（另见彩图）

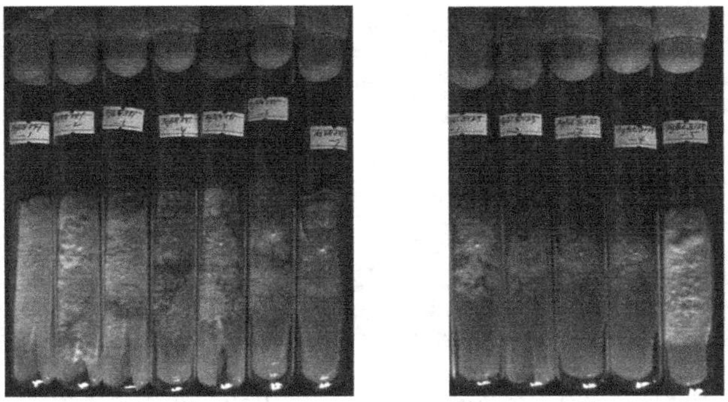

A　　　　　　B

图 11-24　双孢蘑菇不同种质同核不育体的菌丝形态（另见彩图）

A. AgQL8125；B. AgQG841

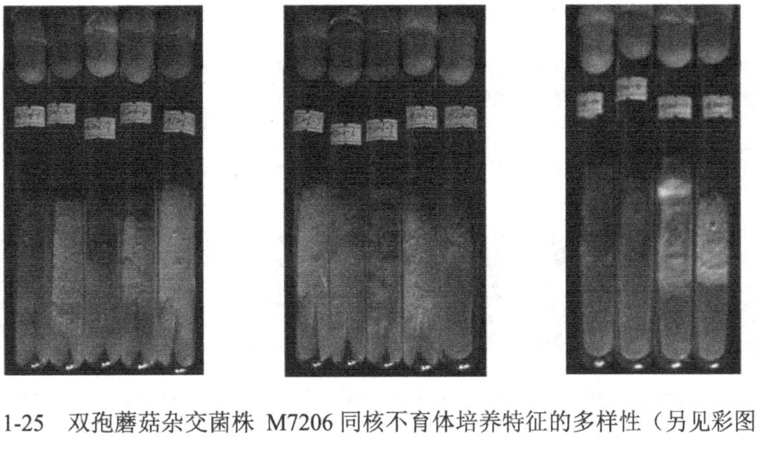

图 11-25　双孢蘑菇杂交菌株 M7206 同核不育体培养特征的多样性（另见彩图）

ARP159 的同核不育体与四川野生的同核不育体之间进行 80 个组合杂交，获得 20 个杂交菌株，其中的同核不育体 ARP159-1211 进行 10 个组合杂交，获得 6 个杂交菌株（图 11-26）。四川野生种质 AgLH830 的同核不育体 AgLH830-2 进行 8 个组合杂交，获得 4 个杂交菌株（图 11-27）。可见，这 2 株同核不育体具较高的交配亲和力。

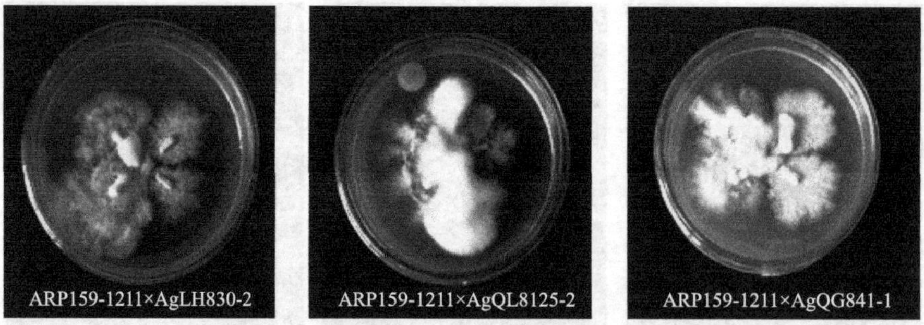

图 11-26　双孢蘑菇 ARP159 的同核不育体 ARP159-1211
与四川野生菌株同核不育株杂交（另见彩图）

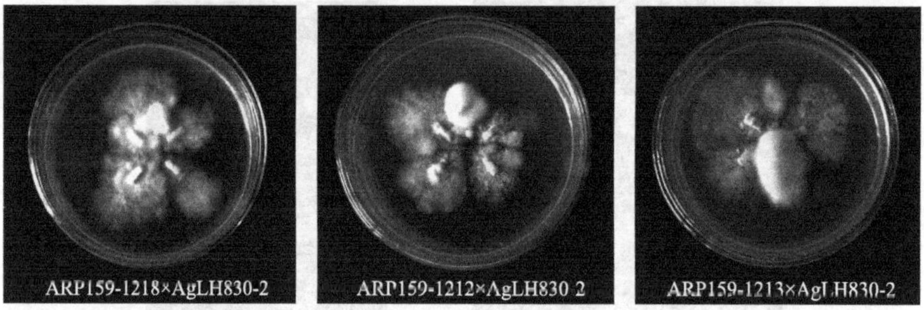

图 11-27　双孢蘑菇同核不育体 AgLH830-2 与 ARP159 同核不育体杂交（另见彩图）

杂交栽培菌株 M7206 的同核不育体与四川野生菌株的同核不育体进行 80 个组合杂交，获得 5 个杂交菌株，其中同核不育体 M7206-10 进行 8 个杂交组合，获得 3 个杂交菌株，表现出较高的杂交亲和力（图 11-28）。

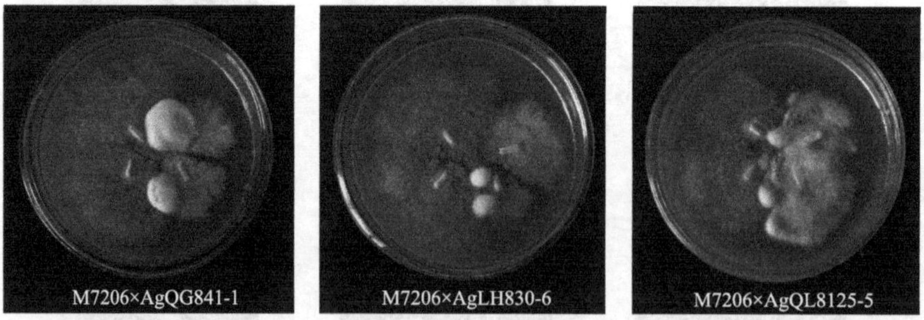

图 11-28　双孢蘑菇同核不育体 M7206-10 与野生菌株的同核不育体杂交（另见彩图）

杂交菌株的酯酶同工酶分析表明，四川的野生菌株具有独特的酯酶同工酶电泳条带 A、B 等表型（图 11-29），其与国外野生菌株进行杂交获得的杂交菌株仍表现出独特的酯酶同工酶电泳条带 A、B、C、D 等表型（图 11-30）。

显微观察表明，四川野生种质与传统的双孢蘑菇菌株一样，主要以双孢类型为主（图 11-31a）。四孢变种的野生种质以四孢为主，有少量三孢发生（图 11-31b）。四川的双孢菌株与四孢菌株的杂交后则不再发生双孢，而是在产生大量四孢的同时，形成较多的三孢（图 11-31c）。

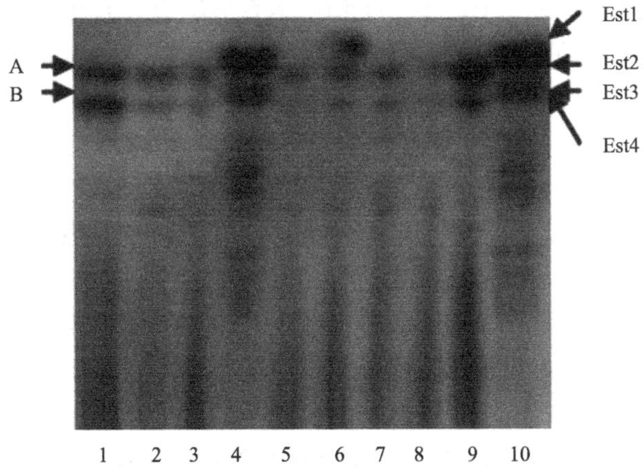

图 11-29　四川分离的双孢蘑菇野生菌株酯酶同工酶表型

1、2、3、5、6、7、8、9 为四川采集的野生种质，4、10 为对照 As2796

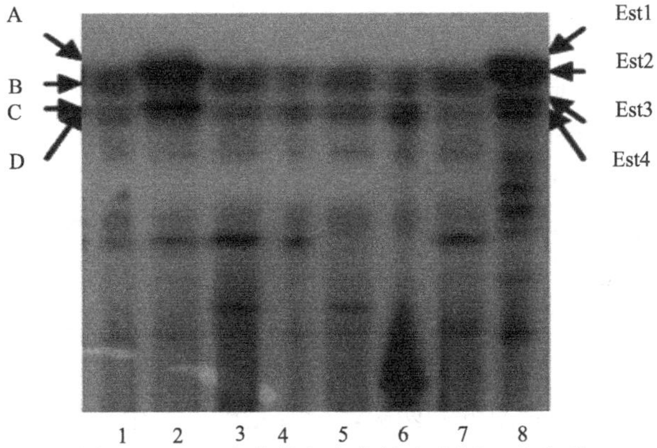

图 11-30　双孢蘑菇杂交菌株酯酶同工酶表型

1、2、3、4、5、6、7 为四川采集的野生种质与 ARP159 杂交获得的新菌株，8 为对照 As2796

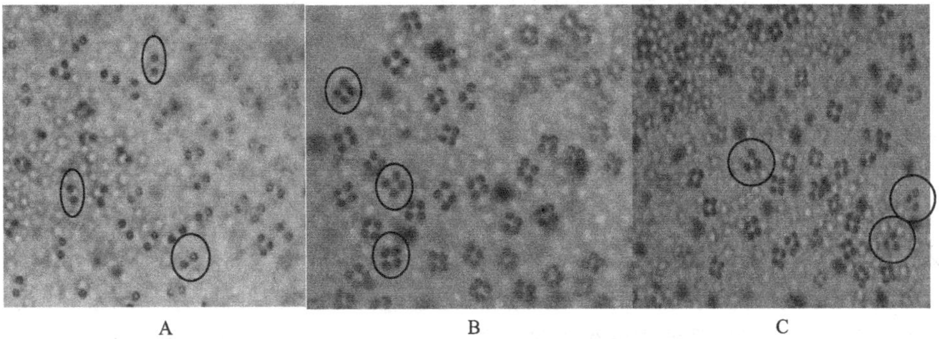

图 11-31　双孢蘑菇不同种质产生担孢子情况

A. 四川野生种质的担子着生 2 个担孢子；B. 四孢野生变种担子上着生 4 个担孢子；

C. 四川双孢野生种质与四孢野生变种杂交菌株较多担子上着生 3 个担孢子

野生种质与商业栽培菌株杂交获得的杂交一代，扭结能力强，产量高，但质量差。这些性状多为显性遗传，不能满足商业菌株对综合性状的要求。可见，获得杂交子一代只是双孢蘑菇种质创新的第一步，由野生种质培育成综合农艺性状优异的品种，进入商业化栽培，是一项艰巨而长期的工作。

（陈美元，廖剑华，王泽生）

第六节　种质资源利用潜力分析

20 世纪 80 年代，荷兰、中国等相继育成 U1、As2796 等双孢蘑菇杂交菌株，目前世界上使用的商品菌株基本都是杂交菌株。虽然核心种质的基因组重测序等研究（陈美元等，2015）表明国内外菌株存在相对较大的遗传差异，但商业菌株间也确实存在遗传相似度较高的问题。Sonnenberg（2000）认为现有的商品菌株源自不到 20 株的欧洲独立传统菌株，因此挖掘野生菌株的商品潜力、获得育种变异来源至关重要。李荣春和杨志雷（2002）也指出，双孢蘑菇可能是一个真正世界性自然分布的物种，在北美、欧洲、西亚可能自然分布着在形态、遗传变异、繁殖模式和经济特征等方面均存在差异的 5 或 6 个自然居群，在东亚、非洲中部以及澳大利亚可能存在着另外的自然居群，欧洲居群的种质基因已侵袭到北美的居群中，所以收集保护野生种质资源，对于保护生物多样性、保证蘑菇产业健康发展都具有重要意义。

1992 年，美国加利福尼亚州发现了一个四孢担子占绝对优势的稀有类群（Callac *et al.*，1993）。多数单孢培养物同核且不育，这表明它们的生殖方式是异宗结合。该类群与商业菌株及野生菌株均可相互杂交，遗传分析表明该四孢种和双孢种间甚至存在着保守的遗传连锁，也就是说，二者基因组标记的位置和序列相类似（Callac *et al.*，1997）。这一发现把野生双孢蘑菇的种质分为两类，一类是产生 2 个担孢子，行次级同宗结合生活史的原变种 *A．bisporus* var. *bisporus* 和以产生 4 个担孢子为主，行异宗结合生活史的新变种 *A．bisporus* var. *burnettii*。四孢变种丰富了双孢蘑菇这一物种的遗传资源，使育种工作者可以简单方便地得到纯合基因型的杂交材料，将极大地促进双孢蘑菇育种的进步。Kerrigan（1995）认为，这一居群无论是对于双孢蘑菇育种还是对于其科学研究都具有非常重要的意义。杂交结果表明，四孢变种和双孢/四孢杂交种减数分裂的重组率要高于双孢变种（Callac *et al.*，1997，1998，Sonnenberg *et al.*，1996a，b）。然而，最新研究基于全基因组测序技术开发了覆盖全基因组范围的分子标记，用于发现双孢蘑菇中遗传重组的发生规律，结果表明，四孢变种和双孢变种的遗传重组率相当，但在染色体上的发生位置不同，四孢变种的十字交叉在染色体上随机分布，而双孢变种的十字交叉几乎全部发生在染色体末端的 100 kb 区域内。由于染色体末端基因组序列的限制，使用常规分子标记难以发现该区域内发生的遗传重组 (Sonnenberg *et al.*，2016)。Imbernon 等（1996）已把决定担孢子数目的遗传因子初步定位于 1 号染色体上，研究结果表明该决定因子的四孢等位基因也存在于一个法国类群（Callac *et al.*，1998）。品种间杂交育种表明四孢表型是显性的，具有多样的渗透性（Imbernon *et al.*，1996），因此能转移到商业菌株上，这无疑将推动育种的进程。福建省农业科学院食用菌研究所近年也建立了基于四孢变种的育种平台，开展了对该种质的创新利用。

1994年，促进双孢蘑菇新种质发现、描述、保藏的蘑菇属种质工程（ARP）得以启动（Kerrigan，1995）。自从ARP种质1995年放开以后，现在很多育种者都在使用它们。ARP种质中的遗传变异与栽培菌株或传统菌株中的遗传单一性具有很大的不同（Kerrigan，1995；Sonnenberg *et al.*，1999）。这些种质还展示了当今杂交种中未发现的许多令人感兴趣的特性。已有报道表明，一些野生菌株对白色双孢蘑菇栽培中已知的3种主要的病原菌表现出低敏感性或抗性。例如，Drage等（1995）描述了ARP中的两个菌株对干泡病的病原菌菌生轮枝菌具有部分的抗性。这些菌株的低敏感性结合农场严格的卫生条件足以防止大规模干泡病的暴发。在栽培品种中导入部分抗性也能降低杀真菌剂特别是“施保功”和“百菌清”的使用。

另外一种能在蘑菇生产中造成相当大损失的病害是托拉斯假单胞杆菌引起的细菌性斑点病（Raniey *et al.*，1992）。Olivier等（1997）应用一种标准方法评估双孢蘑菇菌株对斑点病的抗性，并在法国野生类群中发现数量可观的野生菌株对该病表现出低敏感性。

食用菌中唯一研究较多的病毒病是双孢蘑菇病毒病或法兰西病（van Zaayen，1979）。该病毒的基因组已被分割并发现它由至少10段主要的dsRNA构成（Harmsen *et al.*，1989）。ARP菌株中没有显示法兰西病典型的dsRNA带型。许多ARP菌株有新的带型，表明存在新的病毒类型（Sonnenberg *et al.*，1995）。然而大部分ARP菌株似乎没有dsRNA。当用感染病毒的商品菌株同核体与没有病毒的野生菌株的同核体杂交以转移法兰西病的病毒时，发现了令人感兴趣的结果。许多杂交种保留了病毒的dsRNA，但有时没有或几乎没有任何症状（Sonnenberg *et al.*，1995）。而更令人感兴趣的是有的杂交种不能通过这种途径感染，重复的尝试也无济于事。这些结果表明一些ARP种质可能对商品菌株病毒病具低敏感性或抗性。

究其原因，许多双孢蘑菇野生种质采集自土地贫瘠、自然气候条件恶劣的沙漠边缘、高原草甸等地，具有较强的抗逆性能，如耐高温、耐低温、耐干旱等，或对土壤养分（氮、磷、钾等）有较高的利用率，或对病虫害有较强的抵抗能力。另外，还有不少菌株具有各种重要的特殊或优良性状，如特别高产、组织致密、不易褐变、菇形特别大或特别小、具有特殊的风味或成分等。因此，充分利用多年来从世界各国收集的双孢蘑菇野生种质，特别是近期从我国西藏、四川、甘肃、青海、内蒙古等地采集到的本地双孢蘑菇野生种质，挖掘其潜在的优良或特殊性状，将传统农艺学、生理学、遗传学、真菌学的经典研究与现代各类组学、生物信息学、生物技术等新技术研究结合起来，进行野生种质创新，获得各类育种目标的专用材料，对我国双孢蘑菇产业的持续发展具有重要科技支撑作用。

蘑菇属中还有多种子实体形态特征与双孢蘑菇相似，其中大肥菇（*Agaricus bitorquis*）最为接近。大肥菇的担子上产生4个担孢子，亲和性受单因子控制，是异宗结合的种。因此，它的单孢子培养物是自体不育的，在它们之间进行杂交很容易，由于操作容易，就有可能在较短时间内改良品种。大肥菇野生菌株间存在着巨大的变异，可供利用。另外，大肥菇能在20~30℃的高温下结菇而且能抗双孢蘑菇病毒的侵染，若能将大肥菇的这两个特性转到双孢蘑菇上，双孢蘑菇的耐高温和抗病毒侵染能力将大大提高。

（陈美元，王泽生）

第七节 大肥菇（双环蘑菇）

一、起源与分布

大肥菇正名双环蘑菇（*Agaricus bitorquis*），广泛分布于世界各地不同生境中，温带、亚热带和热带地区均有分布，寒带尚无分布记载。主要分布于欧洲、北美和东南亚等地，我国青海、甘肃、内蒙古、新疆和台湾等均有分布。

双环蘑菇最早于 1965 年由 Cailleux 分离获得野生种质，在中非的 La Maboké 试验站进行人工驯化栽培（Cailleux，1969），首个商业化菌株为 Somycel 公司于 1973 年引进生产的 S2017，随后有荷兰霍尔斯特实验站选育的 B30、K26 和 K32 等，适宜出菇温度均为 19~25℃（Vedder，1978）。双环蘑菇具有抗已知所有双孢蘑菇病毒病的能力，20 世纪 70 年代初欧洲双孢蘑菇病毒病暴发蔓延，许多菇场在栽培双孢蘑菇后通过短期栽培双环蘑菇来消除病毒病，而使双环蘑菇商业化栽培达到顶峰（Fritsche，1977）。但与双孢蘑菇相比，双环蘑菇存在栽培周期长、风味不佳等内在缺点，加上 70 年代后期以来，对双孢蘑菇病毒控制措施的加强，不再需要以双环蘑菇轮作来控制病毒病，双环蘑菇生产逐渐减少（Vedder，1975；Fritsche，1982），现已很少栽培（蔡为明等，2007）。

在我国，早在 20 世纪 70 年代，从国外引进双环蘑菇进行试种（郑时利等，1981），由于子实体生长发育温度范围窄（19~25℃），在 26℃以上子实体原基就不能分化，在我国的自然气候栽培条件下，有效出菇时间短，产量低，而且菌肉粗糙，口感差，商品价值不高（黄年来，1993）。在生产季节安排上，9 月至翌年 4~5 月为双孢蘑菇栽培季节，而我国 6~9 月夏季菇房空闲期间气温超过 30℃，因此，当时引进的这一双环蘑菇菌株无法真正在夏季栽培，一直未能在国内得到推广。

20 世纪 80 年代后期研究者从菲律宾获得双环蘑菇热带野生菌株 W19 和 W20，并于 1991 年应用于商业化栽培，这两个菌株能在 28℃甚至高达 30℃下生产质量优良的子实体，其风味与双孢蘑菇相近（Smith and Love，1989；Smith，1991）。浙江省农业科学院于 1993 年选育出国内首个适合于我国夏季栽培的高温型双环蘑菇品种——夏菇 93（浙 AgH-1），适宜出菇温度为 25~34℃，子实体能在 35~38℃高温下生长，同时具有味道鲜美、抗机械伤、不易褐变等优特点（方菊莲等，1996；蔡为明等，2000），存在的主要缺点是菌丝爬土能力弱，出菇部位低，易形成“地雷菇”和丛生菇，从而影响产量和质量（Smith，1991）。浙江省农业科学院于 2001 年通过杂交育种技术育成的夏秀 2000，杂交优势明显，菌丝爬土能力和产量均优于夏菇 93（蔡为明等，2006）。这两个品种已在浙江、江苏、上海、广东、福建、新疆等全国各新老蘑菇产区推广应用。

二、生物学种的鉴定与种质遗传多样性分析

大肥菇菌丝白色，丝线状，具有繁殖能力的菌丝双核、有横隔膜和分枝，无锁状联合；菌丝直径 1.70~5.11μm；在 PDA 培养基上生长呈匍匐状，在 PMA 培养基上初呈匍匐状，后有气生菌丝生长，基内菌丝多；在平板和斜面培养基上菌丝能扭结成聚集体，进一步形成原基，甚至分化发育为子实体（方菊莲等，1996；蔡为明等，2001）。

双环蘑菇子实体单生或丛生。菌盖表面光滑或有鳞片，白色，老熟后变为浅粉灰色至深蛋壳色；菌盖初半球形，后扁半球形，顶部平或略下凹，成熟后菌盖略向上平展呈浅漏斗状，边缘内卷；菌盖直径多 6.6~15cm，最大可达 21cm。菌肉白色、厚，组织致密结实，受伤后变色慢，久后略变淡红色至浅褐色。菌柄白色、内实，近圆柱形，中生、粗短，长 3.0~8.5cm，直径 1.3~4.5cm；菌盖展开后在菌柄中部至偏下部留有双层菌环，菌环白色、膜质。菌褶自菌柄向菌盖边缘放射状排列，与菌柄离生、不粘连，菌褶密、窄、不等长；菌褶幼时白色，后变为淡红色至黑褐色，孢子印深褐色。担子棒状，每个担子顶端着生 4 个担孢子。担孢子褐色至暗褐色，光滑，卵圆形至近球形，壁稍厚，大小为（5.28~8.60）μm ×（3.40~6.36）μm。褶缘囊状体棒状，无色，透明，大小为（13.76~25.80）μm×（6.40~8.60）μm（蔡为明等，2000）。

大肥菇为二极性异宗结合菌，子实体菌褶上的每个担子顶端产生 4 个担孢子，担孢子萌发产生芽管，芽管不断分枝、伸长形成单核菌丝。性别不同的单核菌丝之间结合，形成较单核菌丝更具生命力的双核菌丝，经一段时间的营养生长达生理成熟后，产生原基，并发育成子实体。子实体成熟后，在菌褶上产生担子，担子上又产生 4 个担孢子，周而复始（黄年来等，2010）。Martínez-Carrera 等（1995）通过对 12 个野生和商业栽培的双环蘑菇菌株的交配试验发现不亲和因子有 13 个不同的等位基因，并根据交配行为将双环蘑菇划分为 3 个主要组群：①温带型（temperate），②过渡型（bridging）和 ③热带型（tropical）。温带型、过渡型和热带型 3 个组群内各自的异核体的形成受同质不亲和性控制——通过 1 个具有多个等位基因的交配因子控制；温带型和过渡型 2 个组群间的异核体的形成同样受同质不亲和性控制，即 3 个组群内及温带型和过渡型 2 个组群间具有可亲和性。在过渡型和热带型 2 个组群间异核体形成过程中，2 个不亲和系统同时相互独立地起作用。同质不亲和性控制整个有性过程，但在营养生殖阶段由于受异质不亲和性控制，异核体的形成受到严格限制，配对同核体的结合区产生拮抗反应，杂交种异核体产生率很低。杂交种中很少一部分是可孕、具产生后代能力的。因此，过渡型和热带型 2 个组群间具有部分可亲和性。温带型和热带型 2 个组群间的异核体形成受异质不亲和系统的阻止，温带型和热带型 2 个组群间不亲和。温带型和过渡型 2 个组群间的异核体形成受同质不亲和性控制，表明这两个组群具有较近的亲缘关系。分析表明热带组群与温带型和过渡型的遗传相似度仅为 36%，且温带型和过渡型 2 个组群菌株在聚类图的相同分枝束中，可清楚地与热带组群相区分。

Martínez-Carrera 等（1995）还发现双环蘑菇存在单个担孢子萌发的菌丝体（同核体）形成能产孢的子实体的现象。进一步研究发现大肥菇具有 2 种同核体结实类型：①有丝分裂同核体结实（mitotic homokaryotic fruiting，MHF），该类型同核体结实绕过交配型

因子的控制，推测认为受由外界因子触发的一个或多个结实基因的调控；②重组同核体结实（recombinant homokaryotic fruiting，RHF），该类型同核体结实受交配型因子的控制。双环蘑菇的同核体结实受交配型因子、结实基因和外在（环境）因子调控。

Anderson 等（1984）发现一双环蘑菇菌株 8-1 菌落与可亲和菌株 34-2 菌落配对融合后，核供体菌株 8-1 的细胞核向受体菌株 34-2 菌落菌丝单向迁移；但线粒体并不迁移，从而使核受体菌株 34-2 菌落菌丝成为含有双亲核而仅有自身线粒体的双核体；双线粒体型仅存在于两菌落接触融合部位的双核体中，双线粒体型在营养生长中分离，具有核受体菌株线粒体型的双核体菌丝生长快于具有核供体菌株线粒体型的双核体菌丝，形成的子实体具有相同的一对核而具有不同细胞质，是线粒体型的嵌合体，这种线粒体型嵌合的子实体中，倾向于核供体菌株线粒体型遗传给孢子后代。

三、栽培品种与种质资源的创新与利用

根据交配行为将大肥菇分为 3 个主要组群：①温带型（temperate），②过渡型（bridging）和 ③热带型（tropical）。前两个类型最适出菇温度 19~24℃，如 S2017、B30、K26 和 K32 等。我国 20 世纪 70~80 年代引进、开发栽培的均为该类品种，高于 26℃难以形成原基。而热带型的最适出菇温度为 27~28℃，如 W19、W20、夏菇 93 和夏秀 2000 等，子实体形成和生长的适宜温度为 25~30℃。目前我国栽培主要品种夏菇 93、夏秀 2000 等均为这类种质。

1. K32

荷兰霍尔斯特实验站选育的菌株，菌丝生长适宜温度为 25~30℃；子实体发生适宜温度 20~24℃，26℃以上子实体原基不能分化；抗病毒病。菌盖直径 4~15cm，初半球形，后扁半球形，顶部平或略下凹，色白；菌肉白色，厚实紧密，不易擦伤，伤后变色较慢；菌褶幼时白色，后变为粉红色到黑褐色，稠密，窄，离生，不等长。菌柄长 3~11cm，粗 2~4cm，中实，近圆柱形；菌环双层，白色，膜质，生于菌柄中部。国外工厂化栽培产量为每吨培养料 200kg 左右（Vedder，1978）；国内引进栽培产量一般在 3~5kg/m^2。

2. 夏菇 93（国品认菌 2008032）

由浙江省农业科学院通过系统选育方法育成，2008 年 10 月通过国家认定。该品种菌丝生长温度范围 18~38℃，适宜温度 27~30℃；抗病毒病。出菇温度范围 25~34℃，适宜出菇温度 27~32℃，子实体能在 36~38℃下继续生长。子实体散生、少量丛生，半球形至扁半球形，菇体中等偏大，菇柄粗短。成熟展开后的子实体菌盖直径多数在 6.6~21cm，菌柄长 3.0~8.5cm，粗 1.3~4.5cm，商品菇菇盖平均直径 4.61cm，菇柄平均长 2.15cm、平均直径 2.01cm。菌盖、菌柄和菌肉白色，表面光洁，组织致密结实，菌盖厚，口感好，味道鲜美；抗机械伤，伤后变色慢，久后略变淡红色至浅褐色，较耐贮运。菌环双层，白色，膜质，生于菌柄中部至偏下部，菌褶幼时白色，后变为淡红色到黑褐色，稠密，窄，离生，不等长。子实体对二氧化碳耐受力较强，在 1500~2000ppm CO_2 条件下子实体可正常形成并生长发育（方菊莲等，1996；黄年来等，2010），栽培周期 85

天左右，菇潮间隔 7~8 天，可采收 5~6 潮菇。产量 7.5kg/m^2（图 11-32）。

图 11-32　大肥菇夏菇 93（另见彩图）

3. 夏秀 2000

由浙江省农业科学院以夏菇 93 和 E19 为亲本，单孢杂交选育而成，2010 年 12 月通过国家认定。菌丝生长温度范围 18~38℃，适宜温度 27~30℃；抗病毒病。出菇温度范围 25~34℃，适宜出菇温度 27~32℃，子实体能在 36~38℃下继续生长。子实体散生、少量丛生，半球形至扁半球形，菇体中等偏大，菇柄粗短。成熟展开后的子实体菌盖直径多数在 6.1~18.3cm，菌柄长 2.7~7.8cm，粗 1.2~4.1cm，商品菇菇盖平均直径 4.47cm，菇柄平均长 2.05cm、平均直径 1.93cm。菌盖、菌柄和菌肉白色，表面光洁，组织致密结实，菌盖厚，口感好，味道鲜美；菌环双层，白色，膜质，生于菌柄中部至偏下部，菌褶幼时白色，后变为淡红色到黑褐色；抗机械伤，伤后变色慢，较耐贮运。菌丝爬土能力较强，结实率高、均匀，子实体对 CO_2 耐受力较强，在 1500~2000ppm CO_2 条件下子实体可正常形成并生长发育，栽培周期 85 天左右，菇潮间隔 7~8 天，可采收 5~6 潮菇。产量 8.9kg/m^2（图 11-33）（蔡为明等，2006）。

A

B

图 11-33　大肥菇夏秀 2000（另见彩图）

A. 子实体；B. 出菇床

4. W20

由原英国国际园艺研究所（Horticulture Research International，HRI）从采集自菲律宾的野生大肥菇种质选育而成。适宜料温 27~32℃，能耐受短时间的 35℃高温；子实体生长发育适宜温度 27~30℃，最适温度 27~28℃；抗病毒病。子实体散生、少量丛生，半球形至扁半球形，菇体中等偏大，菇柄粗短；菌肉白色，组织致密结实，不易擦伤，伤后变色较慢。子实体能在 1500~2000ppm CO_2 浓度正常形成与生长发育，国外工厂化栽培，在 27~28℃下，6 周内可采收 5 潮菇，每吨培养料产量为 250~300kg（Smith，1991）。

在种质资源创新利用方面，蔡为明等（2006）通过菌株间单孢杂交选育出菇性状、产量与质量等表现优良的新品种；Pahil 等（1991）进行了不同来源的菌株间杂交和菌株内的同核体自交试验。研究表明，菌株间杂交优势显著，产量、出菇潮次和质量等方面均得到改良提高。王泽生等（1990a，b）研究了双环蘑菇和双孢蘑菇原生质体制备和再生条件，为种间杂交育种提供了技术支持。曾伟等（1999）应用 RAPD 标记分析了大肥菇和双孢蘑菇的种内和种间多态性，研究分析了两个不同种间的亲缘关系，为种间杂交选材提供了理论依据。

四、种质资源利用潜力分析

双孢蘑菇子实体生长发育的温度范围为 4~23℃，最适温度为 16~18℃，因此，在自然气候条件下，双孢蘑菇不能在高于 23℃的季节环境中栽培。双环蘑菇是一类中高温型蘑菇，根据适宜出菇温度的不同，双环蘑菇可分为温带中高温型和热带高温型两大类，温带中高温型双环蘑菇的最适出菇温度为 24℃，其子实体形成和生长的适宜温度为 19~24℃，高于 26℃难以形成原基。热带高温型双环蘑菇的最适出菇温度为 27~28℃，其子实体形成和生长的适宜温度为 25~30℃，成长中的子实体能在 36℃高温下继续生长，可在夏季高温期栽培。与双孢蘑菇品种搭配，可在自然气候条件下实现蘑菇的周年化栽培。

双环蘑菇子实体具有菌肉组织致密结实、抗机械伤、不容易褐变等优特点，通过种间杂交育种、转基因等技术研发，将双环蘑菇的抗褐变、抗机械伤性状导入双孢蘑菇，有望克服双孢蘑菇存在的易褐变、保鲜难的缺点。

双环蘑菇还具有抗已知所有双孢蘑菇病毒病的能力，除了像20世纪70年代初欧洲做法那样，在双孢蘑菇病毒病暴发时，在栽培双孢蘑菇后通过短期栽培双环蘑菇来阻断、消除病毒病蔓延；还可将双环蘑菇作为抗病毒种质资源材料，用于选育抗病毒病的双孢蘑菇品种。

（蔡为明）

第八节　巴 氏 蘑 菇

一、起源与分布

巴氏蘑菇是一种夏秋季节生长的腐生菌类，多生活在高温、多湿、通风的环境中，属于中温偏高温型菌类，原产于美国加利福尼亚州南部和佛罗里达州海边草地上，特别是离巴西首都圣保罗郊外的一处草原，巴氏蘑菇也因此而得名（陈智毅等，2001）。1965年，日裔巴西人古本隆寿将在巴西圣保罗·皮埃达德郊外农场草地上采到一种不知名的美味食用菌，送予日本三重大学农学部，岩出亥之助教授对其进行了菌种分离和培养实验，并取名为姬松茸，中文为小松口蘑之意（黄年来，1994）。1967年，比利时海涅曼博士鉴定为新种，并命名为*Agaricus blazei* Murill，与双孢蘑菇*A. bisporus*同属（陈智毅等，2001）。1975年，日本室内高垄栽培法首次获得成功，经改良确立了人工栽培方法（隅谷立光和黄年来，2001）。1992年，福建省农业科学院植物保护研究所首次从日本引进巴氏蘑菇栽培成功，并系统地开展了巴氏蘑菇的生物学特性及整套人工栽培技术、营养成分、病虫害防治、加工等方面的研究（江枝和等，1999）。在福建省莆田、仙游、松溪、屏南、霞浦、古田、顺昌、南平等地开展小规模栽培生产后迅速向本省及全国各地推广，目前福建已成为全国最大的巴氏蘑菇生产和出口基地。

二、生物学种的鉴定与种质遗传多样性分析

巴氏蘑菇，又名西氏蘑菇、巴西菇、姬松茸、小松口蘑、柏氏蘑菇等，菌丝由孢子萌发而成，白色绒毛状，气生菌丝旺盛，在23~27℃下菌丝生长快，爬壁力强。子实体单生、群生或丛生，伞状，菌盖直径一般为2~5cm，菌盖厚度0.65~1.3cm，初期半球形、扁半球形，浅褐色，逐渐呈馒头状，后期逐渐平展，顶部中央平坦，表面有棕褐色至栗色纤维状鳞片。单菇重15~50g，大的可达150g。

菌盖中央菌肉厚，边缘菌肉薄，菌肉白色，受伤后变微橙黄色。菌褶极密集，宽0.8~1.1cm，从白色转肉色，后变为黑褐色。菌柄上下等粗或基部稍膨大，近圆柱形，白色，长度一般3~7cm，直径0.7~1.3cm，初期实心，中后期松至空心。菌环以下最初有粉状至棉屑状小鳞片，后脱落成平滑，中空。菌环上位，大型，膜质，初期白色，后微褐色，膜下有带褐色棉屑状附属物。

郭倩等（2004）采用酯酶同工酶谱对我国巴氏蘑菇种质资源多样性进行了研究，结

合传统的拮抗反应，对国内 19 个巴氏蘑菇菌种样本进行了遗传多样性的初步研究，认为这些样本主要来源于两个菌株的组织分离物。林新坚等（2007）筛选到 6 个适合姬松茸 ISSR-PCR 扩增的引物，为利用 ISSR 标记技术研究姬松茸的种质资源提供了参考。林戎斌等（2012）利用 ISSR、RAPD 和 SRAP 分子标记法对 16 株姬松茸菌株进行比较分析，其中 8 条 RAPD、4 条 ISSR 和 2 对 SRAP 引物适合姬松茸菌株鉴定分析，结果表明 3 种标记方法均将 16 个菌株分为三大类群，A0011+1 和 A0013 为一类，A0009 单独为一类，其余菌株为一类。其中 SRAP 标记反映的遗传信息较为丰富。

三、主要品种

近年来，为了满足国内外消费者对巴氏蘑菇的需求，国内相关育种单位选育出了适宜当地气候条件、品质优良的巴氏蘑菇菌株，有的已通过省级认定或获专利授权。

1. 姬松茸 AbML11

选育单位：福建省农业科学院土壤肥料研究所。

品种来源：1992 年福建省农业科学院从日本引进 AbM9，2004 年以该菌株的担孢子为材料，利用氮离子束注入技术选育。

特征特性：具产量高、转潮快的特点。子实体前期呈浅棕色至浅褐色；菌盖圆整，扁半球形，直径为 3~4cm、盖缘内卷；菌褶离生，前期白色，开伞后褐色；菌柄实心，前期粗短，逐渐变得细长，长度为 2.0~6.0cm，直径 1.5~3.0cm。子实体（干品）粗蛋白质含量 31.0 %，氨基酸含量 19.64 %，维生素 C 含量 32.4~45.4mg/100g。

产量表现：在南平、三明、莆田、福州等地多年多点试种，一般产量达 4.88~6.42kg/m^2，生物学效率达 23.1 %~42.8 %，比出发菌株 AbM9 增产 15.1 %~47.0 %。

栽培要点：适宜以稻草、芦苇、牛粪等为主料，以麸皮、过磷酸钙、石灰等为辅料；培养料采用常规的二次发酵方法制备，适宜含水量为 55 %~60 %（料水比为 1∶1.4），适宜 pH 为 6.5~7.5；播种量 1~2 瓶/m^2（750mL 菌种瓶）。菌丝生长适宜温度为 23~27℃，子实体发育适宜温度为 22~25℃，菇房适宜空气相对湿度为 75%~85%。姬松茸 AbML11 适宜在福建省各地自然季节栽培。

2. 白系 1 号

选育单位：福建省农业科学院。

特征特性：菌丝粗壮，色白，原基分化快而均匀整齐，从原基到子实体成熟均为白色，子实体发育至采收标准时，菌盖呈馒头形，菌盖直径 3.5~6.0cm，菌肉厚 0.8~1.2cm；菌柄长 4.0~7.0cm，直径 1.5~3.0cm。

产量表现：适宜栽培条件下，春季产量可达 5.0~10.0kg/m^2。

图 11-34　白系 1 号（另见彩图）

栽培要点：采用二次发酵技术。适宜配方为①稻草 64%、牛粪 31%、过磷酸钙 1.2%、复合肥 0.4%、石灰 1.2%、碳酸钙 1.2%、石膏 1.0%。②稻草 42%、棉籽壳 42%、牛粪 7%、麸皮 6.5%、钙镁磷 1%、碳酸钙 1%、磷酸二氢钾 0.5%。菌丝生长温度 15~35℃，最适 22~25℃，子实体发生与发育温度 16~28℃，最适 18~22℃。培养料适宜含水量 60%~70%，子实体生育期适宜空气相对湿度 85%~95%。菌丝可在 pH 4.0~8.0 生长，最适 pH 6.5~7.5（图 11-34）。

3. 福姬 5 号（闽认菌 2013002）（刘朋虎等，2014a）

选育单位：福建省农业科学院土壤肥料研究所、福建省农业科学院农业生态研究所。

品种来源：日本引进品种 J_1 菌丝体经 $^{60}Co\ \gamma$ 射线照射选育而成。

特征特性：子实体单生、群生或丛生，伞状，菌盖直径平均 4.72cm，菌盖厚度平均 3.16cm，菌肉厚度平均 0.95cm。原基乳白色，菌盖近钟形、褐色，表面有淡褐色至栗色的纤维状鳞片；菌肉白色，受伤后变微橙黄色。菌褶密集，宽 8.5~9.5mm。菌柄圆柱状、上下等粗或基部膨大，初期实心，后期松至空心，表面白色，平均长 6.30cm、直径 2.19cm。粗蛋白 37.10%、粗脂肪 2.07%、粗纤维 5.97%、镉 6.85mg/kg；氨基酸总量 24.40%。品质优于对照 J_1。经莆田、仙游、顺昌、武夷山等地两年区域试验，平均生物学效率 27.8%，比对照 J_1 增产 30.58 %。

图 11-35　巴氏蘑菇福姬 5 号（另见彩图）

栽培要点：适宜播种期春季为 3 月中旬~4 月中旬，秋季为 8 月底~9 月中旬；培养料配方：稻草 78%、牛粪 16%、碳酸氢铵 1.5%、过磷酸钙 1.5%、石膏 1.5%、熟石灰 1.5%。覆土适宜含水量 23%~24%；发菌适宜温度 23~26℃，出菇适宜温度 22~26℃（图 11-35）。

4. 福姬 77（闽认菌 2013003）（刘朋虎等，2012，2014b）

选育单位：福建省农业科学院土壤肥料研究所、福建农林大学生命科学学院、福建省农业科学院农业生态研究所。

品种来源：日本引进品种 J_1 菌丝体经 $^{60}Co\ \gamma$ 射线和紫外线复合照射选育而成。

图 11-36　福姬 77（另见彩图）

特征特性：子实体单生、群生或丛生，伞状，菌盖直径平均 4.94cm，菌盖厚度平均 2.67cm，菌肉厚度平均 0.76cm。原基近白色，菌盖半球形、边缘乳白色、中间浅褐色；菌肉白色，受伤后变微橙黄色。菌褶离生，密集，宽 6~8mm。菌柄圆柱状、上下等粗或基部膨大，初期实心，后期松至空心，表面白色，平均长度

5.45cm、直径 2.00cm。经福建省测试技术研究所检测，子实体含粗蛋白 40.30%、粗脂肪 2.00 %、粗纤维 6.39 %、镉 1.6mg/kg；氨基酸总量 23.63 %。品质优于对照 J_1。

产量表现：经莆田、仙游、顺昌、武夷山等地两年区域试验，平均产量 7.38kg/m^2（生物转化率 27.6 %），比对照 J_1 增产 30.85 %。

栽培要点与福姬 5 号相同（图 11-36）。

5. 闽姬 2 号

选育单位：福建省农业科学院植物保护研究所。

品种来源：1998 年从日本引进。

特征特性：子实体伞状，菌盖多为半球形，表面有稀疏鳞片，菌盖直径 2~5cm，菌肉厚，菌柄中生，近圆柱形，基部稍膨大，子实体单朵重 30~50g，镉含量低于 10ppm。

产量表现：出菇早，播种到出菇 38~45 天。产量高，第一潮菇产量 2.1kg/m^2。

栽培要点：适宜栽培料配方为稻草 68.5%，牛粪 24%，碳酸铵 2.5%，过磷酸钙 2.5%，石膏 1%，石灰 1%，硫酸镁 0.5%。培养料需堆置发酵，并采用二次发酵技术。菌丝生长温度范围 15~32℃，适宜温度为 22~26℃，子实体生长温度范围 18~28℃，适宜温度为 20~24℃，昼夜温差太大不利于生长，出菇期 45~70 天，适宜空气相对湿度 85%~95%。

种植区域：温度 20~24℃持续 50 天左右、空气相对湿度较高、昼夜温差较小的地区。

四、种质资源的创新与利用

巴氏蘑菇种质资源丰富，对其种质资源的创新利用主要集中在新品种选育方面。

选择育种是人工定向选择自然条件下发生的有益变异，通过长期去劣存优逐步选育出新品种的方法。1965 年巴西日裔古本隆寿于圣保罗市郊外农场采种，送给日本岩出菌学研究所所长、三重大学农学部教授岩出亥之助先生，经该所十余年的潜心研究，于 1975 年驯化栽培成功，取名“姬松茸”（岩出 101）。姬松茸岩出 101 在 PDA 培养基表现为菌丝淡黄白色，扭结成束延伸爬壁，呈棉绒状。子实体粗壮，菌盖直径 5~11cm，圆形至半球形，表面被淡褐至褐色的纤维状鳞片，盖缘有菌幕碎片，菌肉白色，菌褶离生，密集，初乳白色，后白色，最后为黑褐色。菌柄圆柱状、中实，基部稍膨大，长 4~15cm，粗 2~3cm，菌环着生在柄的上部，膜质白色，孢子印黑褐色（胡伟和任红丹，2003）。胡润芳和林衍铨（2002）通过组织分离和孢子培养，选育出姬松茸特异新菌系白系 1 号，该菌株菌丝粗壮，原基分化快且均匀整齐，从原基到子实体成熟均为白色。白系 1 号菌丝生长适宜温度为 22~25℃，子实体形成适宜温度 18~22℃、空气相对湿度 85%~95%，该菌株遗传性状稳定、产量高、商品性状好，适宜条件下，春季产量可达 5.0~10.0kg/m^2（胡润芳等，2003）。

贺建超等（2014）以双孢蘑菇和姬松茸为亲本，通过灭活原生质体融合，经过初筛和复筛，选育出 1 株稳定的杂交高产菌株，双孢蘑菇原生质体通过热灭活（65℃，30min），姬松茸原生质体通过紫外灭活（30W，30cm，10min）后，双亲存活率为 3.1×10^{-7}~3.3×10^{-8}，在聚乙二醇诱导下亲本原生质体实现融合，重组率为 4.8×10^{-5}。

诱变育种包括物理诱变和化学诱变，效果都极其显著。陆利霞等（2002）以姬松茸原生质体为诱变材料，通过紫外线、^{60}Co、亚硝基胍进行多次反复诱变处理后，获得多糖产量较高、遗传稳定的变异菌株 C811、N516，单位发酵液活性多糖含量较出发菌株分别提高 260%和 300%以上。翁伯琦等（2003）研究了不同剂量的 ^{60}Co γ 射线辐照对姬松茸菌丝生长、扭结和细胞形态结构的影响，结果表明，0.2~0.5kGy 低剂量辐射有利于促进菌丝生长和提前扭结，子实体增产率达 34.8 %，2011 年获得的姬松茸诱变新菌株 J_3，连续栽培产量比出发菌株高 70 %以上，且营养指数也优于出发菌株（翁伯琦等，2011）。

由于传统辐射诱变存在 M_1 代存活率低、M_2 代突变谱窄、效率低，不能实现定向育种等缺陷，而离子束作为新的诱变方法具有损伤轻、突变率高、突变谱广等特点（周国丽，2009），近年来，已应用于巴氏蘑菇的新品种选育。郑永标等（2008）采用氮离子束辐照诱变育种，发现氮离子束注入时，姬松茸担孢子萌发率表现出一定程度的马鞍型效应。当氮离子注入束流为 $200\times2.6\times10^{13}$ N^+/cm^2 时，筛选到巴氏蘑菇新菌株 AbML11，箱栽试验表明，AbML11 生物学效率较出发菌株提高 47.0%；当氮离子注入束流为 $500\times2.6\times10^{13}$ N^+/cm^2 时，筛选到具有赖氨酸 AEC 抗性突变的姬松茸新菌株 AbML2。

（林衍铨，马　璐）

参考文献

蔡为明, 方菊莲, 金群力, 等. 2001. 高温蘑菇原基形成条件的研究［J］. 浙江农业学报, 13(6): 343-346.

蔡为明, 方菊莲, 吴永志. 2000. 高温蘑菇浙 AgH-1 种型的鉴定［J］. 食用菌学报, 7 (1): 15-18.

蔡为明, 金群力, 冯伟林, 等. 2006. 高温型双环蘑菇新品种‘夏秀 2000’［J］. 园艺学报, 33(6):1414.

蔡为明, 金群力, 冯伟林, 等. 2007. 双环蘑菇的遗传学特性及品种选育研究进展［J］. 食用菌学报, 14(4): 76-80.

蔡志欣, 陈美元, 廖剑华, 等. 2011. 部分中国野生双孢蘑菇的 DNA 鉴定与亲缘关系分析[J]. 福建农业学报, 26(2)：248-253.

蔡志欣, 陈美元, 廖剑华, 等. 2014. 双孢蘑菇子实体颜色相关的分子标记的初步筛选[J]. 食用菌学报, 21(3):1-5.

陈美元, 廖剑华, 郭仲杰, 等. 2009a. 双孢蘑菇耐热相关基因的表达载体构建及转化研究[J]. 菌物学报, 28(6)：797-801.

陈美元, 廖剑华, 李洪荣, 等. 2013. 双孢蘑菇子实体发育后期差异表达蛋白质分析[J]. 菌物学报, 32(5)：855-861.

陈美元, 廖剑华, 李洪荣, 等. 2015. 20 个双孢蘑菇核心种质的重测序初步分析[J]. 福建食用菌, 2(5)：59-67.

陈美元, 廖剑华, 卢政辉, 等. 2007. 双孢蘑菇栽培菌株遗传多样性的 DNA 指纹分析[J]. 菌物学报, 26(增刊)：128-137.

陈美元, 廖剑华, 王波, 等. 2009b. 中国野生蘑菇属 90 个菌株遗传多样性的 DNA 指纹分析[J]. 食用菌学报, 16(1)：11-16.

陈美元, 廖剑华, 王泽生. 1998. 双孢蘑菇三种类型菌株的 RAPD 扩增研究[J]. 食用菌学报, 5(4):6-10.

陈美元, 王泽生, 李洪荣, 等. 2010. 双孢蘑菇分解基质能力退化的 DDRT-PCR 分析[J]. 菌物学报, 29(5):707-712.

陈美元, 王泽生, 廖剑华, 等. 2003. 双孢蘑菇丛生变异的 RAPD 分析及差异片段的克隆[J]. 厦门大学学报(自然科学版), 42(5)：657-660.
陈美元, 王泽生, 廖剑华, 等. 2011. 双孢蘑菇基质降解能力退化的差异蛋白质组学分析[J]. 菌物学报, 30(3)：508-513.
陈美元. 2012. 双孢蘑菇子实体原基与菇蕾蛋白质表达变化分析[J]. 食用菌学报, 19(3): 15-20.
陈智毅, 李清兵, 吴娱明, 等. 2001. 巴西蘑菇的食疗价值[J]. 中国食用菌, 20(4): 4-6.
方菊莲, 蔡为明, 范雷法. 1996. 高温蘑菇浙 AgH-1 生物学物性的研究［J］. 食用菌学报, 3 (2): 21-27.
郭倩, 潘迎捷, 周昌艳, 等. 2004. 姬松茸菌株种质资源多样性的初步研究[J]. 食用菌学报, 11(1): 12-16.
贺建超, 贺聪莹, 卢美欢, 等. 2014. 双孢蘑菇和姬松茸灭活原生质体融合育种研究[J]. 中国食用菌, 33(1): 9-10.
胡润芳, 黄建成, 森衍铨, 等. 2003. 巴西蘑菇“白系 1 号”的生物学特性及栽培要点[J]. 食用菌, (2): 11.
胡润芳, 林衍铨. 2002. 姬松茸特异新菌系“白系 1 号”的选育及高产栽培研究[J]. 江西农业大学学报, 24(6): 838-839.
胡伟, 任红丹. 2003. 姬松茸“岩出 101 菌株”应用前景展望[J]. 中国林副特产, (1): 24-25.
黄年来, 林志彬, 陈国良, 等. 2010. 中国食药用菌学［M］. 上海: 上海科学技术文献出版社: 1186-1207.
黄年来. 1993. 中国食用菌百科［M］. 北京: 农业出版社: 133-138, 245.
黄年来. 1994. 巴西蘑菇值得研究和推广[J]. 中国食用菌, 13(1): 11-13.
江枝和, 朱丹, 杨佩玉. 1999. 姬松茸的栽培技术[J]. 食用菌学报, 6(1): 33-38.
李荣春, Noble R. 2005. 双孢蘑菇生活史的多样性[J]. 云南农业大学学报, 20(3):388-391, 395.
李荣春, 杨志雷. 2002. 全球野生双孢蘑菇种质资源的研究现状[J]. 微生物学杂志, 22(6):34-37.
李荣春. 2001. 双孢蘑菇遗传多样性分析[J]. 云南植物研究, 23(4): 444-450.
李宇. 1990. 中国蘑菇属新种和新记录种[J]. 云南植物研究, 12(2):154-160.
廖剑华, 陈美元, 卢政辉, 等. 2007. 双孢蘑菇子实体颜色的遗传规律分析[J]. 菌物学报, 26(增刊): 138-140.
廖剑华, 王泽生, 陈美元, 等. 2001. 双孢蘑菇 mtDNA 粗提物的酶切分析[J]. 食用菌学报, 8(1): 1-4.
廖剑华. 2013a. 双孢蘑菇野生种质杂交育种研究Ⅰ[J]. 中国农学通报, 29(07): 93-98.
廖剑华. 2013b. 双孢蘑菇杂交新菌株 W192 选育研究[J]. 中国食用菌, 32(2): 11-14.
林戎斌, 张慧, 林陈强, 等. 2012. ISSR、RAPD 和 SRAP 分子标记技术在姬松茸菌株鉴定上的应用比较[J]. 福建农业学报, 27(2): 149-152.
林新坚, 江秀红, 蔡海松, 等. 2007. 姬松茸 ISSR 特异扩增体系的研究[J]. 食用菌学报, 14(4): 25-30.
刘朋虎, 陈爱华, 江枝和, 等. 2012. 姬松茸“福姬 J77”新菌株选育研究[J]. 福建农业学报, 27(12): 1333-1338.
刘朋虎, 江枝和, 雷锦桂, 等. 2014a. 姬松茸新品种‘福姬 5 号’[J]. 园艺学报, 41(4): 807-808.
刘朋虎, 江枝和, 雷锦桂, 等. 2014b. ^{60}Co 与紫外复合诱变选育姬松茸新品种——福姬 77[J]. 核农学报, 28(3): 365-370.
陆利霞, 谷文英, 丁霄霖. 2002. 姬松茸原生质体诱变育种研究[J]. 生物技术, 12(6): 12-13.
马文惠, 马庭杰, 宋天棋. 1993. 双孢蘑菇野生菌株 Ag5 的栽培研究[J]. 中国食用菌, 12(5):19-20.
卯晓岚. 1998. 中国经济真菌[M]. 北京：科学出版社: 189-207.
寿诚学. 1982. 蘑菇栽培[M]. 北京：农业出版社: 1-87.
王波, 唐利民, 李晖. 2001. 野生双孢蘑菇鉴定与栽培[J]. 食用菌, 23(增刊): 109-116.
王波. 2002. 野生双孢蘑菇形态特性及出菇验证[J]. 中国食用菌, 21(1): 37.
王贤樵, 王泽生. 1989. 同工酶技术及其在双孢蘑菇选育中的应用——双孢蘑菇同工酶标记筛选研究[J].

中国食用菌, 8 (6):7-12.
王泽生, 陈兰芬, 陈美元, 等. 2003. 双孢蘑菇耐热性状相关基因研究[J]. 菌物系统, 22(增刊)：325-329.
王泽生, 陈美元, 廖剑华, 等. 2004. 双孢蘑菇部分 cDNA 文库的构建及筛选[J]. 菌物学报, 23(1)：63-65.
王泽生, 池致念, 廖剑华. 1994. 双孢蘑菇酯酶标记位点同工酶分子量的测定[J]. 食用菌学报, 1(1): 28-30.
王泽生, 池致念, 王贤樵. 1999. 双孢蘑菇易褐变菌株的多酚氧化酶特征[J]. 食用菌学报, 6(4):15-20.
王泽生, 廖剑华, 陈美元, 等. 2001. 双孢蘑菇杂交菌株 As2796 家系的分子遗传研究[J]. 菌物系统, 20(2)：233-237.
王泽生, 廖剑华, 陈美元, 等. 2012. 双孢蘑菇遗传育种和产业发展[J]. 食用菌学报, 19(3): 1-14.
王泽生, 廖剑华, 李洪荣, 等. 2005. 中国双孢蘑菇野生菌株的生物学特性研究[J]. 菌物学报, 24(增刊)：67-70.
王泽生, 廖剑华, 王贤樵. 1990a. 蘑菇与大肥菇原生质体制备条件研究[J]. 食用菌, (4): 14-15.
王泽生, 廖剑华, 王贤樵. 1990b. 双孢蘑菇与大肥菇原生质体再生条件研究[J]. 食用菌, (6): 16-17.
王泽生. 1991. 应用同工酶电泳法分析双孢蘑菇白色菌株间的种内亲缘关系[J]. 福建食用菌, 1(2):20-25.
翁伯琦, 江枝和, 林勇, 等. 2003. ^{60}Co 辐照诱变对姬松茸菌丝生长及其细胞形态结构的影响[J]. 核农学报, 17(6): 434-437.
翁伯琦, 江枝和, 肖淑霞, 等. 2011. 姬松茸 ^{60}Co 辐射新菌株 J-3 营养成分与农药残留分析[J]. 农业环境科学学报, 30(2): 244-248.
隅谷立光, 黄年来. 2001. 巴西蘑菇[J]. 中国食用菌, 20(2): 6.
詹才新, 凌霞芬. 1997. 双孢蘑菇菌落形态和产量性状相关性研究[J]. 食用菌学报, 4(3):7-12.
郑时利, 何锦星, 杨佩玉, 等. 1981. 大肥菇栽培习性的研究［J］. 食用菌, (3): 5-6.
郑永标, 林新坚, 陈济琛, 等. 2008. 氮离子束注入姬松茸担孢子的生物学效应研究[J]. 激光生物学报, 17(4): 482-485.
周国丽. 2009. 离子束诱变技术研究进展[J]. 现代农业科技, (19): 342.
曾伟, 宋思扬, 陈融, 等. 2000. 一个与双孢蘑菇子实体品质相关的 DNA 片段克隆[J]. 食用菌学报, 7(3)：11-15.
曾伟, 宋思扬, 王泽生, 等. 1999. 双孢蘑菇及大肥菇的种内与种间多态性 RAPD 分析［J］. 菌物系统, 18(1):55-60.
Anderson J B, Petsche D M, Herr F B, *et al*. 1984. Breeding relationships among several species of *Agaricus*[J]. Can. J. Bot. , 62: 1884-1889.
Bueno F S, Romão A, Wach M, *et al*. 2008. Variability in commercial and wild isolates of *Agaricus* species in Brazil[J]. Mushroom Science, 30(17):135-145.
Cailleux R. 1969. Procede de Culture de Psalliota subedulis en Afrique［J］. Cahiers de La Maboke, 3(Ⅱ): 114-122.
Callac P, Billette C, Imbernon M, *et al*. 1993. Morphological, genetic, and interfertility analyses reveal a novel, tetrasporic variety of *Agaricus bisporus* from the Sonoran Desert of California[J]. Mycologia, 85:835-851.
Callac P, Desmerger C, Kerrigan R W, *et al*. 1997. Conservation of genetic linkage with map expansion in distantly related crosses of *Agaricus bisporus*[J]. FEMS Microbiology Letters, 146 :235-240.
Callac P, Hocquart F, Imbernon M, *et al*., 1998. Bsn-t alleles from French field strains of *Agaricus bisporus*[J]. Applied and Environmental Microbiology, 64(6): 2105-2110.
Castle A J, Horgen P A, Anderson J B. 1988. Crosses among homokaryons from commercial and

wild-collected strains of the mushroom *Agaricus brunnescens*[J]. Applied and Environmental Microbiology , 54:1643-1648.

Chen M Y, Liao J H, Cai Z X, *et al.* 2012. Analysis of gene expression differences in the substrate-decomposing ability degenerated strains of *Agaricus bisporus*[J]. Mushroom Sciences, 18: 284-292.

Chen M Y, Wang Z S, Liao J H, *et al.* 2008. Cloning and sequencing of gene 028-1 related to the thermotolerance of *Agaricus bisporus*[J]. Mushroom Science, 17: 159-165.

Drage J W, Geels F P, Rutjens A J , *et al.* 1995. Resistance in wild types of *Agaricus bisporus* to the mycoparasite *Verticillium fungicola* var. *fungicola*[J]. Mushroom Sciences, 14:679-683.

Elliott T J, Challen M P. 1983. Genetic ratios in secondarily homothallic basidiomycetes[J]. Experimental Mycology, 7: 170-174.

Fritsche G. 1972. On the use of monospores in breeding selected strains of cultivated mushroom[J]. Theoretical and Applied Genetics , 42: 62-64.

Fritsche G. 1977. Breeding works on the newly cultivated mushroom: *Agaricus bitorquis* (Quel.) Sacc. ［J］. Mushroom Journal, 50: 54-61.

Fritsche G. 1981. Some remarks on the breeding and maintenance of strains and spawn of *Agaricus bisporus* and *A. bitorquis*[C]. Proc. Int. Sci. Congr. Cultivation Edible Fungi. (11th), Australia: 367-385.

Fritsche G. 1981. Some remarks on the breeding, maintenance of strains and spawn of *Agaricus bisporus* and *Agaricus bitorquis*[C]. Proceedings of the Eleventh International Scientific Congress on the Cultivation of Edible Fungi, Australia, 1981/edited by NG Nair, AD Clift. Sydney.

Fritsche G. 1982. Some remarks on the breeding, maintenance of strains and spawn of *A. bisporus* and *A. bitorquis* ［J］. Mushroom Science , 11(1): 367-386.

Fritsche G. 1991. Maintenance, rejuvenation and improvement of HORST-U1, Genetic and breeding of *Agaricus*[C]. Proceedings of the Intemational seminal on Mushroom Science. Horst, The Netherlands: 145 -153.

Ginns J H. 1974. Secondarily homothallic hymenomycetes : several examples of bipolarity are reinterpreted as being tetrapolar[J]. Canadian Journal of Botany, 52 : 2097-2110.

Groot D P W J, Visser J, Griensven Van L J L D, *et al.* 1998. Biochemical and molecular aspects of growth and fruiting of the edible mushroom *Agaricus bisporus* [J]. Mycological Research, 102(11):1297-1308.

Harmsen M C, Van Griensven L J L D, Wessels J G H. 1989. Molecular analysis of *Agaricus bisporus* double-stranded RNA[J]. Journal of General Virology, 70: 1613-1616.

Imbernon M, Callac P, Gasqui P, *et al.* 1996. BSN, the primary determinant of basidial spore number and reproductive mode in *Agaricus bisporus*, maps to chromosome I[J]. Mycologia, 88(5):749-761.

Kerrigan R W, Velcko A J, Spear M C. 1995. Linkage mapping of two loci controlling reproductive traits in the secondarily homothallic agaric basidiomycete *Agaricus bisporus*[J]. Mushroom Science, 17(14): 21-28.

Kerrigan R W. 1995. Global genetic resources for *Agaricus* breeding and cultivation[J]. Canadian Journal of Botany, 73(Suppl. 1): S973-S973.

Martinez-Carrera D, Smith J F, Challen M P, *et al.* 1995. Evolutionary trends in the *Agaricus bitorquis* complex and their relevance for breeding[J]. Mushroom Science, 17(14): 29-35.

May B, Royse D J. 1982. Confirmation of crosses between lines of *Agaricus brunnescens* by isozyme analysis[J]. Experimental Mycology, 6:283-292.

Nazrul M I, Bian Y B. 2009. ISSR as new markers for the identification of homokaryotic protoclones of *Agricus bisporus* [J]. Current Microbiology, 60(2):92-98.

Nazrul M I, Bian Y B. 2011. Differentiation of homokaryons and heterokaryons of *Agaricus bisporus* with inter-simple sequence repeat markers[J]. Microbiological Research, 166 (3): 226-236.

Olivier J M, Mamoun M, Munsh P. 1997. Standardization of a method to assess mushroom blotch resistance in cultivated and wild *Agaricus bisporus* [J]. Canadian Journal of Plant Pathology, 19(1): 36-42.

Pahil V S, Smith J F, Elliott T J. 1991. The testing and improvement of high temperature, wild *Agaricus* strains for use in tropical and sub-tropical climates[J]. Mushroom Science, 13(2): 589-599.

Pahil V S. 1992. Cultivation and strain improvement of high temperature wild and cultivated *Agaricus* species[D]. London:University of London PhD.

Sonnenberg A S, Gao W, Lavrijssen B, *et al*. 2016. A detailed analysis of the recombination landscape of the button mushroom *Agaricus bisporus* var. *bisporus*. Fungal genetics and biology : FG & B 93: 35-45.

Rainey P B, Brodey C L, Johnstone K. 1992. Biology of *Pseudomonas tolaasii*, cause of brown blotch disease of the cultivated mushroom[J]. Advanced Plant Pathology, 8: 95-117.

Royse D J, May B. 1982. Use of isozyme variation to identify genotypic classes of *Agaricus brunnescens*[J]. Mycologia, 74:93-102.

Smith J F, Love M E. 1989. A tropical *Agaricus* with commercial potential[J]. Mushroom Science, 7(part Ⅰ): 305-315.

Smith J F. 1991. A hot weather mushroom AGC W20[J]. Mushroom Journal, 501: 20-21.

Song S Y, Chen L F, Zheng Z H, *et al*. 2002. Analysis of potential thermotolerance-related gene of *Agaricus bisporus*[J]. Mushroom Biology and Mushroom Products, Mexico: 95-102.

Sonnenberg A S M, Baars J J P, Mikosch T S P, *et al*. 1999. Abr1, a transposon-like element in the genome of the cultivated mushroom *Agaricus bisporus*(Lange) Imbach[J]. Applied and Environmental Microbiology, 65:3347-3353.

Sonnenberg A S M, Dragt J W, Van Griensven L J L D. 1996b. The use of the ARP collection in breeding of *Agaricus bisporus*. *In*: Samson R A, Stalpert J A, Van der Mei O, *et al*. Culture collections to improve the quality of life. Baarn: Centraal Bureau voor Schimmelcultures: 297-302.

Sonnenberg A S M, Groot P W, Schaap P J, *et al*. 1996a. Isolation of expressed sequence tags of *Agaricus bisporus* and their assignment to chromosomes[J]. Applied and Environmental Microbiology, 12:4542-4547.

Sonnenberg A S M, Van Kempen I P J, Van Griensven L J L D. 1995. Detection of *Agaricus bisporus* viral dsRNAs in pure cultures, spawn and spawn-run compost by RT-PCR[J]. Mushroom Sciences, 14: 587-594.

Sonnenberg A S M. 2000. Genetics and breeding of *Agaricus bisporus*[C]. Mushroom Science, 15(1):25-39.

van Zaayen A. 1979. Mushroom viruses. *In*: Lemke P A. Viruses and Plasmids in Fungi[M]. New York: Marcel Dekker: 239-324.

Vedder P J C. 1975. Our experiences with growing *Agaricus bitorquis* ［J］. Mushroom Journal, 32: 262-269.

Vedder P J C. 1978. Cultivation of *Agaricus bitorquis*. *In*: Chang S T, Hayes W A. The Biology and Cultivation of Edible Mushrooms ［M］. New York: Academic Press: 377-392.

Wang H C, Wang Z S. 1989. The prediction of strain characteristecs of *Agaricus bisporus* by the application of isozyme electrophoresis[J]. Mushroom Science, 12(1):87-100.

Wang Z S, Chen L F, Chen M Y, *et al*. 2004. Thermotolerance-related genes in *Agaricus bisporus*[J].

Mushroom Science, 16:133-138.

Wang Z S, Chen M Y, Cai Z X, *et al.* 2012. Genetic diversity analysis of *Agaricus bisporus* using SRAP and ISSR makers[J]. Mushroom Science, 18: 203-210.

Wang Z S, Liao J H, Li F G, *et al.* 1991. Studies on the genetic basis of esterase isozyme loci EstA, B and C in *Agaricus bisporus*[J]. Mushroom Science, 13(1): 3-9.

Wang Z S, Liao J H, Li F G, *et al.* 1995. Studies on breeding hybrid strain As 2796 of *Agaricus bisporus* for canning in China[J]. Mushroom Science, 14 (1): 71-79.

Wang Z S, Liao J H, Li F G. 1993. Identification of field-collected isolates of *Agaricus bisporus*[J]. Micología Neotropical Aplicada, 6: 127-136.

Wang Z S, Liao J H, Li H R, *et al.* 2008. Study on the biological characteristics of wild *Agaricus bisporus* strains from China[J]. Mushroom Science, 17: 149-158.

Wang Z S, Liao J H. 1993. Identification of field- collected isolates of *Agaricus bisporus*[J]. Micologia Neotropical Aplicada , 6:127-136.

Wang Z S, Wang H C. 1989. Study on the genetic variation of *Agaricus bisporus* , Mushroom Biotechnology[C]. Proceedings of the International symposium on Mushroom Biotechnology, Nanjing, China: 329-338.

Wang Z S, Wang H C. 1990. Isozyme patterns and characteristecs of hybrid strains of *Agaricus bisporus*[J]. Micologia Neotropical Aplicada, (3): 19-29.

Xu J P, Kerrigan R W, Sonnenberg A S M. 1998. Mitochondrial DNA variation in natural populations of the mushroom *Agaricus bisporus* [J]. Molecular Evolution, 7 :19-33.

第十二章　黑木耳种质资源与分析

第一节　起源与分布

黑木耳是我国重要的食用菌，产量和质量都居世界首位。其食用和药用历史源远流长，有“素中之荤”的美誉。不仅可作为盛大宴会中的盘中珍馐，也是家常烹饪中的美味佳肴。同时也是现代中药制剂中的重要资源。

黑木耳在浩瀚的中国古代史料中释名颇多，如《礼记·内则》中的芝栭；《新修本草经》中的檽（nòu）；《证类本草》中的木檽；《本草纲目》中的木菌、木蛾、木檽；《韩昌黎集》中的树鸡；《说文解字》中的萸（ruǎn）和萮（yú）茈（zǐ），等等。但这些记载中所称的木耳与现代分类体系中所指的黑木耳有很大距离，不过就其形态、生境、性味、功效的描述，应该包括我们现在所说的黑木耳（李玉，2001）。黑木耳的栽培可考记载为隋唐时期甄权所著的《药性论》，其中记载了“煮浆粥安槐木上，草覆之，即生蕈”，此处的“蕈”按东汉许慎的《说文解字》即指桑耳。宋元时期，食用菌的栽培有了更进一步的发展，元代王祯所著的《农书》中有较为详细的记载。到了清代，湖北郧县（现勋阳区）已发展成为黑木耳的重要产区，一些栽培方法甚至延续到20世纪60~70年代。

黑木耳广泛分布在世界的热带、亚热带、温带地区，主要分布在温带和亚热带海拔500~1000m的山区森林中，分布范围受人类活动影响很大。我国是世界上黑木耳资源最丰富的国家之一，野生资源十分丰富，北起黑龙江、吉林，南到海南岛，西至陕西、甘肃，东至福建、台湾，遍及20多个省（自治区、直辖市）都有野生黑木耳分布。但主要产区是湖北、四川、贵州、河南、陕西、吉林、广西、云南和黑龙江等省（自治区）（杨新美，1988）。野生黑木耳多生长在桑、槐、榆、栎、桦树等朽木上（李玉，2001）。不同地区的黑木耳生理特点和形态都有一定的差异，形态上的差异主要表现在耳片发生形式、大小、薄厚、色泽、褶皱、绒毛的疏密和长短等。

多年来，我国栽培黑木耳学名一直使用 *Auricularia auricular-judae*。现代分类研究认为，我国栽培的黑木耳与模式产地欧洲的 *A. auricular-judae* 不同。*A. auricular-judae* 是个复合种，在全球分布有5个种，其中的 *A. auricular-judae* 仅分布于欧洲。在我国该类群有3个种，自然分布和栽培最为广泛的是黑木耳，定名为 *A. heimuer*。此外，短毛木耳 *A. villosula* 在东北也有分布，并有少量栽培（吴芳和戴玉成，2015）。

第二节　种质遗传特点

一、生活史

黑木耳子实体成熟时，在其腹面的子实层形成担孢子，担孢子萌发，形成单核菌丝，交配型可亲和的单核菌丝结合形成双核菌丝，双核菌丝不断生长，在适宜的环境条件下分化发育形成子实体，子实体成熟后又产生大量的担孢子，如此完成其有性生活史（杨新美，1988）。

黑木耳是公认的异宗结合担子菌，但其极性问题一直存在争议。Burnett（1937）最早报道黑木耳为二极性担子菌；Duncna（1972）的研究认为毛木耳是四极性担子菌。罗信昌（1988）得出黑木耳和毛木耳均为二极性担子菌。而张红等（2002）的研究结果认为黑木耳为四极性。黄亚东（2004）通过交配型试验、核荧光染色结实试验再次验证黑木耳为二极性担子菌。

二、形态发育

黑木耳的形态发育的研究报道较少。张鹏（2011）对多个品种黑木耳的个体发育过程进行了较为系统的形态学研究，结果表明，同品种形态发育阶段的构成相同，即担孢子均为肾形或圆棒形，萌发吸水膨胀后萌生芽管 1~3 个（多 1 个或 2 个），芽管伸长形成单核的初生菌丝，双核的次生菌丝具锁状联合，原基由次生菌丝聚集后组织化、胶质化，逐渐分化形成片状的子实体。但是，不同品种完成其不同形态发育阶段所需时间不同，孢子大小、菌丝直径及子实体亚结构的厚薄等均有一定差异。

第三节　国内外相关种质遗传多样性分析与评价

全球栽培食用菌的国家很多，但栽培黑木耳的国家却很少，只有中国、菲律宾、泰国等国家。因此，国外对黑木耳种质的相关研究几无报道。但是，作为大型真菌的调查研究，国外著名的真菌标本馆保藏有大量黑木耳标本。姚方杰 2014 年在英国邱园真菌标本馆（Kew Herbarium of The Royal Botanic Gardens）对其馆藏的 308 份木耳标本，进行了采集地、采集日期、寄主的统计分析。统计结果表明该标本馆馆藏标本从地域上包括了全球南极洲和南美洲之外的五大洲，采集时间上持续了 1801 年至今 200 多年历史，其寄主包括 42 个属 50 多种。

食用菌产业的迅速发展推动了黑木耳种质资源的调查评价与利用研究的不断深入。近年来，在形态学研究的基础上，综合应用细胞学、生理学、生物化学、分子生物学等技术方法开展了黑木耳的种质资源研究。

一、形态多样性

形态是指肉眼可见的外部形态和借助显微镜观察的内部结构，是黑木耳种质遗传学研究的首选研究特征，这包括菌丝和菌落形态、子实体发生方式、朵型、色泽（鲜/干）、褶皱数量（鲜）、耳片厚度、耳片长宽比等外部形态特征，干湿比、绒毛层、子实层、菌髓等显微形态结构特征。李黎等（2010）以中国 32 个黑木耳主要栽培菌株作为实验材料，对黑木耳的 27 个重要的生物学指标进行分析，使用聚类分析和主坐标分析两种方法对种质的遗传多样性进行了研究，结果表明我国黑木耳栽培种质具有丰富的遗传多样性；张鹏（2011）对 22 个黑木耳栽培品种的完整生活史个体发育过程进行了观察和研究，结果表明不同黑木耳品种之间形态发育过程差异不显著，但不同品种的生长期、担孢子大小、菌丝直径、耳片厚度及其各层厚度均有差异。黑木耳形态的多样性除上述诸多的显微形态的差异外，人们更加关注的是子实体外观形态，对我国20个国家认定品种的形态学研究表明，子实体外观差异主要表现在发生型、耳片厚度、色泽、柔毛层色泽、皱褶多少等（陈影等，2014a）。

二、细胞学研究

以细胞学方法进行的黑木耳种质研究，主要集中在染色体相关研究和体细胞不亲和性两个方面。利用高锁状均质电场（CHEF）凝胶电泳技术，对黑木耳核型进行分析，结果显示黑木耳基因组至少有9条染色体，DNA分子质量在850~5800kb（边银丙和王斌，2000）。

体细胞不亲和实验也称为拮抗实验，是黑木耳品种区别性鉴定的传统方法，主要应用于种质的个体鉴定。这一方法，对于野生种质和遗传差异较大栽培种质的个体鉴定快捷高效。但是，随着杂交育种导致遗传背景的日益狭窄，这一方法应用的局限性凸显出来，遗传差异较小品种之间的拮抗线常难以判别。

三、生化标记的多样性

在黑木耳的种质研究中，同工酶电泳是最常用的生化技术。黑木耳双核体菌丝的酯酶同工酶基因是在一定发育阶段才开始表达的，以菌株鉴别和育种研究为目标的生化标记研究，黑木耳的老龄菌丝酯酶同工酶酶谱具有更大应用价值（边银丙等，1999）；黑龙江省6株栽培品种的胞内、胞外酯酶（EST）及过氧化物酶（POD）的同工酶电泳表明，不同品种的同工酶谱存在明显差异，这不仅表现在酶带数量上，其含量和活性也存在显著差异（韩增华等，2002）。

四、DNA分子标记的遗传多态性

DNA分子标记稳定、多态性高、不受环境条件和基因互作影响等优点使其在食用菌的种质资源研究中应用广泛。分子生物学技术应用于黑木耳种质研究是2000年的RAPD技术，分析表明黑木耳种质的栽培种质具有丰富的遗传多样性，并认为RAPD技术可以有效地用于黑木耳品种的快速准确鉴定（阎培生等，2000）。

应用SSR分子标记对从黑龙江地区采集的31份野生材料的分析结果表明，野生种质呈现一定的地域相关性，同一区域或邻近区域的种质多聚在同一分支，且具较高的相似度，不同区域的样本间具有较高遗传差异性（冯立健，2013）。

对来自我国黑木耳主产区的46个菌株，经栽培性状观察、对峙反应、酯酶同工酶分析等多种方法进行的区别性鉴定表明，其中同物异名菌株25个，21个具有遗传特异性，分别来自吉林、黑龙江、内蒙古、陕西、山西、湖北的黑木耳主产区，用锚定ISSR技术对这21个菌株进行了遗传多样性研究。实验筛选了10个ISSR引物，扩增得到185个扩增位点，其中多态性位点181个，多态性位点占97.84%，平均每个位点的观察等位基因数（Na）为1.9784，每个位点的有效等位基因数（Ne）为1.2396，品种间平均*Nei*

基因多样性（h）为0.2736，Shannon信息指数（J）为0.4278，Nei（1972）遗传距离矩阵分析表明21个黑木耳品种间遗传距离在0.36~0.55。应用NTSYSpc 2.10e按Nei's计算品种间遗传距离，按样本的地理区域来源分组，POPGENE 1.32计算各区域组之间Nei's遗传距离和基因流（Nm）表明，不同省产区的品种之间遗传距离很小，全部小于0.1，均在0.01~0.05，如吉林与湖北和陕西品种的遗传距离分别为0.0490和0.0464，黑龙江与湖北和陕西品种的遗传距离仅为0.0283和0.0107。而各省之间品种的基因流（Nm）值较大，达到2.7528。这一方面表明我国栽培黑木耳的遗传背景十分丰富，另一方面也表明我国各地域间栽培黑木耳菌种交流频繁（李辉平等，2007）。

利用TRAP标记体系扩增对来源于我国各地的52株黑木耳栽培菌株品种分析表明，TARP标记具有较高的多态性位点检测能力，是黑木耳遗传多样性研究的良好分子标记技术，试验扩增出103条标记带，其中多态性条带91条，多态性位点比率为88.3%，根据遗传相似系数将供试菌株分为三大组（杨晓兵，2011）。采用ISSR与SRAP两种分子标记技术对来自全国的34个主要栽培品种进行的DNA指纹分析，可将扩增获得的ISSR与SRAP特异性条带转化为快速鉴定的SCAR标记（唐利华，2006）。研究表明，我国黑木耳栽培品种的遗传背景差异不大，来源的地域性较强，自同一地区的栽培品种往往在同一组内，这也显示出我国黑木耳栽培品种可能主要来自于野生种质的驯化，而较少有人工的遗传改良。

五、农艺性状及其稳定性研究

目前尚不完全清楚黑木耳中具稳定遗传性，可作为种质评价的主要性状，目前种质的遗传学研究表明的仅仅是种质的不同。但是，从作为一大类栽培作物的视角，按照对作物种质研究的理论、程序和技术方法，黑木耳的种质研究，特别是与农艺性状相关的研究极其匮乏。我们的初步观察表明，与多数农作物一样，黑木耳的多数农艺性状也是数量性状。

农艺性状是种质资源遗传评价的核心。因此，UPOV提出的植物新品种特异性、一致性和稳定性测试指南（DUS测试指南）均以农艺性状为必测性状，以农艺性状的各类指标和数值为依据。尽管分子生物学技术飞速发展，标记诸多，UPOV仍不接受其作为必测性状。因为这些分子标记不能说明性状的差异，不能说明品种间的性状到底有何差异，背离育种者努力和品种权保护的初衷。

大型真菌子实体的形态分化本来就远少于绿色植物，在大型真菌中胶质菌黑木耳子实体的分化又少于肉质的伞菌。黑木耳的农艺性状多为数量性状，田间栽培过程中受环境影响较大。陈影（2010）采用段木栽培和代料栽培两种栽培方式，进行平行试验，历时5年（代料栽培10个产季），对上百品种进行了田间系统观察，以期确认稳定遗传的农艺性状。结果发现，原基发生类型和朵型这两个性状是黑木耳最易于观察到的农艺性状，原基发生类型分为分散原基和集中原基一对性状，朵型分为菊花型和单片簇生型一对性状。

通过大量的观测、统计和分析，明确菌落浓密度、原基发生时间、子实体成熟期、子实体朵型、腹面皱褶、背面皱褶、干耳背面颜色、耳片数、耳片长度、耳片宽度、耳片厚度、长宽比、干湿比等14个农艺性状为黑木耳可稳定遗传的农艺性状。

在此基础上，陈影等（2014）以来源清楚、具有遗传特异性的20个国家认定品种为试验材料，系统开展了干湿比之外的13个农艺性状的田间测试，采用数量分类对木耳种质资源进行分析。即将各农艺性状赋值，数据录入Excel，计算各性状平均值并汇总，成为原始数据矩阵，利用NTSYS-pc2.10e软件首先对原始数据矩阵采用STAND程序进行标准差标准化（STD）处理，消除不同量纲对数据分析的影响，之后通过SIMINT程序计算各OTUs之间欧氏遗传距离（EUCLID）形成欧氏矩阵，采用SHAN程序的UPGMA法对供试菌株进行Q型聚类分析，绘制树状聚类图。聚类结果与欧氏距离矩阵之间一致性利用COPH和MxComp模块进行Mantel相关性检验。

结果表明：Q型聚类将20个材料在欧氏距离6.29处将朵型分为单片簇生型和菊花型两大类群；菊花型类群在欧式距离4.79处将生育期的原基发生类型划分为分散型和集中型两个亚群；R型聚类表明菌丝体性状（1个）、生育期性状（2个）、子实体性状（8个）共11个农艺性状间相关性较强；主成分分析中，发现子实体背面皱褶、耳片数、原基发生时间、朵型、干耳背面颜色5个性状是14个农艺性状的第1主成分，贡献率高达62.26%，把第1主成分命名为“朵型-生育期”构成因子，作为种质评价的主要指标（陈影等，2014a）。

第四节　定向育种技术研究

对上述20个供试菌株进行酯酶同工酶分析，检测出16个酶谱类型，28条酶带，多态性酶带比率达86%，酶谱丰富。采用Jaccard或Nei和Li（Dice）遗传相似系数聚类分析，在遗传相似系数距离最远处，划分成的2个类群与农艺性状Q型聚类的簇生型类群和菊花型类群吻合，表明酯酶同工酶与农艺性状具有高度相关性。筛选出E14、E16、E17、E18、E22、E23、E26 7条一级酶带作为簇生型菌株特征型酶谱，为朵型农艺性状的预测指标（陈影等，2014b）。应用这一预测技术，以野生种质与地方品种黑木耳1号杂交，选育出中熟、高产、单片耳率高的簇生型杂交品种吉黑3号。

第五节　栽培品种

我国黑木耳人工栽培经历了传统段木栽培、棚室代料栽培、露地覆盖代料栽培和全日光间歇弥雾栽培4个阶段。现在代料栽培成为黑木耳栽培的主要方式，并且经十几年的摸索，创新建立了露地“全光间歇喷雾栽培模式”，颠覆了食用菌需要遮阴避光栽培的传统，实现了代料栽培模式的轻简化栽培管理技术，使黑木耳生产技术得到了迅速推广，由东北直到福建、海南，实现了“北耳南扩”的产业发展（姚方杰，2012）。随着产业发展规模的迅速扩大，亟须优良品种。栽培品种的选育要以高产、优质、抗逆性强和适应性广为目标。而生产者对栽培品种的选择除了需要考虑主要农艺综合性状外，还要根据消费者需求与当地气候条件及不同季节等因素，选择适宜品种。下面重点从形态和区域适应性介绍主要栽培品种。

一、按形态分类的品种

1. 单片型黑威 981（国品认菌 2008018）

选育单位：黑龙江省科学院微生物研究所。

品种来源：大兴安岭呼中林场野生种质。

特征特性：子实体聚生，单片簇生型，耳片呈碗状，正反面色泽差异大。耳片直径 4~12cm，耳片腹面为黑色有光泽，背面为灰褐色，绒毛短。栽培适宜基质含水量 60%~65%，pH 5.5~7.0。发菌前期适宜培养温度 22~25℃，后期 20℃左右。子实体可耐受最高温度为 30℃，最低温度为 10℃。二潮耳产量很少。

产量表现：木屑栽培每 100kg 干料产干耳 10kg。

栽培技术要点：配方 1：木屑 79%、麦麸 20%、石膏 1%。配方 2：木屑 84%、麦麸（米糠）13%、豆粉 2%、石膏 0.5%、石灰 0.5%。东北地区春栽接种时间为 2 月下旬~3 月上旬，割口出耳时间为 4 月下旬~5 月上旬。菌种萌发期室温控制在 26~28℃，生长期室温控制在 22~25℃，少通风或不通风，避光培养。培养后期室温控制在 18~20℃，多通风，给予适当散射光。菌丝长满后，一般在 4 月下旬~5 月上旬，集中割口催芽，催芽最适温度 20~25℃，空气相对湿度 85%以上，要求通风良好、有散射光。分床后第一天不浇水，此后每天上、下午浇水，中午气温高时不浇水。耳片长速缓慢或不易开片时，停水晒床 2~3 天，再继续浇水。采收前停水 1 天。适宜在东北地区春秋季栽培（图 12-1）。

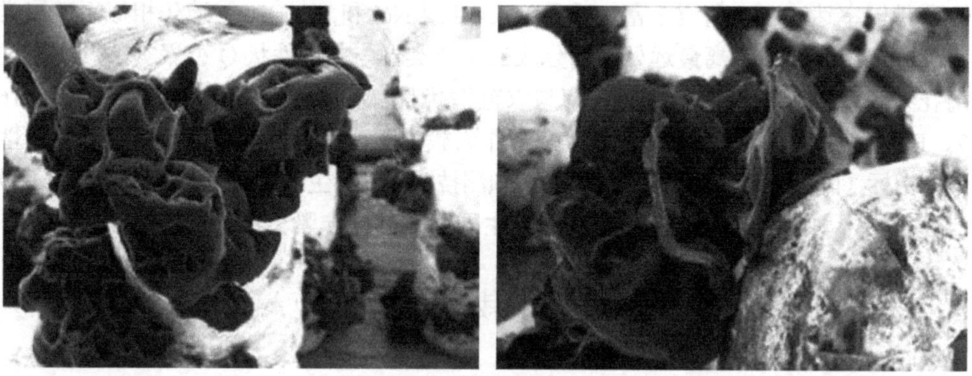

图 12-1　黑威 981 子实体（另见彩图）

2. 菊花型 8808（国品认菌 2007017）

选育单位：黑龙江省科学院微生物研究所。

品种来源：黑龙江省伊春市汤旺河野生种质。

特征特性：子实体聚生，菊花状；朵型大，耳根较大，耳片稍小；子实体单朵直径 6~12cm，厚度 0.5~0.8mm；耳片腹面黑色、有光泽，背面灰褐色，绒毛短、密度中等。早熟品种，割口后 7~10 天出耳芽，现耳芽后 50 天左右出耳结束。菌丝耐受最高温度 35℃、最低温度−20℃；子实体可耐受最高温度 30℃、最低温度 5℃。

产量表现：每 100kg 干料产干耳 10~15kg。

栽培技术要点：东北地区春栽接种时间为 1 月下旬~2 月上旬，割口出耳时间 4 月下旬~5 月上旬。发菌适宜温度 22~25℃，菌种萌发适宜室温 25~26℃，中期适宜室温 22~25℃，后期适宜室温 18~20℃，养菌期需要避光，以免引起菌袋不定向出耳。出耳无须后熟培养，菌丝长满即可割口催芽。催芽适宜温度 15~23℃，大气相对湿度 85%以上，通风良好，有散射光。出耳期子实体长速缓慢或不易开片时，停水晒床 2 天后再浇水。一般只出耳一潮，无二潮耳，采收时要注意采大留小以确保产量（图 12-2）。

图 12-2　菊花型 8808 子实体（另见彩图）

3. 多褶皱黑 29（国品认菌 2007018）

选育单位：黑龙江省科学院微生物研究所。

品种来源：黑龙江省尚志市鱼池乡野生种质。

特征特性：子实体簇生，耳根较小，子实体单朵直径 6~12cm，可分成单片，厚 0.5~1.0mm。耳脉多而明显，耳片呈碗状，正反面差异大。腹面黑色、有光泽，背面灰褐色，绒毛短、密度中等。栽培中菌丝体耐受最高温度 35℃、最低温度 20℃；子实体可耐受最高温度 30℃、最低温度 5℃。晚熟品种，出耳较晚，不齐，无明显的耳潮间隔，二潮产耳很少。

产量表现：每 100kg 干料产干耳 10~15kg。

栽培技术要点：东北春季栽培种接种时间为 1 月下旬~2 月上旬，割口出耳时间 4 月下旬~5 月上旬。秋季栽培种接种时间为 5 月中旬，割口出耳时间 7 月下旬~8 月上旬。出耳要求 10~15 天的后熟期。发菌适宜温度 25~26℃，前期适温 22~25℃，后期适温 20℃左右，要避光培养。长满菌袋后，18~20℃再培养 10~15 天之后割口催芽。割口期最适温度 10~15℃，割口后 15~20 天集中催芽，催芽期空气相对湿度 85%以上，最适温度 15~25℃。保持良好通风，有散射光，分床后适宜“全光”管理（图 12-3）。

图 12-3 多褶皱黑 29 子实体（另见彩图）

4. 无褶皱单片 5 号（国品认菌 2008013）

选育单位：华中农业大学。

品种来源：浙江缙云县野生种质。

特征特性：子实体单生，少有丛生。耳片直径 3~8cm，厚 1.0~1.4mm，干后边缘卷缩成三角状。耳片边缘平滑，腹面浅黑色，背面灰褐色至黄黑褐色，有细短浅色绒毛，脉状皱纹无或不明显。段木栽培为主，木屑代料栽培以枫香、核桃木屑为最适，栓皮栎、麻栎、青冈栎、板栗等次之。出耳较快，产量较高。菌丝较稀疏，定植和抗杂能力较弱。

产量表现：在适宜栽培条件下每根直径 6~8cm、长 1.2m 的栎木可产干耳 165~200g；每 100kg 干料产干耳 8kg。

栽培技术要点：段木栽培为主，选用树龄 6~10 年、直径 6~10cm、长 1.2m 的段木，含水量 40%左右接种，孔距 3~4cm，孔深 1.5~2cm，孔径 1.4cm。在华中地区接种适宜季节 2 月中旬~4 月上旬，气温在 7~20℃。菌丝深入木质部达 2/3 以上，接种孔 60%以上出现耳芽时起架。8 月底~9 月初喷灌浇水出耳，高温季节早晚浇水，低温季节中午浇水，干湿交替，避免水分过多而流耳。出耳适宜温度为 14~25℃，收获期为 2 年。

代料栽培华中地区 8 月底~9 月初接种，10 月底~12 月及翌年 3~5 月出耳，可采干耳 3~4 茬（图 12-4）。

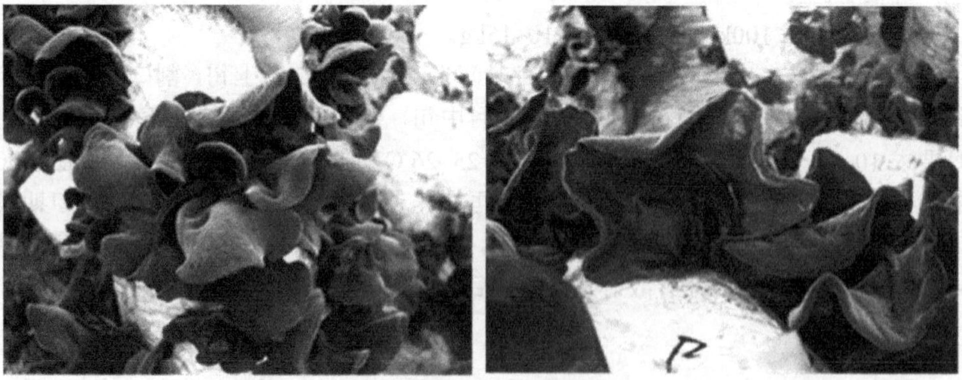

图 12-4 无褶皱单片 5 号子实体（另见彩图）

二、按区域适应性分类的品种

（一）适应东北强光照、温差大、干燥冷凉气候的品种

1. 中农黄天菊花耳（国品认菌 2007026）

选育单位：中国农业科学院农业资源与农业区划研究所选育。

品种来源：大巴山野生种质。

特征特性：菌丝纤细，菌落呈绒毛状。耳片聚生，菊花状，色泽较黄，半透明，耳根稍大。耳片直径 6~12cm，厚 0.8~1.2mm，背面呈黄褐色，绒毛短，新鲜时几乎不见绒毛，腹面平滑，有脉状皱纹。菌丝生长温度范围 6~36℃，适温 22~32℃。出耳温度 15~32℃，最适 20~26℃。耳片分化时适宜空气湿度为 90%~95%。发菌期 40~60 天，后熟期较短，为 7~10 天，栽培周期为 90~120 天。需低温刺激和光照形成耳基，基质中菌丝体耐受最高温度 38℃。

产量表现：每 100kg 干料产干耳 10kg。

栽培技术要点：北方耳区春栽，1~3 月接种，4~6 月出耳。后熟培养保持适宜温度 20℃左右，子实体原基形成到耳芽期保持适宜温度 20~25℃，适宜大气湿度 85%~95%。耳芽期不直接向栽培袋喷水，保持料内水含量 60%~70%，自然光照。耳芽盖满开口后可直接喷水。南方耳区宜秋栽，9 月中旬接种，11~12 月出耳。适宜在东北、华北、长江流域栽培。

2. 吉黑 3 号

选育单位：吉林农业大学、吉林省海外农业科技开发有限公司、杭州市农业科学研究院。

品种来源：吉林野生种质与地方品种单孢杂交。

特征特性：属于中熟品种，接种到采收 95~105 天。菌丝体洁白浓密，菌落边缘整齐、均匀。子实体呈簇生型，黑褐色，“小孔”栽培单片耳率高达 90% 以上，单个耳片直径 3.0~6.5cm，厚 0.11~0.13cm。

产量表现：每 100kg 干料产干耳 8.17kg。

栽培技术要点：适于吉林省地区春秋两季“全光间歇弥雾栽培模式”的短袋栽培。培养料配方为阔叶树木屑 86.5%、麦麸或稻糠 10%、豆粉 1.5%、石灰 1%、石膏 1%，含水量 60%（陈影等，2014c）。春栽 2 月中下旬制备栽培袋，4 月末~5 月初下地；秋栽制袋 5 月下旬~6 月上旬，7 月中下旬下地出耳。

（二）适应南方多阴雨、气温高、抗杂菌及虫害的品种

1. 新科（国品认菌 2008017）

选育单位：浙江省丽水市云和县食用菌管理站。

品种来源：浙江省云和县野生种质。

特征特性：子实体单片，中温型，菌丝生长温度 5~36℃，最适生长温度 27~30℃，耳芽形成温度 15~25℃，最适生长温度 18~22℃。基质适宜含水量 50%~55%。耳片厚，具光泽，耳片过熟时颜色变浅，甚至会产生红棕色。

产量表现：段木栽培生物学效率 70%左右，代料栽培每 100kg 干料产干耳 6~8kg。

栽培技术要点：段木栽培选择栓皮栎、麻栎、槲栎、桦木、山樱桃、枫香、枫杨、兰果树、山乌桕等树种。当地气温在 5℃以上时接种，长江以南地区 2~3 月接种，长江以北地区 3~4 月接种。接种穴间距 5~7cm。发菌 10 天左右第一次翻堆，以后每隔半月翻堆一次，注意通风换气及喷水补湿。接种穴间菌丝连接时起架出耳。每批耳采摘后停喷水 5~7 天，促使菌丝恢复生长。

代料栽培于高海拔地区 8 月上旬制作菌棒，低海拔地区 9 月上中旬制作菌棒。培养基配方：杂木屑 76%，麦麸 10%，米糠 10%，蔗糖 1%，玉米粉 2%，硫酸钙 0.5%，碳酸钙 0.5%。菌棒培养 15~20 天翻堆，菌丝长满刺孔供氧，孔深 2~3cm，见光催芽；菌棒全面刺孔后 7 天畦式排场。

2. 浙耳 1 号（国品菌认 2008012）

选育单位：浙江省开化县农业科学研究所。

品种来源：野生种质。

特征特性：子实体单生，片状，初期呈杯状；菌丝萌发快，生长旺盛，抗逆性强，适温范围广，子实体最适生长温度 20~26℃，较喜湿；子实体初期棕黑色，干后背面突起，暗青灰色，耳片大且厚，抗流耳。

产量表现：每立方米段木产干耳 18~27kg，每 100kg 干料产干耳 13kg。

栽培技术要点：可段木栽培，也可代料栽培。段木栽培选择海拔 300m 以上的地区作为耳场，2~3 月接种，3~6 月养菌，6 月~翌年 5 月产耳；深孔大穴梅花型点种代料栽培配方为杂木屑 60%，棉籽壳 20%，麸皮 17%，石膏粉 2%，糖 1%。一般 8~9 月接种，9~10 月 28℃条件下养菌，室内发菌结束后刺孔养菌，11 月~翌年 5 月露地出耳。

3. 中农黑缎（国品认菌 2016002）

选育单位：中国农业科学院农业资源与农业区划研究所。

品种来源：黑龙江完达山野生种质经常规人工选择育成。

特征特性：菌丝纤细，洁白；出芽快、出耳齐，多片丛生；耳片小而圆整，大小均匀，腹面有褶，背面无褶或少小褶；色泽均匀一致，耳根细小，绒毛细短。质地清脆、口感细腻。菌丝生长温度范围 6~36℃，适温 22~28℃；出耳温度 8~30℃，适宜温度 10~22℃；在 20~24℃气温下发菌，培养期约 60 天，长满袋后室内后熟 10 天左右后即可割口，7~10 天出芽，割口 30~35 天进入出耳盛期，从接种到采收需要 100~110 天。耳芽形成后需较强的光照才能形成黑缎般外观，适宜小孔出耳，全日光出耳。

产量表现：以木屑为主料栽培生物学效率 110%左右。

商品性状：耳片小而均匀，厚度偏薄；腹面黑色，有光泽；被面青白色。

适宜区域与出耳季节：华北、东北等较冷凉区域，春栽适宜 6 月底出耳结束，或秋栽相对冷凉条件下出耳。

第六节 种质资源的创新、利用与潜力分析

我国黑木耳科研工作者在大量研究、试验的基础上构建了黑木耳栽培种质及部分野生种质的亲缘关系图，建立了黑木耳种质资源库、核心种质库，应用生物学特性、农艺性状、酯酶同工酶、DNA分子标记的种质评价技术体系。

在种质创新方面，建立了以体细胞不亲和性（拮抗）+酯酶同工酶+RAPD和ISSR标记的多相的标记辅助杂交育种技术体系，降低了育种的盲目性，提高育种效率70%以上（马庆芳等，2006）。虽然目前已经应用酯酶同工酶分析获得了与农艺性状“朵型”相关的特征型酶带（陈影等，2014b），但是，对黑木耳定向育种的目标尚有较大的距离。黑木耳需要改良的农艺性状诸多，如商品外观性状、抗性、周期性等。需要大量的分子标记的开发和筛选及其与重要农艺性状的关联性分析，以期找到与农艺性状紧密连锁的分子标记位点。目前，黑木耳基因组测序已经完成，遗传连锁图谱正在分析建立中。同时，不同条件处理的转录组测序业已完成，大量的数据尚在分析处理中。我们相信，通过大量分子标记的开发，重要的农艺性状（如产量、生育期等）将得到定位，黑木耳的品种改良和定向育种将指日可待。

随着黑木耳营养和保健功效认识的广泛和深入，消费者对黑木耳喜爱与日俱增。其降脂（周国华和于国萍，2005）、抗血栓（申建和和陈琼华，1990）、增强免疫（张秀娟等，2005）及抗肿瘤（Misaki *et al.*，1981）等多种功效的实验证实，对育种者提出了新的育种要求。在黑木耳的育种工作中，育种目标需要的不仅是高产量、适应性和抗性更好的农艺性状，对提高上述功效成分含量的育种也日渐提到日程上来。

此外，木质纤维素是地球上数量最丰富的可再生资源（Rubin，2008）。利用木质纤维素代替石油等化工原料是缓解资源和环境危机、促进人类社会可持续发展的重要途径（Ragauskas *et al.*，2006）。木质纤维素的降解不但可以合理利用再生资源，还可以解决造纸厂和化工厂污水中残留的木质纤维素污染物等问题（李燕荣等，2009）。自然界中存在各类高效木质纤维素生物降解系统，其中真菌是自然界中降解木质纤维素的重要微生物，黑木耳则更是其中的佼佼者。因此，黑木耳在木质纤维素降解酶的工业化生产应用中具重要的研究价值和广阔的应用前景（王晓娥，2013）。

（姚方杰）

参考文献

陈影, 2010. 黑木耳栽培种质资源多样性的研究及核心种质群的建立 [D]. 吉林农业大学博士论文.

陈影, 姚方杰, 张友民, 等. 2014. 木耳栽培种质资源的数量分类研究[J].菌物学报, 33(05): 984-996.

边银丙, 罗信昌, 周启. 1999. 木耳酯酶同工酶基因在菌丝体不同生长发育时期的特异性表达[C]. 中国科学技术协会首届学术年会, 杭州: 603.

边银丙, 王斌. 2000. 黑木耳电泳核型分析[J]. 菌物系统, 19(1): 78-80.

陈影, 姚方杰, 张友民, 等. 2014a. 木耳新品种‘吉黑 3 号’[J]. 园艺学报, 41(8): 1751-1752.
陈影, 姚方杰, 张友民, 等. 2014b. 木耳栽培种质资源酯酶同工酶的研究[C]. 第十届全国食用菌学术研讨会会议论文集, 北京: 75-80.
陈影, 姚方杰, 张友民, 等. 2014c. 木耳栽培种质资源的数量分类研究[J]. 菌物学报, 33 (5): 984-996.
冯立健. 2013. 黑龙江野生黑木耳种质资源的 SSR 分析[D]. 东北农业大学硕士学位论文.
韩增华, 张介驰, 戴肖东, 等. 2002. 六株黑木耳两种同工酶的研究[J]. 中国食用菌, 21(6) : 42-45.
黄亚东. 2004. 木耳的极性研究[D]. 华中农业大学硕士学位论文.
李辉平, 黄晨阳, 陈强, 等. 2007. 黑木耳栽培菌株的 ISSR 分析[J]. 园艺学报, 34(4): 935-940.
李黎, 范秀芝, 肖扬, 等. 2010. 中国木耳栽培种质生物学特性及遗传多样性分析[J]. 菌物学报, 29 (5): 644-652.
李燕荣, 周国英, 胡清秀, 等. 2009. 食用菌生物降解木质素的研究现状[J]. 中国食用菌, 28(5): 3-6.
李玉. 2001. 中国木耳[M]. 长春: 吉林科学技术出版社.
罗信昌. 1988. 木耳和毛木耳的极性研究[J]. 真菌学报, 7(1): 56-61.
马庆芳, 张介驰, 张丕奇, 等. 2006. 用 ISSR 分子标记鉴别黑木耳生产菌株的研究 [C]. 首届全国食用菌中青年专家学术交流会, 中国湖北武汉: 4.
申建和, 陈琼华. 1990. 黑木耳多糖的抗血栓作用[J]. 中国药科大学学报, 21(1): 39-42.
唐利华. 2006. 中国黑木耳主要栽培菌株指纹图谱分析[D]. 华中农业大学硕士学位论文.
王晓娥. 2013. 木耳基因组与降解木质纤维素功能基因解析及新品种选育研究[D]. 吉林农业大学硕士学位论文.
吴芳, 戴玉成. 2015. 黑木耳复合群中种类学名说明[J]. 菌物学报, 34(4): 604-611.
阎培生, 罗信昌, 周启. 2000. 利用 RAPD 技术对木耳属菌株进行分类鉴定的研究[J]. 菌物学报, 19(1): 29-33.
杨晓兵. 2011. TRAP 标记及 EST 在黑木耳栽培菌株亲缘关系鉴定中的研究[D]. 吉林农业大学硕士学位论文.
杨新美. 1988. 中国食用菌栽培学[M]. 北京: 农业出版社.
姚方杰. 2012. “北耳南扩”的喜与忧[J]. 中国食用菌, 31(1): 61-62.
张红, 曹晖, 潘迎捷, 等. 2002. 黑木耳交配型的研究[J]. 菌物系统, 21(4): 559-564.
张鹏. 2011. 木耳形态发育及木耳属次生菌丝和子实体的解剖学研究[D]. 吉林农业大学硕士学位论文.
张秀娟, 于慧茹, 耿丹, 等. 2005. 黑木耳多糖对荷瘤小鼠细胞免疫功能的影响研究[J]. 中成药, 27(6): 691-693.
周国华, 于国萍. 2005. 黑木耳多糖降血脂作用的研究[J]. 现代食品科技, 21(1): 46-48.
Burnett H L. 1937. Studies in the sexuality of the Heterobasidiae [J]. Mycologia. 29: 629-649.
Duncan E G. 1972. Microevolution in *Auricularia polytricha*[J]. Mycologia, 64: 394-404.
Misaki A, Kakuta M, Sasaki T, *et al*. 1981. Studies on interrelation of structure and antitumor effects of polysaccharides: antitumor action of periodate-modified, branched(1→3)-β-*D*-glucan of *Auricularia auricular-judae*, and polysaccharides confaining(1→3)glycosidic linkages[J]. Carbohydrate Research, 92(1): 115-129.
Nei M.1972. Genetic distance between populations [J].The American Naturalist, 106(949): 283-292.
Ragauskas A J, Williams C K, Davison B H, *et al*. 2006. The path forward for biofuels and biomaterials[J]. Science, 311(5760): 484-489.
Rubin E M. 2008. Genomics of cellulosic biofuels[J]. Nature, 454(7206): 841-845.

第十三章　毛木耳种质资源与分析

第一节　起源与分布

毛木耳学名：*Auricularia cornea*（吴芳，2016），异名：*Auricularia polytricha*，又称为粗木耳、大木耳、构耳、牛皮木耳，根据背面颜色的不同又有黄背木耳和白背木耳之分。毛木耳是我国主要栽培食用菌之一，因其易于栽培，鲜耳和干耳均可销售，干耳可长期贮存利于抵御市场风险，已在四川、福建、河南和河北等地大面积栽培。

毛木耳分布在全球的温带到热带地区，在我国31个省（自治区、直辖市）几乎都有分布。生长在多种阔叶树倒木和腐朽木上，如臭椿、梧桐、锥栗、栲、樟、柿、核桃、乌桕、杨、栎、柳树、桑树、洋槐、椰子树、芒果树、雨树、橡胶树、西印度群岛桃花心木等树种，分解利用木质素、纤维素、半纤维素等，是森林生态系统中森林微生物的重要成员。

第二节　国内外相关种质遗传多样性分析与评价

一、遗传多样性分析

毛木耳种质资源遗传多样性分析在我国研究较多，国外开展的研究工作较少，在毛木耳种质资源遗传多样性研究上主要开展了栽培菌株和野生种质资源的遗传多样性研究。利用不同的分子标记（ITS-RFLP、RAPD、ISSR、SARP、AFLP等）进行了遗传多样性分析。利用ITS-RFLP标记对木耳属8个种25个菌株进行分析，*Hae*Ⅲ、*Taq*Ⅰ、*Hin*fⅠ和*Msp*Ⅰ4种限制酶均不能将皱木耳、大木耳、网脉木耳及毛木耳4个种区分开，表明它们之间的亲缘关系较近（闫培生和罗信昌，1999）。应用ERIC和RAPD两种分子标记对木耳属3种29个菌株进行了鉴别，结果表明ERIC分析可将黑木耳和毛木耳两个种区分开，而RAPD则不能完全区分两个种。该分析表明，RAPD方法主要在种的水平上进行鉴别，而ERIC则可以在菌株水平上进行鉴别。ERIC-PCR是一种比RAPD更快捷可靠的分子标记方法，可以替代RAPD应用于木耳属的遗传多样性及遗传分类的研究。同时又将ERIC标记应用于紫木耳（*Auricularia* sp.）与黑木耳和毛木耳亲缘关系的研究，结果表明毛木耳种内的遗传多样性高于黑木耳（温亚丽等，2004，2005）。

我国具有丰富的野生毛木耳资源，杜萍（2011）对我国27个自然居群毛木耳标本进行菌种分离，共获得145个菌株，利用ISSR和SRAP两种分子标记对其进行了遗传多样性研究，揭示了我国野生毛木耳遗传多样性。分析表明，来自热带亚热带居群毛木耳的遗传多样性高于温带居群；野生种质与栽培菌株的ISSR、SRAP分析表明，野生种质的遗传多样性高于栽培菌株，生产应用的毛木耳菌种之间亲缘关系较近，遗传基础较窄。27 个自然居群间的 Nei's 遗传距离变化范围在 0.2~0.03，海南和云南两居群间的遗传距离最小，遗传相似度最高；其次为海南和广东，云南和广东。而内蒙古和贵州两个居群间的遗传距离最大，遗传相似程度最低；其次为贵州和黑龙江，内蒙古和黑龙江。在遗传距离为 0.04~0.05 处可将 27 个自然居群划为四大类，吉林和天津居群聚为一类，黑龙江和内蒙古居群各自成一类，其余 23 个居群聚为一大类。145 个野生毛木耳菌株间的 Nei's 遗传距离变化范围在 0.320~0.039，地理距离较远的居群，亲缘关系较远，在遗传距离为 0.07~0.08 处可将供试菌株分为五大类。聚类分析结果表明来自同一居群的大多数个体均能聚到属于各自的分支中，呈现出野生菌株特有的群体地域性。同时，根据 ISSR、SRAP 和 ISSR+SRAP 的遗传相似性矩阵，通过 Mantel 检测，发现 ISSR 与 SRAP 的遗传相似性矩阵相关性不明显（r=0.2138），说明两种方法互不干扰，均可用于野生毛木耳遗传多样性研究。而 ISSR 与 ISSR+SRAP 的相关性（r=0.5948）较 SRAP 与 ISSR+SRAP 的相关性明显（r=0.5771），但 SRAP 与 ISSR+SRAP 的分析结果更吻合。这表明 SRAP 标记分析较 ISSR 更有效，因此，对毛木耳种质资源的分析，采用 ISSR+SRAP 的综合分析效果更加可靠（杜萍，2011）。

毛木耳栽培菌株来源广，开展栽培菌株的遗传多样性和菌株间亲缘关系分析，在遗传育种和生产上均具有较大意义。利用 RAPD 的 22 个随机引物对 56 个样本进行了分析，结果表明其遗传相似系数变化较大（GS 值 0.2143~0.8764），聚类分析将 56 个毛木耳菌株分为四大类，各大类的类间和类内菌株的遗传变异程度均较大。同时，采用 ISSR 标记对 55 个毛木耳菌株进行了分析，菌株间的遗传多样性也十分丰富，ISSR 能检测到比 RAPD 更多的遗传变异（张丹等，2006，2007）。同样也利用 ISSR 分子标记技术对 22 个毛木耳栽培菌株进行分析，遗传相似系数变异范围为 0.100~0.846，在相似系数为 0.421 处，22 个样本聚为 4 个类群，其中四川广泛栽培的黄耳 10 号、琥珀、781 之间存在较大遗传差异（贾定洪等，2010）。

二、种质资源评价

我国毛木耳栽培菌株多样，各地相互引种，随意命名普遍，导致同物异名、同名异物现象严重，拮抗反应试验是毛木耳菌株区别性鉴定的有效方法之一。利用滨田氏培养拮抗反应鉴定为 21 类，在木屑培养基上鉴定为 7 类（周洁等，2014）。毛木耳生产中主要病害为油疤病，对 16 个菌株进行的抗性鉴定表明，各菌株对油疤病均不具备绝对抗性，但在病情指数上存在差异（张有根，2013）。农艺性状评价是育种筛选出适宜生产的关键，对 50 个毛木耳菌株的农艺性状评价表明，其产量和形态等显著不同，生物学效率在 11.39%~107.29%，耳片颜色、直径、厚度和绒毛上存在显著差异（张丹，2005）。

第三节　栽培品种

毛木耳是我国主要栽培食用菌之一，栽培品种根据背面色泽分为黄背木耳和白背木耳两大类，不同产品具有相对应的品种，适宜生产黄背木耳产品的品种，可能不适宜生产白背木耳产品，但适宜生产白背木耳产品的品种，可生产黄背木耳产品。主要栽培品种有：

1. 黄耳10号

四川省农业科学院土壤肥料研究所选育，适宜生产黄背木耳产品，适宜鲜销和干制，是最适宜鲜耳销售的品种，已大面积生产应用。该品种的耳片为片状或耳状，颜色为紫褐色至紫红色（与光照强度有关），耳片大、直径14.5~26.0cm（或30cm以上）、柔软、肥厚、厚度0.19~0.23cm，耳片表面具耳脉，网格状、大而高，腹面绒毛灰白色至褐色、密、长。油疤病抗性较弱，发菌适温20~23℃。

2. 琥珀木耳

适宜生产黄背木耳干品，因耳片颜色较深为紫黑色、耳片较硬，不适宜鲜耳产品销售。耳片片状、紫黑色，耳片大、直径12.4~23.3cm，较硬、厚0.13~0.15cm，耳片表面耳脉较少或无，腹面绒毛褐色至灰褐色、密、长。耳片对低温较敏感，20℃以下耳片生长不正常，边缘卷曲，出耳适温22~30℃，耳片生长期不宜采用干湿交替的水分管理方式。

3. 781

适宜生产黄背木耳干品。因耳片颜色较深为紫黑色、耳片较硬，不适宜鲜耳产品销售。目前已大面积在生产上应用。耳片大，直径8.0~13.0cm，较硬，厚0.1~0.12cm，表面具少量耳脉，绒毛灰白色至褐色，多、密、长。耳片对低温较敏感，出耳适温22~30℃，耳片生长期不宜采用干湿交替的水分管理方式。

4. 上海1号

适宜生产黄背木耳干品，因耳片颜色较深为紫黑色、耳片较硬，不适宜鲜耳产品销售。目前已大面积在生产上应用。耳片大，边缘整齐，直径13.0~34.0cm，厚0.1~0.12cm，较硬，表面有少量耳脉或者无，绒毛灰黑色至褐色，多、密、长。在耳片生长期间，不宜采用干湿交替的水分管理，否则耳片生长不良。

5. 43012

四川省农业科学院土壤肥料研究所从白背木耳43中系统选育而成，具有耳片大、肥厚、绒毛白色、干鲜比例高、抗病能力强等优点，适宜生产白背木耳产品，已大面积应用于生产。耳片片状、褐色、柔软，耳片大、肥厚，直径14.0~28.5cm，厚0.17~0.22cm，表面无耳脉，绒毛长而密、白色。耳片在30℃以上生长不良，耳片生长期适宜干湿交替管理。

6. 漳耳43-28

漳州市农业科学研究所从白背木耳43中系统选育的优良菌株，适宜生产白背木耳产品，已大面积应用于生产。耳片为片状、褐色、柔软、肥厚，耳片大、直径13.0~26.5cm，厚0.17~0.21cm，表面无耳脉，绒毛长而密、白色。栽培管理要求与43012相同。

7. 川耳 4 号

四川省农业科学院土壤肥料研究所从野生毛木耳中驯化选育而成，适宜生产黄背木耳产品，以干耳产品销售。耳片片状，红褐色，柔软，直径 15.2~22.3cm，厚 0.17~0.18cm，耳片表面具少量棱脊，腹面绒毛褐色、密、长。耳片较小、颜色浅，抗病能力较强。

8. 川耳 5 号

四川省农业科学院土壤肥料研究所杂交选育而成，适宜生产黄背木耳产品。耳片片状或耳状，浅红色至白色，柔软，直径 10.5~22.0cm，厚 0.15~0.2cm，耳片表面具棱脊，腹面绒毛白色至褐色、密、长。耳片对光较敏感，在弱光环境下耳片肉红色，光照强时，耳片颜色为褐色，抗病能力较强。

9. 川耳 6 号

四川省农业科学院土壤肥料研究所从琥珀木耳的白色变异耳片中系统选育。耳片白色，不受光照影响。耳片片状，柔软，直径 13.7~26.4cm，厚 0.13~0.18cm，表面有少量耳脉，腹面绒毛白色、密、短。

10. 川黄耳 1 号

四川省农业科学院土壤肥料研究所从野生毛木耳中人工驯化选育而成，出耳早，较其他品种早 7 天左右。耳片片状，紫褐色，柔软，直径 14.2~26.3cm，厚 0.13~0.15cm，耳片表面有少量耳脉，腹面绒毛褐色、密、短。由于具出耳早的特点，在栽培中发满袋后，温度在 18℃以上时，要注意及时开袋出耳，避免形成大耳基导致耳片多而小。

11. 川白耳 1 号

四川省农业科学院土壤肥料研究所从上海 1 号的白色变异耳片中系统选育，耳片白色，不受光照影响。耳片为片状，柔软，直径 11.2~25.2cm，厚 0.16~0.21cm，表面有少量或无耳脉，腹面绒毛白色、密、短。

第四节　种质资源的创新与利用

一、毛木耳耳片颜色变异菌株资源的创新与利用

毛木耳栽培菌株连续多年栽培后，耳片的颜色会发生多样化变异，常发生浅褐色、白色和白色中带浅褐色的色泽变异。可从变异耳片组织分离获得不同颜色的品种，如白色、浅褐色等。采用白色菌株与褐色菌株杂交、回交或自交等方法，结合分子标记分析，进行颜色性状的 QTL 定位，揭示毛木耳颜色遗传规律；同时，还可对白色突变体和野生型进行转录组测序，找到差异基因，并进行功能分析验证。

二、毛木耳抗病资源的创新与利用

毛木耳菌株在油疤病抗性上存在差异，通过实验室人工接种和生产调查，分析毛木耳菌株对油疤病的抗性差异，开展抗病机制研究，通过育种技术，创制出高抗油疤病的材料，进而选育出高产、优质和抗病能力强的品种。

三、毛木耳高产资源的创新与利用

我国有丰富的野生毛木耳种质资源，通过系统收集、评价，建立毛木耳农艺性状评价技术规范，进而将各类种质特性进行梳理，划分为高产型、优质型、颜色等不同类型的菌株，利用杂交育种技术，选育高产优质抗病品种。

第五节　种质资源利用潜力分析

我国毛木耳种质资源丰富，具有极大的利用潜力，根据耳片颜色分为紫红色、褐色、紫黑色、浅褐色和白色等，在耳片大小、厚度和柔软度上也差异显著，利用不同颜色、耳片大小和厚度的菌株为育种材料，选育出不同类型的优良品种。另外，毛木耳栽培菌株在抗油疤病上存在差异，虽然在人工接种条件下无绝对抗性，但在生产中有的菌株表现出了高抗性，如白背木耳系列的43012、漳耳43-28等。利用强抗菌株作为育种材料，希望可选育出抗性较强的优良品种。王波利用抗油疤病较强的43012与抗病性较弱的黄耳10号杂交，以筛选获得抗油疤病较强的高产菌株AP402。

（王　波）

参考文献

杜萍. 2011. 中国野生毛木耳遗传多样性研究[D]. 北京林业大学博士学位论文.
贾定洪, 郑林用, 王波, 等. 2010. 22个毛木耳菌株的ISSR分析[J]. 西南农业学报, 23(5): 1595-1598.
谭伟, 黄忠乾, 苗人云, 等. 2014. 毛木耳品种比较及栽培基质配方优化研究[C]. 第十届全国食用菌学术研讨会会议论文集, 北京: 326-333.
温亚丽, 曹晖, 潘迎捷. 2004. 两种PCR方法对木耳属菌株的遗传多样性评价[J]. 微生物学报,44(6): 805-810.
温亚丽, 曹晖, 潘迎捷. 2005. ERIC技术在紫木耳亲缘关系鉴定上的应用研究[J]. 菌物学报, 24(1): 53-60.
吴芳. 2016. 木耳属的分类与系统发育研究[D]. 北京林业大学博士学位论文.
闫培生, 罗信昌. 1999. 木耳属真菌rDNA特异性扩增片段的RFLP研究[J]. 菌物系统, 18(2): 206-213.
张丹, 郑有良, 王波, 等. 2007. 毛木耳种质资源的RAPD分析[J]. 生物技术通报,(01): 117-123.
张丹, 郑有良, 陈红. 2006. 毛木耳种质资源的ISSR分析[C]. 中国遗传学会功能基因组学研讨会论文集,成都: 27-28.
张丹. 2005. 毛木耳种质资源研究[D]. 四川农业大学博士学位论文.
张有根. 2013. 毛木耳油疤病病菌寄主范围测定、品种抗病性评价和防治药剂筛选[D]. 华中农业大学硕士学位论文.
周洁, 王波, 谭伟, 等. 2014. 应用两种颉颃方法快速鉴别35株毛木耳菌株[C]. 第十届全国食用菌学术研讨会论文集, 北京: 185-190.

第十四章　金针菇种质资源与分析

第一节　起源与分布

金针菇（*Flammulina velutipes*）又名金钱菌、毛柄金钱菌、冬菇、金菇、银丝菇等，是东亚各国主要栽培食用菌之一，在我国，生产量居栽培食用菌中第四位。金针菇是世界性分布的大型真菌，在我国分布广泛，北至黑龙江，南至广东，东起福建，西至西藏等地区均有分布。子实体具喜低温的特点，多发生于冷凉的秋季或冬季，多发生在阔叶树朽木或树干腐朽处，主要宿主有朴树、柳树、榆树、构树、柿树、桑树、槭树、枫杨、月桂、枫树、拟赤杨、柳杉等。

第二节　种质遗传特点

金针菇生活史复杂，虽然其生活史已经明晰，遗传学上属于四极性异宗结合，生活史中有性阶段和无性阶段交替发生。但是，其发生机制并未明确。成为种质资源利用的

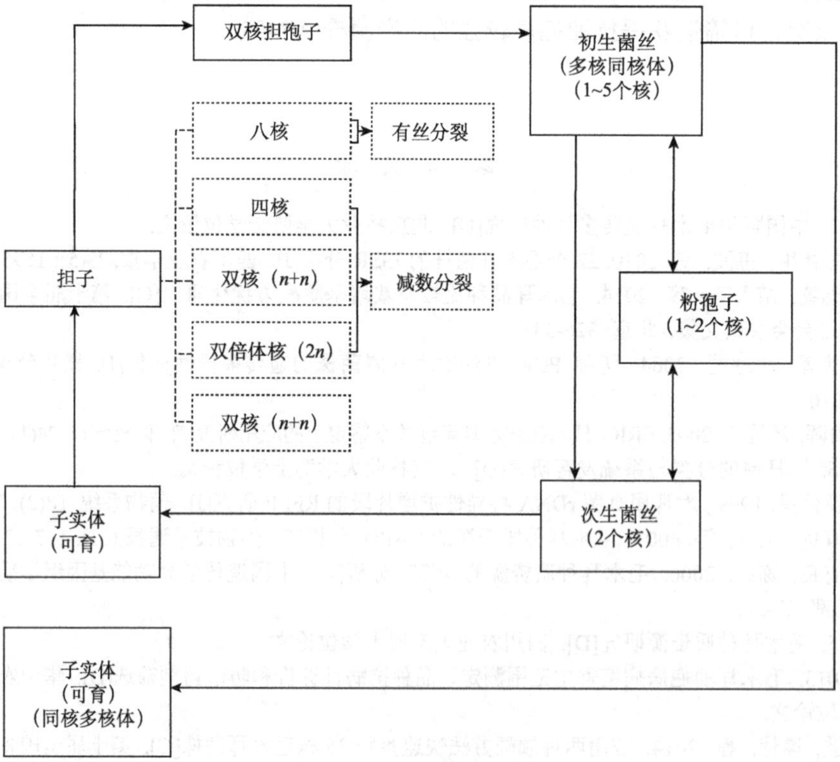

图 14-1　金针菇生活史模式

与典型的四极性异宗结合食用菌不同的是，金针菇虽然每个担子产生 4 个担孢子，但是每个担孢子都是双核，且双核同质，而担孢子之间的细胞核非同质，即交配型不同。其遗传学主要特点如下：

1）担子中完成减数分裂后再进行一次有丝分裂，形成 8 个细胞核；

2）同质的 2 个细胞核进入担孢子，形成同质双核的担孢子（谭艳等，2015），担孢子萌发形成多核同核体，细胞核多 1~5 个；

3）同核体能形成子实体，子实体能正常生长，但不育；

4）不同交配型的同核体交配形成具锁状联合和结实性的双核菌丝；

5）同质双核体和异核双核体萌发都可产生粉孢子，粉孢子大多数单核，极少数保持双核状态；异核双核体形成的单核粉孢子萌发为不同交配型的单核体，各自的交配型与在双核体内的交配型相同，二者可亲和；

6）异核双核菌丝经过一段发育后，扭结，形成颗粒状的原基，进而发育成可育的子实体，形成大量担子和担孢子，完成生活史（图 14-1~图 14-5）。

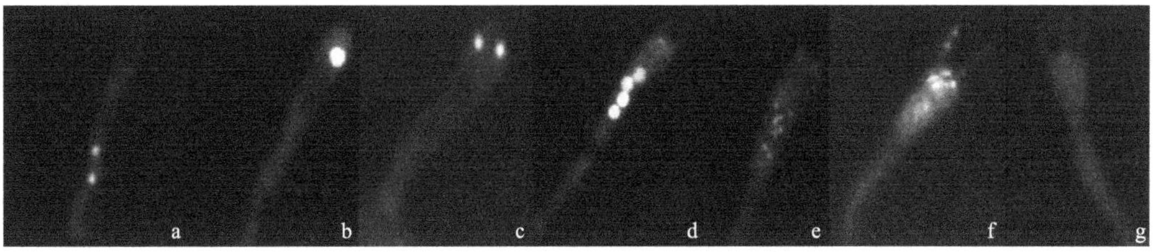

图 14-2　金针菇担子细胞核变化情况

a. 担子膨大初期的双核；b. 核融合成双倍体核；c. 减数分裂中的第一次分裂，形成 2 个核；d. 减数分裂的第二次分裂，形成 4 个核；e. 减数分裂后的有丝分裂，形成 8 个核；f. 核移动；g. 无核担子

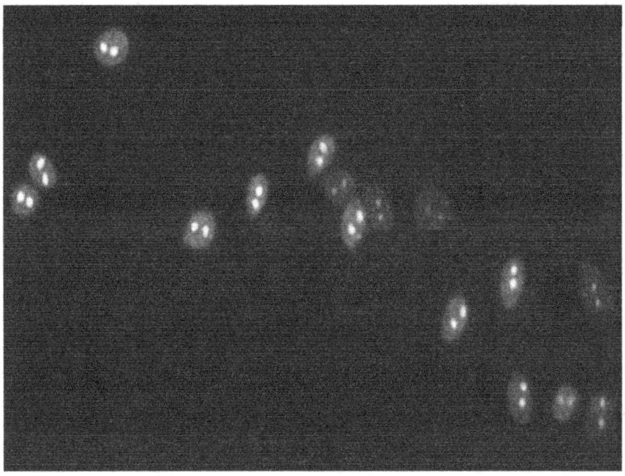

图 14-3　金针菇的双核担孢子

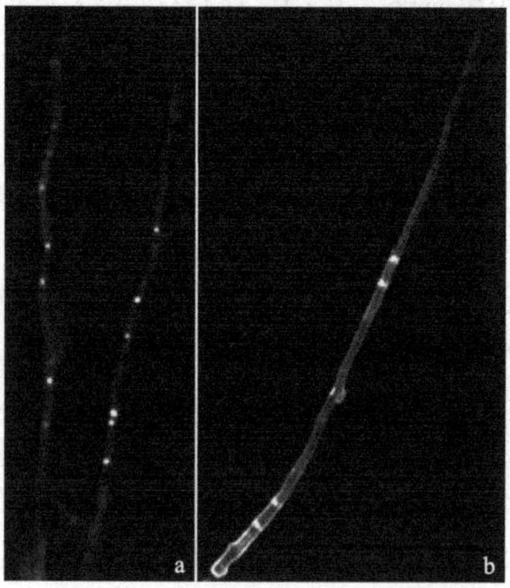

图 14-4　金针菇初生菌丝和次生菌丝

a. 多核的初生菌丝；b. 双核的次生菌丝

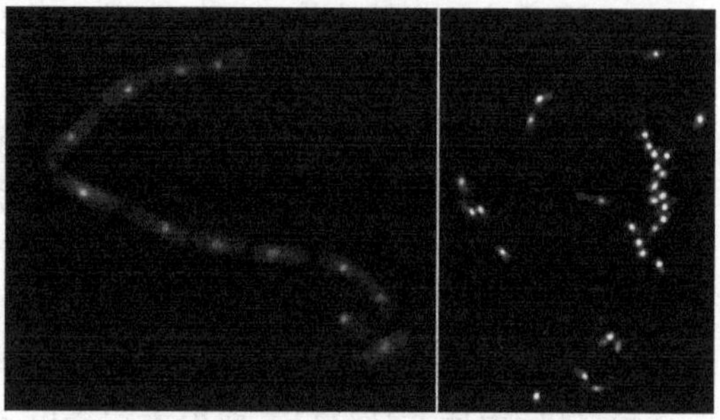

初期　后期

图 14-5　金针菇菌丝的粉孢子形成

第三节　国内外相关种质遗传多样性分析与评价

一、金针菇全基因组、转录组测序与分析

韩国和我国相继开展了金针菇全基因组测序。金针菇基因组为 35.6Mb，基因组装在 11 个支架上，与利用钳位均匀电场电泳（CHEF）的核型分析一致，即 11 条染色体。含有 12 218 个被预测的蛋白编码基因和 287 个 tRNA 基因。88.4 kb 的线粒体基因组含有 35 个基因，具有良好的木质降解（69 种 FOLymes）和碳水化合物降解（392 CaZymes）的强大潜能。在菌丝体中高度表达的 58 个乙醇脱氢酶基因，显示了金针菇在生物乙醇生产上的应用潜力（Park *et al.*，2014）。利用已公布的金针菇全基因组序列，可开发 SSR、Indel、SNP 等标记，开展金针菇品种鉴定、遗传多样性分析、农艺性状的 QTL 定位和关联性分析。

转录组学已成为研究细胞表型和功能的一个重要手段，已应用于金针菇的研究中。以金针菇 1123 菌株的单孢 W23 基因组为参考完成其菌丝和原基转录组测序，进行样本间差异基因及 GO 功能和 KEGG Pathway 显著性富集分析，结果表明，两个样本间具显著性差异表达的基因 3310 个，其中在原基中上调、下调的基因数分别为 1686 个和 1624 个，只在原基中表达的基因有 26 个。GO 功能分析结果表明，在原基中膜封闭腔、内膜系统、细胞器腔、核糖核蛋白复合体、翻译调节器、发育过程、免疫系统过程和多细胞生物过程这 9 个 GO 基本单元中的差异基因全部呈现上调表达。Pathway 功能富集分析结果表明，核糖体与 DNA 复制中的差异基因全部呈现上调表达，磷酸戊糖途径中从 *D*-葡萄糖转化成丙酮酸的过程相关的 11 个差异基因全部呈下调表达，磷酸戊糖途径中相关的 13 个差异基因中有 11 个基因呈下调表达（刘芳等，2014）。

二、金针菇遗传多样性分析

分子标记（ITS-PCR-RFLP、RAPD、ISSR、SRAP、AFLP、SCAR、SSR 等）广泛应用在金针菇种质资源的遗传多样性分析中，揭示了金针菇菌株间的遗传差异和亲缘关系，为育种亲本选择提供了科学依据。

利用限制性核酸内切酶 *Dra*I、*Fok*I、*Hae*II、*Mbo*II、*Nla*IV，对 7 个金针菇菌株的遗传多样性分析将其分为 4 类，表明 ITS-PCR-RFLP 是金针菇菌株鉴定鉴别的有效方法（Palapala *et al.*，2002）。研究表明，RAPD 标记同样适用于金针菇的遗传多样性分析，可以清晰地显示菌株间的遗传差异，并表明白色菌株遗传多样性较黄色菌株低，黄色菌株具有丰富的遗传多样性（詹才新等，1997a，b；王秀全等，2005）；应用 ISSR 分子标记对来自国内外 114 个栽培菌株和野生菌株遗传多样性分析表明，遗传相似性在 0.66 水平上，这 114 个菌株均为同一类群；在遗传相似性水平为 0.73 上，114 个金针菇菌株分为 7 个大类群；在遗传相似性 0.81 水平上分为 35 个亚类群，显示了丰富的遗传多样性（王波和鲜灵，2013）。将 ISSR 分子标记与子实体形态特征结合，对 59 个金针菇菌株的分析表明，ISSR 标记将 59 个金针菇菌株分为 12 类，依据金针菇子实体形态特征分为 11 类，两种分析结果基本一致（杨成香等，2007）。研究表明，SRAP 具有高效、稳定、重复性好的特点，可应用于遗传连锁群构建、品种鉴别及分子标记辅助育种等研究（高巍，2007；朱坚等，2007）。此外，利用 SSR 和 AFLP 分子标记对工厂化栽培的白色金针菇 20 个菌株的遗传多样性分析，结果表明 AFLP 标记的多态性较 SSR 高，同样表明了我国工厂化栽培的白色金针菇遗传背景较窄，亲缘关系十分相近（陆欢等，2014），与王秀全等（2005）的研究结果一致。应用 ISSR、RAPD 和 SRAP 多分子标记的遗传多样性分析较单一标记分析的结果能更准确地显示样本间的亲缘关系（刘勇男等，2015）。

三、金针菇遗传连锁图与 QTL 定位、农艺性状关联分析

利用 RAPD、ISSR 和 SRAP 3 种分子标记转化为 14 个 SCAR 标记，以金针菇菌株的 F_1 代 120 个同核体为作图群体，构建遗传连锁图谱，有 7 个 SCAR 标记分布于 3 个连锁群，其余 7 个标记互不连锁，3 个连锁群的总长度为 76.6cM（高巍，2007）。基于金针菇全基因组序列，开发出 SCAR 标记 51 个，结合 RAPD、ISSR 和 SRAP 3 种分子标记转化的 11 个 SCAR 标记，利用 62 个 SCAR 标记构建金针菇遗传连锁群 11 个，总长度 1639.9cM，连锁群长度范围为 16.5~569.9cM；结合遗传连锁图谱，对两个同核体菌丝体在栽培培养基上生长速度进行 QTL 定位，将菌丝体生长速度定位在 2 号和 4 号连锁群上，同时，还检测到一对影响测交群体菌株产量的上位位点（张光忠，2011）。

关联分析是一种基于连锁不平衡方法（linkage disequilibrium，LD）检测自然群体中基因位点及其等位变异，并将等位基因变异与目标性状联系起来分析其基因作用效应的方法，与连锁分析相比，关联分析具有不需要构建作图群体、定位精度高、广度大、多位点等优点。基于金针菇全基因组测序，已开发 95 对 SSR 引物，对 90 个金针菇菌株的农艺性状进行关联性分析，关联分析检测到与原基形成期、菌盖直径、菌柄长度、菌柄直径和产量 5 个农艺性状显著相关的关联标记，其中，原基形成期 2 个、菌柄直径 12

个、菌柄长度 3 个、菌盖直径 9 个、产量 5 个，关联 SSR 标记对表型变异解释率的变幅为 5.11%~23.55%（陆欢等，2015）。

第四节　栽 培 品 种

我国金针菇栽培品种分为黄色和白色两大类，栽培模式分为农业栽培、人工控温设施下再生出菇栽培和直生出菇栽培以及工厂化栽培等模式。不同栽培模式需要与其相适应的不同特性的品种。此外，加工和鲜销对品种的要求也不同，金针菇品种的专业化正在形成。本节就我国主要栽培品种介绍如下。

1. 川金菇 3 号（国品认菌 2008041）

黄色品种。菌盖黄白色，半球形、大、厚，直径 2~5cm；菌柄粗壮，直径 0.30~0.54cm，长 15~20cm，近白色，基部黄色、松散。

菌丝最适生长温度 20~25℃，子实体生长温度范围 5~20℃，最适 8~15℃；光照强度 10lx 以下。高于 18℃和环境空气相对湿度在 95%以上时，子实体菌柄含水量增加、菇体变软。适宜农业方式栽培，也可在人工控温设施下生产，产品适宜鲜销和加工。

2. 金杂 19 号（国品认菌 2008043）

淡黄色品种。菌盖淡黄色，半球形、厚，直径 0.53~0.85cm；菌柄较细，长 18~22cm，直径 0.16~0.38cm，近白色，基部褐色有绒毛，粘连。

菌丝最适生长温度 20~25℃，子实体生长温度范围 5~20℃，最适 8~15℃；光照强度 10lx 以下。菌柄基部粘连，易褐变；菇体适宜采收长度 17cm 以下。适宜农业方式栽培和人工控温设施下栽培，产品适宜鲜销和加工。

3. 川金 4 号

浅黄色品种。菌盖黄白色，半球形、大、厚，直径 0.8~1.6cm，菌柄直径 0.30~0.48cm，长 15~20cm，硬实，近白色，基部黄色、松散。

菌丝最适生长温度 20~25℃，子实体生长温度范围 5~20℃，最适 8~15℃；光照强度 10lx 以下，大气相对湿度 95%左右，低于 90%环境下，显著减产。适宜农业方式栽培，产品适宜鲜销和加工。

4. 江山白菇（国品认菌 2008045）

白色品种。子实体为白色，菌盖球形，大而厚，直径 0.56~0.96cm，菌柄粗壮，长度 14~16cm，菌柄直径 0.19~0.33cm，菌柄基部有少量绒毛，粘连。菌丝最适生长温度 20~25℃，子实体生长温度范围 5~20℃，最适 8~15℃。适宜农业方式和人工控温设施栽培，产品适宜鲜销。

5. 川金 5 号

白色品种。菌盖白色，半球形、大、厚，不易开伞，直径 0.9~1.5cm，厚度 0.3~0.6cm，菌柄长 15~20cm，直径 0.3~0.6cm，粗壮，硬实，基部白色、松散。菌丝最适生长温度 20~25℃，子实体生长温度范围 5~22℃，最适 8~15℃；较强光照和温度超过 18℃时，菌盖微黄。适宜农业方式栽培，产品适宜鲜销和加工。

6. 川金 6 号

黄色品种。菌盖淡黄色，半球形、厚，直径 0.50~0.78cm；菌柄较细，长 15~20cm，直径 0.18~0.30cm，近白色，基部褐色，有少量绒毛、粘连。菌丝最适生长温度 20~22℃，子实体生长温度范围 5~18℃，最适 7~10℃；光照强度 10lx 以下。菌柄基部粘连，易褐变；采收适宜菌柄长度在 20cm 以下。适宜农业方式和人工控温设施栽培，产品适宜鲜销和加工。

7. 川金 7 号

白色品种。菌盖半球形、大、厚，直径 0.58~0.94cm；菌柄白色，长 18~20cm，直径 0.19~0.47cm，基部无绒毛，基部尖细、松散。菌丝最适生长温度 20~22℃，子实体生长温度范围 5~18℃，最适 7~10℃；光照强度 10lx 以下。适宜采收菌柄长度 20cm 以下，菌柄过长，不易直立，商品质量下降。适宜人工控温设施栽培，产品适宜鲜销和加工。

8. 川金 8 号

白色品种。菌盖半球形、大，厚，直径 0.32~0.98cm；菌柄较细，长 18~20cm，直径 0.26~0.55cm，基部无绒毛、松散。菌丝最适生长温度 20~22℃，子实体生长温度范围 5~18℃，最适 7~10℃；光照强度 10lx 以下。出菇期套袋适当延迟，适宜套袋期为菌柄长 4~5cm。适宜人工控温设施栽培，产品适宜鲜销和加工。

9. 川金 9 号

白色品种。菌盖半球形，厚，不易开伞，菌盖直径 0.72~1.26cm；菌柄长 18~20cm，直径 0.37~0.62cm，细，硬挺，菌柄基部无绒毛，基部细、松散。菌丝最适生长温度 20~22℃，子实体生长温度范围 5~18℃，最适 7~10℃；光照强度 10lx 以下。适宜人工控温设施栽培，产品适宜鲜销和加工。

10. 川金 10 号

黄色品种。菌盖黄色，半球形，厚，不易开伞，菌盖直径 0.56~1.10cm，菌柄近白色，长 18~20cm，直径 0.24~0.45cm，中等粗壮，实心硬挺，基部无绒毛、不松散，基部浅黄色。菌丝最适生长温度 20~22℃，子实体生长温度范围 5~18℃，最适 8~13℃；光照强度 10lx 以下。温度高于 18℃时，子实体含水量增加、较软。适宜农业方式栽培，产品适宜鲜销和加工。

11. 川金 11

白色品种。菌盖半球形、厚，不易开伞，菌盖直径 0.51~1.0cm；菌柄白色，长 18~20cm，直径 0.31~0.51cm，中等粗壮，大小均匀，实心硬挺，菌柄基部无绒毛、松散。菌丝最适生长温度 20~22℃，子实体生长温度范围 5~18℃，最适 8~18℃；光照强度 10lx 以下。适宜农业方式栽培，产品适宜鲜销和加工。

12. 川金 12

白色品种。菌盖半球形、厚，不易开伞，菌盖直径 0.70~0.97cm；菌柄白色，长 17.3~23.4cm，直径 0.27~0.46cm；大小均匀，实心硬挺，菌柄基部无绒毛、稍粘连。菌丝最适生长温度 20~22℃，子实体生长温度范围 5~18℃，最适 7~10℃；光照强度 10lx 以下。催蕾适温 13~15℃，低于 13℃时原基形成延迟。适宜人工控温设施栽培，产品适宜鲜销和加工。

13. 川金 13

淡黄色品种。菌盖黄白色，半球形、厚，不易开伞，菌盖直径 0.51~0.67cm；菌柄白色，长 22.5~24.0cm，直径 0.21~0.41cm，菌柄中粗，实心硬挺，菌柄基部无绒毛、松散、基部颜色为黄色；菌丝最适生长温度 20~22℃，子实体生长温度范围 5~18℃，最适 7~10℃；光照强度 10lx 以下。 适宜农业方式和人工控温设施栽培，产品适宜鲜销和加工。

14. FNK1302

白色品种。菌盖半球形、大、厚，菌盖直径 0.45~0.73cm，菌柄较粗、稍软，长 13.5~14.8cm，直径 0.28~0.34cm，基部粘连；菌丝最适生长温度 18~20℃，子实体生长温度范围 5~18℃，最适 7~10℃；光照强度 10lx 以下。适宜工厂化栽培，产品适宜鲜销。

15. FDK1401

白色品种。菌盖半球形、大、厚，菌盖直径 0.66~0.86cm，菌柄较粗、稍软，长 14.0~16.0cm，直径 0.29~0.33cm，基部粘连；菌丝最适生长温度 18~20℃，子实体生长温度范围 5~18℃，最适 7~10℃；光照强度 10lx 以下。适宜工厂化栽培，产品适宜鲜销。

16. 8913

白色再生出菇品种。菌盖钟形、大、厚，菌盖直径 0.65~1.40cm，菌柄较粗、稍软，长 14.0~16.0cm，直径 0.31~0.46cm，基部粘连；菌丝最适生长温度 18~20℃，子实体生长温度范围 5~18℃，最适 7~10℃；光照强度 10~50lx，出菇期需要连续 24h 光照，不可间断。适宜人工控温设施下再生出菇栽培，产品适宜鲜销。

第五节　种质资源的创新与利用

金针菇种质资源分为黄色和白色两大类，自然生长的金针菇为黄色，白色品种是人为选择的自然突变个体再经系统选育而成。目前生产栽培品种主要为白色，即使是黄色品种也是浅黄色。野生种质综合农艺性状较差尚不能直接应用生产。

一、浅黄色金针菇种质创新与利用

生产栽培黄色品种要求菇体颜色浅淡，菌盖浅黄色，菌柄近白色，基部颜色浅。直接利用野生种质难以获得浅黄色种质材料，只有通过杂交育种技术方可创制出浅黄色菌株。实践证明，黄色菌株与白色菌株杂交，杂交种 F_1 代子实体为浅黄色，介于黄色与白色之间，也可通过自交或回交获得浅黄色菌株。利用黄色和白色菌株的多孢杂交，已选育出浅黄色金针菇品种金杂 19 号、F2153、川金菇 3 号、川金 6 号、川金 10 号和川金 13 等。

二、白色金针菇种质创新与利用

白色金针菇品种存在的主要问题一是生育期较长，二是菌柄基部粘连严重，三是专一性强，只适宜工厂化栽培，在农业栽培模式下生育期长、菌柄弯曲度大、菌柄粘连多，品质下降。

选育适宜农业方式栽培和人工控温设施栽培的白色金针菇品种，首先需要创制与栽培技术模式相适应的种质材料。其种质材料的创制程序如下：首先选择综合农艺性状优良而色泽不同的种质材料，用白色种质与黄色种质或浅黄色种质杂交产生 F_1；然后回交或自交产生 F_2；从 F_2 中可筛选出生育期短、菌柄粘连度小或松散型的适宜农业方式栽培和人工控温设施栽培的材料；再用创制的 F_2 材料作为亲本，通过杂交选育优良品种。应用这一程序，王波已成功选育出适宜不同栽培模式的品种，如川金 5 号、川金 7 号、川金 8 号、川金 10 号、川金 11 和川金 12 等。

三、抗病种质创新与利用

金针菇的主要病害是根腐病，该病是一种细菌性病害，病原菌为假单胞杆菌。可通过种质抗性鉴定，筛选出抗性种质。通过抗性机制的研究和 QTL 定位及其关联分析，发掘关联位点，实现抗病品种的定向育种。

四、其他优异性状的种质创新与利用

金针菇除了上述诸多农艺性状外，高多糖、高蛋白、脆嫩度等都是重要的商品性状，需要应用多项现代技术开发和创制。现代的各类组学、生物信息学、分子生物学为我们提供了新的技术，经典的杂交、回交、侧交、自交、原生质体融合等，为我们提供了可行的途径。

第六节　种质资源利用潜力分析

金针菇虽然已经成为我国工厂化栽培产量第一的种类，栽培品种的综合农艺性状和商品质量获得不断改善。目前的栽培品种一潮菇生物学效率已经达到 130%左右，甚至更高。工厂化生产的商品外观也大大优于农业方式栽培和人工控温条件的设施栽培产品，而受到消费者青睐。可以肯定，工厂化将在不久的将来完全取代农业方式栽培和人工控温条件的设施栽培。但是，工厂化栽培品种仍存在诸多不尽如人意之处，如出菇期长，菌柄基部粘连，菌柄口感较差，鲜香味清淡等。另外，目前栽培品种色泽单一，市场需要色泽多样化的品种，如白色菌柄，淡黄色、黄色或褐色菌盖的品种。日本已经育成橘黄色菌盖的商业品种，韩国已育成褐色菌盖商业品种。

从理论上而言，理想的商业育种，是将金针菇这一物种内所有的理想经济性状聚合，形成综合农艺性状、商品性状、品质性状、贮藏性状均优的“超级优良性状聚合体”，并稳定遗传。这就需要对各类种质资源进行科学精准评价和挖掘，但这首先是对现有资源潜力进行挖掘利用。

目前王波已收集、鉴定、保藏各类种质菌株，对大部分的野生种质进行了初步评价，对栽培种质进行了较为系统全面的遗传多样性分析和综合农艺性状及商品性状的评价，为持续开展育种奠定了较好的技术、方法和材料的基础。

一、野生种质的利用潜力

我国具有丰富的野生金针菇种质资源，调查研究表明，我国分布的金针菇为冬菇丝盖变种（*F. velutipes* var. *filiformis*）、冬菇喜马拉雅变种（*F. velutipes* var. *himalayana*）和冬菇云南变种（*F. velutipes* var. *yunnanensis*），与目前栽培菌株间的亲缘关系较远，为不同的变种。此外，还分布有近缘种杨树冬菇（*F. populicola*）（葛再伟等，2015）。由于变种间可部分杂交，产生的杂交优势大于变种内杂交。因此，我国野生种质与目前栽培种质的杂交优势突出，其对栽培种质改良的作用具有不可替代性。

对野生种质资源的评价表明，样本间诸多农艺性状差异显著，包括生育期、产量、子实体发生方式、子实体形态（菌盖颜色、菌盖大小、菌柄颜色、长度、直径、粘连度、绒毛有无等）都不同，在栽培品种诸多性状的改良上具遗传和利用潜力。

二、黄色栽培种质的利用潜力

我国最早栽培的品种都是黄色种质，栽培品种繁多，性状各异，如三明 1 号、三明 3 号、金杂 19 号等。不论它们差异如何，但与白色种质比较，共同的特点是生育期短、脆嫩、口感好、鲜香味浓，菌柄基部粘连小，且彼此之间遗传差异大。这些性状都正是白色种质所欠缺的，因此，对于改善目前普遍使用的白色种质的农艺性状，这些综合农艺性状优异的黄色栽培种质较野生种质更便于利用。

三、白色栽培种质的利用潜力

白色品种具有商品外观好、耐贮存、货架期长、一潮产量高的特性，具工厂化栽培需要的主要性状。与黄色品种比，白色品种生育期长、菌柄基部粘连、口感差、鲜香味淡。因此，以白色品种工厂化需要的性状为基础，在保留其工厂化需要的基础性状的前提下，将黄色种质的生育期、口感、鲜香味等优良性状渗透或导入进来，在提高品种的综合农艺性状和商品性状的同时，拓宽遗传背景，为白色品种的进一步改良奠定遗传基础。

（王　波）

参 考 文 献

高巍. 2007. 金针菇 SCAR 标记遗传连锁图的构建[D]. 福建农林大学硕士学位论文.

葛再伟, 刘晓斌, 赵宽, 等, 2015. 冬菇属的新变种和中国新纪录种[J]. 菌物学报, 34(4): 589-603.

贾定洪, 王波, 彭卫红, 等. 2011. 23 个金针菇菌株的 SRAP 分析[J]. 西南农业学报, 24(5): 1871-1874.

刘芳, 王威, 谢宝贵. 2014. 金针菇菌丝与原基差异表达基因分析[J]. 食用菌学报, 21(1): 1-7.

刘勇男, 常明昌, 刘靖宇, 等. 2015. 6株金针菇菌株遗传多样性的ISSR、RAPD 和SRAP综合分析[J]. 中国农学通报, 31(10): 101-106.

陆欢, 张丹, 章炉军, 等. 2015. 金针菇种质资源 5 个农艺性状与 SSR 标记的关联分析[J]. 农业生物技术学报, 23(1): 96-106.

陆欢, 章炉军, 张丹, 等. 2014. 中国金针菇工厂化生产用种 SSR 和 AFLP 遗传多样性分析[J]. 中国农学通报, 30(19): 92-97.

谭艳, 王波, 赵瑞琳. 2015. 金针菇生活史中核相变化[J]. 食用菌学报, 22(2): 13-19.

王波, 祁丽萍, 鲜灵, 等. 2013. 金针菇单核原生质体菌株遗传差异的 ISSR 分析[J]. 西南农业学报, 26(3): 1126-1131.

王波, 鲜灵. 2013. 金针菇菌株遗传多样性的 ISSR 分析[J]. 西南农业学报, 26(4): 1593-1599.

王秀全, 江玉姬, 刘维侠, 等. 2005. 利用 RAPD 标记研究金针菇的亲缘关系[J]. 菌物学报, 24(S): 142-146.

许峰, 刘宇, 王守现, 等. 2010. 北京地区白色金针菇菌株的SRAP分析[J]. 中国农学通报, 26(10): 55-59.

杨成香, 张瑞颖, 左雪梅, 等. 2007. 金针菇遗传多样性初步分析[J]. 中国食用菌, 26 (4): 37-39.

詹才新, 朱兰宝, 杨新美. 1997a. RAPD 技术在金针菇菌株鉴别的应用[J]. 华中农业大学学报, 14(3): 253-258.

詹才新, 朱兰宝, 杨新美. 1997b. 利用 RAPD 技术评估金针菇种质资源[J]. 食用菌学报, 4(1): 1-7.

张光忠. 2011. 基于基因组的金针菇遗传连锁图的构建与数量性状位点(QTL)分析[D]. 福建农林大学硕士学位论文.

朱坚, 高巍, 林伯德, 等. 2007. 金针菇种质资源的 SRAP 分析[J]. 福建农林大学学报(自然科学版), 36(2): 154-158.

Palapala V, Aimi T, Inatomi S, *et al*. 2002. ITS-PCR-RFLP method for distinguishing commercial cultivars of edible mushroom, *Flammulina velutipes*[J]. Journal of Food Science, 67(7): 2486-2490.

Park Y J, Baek J H, Lee S, *et al*. 2014. Whole genome and global gene expression analyses of the model mushroom *Flammulina velutipes* Reveal a high capacity for lignocellulose degradation[J]. PLoS ONE, 9(4): e93560. doi: 10. 1371/journal. pone. 0093560.

第十五章　草菇种质资源与分析

第一节　起源与分布

草菇（*Volvariella volvacea*）又名苞脚菇、贡菇、南华菇、麻菇等，英文名为 Chinese mushroom（中国菇）或 Paddy straw mushroom。根据 Shaffer（1957）对北美的调查，认为全世界苞脚菇属（*Volvariella*）有 100 多种、亚种或变种。对于我国草菇种类，邓叔群（1963）记载了 4 种，即草菇（*Volvariella volvacea*）、银丝草菇（*Volvariella bombycina*）、黏盖草菇（*Volvariella gloiocephala*）、矮小草菇（*Volvariella pusilla*），卯晓岚（1998）又增加了 2 种，美味草菇（*Volvariella esculenta*）、美丽草菇（*Volvariella speciosa*）。

草菇，菌盖灰色至灰褐色，中部具有辐射的纤毛状线条。成熟子实体菌褶粉红色，孢子印粉红色，担孢子椭圆形，（6~8.4）μm×（4~5.6）μm。分布于中国、韩国、日本、泰国、新加坡、马来西亚、印度尼西亚和印度等亚洲国家的热带和亚热带高温多雨地区。我国主要分布于福建、台湾、广东、广西、湖南、四川、云南等。目前我国主栽的草菇有两个品系，即白色品种（如屏优 1 号）和黑色品种（如 V23）。白色品种产量较高，但菇质较松、风味略差，黑色品种则相反。

银丝草菇，菌盖白色或淡黄色，菌盖表面有银丝状刚毛。菌褶初期白色，后变成粉红色，孢子印粉红色，担孢子宽椭圆形至卵圆形，（7~10）μm×（4.5~5.7）μm。分布于河北、山东、福建、甘肃、云南、新疆、西藏、广东、广西等地。子实体可食用。

黏盖草菇，菌盖表面光滑而且黏，灰褐色，边缘有长条棱。菌褶初期白色，后变成粉红色，孢子印浅粉红色，担孢子宽椭圆形至椭圆形，（10~15）μm×（7~8）μm。分布于四川、新疆、西藏、湖南、陕西、吉林等。子实体可食用。

矮小草菇，子实体很小，成熟期菌盖直径仅 0.6~3cm。菌盖白色至污白色，表面有丝状细毛。成熟子实体菌褶粉红色，孢子印粉红色，担孢子卵圆形至近球形，（5.5~6.5）μm×（4~5）μm。分布于河北、山西、四川、江苏、广西、甘肃、北京、宁夏、贵州、青海等。子实体可食用。

美味草菇，菌盖灰色至灰蓝色，边缘有细条纹，菌褶初期白色，后变成粉红色，孢子印淡粉红色，担孢子椭圆形，（6~7）μm×（4~5）μm。分布于广东、香港等。子实体可食用。

美丽草菇，菌盖表面光滑而且黏，菌盖白色至污白色，边缘有细条纹。成熟子实体菌褶粉红色，孢子印粉红色，担孢子椭圆形，（9.5~15.5）μm×（7~8.5）μm。分布于广东、香港、湖南、吉林等。子实体可食用。

上述 6 个种只有草菇是商业化人工栽培种，本章所讨论的也正是这一栽培种类。

据 Chang（1977）考证，草菇人工栽培起源于我国广东南华寺，为此他为草菇取英文名为 Chinese mushroom。草菇最早的文献记载见于《广东通志》（清道光二年，1822 年）："南华菇，南人谓菌为蕈，豫章、岭南又谓之菇，产于曹溪南华寺者名南华菇，亦家蕈也，其味不下于北地蘑菇。”同治十三年（1874年）编修的《潮州府志》则描述了南华寺僧人栽培草菇的方法：“贡菇产于南华寺，味香甜，种菇以早稻秆堆积，稍水浇之随地而生，今乡人仿种颇多。”同年编修的《曲江县志》（1874年）也记载：“当日南华菇已驰名京师，年有岁贡。”草菇人工栽培较为详细的记载见于《英德县志》(1928年）：“秆菇，又名草菇，稻草腐蒸所生，或间用茅草亦生。光绪初，溪头乡人始仿曲江南华寺制法，秋初于田中作畦，四周开沟蓄水，其中用牛粪或豆麸撒入，以稻草踏匀卷为小束，堆置畦上，五、六层作一字形，上盖稻草，旁盖以稻草围护，以免浸风雨，且易蒸发。半月后，出菇蕾如珠，即须采取，剖开烘干。若过时不采，则开如伞形，俗名‘老菇婆’，其价顿贬。”关于麻菇一名的由来可在湖南《浏阳县志》（同治年间）获得溯源，该县志记载：“县西南刈麻后，间生麻菌，亦不常有也。”

1929年福建闽侯三山农艺社潘志农开始引种草菇并进行栽培试验。20世纪50年代，福建农学院李家慎、李来荣开展草菇栽培研究，推广草菇栽培技术。60年代以后，香港中文大学的张树庭教授等对草菇的形态学、细胞学、遗传学以及营养和栽培学进行了系列研究，取得丰硕成果，为草菇的高产栽培奠定了基础。张树庭教授在草菇的基础理论和栽培上作出了巨大贡献。他开创了废棉栽培草菇技术及泡沫菇房保温栽培技术，这些技术至今在国内外仍还广为应用。同时，广东省微生物研究所、上海农业科学院食用菌研究所、福建省三明市真菌研究所、福建农业大学等在草菇菌种选育、草菇栽培技术等方面进行了深入研究，极大地促进了草菇生产的发展。80年代初，广东引进香港的草菇栽培技术，发展了泡沫菇房保温栽培技术，取得成效。福建菇农借鉴双孢蘑菇的标准化栽培模式，搭建室外菇棚，应用二次发酵技术堆制培养料，进一步提高了产量。江西省信丰县科技局引用其他食用菌的熟料栽培技术进行草菇栽培，总结并推广了草菇的袋栽技术，取得了良好的推广成效。

第二节　种质遗传特点

草菇菌丝在琼脂培养基上呈现灰白色或银灰色，老化时呈浅黄褐色。菌丝纤细，无锁状联合，气生菌丝发达，爬壁力强，生长速度快。有的品种在试管内易形成厚垣孢子，在培养后期出现红褐色的斑块。在栽培瓶或袋中菌丝呈灰白色、半透明状，生长迅速，分布均匀。有些品种培养后期在瓶壁或袋壁上出现红褐色的厚垣孢子斑块。研究表明，草菇厚垣孢子形成能力与品种有关，但厚垣孢子形成与产量和质量无直接关系。

草菇成熟子实体由菌盖、菌柄和菌托3个部分组成。幼嫩子实体由外菌幕包围，呈蛋形，颜色呈灰色至深灰色。草菇子实体发育可分为针头期、小纽扣期、纽扣期、蛋形期、伸长期和成熟期6个阶段。播种后5~7天菌丝扭结成小白点状无组织分化的原基。菇蕾长至小鸡蛋大小时，开始有担子和担孢子形成，但担孢子不完全成熟，菌柄生长开始加快。当菌柄迅速伸长，顶破包膜时，担孢子基本成熟。当菌盖完全展开，菌柄不再伸长，且出现中空和纤维化，菌褶淡红褐色，担孢子完全成熟，大量弹射散发。

大多数担子菌担孢子是单倍体，萌发产生同核菌丝或单核菌丝，两个可亲和的单核菌丝的融合形成异核菌丝或双核菌丝，经过充分的营养生长，在适宜环境条件下扭结形成子实体，经过生长发育在子实层中形成担子，随后进行核配和减数分裂，产生 4 个单倍体子核，每个子核进入一个担孢子中。真菌控制有性繁殖的交配型系统有两大类，即同宗结合和异宗结合，同宗结合是单一菌体不需要其他菌体的作用就能完成有性生殖过程，而异宗结合需要其他可亲和的菌体的作用才能完成有性生殖过程。Chang 和 Yau（1971）通过试验发现两个草菇子实体（H 和 K）的后代单孢菌株（同核体）中约有 75%可以出菇，这表明单孢菌株不需要与其他个体的交配就能结实，从而完成有性生殖过程。为此提出了草菇是同宗结合的真菌。然而，草菇单孢菌株之间菌落形态差异很大，说明担孢子存在广泛的变异，这种变异不符合同宗结合的遗传规律，因此，草菇的交配型系统一直受到质疑。Bao 等（2013）通过对草菇 V23-1 菌株基因组的测序，发现了草菇含有 A 交配型因子及信息素受体基因，对 V23 的后代担孢子的 A 因子类型进行检测，发现有 18.6%的担孢子含有 2 个亲本的交配型 A 位点，认为这些担孢子很可能为异核体，从而提出草菇与双孢蘑菇（*A. bisporus*）一样都是假同宗结合，等同于次级同宗结合。Elliott 和 Langton（1981）发现双孢蘑菇的担子有 95%是双孢担子、4.5%是三孢担子、0.5%是四孢担子，根据减数分裂四分体随机进入担孢子的规律，推测双孢蘑菇的担孢子中异核担孢子占 62.8%、单核或同核担孢子占 37.2%。异核担孢子的比例双孢蘑菇与草菇差异较大，定义草菇与蘑菇一样是次级同宗结合仍存争议。Chen 等（2013）分析了草菇的基因组中 A 因子和 B 因子的编码基因，研究了担子类型、担孢子核数量、分子标记分离规律，发现草菇可能存在非整倍体。基于 Chen 等（2013）的研究结果，草菇的生活史如图 15-1 所示。

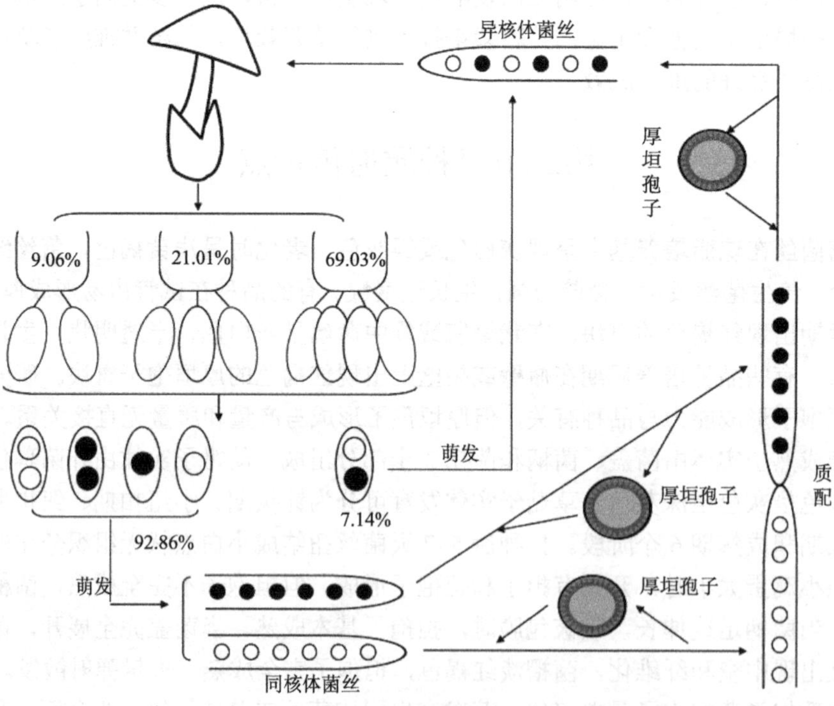

图 15-1　草菇生活史

Royse 等（1987）分析了 19 个草菇菌株的 5 种等位酶，发现这些菌株包含 9 种基因型。选择 2 个菌株进行单孢分离及杂交，获得杂交菌株 VV01，5 种等位酶基因都是杂合的，即 *Ada*（adenosine deaminase, 腺苷脱氨酶）：100/111；*Gpt*（glutamic-pyruvic transaminase, 谷氨酸丙酮酸转氨酶）：100/117；*Mpi*（mannose-6-phosphate isomerase, 甘露糖-6-磷酸异构酶）：100/104；*Np*（purine-nucleoside phosphorylase，嘌呤核苷磷酸化酶）：81/108；*Pep-PAP*（peptidase with phenyl-alanyl-proline，苯丙氨酰脯氨酸肽酶）：87/100。对 VV01 的担孢子进行等位酶分析，发现这些等位酶都符合孟德尔分离规律，其中 *Ada*、*Mpi*、*Pep-PAP* 都是独立分离，*Gpt* 与 *Np* 连锁。Royse 等（1987）的研究结果揭示了草菇有性生殖形成担孢子的遗传分离符合孟德尔遗传规律，且两个连锁的基因在有性生殖过程中会发生重组。

关于草菇细胞核染色体组中染色体数量，采用光学显微镜观察到 9 条（n=9）（Chang and Chu，1969），1995 年陈明杰等应用脉冲电泳对草菇染色体核型进行鉴定，认为草菇的染色体数目也是 9 条，研究结果一致。然而，对草菇担子细胞核的粗线期、双线期、终变期以及中期 I 的染色体条数进行反复观察，认为草菇的染色体条数为 11 条（李秀玉等，1991）。观察表明，草菇的减数分裂过程为担子减数分裂持续时间 18h 完成，其中细线期和偶线期 5.9h、粗线期 6.2h、双线期和终变期 3.4h，中期 I 0.5h、后期 I 到四分体形成 2h。减数分裂后，4 个子核分别进入 4 个担孢子中，留下无核的担子，绝大部分担孢子单核，约 5%双核（李秀玉等，1991）。

第三节　国内外相关种质遗传多样性分析与评价

草菇的栽培和研究主要在我国，相对于其他食用菌，草菇的种质资源收集与分析研究报道较少。

李刚（2008）对 60 个草菇菌株进行了生物学特性观测。根据菌丝长势、菇体外观颜色、原基形成时间、生物学效率、抗逆性、开伞难易 6 个指标综合评价，筛选出 16 个具丰富多样性的菌株：V0003+4、V0017、V0023+1、V0024+1、V0025+1、V0032、V0035、V0036、V0038、V0045、V0051、V0052、V0053、V0060、V0061、V0062。采用 RAPD 分子标记技术对这 16 个菌株进行遗传距离分析，按遗传距离将它们分为三大类群：第一类是 V0045；第二类是 V0017、V0024+1、V0025+1、V0036、V0053 和 V0062，6 株；第三类是 V0003+4、V0023+1、V0032、V0035、V0038、V0051、V0052、V0060、V0061，9 株。其中 V0032 和 V0045 栽培表现优良。

在此基础上，筛选去除不良菌株，再补充新引进菌株，共 45 株，分别在福州和漳州两地独立进行试验，检测农艺性状，获得 V0032、V0045、V0053、V0062、V0073 综合性状优良的 5 个菌株（赵光辉，2011），与李刚（2008）的研究结果一致。

廖伟（2013）再次对赵光辉研究的 45 个菌株进行出菇比较，结合漳州和福州试验点的数据，对 11 个农艺性状和品质性状数据的统计和分析发现：变异度最大的是 HSCi（高产稳产系数），其次是生物学效率、鲜品的维生素 C 含量和单重，变异系数最小的是现原基时间和采菇时间。25%的菌株其 HSCi 为负值，说明其生物学效率的平均值比其标准差还要小，说明这些菌株在不同试验点的表现差异很大。40%的菌株其生物学效率与HSCi的趋势不一致，即丰产性与稳产性并非密切相关。从相关性分析来看，提高抗鬼伞能力，或预防鬼伞发生，有利于提高高产的稳定性，即高稳性得到提高。通过11个农艺性状和品质性状的系统聚类，将供试45个菌株清晰地分为七大类，其中有2类是综合农艺性状较为优良的菌株。

根据对草菇PDA培养物的微生物学观察，发现菌落形态细分为9类；菌丝浓密程度可分为3类；分支第一个细胞的细胞核数最为稳定，最具有代表性。相关分析发现，菌落形态为匍匐型和不规则的菌株不出菇，底部无圈的菌株要比底部有圈的菌株产量高、抗性好；厚垣孢子出现相对较早的菌株，其产量也较高且抗性较好；菌丝浓密度与多个农艺性状和品质性状有着显著的相关性；细胞核较多的菌株产量高、抗性强。最终可通过菌落形态和菌丝浓密度两个指标建立草菇生物学效率预测函数，正确率达到66.7%。

陈吉娜（2008）应用RAPD、ISSR和SRAP 3种分子标记对74个草菇菌株进行分析，共获得82个多态性条带，采用Jaccard聚类距离中的类平均法（UPGMA）进行聚类分析，在相异系数水平D=0.2683上可以将74个草菇菌种分为17个类群，其中11个单一类群和6个复合类群。通过测序部分多态性片段，重新设计特异PCR引物，成功转化了28个多态性片段为SCAR标记。应用24个SCAR标记再次检测这74个菌种，将它们分为44组，其中，33组仅包含一个菌株，其余的11组是复合组，由多个菌株组成。

第四节　栽 培 品 种

1. V0045

福建省食用菌种质资源保藏管理中心，编号：V0045，引自印度尼西亚，原号为“草菇13号”。菌丝长势中等；菌蛋顶部近黑色，渐变至基部近白色，菌蛋较矮；现蕾较快，接种至现蕾8天，接种到采收14天；抗逆性强。缺点是后熟快，易开伞；一潮菇生物学效率28.96%（图15-2）。

2. V0053

福建省食用菌种质资源保藏管理中心，V0053，引自福建省漳州龙海九湖食用菌研究所，原号为“屏优1号”。菌丝长势弱；菌蛋顶部灰褐色，渐变至基部近白色，菌蛋上小下大；现蕾慢，接种至现蕾12天，接种至采收18天；抗逆性中等；后熟和开伞速度中等；一潮菇生物学效率19.52%（图15-3）。

3. V0032

福建省食用菌种质资源保藏管理中心，V0032，原号为“AN15（野生）单孢分离”。菌丝长势强；菌蛋顶部近黑色，渐变至基部近灰色，菌蛋椭圆形；现蕾较快，接种至现蕾7天，接种至采收14天；抗逆性中等。缺点是后熟快，易开伞；一潮菇生物学效率19.38%（图15-4）。

图 15-2　草菇 V0045（另见彩图）

图 15-3　草菇 V0053（另见彩图）

图 15-4　草菇 V0032（另见彩图）

图 15-5　草菇 V0061（另见彩图）

4. V0061

福建省食用菌种质资源保藏管理中心，V0061，引自福建省三明市真菌研究所，原号为“V9”。菌丝长势中等；菌蛋顶部黑褐色，渐变至基部近白色，菌蛋矮短；现蕾快，接种至现蕾 6 天，接种至采收 14 天；抗逆性强；后熟和易开伞速度中等；一潮菇生物学效率 18.69%（图 15-5）。

5. V0022

福建省食用菌种质资源保藏管理中心，V0022，引自福建省三明市真菌研究所，原号为“黑草菇（V040728-1）”。菌丝长势中等；菌蛋顶部近黑色，渐变至基部近白色，菌蛋较长；现蕾较快，接种至采收 7 天，接种至采收 13 天；抗逆性中等；后熟快，易开伞；一潮菇生物学效率 12.88%（图 15-6）。

6. V0062

福建省食用菌种质资源保藏管理中心，V0062，引自福建省三明市真菌研究所，原号为“V97”。菌丝长势中等；菌蛋色浅，顶部淡灰褐色，渐变至基部近白色，菌蛋较矮；现蕾较快，接种至现蕾 8 天，接种至采收 16 天；抗逆性强；后熟和开伞速度中等；一潮菇生物学效率 18.53%（图 15-7）。

图 15-6　草菇 V0022（另见彩图）

图 15-7　草菇 V0062（另见彩图）

7. V0052

福建省食用菌种质资源保藏管理中心，V0052，引自印度尼西亚，原号为“草菇 D”，菌丝长势较强；菌蛋色浅，顶部近黑灰色，渐变至基部近白色，菌蛋椭圆形；现蕾较快，接种至现蕾 8 天，接种至采收 14 天；抗逆性中等；后熟快，易开伞；一潮菇生物学效率 18.47%（图 15-8）。

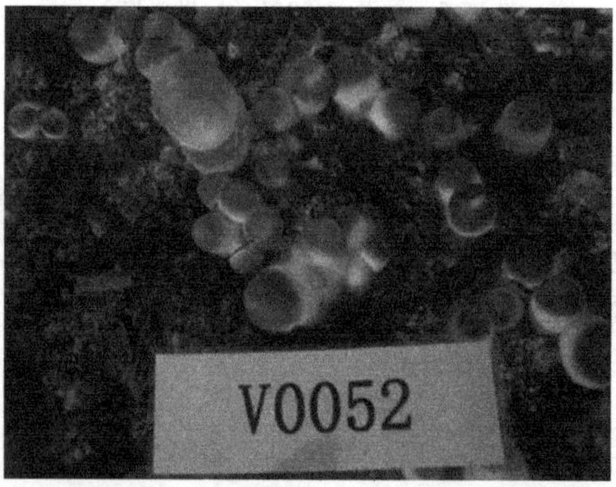

图 15-8　草菇 V0052（另见彩图）

图 15-9　草菇 V0017（另见彩图）

8. V0017

福建省食用菌种质资源保藏管理中心，V0017，原菌号为“Vk”。菌丝长势中等；菌蛋白色或近白色，菌蛋矮短浑圆；接种至现蕾 10 天，接种至采收 16 天；抗逆性强；后熟和开伞速度中等；一潮菇生物学效率 18.15%（图 15-9）。

第五节　种质资源的创新与利用

育种是一项将生物机体的优良基因整合到一个个体中，并得以稳定遗传的系统复杂的工作。只有拥有丰富的基因资源，有具优异性状的种质，才有可能培育出优良品种。而种质资源正是优异性状的来源，是高效育种工作的材料基础。

一、种质资源的收集与保藏

草菇种质资源分为两类，一是野生种质资源，二是栽培品种种质资源。草菇属于高温型食用菌，野生资源分布于热带和亚热带高温多雨地区。由于草菇生长迅速、易腐，自然条件下野生草菇生长季节短，因此获得野生种质材料十分困难，可以说，可遇不可求。草菇野生种质材料的获得需要依靠广大群众。目前福建、广东、江西、湖南、云南、江苏、山东等地广泛种植草菇，深入民间，有可能收集到更多的地方品种。

福建农林大学菌物研究中心在福建省科技厅的资助下，建设了省级食用菌种质资源保藏管理中心，目前已收集保藏草菇种质资源近百个。

二、种质资源的鉴定与整理

食用菌菌种生产是无性繁殖过程。菌种分离简便易行，长期以来制种者大多自行分离编号，有些单位或个人引进菌种后，随意易名，甚至以此品种冒充彼品种，或随意命名组织分离物，导致草菇菌种同物异名严重，诸多使用品种家谱不清，出身不明，增加了种质资源挖掘利用的难度。

陈吉娜（2008）开发了 24 个 SCAR 标记，对福建省食用菌种质资源保藏管理中心的草菇菌株进行遗传特异性鉴定，将 74 个菌株分为 44 组，其中 11 组是复合组，包含 2 个以上样本，表明彼此是同物异名或亲缘关系极其相近。

三、种质资源的评价

种质资源的利用，收集保藏是前提，更重要的是系统评价，明确保藏种质的可利用性状。种质资源评价及其评价技术是资源利用的基础，也是优良品种选育的技术基础。草菇的种质资源评价包括 4 个方面，即微生物学特征（显微形态特征）、生理生化特征、环境需求特性和农艺性状。

（一）微生物学特征

草菇种质资源的微生物学特征评价内容包括：菌落形态，菌丝生长速度，菌丝浓密度，厚垣孢子形成时间、数量与颜色，细胞核数量等。优良品种的菌落，菌丝从接种块向四周均匀辐射生长，菌丝半透明，无同心环、无成团的棉絮状气生菌丝。一般而言，厚垣孢子形成早、数量多、颜色深被认为是小粒种的微生物学特征；且产量较高，稳产性好，高稳系数大。细胞核的数量与产量的相关性很高，细胞核多，产量高。细胞核数量应选择菌丝前端分支处细胞观测。

（二）生理生化特征

羧甲基纤维素酶、滤纸纤维素酶、β-葡萄糖苷酶、淀粉酶、果胶酶、木聚糖酶、漆酶、多酚氧化酶、过氧化物酶、蛋白酶、RNA 含量等可以作为草菇种质资源评价的生理生化指标。根据廖伟（2013）的研究结果，β-葡萄糖苷酶与现原基时间和抗鬼伞能力有着显著负相关性，而与单重和生物学效率呈显著正相关；生物学效率与木聚糖酶有着显著正相关；漆酶与子实体破膜时间、单菇重、菇体颜色有着显著正相关性；CMC 酶与破膜时间也有着显著正相关性；抗鬼伞能力还与蛋白酶有显著性负相关；鲜品维生素 C 含量与多酚氧化酶呈显著负相关；高稳性与漆酶、蛋白酶相关性较大，但未达到显著性水平；淀粉酶、果胶酶、过氧化物酶、滤纸纤维素酶与子实体阶段的多项农艺性状无显著相关性。

（三）环境需求特性

对生物有机体来说，不同草菇种质对环境条件的需求不完全相同；因此，获得高产优质的生产效果，需要创造适宜栽培品种的环境条件。草菇种质资源的环境需求特性的评价主要包括：温度、湿度、二氧化碳浓度、酸碱度、光线等。二氧化碳浓度虽然对菌丝生长有一定影响，但由于试验难以开展，一般不作为评价内容。草菇环境需求特性的评价，首先要建立标准的方法和程序，标准的培养基、接种物活化、使用的菌龄等。

1. 培养基

1）PDA 培养基。

2）栽培料培养基：棉籽壳 88%，麸皮 10%，糖 1%，石灰 1%，含水量 65%。取烘干的栽培料（原料均在 60℃下烘干至恒重），按配方和含水量的要求配制培养基，装入 25mm×200mm 的试管。每支试管装入干料 20g，装料高度一致。塞棉塞，外包牛皮纸，倒置高压灭菌。

2. 菌种活化与接种物准备

处于保藏状态的菌种（stock）生理代谢大大减慢，从保藏条件下取出直接测试，其生理代谢和相关性状都不能得以充分显示。因此，应像其他微生物一样，开展评价和测试前需要活化。具体方法如下：

1）取斜面菌种一小块于 PDA 斜面培养基上，32℃下培养，待长满管（T1）再次转接相同斜面培养基上，培养至长满斜面（T2）；

2）挑取 T2 斜面前端菌种转接到 90mm 平板培养基（PDA 培养基 20mL/皿），32℃下培养，菌落直径 4~6cm 时，用直径 7mm 打孔器在菌落边缘 5mm 内同一菌龄处打孔，平板培养物作为接种物（T3）。

3. 温度

（1）平板法测定

将接种物 T3 接种到 90mm 平板培养基（PDA 培养基 20mL/皿）中间，接种物菌丝面朝上，于 32℃培养。当菌落直径 1~2cm 时，在菌落边缘画线作为生长起始线。

随后分别置于 10℃、15℃、20℃、25℃、30℃、35℃、40℃、45℃、50℃下培养，每个温度梯度设 5 个重复，以生长最快为最适温度，当这一温度下培养的菌落即将长满时终止培养，在菌落边沿画终止线，用尺子测量起始线与终止线之间的距离，计算菌丝生长速度，取算术平均值，获得菌丝生长温度范围和最适生长温度。无肉眼可见菌丝生长的，置于最适温度条件下再进行培养 5~7 天，若仍无生长，表明接种物死亡。

在上述试验的基础上，以出现死亡的温度（x）为上限，向下延伸 10℃为下限，即在（x–10）~x℃的温度范围内每隔 2℃设一个温度梯度试验，进一步精确测定致死温度和生长限制温度。

（2）栽培料测定

将接种物 T3 接种到栽培料试管中，接种物菌丝面朝上。若灭菌后料面干燥，可滴加无菌水 2~3mL。接种后放置于 32℃下培养。菌丝吃料 1~2cm 时，在菌丝前缘画线作为生长起始线。

随后分别置于 10℃、15℃、20℃、25℃、30℃、35℃、40℃、45℃、50℃下培养，每个温度梯度设 5 个重复，以生长最快为最适温度，当这一温度下培养的菌落即将长满时终止培养，在菌落边沿画终止线，用尺子测量起始线与终止线之间的距离，计算菌丝生长速度，取算术平均值，获得菌丝生长温度范围和最适生长温度。无肉眼可见菌丝生长的，置于最适温度条件下再进行培养 5~7 天，若仍无生长，表明接种物死亡。

准确的致死温度和生长限制温度的测定方法与平板法测定相同。

4. 培养料含水量

使用栽养料培养基，取烘干至恒重的培养料，含水量设定范围 45%~75%，间隔 5%，每个间隔含水量设 5 个重复。使用 25mm×200mm 试管。装干料 20g/支，装料高度一致。塞棉塞，外包牛皮纸，倒置高压灭菌，备用。

将接种物 T3 接种到栽培料试管中，接种物菌丝面朝上。若灭菌后料面干燥，可滴加无菌水 2~3mL。接种后放置于 32℃下培养。菌丝吃料 1~2cm 时，在菌丝前缘画线作为生长起始线。

以生长最快为最适含水量，当这一含水量下培养物即将长满时终止培养，在菌丝前缘画终止线，测量起始线与终止线之间的距离，计算菌丝生长速度，取算术平均值，即可获得菌丝生长含水量范围和最适含水量。

5. 酸碱度测试

（1）平板法测定

1）PDA 培养基 pH 的调整：酸碱度测试范围 pH 2~11，分别设置 pH 2、pH 3、pH 4、pH 5、pH 6、pH 7、pH 8、pH 9、pH 10、pH 11，每个 pH 设 5 个重复。将培养基分装于 50mL 的三角瓶中，20mL/瓶。灭菌后凝固前，置于 50℃的水浴锅内，在无菌条件下分别用 1mol/L HCl 或 1mol/L NaOH 调节酸碱度，之后倾倒于 90mm 的培养皿，制备平板。

2）将接种物 T3 接种到调好 pH 的平板中间，于 32℃下培养。菌落直径 1~2cm 时，在菌落边缘画线作为生长起始线。

3）继续于 32℃培养，当生长最快的即将长满平板时，画终止线，测量起始线与终止线之间的距离，计算菌丝生长速度，即可获得菌丝生长适宜的 pH 范围和生长最适 pH。

（2）栽培料培养基法测定

1）栽培料培养基 pH 的调整：栽培料培养基配制中添加石灰或过磷酸钙，添加量设置：石灰 5%、4%、3%、2%、1%、0%，过磷酸钙 1%、2%、3%、4%、5%，配方中棉籽壳的用量相应增减。每个处理 5 个重复。

使用 25mm×200mm 试管，装干料 20g/支，装料高度一致。塞棉塞，外包牛皮纸，倒置高压灭菌，备用。

灭菌后测 pH，测定方法为取出培养料，风干后取 10.0g 于 50mL 小烧杯中，加入 1.0 mol/L KCl 溶液 25mL，搅动，使培养料充分散开，放置半小时，用 pH 计测定。

2）测试方法：以 T3 为接种物接种，接种物菌丝面朝上。若灭菌后料面干燥，可滴加无菌水 2~3mL，于 32℃下培养。菌丝吃料 1~2cm 时，在菌丝前缘画线作为生长起始线。

以生长最快为最适 pH，当这一 pH 下培养物即将长满时终止培养，在菌丝前缘画终止线，测量和长速计算方法与上述含水量测定相同，获生长的 pH 范围、适宜 pH 和最适 pH。

6. 光照试验

以 T3 为接种物，用 PDA 培养基、90mm 培养皿，培养基 20mL/皿，平板中央接种，每个处理 5 个重复，32℃倒置下培养。菌落直径 1~2cm 时，在菌落边缘画线作为生长起始线。使用生化培养箱调节光照。事先准备密闭的厚纸箱，作为暗培养条件，将培养物置于箱内，密封放入生化培养箱。以生化培养箱内照明灯正下方为有光培养条件，不同层架与光源距离不同，辅以人工避光措施，如用灭菌后的布或纸遮盖培养物，形成不同光照强度的培养条件。当生长最快的平板即将长满时在菌落边缘画终止线，测量和计算方法与上述相同，获得适合菌丝生长的适应光照强度。

（四）农艺性状

农艺性状主要包括：原基形成时间、采收时间、转潮天数、开伞快慢、生物学效率、高产稳产性、抗鬼伞能力、单菇重、菇体颜色、菇体形状、烘干率、维生素 C 含量等。优良品种一般是播种之后 7~10 天形成原基，原基形成晚的品种一般产量较低。由于草菇稳产性较差，因此近年来提出用高产稳产系数 HSC*i* 作为评价草菇种质资源高产稳产性能指标。

$$\mathrm{HSC}i=\frac{\overline{X_i}-S_i}{1.10\bar{X}_{\mathrm{CK}}}\times 100\%$$

式中，$\overline{X}_i$ 为第 i 个参试品种的平均生物学效率；S_i 为第 i 个参试品种标准差；$\overline{X}_{\mathrm{CK}}$ 为对照品种的平均生物学效率。HSC*i* 值越大，其高产稳定性越好。

四、种质资源的创新

种质资源的创新包括多方面的内容，首先是现有种质资源新性状、新基因的发掘。例如，广东省微生物研究所从野生的草菇中驯化培育了新品种 V23，这个品种不但产量高，且适应性强，在全国各地种植普遍反应较好，都可获得较高产量。谢宝贵近年对该品种农艺性状的系统研究试验发现，它还具有易采收的特点。其子实体在培养料表面形成，散生多，丛生少，采收操作中培养料不易带出，菌床完整性好，利于下潮菇的形成。V23 是草菇种质创新、选育更优品种的重要材料，可以应用现代育种技术，如诱变、杂交、基因工程导入优良基因等，创制新性状或聚合优良基因，形成创新种质材料。同时，通过深入的优异性状遗传基础的研究，探索性状形成的遗传规律，获得相关遗传标识，以期应用于分子设计育种。

五、种质资源的利用

由于草菇种质资源收集的难度大、数量少，遗传基础研究薄弱，同时因为草菇菌种易退化，因此种质资源的利用研究非常困难。目前比较成功的案例是野生种质的驯化栽培，V23 是广东省微生物研究所从野生草菇分离纯化获得的优良品种，已应用 30 多年，至今仍然是我国主栽品种之一，近年广泛栽培多数菌种，尽管被冠以其他名字，经遗传特异性检测，证明是 V23 的组织分离物。

草菇是典型的草腐生真菌，对纤维素、半纤维素的分解能力强，同时它还具有耐高温、生长快速、生活周期短等特点，因此它作为大型真菌遗传研究材料具有独特的优势。福建农林大学菌物研究中心在完成草菇基因组测序基础上，进行了不同发育时期的表达谱分析，发现了草菇木质纤维素降解酶编码基因不仅完整，而且非常丰富，在已测序的担子菌中位居前列，这为将来真菌基因资源开发利用提供了新的种质材料。

第六节　种质资源利用潜力分析

种质资源的利用取决于对种质材料的了解，还取决于对性状遗传规律的研究。培育新品种是种质资源利用最主要的方面，杂交育种是食用菌新品种培育的主要途径，亲本选择是杂交育种的关键，作物品种选育经验告诉我们，亲缘关系远的亲本，杂交后代优势显著，获得优良品种的概率高，近亲繁殖后代表现衰退。为此，在杂交育种工作开展之前，对种质资源的多样性进行分析，明确种质材料之间的遗传距离，结合亲本性状互补的原则选择亲本，育种效率大大提高。

作物育种实践表明，亲本之间存在配合力。配合力是指某一种群（品种、品系或其他种用类群）与其他种群杂交产生的后代所获得杂种优势的能力，分为一般配合力和特殊配合力。一般配合力是指某一种群与其他多个种群杂交时，杂种后代获得生产力的平均表现能力，如果某一品种的一般配合力良好，说明这个品种与其他不同种群杂交时均能获得较好杂种优势。特殊配合力是指两个特定种群杂交时，杂种后代获得生产力的表现能力，如果某两个品种之间的特殊配合力良好，说明两个特定种群杂交时，能获得良好的杂种优势。谢宝贵等（2001）选用 10 个草菇菌株相互交配，获得 45 个杂交菌株，品种试验比较结果表明，大多数高产杂交组合的双亲都具有较高的一般配合力，双亲间又具有较高的特殊配合力，如泰 1 亲本菌株的一般配合力很高，4 个高产杂交组合中有 3 个是以泰 1 为亲本。王圣铕（2016）选用 7 个菌株的 48 个单孢杂交配对 1331 个组合，经过筛选与出菇比较试验，获得 3 个优良品种，其亲本单孢配对如下，1172（V.0038-8×V.0090-20）、1295（V.0038-8×V.0044-5）、1296（V.0038-8×V.0044-6），可见这 3 个优良品种都以 V.0038-8 作为亲本，表明 V0038 及其单孢菌株 V.0038-8 都具有较高的配合力。

廖伟（2013）通过对 37 个草菇菌株的生物学效率、高产稳产性、商品菇品质等性状的研究，将其分为七大类群，第一类群 6 个菌株，均为小粒种；第二类群 4 个菌株，子实体颜色深、高稳性差；第三类群 8 个菌株，产量较高、稳产性较好、维生素 C 含量高、子实体颜色深，属于综合农艺性状优良的菌株；第四类群 6 个菌株，产量低、维生素 C 含量低；第五类群 4 个菌株，均为低产、菇体小；第六类群 2 个菌株，均为白色种；第七类群 7 个菌株，高稳性差、产量低、折干率低。

王圣铕（2016）通过对 36 个不同来源的草菇菌株的生理生化特性进行研究，并通过品种比较试验，将生理生化特性与农艺性状进行关联分析，二次多项式逐步分析建立草菇品种开伞特性预测模型，研究发现草菇菌丝果胶酶、漆酶、羧甲基纤维素酶（CMC 酶）、菌丝浓密度、耐酸能力以及它们的互作与草菇开伞特性密切关系，其相关度从大到小依次为果胶酶>耐酸能力与果胶酶互作>CMC 酶>漆酶与果胶酶互作>耐酸能力>菌丝浓密度与 CMC 酶的互作>菌丝浓密度与漆酶互作>耐酸能力与漆酶互作>漆酶。这一研究成果可应用于种质资源的实验室评价，也可应用于杂交菌株农艺性状的早期鉴别预测，提高育种效率。

（谢宝贵）

参 考 文 献

常明昌. 2003. 食用菌栽培学[M]. 北京: 中国农业出版社: 102.

陈吉娜. 2008. 分子标记鉴别姬松茸、草菇和灰树花种质资源的研究[D]. 福建农林大学硕士学位论文.

陈明杰, 赵绍惠, 张树庭. 1995. 草菇染色体核型的鉴定[J]. 食用菌学报, 2(1): 1-6.

邓叔群. 1963. 中国的真菌[M]. 北京: 科学出版社.

李刚. 2008. 草菇分子标记辅助育种研究[D]. 福建农林大学硕士学位论文.

李秀玉, 颜耀祖, 申荣段. 1991. 草菇减数分裂和担孢子形成细胞核行为[J]. 真菌学报, 10(1): 72-78.

廖伟. 2013. 草菇优良菌株早期鉴别[D]. 福建农林大学硕士学位论文.

卯晓岚. 1998. 中国经济真菌[M]. 北京: 科学出版社.

王圣铕. 2016. 草菇工厂化专用菌种选育及配套生产技术研究[D]. 福建农林大学硕士学位论文.

谢宝贵, 羿红, 黄志龙, 等. 2001. 草菇杂交育种及同工酶分析[J]. 福建农业大学学报, 30(3): 372-376.

赵光辉. 2011. 草菇杂交育种研究[D]. 福建农林大学硕士学位论文.

Bao D, Gong M, Zheng H, *et al*. 2013. Sequencing and comparative analysis of the straw mushroom (*Volvariella volvacea*) genome[J]. PLoS ONE, 8(3): e58294.

Chang S T, Chu S S. 1969. Nuclear behavior in the basidium of *Volvariella volvacea*[J]. Cytologia, 34: 293-299.

Chang S T, Yau C K. 1971. *Volvariella volvacea* and its life history[J]. American Journal of Botany: 552-561.

Chang S T. 1977. The origin and early development of straw mushroom cultivation[J]. Economic Botany, 31: 374-376.

Chen B, Gui F, Xie B, *et al*. 2013. Composition and expression of genes encoding carbohydrate-active enzymes in the straw-degrading mushroom *Volvariella volvacea*[J]. PLoS ONE, 8(3): e58780.

Elliott T J, Langton F A. 1981. Strain improvement in the cultivated mushroom *Agaricus bisporus*[J]. Euphytica, 30(1): 175-182.

Royse D J, Jodon M H, Antoun G G, *et al*. 1987. Confirmation of intraspecific crossing and single and joint segregation of biochemical loci of *Volvariella volvacea*[J]. Experimental Mycology, 11: 11-18.

Shaffer R L. 1957. *Volvariella* in North America[J]. Mycologia, 49: 545-579.

第十六章　茶树菇及近缘种种质资源与分析

第一节　起源与分布

茶树菇[*Agrocybe cylindracea* (DC.) Gilletl＝*Agrocybe aegerita* (V. Brig.) Singer]，常用中文名为柱状田头菇，别名和俗名有茶薪菇、柳菇、茶菇、柳环菌、朴菇、柳松菇、柳松茸、柱状环锈伞等。因最早驯化栽培的野生资源来源于高山密林地区茶树蔸部，以茶树菇名称使用最为广泛。茶树菇味美可口，是目前重要的栽培食用菌之一，茶树菇集高蛋白、低脂肪、低糖分、保健食疗于一身。目前栽培品种主要分为白色和褐色两大类，经过改良的茶树菇，盖嫩柄脆、味纯清香、口感极佳，属中高档食用菌类。

茶树菇分布极广，欧洲、亚洲、美洲均有分布，春秋季节分布于茶树、柳树、杨树、枫香等阔叶树的腐木上或活木树的枯枝上，是山区民众采食的美味野生菌之一，该菌是木腐菌，早期的希腊人和罗马人一直以来采用仿生或半人工的方法种植。20 世纪 50 年代，法国开始用白杨等进行段木栽培（Zadrazil，1989），70 年代法国学者报道了有关栽培过程中子实体的形成与发育条件的研究（Varia，1974）。日本研究者从 70 年代后期开始相继报道了有关茶树菇栽培及生物学特性的研究结果，认为茶树菇是典型的四极性交配系统，其单核初生菌丝无锁状联合（善如寺厚，1987；泽章三，1989；木内信竹，1990）。

20 世纪 60 年代，我国福建、江西开始研究茶树菇，到 80 年代已形成稳定的栽培技术，并逐步在全国适宜种植地区推广。目前有食用菌栽培的区域都有茶树菇种植，江西广昌县、黎川县和福建古田县为干菇主产区，鲜菇全国各地均有生产，昆明、成都及北京等地为较大鲜菇产区。茶树菇有高温出菇和中温出菇两大类型种质。野生茶树菇主要分布在我国南方地区各省，滇西、滇西北和川西分布种质主要是低温类型。

田头菇属真菌子实体单生、双生或者丛生。菌盖颜色深且直径大小不等，表面平滑并有浅皱纹。菌肉除表皮和菌柄基部外均为白色。菌褶直生或延生。菌柄长度不一，近白色。除 *A. farinacea* 无菌环外，大部分有菌环，生于菌柄，菌环膜质，表 16-1 列出了常见的田头菇属种类的形态特征。

表 16-1　田头菇属真菌常见种的形态特征

物种	着生方式	菌盖	菌肉	菌褶	菌柄	菌环
1	单生、双生、丛生	直径 2~10cm，暗红色至黄褐色，平滑，有浅皱纹	白色	直生	长 2~13cm，直径 0.3~1.2cm，近白色	生于菌柄，膜质
2	单生或丛生	直径 2~4cm，象牙色至米黄色，光滑或中部常龟裂，无皱纹	白色	延生	长 5~10cm，直径 0.5~0.8cm，污白色	生于菌柄，膜质
3	群生或散生	直径 2~8cm，浅黄色至黄土色，光滑，有浅皱纹	白色	直生或延生	长 4~12.5cm，直径 0.5~1cm，污白色至浅黄色	无

注：1. 柱状田头菇（王南等，1998；饶军和李江，2000；吕明亮等，2002；王贺祥，2008）；2. 杨柳田头菇（汪欣和刘平，2004）；3. *A. farinacea*（卢成英和李建宗，1994）

茶树菇菌丝和子实体生长发育的温度湿度各不同，前者大多在5~35℃，最适25℃，后者却在13~34℃，最适22℃。因此，该属真菌对以上环境因子的要求较低，易栽培。培养基水分与pH最适分别在65%和6左右，营养的碳氮比较高，子实体生长需要微光照刺激。生理特征见表16-2。

表16-2　柱状田头菇和杨柳田头菇的生理特征

物种	C/N	温度/℃	大气相对湿度/%	pH	光照/lx
1	（50~60）:1	菌丝5~35（25~28） 出菇13~34（22）	菌丝65~70 出菇85~90	5.5~6.5	150~300
2	未知	菌丝5~32（20~25） 出菇15~30（20~28）	菌丝70~75 出菇80~90	8.0~9.0	300~1200

注：括号内为最适值；1. 柱状田头菇（王南等，1998；饶军和李江，2000；吕明亮等，2002；王贺祥，2008）；2. 杨柳田头菇（汪欣和刘平，2004）

第二节　近缘种的鉴定

田头菇属 *Agrocybe* Fayod 是由 Fayod 于1889年建立，模式种为 *A. praecox*(Pers.) Fayod（Singer，1986）。Hawksworth把田头菇属放入粪锈伞科Bolbitiaceae中，而Kirk把田头菇属放入球盖菇科 Strophariaceae，全世界田头菇属共有155个种和变种（http://www.indexfungorum.org/Names /Names.asp），中国有9个种，分别是柱状田头菇 *A. cylindracea* (DC.) Gillet [＝*A. aegerita* (V. Brig.) Singer]、硬田头菇 *A. dura* (Bolton) Singer、湿黏田头菇 *A. erebia* (Fr.) Kühner ex Singer、田头菇 *A. praecox* (Pers.) Fayod、平田头菇 *A. pediades* (Fr.) Fayod、沼生田头菇 *A. paludosa* (J.E. Lange) Kühner & Romagn. ex Bon、无环田头菇 *A. farinacea* Hongo、隆起田头菇 *A. elatella* (P. Karst.) Vesterh、褐色田头菇 *A. brunneola* (Fr.) Bon、平田头菇环状变种 *A. pediades* var. *cinctula* Nauta 和杨柳田头菇 *A. salicacola* Zhu L.Yang, M. Zang et X. X. Liu（杨祝良等，1993；戴玉成和杨祝良，2008；戴玉成等，2010；金鑫和图力古尔，2012）。田头菇属主要特征为盖皮层由球形、梨形、泡囊状或棒状细胞组成，菌褶直生至弯生，具囊状体，或仅有缘囊体，菌髓平行型，菌幕存在或消失，通常具有菌环，菌柄基部常具白色，根状菌索。孢子蜜黄色至浅褐色，光滑，有芽孔或芽孔不明显或无孔（金鑫和图力古尔，2012）。

近代分类学研究表明，茶树菇应是复合种群，目前除狭义茶树菇（*A. cylindracea* sensu angusto）外，已确定的独立种尚有杨柳田头菇（*A. salicacola*）和茶薪菇（*A. chaxingu*）。

茶树菇因其香纯味美，菌肉肥厚脆嫩，又含有18种氨基酸及丰富的B族维生素、矿物质元素及大量多糖，为国际菇类交易市场十大畅销食用菌之一（彭世红，2011）。茶树菇的近缘种主要是产业化栽培的种类，包括茶薪菇和杨柳田头菇，因其与茶树菇外形很相似，仅从形态特征不容易对近缘物种进行区分，容易导致种类鉴定的混乱。随着茶树菇人工栽培技术日益成熟及规模迅速扩大，野生资源的搜集步伐加快，对近缘种的准确鉴定就愈发显得重要（周会明等，2010a）。不少研究者利用分子生物学技术对茶树菇及其近缘种的多样性进行了研究（Marmeisse，1989；Salvado and Labarère，1989；谭琦等，1999；鲍大鹏等，2000a，2001；何莹莹等，2012）。

何莹莹等（2012）利用 AFLP 研究了茶树菇及其近缘种 18 个菌株的多样性，结果表明某些引物组合能够扩增出物种特异的 DNA 条带，这些条带对于区分田头菇属物种及分类学研究都有重要意义，基于特有的 AFLP 标记可转化出 STS 标记，利用该标记快速确定物种更为省时省力。聚类分析还表明所研究的菌株具有较高的多样性（图 16-1），当阈值为 0.89 时，能将各物种一一独立区分，说明茶树菇及其近缘种多样性极为丰富。杨柳田头菇一支遗传相似系数大于 0.87，菌株之间有较为亲密的亲缘关系，该种的遗传一致性较高，遗传基础相对狭窄，这表明杨柳田头菇种内分化不明显。而其他近缘种的遗传相似系数分布范围为 0.54~0.84，可见茶树菇种质资源之间有较为丰富的遗传多样性，茶树菇种内分化显著，在地理分布或者其他因素影响下可能存在种下单位分化。并且茶树菇如此丰富的遗传多样性也可为选种育种提供遗传材料，应用前景广阔。

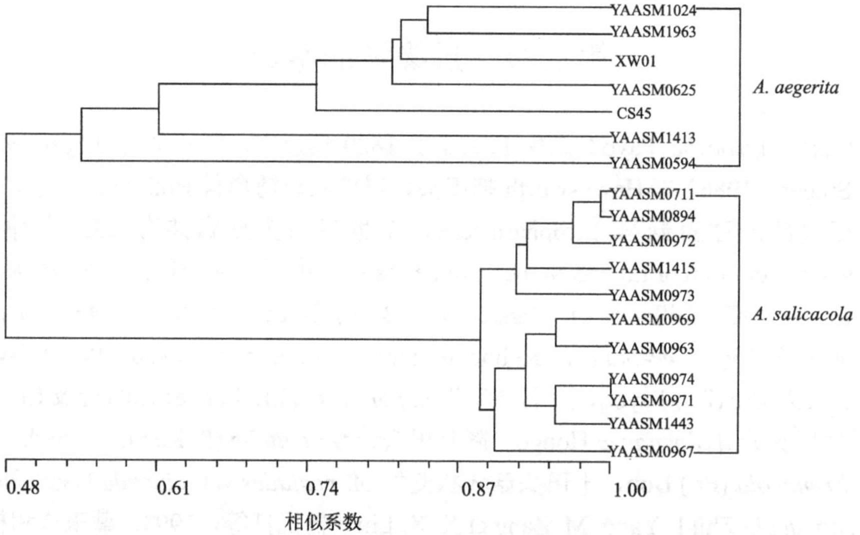

图 16-1　18 份田头菇属种质样本的 AFLP 分析

在分子特征研究过程中，通过对田头菇属线粒体小亚基核糖体（mtSSU）基因变异区分析，发现其二级结构中，茶树菇、茶薪菇和 *A. erebia* 的 V4 区插入了两个螺旋，而 V9 区缺失了一个螺旋，因而把这 3 个种归为一类（Gonzalez and Labarère，1998），深入分析发现地域差异造成了田头菇种的分化，可以分为欧洲、阿根廷和亚美 3 个分支，其中的亚美分支包括茶树菇和茶薪菇（Uhart *et al.*，2007），通过交配不亲和性测定证明阿根廷分支为新种 *A. wrightii*（Uhart and Albertó，2010）。陈卫民等（2011）以云南各地搜集样本为基础，利用线粒体序列分析了茶树菇和杨柳田头菇两个种序列之间的差异，结果表明使用特异性引物 V9F 和 V9R 在 18 个供试菌株中进行扩增，可以获得一条特异性条带。测序结果显示，5 条序列长度为 246 个碱基，其余 13 个为 221 个碱基，茶树菇与杨柳田头菇相比，有一个明显的插入区，而在 V9 区其他序列区，二者序列高度保守（图 16-2），说明云南区域内茶树菇和杨柳田头菇种内线粒体小亚基 V9 区序列无差异。因而，作为明显差异区，插入片段区是很好区分两个种的特征域。根据序列特点，在茶树菇的 V9 区 5′ 端 195 个碱基处有一个特异性的 *Dra* I 酶切位点，其酶切位点特征为 TTTAAA（图 16-3）。根据其特征，建立了一种快速、稳定区分近似种的方法，提高了资源收集及利用的效率（图 16-4）。陈卫民等（2011）推测线粒体序列特征如 V4、V6、V9 区在田头菇属真菌乃至其他食用菌种质资源收集及利用过程中，可能会有更大的利用空间，为食用菌育种及其他利用过程提供更为快捷、准确的鉴定。

```
YAASM0711   TGGGGAGGAGTTCGGATTGGGGGAAATTGCCTTTAATAAATATGAAGAACAAAAGTATACACTATATTAAA
YAASM0967   TGGGGAGGAGTTCGGATTGGGGGAAATTGCCTTTAATAAATATGAAGAACAAAAGTATACACTATATTAAA
YAASM0972   TGGGGAGGAGTTCGGATTGGGGGAAATTGCCTTTAATAAATATGAAGAACAAAAGTATACACTATATTAAA
YAASM0625   TGGGGAGGAGTTCGGATTGGGGGAAATTGCCTTTAATAAATACGAAGAACAAAAGTATACTCTATATTAAA
YAASM0594   TGGGGAGGAGTTCGGATTGGGGGAAATTGCCTTTAATAAATACGAAGAACAAAAGTATACTCTATATTAAA
CS45        TGGGGAGGAGTTCGGATTGGGGGAAATTGCCTTTAATAAATACGAATAACAAAAGTATACACTATATTAAA

YAASM0711   TTTATATTAAAAATATTTATTAAATATTTTTC-------------------------------TAATTATTTTTAATTAAGT
YAASM0967   TTTATATTAAAAATATTTATTAAATATTTTTC-------------------------------TAATTATTTTTAATTAAGT
YAASM0972   TTTATATTAAAAATATTTATTAAATATTTTTC-------------------------------TAATTATTTTTAATTAAGT
YAASM0625   TTTATATTTTTAATATAATTTTAATAGGTAATTAAATTTTCAATTTTAAACATAAACTAATTATTTTTAATTAAGT
YAASM0594   TTTATATTTTTAATATAATTTTAATAGGTAATTAAATTTTCAATTTTAAACATAAACTAATTATTTTTAATTAAGT
CS45        TTTATATTTTTAATATAATTTTAATAGGTAATTAAATTTTTAATTTTAAACATAAACTAATTATTTTTAATTAAGT

YAASM0711   GTAGTTATTCTTATTTGTTACTTATGTAACTTTATATAGTGATTTAACTCTTTTGTTGAGATTTATTAATATCGA
YAASM0967   GTAGTTATTCTTATTTGTTACTTATGTAACTTTATATAGTGATTTAACTCTTTTGTTGAGATTTATTAATATCGA
YAASM0972   GTAGTTATTCTTATTTGTTACTTATGTAACTTTATATAGTGATTTAACTCTTTTGTTGAGATTTATTAATATCGA
YAASM0625   GTAGTTATTCTTATTTGTTACTAATGTAACTTTATATAGTGATTTAACTATTTTGTTGAGATTTATTAATATCGA
YAASM0594   GTAGTTATTCTTATTTGTTACTAATGTAACTTTATATAGTGATTTAACTATTTTGTTGAGATTTATTAATATCGA
CS45        GTAGTTATTCTTATTTGTTACTAATGTAACTTTATATAGTGATTTAACTATTTTGTTGAGATTTATTAATATCGA

YAASM0711   TTAACCCTTCTGAGTAACATCTCA
YAASM0967   TTAACCCTTCTGAGTAACATCTCA
YAASM0972   TTAACCCTTCTGAGTAACATCTCA
YAASM0625   TTAACCCTTCTGAGTAACATCTCA
YAASM0594   TTAACCCTTCTGAGTAACATCTCA
CS45        TTAACCCTTCTGAGTAACATCTCA
```

图 16-2　*A. salicacola* 和 *A. aegerita* V9 区序列比对结果（陈卫民等，2011）

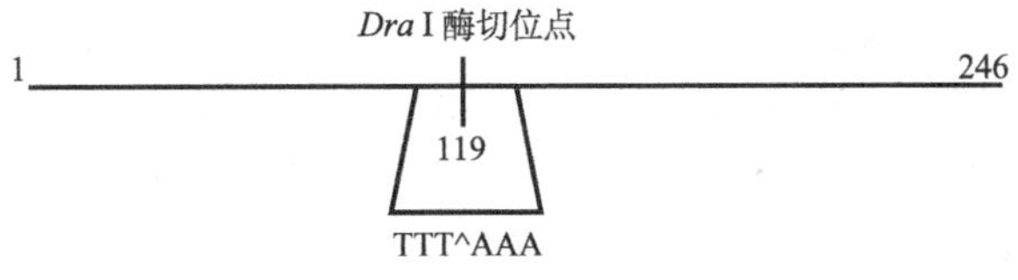

图 16-3　柱状田头菇 V9 区 *Dra* I 酶切预测示意图及酶切位点序列特征（陈卫民等，2011）

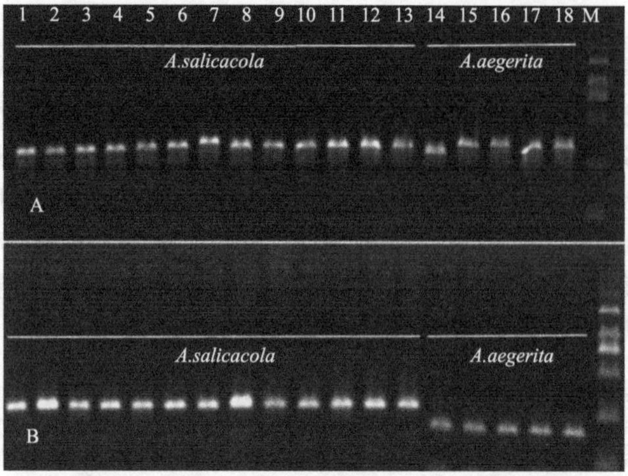

图 16-4　*A.salicacola* 和 *A.aegerita* V9 区扩增电泳图（A）及 *Dra* I 酶切图（B）

1-13 分别为 YAASM0711，YAASM0894，YAASM0963，YAASM0967，YAASM0969，YAASM0971，YAASM0972，YAASM0973，YAASM0974，YAASM1413，YAASM1415，YAASM 1443，YAASM1963；14~18 为 YAASM0594，YAASM0625，CS45，YAASM1024，XW01；M 为 DL2000 DNA marker

第三节　国内外相关种质遗传多样性分析与评价

田头菇属真菌的遗传学研究集中在有性繁殖（生活史）、多样性分析和相关基因表达等方面。

一、生活史

柱状田头菇的生活史分为有性世代和无性世代，多数研究者认为柱状田头菇是典型的多等位基因四极性交配系统（Meinhardt *et al.*，1980；Meinhardt and Leslie，1982；善如寺厚，1987；Labarère and Noël，1992；郑元忠等，2007）。丁文奇（1984）认为其属于具锁状联合的次级同宗交配型，张引芳和王镭（1995）发现我国栽培的茶树菇既不同于典型的异宗结合，也有异于典型的次级同宗结合。鲍大鹏等（2000b）用荧光染色法对 4 株来自欧洲希腊和我国四川、台湾和贵州的柱状田头菇的担子和担孢子进行了观察，发现前三者的有性繁殖结构特征是四孢双核，而后者是双孢四核，这种 4 核现象首次在大型真菌中被发现，并推测我国贵州栽培菌株 Ag9 生活史类型可能介于次级同宗结合和异宗结合之间或二者间或发生。对柱状田头菇交配型的研究中还发现 3 个独特遗传现象：①A、B 因子的功能等效（Meinhardt *et al.*，1980）；②A、B 因子在自然界中的总数偏低（Noel *et al.*，1991a，b）；③同核体的后代能自发转换为新的交配型（Labarère and Noël，1992）。一方面，A、B 因子位于不同染色体上，具有相同功能，结构模式是单位点（single-locus）结构，这种结构导致交配型位点的变异性低，从而交配型位点数目偏低。另一方面，A、B 因子存在 3 个位点，其中仅有一个处于表达状态，其余两个处于沉默状态，如果沉默位点的交配型基因转座于表达位点，则同核体的交配型便会发生转化。

单核体结实是大型真菌的重要遗传学特性，目前已在 30 多种担子菌中发现这一现象的存在（Stahl and Esser，1976）。其同核菌丝体能形成 3 种子实体类型（Nole *et al.*，1991a，b）：流产同核体结实（abortive homokaryotic fruiting），真同核体结实（true homokaryotic fruiting），假同核体结实（pseudo homokaryotic fruiting）。柱状田头菇的遗传学分析表明（Esser and Meinhardt，1997），其单核子实体形成至少依次依赖于抑制基因、原基基因、结实基因。而双核菌丝体培养过程中，结实基因（*fi*+和 *fb*+）从质和量两方面影响子实体形成，即同时影响结实时间和产量。当双核体的两个核都携带 *fi*+和 *fb*+位点时，头潮菇发生时间最短，产量最高；反之，缺失的越多，延迟时间越长，产量也越低（Meinhardt and Esser，1981）。

茶树菇在实验室条件下能短时间完成有性生活史，因此，已普遍将其作为栽培蕈菌的模式菌种，而该属其他种的交配型研究目前尚无报道。

二、极性偏分离

一般情况下，担子菌交配因子 A、B 不亲和性因子均呈等概率分布（Wu *et al.*，2004），理论上应形成数目相等的 4 种担孢子 AxBx、AyBy、AxBy 和 AyBx，但在不断的选择过程中，伴随着人工栽培其交配型比例会逐渐出现偏分离现象，该现象在大型真菌（Raper *et al.*，1958；Kerruish and Dacosta，1963；Lyttle，1991；Kawabata *et al.*，1992；程水明和林范学，2007）中极其普遍，其根源在于交配因子的重组。李安政和林芳灿（2006）通过对香菇交配因子次级重组体鉴定研究发现次级重组在 A 因子和 B 因子中同时发生。

偏分离现象在田头菇属中普遍存在，研究表明 4 种交配型的担孢子的数量并非总是相等的，甚至会发生某一极性丢失现象（周会明等，2011）。张小雷等（2012）以 9 个茶树菇菌株为材料，用统计学方法分析了担孢子单核体的各类交配型比例，不同菌株都存在一定的偏分离现象，但程度不同。供试菌株的 12.5%担孢子交配型不呈预期比例，单孢挑取时间过短会导致极性的丢失。多数菌株其亲本型孢子多于重组型孢子的趋势，若将生长速度极慢单孢菌株排除在统计之外，发生偏分离的菌株占供试菌株的 25%。在各菌株的 4 种交配型中，除菌株 Y2 外，菌株 Y1 也发生严重的偏分离现象。菌株 Y1 亲本型出现了处理前没有的偏分离现象，整个群体亲本型和重组型的担孢子分布偏分离程度加重，而 Y1 自交后代因挑取的单孢数量相对较少而未观测到偏分离现象。

因此，可以推测，单孢菌丝的挑取时间这一人为因素会导致生长速度极慢的个体丢失，而表现出虚假的偏分离现象。所以交配型偏分离应是孢子萌发力或生长速度导致的结果，而不是孢子比例差别的结果。

通过对杨柳田头菇交配型的分析发现，单孢菌丝挑取时间是一个常常被人们忽略的人为因素，这也揭示了单核体生长速度明显与交配因子相关。

研究中，在实验技术和构建群体的材料选择上也可出现“人为偏分离”或“假偏分离”。挑取单孢时间一直延续到没有孢子萌发为止，发生偏分离的概率极小，涂布的培养皿的多少也直接影响交配型比例。另外，进行群体基因型分析时，统计错误会导致系统性偏分离。另一方面，菌株间存在着较大差异，如菌株 YAASM0969 和 CS45 都只有 2 种交配型，二者比例分别为 38∶35 和 51∶55。实验表明，出现这种情况时，50%左右的单孢均为异核体（周会明，2011）。

这种偏分离现象在香菇中曾有报道，康亚男等（1992）进行 43 个香菇菌株的担孢子交配型研究中发现其中 34 个菌株有 4 种交配型，但是比例多不相等，其余 9 个菌株仅挑取到 2 种交配型。林芳灿和张树庭（1995）以及林芳灿等（2003）也观察到香菇担孢子 4 种交配型的比例不符合预期比例的现象。这种偏分离现象导致观察到的基因型比例偏离孟德尔定律，传统的遗传理论在数据分析中受阻（Lu *et al.*，2002）。

偏分离有两种表现形式：一种是没有规律性，随机偏向任何亲本或杂合体；另一种是多数偏离方向一致，可能显著偏向单亲，也可能是显著偏向双亲，还可能偏向于杂合体（Song *et al.*，2005；刘海燕等，2009）。偏分离到底是怎么发生的？目前有多种解释，有的认为与 A、B 交配因子连锁的生育抑制因子（Kawabata *et al.*，1992）以及细胞质与核选择有关的因子相关（Cheng *et al.*，2005）。有的认为与 B 交配因子有关（Raper，1985；程水明和林范学，2007）。有的则认为与隐性纯合致死的等位基因的存在有关（Judelson，1996）。有的认为可能与遗传搭车有一定的关系（Harr *et al.*，2002；Zhang *et al.*，2006）。还有人认为大型真菌中存在偏分离热点区域（Brummer *et al.*，1993；Kesseli *et al.*，1994），也可能偏分离与群体类型有着紧密的联系（Xu *et al.*，1997）。

张小雷等（2012）的研究认为，人为因素可能是导致偏分离的一个重要原因，即在实验技术和构建群体材料的挑取时间上，导致"人为偏分离"或"假偏分离"。如果研究中挑取单孢时间一直延续到再无孢子萌发为止，发生偏分离的概率将大幅下降。另外，挑取单孢量的多少也直接影响交配型的比例。在数据统计中去除长速极慢的单孢后，整个群体的交配型偏分离现象将成倍增加。

三、多样性分析

田头菇属和其他真菌一样，地理条件的多样性及其形成导致了生物多样性。谭琦等（1999）用 RAPD 技术对柱状田头菇野生种质的研究表明，希腊的 6 个菌株遗传差异较小，相似系数>90%，而我国野生种质与国外种质的遗传相似性仅 20%。鲍大鹏等（2001）采用 RAPD 和 ARDRA 对不同地域种质的遗传多样性分析表明，来自希腊的 2 株与我国的 5 株明显地分为两组，清晰地显现出区域性的差异。

Gonzalez 和 Labarère（1998）对田头菇属的柱状田头菇等 10 种的线粒体小亚基 rRNA 研究后发现，它们的 V4、V6 和 V9 域的序列和二级结构差异较大。Uhart 等（2007）认为柱状田头菇线粒体 SSU rRNA 二级结构的进化主要来源于 8~57 个核苷酸序列间的删除和插入，也发现亚洲和美洲的茶薪菇与柱状田头菇之间存在基因交换，二者在线粒体脱辅基细胞色素 b 基因的编码序列的相似性高达 97%，3 个聚合 BI 内含子的存在导致片段大小不同（Mouhamadou *et al.*，2006）。

四、交配等位基因

利用简并 PCR 及 DNA 步移法，从杨柳田头菇 YAASM0711 中扩增得到 4231bp 片段 *ASRcb1*。经比对及序列预测，获得含有交配型编码基因的信息素受体部分，其序列长度为 1194bp，包含 4 个内含子和长度分别为 217bp、113bp、67bp、138bp、449bp 的 5

个外显子，拼接后的 ORF 全长 984bp，编码 327 个氨基酸残基。该序列与灰盖鬼伞（*Coprinus cinerea*）和双色蜡蘑（*Laccaria bicolor*）的信息素受体氨基酸序列较为相似，含有 7 个跨膜区（陈卫民等，2012；何莹莹等，2013）。信息素受体遗传进化分析显示，杨柳田头菇与多种大型真菌接近（图 16-5），这可能与真菌信息素受体的多种起源有关。

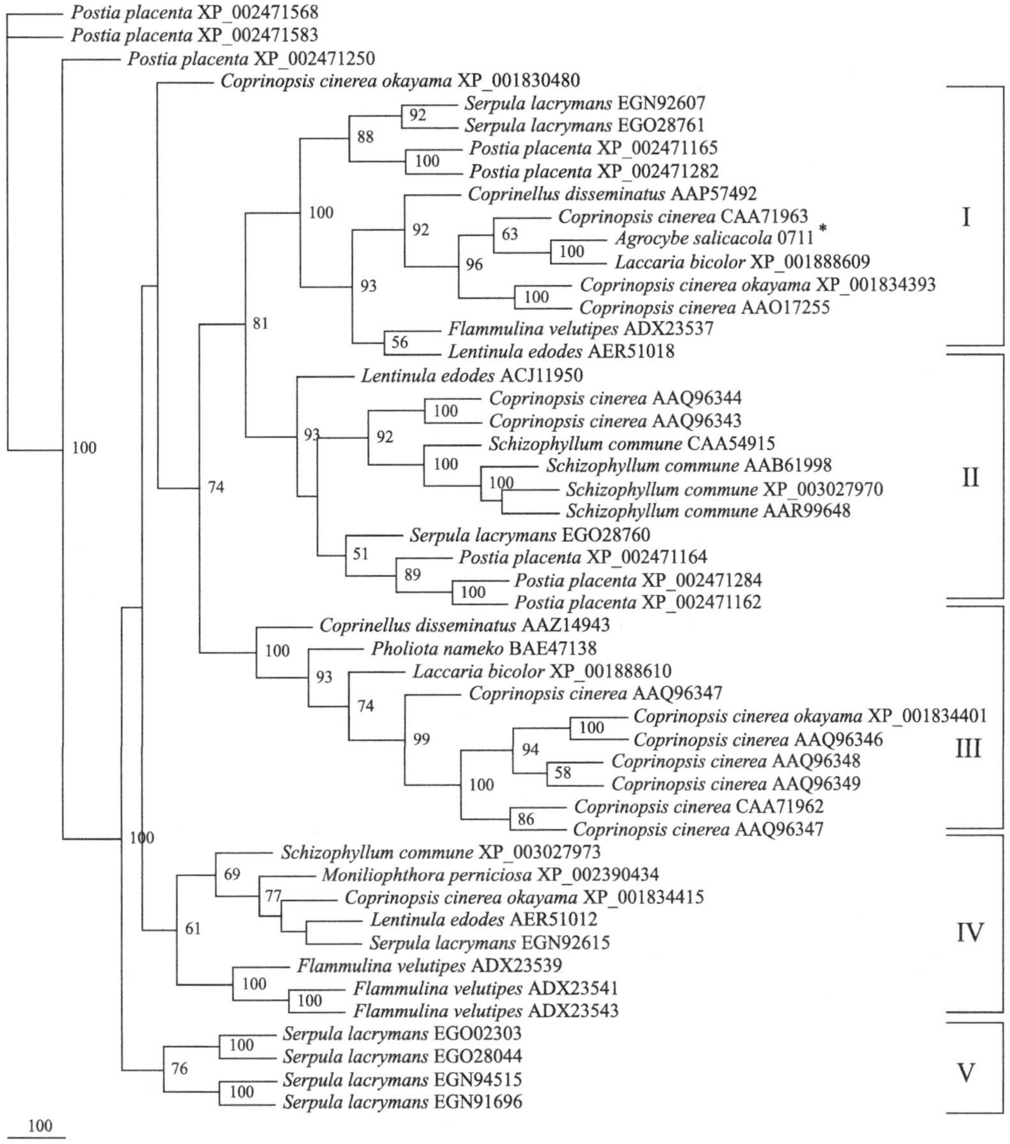

图 16-5　基于信息素受体序列分析构建的杨柳田头菇邻接树

阿拉伯数字代表 1000 次重复支持率，图中仅显示 50%以上支持率

交配型基因是大型真菌控制有性生殖过程最重要的基因之一，控制着整个生命的循环，因而其结构成为其有性生殖研究的首要内容。通过简并引物扩增及染色体步移的方

法，首次获得了杨柳田头菇 YAASM0711 的 B1 信息素受体全长序列 *ASRcb1*，并进行了序列分析及预测。研究表明，保守区域与已知的序列有较高相似性。

在已知的 B 交配型基因中，信息素前体编码基因与受体基因多为串联，因而在获得信息素受体片段的基础上，可以进一步克隆信息素基因（Koltin，1978；James *et al.*，2004）。在裂褶菌中，Bα 位点含有 3 个信息素编码基因和 1 个受体基因，Bβ1 位点有至少 3 个信息素基因和 1 个受体基因（Vaillancourt *et al.*，1997）；灰盖鬼伞 B 位点有 3 个单元，每个由 3 个基因组成，负责编码 2 个信息素和 1 个受体基因（O'Shea *et al.*，1998）。

在杨柳田头菇中，*ASRcb1* 上游约 1800bp，下游约 800bp，在此范围内未预测到信息素前体，而香菇的信息素受体与信息素前体编码基因仅 690bp 左右的距离（李苏等，2009），灰盖鬼伞 B 位点基因中，信息素受体与信息素前体间的距离也都小于 500bp（O'Shea *et al.*，1998）。可见，大型真菌 B 位点中串联基因之间的片段长度相差较大，并且信息素前体编码基因较短。可能相关研究需要对更长的片段进行基因克隆和序列分析。

信息素受体的氨基酸组成决定了其功能，其与信息素的结合会激发细胞内有性生殖的信号传导，进而控制交配行为（Kurjan，1993）。然而，目前为止，有关信息素受体氨基酸组成与其功能相关的研究尚未见报道。这可能与其组成的多样化相关，阻碍了对其规律性的探索，这需要更多的信息素受体相关信息的扩充。

与其他已知的信息素受体一样（Wendland *et al.*，1995；Vaillancourt *et al.*，1997；Kothe，2001；李苏等，2009），*ASRcb1* 包含 7 个转膜区域。同样，氨基酸组成具有多个保守区，如 WCDISS 和 PWHQAW 片段。杨柳田头菇 *ASRcb1* 仅比其他担子菌的受体多一个氨基酸。经过跨膜区预测，前一片段位于膜外，后一片段位于跨膜区。在香菇中，这两个保守区所在跨膜区的位置与 *ASRcb1* 较为相似（李苏等，2009），这些特征是否与受体与信息素的识别及结合有关，还有待深入的研究和功能测试。

信息素受体的组成复杂，相关的遗传进化研究较少。相关研究仅在灰盖鬼伞中偶有报道。测序后的聚类分析表明，杨柳田头菇大部分菌株分布于同一类群中，尚有多个菌株分布在其他多个类群中，如图 16-6 所示。推测可能多个受体序列在进化中经过自然选择保留下来，而表现为类群内序列保守性较高，而类群之间相差较大。另外一方面，遗传重组等变异方式也是分析中信息素受体基因多类群分布的重要因素。对灰盖鬼伞信息素受体的研究认为，其信息素受体的起源有两个，并在以后的进化中经突变、重组等方式形成了较为复杂的多样性。

研究发现，田头菇属信息素受体具有显著的多样性，包括基因的数量和保守区。利用简并引物从茶树菇复合种群的 16 个野生菌株中共扩增获得 51 条信息素受体基因片段，不同菌株的数量不等，范围为 1~6 条。所有序列聚类分为两大类群（图 16-6）。少部分序列在同一类群，大部分序列分散分布于不同类群。而经翻译获得的氨基酸序列则显示出更高的保守性。基因邻接树和蛋白质最小进化树分析都表明，大型真菌信息素受体基因的起源可能有 2 个，这为大型真菌交配型基因研究提供了重要信息。

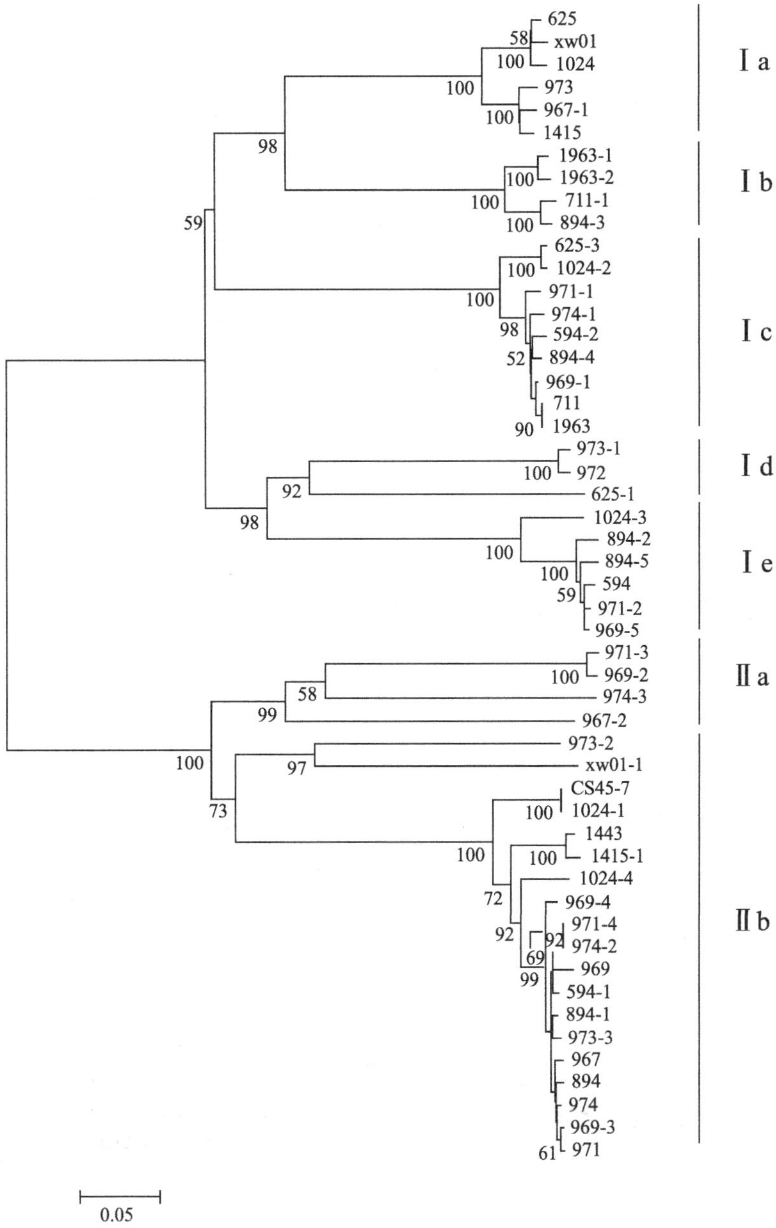

图 16-6　基于信息素受体核酸序列分析构建的柱状田头菇和杨柳田头菇邻接树

阿拉伯数字代表 1000 次重复支持率，图中仅显示 50%以上支持率

“-”前为菌株编号，后为信息素受体号；

柱状田头菇：594、625、CS45、1024 和 XW01；

杨柳田头菇：711、894 、967、969、971、972 、973、974、1415 、1443 和 1963

五、基因结构及表达分析

（一）子实体的分化基因

研究表明，*Aa-Pri1*、*Aa-Pri2* 与 *Pri3* 基因与柱状田头菇的子实体形成和发育密切相关，在子实体形成初期就大量表达。*Aa-Pri1* 长度为 492bp，在第 125 个核苷酸位有一长度为 54bp 的亚组 II 内含子，其所表达的 *Aa-Pri1* 蛋白是一个末端有 20 个氨基酸疏水基团的疏水蛋白，该基因在子实体分化时期大量转录（Fernandez Espinar and Labarère，1997）。*Aa-Pri2* 序列与茶薪菇相似，是具有一个亮氨酸拉链域的单拷贝基因。这个基因在子实体分化初期，特殊表达后能编码一种疏水蛋白（Santos and Labarère，1999）。*Pri3* 编码的一种蛋白目前尚不完全清楚，它能形成一种富含半胱氨酸的小蛋白。序列比对证实欧洲与亚洲的柱状田头菇在进化上存在分歧（Sirand-Pugnet and Labarère，2002）。

（二）线粒体基因

在柱状田头菇线粒体基因组中，在 SSU rDNA（5'端）和与 tRNA Asn（3'端）有关的一个基因之间，有 *Aa-PolB* 基因，编码家族 B DNA 聚合酶，与线性质粒真菌同源基因关系较近，它缺少线粒体与质粒复制原点的重复序列，在所有检测过的柱状田头菇野生种质中都存在（Bois *et al.*，1999）。这个基因很可能是线性质粒整合到 4 基因组所获得（Mouhamadou *et al.*，2004）。线粒体基因可能将成为田头菇属遗传学研究的新热点。

（三）田头菇属真菌 3-磷酸甘油醛脱氢酶稀有内含子特征分析

在人类、线虫及真菌中，GC-AG 稀有内含子数目为 0.6%~1.2%，且大多为可选择性剪切。杨柳田头菇 *gpd* 表达分析表明，在 YAASM0711（M20）的菌丝体和 YAASM0711 的不同发育时期均未发现可选择性剪切现象，但 *gpd* 在幼嫩子实体中表达量最高，可能与子实体的快速生长有关（图 16-7）。

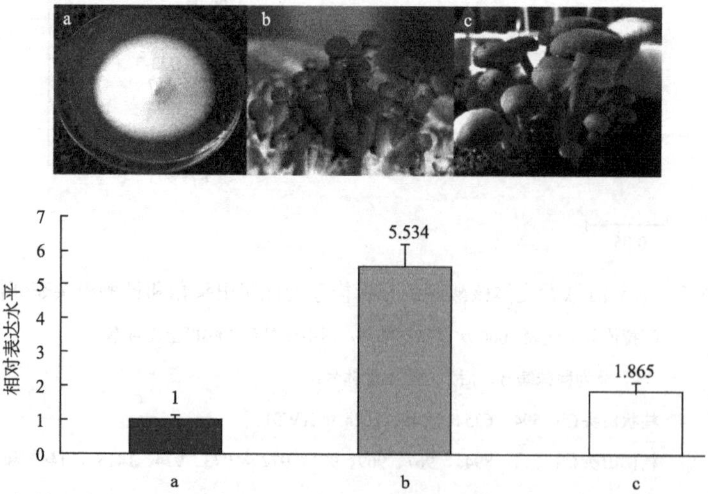

图 16-7　杨柳田头菇 YAASM0711（M20）不同发育时期 *gpd* 的表达特征（另见彩图）

a. 菌丝体；b. 幼嫩子实体；c. 成熟子实体

陈卫民从杨柳田头菇中获得了含有 GC-AG 内含子的 3-磷酸甘油醛脱氢酶（glycerol-3-phosphate dehydrogenase，GPD）完整编码基因 *gpd*。通过特异性引物 PCR 扩增，在杨柳田头菇和柱状田头菇野生群体中均获得了此基因，二者的野生群体中 *gpd* 序列高度相似，但内含子存在变异碱基，如内含子 1 有 10 个差异碱基（图 16-8）。根据内含子 1 序列的相似性，所有的 *gpd* 被分为两个类型。从聚类分析图 16-8 可以看出，同一物种的大多数样本具有同类型 *gpd* 基因，但也有少数样本 *gpd* 基因与近缘种相同，如柱状田头菇 YAASM0625、 YAASM1024 和 YAASM2136 与大多数杨柳田头菇聚为同一类群，而杨柳田头菇 YAASM1963 则和大多数柱状田头菇更为相似。这些结果表明这种序列差异可能在两个物种分化之前就已经存在。此外，与大多数植物和哺乳动物中 GC-AG 内含子侧翼区相似，GC 拼接位点前面两个保守的 AG 核苷酸出现在所有的序列中（图 16-8），除了 GC 拼接位点下游 39 个碱基处的 GT 可能被作为错误的拼接位点外，无潜在的 GT 拼接位点出现。杨柳田头菇 *gpd* 内含子 1 为 GC-AG 类型，然而绝大多数真菌相关同源基因的内含子 1 为 GT-AG 类型（陈卫民等，2016）。

```
YAASM1415 CCCACACAATTCCTCAGGCAAGCTTCCTATTTTCTCAACTTCGGAGGAGATGATGACATCCCGGGGTGAATAGATCGACGCTTCAGACGCTGAAGCCT
YAASM0973 CCCACACAATTCCTCAGGCAAGCTTCCTATTTTCTCAACTTCGGAGGAGATGATGACATCCCGGGGTGAATAGATCGACGCTTCAGACGCTGAAGCCT
YAASM1024 CCCACACAATTCCTCAGGCAAGCTTCCTATTTTCTCAACTTCGGAGGAGATGATGACATCCCGGGGTGAATAGATCGACGCTTCAGACGCTGAAGCCT
YAASM2120 CCCACACAATTCCTCAGGCAAGCTTCCTATTTTCTCAACTTCGGAGGAGATGATGACATCCCGGGGTGAATAGATCGACGCTTCAGACGCTGAAGCCT
YAASM0894 CCCACACAATTCCTCAGGCAAGCTTCCTATTTTCTCAACTTCGGAGGAGATGATGACATCCCGGGGTGAATAGATCGACGCTTCAGACGCTGAAGCCT
YAASM0711 CCCACACAATTCCTCAGGCAAGCTTCCTATTTTCTCAACTTCGGAGGAGATGATGACATCCCGGGGTGAATAGATCGACGCTTCAGACGCTGAAGCCT
M20       CCCACACAATTCCTCAGGCAAGCTTCCTATTTTCTCAACTTCGGAGGAGATGATGACATCCCGGGGTGAATAGATCGACGCTTCAGACGCTGAAGCCT
YAASM0969 CCCACACAATTCCTCAGGCAAGCTTCCTATTTTCTCAACTTCGGAGGAGATGATGACATCCCGGGGTGAATAGATCGACGCTTCAGACGCTGAAGCCT
YAASM0625 CCCACACAATTCCTCAGGCAAGCTTCCTATTTTCTCAACTTCGGAGGAGATGATGACATCCCGGGGTGAATAGATCGACGCTTCAGACGCTGAAGCCT
YAASM0967 CCCACACAATTCCTCAGGCAAGCTTCCTATTTTCTCAACTTCGGAGGAGATGATGACATCCCGGGGTGAATAGATCGACGCTTCAGACGCTGAAGCCT
YAASM2136 CCCACACAATTCCTCAGGCAAGCTTCCTATTTTCTCAACTTCGGAGGAGATGATGACATCCCGGGGTGAATAGATCGACGCTTCAGACGCTGAAGCCT
YAASM0594 CCCACACAATTCCTCAGGCAAGCTTGCTGTTCTCCCAAATTCGGAGGTTATGATGACATACCGCGGCGAATAGATCGACGCTTCAGACGCTGAAGCCT
YAASM1416 CCCACACAATTCCTCAGGCAAGCTTGCTGTTCTCCCAAATTCGGAGGTTATGATGACATACCGCGGCGAATAGATCGACGCTTCAGACGCTGAAGCCT
YAASM0566 CCCACACAATTCCTCAGGCAAGCTTGCTGTTCTCCCAAATTCGGAGGTTATGATGACATACCGCGGCGAATAGATCGACGCTTCAGACGCTGAAGCCT
XW01      CCCACACAATTCCTCAGGCAAGCTTGCTGTTCTCCCAAATTCGGAGGTTATGATGACATACCGCGGCGAATAGATCGACGCTTCAGACGCTGAAGCCT
YAASM1963 CCCACACAATTCCTCAGGCAAGCTTGCTGTTCTCCCAAATTCGGAGGTTATGATGACATACCGCGGCGAATAGATCGACGCTTCAGACGCTGAAGCCT
Consenus  ************************* ** ** ** *** ********  ********** *** ** *******************************
```

图 16-8　柱状田头菇和杨柳田头菇野生群体中 *gpd* 基因 GC-AG 内含子的序列特征

方框为内含子；柱状田头菇：XW01、YAASM0566、YAASM0594、YAASM0625、YAASM1024 和 YAASM2136；杨柳田头菇：YAASM0711（M20）、YAASM0894、YAASM1963、YAASM0967、YAASM0969、YAASM0973、YAASM1415、YAASM2120 和 YAASM1416

第四节　栽 培 品 种

目前，全国茶树菇栽培品系按子实体菌盖颜色可分为褐色和乳白色两大类，按着生方式主要是单生型和丛生型。单生型菌柄粗长，菌盖小，脆，适宜作为鲜菇销售，丛生型菌柄细短，菌盖大，韧性好，适宜作为干菇销售。

1. 古茶 1 号（国品认菌 2008033）

福建省古田县食用菌办公室选育，由亲本茶薪菇 988 系统筛选。子实体多丛生，少量单生；菌盖半圆形，初期中央凸出，呈浅黄褐色，直径 2~3cm，菌柄长 5~20cm，粗 0.5~2cm；接种后 60 天出菇，75 天为旺盛期，平均 13 天出一潮菇，属广温型早熟品种；菌丝生长温度 5~38℃，最适宜温度为 20~27℃，子实体形成温度 14~35℃，最适温度为 18~25℃；最适 pH 6~7.5；菌丝生长不需要光照，子实体生长具趋光性，最适光照强度 300~500lx。

栽培技术要点：培养料配方为棉籽壳 85%，麸皮 12%，石灰 3%，料水比 1∶(1.2~1.3)；发菌期 55 天，大部分菌丝长满袋时即可开袋出菇，出菇温度 20~25℃，大气相对湿度 85%~93%；6~8 成采收。产量为生物学效率 100%左右。

2. 明杨 3 号（国品认菌 2008034）

福建省三明市真菌研究所野生资源经驯化选育而成。子实体单生、双生或丛生；菌盖直径 3~8cm，表面较平滑，初暗红褐色，后变为褐色或浅土黄褐色，边缘淡褐色，有浅皱纹；菌柄长 3~8cm，直径 0.5~1.2cm，中实，近白色，有浅褐色纵条纹；菌环膜质，生于菌柄上部；菌丝生长温度范围 4~35℃，最适 25~28℃；子实体生长温度范围 12~30℃，最适 16~25℃；培养基含水量 60%~68%，子实体生长适宜大气相对湿度 85%~95%；25~300lx 光照有助于子实体生长。

栽培技术要点：栽培季节因气候条件而定，如华南地区可于当年秋季至翌年春季栽培，华东地区可于 3~6 月及 9~11 月栽培，云南可于春季至秋季栽培；适宜主料为软木木屑、甘蔗渣、棉籽壳等，辅料麦麸用量 25%~30%。产量为生物学效率 80%左右。

3. 古茶 988（国品认菌 2008035）

福建省古田县食用菌办公室野生种经人工驯化育成。子实体丛生或单生，菇形粗大；菌盖深褐色，不易开伞；菌丝生长温度范围 5~38℃，最适 23~28℃；子实体形成温度范围 18~35℃，最适 20~25℃，适宜 pH 6.5~7.5；生长周期长，65 天左右出菇；冬季出菇量少，春夏出菇旺盛，平均 15 天一潮菇；抗逆性强，适宜鲜销。产量为生物学效率 100%以上。

栽培技术要点：培养料配方为棉籽壳 85%，麸皮 12%，石灰 3%，料水比 1∶(1.2~1.3)；菌袋规格 15cm×30cm×0.5cm，熟料栽培。菌种适宜菌龄 35 天左右；发菌期 55 天，大部分菌丝满袋即开袋出菇，接种到第一潮菇原基形成 70~75 天；一个月菇可采两潮；适宜南方地区栽培。

4. 赣茶 AS-1（国品认菌 2008036）

江西省农业科学院农业应用微生物研究所野生种质经人工系统选育而成。子实体丛生，少单生；菌盖直径 3~8cm，黑褐色，菌柄中实，柄长 8~15cm，柄表面有细条纹，幼时有菌膜，菌环上位；菌丝最适生长温度 24~28℃，适宜 pH 为 5.5~6.5；菌丝浓白，生长速度快，抗杂性好，抗逆性强；菇蕾分化初期需要一定浓度 CO_2 刺激，原基和子实体形成要求 500~1000lx 光照；最适出菇温度 16~28℃，出菇时间长，潮次明显。

产量表现：生物学效率在 80%以上。

栽培技术要点：以棉籽壳、木屑为主要栽培料，适量添加玉米粉可提高产量；南方地区菌袋生产一般安排在 9~11 月，低温季节生产菌袋成功率高，出菇最佳季节为翌年 3~6 月，越夏后秋季仍可出菇；北方地区春、夏、秋季均可栽培出菇；适于鲜菇生产，也可用于干制。适宜在全国茶薪菇产区栽培。

5. 古茶 2 号（国品认菌 2008037）

福建省古田县食用菌办公室野生种质经人工驯化育成。子实体丛生；菌柄长度 18~22cm，菌盖棕色，适宜鲜销；中温偏低型早熟品种，菌丝生长温度范围 5~38℃，最适 23~26℃；子实体形成温度范围 15~35℃，最适 18~22℃，最适 pH 6.5~7.5；接种后 55 天左右出菇；光照强时菌袋出现局部褐变现象；转潮快，平均 13 天一潮菇。生物学效率在 100%以上。

栽培技术要点：培养料配方为棉籽壳 85%，麸皮 12%，石灰 3%，料水比 1∶(1.2~1.3)；菌袋规格 15cm×30cm×0.5cm；发菌期 50 天，大部分菌丝满袋时即开袋出菇，原基至采收 7 天左右，可出菇 3~5 潮，菇潮间隔 8~10 天。适宜南方地区秋季栽培。

第五节 种质资源潜力与创新利用

中国是茶树菇复合种群内近缘种最为丰富的地区，全国均有分布。其中杨柳田头菇分布区域较窄，主要分布于云南、四川、西藏的高原地区。丰富的种质资源为品种改良奠定了丰厚的物质基础。无论采取何种方法开展育种研究，种质资源的系统研究和精深评价都是重点。

一、种质资源多样性

利用 ITS 序列和线粒体序列对云南采集的资源进行了系统分析，线粒体小亚基（mtSSU）的序列分析将采自云南 10 个地区的 23 个菌株分为三大类，杨柳田头菇和柱状田头菇处于明显的不同系统位置。小亚基的 V4、V6 和 V9 区具特定的保守区域和变异区域（表 16-3 和图 16-9）（Chen *et al.*，2012）。而 ITS 聚类分析则将这些种质至少分

表 16-3 田头菇菌株 mtSSU rDNA V4、 V6 和 V9 区核酸变异和插入/缺失情况

mtSSU 区域	碱基替代/nt	菌株和插入/缺失序列					
		YAASM0711	YAASM0967	YAASM0972	YAASM0625	YAASM0594	CS45
V4	207/319	—	—	—	V4a	V4a	V4a
					V4b	V4b	V4b
					V4c	V4c	V4c
V6	81/173	V6a	V6a	V6a	—	—	—
		V6b	V6b	V6b	—	—	V6b
V9	63/252	—	—	—	V9a	V9a	V9a
					V9b	V9b	V9b
					V9c	V9c	V9c

为两大类，显然中国种质与已有的报道有明显的差别。以 *Galerina marginata* 和 *Hebeloma crustuliniforme* 为外群构建的邻接树分为 I 和 II 两分支（图 16-10），进而分为 IA、IB、IC、IIA 和IIB。云南种质全部聚在 I C、IIA 和IIB 类群内。另外，不同来源的柱状田头菇和茶薪菇分别居于 I B 和IIA 分支，支持了依据形态将中国栽培的茶树菇分为柱状田头菇和茶薪菇两个种的分类学观点。

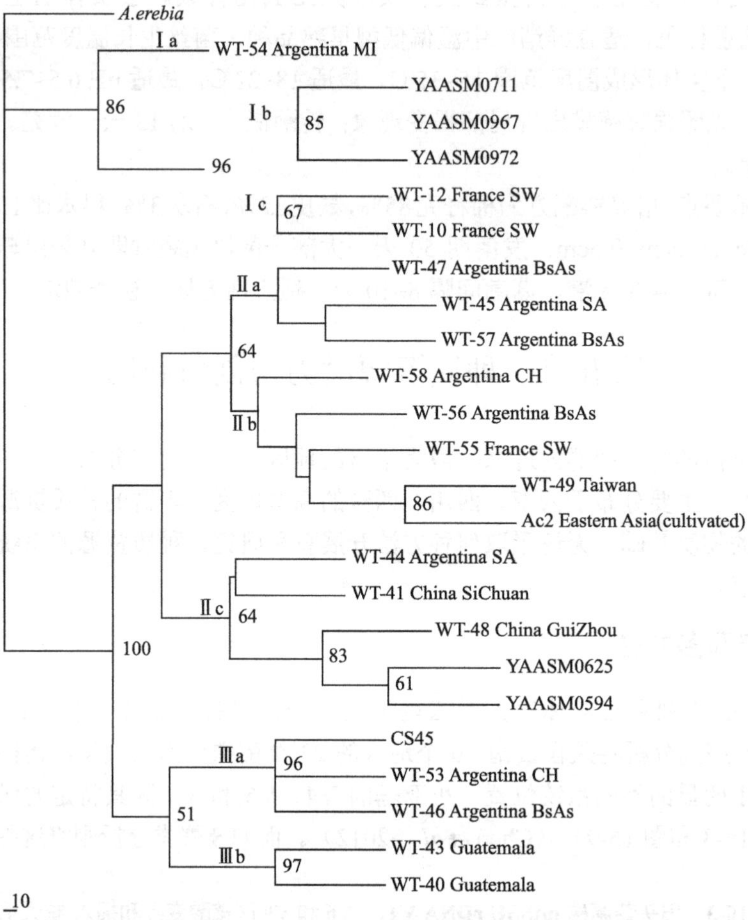

图 16-9　基于线粒体小亚基 rDNA V4-V6-V9 序列构建的系统发育树

二、杂交育种

以杨柳田头菇单核体 YAASM0711 交配型为基础，对 YAASM0962、YAASM0969 以及茶树菇栽培菌株 CS45 进行了相关育种研究。结果表明，同种之间生境的改变对表现型影响较小，甚至不产生影响。但是，来自不同生态条件区域的种质之间遗传学上有着显著差异，来自香格里拉的杨柳田头菇 YAASM0711 与来自大理的 YAASM0962、YAASM0969、YAASM0967 之间杂交可以出菇。前者的一株单核体可与后者 4 个极性单孢均产生锁状联合，后者 3 株之间杂交也同样形成锁状联合，但是存在杂交比例的差异。

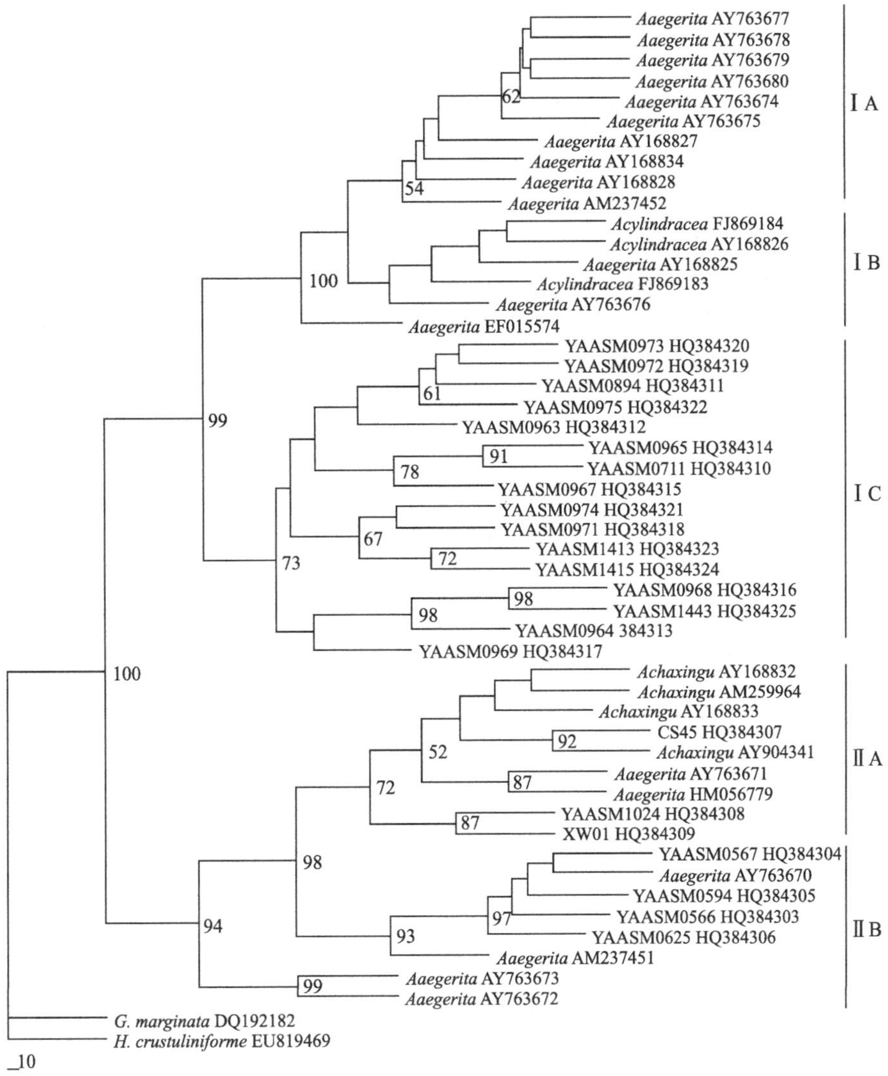

图 16-10　基于 ITS 序列分析构建的田头菇属真菌邻接树（Chen *et al.*，2012）

阿拉伯数字代表 1000 次重复支持率，图中仅显示 50%以上支持率

柱状田头菇：YAASM0566、YAASM0567、YAASM0594、YAASM0625、YAASM1024、CS45 和 XW01；杨柳田头菇：YAASM0711、YAASM0894、YAASM0963、YAASM0964 、YAASM0965、YAASM0967、YAASM0968、YAASM0969、YAASM0971、YAASM0972、YAASM0973、YAASM0974、YAASM0975、YAASM1413、YAASM1415 和 YAASM1443

以此推测，可能交配型因子基因的复等位基因数量与地理距离成正比。杂交结果也表明，有的杂交组合虽有可见的锁状联合，但是不能形成子实体。

三、利用子实体发育缺陷型相关隐性基因进行种质创新

研究发现，杨柳田头菇 YAASM0711 在有丝分裂过程中交配型因子发生重组，且交配型因子与菌丝长速相关（柴红梅等，2012）。利用自交培养物出菇，探索重组对食用菌生长发育的影响，对食用菌育种具重要意义。同时，发掘种质资源中的发育缺陷型，

寻找发育缺陷基因，开发筛选标记，可筛选到具重要应用价值的缺陷种质，如无孢或少孢种质。

在食用菌育种中，自交衰退严重的材料常携带多个不利或有害的隐性基因。通过自交育种试验，可以预测亲本的遗传“健康”，排除不良基因或致死基因进入育种程序，干扰育种效率。同时，从自交群体中筛选性状优良组合，经栽培筛选获得用于定向育种的基因纯合型亲本材料。单孢自交获得的双核体遗传性状较为稳定。

在研究杨柳田头菇 YAASM0711 交配型与单孢生长速度时发现，4 种极性的分布极不均匀，长速极慢的单核体几乎全部集中在 1 种交配型 AyBy 中。这意味着与生长相关的基因与交配型因子连锁。这种情况在其他大型真菌中也得到了证实。但是，也存在着个别例外的情况，这些例外是生长极慢的交配型 AyBy 出现生长速度快的个体，或正常生长速度较快的交配型 AxBx、AxBy、AyBx 出现个体生长速度极慢的个体。遗传分析表明这些例外在减数分裂中发生了交配型相关基因的重组。这种重组对其生长发育的影响目前尚不清楚。柴红梅等（2012）试图以单孢自交方式，以单孢生长速度为选择自交亲本指标，依据 AxBx × AyBy 与 AxBy × AyBx 两种组合可形成具锁状联合进而形成子实体的遗传原理，选单孢生长速度快（F）与快（F）、快（F）与慢（S）为亲本对照，对不同交配型单孢中出现的极少数重组快（F）或重组慢（S）的单孢进行组合，配对成 6 个组合（图 16-11），对其自交 F_1 代农艺性状及其与交配型的关系进行研究与探讨（图 16-12）。

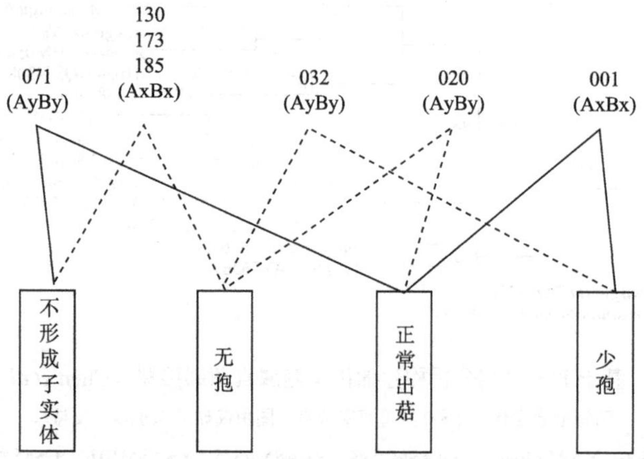

图 16-11　杨柳田头菇 YAASM0711 不同交配型单孢自交 6 个组合的生长发育

只有 AxBx 和 AyBy 发生重组的单孢菌株间交配才形成无孢菌株。

130、173 和 185：AxBx 发生重组型的长速慢的单孢菌株；020 和 032：AyBy 发生重组型的长速快的单孢菌株；001：AxBx，长速快，未发生重组；071：AyBy，长速慢，未发生重组

130、173、185 是 AxBx 中生长速度较慢的单孢菌株，020 和 032 是 AyBy 中生长速度较快的单孢菌株，而 001 和 071 分别是 AxBx 和 AyBy 多数单孢菌株的代表，从图 16-11 可以看出，只有 AxBx 和 AyBy 中重组型单孢菌株交配才会形成无孢菌株，故 YAASM0711 中导致孢子形成的基因是隐性的。借助同一子实体单孢分离物群体菌丝体生长速度与交配型之间的分布关系研究，用长速为标志可筛选交配型因子重组的单孢个体。交配因子

发生重组的个体自交，发育缺陷基因会得到充分的表达，发育缺陷比例在 50%以上。通过筛选交配因子重组的个体自交，可以预测其作为育种材料可能发生的发育缺陷，更重要的是，可以获得无孢或少孢的育种材料应用于无孢或少孢育种（图 16-12）。

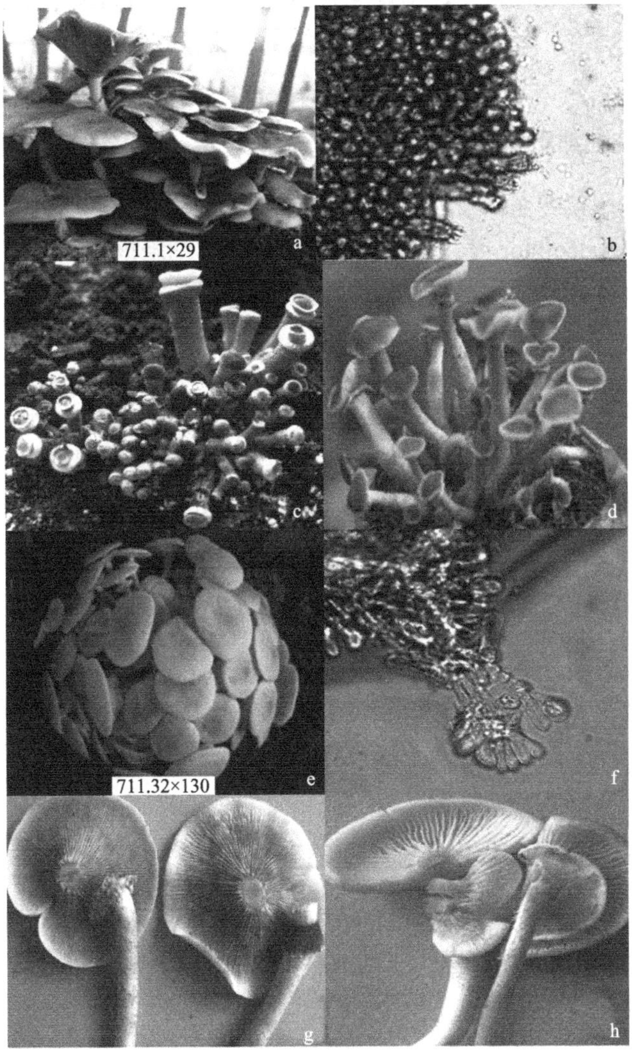

图 16-12　杨柳田头菇 YAASM0711 自交 F_1 出菇及担子形态（柴红梅等，2012）（另见彩图）

a. 正常出菇；b. 正常出菇的担子结构；c、d. 畸形子实体；e. 败育的子实体；f. 败育子实体的担子结构；g. 正常出菇产孢的菌褶；h. 败育子实体不产孢的菌褶

四、特异材料的发掘利用

目前，云南省农业科学院已采集和收集田头菇属种质资源 60 余份，分别为柱状田头菇、杨柳田头菇、瓶田头菇和茶薪菇，其中采自云南香格里拉的杨柳田头菇 YAASM0711 较为特殊，具系统开展食用菌生长发育的遗传学价值。经单孢分离获得这一材料的 210

个单核体，通过对峙培养、配对及锁状联合观察，确认其有 4 个交配型，其中一个交配型 AyBy 的单核体菌丝生长速度明显低于另外 3 个交配型 AxBx、AxBy 和 AyBx，同时证明生长速度与交配因子相关。以长速为标记筛选到交配因子发生重组的单核体，选择重组与不重组的单核体进行自交，出现 4 种情况：①正常出菇并产孢子；②正常出菇无孢/少孢（3 个组合无孢，2 个组合少孢）；③子实体畸形；④不出菇。这一材料值得深入研究和发掘。

1. 担孢子发育的细胞学研究

利用扫描电镜观察突变株及野生型的担子、担子梗、担孢子的形态及着生情况；使用 SYRB Green 和 Calcofluor 等荧光染料进行染色，对细胞核迁移分裂、担子及担子梗、担孢子的形成等行为进行分析，明确突变株担孢子发育停滞的时期及机制。

2. 子实体发育中担孢子形成相关基因的发掘

子实体发育受到相关功能性基因的控制。可从 DNA 及 cDNA 水平发掘相关基因。利用 AFLP 技术对 YAASM0711 菌株的 200 余个子代（突变株和正常菌株）进行差异分析，构建遗传连锁图谱，挖掘相关基因，为无孢和少孢育种奠定遗传学基础，探寻育种途径。

3. 交配型基因与子实体担孢子发育的相关性分析

结合子实体发育的分子遗传信息，分析突变菌株交配型基因与担孢子缺失的相关性。获得信息素受体及信息素组成信息，通过探索其在野生型、突变株及单核体中的分布与组成特征，揭示交配型基因与担孢子发育之间的关系，为无孢和少孢育种提供预测的分子标记。

4. 影响原基形成和子实体分化的基因发掘

以正常出菇并产孢子、正常出菇无孢/少孢、子实体畸形、不能出菇的四大类型自交菌株为材料，利用分子生物学手段发掘原基形成和原基分化相关基因，为出菇期重要性状提供分子标记辅助育种技术。

5. 结实性和产量性状分子标记的挖掘

现有研究表明，基质利用的相关酶系和菌丝生长速度均与交配型因子相关，这种相关性又与结实性和产量相关。通过大量的实验分析，考察数据的重现性，对数据梳理分析，筛选出菇期各类性状的分子标记，对于茶树菇的品种改良，乃至整个食用菌育种都具有重要科学意义。

（赵永昌，陈卫民，柴红梅，周会明）

参 考 文 献

鲍大鹏, 王南, 陈明杰, 等. 2000a. 同工酶和 RAPD 技术对柳松菇(*Agrocybe aegerita*)菌株遗传多样性的分析[J]. 农业生物技术学报, 8(3): 284, 288.

鲍大鹏, 王南, 陈明杰, 等. 2001. 采用 ARDRA 和 RAPD 对柳松菇(*Agrocybe aegerita*)菌株遗传多样性的分析[J]. 上海农业学报, 17(1): 18-22.

鲍大鹏, 王南, 谭琦, 等. 2000b. 用荧光染色法对柱状田头菇(*Agrocybe aegerita*)子实体担子和担孢子的观察[J]. 南京农业大学学报, 23(3): 57-60.

柴红梅, 周会明, 赵 静, 等. 2012. 利用自交寻找食用菌发育缺陷型基因的研究(英文)[J]. 农业科学与技术(英文版), 13(10): 2037-2043.

陈卫民, 柴红梅, 张小雷, 等. 2012. 杨柳田头菇 B 交配型基因信息素受体片段的克隆与分析[J]. 植物分类与资源学报, 34(5): 519-524.

陈卫民, 张小雷, 柴红梅, 等. 2011. 基于线粒体序列特征的茶树菇及杨柳田头菇分离物快速鉴定[J]. 中国农学通报, 27(31): 152-155.

陈卫民, 张小雷, 柴红梅, 等. 2016. 田头菇属真菌 3-磷酸甘油醛脱氢酶稀有内含子特征分析[J]. 应用与环境生物学报, 22 (1) : 103-109.

程水明, 林范学. 2007. 香菇担孢子交配型比例偏分离的遗传分析[J]. 中国农业科学, 40(10): 2296-2302.

戴玉成, 杨祝良. 2008. 中国药用真菌名录及部分名称的修订[J]. 菌物学报, 27(6): 801-824.

戴玉成, 周丽伟, 杨祝良, 等. 2010. 中国食用菌名录[J]. 菌物学报, 29(1): 1-21.

丁文奇. 1984. 柳环菌及人工栽培[J]. 食用菌, (3): 4-5.

何莹莹, 陈卫民, 赵永昌, 等. 2012. 云南田头菇属两个物种遗传多样性的 AFLP 分析[J]. 北方园艺, (21): 85-88.

何莹莹, 陈卫民, 赵永昌, 等. 2013. 田头菇属真菌信息素受体基因保守区克隆及多态性分析[J]. 应用与环境生物学报, 19(5): 794-799

金鑫, 图力古尔. 2012. 中国田头菇属三新记录种[J]. 菌物学报, 31(5): 795-799.

康亚男, 钟月金, 练明忠, 等. 1992. 中国香菇交配型和基因型的分析[J]. 真菌学报, 11(4): 314-323.

李安政, 林芳灿. 2006. 香菇交配型因子次级重组体的鉴定[J]. 菌物研究, 4(3): 20-26.

李苏, 鲍大鹏, 陈明杰, 等. 2009. 香菇 B 交配型位点的分子遗传学结构研究 I. 信息素受体和信息素前体编码基因的克隆和序列分析[J]. 菌物学报, 28 (3) : 422-427.

林芳灿, 汪中文, 孙勇, 等. 2003. 中国香菇自然群体的交配型因子分析[J]. 菌物系统, 22(2): 235-240.

林芳灿, 张树庭. 1995. 中国香菇栽培菌株不亲和性因子的分析[J]. 华中农业大学学报, 14(5): 459-466.

刘海燕, 崔金腾, 高用明. 2009. 遗传群体偏分离研究进展[J]. 植物遗传资源学报, 10(4): 613-617.

卢成英, 李建宗. 1994. 中国田头菇属(*Agrocybe*)一新记录种的报道[J]. 吉首大学学报, 15(6): 85-86.

吕明亮, 应国华, 范良敏. 2002. 柱状田头菇栽培基质研究[J]. 浙江林业科技, 22(3): 77-79.

木内信竹. 1990. 柱状田头菇的栽培及存在问题[J]. 国外食用菌, (2): 4.

彭世红. 2011. 茶薪菇在云南大理州的栽培新技术[J]. 中国果菜, (1): 24.

饶军, 李江. 2000. 柱状田头菇的栽培[J]. 生物学通报, 35(10): 45-46.

善如寺厚. 1987. 柱状田头菇的生理生态特征[J]. 国外食用菌, (1): 7-8.

谭琦, 严培兰, 詹才新, 等. 1999. 利用 RAPD 技术对不同地理环境下柳松菇菌株亲缘关系的分析[J]. 上海农业学报, 15(4): 18-21.

汪欣, 刘平. 2004. 杨柳田头菇引种驯化试验研究[J]. 中国食用菌, 23(2): 16-17.

王贺祥. 2008. 食用菌栽培学[M]. 北京: 中国农业大学出版社: 198-199.

王南, 谭琦, 陈明杰, 等. 1998. 柳松菇研究概况[J]. 食用菌学报, 5(4): 56-60.
杨祝良, 减穆, 刘学系. 1993. 杨柳田头菇——无孔组的一个滇产新种[J]. 云南植物研究, 15(1): 18-20.
泽章三. 1989. 柱状田头菇的栽培[J]. 国外食用菌, (2): 6-7.
张金霞, 黄晨阳, 胡小军. 2012. 中国食用菌品种[M]. 北京: 中国农业出版社.
张小雷, 周会明, 柴红梅, 等. 2012. 杨柳田头菇担孢子交配型偏分离成因研究[J]. 西南农业学报, 25(2): 609-613.
张引芳, 王镭. 1995. 柳松菇的遗传生活史及品种选育[J]. 食用菌报, 2(2): 13-17.
郑元忠, 蔡衍山, 傅俊生, 等. 2007. 茶薪菇性遗传模式和育种工艺研究[J]. 安徽农学通报, 13(4): 32-34.
周会明, 柴红梅, 赵 静, 等. 2010b. 基于SPSS的杨柳田头菇菌丝生长速度与交配型相关性分析[J]. 西南农业学报, 23(6): 1992-1998.
周会明, 张小雷, 马美芳, 等. 2011. 田头菇属不同分离菌株杂交研究[J]. 生物技术, 21(1): 69-73.
周会明, 赵永昌, 陈卫民, 等. 2010a. 杨柳田头菇交配型因子与菌丝生长速度关系[J]. 云南植物研究, 32(4): 315-322.
周会明. 2011. 杨柳田头菇生活史及分类地位研究[D]. 昆明理工大学硕士学位论文.
Barroso G, Bois F, Labarère J. 2001. Duplication of a truncated paralog of the family B DNA polymerase gene *Aa-polB* in the *Agrocybe aegerita* mitochondrial genome[J]. Applied and Environmental Microbiology, 67(4): 1739-1743.
Bois F, Barroso G, Gonzalez P, *et al*. 1999. Molecular cloning, sequence and expression of *Aa-polB*, a mitochondrial gene encoding a family B DNA polymerase from the edible basidiomycete *Agrocybe aegerita*[J]. Molecular and General Genetics , 263(1): 508-513.
Brummer E C, Bouton J H, Kochert G. 1993. Development of an RFLP map in diploid alfalfa[J]. Theoretical and Applied Genetics, 86: 329-332.
Chen W M, Chai H M, Zhou H M, *et al*. 2012. Phylogenetic analysis of the *Agrocybe aegerita* multispecies complex in Southwest China inferred from ITS and mtSSU rDNA sequences and mating tests[J]. Annals of Microbiology, 62(4): 1791-1801.
Cheng S M, Lin F X, Xu X F, *et al*. 2005. Genetic analysis of segregation distortion of mating type factors in *Lentinula edodes*[J]. Progress in Natural Science, 15(8): 684-688.
Esser K, Meinhardt F. 1997. A common genetic control of dikaryotic and monokaryotic fruiting on the basidiomycete *Agrocybe aegerita*[J]. Molecular and General Genetics, 155(9): 113-115.
Fernandez Espinar M T, Labarère J. 1997. Cloning and sequencing of the *Aa-Pri1* gene specifically expressed during fruiting initiation in the edible mushroom *Agrocybe aegerita,* and analysis of the predicated amino-acid sequence[J]. Current Genetics, 32(6): 420-424.
Gonzales P, Labarère J. 1998. Sequence and secondary structure of the mitochondrial small-subunit rRNA V4, V6, and V9 domains reveal highly species-specific variations within the genus *Agrocybe*[J]. Applied and Environmental Microbiology, 64(11): 4149-4160.
Harr B, Kauer M, Schlotterer C. 2002. Hitchhiking mapping: a population based fine mapping strategy for adaptive mutations in *Drosophila melanogaster*[J]. Proceedings of the National Academy of Sciences , 99(20): 12949-12954.
James T Y, Liou S R, Vilgalys R. 2004. The genetic structure and diversity of the A and B mating-type genes from the tropical oyster mushroom, *Pleurotus djamor*[J]. Fungal Genetics and Biology, 41 (8) : 813-825.
Judelson H S. 1996. Genetic and physical variability at the mating type locus of the Oomycete, *Phytophthora infestans*[J]. Genetics, 144(6): 1005-1013.

Kawabata H, Magae Y, Sasaki T. 1992. Mating type analysis of monokaryons regenerated from protoplasts of *Flammulina velutipes*[J]. Trans Mycology Society of Japan, 33(2): 243-247.

Kerruish R M, Dacosta E W. 1963. Monokaryotization of culture of *Lenzites trabea* (Pers.) Fr. and other wood-destroying basidiomycetes by chemical agents[J]. Annual Botany, 27: 653-669.

Kesseli R V, Paran I, Michelmore R W. 1994. Analysis of a detailed genetic linkage map of *Lactuca sativa* (Lettuce) constructed from RFLP and RAPD markers[J]. Genetics, 136: 1435-1446.

Koltin Y. 1978. Genetic structure of incompatibility factors--the ABC of sex［A］. *In*: Schwalb M N, Miles P G. Genetics and Morphogenesis in the Basidiomycetes[M]. New York: Academic Press: 31-54.

Kothe E. 2001. Mating-type genes for basidiomycete strain improvement in mushroom farming[J]. Applied Microbiology and Biotechnology, 56 (5-6) : 602-612.

Kurjan J. 1993. The pheromone response pathway in *Saccharomyces cerevisiae*[J]. Annual Review of Genetics, 27 (1) : 147-179.

Labarère J, Noël T. 1992. Mating types switching in the tetrapolar basidiomycete *Agrocybe aegerita*[J] . Genetics, 131(2): 307-319.

Lu H, Romero-Severson J, Bernardo R. 2002. Chromosomal regions associated with segregation distortion in maize[J]. Theoretical Applied Genetics, 105(4): 622-628.

Lyttle T W. 1991. Segregation distorters[J]. Annual Review of Genetics, 25(4): 511-557.

Marmeisse R. 1989. Genetic variation in basidiocarp production within wild and controlled dikaryotic populations of the edible basidiomycete *Agrocybe aegerita*[J]. Mycological Research, 92(2): 147-152.

Meinhardt F, Epp B D, Esser K. 1980. Equivalence of the A and B mating types factors in the tetrapolar basidiomycete *Agrocybe aegerita*[J]. Current Genetics, 1(3): 199-202.

Meinhardt F, Esser K. 1981. Genetic studies of the basisdiomycete *Agrocybe aegerita* : Part 2: Genetic control of fruit body formation and its practical implications [J]. Theoretical Applied Genetics, 60(5): 265-268.

Meinhardt F, Leslie J F. 1982. Mating types of *Agrocybe aegerita*[J]. Current Genetics , 5(1): 65-68.

Mouhamadou B, Barroso G, Labarère J. 2004. Molecular evolution of a mitochondrial *polB* gene, encoding a family B DNA polymerase, towards the elimination from *Agrocybe* mitochondrial genomes[J]. Molecular Genetics and Genomics, 272(3): 257-263.

Mouhamadou B, Ferandon C, Barroso G, *et al.* 2006. The mitochondrial apocytochrome b genes of two *Agrocybe* species suggest lateral transfers of group I homing introns among phylogenetically distant fungi[J]. Fungal Genetics and Biology, 43(3): 135-145.

Noel T, Huynh T D, Labrere J. 1991a. Genetic variability of the wild incompatibility alleles of the tetrapolar basidiomycete *Agrocybe aegerita*[J] . Theoretical Applied Genetics, 81(6): 745-751.

Noel T, Rochelle P, Labrere J. 1991b. Genetic studies on the differentiation of fruit bodies from homokaryotic strains in the basidiomycete *Agrocybe aegerita*[J]. Mushroom Science, XIII(Part I), 79-84.

O'Shea S F, Chaure P T, Halsall J R , *et al.* 1998. A large pheromone and receptor gene complex determines multiple B mating type specificities in *Coprinus cinereus*[J]. Genetics, 148 (3) : 1081-1090.

Raper C A. 1985. B mating-type genes influence survival of nuclei separated from heterokaryons of *Schizophyllum* [J]. Experimental Mycology, 9: 149-160.

Raper J R, Baxter M G, Middleton R B. 1958. The genetic structure of the incompatibility factors in *Schizophyllum commune*[J]. Proceedings of the National Academy of Sciences of the USA, 44: 889-900.

Salvado J C, Labarère J. 1989. Protein mapping and genome expression variations in the basidiomycete *Agrocybe aegerita*[J]. Theoretical and Applied Genetics, 78(4): 505-512.

Santos C, Labarère J. 1999. *Aa-Pri2*, a single-copy gene from *Agrocybe aegerita*, specifically expressed during fruiting initiation, encodes a hydrophobin with a leucine-zipper domain[J]. Current Genetics, 35(5): 564-570.

Singer R. 1986. The Agaricales in Modern Taxonomy: Mycologia[M]. 4th edition. Koenigstein: Koeltz Scientific Books.

Sirand-Pugnet P, Labarère J. 2002. Molecular characterization of the *Pri3* gene encoding a cysteine-rich protein, specifically expressed during fruiting initiation within the *Agrocybe aegerita* complex[J]. Current Genetics, 41(1): 31-42.

Song X L, Wang K, Guo W Z, *et al.* 2005. A comparison of genetic maps constructed from haploid and BC1 mapping populations from the same crossing between *Gossypium hirsutum* L×*G. barbadense* L. [J]. Genome, 48(3): 378-390.

Stahl U, Esser K. 1976. Genetic of fruit body production in higher basidiomycetes[J]. Molecular and General Genetics, 148(2): 183-197.

Uhart M, Albertó E. 2009. Mating tests in *Agrocybe cylindracea* sensu lato. Recognition of *Agrocybe wrightii* as a novel species[J]. Mycological Progress, 8(4): 337-349.

Uhart M, Sirand-Pugnet P, Labrere J. 2007. Evolution of mitochondrial SSU-rDNA variable domain sequences and rRNA secondary structures, and phylogeny of the *Agrocybe aegerita* multispecies complex[J]. Research in Microbiology, 158(3): 203-212.

Vaillancourt L J M, Raudaskoski M, Specht C A, *et al.* 1997. Multiple genes encoding pheromones and a pheromone receptor define the Bβ1 mating type specificity in *Schizophyllum commune*[J]. Genetics, 146(2) : 141-151.

Varia T. 1974. Fruitingbody production of *A. aegerita*(Brig.)Sing. on culture media of various nitrogen sources[J]. Acta Agronomiae Scientiarum Hungaricae, 23: 423-444.

Wendland J, Vaillancourt L J, Hegner B, *et al.* 1995. The mating-type locus B alpha 1 of *Schizophyllum commune* contains a pheromone receptor gene and putative pheromone genes[J]. The EMBO Journal, 14(21): 5271-5278.

Wu C S, Huang Y D, Bian Y B. 2004. RAPD/BSA analysis of mating type of monokaryons in *Auricularia auricular* [J]. Journal of Huzhong Agricultural University, 23(1): 131-134.

Xu Y, Zhu L, Xiao J, *et al.* 1997. Chromosomal regions associated with segregation distortion of molecular markers in F_2 backcross double haploid and recombinant inbred populations in rice(*Oryza sativa* L.)[J]. Molecular and General Genetics, 253: 535-545.

Zadrazil F. 1989. Cultivation of *A. aegerita*(Brig.)Sing. on lingo-cellulose containing wastes[J]. Mushroom Science, XII(Part II): 357-383.

Zhang F L, Aoki S, Takahata Y. 2003. RAPD markers linked to microspore embryogenic ability in *Brassica oleracea*[J]. Euphytica, 131: 207-213.

Zhang Q J, Ye S P, Li J Q, *et al.* 2006. Construction of a microsatellite linkage map with two sequenced rice varieties[J]. Acta Genetica Sinica, 33(2): 152-160.

第十七章　银耳和金耳种质资源与分析

第一节　银耳起源与分布

银耳（*Tremella fuciformis* Berk.）隶属于银耳目（Tremellales）银耳科（Tremellaceae）银耳属（*Tremella*）。根据卯晓岚（1998）的记载，银耳属共有12个种，分别是银耳（*T. fuciformis*）、金耳（*T. aurantialba*）、朱砂银耳（*T. cinnabarina*）、脑状银耳（*T. encephala*）、褐血耳（*T. fimbriata*）、茶色银耳（*T. foliacea*）、叶状银耳（*T. frondosa*）、珊瑚状银耳（*T. fuciformis* f. *corniculata*）、金黄银耳（*T. mesenterica*）、橙黄银耳（*T. lutescens*）、垫状银耳（*T. pulvinalis*）和血红银耳（*T. samguinea*）。

目前银耳已广泛栽培，金耳有少量栽培。

据陶谷（902~970年）所著的《清异录》记载："北方桑上生白耳，名桑鹅。富贵有力者嗜之，呼'五鼎芝'。"该文献所述的'五鼎芝'就是现在的银耳，可见我国民众食用银耳已有1000多年的历史。

银耳人工栽培源于我国四川、湖北接壤的大巴山东段的四川通江、湖北房县等地。据吴世珍修编的《续通江县志》（1926年）记载，"光绪庚辰（1880年）、辛己（1881年）间，小通江河之涪阳、陈河一带，突产白耳，以其色白似银，故称银耳"。由于通江自古以来就有众多乡民以银耳为生，而且银耳质量优良，成为国内外闻名的土特产，一直被视为银耳的原产地。据考证，银耳人工栽培最早的文字记载是湖北房县，同治五年（1866年）杨延烈纂修的《房县志·物产》记载了银耳栽培，"木卫，有红、白、黑三种，白者尤贵。房东北有香耳山，鹜利者货山木伐之，杈丫纵横，如结栅栏。阅岁五、六月，霖雨既零，朽木余液，凝而生之，获数倍"（陈士瑜，1992）。此记述的银耳栽培方法与通江早期的栽培方法相似。

1941年，杨新美在贵州湄潭采用银耳子实体进行担孢子弹射分离获得银耳纯菌种。其后，他又利用这种纯菌种做成孢子悬浮液，在较大量的壳斗科段木上进行了3年（1942~1944年）的田间人工纯种接种对比试验，最高可增产20倍，取得了显著的效果和肯定的结论。在长期的栽培实践中，人们注意到一种经常与银耳相伴生长的菌，其外表很像"香灰"（人们称之为"香灰菌"），它与银耳的产量有关。杨新美对香灰菌与银耳的关系作了调查与研究，在他的《中国的银耳》（杨新美，1954）一文中叙述如下：有一种灰绿色的淡色线菌及一种球壳菌（未作鉴定）经常与白木耳伴随生长，耳农称前者为"新香灰"、后者为"老香灰"，认为是银耳的变态，并认为与银耳产量有极其重要的关系。根据初步考察，二者确与银耳相伴，前者约占产耳段木总数的77.4%，后者约占74.5%，而且在湿润的气候下，"新香灰"经常发生在"老香灰"的黑色子座上，在培养中尚未断定其间的关系。它们可能在营养上与银耳有着密切的关系，但它们并非银耳的一个世代是可以肯定的（在它们的培养上并未发现其相互转化的迹象）。

银耳在自然界中分布非常广泛，大部分国家都有银耳发生。我国主要分布于福建、台湾、浙江、江苏、江西、安徽、湖北、湖南、海南、香港、广东、广西、四川、云南、贵州、陕西、甘肃、西藏、内蒙古等地。

第二节　银耳的形态特征与生理特点

一、形态特征

银耳新鲜子实体白色或乳白色，胶质，半透明，柔软有弹性，由数片至十余片瓣片组成，形似菊花形、牡丹形或绣球形，直径 3~15cm，干后收缩，角质，硬而脆，白色至米黄色。子实层着生于瓣片表面。担子近球形或近卵圆形，纵分隔，（10~12）μm×（9~10）μm，孢子印白色，孢子无色，光滑，近球形，（6~8.5）μm×（4~7）μm。

银耳菌丝白色，双核菌丝有锁状联合，多分支，直径 1.5~3μm。菌丝生长极为缓慢，有气生菌丝，从接种块直立或斜立长出，菌落呈绣球状，少数菌丝平贴于培养基表面生长。银耳菌丝体易扭结和胶质化，形成原基。银耳菌丝也易产生酵母状分生孢子，尤其是转管接种时受到机械刺激后，菌丝生长转向以酵母状分生孢子为主的无性繁殖。这种分生孢子形似酵母，以芽殖或裂殖方式进行无性繁殖。

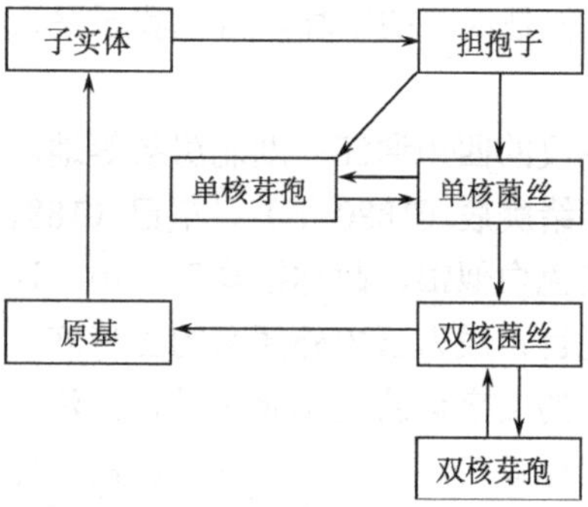

图 17-1　银耳生活史

银耳是四极性异宗结合真菌。子实体表面产生许多担孢子，担孢子芽殖形成酵母状分生孢子，再由酵母状分生孢子萌发形成单核菌丝，两个可亲和的单核菌丝交配形成双核菌丝。双核菌丝上有锁状联合，形成的菌落绣球状或绒毛团状。在培养条件不适宜或菌丝受伤时，双核菌丝可形成双核或单核酵母状分生孢子，这些酵母状分生孢子椭圆形，它们都能以芽殖方式进行无性繁殖，在适宜条件下它可萌发形成单核或双核菌丝（图 17-1）。

银耳在天然基质上生长发育需要香灰菌伴生，香灰菌在栽培基质上降解大分子物质，为银耳菌丝生长提供部分营养。银耳菌丝在生长过程中积累营养，达到生理成熟后，在基质表面形成“白毛团”，并胶质化形成原基。原基逐渐发育分化形成耳片，在耳片一侧形成子实层，子实层上产生担孢子。

香灰菌的菌丝初期为白色，呈羽毛状分枝，爬壁力强。培养 4 天左右，菌落的局部菌丝变为淡黄色，培养基变为茶褐色至黑褐色。在木屑培养基上培养 3~5 天即可产生类似青霉的灰绿色斑块，随后颜色变深。人工栽培的银耳菌袋上未见香灰菌产生子囊果和子囊孢子。银耳段木栽培时，在段木表面可以见到子囊果（图 17-2a，b），子囊果表面和内部均色黑如炭，子囊果顶端有一个乳突、直径 200~500μm，乳突外是一圈环纹，环纹直径 1~2mm。子囊果间距 2~5mm。子囊丛生，棒状，大小为（80~100）μm×（4.0~4.5）μm，每个子囊内有 8 个直线排列的子囊孢子，子囊孢子椭圆形，表面光滑，灰黑色或黑色，大小为（6.3~7.5）μm×（3.7~4.5）μm（图 17-2c）。

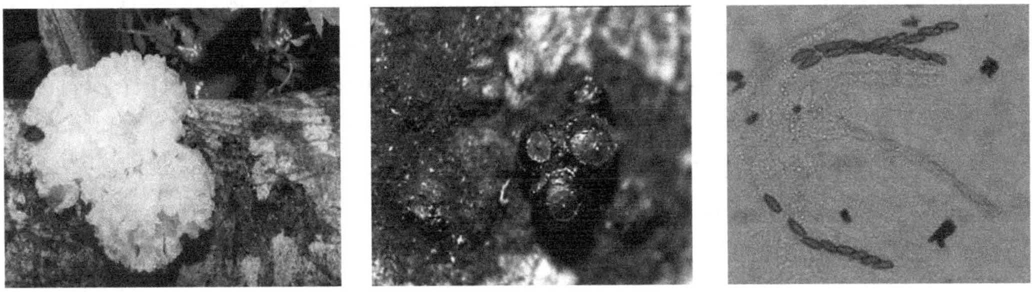

A　　　B　　　C

图 17-2　段木栽培的银耳（另见彩图）

A. 段木表面发生的银耳子实体和香灰菌；B. 香灰菌子囊果；C. 香灰菌子囊孢子

二、生理特点

徐碧茹（1984）早在 20 世纪 80 年代初就发现银耳不能降解木质纤维素，只有在有香灰菌伴生时才能形成子实体。王玉万（1993）的实验表明，香灰菌在 PDA、木屑及废棉培养基上培养 100 天都无银耳子实体发生，纯银耳菌种在木屑和废棉天然培养基上菌丝生长细弱、缓慢，培养 200 天仍无子实体形成。但是，纯银耳菌种在 PDA 培养基上培养 16~18 天就可以形成原基，该研究结果进一步证明在天然基质上银耳的生长发育需要香灰菌的伴生。

利用棉花纤维、滤纸崩解法测定表明银耳菌丝几乎没有分解纤维素的能力（黄年来，1982，1985）；利用间苯三酚-浓盐酸染色法测定，银耳几乎没有分解木质素的能力。用刘哥氏液（碘化钾-碘液）染色法发现，银耳基本上不能利用淀粉。银耳要完成生活史，需要香灰菌作为开路先锋，先行分解木质纤维素，使其成为银耳可利用的营养状态，从而促进银耳孢子的萌发和菌丝生长，从基质中吸收足够的养分而形成子实体。徐碧如（1984）将银耳纯种接种于木屑培养基上，银耳菌丝不能生长，进一步说明银耳菌丝不能降解木屑。

王玉万（1988）研究了香灰菌降解木质纤维素的能力，结果表明，在菌丝生长过程中，主要分解纤维素和半纤维素，而不分解木质素。香灰菌具有较高的纤维素酶、半纤维素酶和多酚氧化酶活性。Yang 和 Xie（1989）在分别测定银耳及其伴生菌的胞外纤维素酶系中各组分的活性时，发现银耳胞外纤维素酶系中，Cx 酶及 β-葡萄糖苷酶的活性相当低，而伴生菌这两种酶的活性很高，而银耳有较高的 C1 酶活性，伴生菌却几乎无 C1 酶活性。分别提取银耳、伴生菌的胞外纤维素酶，以栎树木粉为底物，分别测定银耳、伴生菌、银耳与伴生菌胞外酶混合液降解栎树木粉的能力，统计分析表明，银耳胞外酶、伴生菌胞外酶、银耳与伴生菌胞外酶混合液对木粉的降解能力差异极为显著，银耳最弱，伴生菌第二，两胞外酶混合作用，降解力显著增强，表明银耳和伴生菌二者的胞外酶具有显著的协同增效作用。随后的研究结果也进一步证实了银耳与香灰菌在降解天然木质纤维素方面有协同增效作用（王玉万，1993）。

基因组分析表明，银耳与香灰菌在基质降解酶方面具有互补作用。降解纤维素的酶系包括内切葡萄糖苷酶、外切葡萄糖苷酶和β-葡萄糖苷酶，基因组测序分析显示，银耳基因组中有 260 个碳水化合物活性酶（CAZymes）编码基因，而香灰菌有 367 个；基质降解酶 （纤维素酶、半纤维素酶、果胶酶、淀粉酶）编码基因银耳只有 41 个，而香灰菌有 127 个； 银耳基因组中没有外切葡萄糖苷酶编码基因，内切葡萄糖苷酶和 β-葡萄糖苷酶编码基因分别是 3 个和 15 个，香灰菌分别是 3 个、28 个和 18 个。与半纤维素降解有关的木聚糖酶编码基因，银耳没有，香灰菌有 13 个。在淀粉利用方面，银耳有 13 个基因、香灰菌有 17 个基因。

第三节　银耳国内外相关种质遗传多样性分析与评价

虽然我国野生银耳种质资源十分丰富，各地在 5~8 月均可发现野生银耳，但一直没有系统的收集和研究。孙淑静等（2009）收集了 14 个银耳菌株的芽孢型菌种，采用 ISSR 分析进行遗传多样性检测，结果表明福建省内栽培的所有银耳菌种尽管名称各异，但芽孢无差异，菌种单一，为同一菌株，但与野生采集分离菌种存在较大差异。梁勤等（2010）从不同地区采集引进了 14 个银耳菌株，应用 ISSR 分子标记技术进行遗传多样性研究，虽然菌株间存在丰富的多样性，菌株间遗传差异较大，但是，聚类分为 4 个类群，且类群的划分与地理来源之间并无显著相关性。该研究还测定了供试的 14 株银耳菌株纤维素酶活力，发现银耳的纤维素酶活性很低，菌株间酶活力差异显著，这种差异与地理来源无显著相关性。

香灰菌是银耳伴生菌的俗称，而非正名和学名。对伴生菌的认识，不同的研究者有所不同。有的认为香灰菌可能是炭团菌属（*Hypoxylon*）和炭豆菌属（*Rosellinia*）的种，有 3~4 种之多，其中一种为阿切尔炭团菌（*Hypoxylon archeri*）（黄年来，1988，2000；Chen and Huang，2001）。杨新美（1996）认为香灰菌是绿粘帚霉（*Gliocladium virens*），其有性世代为炭团菌属的一种（*Hypoxylon* sp.）。臧穆（1999）观察到香灰菌有吸器和锁状联合，认为是银耳的寄生菌，是一个新种，定名为香灰拟锁担菌（*Filobasidiella xianghuijun*）。

对古田银耳栽培广泛应用的香灰菌进行显微观察，未观察到吸器、锁状联合、担子和担孢子。综合分析判断，香灰菌可能属于炭团菌属（谢宝贵等，2005b）。谢宝贵从 GenBank（NCBI）下载了炭角菌科（Xylariaceae）10 个属的 rDNA 序列，以双孢蘑菇（*Agricus bisporus*）的 rDNA 序列为外延参照，通过序列对齐（aligment）、同源性分析和进化树（phylogenetic tree）构建，序列分析结果表明香灰菌与炭角菌科中的炭团菌属同源性最高，遗传距离最短，推测香灰菌是炭团菌属中的一个种。对炭团菌属 15 个种的 rDNA 序列分析表明，银耳栽培广泛应用的香灰菌与暗色环纹炭团菌（*Hypoxylon stygium*）的 ITS 序列高度一致，相似率达到 99.8%。Deng 等（2016）对野生和人工栽培的香灰菌进行形态学观察，测定了 ITS、β-tubulin 和 actin 序列，研究结果与谢宝贵等（2005b）的结果一致。最近真菌分类学上将传统的炭团菌属分为两个属，即炭团菌属（*Hypoxylon*）和多形炭团菌属（*Annulohypoxylon*），香灰菌被归入多形炭团菌属，成为该属的一个种，即暗色环纹炭团菌（*A. stygium*）。温文婷等（2010）收集了 16 个银耳栽培用香灰菌，ITS 序列分析结果与上述研究结果一致，为暗色环纹炭团菌（*A. stygium*）。然而，香灰菌的 ISSR 分析却显示了丰富的多态性。

第四节　银耳栽培品种

1. 古田银耳 Tr01

选育单位：福建省古田县科技局、福建省古田县食用菌办公室、福建省古田县兴华真菌研究所、福建省古田县城东街道办事处。

品种来源：从栽培菌株香灰 1 号与野生银耳芽孢菌株 0 号匹配筛选获得，其中芽孢菌株 0 号来自福建省漳州市龙海县程溪镇白云村野生银耳子实体。

特征特性：成熟时耳片全部展开，无小耳蕾，形似牡丹或菊花，朵直径 10~14cm，耳片纯白，蒂微黄，品质较优，栽培周期 33~40 天，比普通品种（Tr63）早 3~5 天。适于加工剪花银耳，生物转化率 12.5%（干品）。干银耳粗纤维 1.7%、蛋白质 9.46%、碳水化合物 41.4%。

栽培技术要点：自然季节栽培，海拔 400m 以下区域适宜 10 月~翌年 4 月栽培，海拔 400~800m 区域，适宜春季（3~5 月）、秋季（9~11 月）栽培。海拔 800m 以上的区域适宜夏秋 4~10 月栽培。培养料配方：棉籽壳或木屑 73%~83%、麸皮 15%~25%、石膏粉 1%~3%，含水量 63%~65%，pH 5.2~6.4。菌袋规格一般为（12~12.5）cm×（47~53）cm。发菌适宜温度范围 20~26℃，最适 22~25℃；出耳适宜温度范围 21~26℃，最适 24~25℃；出耳期最适大气相对湿度 80%~95%。发菌不需要光照，出耳适宜光照强度 10~500lx。

2. 古田银耳 Tr21

选育单位：福建省古田县科技局、福建省古田县食用菌办公室、福建省古田县兴华真菌研究所、福建省古田县城东街道办事处。

品种来源：从栽培菌株香灰 1 号与野生银耳芽孢菌株 02 号匹配筛选获得，其中芽孢菌株 02 号来自古田县大面积栽培当家品种，采自吉巷高坑林利旺菇棚外观优美的子实体。

特征特性：成熟时耳片全部展开，无小耳蕾，形似牡丹或菊花，朵直径 10~14cm，栽培周期 35~42 天，与主栽品种 Tr63 一致。耳片白，有光泽，光照有增白作用，蒂头黄，生物转化率 13.3%（干品）。干银耳粗纤维 2.7%、蛋白质 12.0%、碳水化合物 38.4%。栽培技术要点与古田银耳 Tr01 相同。

第五节　银耳种质资源的创新与利用

银耳野生种质资源十分丰富，需要系统地采集与评价。银耳与其他食用菌不同，它需要与香灰菌伴生，因此，银耳的产量和质量不仅取决于银耳种质本身，还与香灰菌有关，在开展种质资源采集时，不仅需要分离获得银耳纯菌种，也需要分离香灰菌菌种。

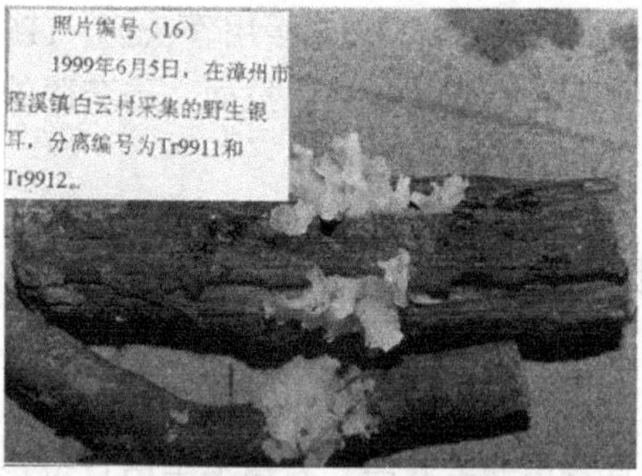

图 17-3　1999 年从漳州白云采集到的野生银耳（另见彩图）

1999 年，福建省古田县科技局立项开展银耳种质资源收集与新品种培育研究，从古田黄田、泮洋、水口，建瓯房道，南平樟湖板，武夷山五渡桥，永安小陶，尤溪的台溪，漳州的白云（图 17-3）、丰田、和溪、塔潭等地分离获得 46 个银耳菌株和 49 个香灰菌菌株，经过栽培出耳，进一步进行担孢子萌发产生芽孢，又从大量的芽孢菌株中分离筛选，获得高产、色白的新品种 Tr01，2007 年通过了福建省食用菌品种认定，目前已成为福建省的主栽品种。

第六节　银耳种质资源利用潜力分析

目前我国银耳栽培品种高度单一，遗传背景狭窄，开展品种改良十分困难，也成为生产的潜在风险。我国银耳野生种质资源十分丰富，具广阔的应用前景。

生物反应器已成为基因工程领域的研究热点之一，成功地用于生产药用蛋白、抗体、口服疫苗等。生物反应器是目标基因产物的定向生产系统，是一个通用平台，人们需要生产什么基因产品，就向生物反应器转入什么基因。现已研发的生物反应器包括：原核生物的生物反应器、酵母生物反应器、植物生物反应器、动物生物反应器，不同的生物有机体构建的生物反应器特点不同（表 17-1）。

表 17-1　4 种生物反应器的比较

生物反应器	优点	缺点
原核生物	外源基因转化容易，后代稳定	发酵罐生产、设备投资大、生产成本高，表达真核基因缺少修饰
酵母菌	外源基因转化容易，后代稳定	发酵罐生产、设备投资大、生产成本高，表达真核基因能较好地修饰
植物	人工种植、设备投资少、生产成本低，表达真核基因能很好地修饰	外源基因转化难，后代易分离
动物	人工饲养、设备投资少、生产成本低，表达真核基因能很好地修饰	外源基因转化难，后代易分离

原核生物、酵母菌生物反应器所具有的优点，在植物和动物生物反应器不具备；相反，植物和动物生物反应器所具有的优点恰是原核生物、酵母菌生物反应器所缺乏的。

银耳具有芽孢、菌丝、子实体 3 种生命形态，现有的科学技术可以像原核生物和酵母那样快速培养芽孢，也可以像动植物那样进行人工规模种植生产子实体——银耳。这成为其开发成生物反应器的潜在优势。具体特点如下：芽孢单细胞，以芽殖方式无性繁殖，繁殖速度快，生长特性与酵母菌相似，可在成分已知的基础培养基上快速生长。银耳芽孢可以进行高密度发酵，发酵4天菌体浓度可达到3.3×10^{10}个/mL（黄年来，2000），菌体产量可达到 23g/L（干重）。研究发现，银耳芽孢的遗传转化效率高（谢宝贵等，2005a），可以表达人胰岛素基因（张雪瑶，2012；阮班展，2013）。

第七节　金耳种质资源与分析

一、起源与分布

金耳是一种珍贵的食用菌，口感润滑细腻，是上等菜肴。金耳在民间也被列为滋补珍品，李时珍的《本草纲目》中记载金耳治癖坎积累，腹痛金疮。中医认为金耳性温中带寒，味甘，具有化痰、止咳、定喘、理气等功效。我国食用金耳的历史悠久，目前也实现了人工栽培。

然而，金耳的分类地位及学名却存在争议。邓叔群《中国的真菌》(1963)定为 *Tremella mesenterica*，彭寅斌（1986）、刘春卉等（2007）认为是 *T. aurantia*，刘正南（1985）认为金耳是邓叔群定名的 *T. mesenterica*，而不是 *T. aurantia*。金黄银耳（*T. mesenterica*）、金色银耳（*T. aurantia*）、脑状银耳（*T. encephala*）形态极其相似，难以鉴别区别。虽然真菌分类学技术取得了诸多进展，目前尚未发现有应用 DNA 技术开展相关分类研究的报道。综合现有文献分析，目前通常认为 *T. mesenterica* 和 *T. aurantia* 都是金耳。

金耳主要分布于云南、四川、甘肃、西藏等地。

二、形态特征与生理特点

金耳的子实体由许多较皱曲的裂瓣组成，直径2~10cm，高1.5~5cm，胶质，鲜黄至橘黄色，干后暗金黄色，内部微白色，基部较狭窄。菌肉厚，胶质有弹性，菌丝有锁状连合。担子近环形或宽椭圆状至卵圆形，纵裂为4个，担子大小为（12~19）μm×（11~15）μm，上担子圆柱形，细长。孢子近球形至宽椭圆形，近无色，（7~12）μm×（6~10）μm。

金耳与银耳为同属，生理特点类似。与银耳类似，金耳的营养体也有菌丝体和芽孢两种形态，对天然基质（木质纤维素）的降解能力弱，需要伴生菌粗毛耐革菌（*Stereum hirsutum*）。基因组分析表明，金耳基因组中有 173 个碳水化合物活性酶（CAZymes）编码基因，而粗毛耐革菌有443个；基质降解酶（纤维素酶、半纤维素酶、果胶酶、淀粉酶）编码基因金耳只有21个，而粗毛耐革菌有142个；金耳基因组中无外切葡萄糖苷酶编码基因，内切葡萄糖苷酶和β-葡萄糖苷酶编码基因分别是2个和5个，粗毛耐革菌分别是4个、28个和16个。

三、国内外相关种质遗传多样性分析与评价

已有报道的金耳野生资源采集地包括云南、四川、甘肃、西藏等。有报道对金耳地理分布区域进行了预测，认为我国除了西藏西北部、新疆、青海、甘肃、宁夏和内蒙古外，其他地区都可能有野生金耳的分布。

金黄银耳、金色银耳、脑状银耳3种的颜色、形态极其相似，不易鉴别。目前人工

栽培的是哪个种？或为其中的 2 种，甚至 3 种？甚至有可能是新种，尚有待于研究。

四、栽培品种

20 世纪 80 年代以前，金耳尚不能进行人工栽培，主要来源于野外采集，每年产量不到 1t（田果廷等，2010）。目前金耳的人工栽培技术已经成熟，正在走向商业化生产。由于金耳子实体是由金耳菌丝与粗毛韧革菌组成的复合体（刘正南和郑淑芳，1994），是金耳与粗毛韧革菌两种菌丝的混合菌种，制种工艺与其他食用菌不同。对混合菌种的保藏效果要求与其他食用菌的单一纯培养物不同，相关保藏技术尚未见研究报道，也尚未见金耳菌种保藏使用的报道。目前各地栽培使用的菌种均来自栽培子实体的分离培养和经验型筛选。

五、种质资源的创新与利用

金耳在我国分布很广，大部分省都有分布，可挖掘的种质资源相当丰富，如果系统开展种质资源的收集与评价，预期可以有新的、可商业化应用的种质材料。目前云南多个单位较为系统地对金耳的菌种制作与栽培技术进行了研究，大大推动了金耳生产的发展。

六、种质资源利用潜力分析

金耳与银耳有诸多的相似，可借鉴银耳的研究成果开展金耳的相关研究。金耳的资源利用不局限于子实体生产，还可通过发酵技术培养芽孢，开发新产品。

目前市场上销售的金耳多为“脑状”子实体，商品外观欠佳。野生金耳中，有的开片良好，通过广泛分离野生种质材料，获得商品性状好的菌株是有可能的。

关于金耳的分类学地位，与粗毛韧革菌的关系及其种质资源的鉴定评价技术，尚有待于研究。

（谢宝贵）

参 考 文 献

陈士瑜. 1992. 中国方志所见古人菌类栽培史料[J]. 中国科技史料, 13(3): 71-82.
邓淑群. 1963. 中国的真菌[M]. 北京: 科学出版社.
黄年来. 1982. 银耳的生物学及其栽培[J]. 真菌试验, 1-14.
黄年来. 1985. 银耳生活史的研究[J]. 食用菌, (1): 3-4.
黄年来. 1988. 银耳栽培. 见: 杨新美. 中国食用菌栽培学[M]. 北京: 中国农业出版社: 400.
黄年来. 2000. 中国银耳生产[M]. 北京: 中国农业出版社.
梁勤, 温文婷, 叶小金, 等. 2010. 银耳种质资源遗传多样性及酶学特性分析[J]. 西北农业学报, 23(4): 1194-1198.
刘春卉, 瞿伟菁, 张雯, 等. 2007. 金耳与其近似种的 r-DNA 序列分析[J]. 云南植物研究, 29(2): 237-242.
刘正南, 郑淑芳. 1994. 金耳子实体结构特性的初步订正[J]. 食用菌, (5): 12-13.
刘正南. 1985. 对金耳及近邻种命名问题的商榷[J]. 食用菌, (6): 13-15.

卯晓岚. 1998. 菌物学大全 [M] . 北京：科学出版社.
彭寅斌. 1986. 金耳学名问题[J]. 食用菌, (3): 3.
阮班展. 2013. 人胰岛素基因密码子优化和银耳内源启动子应用[D]. 福建农林大学硕士学位论文.
孙淑静, 林喜强, 谢宝贵, 等, 2009. 银耳芽孢遗传多样性分析[J]. 热带作物学报, 30(9): 1308-1313.
田果廷, 赵丹丹, 赵永昌. 2010. 金耳有效菌种的制备技术研究[J]. 西南农业学报, 23(5): 1620-1624.
王玉万. 1988. 银耳耳友菌降解木质纤维素的研究[J]. 生态学杂志, 7(4): 14-16.
王玉万. 1993. 银耳及其伴生菌营养生理生态研究[J]. 应用生态学报, 4(1): 59-64.
温文婷, 贾定洪, 郭勇, 等. 2010. 中国主栽银耳配对香灰菌的系统发育和遗传多样性[J]. 中国农业科学, 43(3): 552-558.
谢宝贵, 饶永斌, 郑金贵. 2005a. 银耳的超声波介导转化[J]. 农业生物技术学报, 13(1): 42-45.
谢宝贵, 应正河, 黄年来, 等. 2005b. 银耳伴生菌分类地位研究[J]. 菌物学报, 24(S): 73-77.
徐碧如. 1984. 银耳分解木材能力的测定[J]. 微生物学通报, 11(6): 257.
杨新美. 1954. 中国的银耳[J]. 生物学通报, (12): 15-18.
杨新美. 1996. 食用菌栽培学[M]. 北京: 中国农业出版社: 39.
臧穆. 1999. 与银耳生长的香灰菌新种[J]. 中国食用菌, 18(2): 43-44.
张雪瑶. 2012. 转人胰岛素基因银耳的表达分析[D]. 福建农林大学硕士学位论文.
Chen A W, Huang R L. 2001. Production of the medicine mushroom *Tremella fuciformis* Berk by mixed-culture cultivation on synthetic logs[J]. International Journal Medicinal Mushroom, 3: 130.
Deng Y J, van Peer A F, Lan F S, *et al*. 2016. Morphological and molecular analysis identifies the associated fungus ("Xianghui") of the medicinal white jelly mushroom, *Tremella fuciformis*, as *Annulohypoxylon stygium*[J]. International Journal of Medicinal Mushrooms, 18(3): 253-260.
Deng Y J, van Peer A F, Lan F S. 2016. Morphological and molecular analysis identifies the associated fungus ("Xianghui") of the medicinal white jelly mushroom, *Tremella fuciformis*, as *Annulohypoxylon stygium*[J]. International Journal of Medicinal Mushrooms, 18(3):253-260.
Yang S M, Xie B G. 1989. Synergic effect of cellulase complex on wood degradation between *Tremella fuciformis* Berk and its cohabitant fungus[C]. Proceedings of the International Symposium on Mushroom Biotechnology. Nanjing, China: 65-69.

第十八章 灵芝种质资源与分析

第一节 起源与分布

灵芝（*Ganoderma*）是子实体木栓质的大型真菌，我国记载有76种（赵继鼎和张小青，2000）。自20世纪70年代以来我国开始灵芝的人工栽培，90年代商业化栽培技术成熟，现已成为生产量最大的药用菌之一。

关于东亚（中国、日本、韩国）栽培灵芝的物种争议一直较大（Moncalvo *et al.*，1995；Moncalvo，2005；Wang *et al.*，2009a，b；Cao *et al.*，2012；Wang *et al.*, 2012；Yang and Feng，2013；戴玉成等，2013）。亚洲热带地区的"*G. lucidum*"是另一物种重盖灵芝（*G. multipileum*）（Wang *et al.*，2009b），而将大陆地区广泛种植的命名为"*G. lingzhi*"（Cao *et al.*，2012；戴玉成等，2013；de Lima Júnior *et al.*，2014）或更名为"*G. sichuanense*"（Wang *et al.*，2012）。Cao等（2012）研究了中国的 *Ganoderma lucidum* complex，提出拉丁名 *G. lingzhi* 应给予东亚种植的灵芝 "Lingzhi" ，将 *G. lingzhi* 清晰地从 *G. lucidum* 中分出。北美的 *G. curtisii* 是与 *G. lingzhi* 最接近的一个种。中国报道的 *G. flexipes*、*G. multipileum*、*G. sichuanense*、*G. tropicum* 和'*G. tsugae*'也与 *G. lingzhi* 亲缘关系较近。中国的'*G. tsuage*' 与 *G. lucidum* 应为同种，即 *G. lucidum* 的分布从欧洲延伸到东北亚。所以，中国目前栽培的灵芝有以下几种：

白肉灵芝 *Ganoderma leucocontextum* T. H. Li, W. Q. Deng, Dong M. Wang & H. P. Hu，白灵芝，藏灵芝

灵芝 *Ganoderma lingzhi* Sheng H. Wu, Y. Cao & Y.C. Dai

亮盖灵芝 *Ganoderma lucidum* （Curtis） P. Karst.，白灵芝

重盖灵芝 *Ganoderma multipileum* Ding Hou

四川灵芝 *Ganoderma sichuanense* J. D. Zhao & X. Q. Zhang, in Zhao, Xu & Zhang，灵芝，赤芝

紫芝 *Ganoderma sinense* J. D. Zhao, L.W. Hsu & X.Q. Zhang，中华灵芝

松杉灵芝 *Ganoderma tsugae* Murrill

第二节 国内外相关种质遗传多样性分析与评价

目前灵芝属（*Ganoderma*）是分类学中较大的属级分类单元，发表的种和变种达几百种，是商业化栽培药用菌的代表。云南是多数大型真菌的起源和分化中心（杨祝良，2010，2002；王向华和刘培贵，2002；于富强等，2002；杨祝良和臧穆，2003；臧穆等，2005；刘培贵等，2011），该区域分布着众多具重要经济价值和理论研究价值的腐生类

真菌，初步的形态学和分子生物学研究表明在云南灵芝属有80余种，灵芝亚属也有50余种。

一、基于形态学的灵芝分类

多孔菌目（Polyporales）灵芝科（Ganodermataceae）下灵芝属（*Ganoderma*）物种众多，由于可借鉴的子实体外观形态学和微观形态学特征少且稳定性差，物种名称使用比较混乱，已发表灵芝属的数百个种得到的公认度较低（赵继鼎和张小青，2000）。传统分类包括肉眼可见的形态（担子果、菌盖、菌肉、菌管、菌柄、似油漆光泽）、微观形态（皮壳构造、菌丝系统、担子、担孢子、腹孢子等），外观形态中，菌盖是否有油漆状光泽、菌柄菌肉颜色争议较大（Steyaert，1972；赵继鼎等，1979）。

灵芝属（*Ganoderma*）是Karsten（1881）依据 *G. lucidum* (Curtis : Fr.) P. Karst.建立的。Donk （1948） 依据孢子的特殊性建立了灵芝科（Ganodermataceae）。多数人认为灵芝属的分类地位是混乱的（Ryvarden，1991），不同的人使用不同的鉴定标准。寄主专一性、地理分布和子实体的宏观形态特征成为重要的分类特征。

赵继鼎和张小青（2000）对20世纪以前中国的灵芝分类进行了较全面系统的总结，国内外的许多分类学工作者根据灵芝的菌盖漆样光泽特征、菌肉颜色、皮壳构造以及担孢子纹饰等形态特征对灵芝属进行了鉴定。

作为灵芝属最大的灵芝亚属（subgenera *Ganoderma*）是建立在子实体颜色漆状的基础上的（Gottlieb and Wright，1999a，b；Torres-Torres *et al.*，2012），赵继鼎和张小青（2000）将该亚属又分为两个组（灵芝组 Sect. *Ganoderma* 和紫芝组 Sect. *Phaeonema*），不少学者用 *G. lucidum* complex 替代灵芝亚属（Gottlieb and Wright，1999a），亚属的概念的应用远不如 *G. lucidum* complex 广泛。而广义的灵芝复合群 *G. lucidum* s.l.complex 包含的物种较多（Zhou *et al.*，2015），也极为复杂，可以肯定的是在亚洲广泛使用的灵芝学名 *G. lucidum* 是错误的（Moncalvo，2005），至少被错误用在多个物种上（Moncalvo，2005；Wang *et al.*，2009b；Cao *et al.*，2012；Wang *et al.*，2012；Yang and Feng，2013；戴玉成等，2013）。

二、基于分子生物学灵芝属分类和多样性研究

芬兰学者 P. Karsten 于 1881 年建立的灵芝属（*Ganoderma*）是以灵芝 *G. lucidum*[（W. Curt：Fr） Karst]作为代表种的，灵芝属一直以子实体漆状（laccate species）为 *G. lucidum* complex 和非漆状（non-laccate species）为 *G. applanatum* complex 分为 Subgenera *Ganoderma* 和 Subgenera *Elfvingia* 两大亚属，而属内物种概念没有较好地建立和达成共识。目前，多数种的描述缺陷较多，地理信息不全，更为重要的是由于孢子体外萌发困难而导致交配数据非常缺乏（Adaskaveg and Gilbertson，1986，1988，1989）。近年提出了生化测试（Hseu *et al.*，1989，1996）、ITS 序列测定（Moncalvo *et al.*，1995）、同工酶分析（Gottlieb *et al.*，1998）等新方法对灵芝进行研究。Foroutan 和 Vaidya（2007）报道印度20个新种和新记录种，Bhosle 等（2010）报道了南美15个新种和 *G. lucidum* 的3个变种。Furtado（1967）根据菌肉组织颜色，特别报道了白肉（pale context）的5

个种。Gottlieb 和 Wright（1999a，b）对南美洲 subgenus *Elfvingia* 和 subgenus *Ganoderma* 进行了外观和微观形态学研究比较，并结合同工酶和孢子的 SEM 纹饰，确定了主要类群，新建立一些物种。近年不断有新种或修订种的发表（Hseu *et al.*，1989；Yeh *et al.*，2000；Grand and Vernia，2005；Wang *et al.*，2005；Torres-Torres *et al.*，2008，2012；Wang *et al.*，2009a，b；Wang and Wu，2010；Kinge and Mih，2011，2014；Parihar *et al.*，2013；Wang *et al.*，2014）。Bazzalo 和 Wright（1982）提出 *G. lucidum* complex 的 15 个种和 *G. lucidum* 的 3 个变种；通过对热带美洲 *G. lucidum* complex 的研究，明确已接受的为 13 个种，构建了检索表，其中命名新种 3 个，分别是 *G. concinnum* Ryvarden、*G. longistipitatum* Ryvarden 和 *G. multicornum* Ryvarden，提出 *G. orbiformum*（Fr.）Ryvarden 新组合（Ryvarden，2000）。

在广义 *G. lucidum* complex 系统研究上，ITS 序列应用于灵芝分类和多样性分析（Moncalvo *et al.*，1995；Hseu *et al.*，1996；Gottlieb *et al.*，2000；Smith and Sivasithamparam，2000；苏春丽等，2006；张杰，2006；黄龙花等，2010；唐传红等，2012；Park *et al.*，2012）。结合形态学和分子生物学开展的多样性及分布的研究报道不断出现（Loguercio-Leite *et al.*，2005；Kinge and Mih，2011）。寄主和与灵芝关系的研究也取得重要进展（Pilotti *et al.*，2004；Mohanty *et al.*，2011）。特别是灵芝的化学指纹分类研究进展迅速（Qian *et al.*，2013），分子标记 RAPD（Hseu *et al.*，1996；Zakaria *et al.*，2009；Postnova and Skolotneva，2010；王磊等，2011；Park *et al.*，2012）、β-tubulin（唐传红等，2012；苏春丽等，2006）、ISSR SCAR-PCR（许美燕，2008；Mei *et al.*，2014）、同工酶（Gottlieb *et al.*，1998；Smith and Sivasithamparam，2000；Postnova and Skolotneva，2010）、AFLP（Moncalvo and Buchanan，2008；Douanla-Meli and Langer，2009；Wu *et al.*，2009；Zheng *et al.*，2009；Mei *et al.*，2014）、ITS（Utomo *et al.*，2005；Guglielmo *et al.*，2008；Moncalvo and Buchanan，2008；Douanla-Meli and Langer，2009；Zakaria *et al.*，2009；Zheng *et al.*，2009；Yuskianti *et al.*，2014）、SRAP（Sun *et al.*，2006）。近年应用经典的交配亲和性（Postnova and Skolotneva，2010）和多基因片段的综合分析，在物种和菌株的鉴定上都发挥了重要作用（Douanla-Meli and Langer，2009；Zhou *et al.*，2015；Beaudelair *et al.*，2014）。

三、寄主、培养特性与灵芝物种间的关系研究

不同种的培养特征不同，适宜的培养温度和寄主都不同（Pilotti *et al.*，2004；Güler *et al.*，2011；邹湘月，2013）。例如，灵芝培养物产生厚垣孢子，培养温度 30~34℃，寄主严格限制在硬质阔叶树。而松杉灵芝培养物不产生厚垣孢子，培养温度 20~25℃，寄主严格限制在针叶树。从培养特性、交配可育性、担孢子形态和降解酶等综合分析，二者是不同的种（Adaskaveg and Gilbertson，1986，1988，1994）。又如，北美灵芝复合种群的 *G. colossum*、*G. zonatum*、*G. oregonense* 和 *G. meredithiae* 在培养温度的耐受性、菌丝特性和厚垣孢子产生等方面均差异显著，易于鉴别（Adaskaveg and Gilbertson，1989）。

灵芝孢子的萌发率低，是杂交育种的最大障碍。目前原生质体单核化技术已成熟用于育种。有研究表明，灵芝在某一段时间产生有活力的孢子（Ayissi *et al.*，2014）。温度影响灵

芝孢子萌发（Ho and Nawawi，1986），H_2O_2对促进孢子萌发作用显著（Karadeniz *et al.*，2013）。

第三节 栽培品种

1. 金地灵芝（国品认菌 2007044）

选育单位：四川省农业科学院土壤肥料研究所。

品种来源：1998 年采于成都狮子山林灵芝子实体，组织分离纯化后利用原生质体再生方式获得。

特征特性：单生，菌盖黄色至红褐色，肾形或半圆形，直径 8~25cm，厚 1.0~1.2cm，菌盖表面有环状棱纹，质地致密；菌柄红褐色，侧生，长 6~10cm，直径 1~3cm。段木种型，同时适宜袋栽。发菌适温 25℃，原基分化温度 24~28℃。原基形成不需要温差刺激。可连续出菇 1~2 年。

产量表现：段木栽培当年干产为段木重量的 5%~8%，总产量为段木重量的 15%左右。

栽培技术要点：宜采用段木栽培，四川地区青杠段木 11 月~翌年 2 月接种。菌棒接种后 25℃培养，菌丝长满段木转色产生突起时，即可覆土出芝。大棚出芝，3~4 月码畦床覆土，覆土厚度以段木不外露为准，覆土后喷重水一次，10~15 天幼芝即出土。出芝期适宜棚温 18~30℃，大气相对湿度 90%。适宜四川及相似生态区栽培。

2. 川芝 6 号（国品认菌 2007045）

选育单位：四川省农业科学院土壤肥料研究所。

品种来源：1992 年采自四川德昌野生种质。

特征特性：子实体单生，商品芝扇形，菌盖褐色，直径 7~10cm，厚 1.0~1.2cm，芝体致密；菌柄褐色，直径 0.8~2.2cm，袋栽条件下长 2~4cm，段木栽培条件下长 8~12cm，质地坚硬；发菌期 25~30 天，无后熟期，栽培周期 100 天；短段木熟料栽培周期 150 天。栽培中菌丝耐受高温 35℃和低温 1℃；子实体耐受高温 33℃和低温 10℃；出芝不需要温差刺激。子实体对 CO_2 耐受性较差。芝潮明显，间隔期 25 天。

栽培技术要点：南方地区 10~12 月接种，北方地区 3~4 月接种。不需后熟，子实体形成对光刺激敏感，发菌期需避光。出蕾后保持温度 25~28℃，光照强度 300lx 以上，空气相对湿度 90%~95%，通风良好。短段木熟料栽培，覆土厚度 3~5cm。适宜四川及相似生态区栽培。

3. 灵芝 G26（国品认菌 2007046）

选育单位：四川省农业科学院土壤肥料研究所。

品种来源：韩芝×红芝，原生质体融合育成。

特征特性：单生，菌盖红褐色，肾形，直径 10~15cm，厚 1.2cm 左右，菌盖表面有环状棱纹，子实体致密；菌柄红褐色，侧生；原基形成无需变温刺激。原基分化温度为 24~28℃，出芝适温 22~28℃。

栽培技术要点：适宜段木栽培，段木栽培长度 8~15cm，直径 2~3cm；25℃发菌，满袋后继续培养至表面形成白色或黄色突起后进入出芝管理。出芝适宜温度不可低于 22~30℃，大气相对湿度 90%左右，需要较强散射光照。采芝 3 天喷水，20~25 天后采收下茬。适宜四川及相似生态区栽培。

第四节　种质资源的创新、利用和利用潜力分析

由于灵芝特有的药用价值，其种质资源的收集、鉴定、评价得到广泛重视，相关研究涉及培养特性（兰玉菲等，2014a，b；刘雪琼等，2015）、分子生物学特征（黄小琴等，2005；苏春丽，2006；郑林用等，2007；潘丽晶等，2013；张肖雅等，2013）、药用价值（陈体强等，2004；余梦瑶等，2015；熊川等，2016）、物种和菌株鉴定（许美燕，2008；许美燕等，2008；王捷，2009；黄龙花等，2010；陈裕新，2012）等各个方面，澄清了一些同物异名和同名异物，为种质创新奠定了较好的基础。灵芝基因组测序业已完成（Chen *et al.*，2012）。种质资源评价利用方面也取得一定的进展，研究表明，不同菌株的生长速度、生物学效率、子实体形态特征、产量、多糖和三萜含量等有明显差别，并筛选到适用草代木品种（金珊珊等，2014）及适于药用和盆景制作菌株（王庆武等，2016）。近年我国在白肉灵芝研究方面又取得较大进展，白灵芝包括白肉灵芝（*Ganoderma leucocontextum*）（Li *et al.*，2015）和亮盖灵芝（*Ganoderma lucidum*）两个物种，二者都已驯化栽培成功，在西藏、云南等地实现商业生产。

一、白肉灵芝

白肉灵芝，主要分布于我国西藏、云南、四川，最早在西藏地区野生采集使用，价格昂贵。近年相关研究报道不断涌现，如该物种及其近缘种鉴定（沈亚恒等，2015）、栽培技术（谢荣等，2014；熊卫萍等，2015）。令人兴奋的是多种新活性成分的发现（刘宏伟等，2014，2015a，2015b，2015c，2015d）。目前已发现西藏白肉灵芝特有的 16 种新结构灵芝三萜和特有的抗肿瘤活性化合物 22 个，降血糖活性化合物 6 个，降血脂活性物质 18 个。其活性多糖和三萜含量高于灵芝属其他种。体内外实验都表明，白肉灵芝具抑制肿瘤细胞生长、降血糖、降血脂、耐缺氧、抗炎等作用。Wang 等（2015）从西藏白肉灵芝中发现 16 种羊毛甾烷类三萜类化合物，并对其活性进行了研究。Zhao 等（2016）又从白肉灵芝子实体中发现了 6 种新的羊毛甾烷类三萜，随着研究认识的深入相信会有更多的活性成分物质从中发现，未来白肉灵芝作为我国灵芝种植的新类群将获得更快发展。

二、亮盖灵芝

亮盖灵芝（*G. lucidum*）作为模式种在欧洲被发现命名，我国长期栽培的灵芝错误使用该学名几十年，相关研究文献也是如此。最近的研究表明，狭义亮盖灵芝在我国云南滇中地区（昆明、楚雄）、东北地区有分布。由于分布极其稀少而一直未被认识，国内相关报道不多。近年，云南大姚亿利丰农产品有限公司在其基地采集到子实体，通过系

统选育，已实现规模生产。其最重要的特点是三萜含量不低，但并无明显的苦味。一般说来，三萜是灵芝苦味的主要来源。不苦只有两种可能，一是三萜单体化合物不同，二是其他化合物掩盖了三萜的苦味。

云南省农业科学院近年采集了大量灵芝属种质资源，通过形态学和基于 ITS 的系统学研究表明，菌肉白色的灵芝仍是一大类群，可能包含 3~5 种（图 18-1）。相关成分分析表明，亮盖灵芝总三萜和氨基酸含量明显高于赤芝（表 18-1 和表 18-2）。这些种之间的遗传学关系有待深入研究，以期应用于育种。

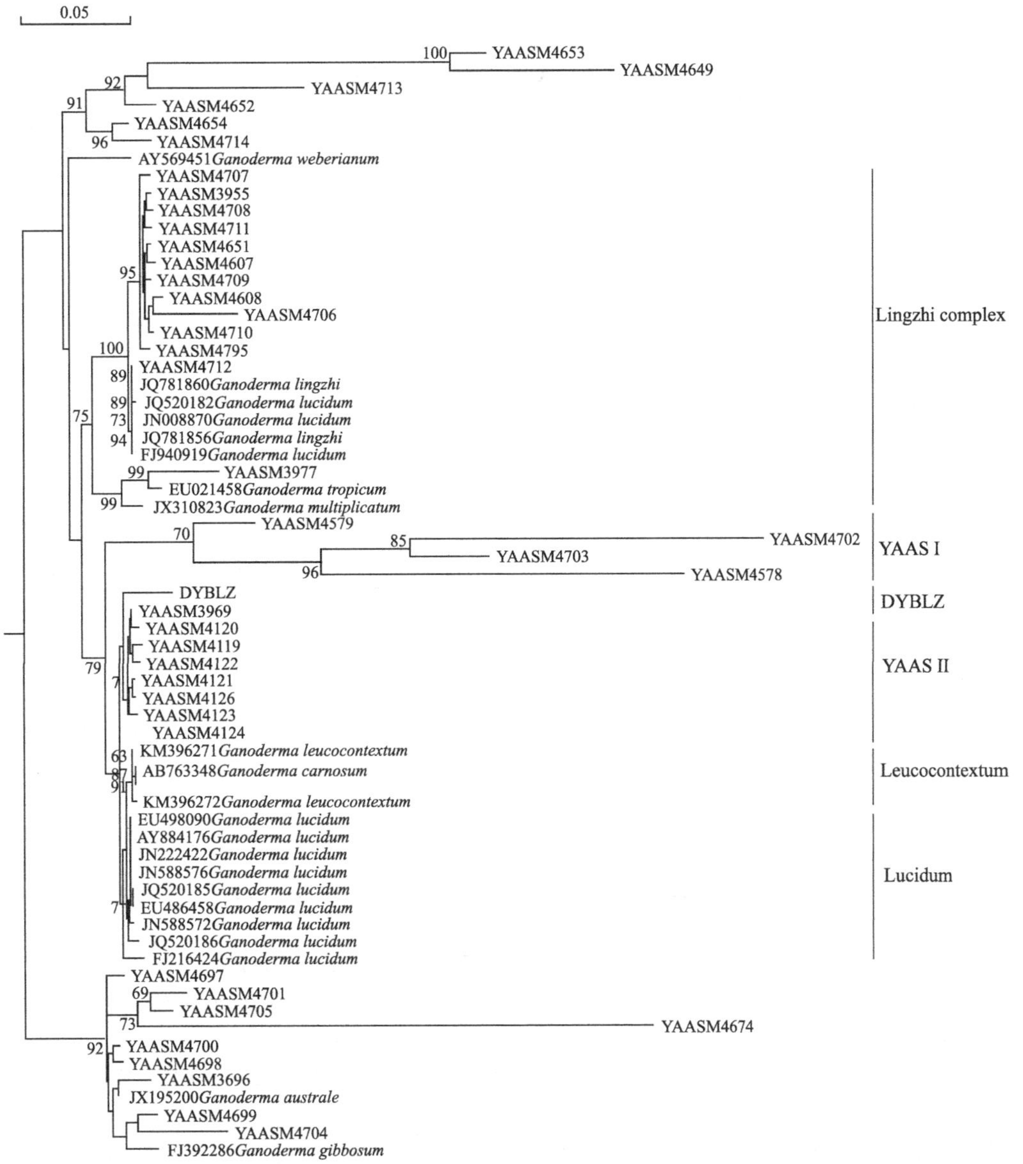

图 18-1　基于 ITS 序列的西南地区主要栽培灵芝种的系统进化

表 18-1　赤芝和亮盖灵芝成分比较*

成分	赤芝	亮盖灵芝
总三萜（以熊果酸计）/（g/100g）	0.30	1.91
总黄酮（以芦丁计）/（mg/100g）	41.7	55.8
粗多糖（以葡萄糖计）/（g/100g）	0.69	1.06

*样品采自大姚赵家店种植基地

表 18-2　灵芝与亮盖灵芝氨基酸含量比较*

氨基酸	灵芝 /（g/100g）	亮盖灵芝 /（g/100g）	亮盖灵芝 /灵芝	氨基酸	亮盖灵芝 /（g/100g）	灵芝 /（g/100g）	灵芝 /亮盖灵芝
苏氨酸（Thr）	0.22	1.83	8.32	酪氨酸（Tyr）	0.18	0.73	4.06
丝氨酸（Ser）	0.14	1.00	7.14	赖氨酸（Lys）	0.45	1.24	2.76
谷氨酸（Glu）	0.17	0.96	5.65	组氨酸（His）	0.01	0.54	54.00
脯氨酸（Pro）	0.24	2.30	9.58	精氨酸（Arg）	0.23	1.00	4.35
甘氨酸（Gly）	0.05	0.72	14.40	天冬氨酸（Asp）	0.16	1.05	6.56
丙氨酸（Ala）	0.12	0.93	7.75	苯丙氨酸（Phe）	0.06	0.50	8.33
缬氨酸（Val）	0.13	1.20	9.23	异亮氨酸（Ile）	0.06	1.32	22.0
甲硫氨酸（Met）	0.16	0.98	6.13	胱氨酸（Cys）	0.08	0.14	1.75
亮氨酸（Leu）	2.08	2.11	1.01	色氨酸（Try）	0.90	0.92	1.02
总氨基酸	5.44	19.4	3.58	必需氨基酸	4.06	10.1	2.49

*样品采自大姚赵家店种植基地

（柴红梅，赵永昌）

参 考 文 献

陈体强，徐洁，吴锦忠. 2004. 福建省常见灵芝的氨基酸分析比较[J]. 海峡药学, 16(5): 1-4.
陈裕新. 2012. 灵芝种属间亲缘关系分析和交配型鉴定的研究[D]. 湖南农业大学硕士学位论文.
戴玉成，曹云，周丽伟，等. 2013. 中国灵芝学名之管见[J]. 菌物学报, 32(6): 947-952.
黄龙花，杨小兵 张智，等. 2010. 基于 ITS 序列分析鉴定灵芝属菌种[J]. 中国食用菌, 29(1): 55-57.
黄小琴，郑林用，彭卫红，等. 2005. 分子生物学技术在灵芝研究中的应用[J]. 西南农业学报, 18(S1): 125-129.
金珊珊，柯斌榕，吴小平，等. 2014. 适于菌草代料栽培的杂交灵芝菌株选育[J]. 亚热带资源与环境学报, 9(4): 56-62.
兰玉菲，王庆武，安秀荣，等. 2014a. 31 个灵芝属菌株代料栽培比较研究[J]. 中国食用菌, 33 (1): 30-32.
兰玉菲，王庆武，李秀梅，等. 2014b. 29 个灵芝属种质资源主要农艺性状的遗传多样性及聚类分析[C]. 第十届全国食用菌学水研讨会会议论文集，中国北京: 275-279.
刘宏伟，熊卫萍，汪锴，等. 2014. 白肉灵芝三萜化合物、其药用组合物及其应用[P]. 中国发明专利

CN201410812010. 5.
刘宏伟, 熊卫萍, 汪锴, 等. 2015a. 白肉灵芝提取物的抗炎用途[P]: 中国, CN201510077033. 0.
刘宏伟, 熊卫萍, 汪锴, 等. 2015b. 白肉灵芝提取物、提取方法及其用途[P]: 中国, CN201510076719. 8.
刘宏伟, 熊卫萍, 汪锴, 等. 2015c. 白肉灵芝提取物的代谢调节及抗缺氧的用途[P]: 中国, CN201510077034. 5.
刘宏伟, 熊卫萍, 汪锴, 等. 2015d. 白肉灵芝提取物的神经保护用途[P]: 中国, CN201510076742. 7.
刘培贵, 王云, 王向华, 等. 2011. 中国块菌要览及其保护策略[J]. 菌物研究, 9(4): 232-243.
刘雪琼, 张军, 奚惠民. 2015. 六个灵芝菌株的袋栽比较试验[J]. 食用菌, (01): 20-21.
潘丽晶, 沈汉国, 陈继敏, 等. 2013. 荧光 AFLP 和拮抗实验对灵芝菌遗传多样性研究[J]. 中国食用菌, 32 (6) : 38-42.
沈亚恒, 李挺, 胡惠萍, 等. 2015. 白肉灵芝——中国西南地区一个重要灵芝种类[J].食用菌学报, 22(4): 49-52.
苏春丽, 唐传红, 张劲松, 等. 2006. 基于β-微管蛋白基因部分序列探讨灵芝属菌株的亲缘关系[J]. 菌物学报, 25(3): 439-445.
苏春丽. 2006. 中国栽培灵芝菌株的遗传多样性研究及分子鉴定[D]. 南京农业大学硕士学位论文.
唐传红, 苏春丽, 张劲松, 等. 2012. 基于 rDNA ITS 和 beta-tubulin gene 部分序列分析灵芝属菌株的遗传关系[J]. 食用菌学报, 19(3): 37-41.
王捷. 2009. 灵芝等 9 种食药用真菌的种质资源分子鉴定[D]. 福建农林大学硕士学位论文.
王磊, 宿红艳, 吕少磊. 2011. 八个灵芝属菌株的分子标记与亲缘关系鉴定[J]. 新乡学院学报(自然科学版), 28(3): 236-239.
王庆武, 兰玉菲, 李秀梅, 等. 2016. 灵芝杂交菌株栽培比较试验[J]. 山东农业科学, 48(3) : 70-72.
王向华, 刘培贵. 2002. 云南野生贸易真菌资源调查及研究[J]. 生物多样性, 10(3): 318-325.
谢荣, 熊卫萍, 洛桑, 等. 2014. 西藏野生灵芝高效日光温室驯化栽培[J]. 药食用菌, 22(1): 55-56.
熊川, 陈诚, 黄文丽, 等. 2016. 白肉灵芝水提物对 H_2O_2 诱导 PC12 细胞凋亡的保护作用[J]. 食品安全质量检测学报, 7(2): 2-8.
熊卫萍, 张君丽, 白玛旦增, 等. 2015. 一种西藏白肉灵芝栽培方法[P]: 中国, CN201510014239. 9.
徐江. 2013. 基于全基因组的灵芝药用模式真菌创建研究[D]. 协和医学院, 中国医学科学院博士学位论文.
许美燕, 唐传红, 张劲松, 等. 2008. 利用 SRAP 和 ISSR 建立快速鉴定灵芝属菌株的 SCAR 标记[J]. 菌物学报, 27(5): 707-717.
许美燕. 2008. 灵芝属菌株特异性分子标记的研究[D]. 南京农业大学硕士学位论文.
杨海龙, 吴天祥, 章克昌. 2002. 灵芝酸的分子结构与生物活性的关系[J]. 无锡轻工大学学报, 21(3): 249-253.
杨祝良, 臧穆. 2003. 中国南部高等真菌的热带亲缘[J]. 植物分类与资源学报, 25(02): 129-144.
杨祝良. 2002. 浅论云南野生蕈菌资源及其利用[J]. 自然资源学报, 17(4): 463-469.
杨祝良. 2010. 横断山区高等真菌物种多样性研究进展[J]. 生命科学, 22(11): 1086-1091.
于富强, 王向华, 刘培贵. 2002. 云南食用菌资源应用开发前景与展望[J]. 中国野生植物资源, 21(2): 21-25.
余梦瑶, 许晓燕, 魏巍, 等. 2015. 38 株灵芝子实体抗肿瘤质量的生物评价[J]. 中国食用菌, 34(2): 47-51.
臧穆, 黎兴江, 周远宽. 2005. 云南食用菌的生物多样性及其资源保护[J]. 中国食用菌, 24(6): 3-4.
张丹, 宋春艳, 章炉军, 等. 2014. 基于全基因组序列的香菇商业菌种 SSR 遗传多样性分析及多位点指纹图谱构建的研究[J]. 食用菌学报, 21(2): 1-8
张丹, 巫萍, 章炉军, 等. 2012. 基于香菇全基因组序列开发的部分 SSR 标记多态性分析与品种鉴定初探[J]. 食用菌学报, 19(4): 1-6.

张杰. 2006. 灵芝属部分真菌系统发育及药用成分的研究[D]. 贵州大学硕士学位论文.

张肖雅, 许修宏, 刘华晶. 2013. 11 个灵芝菌株的分子 ID 构建[J]. 微生物学报, 40(2): 249-255.

赵继鼎, 徐连旺, 张小青. 1979. 中国灵芝亚科的分类研究[J]. 微生物学报, 19: 265-279.

赵继鼎, 张小青. 2000. 中国真菌志, 十八卷 灵芝科[M]. 北京: 科学出版社.

赵继鼎. 1989. 中国灵芝新编 [M] .北京 :科学出版社.

郑林用, 贾定洪, 罗霞, 等. 2007. 药用灵芝遗传多样性的 AFLP 分析[J]. 中国中药杂志, 32(17): 1733-1736.

邹湘月. 2013. 灵芝菌株间特性差异分析与单孢杂交育种研究[D]. 湖南农业大学硕士学位论文.

Adaskaveg J E, Gilbertson R L. 1986. Culture studies and genetics of sexuality of *Ganoderma lucidum* and *G. tsugae* in relation to the taxonomy of the *G. lucidum complex*[J]. Mycologia, 78: 694-705.

Adaskaveg J E, Gilbertson R L. 1988. Basidiospores, pilocystidia, and other basidiocarp characters in several species of the *Ganoderma lucidum* complex[J]. Mycologia, 80: 493-507.

Adaskaveg J E, Gilbertson R L. 1989. Cultural studies of four North American species in the *Ganoderma lucidum* complex with comparisons to *G. lucidum* and *G. tsugae*[J]. Mycological Research, 2(2): 182-191.

Adaskaveg J E, Gilbertson R L. 1994. Wood decay caused by *Ganoderma* species in the *G. lucidum* complex[C]. *In*: Buchanan P K, Hseu R S, Moncalvo J M. Ganoderma: systematics, phytopathology and pharmacology. Proceedings of contributed symposium 59A, B, 5th International Mycological Congress, Vancouver: 79-93.

Ayissi K M B, Mossebo D C, Machouart M C, *et al*. 2014. A new method by correlation to forecast the optimal time of spore-prints production and collection on sporocarps of *Ganoderma resinaceum* Boud. (Basidiomycota) on natural substrate[J]. Mycosphere, 5 (6): 758-767.

Bazaalo M E, Wright J E. 1982. Survey of the *Agrntine* species of the *Ganoderma lucidum* complex[J]. Mycotaxon, 16(1): 293-325.

Beaudelair M, Ayissi K, Mossebo D C. 2014. Some noteworthy taxonomic variations in the complex wood-decayer *Ganoderma resinaceum* (Basidiomycota) with reference to collections from tropical Africa[J]. Kew Bulletin, 69: 9542DOI 10. 1007/S12225-014-9542-9.

Bhosle S, Ranadive K, Bapat G, *et al*. 2010. Taxonomy and diversity of *Ganoderma* from the western parts of Maharashtra (India)[J]. Mycosphere , 1(3): 249-262.

Cao Y, Wu S H, Dai Y C. 2012. Species clarification of the prize medicinal *Ganoderma* mushroom "Lingzhi" [J]. Fungal Diversity, 56: 49-62.

Chen S L, Xu J, Liu J, *et al*. 2012. Genome sequence of the model medicinal mushroom *Ganoderma lucidum*[J]. Nature Commun, 3: 913doi: 10. 1038/ncomms1923.

de Lima Júnior N C, Gibertoni T B, Malosso E. 2014. Delimitation of some neotropical laccate *Ganoderma* (Ganodermataceae): molecular phylogeny and morphology[J]. Revista de Biología Tropical, 62 (3): 1197-1208.

Donk M A. 1948. Ganodermataceae Donk[J]. Bulletin of the Botanical Gardens Buitenzorg, series 3, 17(4):474.

Douanla-Meli C, Langer E. 2009. *Ganoderma carocalcareus* sp. nov., with crumbly-friable context parasite to saprobe on *Anthocleista nobilis* and its phylogenetic relationship in *G. resinaceum* group[J]. Mycological Progress, 8(2): 145-155.

Ferro M, Antonio E A, Souza W, *et al.* 2014. ITScan: a web-based analysis tool for Internal Transcribed Spacer (ITS) sequences[J]. BMC Research Notes , 7: 857.

Foroutan A, Vaidya J G. 2007. Record of new species of *Ganoderma* in Maharasgtra India[J]. Asian Journal of Plant Science, 6(6): 913-919.

Furtado J S. 1967. Some tropical species of *Ganoderma* (Polyporales) with pale context[J]. Persoonia, 4(4): 379-389.

Garbelotto M, Ratcliff A, Bruns T D. 1996. Use of taxon-specific competitive-priming PCR to study host specificity, hybridization, and intergroup gene flow in intersterility groups of *Heterobasidion annosum*[J]. Phytopathology, 86: 543-551.

Gottlieb A M, Ferrer E, Wright J T. 2000. rDNA analyses as an aid to the taxonomy of species of *Ganoderma*[J]. Mycological. Research, 104 (9) : 1033-1045.

Gottlieb A M, Saidman B O, Wright J E. 1998. Isoenzymes of *Ganoderma* species from southern South America[J]. Mycological. Research , 102 (4) : 415-426.

Gottlieb A M, Wright J F. 1999a. Taxonomy of *Ganoderma* from southern South America: subgenus *Ganoderma*[J]. Mycological. Research , 103 (6) : 661-673.

Gottlieb A M, Wright J F. 1999b. Taxonomy of *Ganoderma* from southern South America: subgenus *Elfvingia*[J]. Mycological. Research , 103 (10) : 1289-1298.

Grand L F, Vernia C S. 2005. Biogeography and hosts of poroid wood decay fungi in North Carolina: species of *Fomes, Fomitopsis, Fomitella* and *Ganoderma*[J]. Mycotaxon , 94: 231-234.

Guglielmo F, Gonthier P, Garbelotto M. 2008. APCR-based method for the identification of important wood rotting fungal taxa within *Ganoderma*, *Inonotus* s. l. and *Phellinus* s. l. [J]. FEMS Microbiology Letters, 282: 228-237.

Güler P, Kutluer F, Kunduz I. 2011. Screening to mycelium specifications of *Ganoderma lucidum* (Fr.) Karst (Reishi)[J]. Hacettepe Journal of Biology and Chemistry, 39 (4): 397-401.

Ho Y W, Nawawi A. 1986. Remove from marked rcords germination studies of *Ganoderma boninense* spores from oil palms in Malaysia[J]. Pertanika, 9(2): 151-154.

Hong S G, Jung H S. 2004. Phylogenetic analysis of *Ganoderma* based on nearly complete mitochondrial small-subunit ribosomal DNA sequences[J]. Mycologia, 96(4): 742-755.

Hseu R S, Chen Z C, Wang H H. 1989. *Ganoderma microsporum,* a new species on weeping willow in Taiwan[J]. Mycotaxon, 35(1): 35-40.

Hseu R S, Wang H H, Wang H F, *et al.* 1996. Differentiation and grouping of isolates of the *Ganoderma lucidum* complex by random amplified polymorphic DNA-PCR compared with grouping on the basis of internal transcribed spacer sequences[J]. Applied and Environmental Microbiology, 62(4): 1354-1363.

Karadeniz E, Sarigullu F E, Untac I. 2013. Isolation and germination of *Ganoderma lucidum* basidiospores and effect of H_2O_2[J]. Journal of Food, Agriculture & Environment, 11 (1): 745-747.

Karsten P A. 1881.Enumeratio boletinearum et Polyporearum Fennicarum,systemate novo dispositarum[J]. Revue Mycologique Toulouse, 3(9):16-19.

Kinge T R, Mih A M, Coetzee M P A. 2012 . Phylogenetic relationships among species of *Ganoderma* (Ganodermataceae, Basidiomycota) from Cameroon[J]. Australian Journal of Botany, 60(6): 526-538.

Kinge T R, Mih A M. 2011. *Ganoderma ryvardense* sp. nov. associated with basal stem rot (BSR) disease of oil palm in Cameroon[J]. Mycosphere, 2(2): 179-188.

Kinge T R, Mih A M. 2014. *Ganoderma lobenense* (Basidiomycetes), a new species from oil palm (*Elaeis*

Guineensis) in Cameroon[J]. Journal of Plant Sciences, 2(5): 242-245.

Li T H, Hu H P, Deng W Q, *et al.* 2015. *Ganoderma leucocontextum*, a new member of the *G. lucidum* complex from southwestern China[J]. Mycoscience, 56(1): 81-85.

Loguercio-Leite C, Groposo C, Halmenschlager M A. 2005. Species of *Ganoderma* Karsten in a subtropical area (Santa Catarina State, Southern Brazil)[J]. Iheringia, Sér. Bot., Porto Alegre, 60(2): 135-139.

Longa C M O, La Porta N. 2014. Rapid identification of *Armillaria* species by PCR-DGGE[J]. Journal of Microbiological Methods, 107: 63-65.

Mei Z Q, Yang L Q, Khan M A, *et al.* 2014. Genotyping of *Ganoderma* species by improved random amplified polymorphic DNA (RAPD) and inter-simple sequence repeat (ISSR) analysis[J]. Biochemical Systematics and Ecology, 56: 40-48.

Mohanty P S, Harsh N S K, Pandey A. 2011. First report of *Ganoderma resinaceum* and *G. weberianum* from north India based on ITS sequence analysis and micromorphology[J]. Mycosphere, 2(4), 469-474.

Moncalvo J M, Buchanan P K. 2008. Molecular evidence for long distance dispersal across the Southern Hemisphere in the *Ganoderma applanatum-australe* species complex (Basidiomycota)[J]. Mycological Reseach, 112: 425-436.

Moncalvo J M, Wang H F, Hseu R S. 1995. Gene phylogeny of the *Ganoderma lucidum* complex based on ribosomal DNA sequences. Comparison with traditional taxonomic characters[J]. Mycological Research, 99(12): 1489-1499.

Moncalvo J M. 2005. Molecular Systematics of *Ganoderma:* What Is Reishi?[J] International Journal of Medicinal Mushrooms, 7: 353-354.

Parihar A, Hembrom M E, Das K. 2013. New distributional records of *Ganodrma colossus* (Ganodermataceae) from Jharkhand and Rajasthan[J]. Indian Journal of Plant Sciences, 2 (4): 49-53.

Park Y J, Kwon O C, Son E S, *et al.* 2012. Genetic diversity analysis of *Ganoderma* species and development of a specific marker for identification of medicinal mushroom *Ganoderma lucidum* [J]. African Journal of Microbiology Research , 6(25): 5417-5425.

Pilotti C A, Sanderson F R, Aitken E A B, *et al.* 2004. Morphological variation and host range of two *Ganoderma* species from Papua New Guinea[J]. Mycopathologia, 158: 251-265.

Postnova E L, Skolotneva E S. 2010. *Ganoderma lucidum* complex: some individual groups of strains[J]. Microbiology, 79(2): 270-276.

Qian J, Xu H B, Song J Y, *et al.* 2013. Genome-wide analysis of simple sequence repeats in the model medicinal mushroom *Ganoderma lucidum*[J]. Gene, 512: 331-336.

Ryvarden L. 1991 . Genera of polypores: nomenclature and taxonomy [J] .Synopsis Fungorum, 5: 11-363.

Ryvarden L. 2000. Studies in neotropical Polypores 2: a preliminary key to neotropical species of *Ganoderma* with a laccate Pileus[J]. Mycologia, 92(1): 180-191.

Smith B J, Sivasithamparam K. 2000. Internal transcribed spacer ribosomal DNA sequence of five species of Ganoderma from Australia[J]. Mycological Research, 104(8): 943-951.

Steyaert R L. 1972. Species of *Ganoderma* and related genera mainly of the Bogor and Leiden Herbaria [J]. Persoonia, 7: 55-118.

Sun S J, Gao W, Lin S Q, *et al.* 2006. Analysis of genetic diversity in *Ganoderma* population with a novel molecular marker SRAP[J]. Applied Microbiology and Biotechnology, 72: 537-543.

Torres-Torres M G, Guzmán-Dávalos L, de Gugliotta A M . 2008. *Ganoderma vivianimercedianum* sp. nov. and the related species, *G. perzonatum*[J]. Mycotaxon, 105: 447-454.

Torres-Torres M G, Guzmán-Dávalos L, de Mello Gliotta A. 2012. *Ganoderma* in Brazil: known species and new records[J]. Mycotaxon, 12: 93-132.

Utomo C, Werner S, Niepold F, *et al.* 2005. Identification of *Ganoderma*, the causal agent of basal stem rot disease in oil palm using a molecular method[J]. Mycopathologia , 159: 159-170.

Wang D M, Wu S H, Li T H. 2009a. Two records of *Ganoderma* new to mainland China[J]. Mycotaxon, 108: 35-40.

Wang D M, Wu S H, Su C H, *et al.* 2009b. *Ganoderma multipileum*, the correct name for "*G. lucidum*" in tropical Asia[J]. Botanical Studies, 50: 451-458.

Wang D M, Wu S H, Yao Y J. 2014. Clarification of the concept of *Ganoderma orbiforme* with high morphological plasticity[J]. PLoS One, 9(5): e98733. doi: 10. 1371/journal. pone. 0098733.

Wang D M, Wu S H. 2010. *Ganoderma hoehnelianum* has priority over *G. shangsiense*, and *G. williamsianum* over *G. meijiangense*[J]. Mycotaxon, 113: 343-349.

Wang D M, Zhang X Q, Yao Y J. 2005. Type studies of some *Ganoderma* species from China[J]. Mycotaxon, 93: 61-70.

Wang K, Bao L, Xiong W P, *et al.* 2015. Lanostane triterpenes from the tibetan medicinal mushroom *Ganoderma leucocontextum* and their inhibitory effects on HMG-CoA reductase and α-glucosidase[J]. Journal of Natural Products, 78(8): 1977-1989.

Wang X C, Xi R J, Li Y, *et al.* 2012. The species identity of the widely cultivated *Ganoderma*, '*G. lucidum*' (Ling-zhi), in China[J]. PLoS ONE, 7(7): e40857. doi: 10. 1371/journal. pone. 0040857.

Wu S Q, Guo X B, Zhou X, *et al.* 2009. AFLP analysis of genetic diversity in main cultivated strains of *Ganoderma* spp. [J]. African Journal of Biotechnology, 8 (15): 3448-3454.

Yang Z L, Feng B. 2013. What is the Chinese "Lingzhi"? —a taxonomic mini-review[J]. Mycology, 4(1): 1-4.

Yeh Z Y, Chen Z C, Kimbrough J W. 2000. *Ganoderma australe* from Florida[J]. Mycotaxon, 75: 233-240.

Yuskianti V, Glen M, Puspitasari D, *et al.* 2014. Species-specific PCR for rapid identification of *Ganoderma philippii* and *Ganoderma mastoporum* from *Acacia mangium* and *Eucalyptus pellita* plantations in Indonesia[J]. Forest Pathology, 44: 477-485.

Zakaria L, Ali N S, Salleh B, *et al.* 2009. Molecular analysis of *Ganoderma* species from different hosts in Peninsula Malaysia[J]. Journal of Biological Sciences, 9 (I): 12-20.

Zhao Z Z, Chen H P, Huang Y, *et al.* 2016. Lanostane triterpenoids from fruiting bodies of *Ganoderma leucocontextum* [J]. Nat Prod Bioprospect, 6(2): 103-109.

Zheng L Y, Jia D H, Fei X F, *et al.* 2009. An assessment of the genetic diversity within *Ganoderma* strains with AFLP and ITS PCR-RFLP[J]. Microbiological Research, 164: 312-321.

Zhou L W, Cao Y, Wu S H, *et al.* 2015. Global diversity of the *Ganoderma lucidum* complex (Ganodermataceae Polyporales) inferred from morphology and multilocus phylogeny[J]. Phytochemistry, 114: 7-15.

第十九章　其 他 种 类

第一节　元蘑种质资源与分析

一、起源与分布

元蘑，正名美味扇菇（图力古尔和李玉，2010）*Panellus edulis* Y. C. Dai, Niemelä & G.F. Qin ，又名亚侧耳、黄蘑、冬蘑（东北地区）、冻蘑、剥茸（日本）、晚生北风菌（云南）等。野生元蘑分布广泛，主要分布于吉林、黑龙江、河北、山西、广西、陕西、四川、云南、西藏等，以东北林区最多；国外分布地有日本、俄罗斯（西伯利亚），欧洲和北美洲。元蘑细嫩清香，富含蛋白质、氨基酸、脂肪、糖类（碳水化合物）、维生素及矿物质等多种营养物质，是传统东北名菜“小鸡炖蘑菇”的重要食材。过去以采集野生品为主，20 世纪 80 年代初，首先由刘凤春等（1982）驯化栽培成功。后来延边农学院开展了较系统的元蘑栽培技术研究（杨淑荣等，1988）； 1998~1999 年实现了产量稳定的室内人工栽培（曹丽如，2002）；此后，实现了段木和代料的稳产栽培和大棚栽培（王海英等，2004）。目前，栽培技术已经成熟，成为东北重要的栽培食用菌。

二、国内外相关种质遗传多样性分析与评价

元蘑作为中国东北地区的特有种类之一，国内较多的研究集中在东北地区，重点在栽培技术和药理作用等方面。研究材料和栽培使用的品种多来自于野外采集驯化，种质资源的研究报道较少。对吉林的 12 个栽培菌株的酯酶同工酶分析，以相似水平为 0.72 分为 4 个类群，生长条件和农艺性状均存在较大差异。对元蘑不亲和性因子构成的研究表明，元蘑为四极性交配系统，其 A、B 不亲和性因子存在着丰富的复等位基因 A1B1~A8B9（宋吉玲，2011）。

三、栽培品种

与大宗食用菌种类相比，元蘑的育种研究起步较晚。近年来，随着市场需求的增加，特别是相关食药用价值的发现，其育种研究日益受到重视，各类食用菌育种技术也逐步应用到元蘑育种研究中（罗升辉，2007；姚方杰等，2009；宋吉玲，2011；马凤等，2014），选育的优良品种广泛应用于生产。

1. 蕈谷黄灵菇（国品认菌 2008057）

吉林省敦化市明星特产科技开发有限责任公司和吉林农业大学选育。

特征特性：子实体群生或呈覆瓦状丛生，中等至稍大；菌盖直径 8~15cm，厚 0.8~1.2cm，扁半球形至平展，黄白色，黏，有短绒毛，表皮上有胶质层并易剥离；边缘

内卷，后反卷；菌肉白色。在PDA培养基上菌丝洁白、粗壮、浓密，有气生菌丝，菌丝呈绒毛状，菌落边缘整齐，健壮均匀。从接种到采第一潮菇110~120天。抗霉性较强。吉林地区元旦前后生产菌袋。

2. 旗冻1号

吉林农业大学选育，于2011年2月16日通过吉林省农作物品种审定委员会审定。

菌盖扇贝形，菌盖大小（6.0~9.0）cm×（7.0~11.0）cm，菌盖厚1.0~1.5cm，深黄色，中部下凹，边缘渐黑、内卷至平展；菌柄侧生，淡黄色，具白色绒毛，圆柱形，上粗下细，平均长3.07cm，粗2.91cm，质地中等。菌丝洁白，浓密；菌落无色素分泌；菌落边缘整齐、均匀，长势强； 16天左右长满试管斜面，栽培种40天长满袋，接种至出菇95天左右。出菇适宜温度15~18℃，适宜大气相对湿度85%~95%，低于70%不易出菇或幼菇萎蔫，适宜光照500~800lx；菇潮间隔期 15天左右，采收3~4潮。产量为生物学效率84%左右，风干率14%~22%。

四、种质资源利用潜力分析

元蘑是我国东北地区著名的野生食用菌，在采集利用自然发生的野生产品的同时，人工栽培产品量也在逐年增加。元蘑除了在餐桌上享有美誉以外，其保健和药用功能也日益受到关注。早在20世纪80年代的研究就表明，其碱溶性多糖蛋白（Fb）对小鼠肝癌H22具显著抑制作用，抑瘤率达65.1%（马岩等，1998）。元蘑多糖还具较好的抗辐射作用（姜世权等，2001）。叶菲等（1996）用元蘑碱提取物进行了 2.0GyX 射线全身照射24h的小鼠免疫功能影响试验，结果表明，元蘑碱提取物可明显增加小鼠脾、胸腺细胞数，显著增加脾脏淋巴细胞对ConA诱导增殖反应和胸下细胞自发增殖反应的能力。据马岩等（1998）报道，元蘑多糖具保护和促进小鼠免疫系统的修复和增生作用，显著提高正常小鼠的T淋巴细胞转化率。

传统中医认为，元蘑具疏风活络、强筋健骨功效，长白山林区居民常饮用浸泡元蘑的黄酒治疗关节炎、手足麻木及筋络不舒等症。

（姚方杰）

第二节 鸡 腿 菇

一、起源与分布

（一）鸡腿菇的分类地位及分布

鸡腿菇正名毛头鬼伞[*Coprinus comatus* （O. F. Müll.） Pers.]，又名鸡腿菇、毛鬼伞、刺蘑菇、毛头鬼盖等，英文名 shaggy mane，是世界性广泛分布的大型真菌，一般发生于春夏秋雨后的田野、树林中，我国所有的省（自治区、直辖市）都报道有分布。

鸡腿菇子实体肥厚、肉质细嫩且味道鲜美，含有丰富的粗蛋白、糖类、维生素、矿物质等，其中含20种氨基酸，8种人体必需氨基酸齐全，以谷氨酸、天冬氨酸和酪氨酸最为丰富。长期食用该菇，还具有调节体内糖代谢及血脂、降低血糖、清心安肺、治疗痔疮、增加食欲、治疗糖尿病等效果。但是，该菌保鲜期短。需注意的是，鸡腿菇与酒同食可能引起特殊体质人群的中毒，或某种体质人群的轻微中毒反应。

（二）鸡腿菇的栽培史

虽然Mounce在1923年就成功地进行了室内栽培鸡腿菇，但直到20世纪70年代才在美国、荷兰、捷克斯洛伐克、德国等国相继实现商业化生产。我国也在同期取得栽培成功（王松良等，1984；吴淑珍，1987）。由于鸡腿菇广适应性强，可利用栽培原料多，在我国的栽培范围逐渐由北向南发展，经济效益显著。

二、栽培品种

1. 蕈谷8号（国品认菌2008038）

吉林省敦化市明星特产科技开发有限责任公司从吉林野生种质系统选育。

在PDA培养基上菌丝洁白、浓密，气生菌丝发达呈绒毛状；菌落边缘整齐，健壮均匀，背面易出现褐色素；子实体群生，初期乳头状，顶端较光滑，菌盖宽4~6cm，高6~11cm，有环状鳞片；菌肉白色；菌柄白色；单菇鲜重20~50g。接种到采收70天。抗杂菌能力较强；耐高温性较差。

2. 泰山-2

山东省泰安市农业科学研究院从山东野生种质人工驯化选育。

菌丝浓密灰白，气生菌丝较少；子实体单生或群生，中粒；菌盖幼期圆柱形、表面光滑、白色至乳白色，后期呈钟形，有鳞片，菌盖宽3~6cm，高3~5cm；菌柄白色，有丝状光泽，长7~15cm，粗1.0~3.2cm；菌环乳白色，脆薄，易脱落。中温型品种；菌丝适宜生长温度20~28℃，适宜出菇温度10~25℃。产量为生物学效率92%~113%；适宜春秋发酵料覆土栽培。

3. 临J-12

山东省临沂市农业科学院紫外线诱变栽培品种选育。

菌丝洁白，日均长速9.0mm/d，长势最强，子实体混生型，个体较大，颜色洁白，棒槌状；菌柄白色，圆柱状，纤维质，上细下粗，基部膨大。发菌期14天，现蕾期23天，出菇温度范围广，为10~32℃（张永涛等，2013）。

三、资源多样性

鸡腿菇分布广泛，江玉姬等（2013）收集了全国57个栽培种样本，用SRAP、RAPD、ISSR 3种分子标记技术进行了遗传多样性分析，结果表明，当相似性系数为0.48时，57个样本分为4类，其中Ⅰ类1株，Ⅱ类1株，Ⅲ类1株，Ⅳ类包括了其余的54个样本。这表明栽培鸡腿菇的菌种同物异名现象严重。

（柴红梅）

第三节 竹 荪

一、起源与分布

竹荪（*Phallus* spp.）又名竹参、竹笙、竹菇娘、面纱菌、仙人笠、网纱菇等，英文名 net stinkhorn，隶属腹菌纲（Gasteromycetes）鬼笔目（Phallales）鬼笔科（Phallaceae）鬼笔属（*Phallus*）。竹荪作为鬼笔属（*Phallus*）的竹荪组（*Phallus* sect. *Dictyophora*）曾单独成属（Desvaux，1809），但 Kreisel（1996）认为 *Dictyophora* 属级地位不成立，竹荪仍应归在广义的鬼笔属，目前普遍认可其这一分类定位。鬼笔属竹荪组已报道最常见有 55 个种和变种，尽管广义鬼笔属是（*Phallus* s.l.）世界性分布，但在温带的南美、新西兰，北极亚北极的欧洲，冰岛、格陵兰岛、法罗群岛（Faer Oer）、设得兰群岛（Shetland）、奥克尼群岛（Orkney Islands）、赫布里底群岛（Hebrides）至今未发现有分布（Kreisel，1996），我国东喜马拉雅区是鬼笔科的重要分布区域（臧穆和纪大干，1985），鬼笔属竹荪组中国至少有 6 种，分别是长裙竹荪（*Phallus indusiatus*）、红托竹荪（*P. rubrovolvatus*）、棘托竹荪（*P. echinovolvatus*）、白鬼笔（*P. impudicus*）、朱红竹荪（*P. cinnabarinus*）、纯黄竹荪（*P. luteus*）。我国是竹荪商品化栽培最重要的国家，主要栽培种类为长裙竹荪和红托竹荪。

二、竹荪的栽培历史及演化

竹荪气味芬芳、酥脆适口，富含蛋白质、碳水化合物、氨基酸等营养物质，尤其是谷氨酸含量较高。竹荪具有补益、降低高血压、减少胆固醇含量和腹壁脂肪积累、抗过敏、治疗痢疾等功效，被誉为“林中君主”、“真菌皇后”、“真菌之花”等称号。竹荪在我国的利用历史悠久，人工驯化栽培则始于 20 世纪 70 年代（余定萍，1980；陈仲春等，1980a，b，c；胡宁拙，1981）。作为我国特色的红托竹荪和黄群竹荪也分别由纪大干等（1983）和潘高潮等（2011）驯化栽培成功。按培养料制备方式有发酵料栽培、熟料栽培、生料栽培三大栽培技术。按场所又分为室内栽培和室外栽培。按栽培容器有箱栽、盆栽、畦栽、床栽等。福建和贵州是我国竹荪主产区。

三、栽培品种

1. 短裙竹荪

粤竹 D1216（国品认菌 2008055）

广东省微生物研究所由野生种质系统选育。

菌盖钟形，顶部有圆形或椭圆形的凹孔；菌盖组织为白色，菌裙白色，长 4~7cm，菌柄白色，柄长 12~20cm；菌托粉红色至淡紫色，受伤后变深紫红色，重量约占子实体的 58%；菌裙网眼圆形或近圆形；中温出菇型，生长周期为 90 ~130 天；在自然条件下，广州地区一年栽培两次。

栽培技术要点：熟料或生料覆土栽培；发菌适宜温度 21~28℃，基质适宜含水量 60%~65%，最适 pH 5.0~5.5，发菌不需要光照；子实体生长温度为 20~24℃，分化温度 17~25℃，适宜大气相对湿度 85%以上，适宜光照强度 20~200lx；覆土层适宜含水量 15%~20%。适宜广东省等南方相似生态地区自然条件下栽培。

2. 棘托竹荪

（1）D88（国品认菌 2008052）

福建省建阳大竹岚真菌研究所由当地野生种质分离驯化。

菌球初期带棘，后期消失；菌球中等偏大，成熟子实体裙与柄等长，色白、厚实；菌丝生长和出菇适宜温度为 20~32℃，适宜 pH 4.5~6.5，适宜含水量 50%~65%；抗逆性强，适应范围广，出菇早，不耐贫瘠和高浓度 CO_2。

栽培技术要点：主要基质为竹类、阔叶杂木类、农作物秸秆等；种植季节 2~8 月，栽培场地不宜连作；原料需预湿或发酵，用种量充足；适宜覆土材料为偏酸性富含有机质、疏松的砂壤土；播种后 45~70 天现蕾，现蕾期间适宜大气相对湿度 80%~95%。适宜长江以南地区栽培。

（2）宁 B5 号（国品认菌 2008053）

湖南省微生物研究所经野生竹荪分离筛选所得。

子实体个体小，密度大，幼期近球形，有棘毛，后期颜色由白逐渐转为褐色；菌柄白色中空，壁海绵状，长 10~16cm，菌柄基部直径 1.5~3cm；菌盖钟形，高宽均为 3~4cm，有明显网格，孢子液土褐色；菌裙白色，下垂 8~12cm，裙幅 10~14cm，网眼正五边形，菌托土褐色，有棘毛；高温型品种，菌丝可耐受 32℃高温，子实体可耐受 30℃高温。栽培原料为竹、木类和作物秸秆；最适播种期是 4~5 月，覆土栽培，播种至出菇 55 天左右。适宜湖南及相似生态地区栽培。

3. 长裙竹荪

宁 B1 号（国品认菌 2008054）

湖南省微生物研究所由野生种质分离筛选获得。

子实体幼期椭圆形，成熟菌盖钟形，高宽均为 3~6cm；菇体高 12~24cm，菌柄基部直径 2~4cm；菌托紫色；菌裙白色，网格多角形，下垂 10cm 以上。中温偏低温型品种。出菇期需良好通风。适宜山区栽培，最适播种期 3~4 月，菌丝生长温度 8~25℃；菇蕾形成温度 10~23℃，空气相对湿度 80%以上；开伞温度 12~23℃，空气相对湿度 90%以上；在适宜培养条件下 65 天左右出菇；覆土栽培，菇床边土宜薄，土层宜稍干。适宜湖南及相似生态地区栽培。

四、种质资源研究

我国竹荪虽已实现人工栽培数十年，相关研究主要集中在栽培技术（卢鹏等，2014）和活性成分（段小明等，2015）方面，资源评价和基础生物学研究相对较少。利用 ITS 和 ISSR 分子标记对贵州红托竹荪种质的遗传多样性分析表明，其 ITS 序列长度为 611~621bp，相似性为 99.9%~100%，在遗传相似度为 0.77 时，18 个样本分为 2 个类群，这表明菌种间的亲缘关系较近，遗传背景差异较小，为红托竹荪的品种选育提供了必要的信息（卢颖颖等，2014）。

（赵永昌）

第四节 猴 头 菇

一、分类地位及分布

猴头菇（*Hericium erinaceus*）又名猴头菌、猴头蘑、刺猬菌、羊毛菌、猴菇菌、对脸蘑、猬菌、花菜菌、熊头菌等，英文名 bear’s head hericium。野生子实体发生少，主要分布于我国的黑龙江、云南、四川、吉林、辽宁、内蒙古、山西、甘肃、河北、河南、广西、河南、湖南、西藏以及日本，欧洲、北美洲等地。

猴头菇属（*Hericium*）是由 Persoon 于 1794 年建立的，模式种为珊瑚状猴头菇 *Hericium coralloides*。由于属内物种较少，建立后曾一度被取消和恢复 （Fries，1823）。关于猴头菇属的分类地位及进化关系目前仍存在不少分歧。目前全世界共收录猴头菇属物种 63 个，我国报道的有近 10 个种。王俊（2011）和王俊等（2011）从形态学和分子生物学方面对我国的猴头菇属进行了研究，认为我国目前的物种只有 3 个，即猴头菇 *H. erinaceus*、珊瑚状猴头菇 *H. coralloides* 和冷杉猴头菇 *H. abietis*。小刺猴头菇 *H. caput-medusae* 并入猴头菇，而粗枝猴头菇 *H. caput-ursi*、分枝猴头菇 *H. ramosum* 和 *H. laciniatum* 作为珊瑚状猴头菇 *H .coralloides* 的异名。

猴头菇作为著名的药食兼用菌，子实体色美味鲜、风味独特，含有丰富的蛋白质、脂肪、碳水化合物、粗纤维、矿质元素（磷、铁、钙等）、维生素、胡萝卜素等，素有“山珍”的美誉。同时，还具有促进溃疡愈合、炎症消退，助消化，抗癌，提高人体免疫等功能，尤其对慢性胃炎、胃溃疡、十二指肠溃疡等病症疗效显著，我国作为中成药用于临床已数十年。

二、栽培史

据文献报道，370 年前，明代由徐光启编著的《农政全书》已有猴头菇相关记载。1959~1960 年，我国开展了猴头菇驯化研究，采用木屑瓶栽获得成功。1970 年后批量生产。 目前以袋栽为主，主要分布于福建、黑龙江、内蒙古、浙江、江苏等生产地。

三、栽培品种

1. 猴杂 19 号 （国品认菌 2007049）

江苏省农业科学院蔬菜研究所选育。亲本为老山猴头和常山猴头，单孢杂交育成。

子实体单生，大小中等，菇体圆整，头状或团块状，紧实、刺短，菇体直径 10~25cm，乳白色，无柄，质地致密、结实、刺短；口感柔、滑、清香。适宜发菌温度 22~26℃，最适 pH 4~5；发菌期 30 天，后熟期 5~10 天，后熟适宜温度 18~22℃，栽培周期 80~90 天。栽培中菌丝耐受最高温度 32℃，最低温度 0℃；出菇温度范围 15~32℃，适宜 15~25℃；子实体耐受最高温度 30℃，最低温度 10℃。原基形成不需要温差刺激；二氧化碳耐受性一般；菇潮明显，间隔期 10 天左右。袋栽产量为生物学效率 90%~100%。4℃下可贮存 10~20 天。

栽培技术要点：基质适宜碳氮比 20∶1，适宜含水量 65%；以福建为代表的南方地区，接种期 9 月~翌年 2 月，出菇期 11 月~翌年 4 月。以北京为代表的北方地区，春季 2 ~3 月接种，4~6 月出菇；秋季 8~9 月接种，10~12 月出菇。菌丝长满袋降温至 18~22℃培养 7~10 天后，袋口部分原基出现时移入栽培室，开袋喷水保湿出菇，给予适当的散射光，防止菇体变红，光线过强时菇体表面变为淡红色。

2. 猴头 911（国品认菌 2007048）

上海市农业科学院食用菌研究所从齐齐哈尔野生种质驯化育成。

子实体圆形或近圆形，直径 5~10cm，新鲜时白色，干燥后淡黄色，上被长圆锥形下垂复刺，子实体基部狭窄；质地较疏松，柔软有弹性，略带苦味。2~5℃可贮存 10~15 天。发菌适温 20~28℃，最适 25℃，超过 35℃或低于 6℃，菌丝生长停止；出菇最适温度 16~20℃，低于 4℃或高于 25℃子实体停止生长，需要散射光，适宜 CO_2 浓度≤2000ppm。

栽培技术要点：CO_2 浓度过高时，菌刺分化不良，子实体生长缓慢、畸形、发黄，甚至死亡；pH 7.5 以上或 4.0 以下时，菌丝生长和子实体形成均受影响；光线过强导致菇体发黄。发菌期 30~40 天，栽培周期 70~100 天，采收 2~3 潮，菇潮间隔 20 天左右，采收 2、3 茬，生物学效率 80%~120%。上海及江苏、浙江地区，春栽 2 月中下旬制袋，3 月下旬至 4 月出菇，6 月底前出菇结束。秋栽 9 月中旬制袋，10 月中下旬出菇。适宜辽宁、吉林、黑龙江、河北、山东、江苏、浙江、上海等地栽培。

3. 黑威 9910

黑龙江省科学院微生物研究所由大兴安岭野生种质分离，经系统选育而成。

子实体乳白色，单生，球形，直径 7~15cm，菌柄短，单菇重 150~250g；菌肉组织致密，菌刺短而细密；在 PDA 培养基上菌落不规则，菌丝灰白至白色，呈放射性生长。菌丝适宜生长温度 22~27℃，出菇适宜温度 15~22℃，发菌期 35~40 天，接种至采收 48~52 天；稳产性好，产量为生物学效率 80%~110%。干菇金黄色，适宜鲜销和干制（戴肖东等，2015）。

栽培技术要点：适宜东北地区春秋两季栽培，以阔叶木屑为主料，含水量 65% ~ 70%，适宜 pH 4.0~6.5；栽培袋规格为 17cm×33cm，1.0~1.1kg/袋（湿重），前期发菌温度 23~25℃，后期 20~23℃，避光培养；阴棚层架式摆放出菇，散射光 300~500lx；小蕾至成菇 13~15 天。出菇期 50 天左右，出菇 2~3 潮。

4. 晋猴头 96（山西省农作物品种审定委员会认定）

山西农业大学从山西历山国家级自然保护区野生种质分离，经系统选育而成。

子实体单生，乳白色，头状或块状，外观圆整，直径 8~15cm，单菇重 150~250g；无柄，中刺；柔软有弹性，略带苦味；在 PDA 培养基上菌丝白色，呈绒毛状，絮状辐射性生长，气生菌丝不发达，菌落边缘不规则，培养后期产生棕褐色素；菌丝生长适宜温度 20~26℃，最适 pH 4.0~5.0。出菇适宜温度 12~20℃，适宜大气相对湿度 85%~90%，适宜 CO_2 浓度不超过 0.1%；子实体分化和生长需弱光（刘靖宇等，2016）。

栽培技术要点：采用棉籽壳、麸皮培养基，pH 5.4~5.8，含水量 60%左右。避光发菌 25~30 天，打穴出菇，穴孔向下，层架式摆放；适宜光照强度 200~500lx；栽培周期 75~85 天，采收 2~3 潮，产量为生物学效率 70%~80%。适宜山西地区春秋季栽培。

四、种质资源研究

王磊等（2009）利用随机扩增多态性 DNA（RAPD）标记对 7 个猴头菇之间的亲缘关系进行研究，聚类分析表明在 0.67 的相似度下分为 3 支，具一定的多样性。刘麒（2011）利用 SRAP 和同工酶标记对 17 个猴头菇种样本进行了亲缘关系分析，聚类结果显示在相似系数 0.68 水平上供试菌株被聚为 4 个大类。酯酶同工酶分析在相似系数 0.6 水平上将样本分为 3 个大类。两种标记方法的部分聚类结果是一致的。对全国 54 个栽培菌种样本和川西高原 11 个野生种质进行了拮抗反应、ISSR 分析、农艺性状测定、菌丝生理特性测定和 ITS 序列分析，显示出种质丰富的多样性。但是，栽培品种与其他种类一样，菌种同物异名现象严重（杨爽，2011）。

（柴红梅）

第五节　金　福　菇

金福菇是大伞菇（*Macrocybe gigantea*）的商品名称。在我国台湾还有“鸡丝菇”之称，日本称其为“白松茸”（white matsutake）或“Niohshimeji”。金福菇作为商品名最早由我国台湾地区使用，时间应该是 20 世纪 80 年代，大陆在张寿橙（1995）介绍台湾菇类动态时使用，之后一直沿用至今。

一、名称及演化

多年来，金福菇错误地被称为巨大口蘑（*Tricholoma giganteum*）。该种 1912 年由 Massee 发现并命名为巨大口蘑，宋细福（1994）使用的也是 *T. giganteum*。卯晓岚（1998）

报道大陆地区有 *T. giganteum* 的分布，同时用了一个同物异名洛巴伊口蘑（*T. lobayense*）。

我国报道有洛巴伊口蘑（*T. lobayense*）（应建浙等，1987），后来将洛巴伊口蘑（*T. lobayense*）作为 *T. giganteum* 的同物异名外（卯晓岚，1998），后来有文献将洛巴伊大口蘑（*T. lobayense*）作为金福菇的拉丁名和中文正名（罗孝坤等，2012；李淑萍和王谦，2013）。

Pegler 等（1998）通过形态学和分子生物学研究，认为分布于热带地区的口蘑属（*Tricholoma*）种与该属的其他种有明显的区别，除主要分布于热带地区外，最大的特点是这些种都是腐生的，能人工栽培，据此建立了新属 *Macrocybe*，模式标本为 *M. titans*，目前该属有 *M. Crassa*、*M. Gigantea*、*M. Lobayensis*、*M. Pachymeres*、*M. Praegrandis*、*M. spectabilis* 和 *M. titans*，计 7 种，我国报道有 *M. gigantea*、*M. lobayensis* 和 *M. titans* 3 种。我国 2001 年首次使用 *M. gigantea*（黄年来，2001a），也有学者提出金福菇应使用拉丁名 *M. gigantea*（黄书文和郭美英，2005；李志生，2007），因为 *Macrocybe* 已得到世界的公认（Moncalvo *et al.*，2002；Ammirati *et al.*，2007），国内分类学者也认可（张倩勉和莫美华，2008；莫美华和张倩勉，2009；图力古尔和李玉，2012；卯晓岚和蒋丹，2012）。但目前该学名使用率不高，仍有不少文献和专利（陈体强等，2000；王元忠等，2004；魏志艳等，2010；王谦等，2011，2012；陈丽新等，2012；陈彦等，2012；孙育红等，2012；闫静等，2012；陈志宏等，2013）使用 *T. giganteum* 或 *T. lobayens*，甚至将二者混同为一种。这不利于品种的应用推广和知识产权保护。在拉丁名确认后，中文正名就存在较大问题，再称 *M. gigantea* 为巨大口蘑是不妥的。

二、中文正名

既然 *Macrocybe* 属已得到较为广泛的认可，金福菇就不应该继续使用属名 *Tricholoma*。"金福菇"作为商品名，大众已经习惯，继续使用不存在科学问题。学名则应使用 *Macrocybe gigantea*。我国分布的 *Macrocybe* 属物种较多，*M. gigantea* 之外的其他种类不适宜使用"金福菇"这一商品名，以避免若干物种使用同一商品名可能导致的混乱。

颜淑婉（2002）将 *Macrocybe* 的中文名称定为"大头菇属"，大型真菌分类学家杨祝良认为译为"大伞菇属"更适宜，由于"*gigantea*"有"巨大"之意，建议中文正名用"大伞菇"。据此金福菇正名为大伞菇。大伞菇属的其他种拟用中文学名为 *Macrocybe crassa*，粗大伞菇；*Macrocybe gigantea*，大伞菇； *Macrocybe lobayensis*，洛巴伊大伞菇；*Macrocybe pachymeres*，厚皮大伞菇； *Macrocybe praegrandis*，硕大伞菇；*Macrocybe spectabilis*，蔗田大伞菇；*Macrocybe titans*，囊大伞菇。

由于大伞菇（*M. gigantea*）和洛巴伊大伞菇（*M. lobayensis*）是两个独立物种，故金福菇不宜再使用洛巴伊大伞菇（*Macrocybe lobayensis*）这一名称。

三、栽培史

大伞菇属 5~10 月成群发生，以 6~8 月发生量最大，主要分布于热带和亚热带的非洲和亚洲地区。我国台湾、福建、广东、广西、海南、香港、云南、湖南、四川、陕西等地有分布。目前我国已栽培成功的大伞菇属有 3 个种，分别是大伞菇、洛巴伊大伞菇和囊大伞菇，洛巴伊大伞菇首先在南亚栽培成功(Chakravarty and Sarkar，1982；Ganeshan，1991），洛巴伊大伞菇、大伞菇和囊大伞菇也相继在我国栽培成功（陈成弟，2001；黄年来，2001a，b；林杰，2001；颜淑婉，2002）。

四、多样性研究

傅俊生等（2007）研究发现金福菇担子上着生 4 个担孢子，交配型测定证明其属四极性异宗结合种类，并在子代中检测到重组 B 因子的新等位基因（Br）。对不同来源菌株的栽培实验比较和营养成分分析表明菌株间差异不大（韦仕岩等，2015）。应用 ISSR 分子标记技术对 13 个金福菇菌种样本的分析表明菌株间遗传相似系数为 0. 3425~0. 8082（汪茜等，2014）。

（赵永昌，周会明）

第六节　大 球 盖 菇

一、分类及演化

大球盖菇（*Stropharia rugosoannulata*），又名皱环球盖菇、酒红大球盖菇、裴氏球盖菇、裴氏假黑伞。大球盖菇最早在美国被发现。其分布广泛，美洲、欧洲、亚洲均有分布。我国云南、四川、西藏、吉林、辽宁等均有分布。除大球盖菇，我国分布有球盖菇属物种 16 个（田恩静，2011），常见的有铜绿球盖菇（*S. aeruginosa*）、齿环球盖菇（*S. coronilla*）、浅赭色球盖菇（*S. hornemannii*）、半球盖菇（*S. semiglobata*）和云南球盖菇（*S. yunnanensis*）（孟天晓，2007；戴玉成等，2010），都是可食种，具驯化栽培前景。

二、栽培史

大球盖菇是易于种植的食用菌，自 1922 年被发现后，欧洲首先开展了人工驯化栽培研究（Puschel，1969；Szuduga，1973，1978；Balazs，1974；Staneck，1974；Zadrazil，1977；Lelley，1980），到 20 世纪 80 年代，美国、西欧等开始商业化栽培。我国 1992 年引种驯化栽培（黄年来，1995；颜淑婉，1995；刘本洪等，2006）。目前大球盖菇已成为我国重要的栽培食用菌。

三、栽培品种

1. 大球盖菇 1 号（国品认菌 2008049）

四川省农业科学院土壤肥料研究所从双流野生种质分离，经系统选育而成。

子实体单生或簇生，菌盖赭红色，具灰白色鳞片，直径 8~12cm，边缘具白色菌幕残片；菌柄白色，直径 1.5~4cm，长 6~8cm；菌褶污白色至暗褐紫色；菌环膜质，双层，具条纹；适宜出菇温度 10~20℃，菇潮不明显。

栽培技术要点：南方地区 9~12 月播种；以稻草为主料，含水量 70%，播种前，5~7 天浸料；菌种播于表层；发菌适宜温度 24~28℃，空气相对湿度 85%~90%；出菇温度范围 10~20℃，最适 15~18℃；菌丝长满料时覆细土 3cm；至翌年 4 月底采收结束，产量为生物学效率 35%左右。适宜长江流域及长江以南地区自然条件栽培。

2. 明大 128（国品认菌 2008050）

福建省三明市真菌研究所从国外引种。

子实体单生或群生，中至较大；菌盖近半球形后扁平，直径 5~20cm；菌柄近圆柱形，近基部稍膨大，柄长 5~20cm，直径 1.5~10cm，成熟后中空；幼嫩子实体白色，后渐变成酒红色，干制后深褐色；菌环双层，棉絮状，位于柄的中上部，易脱落；菌丝白色、线状，气生菌丝少；菌丝生长温度范围 5~34℃，最适 25~28℃；子实体生长温度范围 4~30℃，最适 14~25℃，遇高温时菌柄易空心。

栽培技术要点：稻草、麦秆、玉米秆等为主料，用料量 20~25kg/m^2，铺料厚 25~30cm，分 3 层铺料，分层播种，表层外覆盖草料；9~11 月气温稳定在 28℃以下时播种，发菌期 1 个月，覆土栽培；11 月~翌年 4 月为出菇期；产量为生物学效率 40%左右。适宜福建西北部、广东北部及安徽、江西、湖南、云南、四川、重庆、湖北、上海、浙江、江苏等地栽培。

3. 球盖菇 5 号（国品认菌 2008051）

上海市农业科学院食用菌研究所从国外引进品种。

子实体单生或丛生，大小均匀度差，单菇重 10~200g；菌盖红褐色，被有绒毛；菌柄白色粗壮；菌丝洁白浓密，有绒毛状气生菌丝；培养料适宜含水量 70%左右，菌丝生长不需光，最适温度 23~27℃，子实体生长最适温度 12~20℃；子实体生长需散射光；适合鲜销或干制，干品浸水回软后口感不变。

栽培技术要点：生料和熟料栽培均可，覆土栽培，播种至采收 50 天左右，熟料栽培采菇 4~6 潮，生料栽培菇潮不明显，采收期持续 3~4 个月。适宜长江流域及长江以南地区自然条件栽培。

（柴红梅）

第七节　灰　树　花

一、分类及演化

灰树花（*Grifola frondosa*）异名贝叶多孔菌（*Polyporus frondosus*），俗名栗子蘑、栗蘑、云蕈、千佛菌、莲花菌、甜瓜板、奇果菌等，日文名称舞茸，英文名称 dancing mushroom，maitake。灰树花在亚洲、欧洲、美洲均有分布，在我国分布于云南、西藏、四川、贵州、福建、浙江、河北、北京等地。

二、生物学及栽培驯化

子实体总状柄，半肉质，花菜样分枝，呈莲花形，菌盖密集覆瓦状，着生于多分枝的菌柄顶端，整菇直径15~50cm，单个菌盖宽5~15cm，厚0.5~1.5cm，半圆形，扇形或匙形，表面灰褐色、紫黑色、黄褐色或褐色，干后部分呈近黑色或黑褐色，有辐射状皱纹，边缘淡黄色，表面有细的干后坚硬的毛，老后光滑，有放射状条纹，边缘薄且内卷。菌肉白色，厚0.5~1.5cm，菌管近白色，干后呈褐色或污褐色，受伤处变暗色，下延。孔面近黄白色或与菌管同色；管口略圆形至多角形。菌丝分叉，有树枝状横隔，有锁状联合，生殖属四极性交配型系统，直径2~5μm，担孢子宽椭圆形到近球形，光滑，无色透明，（3.5~7）μm×（3~5.5）μm。

灰树花肉质松脆，营养富足，活性物质丰富，有较高的营养和药用价值，如抗肿瘤活性、免疫调节功能、抗病毒、抗辐射等，是重要的药用菌，由于所需生长条件极其特殊，野生资源量极其稀少，该菌的作用在开始认知以来，人工栽培成为满足需要的唯一途径。

灰树花的栽培最早起源于日本（Rinsanka，1980；Takama *et al.*，1981），国内黄年来等（1983）首次报道菌种分离和人工驯化，随着驯化栽培研究得不断深入（郑云甲，1985；周永昌和吴克甸，1985；刘芳秀和张丹，1986，1988；黄瑞贞和曹晖，1992；傅江习和刘化民，1994；Chalmers，1994；Mayuzumi and Mizuno，1997；Barreto *et al.*，2008），在20世纪90年代中国初步实现了商业化生产，栽培方式也由原来的覆土栽培变为无土栽培，有袋栽和瓶栽两种，同时也出现了工厂化栽培（潘辉，2011；姚庭永等，2016）。河北迁西、浙江庆元等为我国灰树花主产区。

三、遗传多样性

研究表明灰树花属四极异宗结合菌，担孢子中存在偏分离现象（杨军等，2016），重组频率较高。王守现等（2010）对6个灰树花菌种样本进行了酯酶同工酶、RAPD和ISSR分析，3种标记分析结果一致，均为3个类群。尹永刚等（2013）采用SRAP技术对湖南、北京、浙江和福建地区的6个灰树花菌种样本的分析也分为三大类。王春辉等（2013）利用ISSR和RAPD标记对8个样本的分析中，在相似系数0.488处将其分为四大类。分析还表明，野生资源丰富地区使用的栽培种多以野生驯化为主，而无野生资源分布的产区以引种为主 （温志强等，2011；张一帆等，2016）。

（赵永昌）

第八节　滑菇和黄伞

一、分类及演化

滑菇和黄伞都为鳞伞属（*Pholiota*），我国该属真菌资源丰富，已报道物种近60个（图力古尔等，2005；田恩静，2011；田恩静和图力古尔，2012，2013），其中多个种可食。目前已商业化生产的有滑菇和黄伞两种。

滑菇（*Pholiota nameko*），正名光帽鳞伞，俗称珍珠菇、滑子蘑。黄伞（*Pholiota adiposa*）正名多脂鳞伞，俗称黄柳菇、柳蘑、黄蘑、肥柳菇、柳松菇、柳树菌、刺儿菌、黄环锈菌、肥鳞儿、柳钉、黄丝菌等。

二、栽培史

1921 年日本开始用段木砍花法人工栽培滑菇，1932 年开始用锯末栽培种进行人工栽培（娄隆后，1982）。邓庄（1966）认为黄伞子实体分化温度范围较宽，12~27℃均能分化，属易栽培的大型真菌。我国在 1979 年前后实现滑菇的规模生产（李胜俊，1979；熊敦厚，1979）。

三、栽培品种

1. 滑菇早生 2 号（国品认菌 2010005）

河北省平泉县食用菌研究所从当地采集野生种质驯化育成。

子实体丛生、偶有单生；菌盖黄白色，直径 2~6cm，厚度 0.8~1.5cm，菇形圆整，表面附有透明黏液；菌柄白色，圆柱状，长 4~8cm，直径 0.5~1.4cm，有片状鳞片；出菇温度高，产量高，适于鲜销和干制；菇潮明显，栽培周期 300 天左右；子实体致密，贮存温度 0~4℃，货架寿命 15 天，抗高温能力较差；产量为生物学效率 100%左右。

栽培技术要点：熟料栽培；基质碳氮比 22∶1，含水量 65%，pH 5.5~7；配方为木屑 78.7%、麦麸 18%、玉米粉 2%、石膏 1%、石灰 0.3%；接种期 2~3 月；低温发菌，最适温度 15~24℃，发菌期 135 天；出菇温度范围 7~22℃，最适 14~20℃；原基形成需要 8~10℃温差刺激，催蕾温差 6~10℃，需 500lx 左右散射光。适宜华北和东北地区栽培。

2. 黄伞 LD-1（鲁农审 2009094 号）

鲁东大学自蒙山野生种质人工驯化选育。

中温型品种。菌丝体密、白；菌盖初期扁半球形，后渐平展，中部稍凸，直径 4.8~8.9cm，黄褐色，中央色浓，有较大的三角形褐色鳞片，中央较密；湿时黏滑，干时有光泽；菌肉白色或淡黄色；菌褶幼时淡黄白色，成熟时浅褐色至锈褐色；菌柄长 6.3~11.4cm，直径 0.8~2.1cm，附有细小纤毛状鳞片，圆柱形，与菌盖同色，菌环上位，淡黄色，膜质易脱落。产量为生物学效率 120%。

栽培技术要点：适宜春季早秋熟料栽培。培养料适宜含水量 60%，菌丝生长适温 20~25℃；原基分化温度 12~28℃，子实体生长适宜温度 15~22℃，光照强度 500lx 以上。适宜山东种植。

四、种质资源评价与创新

1. 滑菇

滑菇是典型的二极性异宗结合种类，一些单核菌丝甚至较双核菌丝生长更快，自然生长状态下出现菌落前端双核细胞单核化现象（曹晖等，2001）。虽然滑菇具有较罕见的单性结实的特性（陈宗泽和杨军，1999），但是，常由于菌种转接不当或发菌不良，出现不出菇或出菇异常导致损失的事故。张敏等（2011）研究了单核化菌丝的形态特征，提出了避免单核化的方法。事实上，开展以杂交手段为主的育种，使用杂交种是避免单核化的有效途径之一（仝金山，2006）。张敏等（2015）以PN06和PN08为亲本，已杂交获得优良品种辽滑菇1号，较亲本产量显著提高，并具有良好的稳定性、一致性和较高的抗逆性、抗杂性。

2. 黄伞

黄伞温度适应性广，我国资源极其丰富。由于其四极性异宗结合菌的特点（季哲，2004），杂交育种较二极性交配系统的种类更易于操作。近年其杂交育种取得了长足进步（潘保华等，2004）。黄伞易出菇的特点成为食用菌子实体发育研究的好材料（图力古尔等，2011；盖宇鹏，2012；盖宇鹏和图力古尔，2013）。

（赵永昌）

第九节　长　根　菇

一、分类地位

长根菇，即小奥德蘑（*Oudemansiella* spp.），主要栽培种为卵孢小奥德蘑（*O. raphanipes*），俗名水鸡纵、路水鸡纵、油鸡纵、长根菇，有的冠之以“黑鸡枞”的商品名称上市销售，以提高售价。目前实际生产栽培的不仅这一个种，还包括其近缘种长根小奥德蘑（*Oudemansiella radicata*）和鳞柄小奥德蘑（*O. furfuracea*）。近年，同属的热带小奥德蘑（*O. canarii*）、拟黏小奥德蘑（*O. submucida* Corner）和褐褶边小奥德蘑（*O. brunneomarginata*）也实验栽培成功。

小奥德蘑属的许多种被归在新成立的*Hymenopellis*属（Petersen and Hughes，2010），但多数分类学家对*Hymenopellis*属是否成立存在较大的争议，目前仍认为这些种应归在小奥德蘑属。经对市场销售商品的抽样鉴定，绝大多数是卵孢小奥德蘑，只有少量的长根小奥德蘑和鳞柄小奥德蘑。

二、栽培概况

卵孢奥德蘑是可人工栽培的珍稀菌类，可栽培的几个种子实体单生或群生，菌盖呈半球形至平展，中部微突起，呈脐状，光滑，湿时微黏，成熟后为浅褐色、茶褐色或暗褐色。菌肉白色，偏厚。菌褶白色，离生或贴生较厚，稀疏排列。菌柄近柱状，浅褐色或白色，近光滑，有纵条纹或无条纹，常见扭转，肉部纤维质且松软，基部稍膨大且延生成假根。虽然在市场上也称为“黑鸡枞”、“人工鸡纵菌”，但口感、品质与属于白蚁伞属（*Termitomyces*）的真正商品鸡纵差别甚大。

长根菇的栽培最早可追溯到 50 年前，开展的 25 种食用菌的栽培试验，其中有 18 种形成子实体，其中就有长根菇。长根菇菌丝体在木屑培养基上生长旺盛，但不出菇，覆以含有腐熟畜粪的园土不久则会形成子实体（邓庄，1966）。20 世纪 80~90 年代，小奥德蘑的栽培技术不断完善（纪大干等，1982；应国华，1988，1990），1995 年前后在山东、浙江、福建等省开始了商业化生产（刘小争和史敏，1994；鲍文辉，1999）。目前，长根菇已成为我国可商业化栽培的食用菌之一。

三、种质资源评价研究

鳞柄小奥德蘑两变种栽培研究表明，其原变种出菇温度较高，适合于夏季栽培，而双孢变种出菇温度较低，适于秋、冬季栽培（于富强等，2002）。随着栽培应用的扩展，小奥德蘑基础生物学研究方面也取得一定的进展，长根小奥德蘑为四极性异宗结合菌（王守现等，2009；李浩，2011）。李浩（2011）发现长根小奥德蘑双孢变种和四孢变种之间的菌丝有较大的差异，双孢变种无锁状联合，而四孢变种有锁状联合。这是否表明，长根小奥德蘑物种与双孢蘑菇物种相似？

中国是小奥德蘑资源最为丰富的地区，杨祝良和臧穆（1993）研究发现我国西南地区（云南、贵州、四川、西藏）小奥德蘑属有 10 种 4 变种，其中 3 新种、1 新变种和 1 新组合。新分类群分别是云南小奥德蘑（*Oudemansiella yunnanensis* Zhu L.Yang et M. Zang）、黏小奥德蘑假根变种（*O. mucida* var. *pseudorhiza* Zhu L. Yang & M. Zang）、膜被小奥德蘑（*O. velata* Zhu L. Yang & M. Zang）、杏仁形小奥德蘑（*O. amygdaliformis* Zhu L.Yang & M. Zang）；新组合是长根小奥德蘑双孢变种[*O. radicata* var. *bispora* (Redhead, Ginns & Shoemaker) Zhu L. Yang, G. M. Muell., G. Kost & Rexer]。广义小奥德蘑（*Oudemansiella* s.l.）是世界广布的类群，郝艳佳等（2015）研究了亚洲、欧洲、美洲、大洋洲等地 200 余份标本，利用多基因分子系统学研究其系统进化，结果表明广义小奥德蘑（*Oudemansiella* s.l.）为单系，应作为一个属处理，该属属下可分为小奥德蘑组（sect. *Oudemansiella*）、长根组（sect. *Radicatae*）、黏蘑组（sect. *Mucidula*）、刺孢组（sect. *Dactylosporina*），共鉴别出该属我国的 21 个系统发育种。

（赵永昌）

第十节　羊　肚　菌

羊肚菌属（*Morchella*）俗名羊肚蘑、羊肚菜、狼肚菌、羊雀菌、包谷菌、草笠竹、编笠菌等。与多数栽培食用菌不同的是，羊肚菌是子囊菌，而非担子菌。羊肚菌人类食用历史悠久，特别在欧洲，像块菌一样，有着悠久的羊肚菌文化。其独特的鲜美，促使人类开展栽培技术研究，并坚持不懈，目前羊肚菌已经在我国实现了商业化栽培。

一、分类与演化

人类食用的羊肚菌包括了该属内的若干种。目前，全球羊肚菌有效记录物种单元（包括亚种和变种）327 个。羊肚菌属的分类早期以主要形态为依据，如菌盖大小及颜色、菌脉形态和凹陷大小、菌柄形态、子实体形态结构。但是形态特征易受发育期和环境变化的影响，导致种类划分的分歧，近年随着分子系统学的发展，羊肚菌的分类取得较大的进展。

按子实体颜色形态，羊肚菌分为黑色类群（black morel group）、黄色类群（yellow morel group）、变红类群（red-brown morel group）和半开类群（half-free morel group）。前两类群种类多，几个种已经实现了人工栽培，这包括黑色类群的梯棱羊肚菌（*Morchella importuna*）、六妹羊肚菌（*M. sextelata*）和七妹羊肚菌（*M. septimelata*），变红类群的红褐羊肚菌（*M. rufobrunnea*）。系统学研究认为，半开羊肚菌与黑色类群比较接近。半开羊肚菌类群有光柄半开羊肚菌（*M. semilibera*）、点柄半开羊肚菌（*M. punctipes*）和杨柳半开羊肚菌（*M. populiphila*）（Kuo *et al.*，2012）。

我国羊肚菌分布特点表现为大分布小集中，目前除海南外，各地都有羊肚菌分布的记载。黄色种类全国均有分布，黑色种类主要分布在西南和西北地区。形成商品量的主要是黑色种类。

杜习慧等（2014）结合系统分类学对羊肚菌分类进行了系统研究，发现该属 61 种，其中黄色支系 27 种、黑色支系 33 种、变红支系 1 种。黄色支系和黑色支系是姊妹类群，是羊肚菌属的主要构成类群，变红支系则是该属最古老的基部类群。这 61 种中，东亚和中国分布 30 种，且多数为近期分化形成，其中 20 种为区域特有种。近年仍不断有新的物种被发现和描述（Clowez *et al.*，2015；Richard *et al.*，2015；Taşkın *et al.*，2015；Loizides *et al.*，2016；Voitik *et al.*，2016）。

二、生理生态特点

1. 生理特性

应用基因组学、蛋白质组学、同位素标记等现代技术研究，证明羊肚菌的营养特性复杂，腐生型、共生型、兼性腐生型都有。然而，不论哪个营养类型，都表现出易于培养的特性。

羊肚菌可以和多种树木形成菌根（Buscot and Roux，1987；Buscot and Kottke，1990；Buscot and Bernillon，1991；Buscot，1992，1994；Molina *et al.*，1992；Harbin and Volk，1999；Dahlstrom *et al.*，2000），Hobbie 等（2001）提供了羊肚菌为兼性（腐生和共生）真菌的证据。羊肚菌通过形成菌根占据有利位置，当树木衰老或死亡时快速地分解根尖，这样大量的营养物质被羊肚菌利用而产生大量的子实体（Vrålstad *et al.*，1998；Dahlstrom *et al.*，2000；Pilz *et al.*，2004）。羊肚菌菌丝体能穿透活体植物的根吸收营养，好像又是一种寄生关系，但根仍然具有功能，而这种结构的生命期较短，护套结构与子实体的形成密切相关且在子实体成熟后快速消失。这种护套结构类似于菌核的功能，即通过快速运输营养的方式供养给子实体发育生长（Buscot，1989）。

2. 栽培方法

通过百余年的尝试，各类食用菌栽培方法应用到羊肚菌的栽培，经历了人工促繁、仿生栽培、菌根苗栽培、半人工栽培和完全的人工栽培技术——大田栽培。目前仍在使用的主要是半人工栽培和大田栽培技术。特别是大田栽培技术近年迅速推广。

1）基于圆叶杨和农作物秸秆基质的半人工栽培（赵琪等，2007）。采用纯培养的羊肚菌菌丝体，播种在农田和退耕还林地，加少量圆叶杨作辅料，于2004年获得成功。这一技术2004年开始商业化栽培，目前已成为成熟的圆叶杨和秸秆混合使用的基质半人工栽培技术。产区以云南玉龙、德钦、维西、香格里拉、兰坪为主，产量为30~200kg/亩[1]，直接成本500~3000元/亩（图19-1）。

图19-1　利用圆叶杨和秸秆栽培羊肚菌（另见彩图）

A. 做畦；B. 覆盖后出菇；C. 秸秆覆盖；D. 采收期的子实体

2）利用营养袋大田栽培。栽培中营养袋的发明和应用，使中国羊肚菌的大田栽培技术取得重要突破（图19-2），自2011年开始实现规模化种植以来，种植规模增长迅速，2016年达到3万亩，主产区有四川、重庆、云南、湖北、陕西。种植种类为梯棱羊肚菌和六妹羊肚菌，播种方式有条播和撒播，栽培设施有连体大棚、温室式大棚、单体拱棚、林下等。目前产量上不完全稳定，多数亩产50~200kg，每亩成本0.4万~1.5万元。

① 1亩≈666.67m^2。

图 19-2 羊肚菌大田栽培（另见彩图）

三、种质资源多样性及发掘利用

我国羊肚菌资源丰富，目前栽培种类的梯棱羊肚菌、六妹羊肚菌、七妹羊肚菌等在西南、西北地区都分布较广，为优良品种的选育提供了资源的支持。子囊菌生活史和遗传特点与担子菌的极大差异，使研究工作不能以作为食用菌的担子菌的研究路线开展。其自身的特点如下。

1. 纯培养物的变化多样

羊肚菌属的不同种，同种内的不同菌株，同一子实体的不同单孢分离物，培养特性差异都较大，这表现为菌丝的颜色、粗细、色素分泌、菌核形成、拮抗反应、角变等。对羊肚菌营养相关酶的分析表明，不同种、不同发育阶段，漆酶、多酚氧化酶和过氧化物酶等存在明显的差异（Kamal *et al.*，2004）。然而，研究工作更大的困扰，是培养物的不稳定。这种培养物的多样性变化，除受培养条件影响外，更多的是来自多核细胞内的核之间的相互作用。

2. 生活史

Volk 和 Leonard（1990）提出了羊肚菌的生活史（图 19-3），菌核和分生孢子是其两个重要的阶段。一般认为菌核贮存营养，在子实体发育过程中作用大。菌核可以萌发为菌丝，也可以产生子实体，但迄今尚无严格意义上的菌核萌发成子实体原基的证据。

盘菌目的众多种类都发现了分生孢子（Healy *et al.*，2012；Carris *et al.*，2015）。梯棱羊肚菌的分生孢子单核体占 95%（何培新等，2015）。栽培实践表明，大田栽培常见到大量的分生孢子形成。但是，从自然基质分离到的分生孢子不能萌发。而圆叶杨和秸秆混合基质的种植中，几乎未发现有分生孢子形成，然而仍有较多的子实体产生。

综上可见，分生孢子在羊肚菌子实体形成中的作用尚不清楚。在大田栽培中，分生孢子产生的条件是什么？是由于富营养还是因为营养贫瘠？栽培种见到的退“霜”（分生孢子消失）后，分生孢子是否重新萌发成为菌丝？有的栽培者在栽培中分生孢子反复出现，而纯培养条件下分生孢子较难形成，其原因何在？分生孢子的形成与子实体形成到底有无关系？

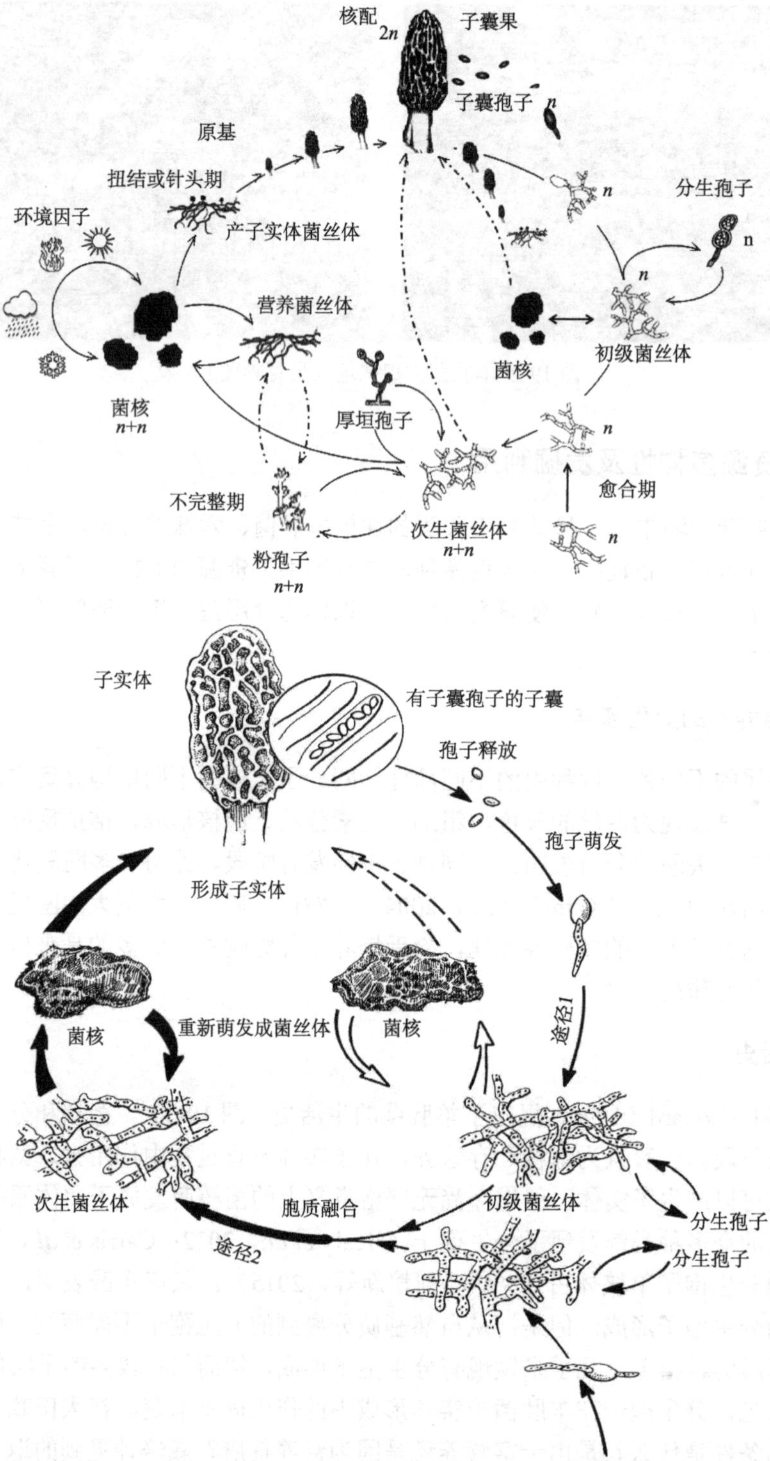

图 19-3　两种不同羊肚菌生活史假设（Volk and Leonard，1990；Alvarado-Gastillo *et al.*，2014）

可见，关于羊肚菌栽培中的菌核和分生孢子，存在诸多疑问。Alvarado-Gastillo 等（2014）提出了羊肚菌生活史的新途径，尽管这个新生活史也是假设性的，尚未得到完全的实验证实。羊肚菌生活史需要进行深入细致系统的研究，包括纯培养条件下分生孢子的形成和萌发、菌核与分生孢子的关系、原基形成和分化条件、原基与菌核等。

3. 出菇与子实体发育

刺激羊肚菌子实体形成的因素很多，营养供给停止，生长环境 pH 和化学因子的变化，环境中竞争性微生物的变化，速效营养物质的快速流动，温度、湿度等环境因素的突然改变，都可能刺激子实体形成，自然界中诱导羊肚菌出菇因素的出现或突然消失等。

目前大田栽培种的营养袋技术虽然已经普遍应用，但是其机制上不清楚。从理论上，营养袋的养分输送、对羊肚菌子实体形成及产量影响的机制、羊肚菌对营养袋中养分的吸收、覆土羊肚菌吸收营养袋中养分的作用机制等都有待研究。从技术上，营养袋配方、营养袋使用数量与使用期、营养摆放方式等，都需要进行系统研究。

4. 种质创新的方向

影响羊肚菌种植的因素目前还比较多，其中温度是最致命的，高温引起幼菇死亡和童菇顶灼伤畸形，羊肚菌产业健康发展的趋势应该是早播早出，宜在 10 月底播种，12 月底或翌年 1 月初出菇，2 月底出菇结束；高寒地区则可早播晚出、晚播晚出；工厂化栽培应选用耐高温的优异品种进行驯化培育。新种类驯化选育的方向按照种植区域进行，适宜高寒地区的优异黑色种类选育，从目前的栽培菌株中选育或对春季野生黑色类群资源驯化；适宜全国多数地区春秋季节栽培的耐温黑色种类，从秋季出菇的黑色类群野生资源驯化；适宜周年大田生产的常温出菇黄色种类选育，从春季黄色野生资源驯化；适宜相对高温春季栽培的耐温黄色类群的选育，从秋季黄色野生资源驯化。

（柴红梅，张小雷，赵永昌）

参 考 文 献

鲍文辉. 1999. 长根菇人工栽培技术研究通过专家鉴定[J]. 中国食用菌, 18(6): 25.

曹晖，山本秀树，北本丰. 2001. 滑菇（*Pholiota nameko*）双核菌丝单核化研究[J]. 食用菌, (S1): 96.

曹丽茹. 2002. 亚侧耳的人工栽培初步研究[J]. 辽宁林业科技, (S1): 48-49.

陈成弟. 2001. 金福菇优质高产栽培技术[J]. 广西热带农业, (01): 3.

陈国良，陆菊英. 1978. 猴头的培养及应用[J]. 上海农业科技, (S1): 20-22.

陈国良. 1979. 猴头的培养和应用[J]. 食用菌, (02): 32.

陈丽新，韦仕岩，黄卓忠，等. 2012. 温度、酸碱度和培养基含水量对金福菇 Tg-505 菌丝生长的影响[J]. 西南农业学报, 25(2): 597-600.

陈士瑜. 2003. 珍稀菇菌栽培与加工[M]. 北京：金盾出版社.

陈体强，李开本，林章余. 2000. 台湾食(药) 用菌发展现状[J]. 福建农业科技, (1): 20-21.

陈彦，王翠，王瑞君，等. 2012. 一种天然抗氧化剂金福菇多糖的制备方法[P]: 中国, CN201210014537. 4.

陈志宏，陈炳智，谢宝贵，等. 2013. 金福菇菌种液氮保藏条件的优化研究[J]. 食药用菌, 21(1): 30-31.

陈仲春, 雷华忠, 杨仲材. 1980b. 竹荪人工栽培的初步探讨[J]. 四川农业科技, (03): 28-31.
陈仲春, 雷华忠, 杨仲材. 1980c. 竹荪驯化及栽培试验[J]. 农业科技通讯, (08): 24-25.
陈仲春, 杨仲才, 雷华忠. 1980a. 竹荪驯化及栽培的初步探讨[J]. 食用菌, (02): 5-8.
陈宗泽, 杨军. 1999. 新世纪食用菌栽培实用技术[M]. 北京: 解放军出版社: 271-275.
崔风石. 2009. 元蘑孢子萌发融合育种试验与研究[J]. 中国食用菌, 28(2): 19-21.
戴肖东, 詹亚光, 马银鹏, 等. 2015. 猴头菇新品种'黑威 **9910**'[J]. 园艺学报, 42 (3): 607-608.
戴玉成, 周丽伟, 杨祝良, 等. 2010. 中国食用菌名录[J]. 菌物学报, 29(1): 1-21.
邓庄. 1966. 大型真菌人工栽培的研究[J]. 植物学报, 14(2): 150-171.
杜习慧, 赵琪, 杨祝良. 2014. 羊肚菌的多样性、演化历史及栽培研究进展[J]. 菌物学报, 33(2):183-197.
段小明, 刘升, 贾丽娥, 等. 2015. 竹荪属食用菌国内研究进展[J]. 食品安全质量检测学报, 6(11): 4433-4440.
傅江习, 刘化民. 1994. 灰树花的人工栽培初报[J]. 食用菌, (S1): 16.
傅俊生, 蔡衍山, 柯丽娜, 等. 2007. 金福菇的交配型研究[J]. 食用菌学报, 14(3): 10-12.
盖宇鹏, 图力古尔. 2013. 黄鳞伞子实体发育[J]. 菌物研究, 11(1): 27-32.
盖宇鹏. 2012. 球盖菇科几个种的个体发育研究[D]. 吉林农业大学硕士学位论文.
郝艳佳, 秦姣, 杨祝良. 2015. 小奥德蘑属的系统学及中国该属的分类[C]. 中国菌物学会 2015 年学术年会论文摘要集, 中国上海: 255.
何培新, 刘伟, 蔡英丽, 等. 2015. 梯棱羊肚菌无性孢子显微观察及细胞核行为分析[C]. 中国菌物学会 2015 年学术年会论文摘要集, 中国上海: 243.
胡宁拙. 1981. 竹荪的人工栽培[J]. 微生物学通报, (06): 255-256.
黄年来, 吴经纶, 林津添. 1983. 珍贵食菌——灰树花[J]. 食用菌, (04): 6.
黄年来. 1995. 大球盖菇的分类地位和特征特性[J]. 食用菌, (05): 11.
黄年来. 2001a. 适合热带地区栽培的珍稀菇——巨大口蘑[J]. 食用菌, (5): 12-13.
黄年来. 2001b. 一种适合南方热带地区栽培的珍稀食用菌——巨大口蘑[J]. 全国第六届食用菌学术研讨会论文集(食用菌), (增刊): 53-55.
黄瑞贞, 曹晖. 1992. 灰树花 206 号菌株特性研究[J]. 食用菌, (06): 10.
黄书文, 郭美英. 2005. 珍稀食用菌新品种——巨大口蘑(荆蘑)驯化栽培研究[J]. 首届海峡两岸食(药)用菌学术研讨会论文集(菌物学报): 82-85.
纪大干, 李代芳, 宋美金. 1982. 长根菇及其栽培[J]. 食用菌, (01): 11-12.
纪大干, 宋美金, 李代芳. 1983. 红托竹荪的人工栽培[J]. 食用菌, (01): 6-7.
季哲, 李玉祥, 薛淑玉. 2004. 黄伞的交配型性状研究菌[J]. 菌物学报, 23(1): 38-42.
季哲. 2004. 黄伞的交配及发育相关基因的研究[D]. 南京农业大学硕士学位论文.
江玉姬, 谢宝贵, 邓优锦, 等. 2013. 57 株毛头鬼伞遗传多样性分析[J]. 菌物学报, 32(1): 25-34.
姜世权, 叶飞, 苏士杰. 2001. 黄蘑多糖的辐射防护作用及其机理的初步探讨[J]. 中国辐射卫生, 10(2): 67-68.
李浩, 张平. 2012. 长根小奥德蘑双孢菌株与四孢菌株核相变化的比较[J]. 菌物学报, 31(2): 223-228.
李浩. 2011. 长根菇生活史研究[D]. 湖南师范大学硕士学位论文.
李胜俊. 1979. 滑子蘑的栽培技术[J]. 食用菌, (02): 21-22.
李淑萍, 王谦. 2013. 金福菇菌糠栽培鸡腿菇配方筛选试验[J]. 长江蔬菜, (8): 29-30.
李志生. 2007. 巨大口蘑及其栽培[J]. 食用菌, (4): 63-64.
林杰. 2001. 珍稀食用菌——金福菇[J]. 福建农业, (08): 15.
刘本洪, 唐亚, 甘炳成, 等. 2006. 大球盖菇 1 号的选育和应用研究[J]. 西南农业学报, 18(6): 832-835.

刘芳秀, 张丹. 1986. 灰树花菌种选育初报[J]. 中国食用菌, (03): 5-6.
刘芳秀, 张丹. 1988. 灰树花人工驯化栽培技术[J]. 食用菌, (03): 23.
刘凤春, 郭砚翠, 高文钉. 1982. 亚布力元蘑培养研究初报[J]. 食用菌, (01): 12-13.
刘靖宇, 孟俊龙, 常明昌, 等. 2016. 猴头菇新品种'晋猴头 96'[J]. 园艺学报, 43(6): 1215-1216.
刘麒. 2011. SRAP 在猴头菌属中的菌种鉴定及遗传关系分析[D]. 吉林农业大学硕士学位论文.
刘小争, 史敏. 1994. 食用菌新秀——长根奥德蘑(长根菇)[J]. 福建农业, (11): 10.
娄隆后. 1982. 滑菇的栽培[J]. 北京农业科技, (02): 51-56.
卢鹏, 张玮, 陆爱云, 等. 2014. 竹荪菌栽培研究进展[J]. 世界竹藤通讯, 12(4): 39-42.
卢颖颖, 桂阳, 龚光禄, 等. 2014. 18 个贵州红托竹荪种质资源的遗传多样性[J]. 贵州农业科学, 42(7): 17-20.
罗升辉. 2007. 亚侧耳优良菌株选育及其优质高产参数的研究[D].吉林农业大学硕士学位论文.
罗孝坤, 张微思, 郭永红, 等. 2012. 金福菇菌株 KJH-3 及制备方法[P]: 中国, 201210503842. X.
马凤, 张跃新, 闫宝松. 2014. 东北地区元蘑优良菌株及高产配方筛选试验[J]. 食用菌, (2): 28-29.
马岩, 曹瑞敏, 叶菲. 1998. 亚侧耳碱溶性多糖蛋白的抗肿瘤作用[J]. 肿瘤, 18(1): 43-44.
卯晓岚, 蒋丹. 2012. 我国重要食用菌的名称探析[J]. 食药用菌, 20(4): 195-201.
卯晓岚. 1998. 中国经济真菌[M]. 北京: 科学出版社: 667.
孟天晓. 2007. 中国球盖菇属和沿丝伞属真菌分类学研究[D]. 吉林农业大学硕士学位论文.
莫美华, 张倩勉. 2009. 巨大口蘑子实体抽提物抑菌活性研究[J]. 食品工业科技, 30(5): 151-161.
潘保华, 李彩萍, 元新娣, 等. 2004. 黄伞单孢杂交育种的初步研究[J]. 菌物学报, 23(4): 520-523.
潘高潮, 龙汉武, 沈峥华, 等. 2011. 药用真菌黄裙竹荪的驯化研究[J]. 中国食用菌, 30(2): 16-17, 19.
潘辉. 2011. 工厂化生产相关工艺对灰树花 *Grifola frondosa* (Dicks.) Gray 生长发育影响的研究[D]. 西南大学硕士学位论文.
邵忠文. 1980. 猴头菌的栽培[J]. 林业科技, (04): 35-36.
宋吉玲. 2011. 美味冬菇不亲和性因子多样性及优良品种选育研究[D].吉林农业大学硕士学位论文.
孙育红, 刘雪琼, 邱华峰, 等. 2012. 林下栽培金福菇新技术[J]. 食用菌, (5): 32-33.
唐福圃, 林谋信, 刘贤吐. 1980. 猴头菌的人工培养简报[J]. 中药材科技, (01): 1-4.
田恩静, 图力古尔. 2012. 中国鳞伞属拟火菇亚属新记录种[J]. 菌物学报, 31(2): 275-279.
田恩静, 图力古尔. 2013. 中国鳞伞属鳞伞亚属新记录种[J]. 菌物学报, 32(5): 907-912.
田恩静. 2011. 中国球盖菇科几个属的分类与分子系统学研究[D]. 吉林农业大学博士学位论文.
仝金山. 2006. 滑菇杂交新品种选育、菌种质量评价及亲缘关系研究[D]. 河北师范大学硕士学位论文.
图力古尔, 李玉. 2012. 中国名蘑 100[J]. 菌物研究, 10(3): 154-157, 172.
图力古尔, 李玉. 2010. 东北野生食用菌资源[J]. 食用菌学报, 17(S1): 162-165.
图力古尔, 宋超, 盖宇鹏. 2011. 多脂鳞伞(*Pholiota adiposa*)子实体个体发育[J]. 食用菌学报, 18(2): 20-23.
图力古尔, 田恩静, 王欢. 2005. 中国的球盖菇科(一)鳞伞属[J]. 菌物研究, 3(3): 1 -50.
汪茜, 吴圣进, 韦仕岩, 等. 2014. 金福菇菌株遗传多样性的 ISS 分析[J]. 西南农业学报, 27(2): 768-771.
王 磊, 宿红艳, 滕长英, 等. 2009. 中国猴头菇栽培菌株的系统进化研究[J]. 食品科学, 30(23): 270-273.
王春晖, 尹永刚, 胡汝晓, 等. 2013. 基于 ISSR 和 RAPD 标记的八株灰树花栽培菌株遗传多样性分析[J]. 食用菌学报, 20(4): 1-5.
王海英, 姜广玉, 盛喜德, 等. 2004. 大棚栽培元蘑[J]. 内蒙古农业科技, 12(6): 56.
王欢. 2006. 鳞伞属 *Pholiota* 真菌个体发育研究[D]. 吉林农业大学硕士学位论文.
王俊, 图力古尔, 高兴喜. 2011. 中国猴头菌属真菌分子系统学研究[J]. 中国食用菌, 30(4): 51-53, 60.

王俊. 2011. 猴头菌属的系统分类及栽培猴头菌株的遗传多样性研究[D]. 吉林农业大学硕士学位论文.
王谦, 刘敏, 徐啸晨, 等. 2012. 外源激素对金福菇菌丝营养生长的影响[J]. 河北大学学报(自然科学版), 32(3): 286-290.
王谦, 王菲, 刘敏, 等. 2011. 一种利用葡萄蔓屑栽培金福菇、大杯蕈珍稀食用菌的方法[P]: 中国, 201110079095. 7.
王守现, 刘宇, 耿小丽, 等. 2009. 长根菇交配系统研究[J]. 安徽农业科学, 37(26): 12547-12548.
王守现, 刘宇, 张英春, 等. 2010. 六个灰树花菌株遗传多样性分析[J]. 北方园艺, (1): 201-204.
王松良, 康振廉, 王光焕, 等. 1984. 白鸡腿蘑的驯化栽培[J]. 食用菌, (05): 7-8.
王义. 2009. 亚侧耳生物学特性及与松口蘑原生质体融合的研究[D]. 东北林业大学硕士学位论文.
王元忠, 张振富, 陈兴全, 等. 2004. 云南珍稀野生菌长柄口蘑生物学研究[J]. 云南农业大学学报, 19(6): 708-710.
韦仕岩, 吴圣进, 王灿琴, 等. 2015. 金福菇不同菌株的营养成分分析与评价[J]. 中国食用菌, 34(2): 19-22, 28.
魏志艳, 杨小兵, 胡惠萍, 等. 2010. 金福菇室内无土栽培法[P]: 中国, 201010206090. 1.
温志强, 熊芳, 陈吉娜, 等. 2011. 分子标记鉴别灰树花种质资源的研究[J]. 热带作物学报, 32(7): 1330-1336.
吴淑珍. 1987. 鸡腿蘑的人工栽培[J]. 中国食用菌, (5): 9-11.
熊敦厚. 1979. 木屑种植滑子蘑[J]. 新农业, (11): 26.
闫静, 周祖法, 朱徐燕. 2012. 金福菇不同菌株菌糠栽培比较试验[J]. 食用菌, (4): 19, 22.
颜淑婉. 1995. 大球盖菇在三明栽培成功[J]. 北京农业, (01): 17.
颜淑婉. 2002. 中国大陆新记录种——囊口蘑及其人工驯化栽培初报[J]. 食用菌学报, 9(1): 47-49.
杨军, 徐吉, 宋一鸣, 等. 2016. 灰树花交配型鉴定分析[J]. 南方农业学报, 47(3): 412-418.
杨淑荣, 傅伟杰, 周福玉. 1988. 亚侧耳驯化简报[J]. 中国食用菌, 7(01) : 10-11.
杨爽. 2011. 猴头菌菌株鉴定与主要性状评价研究[D]. 四川农业大学硕士学位论文.
杨祝良, 臧穆. 1993. 我国西南小奥德蘑属的分类[J]. 真菌学报, 12(1): 16-27.
姚方杰, 宋吉玲, 罗升辉, 等. 2009. 美味冬菇优良菌株选育及其优质高产参数的研究[C]. 中国菌物学会 2009 学术年会论文摘要集. 北京: 129-130.
姚庭永, 吴银华, 黄建锋. 2016. 灰树花“庆灰 152”的工厂化栽培管理要点[J]. 食用菌, 24(1): 61-62.
叶菲, 吴丛梅, 叶士杰. 1996. 黄蘑碱提物对 X 射线照射小鼠免疫功能的保护作用[J]. 白求恩医科大学学报, 06: 591-593.
尹永刚, 胡汝晓, 李新菊, 等. 2013. 应用 SRAP 标记对六个灰树花的多态性分析[J]. 食品工业科技, 34(19): 82-85.
应国华. 1988. 鳞柄长根金钱菌栽培成功[J]. 中国林副特产, (04): 19.
应国华. 1990. 长根菇驯化栽培初报[J]. 食用菌, (02): 13.
应建浙, 卯晓岚, 马启明. 1987. 中国药用真菌图鉴[M]. 北京: 科学出版社: 371.
于富强, 纪大干, 宋美金, 等. 2002. 鳞柄小奥德蘑两变种栽培比较[J]. 中国食用菌, 21(5): 13-15.
余定萍. 1980. 竹荪野生变家种初报[J]. 西南师范学院学报, (01): 103-109.
臧穆, 纪大干. 1985. 我国东喜马拉雅区鬼笔科的研究[J]. 真菌学报, 4(2): 109-117.
张敏, 李红, 刘娜, 等. 2015. 滑菇杂交菌株“辽滑菇 1 号”的选育[J]. 北方园艺, (11): 155-157.
张敏, 张季军, 刘俊杰, 等. 2011. 滑菇单核菌丝的形态学及出菇研究[J]. 华北农学报, 26(1): 219-222.
张倩勉, 莫美华. 2008. 巨大口蘑挥发油化学成分及抑菌作用的研究[J]. 现代食品科技, 24(12): 1232-12351.

张寿橙, 徐序坤. 1980. 金刚刺渣栽培香菇和猴头[J]. 食用菌, (04): 19-20.

张寿橙. 1995. 台湾菇类生产动态[J]. 浙江食用菌, (1): 8.

张一帆, 夏凤娜, 陈秋颜, 等. 2016. 灰树花菌株遗传多样性的同工酶与 ERIC 综合分析[J]. 食用菌, (01): 9-12.

张永涛, 刘延刚, 李馥霞, 等. 2013. 鸡腿菇新品种临 J-12 的选育与无公害高产高效栽培技术[J]. 安徽科技通讯, (5): 235-238.

张跃新, 闫宝松, 马凤, 等. 2010. 元蘑单孢杂交育种试验研究[J]. 中国林副特产, (04): 24-26.

赵琪, 徐中志, 杨祝良, 等. 2007. 羊肚菌仿生栽培关键技术研究初报[J]. 菌物学报, 26 (增) : 360-363.

郑云甲. 1985. 栗蘑研究初报[J]. 中国食用菌, (04)29-31.

周新国. 2010-04-05. 我省新审定的黄伞新品种——黄伞 LD-1. 山东科技报, 第 007 版.

周永昌, 吴克甸. 1985. 灰树花栽培粗探[J]. 食用菌, (05): 28.

Alvarado-Gastillo, Mata G, Sangabriel-Conde W. 2014. Understanding the life cycle of morels (*Morchella* spp.) [J]. Revista Mexicana de Micologica, 40: 47-50.

Ammirati J F, Parker A D, Matheny P B. 2007. *Cleistocybe*, a new genus of Agaricales[J]. Mycoscience, 48: 282-289.

Balazs S. 1974. *Stropharia* Growing Problems in Hungary[R]. Report of the Vegetable Crops Research Institute. Kecskemet, Hungary.

Barreto S M, Varón López M, Levin L. 2008. Effect of culture parameters on the production of the edible mushroom *Grifola frondosa* (maitake) in tropical weathers[J]. World J Microbiol Biotechnol , 24: 1361-1366.

Bonenfant-Magne M, Magne C, Lemoine C. 1997 Characterization of cultivated strains of a new edible mushroom: Stropharia rugoso-annulata. II. Anatomy, mycelium development and fructification[J]. Comptes Rendus de l'Academie des Sciences. Serie III, Sciences de la vie, 320: 917-924.

Buscot F, Bernillon J. 1991. Mycosporins and related compounds in field and cultured mycelial structures of *Morchella esculenta*[J]. Mycol Res, 95: 752-754.

Buscot F, Kottke I. 1990. The association of *Morchella rotunda* (Pers.) Boudier with roots of *Picea abies* (L.) Karst[J]. The New Phytologist, 116(3): 425-430.

Buscot F, Roux J. 1987. Association between living roots and ascocarps of *Morchella rotunda*[J]. Trans Br Mycol Soc, 89: 249-252.

Buscot F. 1989. Field observations on growth and development of *Morchella rotunda* and *Mitrophora semilibera* in relation to forest soil temperature[J]. Can J Bot, 67: 589-593.

Buscot F. 1992. Synthesis of two types of association between *Morchella esculenta* and *Picea abies* under controlled culture conditions[J]. J Plant Physiol, 141: 12-17.

Buscot F. 1994. Ectomycorrhizal types and endobacteria associated with ectomycorrhizas of *Morchella elata* (Fr.) Boudier with *Picea abies* (L.) Karst[J]. Mycorrhiza, 4(5): 223-232.

Carris L M, Peever T L, McCotter S W. 2015. Mitospore stages of *Disciotis, Gyromitra* and *Morchella* in the inland Pacific Northwest USA[J]. Mycologia, 107(4): 729-744.

Chakravarty D K, Sarkar B B. 1982. *Tricholoma lobayense*—A new edible mushroom from India[J]. Curr Sci, 53: 531-532.

Chalmers W. 1994. Specialty mushrooms: Cultivation of the maitake mushroom[J]. Mushroom World, June: 62.

Clowez P, Bellanger J M, Romero de la Osa L, *et al*. 2015. *Morchella palazonii* sp. nov. (Ascomycota,

Pezizales) : une nouvelle morille méditerranéenne. Clé des *Morchella* sect. *Morchella* en Europe[J] . Documents mycologiques, 36: 71-85.

Dahlstrom J L, Smith J E, Weber N S. 2000. Mycorrhiza-like interaction by *Morchella* with species of the Pinaceae in pure culture synthesis[J]. Mycorrhiza, 9: 279-285.

Desvaux N A. 1809. Observations sur quelques genres à établir dans la famille des champignons[J]. Journal de Botanique, 2: 88-105.

Fries E M. 1823. Systema Mycologicum: Sistens Fungorum Ordines, Genera et Species, huc usque cognitas, quas ad normam methodi naturalis determinavit[M]. Vol2. Lundæ: 1-620.

Ganeshan G. 1991. Cultivation of *Tricholoma lobayense* Heim on paddy straw substrate[J]. Mushroom J Tropics, 10: 31-33.

Harbin M, Volk T J. 1999. The Relationship of *Morchella* with Plant Roots[M]. St. Louis: Abstracts XVI International Botantical Congress: 559.

Healy R A , Smith M E, Bonito G M. 2012. High diversity and widespread occurrence of mitotic spore mats in ectomycorrhizal Pezizales[J]. Molecular Ecology, 22(6): 1717-32.

Hobbie E A, Weber N S, Trappe J M. 2001. Mycorrhizal vs saprotrophic status of fungi: the isotopic evidence[J]. New Phytol, 150: 601-610.

Kamal S, Singh S K, Tiwari M. 2004. Role of enzymes in initiating sexual cycle in different species of *Morchella*[J]. Indian Phytopath, 57 (1) : 18-23.

Kreisel H. 1996. A preliminary survey of the genus *Phallus* sensu lato[J]. Czech Mycol., 48: 273-281.

Kuo M, Dewsbury D R, O'Donnell K, *et al.* 2012. Taxonomic revision of true morels (*Morchella*) in Canada and the United States[J]. Mycologia, 104 (5): 1159-1177.

Lelley J. 1980. Biotechnologische Untersuchungen uber die Fruktifikation von *Stropharia rugoso-annulata* Mitt. [J]. Versuchsantalt fur Pilzanbau der Landwirtschaftskammer, Rheinland-Krefeld, 4: 33-50.

Loizides M, Bellanger J, Clowez P, *et al.* 2016. Combined phylogenetic and morphological studies of true morels (*Pezizales, Ascomycota*) in Cyprus reveal significant diversity, including *Morchella arbutiphila* and *M. disparilis* spp. nov. [J]. Mycol Progress, 15: 39. doi: 10. 1007/s11557-016-1180-1.

Massee G. 1912. Fungi Exotici XIV[M]. Bulletin of Miscellaneous Information. 253-255.

Mayuzumi Y, Mizuno T. 1997. Cultivation methods of maitake ("*Grifola frondosa*")[J]. Food Reviews International, 13: 357-364.

Molina R, Massicotte H, Trappe J M. 1992. Specificity phenomena in mycorrhizal symbioses: community-ecological consequences and practical implications. *In*: Allen M F. Mycorrhizal Functioning: an Integrative Plant-fungal Process[M]. New York: Chapman and Hall: 357-423.

Moncalvo J M, Vilgalys R, Redhead S A, *et al.* 2002. One hundred and seventeen clades of euagarics[J]. Mol Phylogen Evol, 23: 357-400.

Mounce I. 1923. The production of fruit-bodies of *Coprinus comatus* in laboratory cultures[J]. Transactions of the British Mycological Society, 8(4): 221-226.

Ower R. 1982. Notes on the development of the morel ascocarp: *Morchella esculenta*[J]. Mycologia, 74(1): 142-144.

Pegler D N, Lodge D J, Nakasone K K. 1998. The pantropical genus *Macrocybe* Gen. nov[J]. Mycologia, 90(3): 494-504.

Persoon C H. 1794. Neuer Versuch einer systematischen Eintheilung der Schwämme[J]. Neues Magazin für die Botanik, 1: 109.

Petersen R H, Hughes K H. 2010. The *Xerula/Oudemansiella* complex (Agaricales)[J]. Beihefte zur Nova Hedwigia, 137: 1-625.

Pilz D, Webera N S, Carol Carterb M, *et al.* 2004. Productivity and diversity of morel mushrooms in healthy, burned, and insect-damaged forests of northeastern Oregon[J]. Forest Ecology and Management, 198: 367-386.

Poppe J, Sedeyn P. 1987. Substrate additives for earlier and double production of *Stropharia rugoso* annulata[J]. Mushroom Science, 12: 503-507.

Puschel J. 1969. Der Riesentruschling, ein neuer Kulturpilz Champignonanbau[J]. Dtsch. Gartnerpost, 19: 6-8.

Richard F, Bellanger J M, Clowez P, *et al.* 2015. True morels (*Morchella*, Pezizales) of Europe and North America: evolutionary relationships inferred from multilocus data and a unified taxonomy[J]. Mycologia, 107(2): 359-382.

Rinsanka T. 1980. Cultivation technique of edible fungus, "*Grifola frondosa*" (Fr.) S. F. Gray (Maitake no Saibaiho)[J]. Journal of the Hokkaido Forest Products Research Institute: 13-14.

Staneck M. 1974. State of production and research of edible fungi[C], Int. Symp. Czech. Mycol. Soc , Praha.

Szuduga K. 1973. "Pierscieniak"[M]. Warszawa: PWRiL.

Szuduga K. 1978. "*Stropharia rugoso-annulata*". *In*: Chang S T, Hayes W A. The Biology and Cultivation of Edible Mushrooms[M]. New York: Academic Press: 559-571.

Takama F, Ninomiya S, Yoda R, *et al.* 1981. Parenchyma cells, chemical components of maitake mushroom ("*Grifola frondosa*" S. F. Gray) cultured artificially, and their changes by storage and boiling[J]. *Mushroom Sci*, 11: 767-779.

Taşkın H, Doğan H H, Büyükalaca S. 2015. *Morchella galilaea*, an autumn species from Turkey[J]. Mycotaxon, 130: 215-221.

Voitik A, Beug M, O'Donnell K, *et al.* 2016. Two new species of true morels from Newfoundland and Labrador: cosmopolitan *Morchella eohespera* and parochial *M. laurentiana*[J]. Mycologia, 108(1): 31-37.

Volk T J, Leonard T J. 1990. Cytology of the life-cycle of Morchella[J]. Mycological Research, 94(3): 399-406.

Vrålstad T, Holst-Jensen A, Schumacher T. 1998. The postfire discomycete *Geopyxis carbonaria* (Ascomycota) is a biotrophic root associate with Norway spruce (*Picea abies*) in nature[J]. Mol Ecol, 7: 609-616.

Yang X M, Xie B G. 1989. Synergic effect of cellulase complexon wood degradation between *Tremella fuciformis* Berk. and its cohatitant fungus[C]. Proceedings of the International Symposium on Mushroom Biotechnology, 65-69.

Zadrazil F. 1977. The conversion of straw into feed by basidiomycetes[J]. Eur. J. Appl. Microbiol, 4 : 273-281.

缩 略 表

DUS——distinctness，uniformity，stability 区别性，一致性，稳定性
SSU——small subunit 小亚基
LSU——large subunit 大亚基
ITS——internal transcribed spacer 转录间隔区序列
IGS——intergenic spacer 基因间隔区
CO1——cytochrome c oxidase subunit 1 gene 细胞色素氧化酶亚基 I 基因
RFLP——restriction fragment length polymorphism 限制性片段长度多态性
RAPD——random amplified polymorphic DNA 随机扩增多态 DNA
AFLP——amplified fragment length polymorphism 扩增片段长度多态性
SRFA——selective restriction fragment amplification 选择性限制片段多态性
SCAR——sequence characterized amplified region 特征性序列扩增区
CAPS——cleaved amplified polymorphic sequence 切割扩增的多态性序列
DAF——DNA amplified fingerprint DNA 扩增指纹
SSR——simple sequence repeat 微卫星，简单序列重复
ISSR——inter-simple sequence repeat 微卫星间隔区
SNP——single nucleotide polymorphism 单核苷酸多态性
EST——expressed sequence tag 表达序列标签
rDNA——核糖体 DNA
mtDNA——线粒体 DNA